高等学校土木工程专业"十四五"系列教材

大跨度钢结构设计

赵必大　赵志方　主编

中国建筑工业出版社

图书在版编目（CIP）数据

大跨度钢结构设计/赵必大，赵志方主编. —北京：
中国建筑工业出版社，2021.6
高等学校土木工程专业"十四五"系列教材
ISBN 978-7-112-26057-7

Ⅰ. ①大… Ⅱ. ①赵… ②赵… Ⅲ. ①钢结构-结构
设计-高等学校-教材 Ⅳ. ①TU391.04

中国版本图书馆 CIP 数据核字（2021）第 066319 号

本书主要介绍网架结构、网壳结构、钢管结构三类大跨空间钢结构，同时介绍了拱结构、悬索结构和薄膜结构（典型大跨柔性结构），并结合大跨建筑结构实例简单介绍了有限元软件 ABAQUS 和 ANSYS 的应用。本书按照国内普通高等院校的专业课程"大跨空间结构"的教学内容进行编写，同时加入了一些近年来的研究成果。本书可用作土木工程专业"大跨钢结构"课程的教材和参考书，也可作为结构工程设计和施工人员的参考书。

为了更好地支持相应课程的教学，我们向采用本书作为教材的教师提供课件，有需要者可与出版社联系。建工书院：http://edu. cabplink. com；邮箱：jckj@cabp. com. cn,2917266507@qq.com；电话：（010）58337285。

＊　　＊　　＊

责任编辑：聂　伟　王砾瑶
责任校对：党　蕾

高等学校土木工程专业"十四五"系列教材
大跨度钢结构设计
赵必大　赵志方　主编

＊

中国建筑工业出版社出版、发行（北京海淀三里河路 9 号）
各地新华书店、建筑书店经销
霸州市顺浩图文科技发展有限公司制版
北京建筑工业印刷厂印刷

＊

开本：787 毫米×1092 毫米　1/16　印张：23½　字数：570 千字
2021 年 6 月第一版　　2021 年 6 月第一次印刷
定价：**62.00** 元（赠教师课件）
ISBN 978-7-112-26057-7
（37646）

前　　言

　　钢材具有强度密度比高、延性好等优点，钢结构广泛应用于大会堂、体育馆、展览馆、剧院等各种大跨公共建筑的屋盖结构。大跨建筑结构形式复杂多样，是一个国家建筑科技发展水平的重要标志之一。

　　按照全部或部分受力构件需要预先张拉力才能建立结构刚度，可将大跨度结构分为刚性结构体系、柔性结构体系、刚-柔混合结构体系。按照受力特点不同，大跨度结构可分为平面结构体系和空间结构体系两大类。属于平面结构体系的主要有：平面桁架、平面刚架、拱结构及部分索结构。空间结构体系主要有：空间网格结构、部分悬索结构、薄膜结构、张拉整体结构等。其中，空间网格结构是现代大跨屋盖结构应用最多的结构体系，其典型代表有网架、网壳、立体管桁架。

　　笔者在浙江工业大学多年从事"高等钢结构""大跨空间钢结构""钢结构设计""大跨建筑屋盖结构设计"课程的教学。作者在已有大跨度钢结构内容的教学讲义、课件等教学资料的基础上，进行全面的拓展和扩充后编写了本书。本书编写过程中，参考和借鉴了大量国内外大跨度钢结构著名专家的论文和著作，在此对相关的学者和专家表示感谢，本书的第 5 章加入了笔者关于钢管结构的一些研究成果。

　　本书介绍了工程中常用的几类大跨度钢结构，共 7 章。第 1 章为绪论。第 2 章为平面型大跨度结构体系中的典型：拱结构。第 3 章为空间网格结构的典型代表：网架结构。第 4 章为空间网格结构的典型代表：网壳结构。第 5 章为由钢管构件直接焊接而成的钢管结构。第 6 章为柔性结构体系的典型：悬索结构和薄膜结构。考虑到软件程序在结构设计和分析中的重要性，在第 7 章结合几个实例，简单介绍了有限元软件 ABAQUS 和 ANSYS 在大跨度钢结构计算分析中的应用。赵必大编写第 1、3～7 章，赵志方负责第 2 章的编写以及全书的校对工作。

　　本书出版获得浙江省高等教育"十三五"教学改革项目（项目编号 jg20190077）、浙江工业大学研究生教材建设项目（项目编号 20200102）的资助，本书中列举的有关笔者近几年的研究工作得到了浙江省自然科学基金（LY20E080020 和 LY16E080012）的资助。本书中的 CAD 插图由学生余丛迪、侯怡雯等绘制和整理，在此对他们表示感谢；感谢学生陈宝仪、郑潜等在本书的表格和公式编辑方面所做的工作。同时，对编写本书提供帮助的前辈、同行和同事表示感谢。

　　由于作者经验与水平有限，本书的错误和不足在所难免，请同行专家和广大读者批评指正。

目　　录

第1章 绪 论

任何建筑物都需要有支撑的承重骨架，这就是结构体系。建筑结构体系大体可分为：单层建筑结构、多（高）层与超高层建筑结构（往竖向扩展）、大跨度建筑结构（往水平方向扩展）。按照结构的材料，建筑结构又可分为：钢结构、混凝土结构、木结构、砖石结构、钢-混凝土组合结构、铝合金等其他金属结构。横向跨越 30m 以上的建筑通常被认为是大跨度建筑结构。根据我国相关钢结构规范和设计手册等文件要求，跨度在 60m 以上的建筑结构称为大跨结构。大跨建筑结构普遍应用在剧场、博物馆、体育馆、机场等建筑中，为人们的生产生活提供了极大地便利。

严格来讲任何工程结构都是空间结构，但从结构受力分析和空间构成的角度来看，包括大跨度建筑在内的建筑结构可以分为平面结构和空间结构。出于简化设计计算（尤其在计算机不发达的年代）的目的，人们在许多场合有条件地把一些工程结构分解成一片片平面结构进行计算。比如：钢筋混凝土排架结构、建筑外形规则的框架结构、门式刚架结构、用于建筑屋盖的桁架结构、拱结构等。所以，真正意义上的空间结构（spatial structures）是指无法简单地分解为平面结构、具有三维受力特性的工程结构，比如薄壳结构、网架结构、网壳结构、空间管桁架结构等。空间结构的主要特点是利用三维形态抵抗荷载和作用，不仅要表达力学理念，也要通过形态和规模展示建筑意图，显示出平面结构无法比拟的建筑美观和创造力。对比平面结构，形体合理的空间结构有更多构件同时参与工作，使构件内力分布更加均匀，而且往往能减小结构内部弯矩，使构件以承受轴力为主，充分利用材料强度。空间结构能有效地解决尺寸效应问题，可以设计建造更大跨度的结构。因此，现代大跨度建筑结构往往优先采用空间结构体系。

当前，大跨度空间结构的发展状况已成为一个国家建筑科技发展水平的重要标志之一，空间结构成为大空间公共建筑的主要结构形式。此外，随着大跨空间结构技术的发展及社会对公共建筑结构的要求越来越高，给大跨度建筑结构的设计和应用带来巨大挑战。为了确保大跨空间建筑结构的安全性，必须对大跨度建筑结构进行合理设计。进入 21 世纪，我国大跨度空间建筑结构从大城市、省会城市向地级甚至县级城市伸延发展。另外，高铁和机场的发展，促进了大规模铁路车站和航站楼建筑及雨篷等大跨度建筑结构的兴建。

1.1 平面型大跨建筑结构

1. 平面桁架结构体系

平面桁架结构（plane truss structure）为之前常用的大跨建筑结构体系之一。早期的平面桁架结构体系主要是由角钢和节点板组成，后来出现以钢管作为构件，主管（弦杆）与次管（支管）相贯连接而成的平面管桁架结构。钢屋架（平面型角钢桁架）＋支撑＋檩条＋轻型屋面板组成的屋盖结构体系，当前依然广泛应用于跨度较大的工业厂房、仓库、菜市场等建筑结构，图 1-1 为工程实例。用作屋架的平面桁架结构大致分为：三角形屋架、梯形屋架、平行弦屋架，如图 1-2（a）～（c）所示。为了满足跨度增大的需求，由平面桁架和高强度钢索形成预应力桁架结构，见图 1-2（d）。

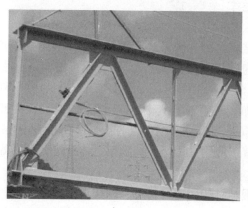

图 1-1　角钢-节点板构成的平面桁架结构工程

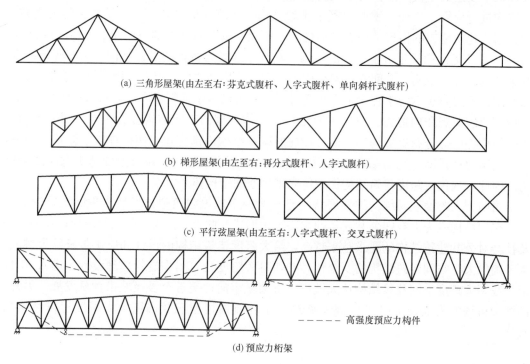

(a) 三角形屋架(由左至右:芬克式腹杆、人字式腹杆、单向斜杆式腹杆)

(b) 梯形屋架(由左至右:再分式腹杆、人字式腹杆)

(c) 平行弦屋架(由左至右:人字式腹杆、交叉式腹杆)

—————— 高强度预应力构件

(d) 预应力桁架

图 1-2　屋架类型

2. 刚架/框架梁柱结构体系

钢梁与钢柱刚性连接而成的刚架/框架＋纵向支撑与檩条＋轻型屋面板组成的结构体系，广泛应用于单层与多层工业工厂，跨度大多能达到 30～40m。当此类结构中的梁、柱构件的截面采用实腹板时，实际工程中最大跨度已经达到了 60m，当采用缀条式格构柱＋桁架式梁时，跨度甚至可达到 100m。

3. 拱结构

拱结构的应用可以追溯到很早以前，因为拱在竖向荷载作用下，内部承受轴向压力，有利于抵消弯矩影响，从而使得砖石等脆性材料避免承受不利的拉应力作用，能用于大跨度建筑结构、桥梁结构等，如图 1-3 所示。同时，拱的曲线造型也符合人们的审美观。拱结构的缺点是会产生较大水平推力，故而用作建筑屋盖结构时会造成下部结构承受较大的水平力，可以通过设置拉索和撑杆来解决这个问题。我国拱结构中最典型的例子之一就是位于河北省赵县的赵州桥，建造于隋朝。18 世纪以来的工业革命使得铁和钢开始用于建筑结构，1851 年英国举办的首届世博会的水晶宫（Crystal Palace）就完全采用了铁和玻璃，一改当时英国建筑风格以石头为主的笨重风格。水晶宫的中央大厅采用了筒形拱顶。现代建筑拱结构的典型例子有中国西安的秦始皇兵马俑博物馆、美国密西西比河畔圣路易斯市的大拱门（卓罗山通信塔）等。

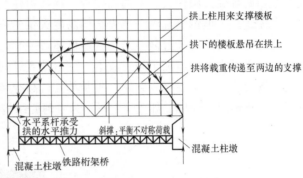

(a) 某跨越铁路的拱结构建筑

(b) 欧洲某建筑大门入口的拱结构   (c) 某火车站拱结构(两向斜交拱结构)

图 1-3 拱结构的工程例子

1.2 空间型大跨建筑结构

空间结构具有受力合理、整体刚度大、稳定性好、造型美观等优点。正如著名的薄壳结构专家托罗哈说过："最佳结构有赖于其自身受力之形体，而非材料的潜在强度"。因此，对比高强度材料的应用，空间结构更关注寻找合理形体。空间结构的合理形体不仅建筑外形优美、经济合理，而且实现更大跨度。结构轻型化则是实现更大跨度的一个重要手段，也是最优结构体系的一个重要体现，大跨度空间建筑结构从典型钢筋混凝土薄壳结构

（空间实体结构）到空间网格结构（网架、网壳和空间管桁架结构），再到索膜结构和刚-柔混合结构，都是朝着空间结构轻型化发展。

1. 薄壳结构和折板结构

薄壳结构（thin-shell structure）是薄壁结构的一种，薄壁结构的特点是结构的一个方向（厚度）远小于另外两个方向（长度和宽度）。薄壳结构的内力包括弯曲内力和薄膜内力，前者由两个方向弯矩、横向剪力、扭矩构成，后者由两个方向的轴力、顺剪力构成，其受力性能详见有关板壳力学方面的书籍。从受力特点上看，薄壳结构利用蛋壳原理，可以把受到的压力均匀地分散到屋顶的各个部分，整体工作性能好。由于壳体结构主要受压，能充分发挥混凝土的优点，因此现代的建筑薄壳结构主要由钢筋混凝土材料制成。薄壳结构具有自重小适合大跨度、节省材料、轻盈和承载高度统一等特点。薄壳结构既是承重结构也是围护结构，两者功能融为一体，节省材料。薄壳结构的曲面形式多样化，主要有球壳、圆柱壳、双曲扁壳等。这使得建筑整体的造型十分独特。虽然薄壳结构具有上述优点，但钢筋混凝土薄壳结构需要大量的模板、模板制作复杂、高空浇筑和吊装耗工耗时等。有人统计过薄壳结构的造价超过一半是用在施工成本上。在人工费不断增长的今天，无疑大大地增加了施工成本，使得薄壳结构的应用越来越少。根据施工特点可将薄壳结构分为：现浇混凝土壳体、预制单元且高空装配整体壳体、地面现浇（或预制单元装配）后整体提升壳体。如图1-4所示为一薄壳结构的工程实例。

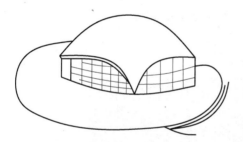

图1-4　薄壳结构的工程例子

1922年建造于德国、直径16m的天文馆的半球屋面是早期典型的钢筋混凝土薄壳结构。其他典型的混凝土薄壳结构工程如澳大利亚的悉尼歌剧院、法国巴黎国家工业与技术展览中心大厅、罗马小体育馆、20世纪50年代建成的北京火车站候车大厅等。其中，巴黎国家工业与技术展览中心大厅的跨度和厚度之比达到了1200，远远超过了鸡蛋壳的长厚比100，充分展现了薄壳结构的优越性。

鉴于薄壳结构的曲面模板的复杂性增加成本，有人提出了用折线代替曲线，用一系列以一定角度相互整体连接而成的薄平板代替曲面薄壳，这就是折板结构。折板结构的主要形式有V形、Z形和Ⅱ形等。折线形横截面使得折板结构截面刚度较大，既能作为拱受压也能作为梁受弯，预制方面其比薄壳结构更加简单。20世纪60年代以来，焊接技术的成熟和电算技术的快速发展，以薄壳和折板两类为代表的空间实体结构的应用逐渐减少，网格结构和张力结构则成为空间结构的应用主体。

2. 空间网格结构

将很多根形状和尺寸都标准化的杆件按照一定的网格形式和规则，通过节点（螺栓球等）连接起来的三维网格状结构就是空间网格结构。其中，杆件一般为角钢等开口截面型钢或闭口截面的圆钢管（矩形钢管），考虑到美观性和易于清洁，现在的空间网格结构大多采用钢管作为构件。空间网格结构可以看作是平面桁架结构（平面网格状结构）的一种发展，在早期由于高次超静定带来的计算难度以及钢结构连接工艺的复杂性而发展缓慢。随着计算机技术的发展、电算软件的成熟和广泛应用、焊接工艺和技术的发展、多种便于连接的节点体系的出现，适合工业化生成和装配式施工的空间网格结构得到迅速发展。

空间网格结构中的杆件如为按照平板结构布置、外观呈平板状、主要承受整体弯曲内力的网格结构，就称为网架结构（flatbed grid structure, plate-like space truss）。网架结构是最常见的空间网格结构，其具有受力均匀、重量轻、强度大等特点，广泛应用于体育馆、影剧院、候车室等公共场所。网架结构大致分为平面桁架系网架、四角锥体系网架、三角锥体系网架。网架结构广泛应用于飞机场、体育馆、厂房屋盖等，典型的工程例子包括美国加利福尼亚大学体育馆（91m×122m）、北京奥运会篮球馆（直径120m）、首都机场四号位机库（90m×453m）、瑞士苏黎世克罗腾机场机库（125m×128m）等。

网壳结构（latticed shell structure）是一种与平板网架类似的空间网格结构，其杆件按照壳体结构进行布置。网壳结构的外观呈曲面状，其受力特点是共同承受整体薄膜内力和弯曲内力或主要承受整体薄膜内力。网壳结构兼具杆系和壳体的性质，其传力特点主要是通过壳内两个方向的拉力、压力或剪力逐点传力。对比网架结构，网壳结构尤其是单层网壳结构的一个特点是稳定性问题突出。网壳结构广泛用于体育馆、厂房或仓库屋盖等，其中典型的工程例子有美国新奥尔良超级穹顶体育馆（直径207m）、日本名古屋体育馆（直径187m）、中原化肥厂尿素仓库（跨度58m的双层圆柱面网壳）等。比较早的单层网壳结构是19世纪60年代德国人施威德勒设计建造用于煤气罐顶盖（直径30m）的钢穹顶，由若干交汇到一个顶环的圆弧形径向拱以及若干水平环和斜杆构成。这就是所谓的"施威德勒穹顶"，后来的很多网壳结构都是在其基础上发展而来的。网壳结构具有良好的空间受力性能，让世界很多设计师认为网壳结构是可以覆盖最大跨度和空间的空间结构形式。凯威特认为理论上联方型网壳的跨度能达到427m，日本的巴组铁工所曾经提出跨度500m的全天候多功能体育和娱乐综合馆。

目前除了由钢构件（钢管或开口截面型钢）组成的传统网架结构和网壳结构外，还发展出组合网架（网壳）结构、预应力网架（网壳）结构、铝合金网壳结构、木网壳结构等。组合网架结构通常是指用钢筋混凝土上弦板代替钢上弦杆的结构体系，它可充分发挥混凝土受压强度高、钢材受拉强度高的优势，同时混凝土直接作为围护结构，使得结构的承重和围护作用合二为一。组合网壳结构通常是在单层钢网壳结构上敷设带肋的预制混凝土面板，并在预制板的连接处灌缝形成整体。如此，不仅起围护作用，而且起承重作用，形成由钢网壳与钢筋混凝土带肋壳两种不同材料与不同结构形式组合而成的新型空间结构，大大改善了单层钢网壳结构的稳定性。把预应力技术引入网架或网壳结构，则形成预应力网架或网壳结构体系，达到节省材料、增加跨度的目的，如图1-5所示。除了传统钢材作为网壳结构构件材料外，还有铝合金和木材等作为网壳结构构件的材料，比如上海国际体操中心的屋面的结构构件就采用工字钢截面铝合金杆件，再比如美国塔科马市体育馆就采用了胶合木网壳等。

对比工字钢等开口截面构件，闭口截面的钢管构件具有外表柔和、建筑视觉效果美

(a) 网架结构

(b) 网壳结构

图 1-5 网架和网壳结构的工程例子

观、双向受弯和受扭性能好、表面光滑易除尘、防火与防腐表面积小等优点，使得其成为大跨公共建筑结构等优先选用的结构构件。广义的钢管结构是指结构中的构件全部或部分采用闭口管状截面（主要为圆截面和矩形截面），这包括了以螺栓球和焊接球为连接节点的传统的网架与网壳结构。传统意义上的钢管结构是指主管（弦杆）贯通、支管（腹杆）直接焊接到主管表面的相贯连接而成的结构。这种相贯连接节点在很多情况下往往表现出节点承载力低于相邻构件（腹杆）的受力特点，与传统的球节点、板节点等存在较大的差异。此外，采用在相贯节点基础上增设内（外）加劲环、盖板等各种加劲措施的加强型钢管节点（提高钢管节点承载力）的钢管结构，也可以归于传统意义上的钢管结构。本书的钢管结构指传统意义上的钢管结构。钢管结构早期多用于海洋平台结构，后来逐渐广泛应用于土木工程结构。工程中最常见的钢管结构为空间管桁架结构，其特点是腹杆以受轴力为主。空间管桁架结构常用于火车站、航站楼、体育馆等公共建筑结构。近十几年来，采用相贯连接节点或者在此基础上各种加强型钢管节点的钢管结构也开始广泛应用于单层网壳结构（可称为钢管网壳结构），比如上海光源工程、成都双流机场等，如图 1-6 所示。

3. 索结构和膜结构

构件受压存在稳定性问题，往往无法充分发挥其材料的强度，故受压构件往往相对较粗壮。而承受轴向拉力的杆件则能充分利用材料的强度，极大程度地实现结构轻型化，尤其是钢材等抗拉强度高的材料。因此，如果一个结构中所有的构件都承受轴拉力，那必将是一个最经济的结构，故特别适用于超大跨度结构。建筑大师富勒就一直在寻找这种所有构件都处于受拉状态的全张力结构体系。索结构和膜结构就是张力结构的典型代表，如图1-7 所示。

索结构是主要由柔性拉索及其附属配件构成的承重结构，通过对高屈服强度的柔性钢索施加预张力，形成结构体系。可见，索结构是通过张力形成刚度来抵抗载荷作用下的变形，具有明显的非线性特征。高强度的钢索能够节省材料成本，降低建筑物的自重，实现较大的跨度，提供充足的建筑空间。索结构广泛应用于各种工程中，早在我国战国时期四川就建造了跨越岷江的安澜桥（用竹做的悬挂索桥），在 1703 年建造了由 9 根铁链构成悬索桥——泸定桥。随着钢绞线等高强度材料的出现，索结构的跨度变得越来越大。许多大型体育馆都采用索结构，如美国 20 世纪 50 年代建成的杜勒斯机场候机厅就采用了单层悬索结构体系（跨度 51.5m），利用向外倾斜的柱承受索端拉力。为了克服单向单层索的刚

图 1-6　钢管结构的工程例子

度和稳定性相对较差以及需要配重屋面等缺陷，相继发展了各种新型索结构，比如由下凹的承重索、上凸的稳定索以及两者之间的拉杆或压杆组成的双层悬索结构体系（也称索桁架）。我国的吉林冰上运动中心滑冰馆（跨度 59m）、芬兰赫尔辛基冰上运动场（跨度 93m）等均采用这种索桁架结构。再比如由下凹的承重索和与之正交且叠在其上方的稳定索（上凸索）组成的索网结构。我国的浙江人民体育馆（80m×60m 的椭圆形）、加拿大卡尔加里滑冰馆（135m×129m）等都是索网结构。此外，还有索和横向加劲结构或中间支撑结构相结合的索结构体系。如 1989 年建成的跨度 72m 的安徽体育馆，就是由单层悬索和架在索上的横向加劲钢桁架组成，钢桁架（两端下压并锚固）提高了结构刚度和稳定性；日本东京代代木体育馆的屋盖就是由悬挂在两个塔柱上的两条中央悬索及其两侧的两片鞍形索网组成。总之，索结构需要施加预拉力形成结构刚度来抵抗外荷载，设计时应考虑整个建筑的结构特点和使用功能，合理设计以便充分发挥索结构的优点。

图 1-7　索结构（左）和膜结构（右）的工程例子

膜结构是以薄膜材料为主要受力构件的结构。各地游牧民族的帐篷就是古老而典型的膜结构之一，其受力特性与现代膜结构极为相似。现代意义的膜结构起源于 20 个世纪初，并于 20 个世纪 50 年代创立了预应力膜结构理论。然而，膜结构系统地、商业化向外界展示，则是 1970 年日本大阪的万国博览会。今天，膜结构成为最具有代表性和发展空间的建筑结构之一。膜结构主要有充气膜、张拉膜两大类。膜为柔性材料（只能受拉），所以整体膜结构在外荷载作用下产生的弯矩和剪力都需要通过膜结构的变形而转化为薄膜面内拉力。而为了控制薄膜拉力，防止膜因拉力过大而破坏，膜结构必然采用曲面形状，这就为建筑增添了更多的曲面造型，有利于体现出建筑物的视觉效果。膜结构还具有良好的透光性和隔热性，具有一定的生态保护作用。用作结构的膜往往具有很好的耐高温性和阻燃性，能满足建筑物的消防要求。因质量轻、具有良好的变形能力，故膜结构具有较好的抗震效果。为了保证膜结构的质量安全，避免因为大风和雨雪造成膜结构的损坏，在设计时要精确计算膜结构的变形和应力，确保膜结构具有一定的变形空间，能够抵抗风力和外荷载作用。在工程实践中，膜结构往往跟索及其他刚性结构（钢管结构等）一起构成大跨空间建筑结构。膜结构的典型建筑有浙江义乌体育馆（膜覆盖面积 1.6 万 m^2）、上海虹口体育场（膜覆盖面积 2.8 万 m^2）、博鳌亚洲经济论坛主会场、伦敦千年穹顶等。

4. 刚-柔混合结构

刚-柔混合结构体系是充分利用柔性的索和膜与刚性结构（网架、网壳、桁架、拱等）两者的优点，从而形成各种轻型屋盖结构体系。比如用实腹式或格构式拱（钢管桁架）代替双层索结构中的稳定索，就形成了张弦结构梁（桁架）结构。张弦结构中梁或拱作为整个结构的上半部分，柔性钢索作为整个结构的下半部分。下半部分的柔性钢索首先张拉，然后通过撑杆将力传递至梁或拱的底端，并在刚性梁（拱或桁架）的相应位置形成弹性支撑。张弦结构主要应用在候机楼等大跨公共建筑，其具有结构简单、便于运输与安装、强度大、稳定性好等特点。跨度 126m 的广州会展中心就采用了张弦桁架结构，其上弦为圆钢管相贯连接的空间管桁架，下弦就是预应力拉索，拉索和空间管桁架之间通过撑杆联系起来。张弦结构是未来大跨度与超大跨度建筑的主要结构之一，可以单独使用，也可以与其他结构或材料配合使用，达到更好地设计和使用效果。

由上部单层网壳、下部的竖向撑杆、径向拉杆或者拉索和环向拉索组成的弦支穹顶结构体系，则是另一类应用于大跨公共建筑结构的刚-柔混合结构。此类结构中，各环撑杆的上端与单层网壳对应的各环节点铰接，撑杆下端由径向拉索与单层网壳的下一环节点连接，同一环的撑杆下端由环向拉索连接在一起，形成一个完整的结构体系。有了竖向撑杆和下弦拉索的作用，克服了单层网壳的稳定性差的缺陷，故可以采用矢跨比很小的扁网壳，减少了对下部结构的推力，并减少了网壳用钢量。

随着经济和科技发展，人们对建筑物尤其是能代表建筑科技发展最高水平的大跨度公共建筑的要求越来越高。因此，单一类型的结构已经难以满足人们对建筑物的要求，大跨度空间建筑结构的未来发展方向是将不同类型的结构、不同类型的材料（如普通强度钢管和高强度钢索）结合起来使用，充分发挥每一种结构和材料的优势，利用一种结构的优势来弥补另一种结构的缺点，从而大幅度提升整个建筑的承重能力，为建筑创造更大的跨度和空间。这种结合可以是刚性结构之间的结合，也可以是柔性结构之间的结合，也可以是刚性结构与柔性结构之间的结合，如图 1-8 所示。此外，将来会出现越来越多的大跨度空间建筑结构设计的新方法。这些方法将使得大跨度空间建筑结构设计更加科学合理，不断促进我国大跨空间建筑结构的发展。

图 1-8　刚-柔混合大跨空间建筑结构的工程例子

本章参考文献

[1]　董石麟. 我国大跨度空间钢结构的发展与展望 [J]. 空间结构，2000（2）：3-14.
[2]　哈尔滨建筑工程学院. 大跨房屋钢结构 [M]. 北京：中国建筑工业出版社，1993.
[3]　沈祖炎，陈扬骥. 网架与网壳 [M]. 上海：同济大学出版社，1997.
[4]　董石麟. 我国网架结构发展中的新技术、新结构 [J]. 建筑结构，1998，1（1）：10-15.
[5]　王秀丽，梁亚雄，吴长. 大跨度空间结构 [M]. 北京：化学工业出版社，2017.
[6]　张毅刚，薛素铎，杨庆山，等. 大跨空间结构 [M]. 北京：机械工业出版社，2013.

第2章 拱 结 构

平面型大跨建筑结构的类型较多，常见有平面桁架、门式刚架、拱结构等。本章介绍美观性较好的拱结构，其他如门式刚架等平面大跨建筑可参考相关钢结构设计的书籍。拱结构受力性能较好，能够充分地利用材料抗压强度，因此可以用混凝土、砖石等受压性能好的材料建造，经济性较好。现代的拱结构多采用圆弧拱或抛物线拱。拱结构广泛用于建筑结构，主要的建筑拱结构有：展览馆、体育馆、商城屋盖、门窗洞口、承托围墙、地下沟道顶盖、大跨度仓库建筑（常用落地式拱结构）、高层建筑中的转换构件。

拱的定义为：杆的轴线为曲线，在竖向荷载作用下，产生水平推力的结构。对比简支梁，拱有如下优点：弯矩与剪力均较小、应力沿截面高度分布均匀、节省材料、自重较轻、有较大的利用空间等。在古代，拱结构大量采用抗压强度高但抗拉强度较低的砖石等材料。拱的各部分名称（图2-1）如下：

（1）拱轴线：拱各截面形心的连线；

（2）拱顶：拱结构的最高点，三铰拱的拱顶通常设置在中间铰的位置；

（3）拱趾（拱脚）：拱的两端与支座连接处；

（4）跨度：两个拱趾之间的距离，用 l 表示；

（5）拱高（拱矢）：拱顶到拱脚线的垂直距离，用 f 表示；

（6）矢跨比（高跨比）：f/l。

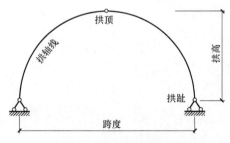

图 2-1　拱的各部分组成

2.1 拱结构的形式和受力特点

2.1.1 拱结构形式

拱结构按材料分为：钢结构、混凝土结构、砖石砌体、竹木结构。拱结构按支承方式和力学计算简图可分为：三铰拱、两铰拱、无铰拱，见图2-2。其中，三铰拱因为拱顶铰的原因使得结构复杂化，在工程中应用较少。两铰拱为一次超静定结构，因制作安装方便、经济，得到广泛的应用。无铰拱的超静定次数相对较多，但须设强支座，且温度应力高。

拱结构按照稳定性分为梁式拱和板式拱。梁式拱存在平面外稳定性，故而需设置各种支撑。板式拱把屋面板和拱合二为一，把拱做成三维空间结构体系，从而解决拱平面外的稳定性和刚度问题。

　　拱结构按拱截面类型分为格构式和实腹式（图 2-3）。实腹式拱常见为钢筋混凝土结构拱、砖石砌体结构拱、钢结构拱，截面高度可取跨度的 1/80～1/50（钢结构）或 1/40～1/30（钢筋混凝土结构），如果是钢结构则通常为焊接工字形或箱形截面。格构式拱结构往往采用钢结构，其截面高度可取跨度的 1/60～1/30。

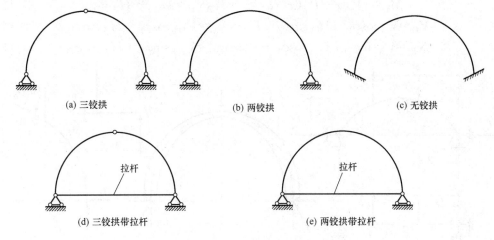

(a) 三铰拱　　　　　　　　(b) 两铰拱　　　　　　　　(c) 无铰拱

(d) 三铰拱带拉杆　　　　　　　　(e) 两铰拱带拉杆

图 2-2　拱结构的形式

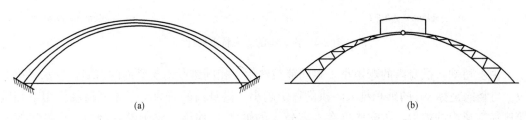

(a)　　　　　　　　　　　　　(b)

图 2-3　实腹式拱和格构式拱

2.1.2　拱结构的受力特点

　　拱是一种有推力的结构，它的主要内力是轴向压力。图 2-4 给出三铰拱和梁的受力分析。梁在荷载 P 作用下，向下挠曲。而拱在荷载 P 作用下，拱脚产生水平反力，起到抵消荷载引起的弯曲，从而减少了拱杆的弯矩峰值。通常情况下，结构所受外力的传递路线越短，即外力越能够直接传到基础，结构就越经济，如落地拱。由图 2-4 可知，拱支座反力为 V_A、H_A、V_B、H_B，梁支座反力为 V_{Ab}、V_{Bb}。根据力平衡，支座竖向反力如下：

$$V_{Ab}=V_A=\frac{1}{l}\left[P_1(l-a_1)+P_2(l-a_2)\right], \quad V_{Bb}=V_B=\frac{1}{l}\left[P_1a_1+P_2a_2\right] \quad (2-1)$$

　　再以拱的左半边为隔离体，根据铰 C 平衡，得拱支座水平反力，如下：

$$\sum M_C=0\Rightarrow H_B=H_A=\frac{1}{f}\left[\frac{V_Al}{2}-P_1\left(\frac{l}{2}-a_1\right)\right] \quad (2-2)$$

　　此外，同样跨度的简支梁在跨中（C 处）的弯矩 M_{Cb} 如下：

$$M_{Cb}=\left[\frac{V_Al}{2}-P_1\left(\frac{l}{2}-a_1\right)\right] \quad (2-3)$$

对比式（2-2）和式（2-3）可知：$H_A = M_{Cb}/f$，即在竖向荷载作用下，拱脚水平推力的大小等于相同跨度下简支梁在相同荷载作用下的弯矩除以拱的矢高。当结构的跨度和荷载条件确定时（即 M_{Cb} 为定值时），拱矢高越大，则水平推力越小。此外，梁和拱的任一截面 D（x_D，y_D）的内力，如下：

$$M_{Db} = [V_A x_D - P_1(x_D - a_1)], \quad V_{Db} = [V_A - P_1] \qquad (2\text{-}4)$$

$$M_D = [V_A x - P_1(x - a_1)] - H_A y_D = M_{Db} - H_A y_D \qquad (2\text{-}5)$$

$$V_D = V_A \cos\varphi_D - H_A \sin\varphi_D - P_1 \cos\varphi_D = V_{Db}\cos\varphi_D - H_A\sin\varphi_D \qquad (2\text{-}6)$$

$$N_D = V_A \sin\varphi_D + H_A \cos\varphi_D - P_1 \sin\varphi_D = V_{Db}\sin\varphi_D + H_A\cos\varphi_D \qquad (2\text{-}7)$$

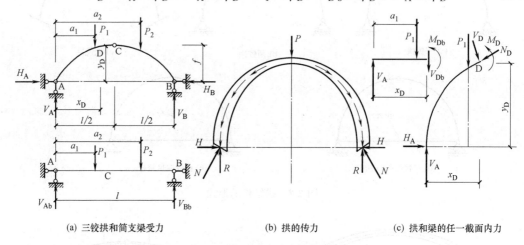

(a) 三铰拱和简支梁受力　　　　(b) 拱的传力　　　　(c) 拱和梁的任一截面内力

图 2-4　拱和梁的受力特点对比

由上可知，拱身内的弯矩小于相同荷载作用下相同跨度简支梁内的弯矩，且水平推力 H_A 与竖向坐标 y_D 的乘积越大，拱的弯矩越小，拱身内的剪力小于相同荷载作用下相同跨度简支梁内的剪力，拱截面内存在着较大的轴力，而简支梁中没有轴力。当拱的弯矩为零，只受轴力作用时，就可利用抗拉性能不佳但抗压性能良好的混凝土、砖石材料。当拱的弯矩为零时，拱轴线称为合理拱轴线。竖向均布荷载作用下，M_{Db} 的数学表达式为一抛物线：$y = 4fx(l-x)/l^2$，因此，合理拱轴线为一抛物线。当 $f < l/4$ 时，可用圆弧线代替抛物线。类似，填土重量作用下，合理拱轴线为悬链线。此外，支座约束及荷载形式不同，其合理拱轴线将不同，如：对于受径向均布压力作用的无铰拱或三铰拱，其合理拱轴线为圆弧线。显然，不同的结构形式，在不同荷载作用下，拱的合理轴线不同，故而实际工程中应根据主要荷载确定合理拱轴线，如图 2-5 所示。

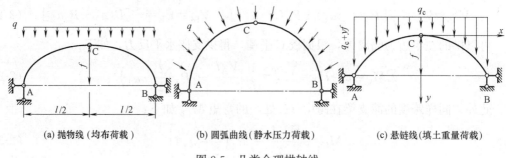

(a) 抛物线（均布荷载）　　　(b) 圆弧曲线（静水压力荷载）　　　(c) 悬链线（填土重量荷载）

图 2-5　几类合理拱轴线

显然，拱支座应能可靠地承受水平推力，才能保证发挥拱的受力作用。关于拱脚推力的处理，有以下几种方法，如图 2-6 所示。

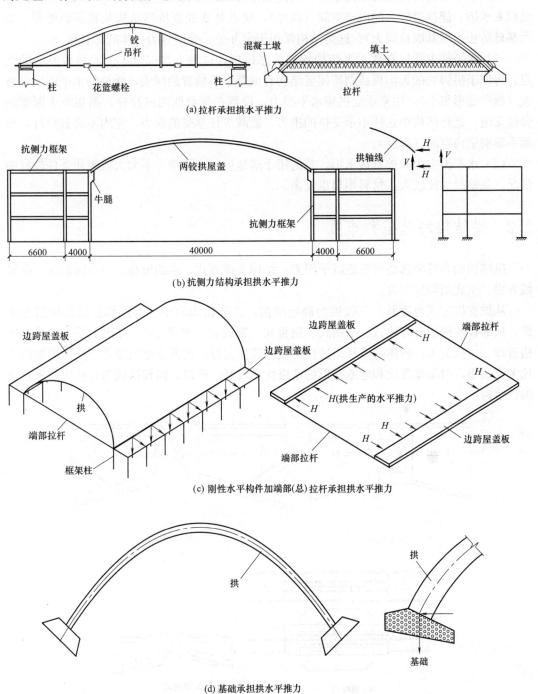

(a)拉杆承担拱水平推力

(b)抗侧力结构承担拱水平推力

(c)刚性水平构件加端部(总)拉杆承担拱水平推力

(d)基础承担拱水平推力

图 2-6　拱结构水平推力的处理方式

（1）水平推力由拉杆承担。其优点是经济合理、安全可靠；缺点是室内有拉杆，浪费空间，故落地拱一般把拉杆设置在地坪以下。其适用范围为：搁置在墙或柱上的屋盖、落地拱。拉杆常用的材料为型钢、圆钢、预应力混凝土、钢绞线等。

（2）水平推力由抗侧力结构承担。其优点是可以直接利用框架或剪力墙结构等抗侧力结构来承担、能获得较大的内部空间（高度），缺点是要加强抗侧结构及其基础处理（加大基础防止出现基底拉应力）。这类结构常用于集办公、会议等为一体的综合楼。

（3）水平推力通过刚性水平结构传递给总拉杆。这种方法综合了上面两种方法的优点，将位于拱脚处的天沟板或副跨屋盖结构看成是水平放置的深梁，深梁的水平刚度足够大（侧向变形很小），用来承受拱脚水平推力，设置在深梁两端的拉杆，则相当于深梁的弹性支座。这种结构中立柱不承受拱的推力，能减少柱承受的内力，室内不设置拉杆，从而不影响室内空间（高度）。

（4）水平推力由基础直接承担。其适用于落地拱、水平推力不太大或地质条件较好的情况。基础尺寸比较大，材料用料也较多。

2.2 拱结构的选型和布置

拱结构的布置和选型可考虑以下因素：结构支撑方式、拱的矢高、拱截面高度、拱轴线方程、拱式结构的布置。

从拱支撑方式角度看，三铰拱为静定结构，计算较为简单，但顶部铰增加构造复杂性，顶部铰的构造有方块式、平衡式、钢板式、螺栓式，见图 2-7。对比之下，两铰拱的构造较三铰拱简单，整体刚度和围护性均较三铰拱为好，此外支座沉降等产生的附加内力比无铰拱小，对温度变化和地基变形的适应性比较好。所以，两铰拱成为目前应用最广泛的拱结构。

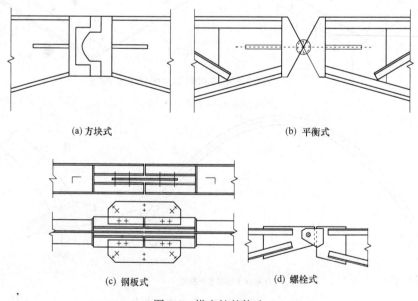

(a) 方块式   (b) 平衡式

(c) 钢板式   (d) 螺栓式

图 2-7 拱定铰的构造

拱的矢高的设计需要满足以下要求。第一，需要满足建筑使用功能和造型的要求。第二，矢高适中，矢高过小会增加拱脚水平推力进而增加造价，矢高过大则增加拱身及其屋面覆盖材料的用量；对于用于屋盖的拱结构，矢跨比一般取 $f/l=1/7\sim1/5$；对于落地拱，应主要根据建筑跨度和高度要求来确定矢高。第三，满足屋面排水的要求，对于瓦屋面及自防水，则屋面坡度 1/3、$f/l=1/6$；对于油毡屋面，屋面坡度要求小于等于 1/4、f/l 小于等于 1/8，如果坡度和矢跨比过大，则夏季会引起沥青流淌。

在工程实际中，合理拱轴线在实际中不可能做到，因为荷载难以确定，比如风荷载大小不定、活荷载位置变化，在房屋建筑中拱结构的轴线一般采用抛物线。

拱的布置包括：并列布置、径向布置、环向布置、井式布置、多叉布置、拱环布置。拱为平面受压或压弯结构，因此必须设置横向支撑并通过檩条或大型屋面板体系来保证拱结构在拱平面外的受压稳定性；此外，还需设置纵向支撑，以增强结构的纵向刚度，传递作用于山墙上的风荷载。拱支撑系统的布置原则与单层门式刚架结构、角钢桁架屋盖类似，如图 2-8 所示。

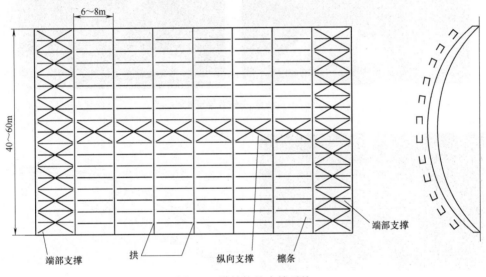

图 2-8 拱结构的支撑系统

2.3 建筑拱结构的几个工程例子

马篷古布韦导览中心（图 2-9），位于南非林波波河和沙谢两河流域的交汇处，是为收藏和展示南非史前文物而设计，收藏的史前文化将会为游客们展示本地生态和历史。建筑本身采用的圆顶，融汇当地人民的设计智慧和劳动。建筑结构形式为砖石砌体结构拱结构（加泰罗尼亚拱结构），结构材料采用当地材料烧成而成的土瓷砖，建筑外立面采用当地的岩石构成，不仅造价低，而且生态、质朴。

砖石砌体拱结构通常有两种形式：一般的楔形砌块拱和加泰罗尼亚拱结构。一般楔形砌砖拱是重力式的，依靠砌块自身重力以及之间的摩擦力确保结构稳定，故而厚度较厚；加泰罗尼亚拱是整体式的，依靠砌块间以及砂浆的相互作用使结构稳固，故而厚度较薄。因此，加泰罗尼亚拱若发生局部破坏，则容易导致全局倒塌；传统楔形拱即使局部出现裂缝，如果能够确保力可以从不同路径传递到下部结构，拱体本身不会倒塌。

秦始皇兵马俑博物馆展览厅，位于西安，是在世界八大奇迹兵马俑坑原址上建立的遗址类博物馆，也是中国最大的古代军事博物馆，如图 2-10 所示。屋盖为三铰拱结构，跨度 67m，拱截面为格构式，拱脚支撑位于从基础上斜挑 2.5m 的钢筋混凝土斜柱上。

美国蒙哥玛利体育馆，建造于 1953 年，为并列式拱结构，见图 2-11。体育馆平面为椭圆形，长轴约为 103m。各榀拱架结构的尺寸是一致的，一部分拱脚被包在建筑物内，而另一部分拱脚则暴露在建筑物的外部，且各榀拱脚伸出建筑物的长度是变化的，如图 2-12 所示。

图 2-9　马篷古布韦导览中心

 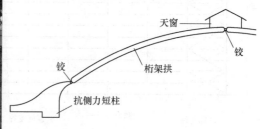

图 2-10　秦始皇兵马俑博物馆展览厅

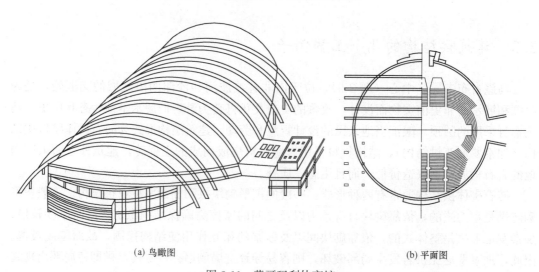

(a) 鸟瞰图　　　　　　　　　　　　　　　　(b) 平面图

图 2-11　蒙哥玛利体育馆

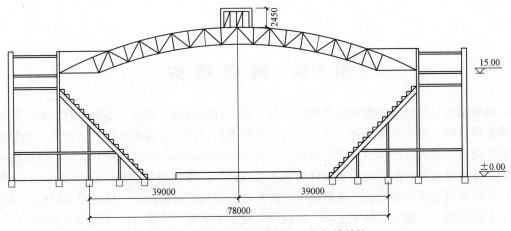

图 2-12　某体育馆的屋盖结构（桁架拱结构）

本章参考文献

［1］　龙驭球，包世华，匡文起，袁驷. 结构力学 I ［M］. 北京：高等教育出版社，2001.

［2］　陈保胜. 建筑结构选型 ［M］. 上海：同济大学出版社，2008.

第3章 网架结构

网架结构是平板型空间网格结构的简称,其构件(杆件)可以采用钢、竹、木、铝合金等多种材料,最常见为钢材。网架结构因具有用料经济、空间刚度好、适合工厂预制现场装配化施工等优点而得到广泛的应用。早在1940年欧洲就出现了网架结构,但高次超静定的特点导致网架结构的应用在计算机不发达的年代受到很大限制。20世纪70~80年代后,计算机软硬件技术的发展解决了高次超静定结构的计算问题,使得网架结构大量应用于工程实践。被称为"网架王国"的我国,近年来更是年均建设网架结构面积约300万m^2,主要用于工业厂房屋盖结构以及展览馆和候车大厅等大中跨度公共建筑。

在网架结构的设计和施工规范与标准方面,1981年我国颁布执行《网架结构设计与施工规程》JGJ 7—80,规程适用于工业与民用建筑屋盖结构中跨度不大于120m的网架结构。这部规程在总结中国经验的同时,也汲取了世界先进技术。此后,中国建筑标准设计院研究所在1983年制定了JGJ 7—80配套图集:《焊接空心球节点网架定型图集》《螺栓球节点网架定型图集》等。随着网架的进一步推广与应用,经过修订后推出了《网架结构设计与施工规程》JGJ 7—91,并于1992年4月起施行。随后陆续推出与JGJ 7—91配套的标准和图集等,如《网架结构工程质量检验评定标准》《钢网架检验及验收标准》等。到2010年,我国对网架和网壳结构设计施工规范进行整合,并加入了立体管桁架、立体拱架、张弦立体拱架,颁布《空间网格结构技术规程》JGJ 7—2010。

本章主要介绍网架结构的类型、设计原则、内力计算方法、地震作用与抗震设计,关于杆件和节点设计以及防火防腐设计等与网壳结构共性的内容将在下一章网壳结构中阐述。

3.1 网架结构的特点和几何构成分析

3.1.1 网架结构的特点

网架结构是由多根杆件按一定规律组成的高次超静定平板型空间杆系结构。网架结构的整体受力性能类似受弯的平板结构,但结构中杆件(基本单元)以承受轴力为主,故能充分发挥材料强度。网架结构在设计、计算、构造和施工制作等方面都比曲面型空间网格结构(简称网壳)简便。网架结构适用于大、中跨度各种类型的屋盖或楼面结构体系。与拱、平面桁架等平面大跨度结构体系相比,网架结构具有下列特点:

(1)多向受力的空间结构体系,比单向受力的平面结构的适用范围更广,不仅适用30m以内的中小跨度房屋建筑,也适用于跨度达到90m甚至更大跨度的建筑结构。

(2)高次超静定结构,各杆件相互支持,既是受力杆件又是支撑杆件,故无需另外设置支撑系统,具有刚度大、稳定性好、抗震性能好、可靠度高等优点。

(3)网架受力分布均匀合理,屋面(楼面)传来的荷载可简化为集中荷载作用在各节点上,网架杆件主要承受轴向拉力或压力作用,受力合理,节省结构用钢(有研究表明比平面桁架结构节省钢材约 30%）。

（4）适应各种建筑造型要求，既能覆盖建筑中常见的矩形平面，也可组成圆形、扇形和各种多边形的平面；网架结构高跨比小，结构占有空间较小（更有效地利用建筑空间），还可利用网架中部空间设置各种管道等，使用方便，经济合理。

（5）可用小规格杆件建成大跨度结构，便于设计标准化和生产制作工业化，构件及其组成的预制单元便于运输和现场装配。

（6）网架结构是一种无推力空间结构，能简支于支座（下部结构）上，边缘构件简单。

3.1.2 网架结构的几何构成分析

同其他建筑结构一样，网架结构在进行具体分析计算前也要进行几何构成分析，确保结构的几何不变。然而，由于网架结构为高次超静定结构，杆件和节点数量很多，结构构成看上去很复杂，很容易忽视网架结构的几何不变性分析。此外，以往设计时常利用对称性进行网架结构计算以减少工作量，但这又会因计算上的需要而在对称面上增加很多约束，从而掩盖了倘若一个结构不满足几何不变的充分必要条件时可能出现的问题。

网架结构的几何构成分析，包括检查保证网架结构几何不变性的必要条件和充分条件。网架结构几何不变的必要条件为：$W = 3n - m - r$，m 为网架的杆件数，n 为网架的节点数，r 为支座约束链杆数。当 $W > 0$，则结构为几何可变体系。当 $W = 0$，则结构满足静定必要条件，且无多余杆件约束。当 $W < 0$，则结构满足静定必要条件，且有多余杆件约束。当 $W \leqslant 0$ 时，如杆件布置合理，则网架为静定结构（$W = 0$）或超静定结构（$W < 0$），但仍然有可能因为网架结构的不正确的构造（布置）而导致结构几何可变，比如结构中某些杆件的布置使得结构某一部分有多余杆件约束而另外一部分却缺少必需的杆件约束。

因此，网架结构还要满足几何不变性的充分条件（即结构布置的正确与否），可利用固定空间一个节点的规律来检查是否满足，具体如下：

（1）用三根不在同一个平面内的杆件汇交于一点，则该点为空间不动点，即几何不变。

（2）三角锥是组成空间结构几何不变的最小单元。

（3）由三角形的平面组成的空间结构，其节点至少为三平面交汇点时，则该结构为几何不变。

然而，由于网架结构的节点和杆件众多、边界条件较复杂等，上述三个条件并不能分析出来所有网架结构的几何变形。因此，工程上比较实用的方法是对考虑边界条件后的结构总刚度矩阵 [K] 进行检查。如果 [K] 的对角元素出现零，则与它相应节点为几何可变；如果 [K] 的行列式为零（即 [K] 为奇异矩阵），则结构为几何可变。

3.2 网架结构的类型、选型与主要尺寸

网架结构按层数分为双层网架和三层网架。前者由上弦杆、下弦杆和腹杆组成，后者由上弦杆、下弦杆再加中间一层弦杆以及腹杆组成。对比双层网架，三层网架的优点是刚度更大、弦杆内力更小（比双层网架小约 1/4～1/2）、腹杆长度更短，缺点是构造繁琐、

节点和杆件数量多。因此，工程中的建筑结构常用双层网架，三层网架多用于局部或跨度更大（60m 及以上）的建筑结构，如图 3-1 所示。本书主要介绍双层网架。

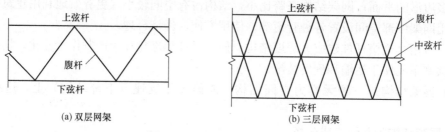

(a) 双层网架　　　　　　　　　(b) 三层网架

图 3-1　双层网架与三层网架

按照网格形式不同，网架可分为交叉平面桁架体系网架、四角锥体系网架、三角锥体系网架三大类。

3.2.1　交叉平面桁架体系网架

交叉平面桁架体系网架是由一系列平面桁架相互交叉组成，桁架的节间长度就是网格尺寸，当网格尺寸较大时可设再分杆。这种网架结构出现的时间最早，其特点是上下弦杆和腹杆位于同一垂直平面内且上弦杆和下弦杆等长。此外，在各向平面桁架的交点处有一根共用的竖腹杆。这类网架适用于各种跨度的建筑物，腹杆应布置成长杆（斜腹杆）受拉、短杆（竖腹杆）受压，斜腹杆与弦杆之间的夹角宜取 40°～60°。这类网架有四种形式：两向正交正放网架、两向正交斜放网架、两向斜交斜放网架、三向网架。

1. 两向正交正放网架

两向正交正放网架由两组平面桁架垂直交叉而成（正交），在矩形建筑平面中应用时，两向桁架垂直或平行于边界（正放），如图 3-2 （a）所示。此类网架的特点是：上弦和下弦的网格尺寸相同，各平行弦桁架长度一致，制作简便。这类网架的两个方向桁架的节间数宜布置成偶数，如果为奇数，则中部节间应做成交叉腹杆。由于该网架的上弦和下弦杆组成矩形网格且平行于边界（几何可变）、腹杆又在上下弦杆平面内，水平方向属于几何可变。为了能有效地将水平荷载传递给支承（这里的支承是指网架等屋盖结构的下部结构，如柱、墙、梁等），对于周边支承网架，应在上弦平面的周边网格中设置水平斜撑杆（图 3-2a 中虚线部分），如支承在下弦节点则下弦平面的周边网格也应设置斜撑杆；对于点支承网架，应在上弦和下弦平面内沿主桁架（通过支承）的一侧或两侧设置水平斜撑杆。

两向正交正放网架的受力性能与两相交叉的井字梁类似，随着平面尺寸和支承情况的变化而变化。当网架为周边支承时，结构平面接近正方形，则网架的两个方向传力越接近，空间作用越明显，两方向边长相差较大时，以短向传力为主。当采用四角四点支承时，网架内力分布不均匀，支撑附近的杆件及主桁架杆件内力较大，其他杆件内力较小。此时应把支承点设在网架内部，四面各悬挑 1/4～1/3，以取得较好的经济效果。

2. 两向正交斜放网架

两向正交斜放网架的特点是两个方向的桁架垂直相交，在矩形建筑平面应用时，两个方向的平面桁架与边界呈 45°斜交。此类网架可以看作是两向正交正放网架在建筑平面上放置时转动 45°角，如图 3-2 （b）所示。对比正交正放网架，正交斜放网架的各片桁架长

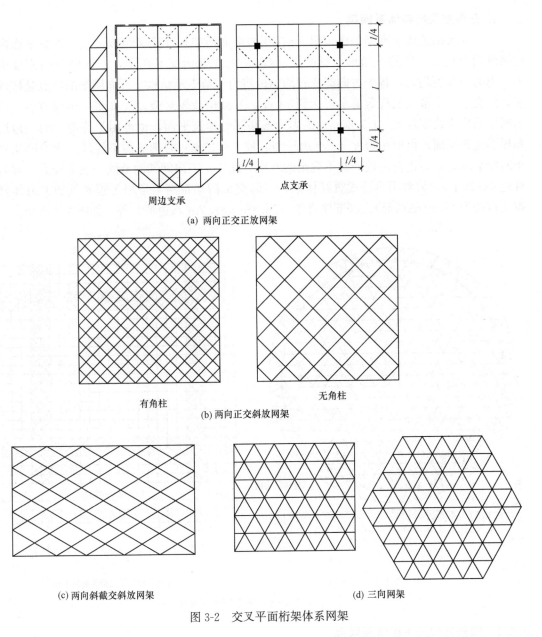

(a) 两向正交正放网架

周边支承 　　 点支承

(b) 两向正交斜放网架

有角柱 　　 无角柱

(c) 两向斜截交斜放网架 　　 (d) 三向网架

图 3-2　交叉平面桁架体系网架

度不等，靠近四角的桁架（跨度小刚度大）对与它垂直的长桁架起着弹性支座的作用，从而减小了长桁架的跨中正弯矩，故经济性更好。同时，长桁架产生负弯矩，对四角支座产生了较大的上拔力，要求这些支座的构造能负担拉力，造成支座的构造比较复杂，设计时可采取长桁架不通过角柱的方式（无角柱）以减小四角支座的上拔力。两向正交斜放网架具有结构稳定性好、刚度大等优点，适用于建筑物为正方形和矩形平面。此类网架结构体系的典型工程例子有首都体育馆（99m×112m）、福建体育馆（54m×67.5m）等。

3. 两向斜交斜放网架

　　两向斜交斜放网架也是由两个方向的平面桁架相交而成，但其交角不是 90°，如图 3-2 (c) 所示。此类网架节点构造复杂，受力性能欠佳，故仅建筑上有特殊要求时才采用。

4. 三向交叉桁架体系网架

三向交叉桁架体系网架是由三组互成 60°的平面桁架相互交叉组成，上、下弦平面内的网格均为几何不变的三角形，见图 3-2（d）。对比两向交叉网架，三向网架的刚度更大，内力分布更均匀，各个方向能比较均匀地将力传给支承结构。三向网架的缺点是杆件多，汇交于一个节点的杆数最多可达到 13 根，节点构造较复杂，故大多采用球节点。三向网架适用于跨度较大（$L>60m$）的多边形和圆形建筑平面，也可用于跨度大的三边形和梯形建筑平面，但中小跨度（$L=30\sim60m$ 或 $L<30m$）时则显得不经济。此类网架用于圆形平面时，周边将出现一些不规则的网格。此外，三向网架的节间一般都较大（有时可达 6m 以上），故常用再分式腹杆体系。三向交叉桁架系网架常用工程实例如上海体育馆（直径为 110m 的圆形）、江苏体育馆（76.8m×88.7m 八边形）等，如图 3-3 所示。

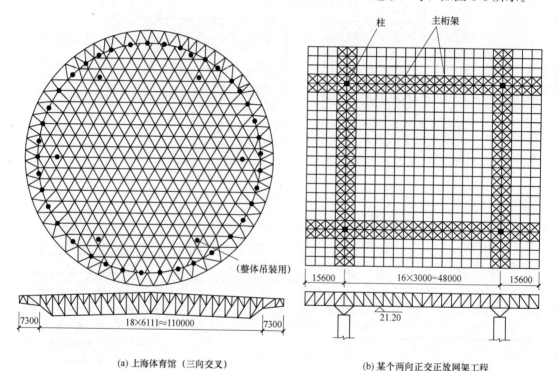

(a) 上海体育馆（三向交叉）　　　　　(b) 某个两向正交正放网架工程

图 3-3　交叉平面桁架体系网架工程实例

3.2.2　四角锥和三角锥体系网架

角锥体系网架是由各种锥体组成，常见的有四角锥体和三角锥体。此类网架结构的特点是杆件相对较少、用钢量较少、刚度适中。在抽取局部锥体后形成的网架，杆件数量进一步减少，构造简单，代价是结构刚度减弱。这种局部抽空的网架适用于中、小跨度的建筑物。下面分别介绍四角锥体系和三角锥体系网架结构。

1. 四角锥体系网架

四角锥体系网架的特征是上、下弦杆均正交组成方格，下弦杆相对于上弦平移半格，位于上弦方格中央，再用四根斜腹杆将下弦杆节点和上弦方格节点相连，形成一个个四角锥体。这类网架一般只有斜腹杆而不设竖腹杆，只有当部分上、下弦节点在同一竖直线上时，才设置竖腹杆。四角锥体系网架可细分为：正放四角锥网架、正放抽空四角锥网架、

22

斜放四角锥网架、棋盘形四角锥网架、星形四角锥网架、单向折线形网架。

（1）正放四角锥网架

正放四角锥网架的平面图见图 3-4（a），此类网架由一系列倒四角锥体组成（图 3-4b），锥底的四边是网架的上弦杆（图中的实线），锥棱为网架的斜腹杆（图中的虚线），各锥的顶节点相连即为下弦杆（图中的点画线）。此类网架体系也可采用正四角锥体（图 3-4c），角锥顶点位于上弦处。这类网架的上、下弦节点汇集的杆数皆为八根，网架高度 $h=a(3)^{0.5}/2$ 时（a 为网格尺寸），腹杆与腹杆、腹杆与弦杆间夹角皆为 $60°$，斜腹杆和弦杆的长度相同，极大地减少了杆件的规格。

正放四角锥网架的杆件受力比较均匀，刚度比其他类型的四角锥网架及两向平面桁交叉系网架好。此外，覆盖网架的屋面板规格单一，也便于屋面起拱和排水处理，但杆件数量相对较多。此类网架适用于接近方形的中等跨度的情况，宜采用周边支承。正放四角锥网架也适用于大柱网、屋面荷载又较大的工业厂房。这时采用点支承的网架，便于设置悬挂吊车。

（2）正放抽空四角锥网架

当荷载较小时，可在正放四角锥网架的基础上抽取部分四角锥，如图 3-4（d）所示，称为抽空四角锥网架。这样做的目的是减少构件、减少用钢量和简化安装建造，故经济性较好。在抽空部位还可以设置采光或通风的天窗。但此类网架也因局部抽空后，下弦杆内力的均匀性较差，刚度也减小，故多用于中小跨度或屋面荷载较轻的情况。此类网架可采

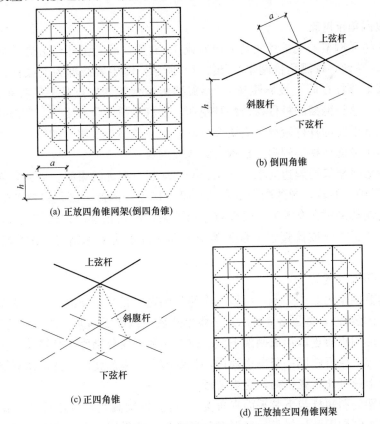

(a) 正放四角锥网架(倒四角锥)

(b) 倒四角锥

(c) 正四角锥

(d) 正放抽空四角锥网架

图 3-4　正放四角锥体系网架

用周边支承、点支承以及周边支承与点支承相结合。由于周边网格不宜抽空，故此类网架的两个方向的网格数应为奇数。

（3）单向折线形网架

将正放四角锥网架的纵向上下弦杆抽掉，形成单向折线形网架，如图 3-5 所示。这种网架既是四角锥网架的拓展，也可看作是 V 形折板在网格结构中的延伸和拓展，其受力性能类同单向板，故而其适用于狭长矩形（长边与短边之比大于 3）平面建筑。此类网架结构特点是自重轻、结构刚度差。

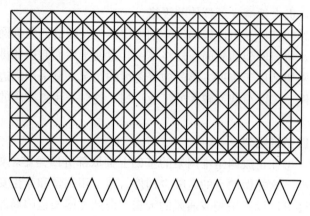

图 3-5　单向折线形网架

（4）斜放四角锥网架

将四角锥体系网架的上弦杆相对于边界成 45°放置，即上弦杆与边界斜交（下弦杆仍与边界正交），得到斜放四角锥网架，如图 3-6 所示。图中实线即为上弦杆，虚线为下弦杆（斜腹杆跟下弦杆在同一投影位置）。斜放四角锥网架的特点是上弦杆短、下弦杆长，当四边支承时，这种网架的杆件符合短杆受压、长杆受拉的合理受力，用钢较省。这类网架还具有节点处汇交的杆件较少（上弦节点 6 根，下弦节点 8 根）的特点，但因上弦网格正交斜放，因而屋面板种类较多、排水坡形成较困难。

斜放四角锥网架采用周边支承且支承沿周边切线方向无约束时，则四角椎体可绕纵轴（四角锥体的纵轴）旋转，导致网架变成几何可变体系。因此，必须在网架周边布置刚性边梁。当此类网架采用点支承时，可在周边布置封闭的边桁架，以保持网架的几何不变。此类网架适用于正方形或接近正方形的矩形平面的周边支承的情况，此时能充分发挥其优点。

（5）星形四角锥网架

星形四角锥网架的基本单元，可以看作两个倒置、相互正交的三角形相互交叉构成一个星体单元（四角锥），如图 3-7 所示。三角形的底边构成了网架上弦，它们与边界成 45°夹角；三角形的顶点相连即形成网架下弦。故上弦和下弦分别为正交斜放、正交正放。网架中的斜腹杆与上弦杆在同一竖向平面内，且在两个三角形交汇处往往设有竖腹杆。此类网架的特点是上弦杆比下弦杆短，受力合理。

当此类网架的斜腹杆与下弦平面夹角为 45°时，网架高度与网格尺寸一致，上弦杆与竖杆等长，斜腹杆与下弦杆等长。星形四角锥网架一般适用于中小跨度、周边支承。

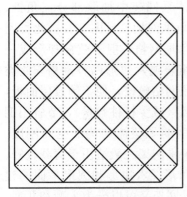

图 3-6　斜放四角锥网架

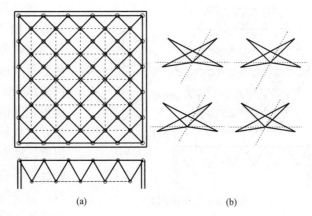

(a)　　　　　　　　(b)

图 3-7　星形四角锥网架

（6）棋盘形四角锥网架

在正放四角锥网架的基础上，保持周边的四角锥不变而将中间四角锥间隔抽空，网架中的上弦杆呈正交正放，而下弦杆呈正交斜放，形成与国际象棋棋盘相似的网架，称为棋盘形四角锥网架，见图 3-8。此类网架也具有上弦短、下弦长的优点，网架的周边不抽空（周边刚度较大），故结构的空间作用得以保证。此外，棋盘形四角锥网架还具有节点处杆件较少、屋面板规格单一、用钢量省等优点，适用于跨度较小、周边支承的情况。

棋盘四角锥体网架一般不起拱，为了使屋面板形成坡度以利于屋面排水，故需要在上弦节点处加焊支托。此类网架可在工厂中制成基本锥体单元，运到现场逐个组成整体，便于施工安装。

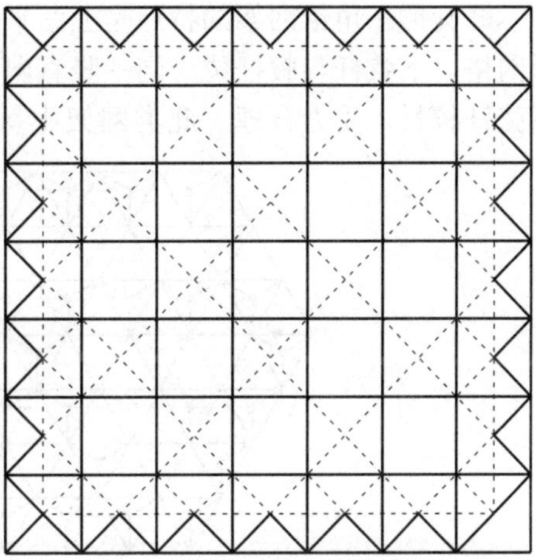

2. 三角锥体系网架

三角锥体系网架是以三角锥体为基本组成

图 3-8　棋盘形四角锥网架

单元，按照三角锥单元体布置的不同，可分为三角锥网架、抽空三角锥网架、蜂窝形三角锥网架。

（1）三角锥网架

三角锥网架的特点是上、下弦杆在自身平面内均组成正三角形网格，下弦三角形的顶点对上弦杆平面投影即为上弦三角形的形心，下弦每个节点通过用三根斜腹杆与上弦三角形的三个顶点相连，组成三角锥体（四面体），如图 3-9 所示。从几何角度看，三角锥网架中的上、下弦杆本身都组成三角形，故这种网架的杆件受力均匀，抗弯和抗扭刚度都较好。此类网架的上、下弦节点处汇交杆件数均为 9 根，节点构造类型单一。如取网架高度 $h=(2/3)^{0.5}s$（s 为网格尺寸），则所有杆件等长。三角锥网架适用于大中跨度及屋面（楼面）荷载较大的建筑，当建筑平面呈正方形、三角形、六边形时最适宜。

（2）抽空三角锥网架

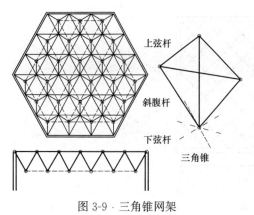

图 3-9 三角锥网架

在三角锥体系网架中抽取部分三角锥，就形成抽空三角锥网架，见图 3-10。此类网架的上弦为三角形网格，但下弦杆却形成三角形及六边形组合或六边形两种网格。此类网架结构的上弦网格较密，便于铺设屋面板，而下弦网格较稀（减少杆件数量），节省用钢量，但也因此削弱了整体结构的空间刚度。因此，抽空三角锥网架一般适用于荷载较轻、跨度较小的三角形、六边形和圆形平面的建筑。抽空三角锥网架又可以分为Ⅰ型和Ⅱ型。以建筑平面为六边形的网架为例，两类网架的抽锥规律如下：Ⅰ型是网架周边一圈的网格均不抽锥，但内部从第二圈开始沿着三个方向隔一个锥体抽掉一个；Ⅱ型是从周边网格开始沿着三个方向间隔两个锥体抽掉一个。相比之下，Ⅱ型的下弦杆件更少。

（3）蜂窝形三角锥网架

蜂窝形三角锥网架的特点是上弦平面为正三角形和正六边形网格，下弦平面为正六边形网格，下弦杆与腹杆位于同一竖直向平面内，如图 3-11 所示。这类网架的上弦杆较短，下弦杆较长，受力合理。此类网架中每个节点只汇交 6 根杆件，节点构造简单，用钢量

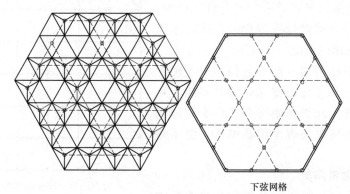

下弦网格

(a) Ⅰ型抽空三角锥体系网架

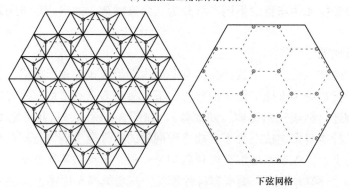

下弦网格

(b) Ⅱ型抽空三角锥体系网架

图 3-10 抽空三角锥网架

省。但上弦平面的六边形网格却增加了屋面板布置难度，增大了屋面找坡难度。蜂窝形三角锥网架比较适用于中小跨度屋盖、周边支承，此时能获得较好的经济效果，此类网架常用的建筑平面形式为六边形和圆形。

角锥体系双层网架还有六角锥组成的网架结构，有效地提高了建筑结构的安全性和稳定性，但构造相对较复杂，没有三角锥网架和四角锥网架应用广泛。另外，按照组成的基本单元来看，常见的三层网架有平面交叉桁架体系网架、四角锥体系网架、混合网架三大类。从几何上看可以将三层网架分为上、下两层的双层网架，其中三层网架的中弦杆作为上、下两

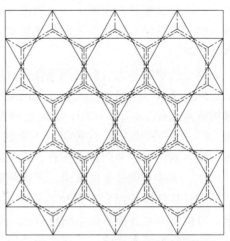

图 3-11　蜂窝形三角锥网架

层的共用边。如果上、下两层的组成基本单元均为平面交叉桁架，则称为平面交叉桁架体系三层网架；如果上、下两层的组成基本单元分别为平面交叉桁架和四角锥，则称为混合桁架，比如上层为正放四角锥、下层为正交正放桁架。

3.2.3　网架结构的选型

网架的形式很多，如何结合具体工程合理地选择网架形式是网架结构方案设计的首要问题。网架的选型与下列条件密切相关：建筑平面形状和尺寸（跨度）、网架结构的下部支承情况、荷载大小、屋面构造、建筑要求、制作安装的难易程度，以及材料用量等。如从用钢量角度来看，当建筑平面接近正方形时，以斜放四角锥体网架比较经济，而三向交叉梁系网架较为费钢。但如网架的跨度和所承受荷载都较大时，选择三向交叉梁系网架则体现出更好的综合经济优势。如果网架的跨度和所承受的荷载都较小时，则选用抽空型网架获得较好经济成本。因此，网架选型应结合实用与经济的原则综合分析确定，一般情况应选择几个方案经优化设计而确定。在优化设计中，不仅要考虑用钢量，更应考虑杆件与节点间的造价差别、安装费用、屋面材料与维护结构的费用等综合经济指标。《空间网格结构技术规程》JGJ 7—2010 及有关的网架结构设计参考书，总体上对网架结构提出下列选型规定：

（1）平面形状为矩形的周边支承网架，当其长边与短边之比不大于 1.5 时，宜选用斜放四角锥网架、棋盘形四角锥网架、正放抽空四角锥网架、两向正交斜放网架、两向正交正放网架、正放四角锥网架。当建筑要求长宽两个方向支承距离不等时，可选用两向斜交斜放网架。当平面形状的长边和短边之比大于 1.5 时，宜选用两向正交正放网架、正放四角锥网架、正放抽空四角锥网架。当平面狭长（长边远大于短边）时，可采用单向折线形网架。

（2）平面形状为矩形、三边支承一边开口的网架，其开口边可采取增加网架层数或适当增加网架高度等办法予以加强。

（3）平面形状为矩形且多点支承的网架，可选用正放四角锥网架、正放抽空四角锥网架、两向正交正放网架。对多点支承和周边支承相结合的多跨网架，还可选用两向正交斜放网架或斜放四角锥网架。

（4）平面形状为圆形、正六边形（或近正六边形）且为周边支承的网架，可选用三角锥（抽空三角锥）网架、三向交叉桁架系网架。当跨度和荷载较小时，也可选用蜂窝形三角锥网架。

（5）当跨度不大且有混凝土楼面（屋面）时，可综合利用网架结构和混凝土板，用钢筋混凝土楼板（屋面板）代替原来网架的上弦，形成钢-混凝土组合网架结构。《空间网格结构技术规程》JGJ 7—2010 指出这种组合网架适用于跨度 40m 以下的多层房屋建筑楼盖、60m 以下的屋盖，这种组合网架的优点之一就是省钢材。组合网架宜选用正放四角锥、抽空四角锥、两向正交正放、斜放四角锥、蜂窝三角锥形式的网架。

（6）从施工建造角度来讲，平面桁架交叉体系网架要比空间桁架体系网架更简便。

（7）从杆件截面和节点构造角度来看，宜采用钢管杆件和球（焊接球和螺栓球）节点，但材料价格方面不如角钢杆件和钢板节点便宜，后者用于厂房等中小跨度网架结构时有一定的材料成本优势。然而综合建筑美观、防火防腐涂料、后期清洁便利性时，闭口截面的钢管构件远优于开口截面的角钢构件，因此大部分网架结构采用钢管构件。

（8）从屋面板角度来看，正放网架的屋面板规格往往只需要采用一种，便于减少板件规格和降低成本，但也带来建筑外表比较单一。对比之下，斜放网架有多种屋面板规格。倒锥体系网架结构的上弦网格尺寸较小，故屋面板规格也相对较小，而正锥体系网架结构则刚好相反。

（9）从荷载和跨度角度看，跨度和荷载均较小时，宜采用抽空型网架。

（10）对于超大跨建筑（跨度接近百米）时，工程经验表明三角锥网架和三向网架用钢量反而比其他类型网架少。

3.2.4　网架结构的支承

网架作为屋盖和楼盖结构，整体上看像一块跨度很大的板一样搁置在墙、柱、梁等下部结构上。类似板，网架也分为单跨网架和多跨网架，本书主要指单跨网架。根据网架搁置的方式不同，可分为点支承、周边支承、边点混合支承（既有周边支承又设置跨中点支承）、三边支承、两边支承、单边支承，见图 3-12。

周边支承是指网架四周边界上的全部节点均为支座节点，支座节点可支承在柱和墙上，也可支承在柱间的连系梁或桁架上。这种支承受力均匀、传力直接，为网架结构最常见的支承方式。

在矩形建筑平面中，考虑到工艺要求、建筑功能要求或扩建需要，网架的一边或两边不允许设置柱子时，则要将网架设计成三边支承一边自由或两边支承两边自由的形式。这种支承常用于机库、仓库、干煤棚等建筑的屋盖结构。自由边的存在对于网架内力分布和挠度都不利，故应对自由边进行适当处理（选用截面更大的杆件或局部增加网架层数），改变网架的受力状态。

对于悬挑的网架结构（如酒店大门的雨篷等），则采用单边支承。单边支承网架受力与悬挑板的受力相似，支承沿悬挑根部设置且应在网架上下弦平面内都设置。

点支承的特点是网架仅有数个支座节点，支座节点设置在网架结构的中间或周边几处上弦或下弦处，比如加油站屋盖结构常用四点支承。点支承网架整体受力性质类似无梁楼盖，应尽可能设计成带有一定长度的悬挑网格（即支座节点位于网架中间），这样可以减少跨中正弯矩和挠度，并使整个网架的内力趋于均匀。研究表明，对于多点支承单跨网架，悬挑长度宜取中间宽度的 1/3；对于多点支承的连续跨网架，悬挑长度宜取中间跨度的 1/4。边点混合支承的网架是在周边支承的基础上，在建筑内部增设中间支承点，如此可减少网架杆件的内力峰值和挠度，用相同的杆件实现跨度较大的网架。

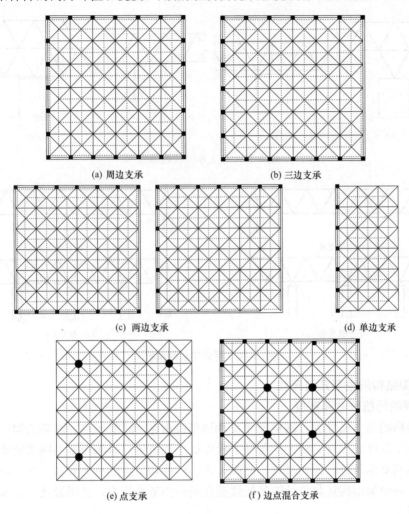

(a) 周边支承   (b) 三边支承

(c) 两边支承   (d) 单边支承

(e) 点支承   (f) 边点混合支承

图 3-12　网架的支承

当网架采用点支承时，网架与柱子连接部位称为柱帽，常见的柱帽有以下四种形式。

（1）柱帽设置在下弦平面之下，就是支点处向下延伸一个网架高度，如图 3-13（a）所示。这种柱帽能很快将柱顶反力扩散，但占据了一部分室内空间。

（2）上弦节点直接搁置于柱顶（通过一根竖腹杆），使柱帽呈伞形，如图 3-13（b）所示。这种柱帽的优点是不占室内空间、屋面处理简单，缺点是承载力较低，适用于中小跨网架或轻型屋面网架。

（3）下弦节点直接搁置在柱顶，形成如图 3-13（c）所示简单的柱帽，这种柱帽适用于跨度小、荷载轻的网架。

（4）柱帽设置在网架上弦平面之上，就是在支点处向上延伸一个网架高度，形成局部加层网架，如图 3-13（d）所示。这种柱帽的优点是不占室内空间，柱帽上凸部分可兼作采光天窗，但代价是增加了用钢量。

根据网架和下部支撑结构的位置，网架可采用上弦支承、下弦支承和混合支承，见图3-14。当采用下弦支承时，应在支座边形成边桁架。

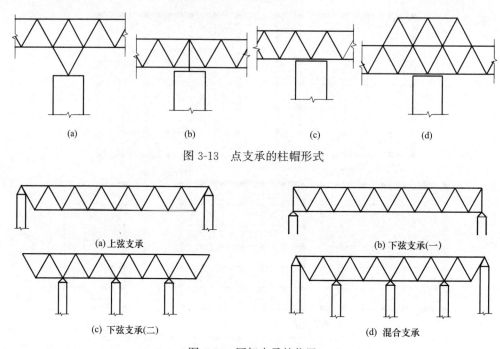

图 3-13　点支承的柱帽形式

(a) 上弦支承　　　　　　　　　　　　(b) 下弦支承(一)

(c) 下弦支承(二)　　　　　　　　　　(d) 混合支承

图 3-14　网架支承的位置

3.2.5　网架结构的主要几何尺寸

1. 网架的网格尺寸和高度

网架结构的基本尺寸为：网格尺寸 a 和网架高度 h，见图3-15。网架结构尺寸的确定原则是在满足强度、刚度、稳定的条件下获得最经济造价，影响因素为网架跨度、结构平面形状、结构支承条件、屋面材料、荷载条件、杆件和节点的种类数量、加工制作安装难易程度等。而网架结构优化设计的目的就是在同一类型网架中，选用最优的 a 和 h，实现总造价最省。

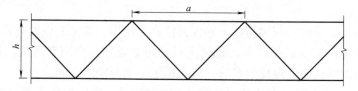

图 3-15　网架结构的主要尺寸：网格尺寸 a 和高度 h

网格尺寸 a 的大小直接影响着网架结构的经济性。a 较大时，网架的节点减少，便于施工；网格尺寸较小时则相反。网格尺寸 a 与屋面荷载和材料有关，当屋面（楼面）采用重量较大钢筋混凝土板时，a 较大则既增加了网架所受的荷载，又增加了吊装屋面板的困难，无檩条时 a 通常不超过3m；虽然采用檩条系构造可以增加 a，但檩条跨度不宜超过6m。此外，a 较大时导致上、下弦杆的长度也较大，为确保受压杆件的稳定系数 φ 满足要求，杆件截面也变大，进而节点体积变大。网格尺寸 a 也与钢材规格有关，网架采用钢管杆件时，a 可以大些，采用角钢杆件或只有较小规格的钢材时，a 应小些。网格尺寸 a 还与网架高度 h 有关，因为斜腹杆和弦杆夹角以 $45°\sim55°$ 为宜，过大或过小均会增加节点构造方面的困难。

网架高度 h 与屋面荷载、设备、建筑平面形状、支承条件有关。屋面荷载较大时，则要选较厚的网架（即 h 较大）。网架中必须穿行通风管道等设备时，网架高度必须满足相关的要求。当网架的跨度较大时，网架高度还取决于相对挠度的要求。当建筑平面形状为正方形、接近正方形的矩形、圆形时，网架高度可以取得小一点；当建筑平面狭长时，应选择较厚的网架。周边支承约束比点支承明显强，故周边支承网架的高度比点支承的要小。网架高度 h 还直接影响上、下弦杆的内力大小，而且还影响腹杆的经济性。如 h 增加，则弦杆受力小，可减少截面尺寸，但腹杆变长从而导致腹杆截面变大、围护材料增多。有人对工程中最常见的 6 种网架结构进行优化研究后，给出了这 6 种网架的网格数（反映了网架的网格尺寸）和跨高比的参考选择，见表 3-1。

网架上弦网格数和跨高比 表 3-1

网架形式	钢筋混凝土屋面体系		钢檩条体系	
	网格数	跨高比	网格数	跨高比
两向正交正放网架，正放四角锥网架，正放抽空四角锥网架	$(2\sim4)+0.2L_2$	10～14	$(6\sim8)+0.07L_2$	$(13\sim17)-0.03L_2$
两向正交斜放网架，棋盘形四角锥网架，星形四角锥网架	$(6\sim8)+0.08L_2$			

注：1. L_2 为网架短向跨度；
2. 当跨度在 18m 以下时，网格数可适当减小；
3. 其他形式网格也可参考使用，表中仅适用于周边支承情况，对于点支承的网架结构可以适当提高网架高度。

2. 网架的屋面排水与找坡

任何建筑物的屋面都要解决排水问题，对于采用网架作为屋盖的承重结构，因其面积大导致屋面中间起坡高度更大，故其排水问题比一般的多高层建筑结构更加突出。有统计表明，工程上已多次发生因屋面排水问题没解决好（积水致使屋面荷载增加）而导致网架变形过大问题：影响正常使用，以至发生局部杆件破坏。

网架屋面排水坡度通常为 $3\%\sim8\%$，雨水多的地方坡度更大。工程实践中有以下三种屋面排水方式。

（1）网架整体起拱找坡：网架的上下弦杆仍保持平行，只将整体网架在中间抬高（起拱）从而形成屋面排水坡度，如图 3-16（a）所示。这种方式类似桁架起拱的做法，起拱高度取决于屋面的排水坡度。起拱高度过高会改变网架的内力分布规律，此时应按网架实际几何尺寸进行内力分析。

（2）网架变高度：网架高度变化（跨中高、两端低）从而形成屋面排水坡度，如图 3-16（b）所示。这种方式类似梯形角钢屋架（外形符合静力荷载作用下的弯矩图），网架跨度中间高度增加，可以降低网架跨中位置上下弦杆内力的峰值，使得网架内力趋于均匀。但是由于网架高度变化，导致上弦杆和腹杆种类增多，给网架制作和安装带来一定困难。

（3）上弦节点加设小立柱：在网架上弦节点设立一系列高度不同的小立柱从而形成屋面排水坡度，如图3-16（c）所示。这种找坡方式比较灵活，改变小立柱的高度即可形成双坡、四坡及其他更加复杂的多坡度排水屋面。小立柱构造比较简单，尤其是用于空心球节点或螺栓球节点上，只要按设计要求将小立柱焊接或用螺栓拧接在球体上即可。但是，当网架跨度较大时，中间屋脊处小立柱的高度较高，应验算小立柱自身的稳定性，必要时应采取加固措施。有分析表明，当小立柱高度超过900mm时，应考虑增加斜撑，以保证屋面的刚度。

对于跨度较大且屋面坡度较大的网架，可以考虑采用网架变高度和加设小立柱相结合的方式，解决屋面排水问题。一方面可以降低小立柱高度，增强其稳定性，另一方面又可使网架的高度变化不大。

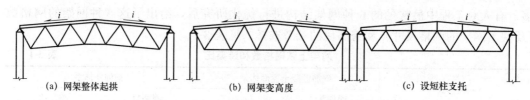

(a) 网架整体起拱　　　　　　　(b) 网架变高度　　　　　　　(c) 设短柱支托

图 3-16　网架结构屋面排水坡的形成方法

3. 网架起拱度和容许挠度

网架起拱主要是为了消除人们在视觉上对建成的网架具有下垂的感觉。但是，起拱给网架制造增加麻烦，故一般网架不起拱。当要求起拱时，拱度 $\Delta \leqslant L_2/300$，L_2 为网架结构的短向跨度。此时网架杆件内力变化通常不超过10%，设计时可按不起拱计算。

综合网架结构的设计和使用经验，网架的容许挠度 $[\delta]$ 规定为：当网架作为屋盖时，$[\delta] \leqslant L_2/250$，$L_2$ 为网架结构的短向跨度。有分析表明，按照强度控制而选用的网架杆件，一般情况下都能满足这样的刚度要求。当网架作为楼盖时则参考《混凝土结构设计规范》GB 50010—2010（2015年版）的要求，即 $[\delta] \leqslant L_2/300$。

3.3　网架结构的内力分析

3.3.1　网架的静力计算方法概述

网架属于高次超静定结构，精确地获得内力和变形成为结构设计的关键。网架是一种空间交汇杆系结构，杆件之间连接可假定为铰接。大量的研究和工程实践表明，网架结构的铰接节点（忽略节点刚度的影响）的假定完全可行，那种因节点刚度影响而产生的次应力并引起的杆件内力变化很小，可以忽略不计。从整体上看网架结构一般属于平板型，整体受力性质类似板。由板理论可知，受荷后网架在"板"平面内的水平位移小于平面外的挠度，而挠度则远小于网架的高度（"板"的厚度），属于小挠度范畴，故网架受力分析时可以不考虑因大变形、大挠度引起的结构几何非线性效应。此外，除非研究网架的极限承载力，网架一般按照弹性受力状态考虑，即不考虑材料非线性。因此，对于网架结构的一般动力和静力计算，基本假定如下：①节点铰接（杆件只承受轴力作用）；②按小挠度（小变形）理论计算；③按弹性方法分析。

网架结构的计算模型大致分为三大类：

第一种模型是铰接杆系模型。这种模型仅根据上述三个基本假定，没有引入其他任何假定。这种计算模型将网架看作铰接杆件的集合，每根铰接杆件为网架计算的基本单元。这种模型单元数量众多，通常以有限元法为手段分析计算网架的内力和变形。铰接杆系模型和有限元法（分析方法）为基础的网架结构的计算方法被称为空间铰接杆系有限元法（也称空间桁架位移法），是一种精确的计算方法，适用所有类型的网架。

第二种模型是梁模型，适合一些特定类型的网架结构。这种计算模型除了要满足上述三个基本假定外，还要通过刚度折算的方法将网架等效为一系列交叉的梁，然后以梁作为分析计算的基本单元，解算后再回代。显然，将网架折算为交叉梁以及计算后回代，都会带来误差，故这种计算模型没有第一种计算模型精确。但这种计算模型不仅可以采用有限元为手段进行分析计算，而且还能采用差分法、解析法（力法或微分方程近似解法）进行计算。解析法有助于初学者更好地加深概念理解、正确把握网架结构整体性能。将梁模型和分析计算手段（有限元、差分法、力法等）相结合可以获得各种具体的计算方法，如交叉梁系梁元法、交叉梁系力法、交叉梁系差分法、假想弯矩法等，其特点和适用的网架类型见表 3-2。

第三种模型是板模型。类似梁模型，这种计算模型是把网架折算等代为平板，以板为分析计算的基本单元，解算后再回代。根据平板有单层普通板与夹层板之分，平板计算模型也分为拟板法和拟夹层板法两种（也有文献称为考虑和不考虑剪切变形影响的拟板法），其特点和适用的网架类型见表 3-2。这种方法也因折算等代和回代而产生一定的误差。

本节将介绍空间桁架位移法、拟板法、几种交叉梁系法，其他简化方法参见有关文献。

网架结构的计算方法及其特点　　　　　　　　　　　　　　　表 3-2

计算方法	特点	适用范围	误差（%）	备注
空间桁架位移法	为铰接杆系的有限元法,最精确的网架计算方法	各类网架	精确解	程序、电算
交叉梁系梁元法	为等代梁系的有限元法,可考虑剪切变形影响	平面桁架系组成的网架	约 5	程序、电算
交叉梁系力法	为等代梁系的柔度法,一般不考虑剪切变形影响	两相平面桁架系组成的网架	10～20	图表、手算
交叉梁系差分法	为等代梁系的差分解法,可考虑剪切变形影响	平面桁架系组成的网架	10～20	图表、手算
混合法	为平面桁架的差分解法,一般不计剪切变形影响	平面桁架系组成的网架	0～10	程序、电算
假想弯矩法	简化为静定空间桁架系的差分解法,一般不计剪切变形影响	斜放四角锥网架、棋盘四角锥网架	15～30	图表、手算
网板法	为空间桁架系的差分解法,一般不计剪切变形影响	正放四角锥网架	10～20	图表、手算

计算方法	特点	适用范围	误差(%)	备注
下弦内力法	为空间桁架系的差分解法,可考虑剪切变形影响	蜂窝三角锥网架	0~5	图表、手算
拟板法	为等代普通平板的经典解法,一般不考虑剪切变形影响	正放正交网架、正交斜放网架、三向网架	10~20	图表、手算
拟夹层板法	为等代夹板的非经典解法,考虑剪切变形的影响	正放正交网架、两向正交斜放网架、斜放四角锥网架及三向类网架	5~10	图表、手算

3.3.2　网架结构的荷载和作用

进行整体结构计算前,先要分析荷载和作用,网架结构的荷载和作用包括永久荷载、可变荷载、风荷载等。

1. 荷载和作用

(1) 永久荷载

永久荷载是指在结构使用期间,其值不随时间变化或变化很小可以忽略不计的荷载。网架结构的永久荷载包括:①网架自重;②楼面(屋面)覆盖材料重;③吊顶材料自重;④悬吊设备和管道自重等。其中,网架自重 q_{ok} 是网架结构的主要永久荷载,根据《空间网格结构技术规程》JGJ 7—2010 可估算如下:

$$q_{ok}=\sqrt{q_w}L_2/150 \tag{3-1}$$

式中,q_{ok} 为网架自重荷载标准值(kN/m^2);q_w 为除网架自重外的屋面或楼面荷载的标准值(kN/m^2);L_2 为网架短向跨度(m)。

网架结构的楼面或屋面覆盖材料重量,可根据使用材料查《建筑结构荷载规范》GB 50009—2012。顶棚材料自重和设备管道则根据实际工程情况而定。

(2) 可变荷载

可变荷载是指结构使用期间,其值随时间变化不能忽略的荷载。网架结构的可变荷载包括:①屋面或楼面活荷载;②雪荷载;③积灰荷载;④吊车荷载;⑤风荷载。

楼面活荷载根据工程性质按《建筑结构荷载规范》GB 50009—2012 取用,屋面活荷载通常按不上人荷载取为 0.5kN/m^2。雪荷载根据基本雪压和屋面积雪系数,查《建筑结构荷载规范》GB 50009—2012 确定。网架用于工业厂房屋顶时,应根据厂房性质考虑网架的积灰荷载,其值由工艺提出或查《建筑结构荷载规范》GB 50009—2012。

工业厂房中如设有吊车,则要考虑吊车荷载。吊车形式通常有两种:桥式吊车和悬挂吊车。桥式吊车是在吊车梁上行走,此时吊车的竖向荷载通过吊车梁传给柱子,吊车的纵向水平荷载往往由柱间支撑承担,吊车的横向水平荷载则由屋面的网架结构承担。悬挂吊车则直接挂在网架下弦节点上,此时吊车对网架产生竖向荷载和水平荷载。有关吊车荷载取值,可由吊车设备的厂家提供,或参考《建筑结构荷载规范》GB 50009—2012 确定。

如网架为周边支承且支座节点在上弦,则无需考虑网架的风荷载作用,此时风荷载由四周墙面承受。其他支承情况,应根据实际情况考虑风荷载作用。风荷载标准值,按下式计算：

$$w_k = \beta_z \mu_s \mu_z w_0 \qquad (3\text{-}2)$$

式中，w_k 为风荷载标准值（kN/m^2）；β_z 为风振系数；μ_s 为风荷载体型系数；μ_z 为风压高度变化系数；w_0 为基本风压（kN/m^2）。

风荷载计算应注意下列问题：当网架结构高度较大时应考虑侧向（网架厚度方向）风压的作用（见图 3-17a）、悬挑部分网架应考虑风过敏反应（见图 3-17b）。另外，由于网架刚度较大，自振周期较小，计算风载时可不考虑风振系数的影响。

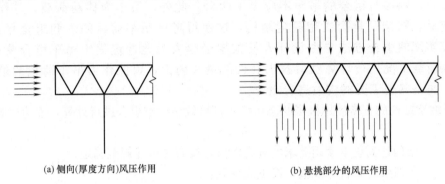

(a) 侧向(厚度方向)风压作用　　　　　　　(b) 悬挑部分的风压作用

图 3-17　风对网架结构的作用

（3）作用

除了永久荷载和可变荷载外，网架还承受温度和地震作用等间接作用产生的杆件内力，相关内容将在第 3.4、3.5 节介绍。

2. 荷载组合

实际工程中的网架往往受到多种类型荷载作用，应根据使用阶段和施工阶段在网架结构上可能同时出现的荷载，按照承载力极限状态和正常使用极限状态分别进行荷载效应组合，取最不利的荷载效应组合进行设计。对于承载力极限状态，按照以下表达式进行设计：

$$\gamma_0 S \leqslant R \qquad (3\text{-}3)$$

式中，R 为结构抗力设计值；γ_0 为结构重要性系数；S 为荷载效应组合的设计值。对于基本组合，S 取下列两个组合值中的最不利值：

（1）永久荷载控制的组合

$$S = \gamma_G S_{Gk} + \sum_{i=1}^{n} \gamma_{Qki} \phi_i S_{Qki} \qquad (3\text{-}4)$$

（2）可变荷载控制的组合

$$S = \gamma_G S_{Gk} + \gamma_{Qk1} S_{Qk1} + \sum_{i=2}^{n} \gamma_{Qki} \phi_i S_{Qki} \qquad (3\text{-}5)$$

上述两式中　S_{Gk}——按永久荷载标准值计算得到的荷载效应值；

　　　　　　γ_G——永久荷载分项系数，当永久荷载效应对结构有利时，取 $\gamma_G = 1.0$；当永久荷载效应对结构不利时，对于由永久荷载效应控制的组合，取 $\gamma_G = 1.35$，对于由可变荷载效应控制的组合，则 $\gamma_G = 1.2$；

　　　　　　S_{Qki}——按第 i 个可变荷载标准值 Q_{ki} 计算得到荷载效应值，其中 S_{Qk1} 为诸多可变荷载效应中起控制作用的（对应的可变荷载为 Q_{k1}）；

γ_{Qki}——第 i 个可变荷载 Q_{ki} 的分项系数，一般取为 1.4；

ϕ_i——第 i 个可变荷载 Q_{ki} 的组合系数，按《建筑结构荷载规范》GB 50009—2012 采用；

n——参与组合的可变荷载数。

荷载组合如需考虑吊车荷载时，对于多台吊车竖向荷载组合时的单跨厂房的网架，参与组合吊车不应多于两台，对于多跨厂房，则不多于四台。对于多台吊车水平荷载组合，则参与组合的吊车不应多于两台。此外，吊车为移动荷载，其作用位置不断变动，网架则是高次超静定结构，这使得考虑吊车荷载的不利组合复杂化。目前比较实用的组合方法是由设计人员根据经验人为地选定集中吊车组合及位置，作为单独荷载工况进行计算然后找出杆件的最大内力，以此作为吊车荷载的最不利组合值，再与其他工况的内力进行组合。

对于网架结构的正常使用极限状态，应按荷载效应标准组合进行计算，表达式如下：

$$S_c \leqslant C \tag{3-6}$$

式中 C——结构达到正常使用要求的规定限值，按有关设计规范确定；

S_c——荷载效应组合标准值，按下式计算：

$$S_c = S_{Gk} + S_{Qk1} + \sum_{i=2}^{n} \phi_i S_{Qki} \tag{3-7}$$

3.3.3 空间桁架位移法

空间桁架位移法（也称空间铰接杆系有限元法）不仅适用于任意类型、承受任何荷载、具有不同边界条件和支承方式的网架，还可以考虑网架与下部支承结构共同工作。空间桁架位移法不仅可用于网架的静力分析，还可用于网架的温度应力计算、动力分析、施工安装阶段分析计算。对于网架结构进行优化设计、弹塑性极限分析等，空间桁架位移法也非常有效。该方法的具体假定如下：

（1）网架结构的外荷载按静力等效原则，将节点从属面积内的荷载集中作用在节点上；

（2）杆件之间铰接连接，忽略节点刚度的影响，杆件仅受轴力；

（3）每个节点有 3 个自由度：u_i，v_i，w_i；

（4）材料的应力与应变关系符合虎克定律：线弹性、小变形。

空间桁架位移法以网架结构中各节点的位移为基本未知量，将网架结构离散为杆件单元（仅承受轴力作用的杆单元），通常用计算机进行求解，大致分以下四个步骤。

第一步：建立杆件的单元刚度矩阵

图 3-18 表示网架整体结构坐标系（简称整体坐标系）XYZ 下的任意一个杆单元 ij，单元的长度为 l_{ij}。杆单元两端节点 i 和 j 在整体坐标系下的位移分别为 U_i、V_i、W_i 和 U_j、V_j、W_j，杆端节点 i 和 j 在整体坐标系下的力分别为 F_{xi}、F_{yi}、F_{zi} 和 F_{xj}、F_{yj}、F_{zj}。杆单元 ij 的杆端位移和杆端力以向量的形式分别表示为：$\{U_e\} = \{U_i, V_i, W_i, U_j, V_j, W_j\}^T$、$\{F_e\} = \{F_{xi}, F_{yi}, F_{zi}, F_{xj}, F_{yj}, F_{zj}\}^T$。另外，根据结构力学的矩阵位移法，网架结构中的任意一根杆件 ij 在杆件自身的局部坐标系（简称局部坐标系）下的杆端力 $\{f_e\}$ 和杆端位移 $\{u_e\}$ 之间的关系为 $\{f_e\} = [k_e]\{u_e\}$。其中，$[k_e]$ 即为局

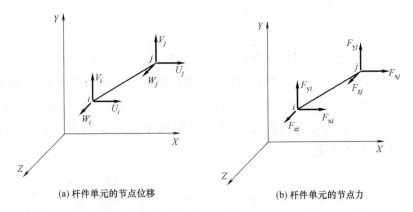

(a) 杆件单元的节点位移　　　　　　　(b) 杆件单元的节点力

图 3-18　单元节点力和节点位移

部坐标系下的杆件的刚度矩阵，表达式如下：

$$[k_e] = \frac{EA_{ij}}{l_{ij}} \begin{bmatrix} 1 & -1 \\ -1 & 1 \end{bmatrix} \tag{3-8}$$

通过坐标转换，可以将局部坐标系下的杆端力 $\{f_e\}$ 和杆端位移 $\{u_e\}$ 转换为整体结构坐标系下的杆端力 $\{F_e\}$ 和杆端位移 $\{U_e\}$：$\{f_e\} = \boldsymbol{R}\{F_e\}$、$\{u_e\} = \boldsymbol{R}\{U_e\}$。$\boldsymbol{R}$ 为转换矩阵，表达式如下：

$$R = \begin{bmatrix} l & m & n & 0 & 0 & 0 \\ 0 & 0 & 0 & l & m & n \end{bmatrix} \tag{3-9}$$

l、m、n 为杆单元 ij 在整体坐标系 XYZ 下的方向余弦，依次为 $l = (X_j - X_i)/l_{ij}$、$m = (Y_j - Y_i)/l_{ij}$、$n = (Z_j - Z_i)/l_{ij}$。其中，(X_i, Y_i, Z_i) 和 (X_j, Y_j, Z_j) 分别为杆单元 ij 的杆端节点 i 和 j 在整体坐标系中的坐标。根据局部坐标系下的杆端位移（力）阵列和整体坐标系下单元的位移（力）阵列之间的关系：$\{F_e\} = \boldsymbol{R}^T\{f_e\} = \boldsymbol{R}^T \boldsymbol{k}_e \{u_e\} = \boldsymbol{R}^T \boldsymbol{k}_e \boldsymbol{R}\{U_e\}$，再考虑到杆单元在整体坐标系下的杆端力 $\{F_e\}$ 和杆端位移 $\{U_e\}$ 之间的关系为 $\{F_e\} = [K_e]\{U_e\}$，可以得到杆单元 ij 在整体坐标系下的刚度矩阵为 $[K_e] = \boldsymbol{R}^T \boldsymbol{k}_e \boldsymbol{R}$，表达如下：

$$[K_e] = \frac{EA_{ij}}{l_{ij}} \begin{bmatrix} l^2 & & & & 对 & \\ lm & m^2 & & & & \\ ln & mn & n^2 & & & 称 \\ -l^2 & -lm & -ln & l^2 & & \\ -lm & -m^2 & -mn & lm & m^2 & \\ -ln & -mn & -n^2 & ln & mn & n^2 \end{bmatrix} \tag{3-10}$$

显然，$[K_e]$ 是一个 6×6 阶的矩阵，可进一步分为 4 个 3×3 阶子矩阵，可以将网架结构中的杆单元 ij 在整体坐标系下的杆端力和杆端位移之间关系表示如下：

$$\begin{bmatrix} \{F_{ij}\} \\ \{F_{ji}\} \end{bmatrix}_{6\times1} = \begin{bmatrix} [K_{ii}]^j & [K_{ij}] \\ [K_{ji}] & [K_{jj}]^i \end{bmatrix}_{6\times6} \begin{bmatrix} \{D_{ij}\} \\ \{D_{ji}\} \end{bmatrix}_{6\times1} \tag{3-11}$$

式（3-11）等号左边即为杆端力：i 端力 $\{F_{ij}\}_{3\times1}=\{F_{xi},F_{yi},F_{zi}\}^{\mathrm{T}}$、$j$ 端力 $\{F_{ji}\}_{3\times1}=\{F_{xj},F_{yj},F_{zj}\}^{\mathrm{T}}$。式（3-11）等号右边第二式即为杆单元 ij 的杆端位移，其中 $\{D_{ij}\}_{3\times1}$ 和 $\{D_{ji}\}_{3\times1}$ 分别为 i 端和 j 端的位移 $\{U_i,V_i,W_i\}^{\mathrm{T}}$ 和 $\{U_j,V_j,W_j\}^{\mathrm{T}}$。式（3-11）中等号右边的第一式（即整体坐标系下的单元刚度矩阵 $[K_e]$）中的四个子矩阵表达如下：

$$[K_{ii}]^j=[K_{jj}]^i=-[K_{ij}]=-[K_{ji}]=\frac{EA_{ij}}{l_{ij}}\begin{bmatrix} l^2 & lm & ln \\ lm & m^2 & mn \\ ln & mn & n^2 \end{bmatrix} \tag{3-12}$$

四个子矩阵的物理意义如下：$[K_{ij}]$、$[K_{ji}]$ 分别表示杆单元 ij 由于 j 端、i 端发生单位位移而在 i 端、j 端产生的力；$[K_{ii}]^j$、$[K_{jj}]^i$ 分别表示杆件 ij 由于 i 端、j 端发生单位位移而在 i 端、j 端产生的力。

第二步：得到网架结构总体刚度矩阵。

建立杆件 ij 在整体结构坐标系下的单元刚度矩阵后，根据变形协调和静力平衡条件，将在同一节点交汇的各杆单元刚度矩阵组成结构的总刚度矩阵。例如，网架结构中的任意一个节点 i，交于节点 i 的杆件，除 ij 外，还有 ig、ih、ik 等杆件，同时在节点 i 上还有集中外荷载 $\{P_i\}_{3\times1}=\{P_{xi},P_{yi},P_{zi}\}^{\mathrm{T}}$。根据变形协调条件：连接在节点 i 的所有杆件在 i 端位移都相等，即 $\{D_{ij}\}_{3\times1}=\{D_{ig}\}_{3\times1}=\{D_{ih}\}_{3\times1}=\{D_{ik}\}_{3\times1}=\cdots$，定义为 $\{D_i\}_{3\times1}$。根据式（3-11）可得每根杆件在 i 端的杆端力和节点位移之间的关系，如下所示：

$$\begin{cases} ig\ \text{杆}:\{F_{ig}\}_{3\times1}=[K_{ii}]^g\{D_i\}+[K_{ig}]\{D_g\} \\ ih\ \text{杆}:\{F_{ih}\}_{3\times1}=[K_{ii}]^h\{D_i\}+[K_{ih}]\{D_h\} \\ ij\ \text{杆}:\{F_{ij}\}_{3\times1}=[K_{ii}]^j\{D_i\}+[K_{ij}]\{D_j\} \\ ik\ \text{杆}:\{F_{ik}\}_{3\times1}=[K_{ii}]^k\{D_i\}+[K_{ik}]\{D_k\} \\ \cdots \end{cases} \tag{3-13}$$

式中，$\{D_g\}$ 即为节点 g 处的位移。再根据静力平衡条件——这些杆件的杆端力在节点 i 的总和与外力平衡，即：

$$\{P_i\}_{3\times1}=\sum\{F_{in}\}_{3\times1}=[K_{ii}]\{D_i\}+[K_{ig}]\{D_g\}+[K_{ih}]\{D_h\}+[K_{ij}]\{D_j\}+[K_{ik}]\{D_k\}+\cdots \tag{3-14}$$

式中，$[K_{ii}]=[K_{ii}]^g+[K_{ii}]^h+[K_{ii}]^j+[K_{ii}]^k+\cdots$。同理可得其他节点（比如 j 节点等）上的集中外荷载 $\{P_j\}_{3\times1}$、$\{P_k\}_{3\times1}$、$\{P_h\}_{3\times1}\cdots$ 和节点位移 $\{D_j\}_{3\times1}$、$\{D_k\}_{3\times1}$、$\{D_h\}_{3\times1}\cdots$ 之间的平衡关系。最终得到网架结构中各个节点的外力（集中外荷载）之间的关系，形成如下矩阵：

$$
\left\{
\begin{array}{c}
\{P_1\}_{3\times1} \\
\{P_2\}_{3\times1} \\
\cdots \\
\{P_i\}_{3\times1} \\
\cdots \\
\{P_n\}_{3\times1}
\end{array}
\right\}_{3n\times1}
=
\left[
\begin{array}{cccccc}
[K_{11}] & [K_{12}] & \cdots & [K_{1i}] & \cdots & [K_{1n}] \\
 & [K_{22}] & \cdots & [K_{2i}] & \cdots & [K_{2n}] \\
 & & \cdots & & \cdots & \\
 & & & [K_{ii}] & \cdots & [K_{in}] \\
 & & & & \cdots & \\
 & & & & & [K_{nn}]
\end{array}
\right]_{3n\times3n}
\left\{
\begin{array}{c}
\{D_1\}_{3\times1} \\
\{D_2\}_{3\times1} \\
\cdots \\
\{D_i\}_{3\times1} \\
\cdots \\
\{D_n\}_{3\times1}
\end{array}
\right\}_{3n\times1}
$$

(3-15a)

记作：

$$\{P\}_{3n\times1}=[K]_{3n\times3n}\{D\}_{3n\times1} \tag{3-15b}$$

式中，$\{D\}_{3n\times1}$ 为节点位移列矩阵：$\{D\}_{3n\times1}=\{U_1,V_1,W_1,\cdots,U_i,V_i,W_i,\cdots,U_n,V_n,W_n\}^{\mathrm{T}}$；$\{P\}_{3n\times1}$ 为节点荷载列矩阵：$\{P\}_{3n\times1}=\{P_{x1},P_{y1},P_{z1},\cdots,P_{xi},P_{yi},P_{zi},\cdots,P_{xn},P_{yn},P_{zn}\}^{\mathrm{T}}$；$[K]_{3n\times3n}$ 为结构总刚度矩阵，其特点如下：

（1）结构总刚度矩阵是奇异矩阵。

（2）结构总刚度矩阵是对称矩阵，矩阵主对角线两侧的元素均对应相等，一般只列出矩阵的上三角或下三角元素，可大大减少计算量。

（3）结构总刚度矩阵是带状的稀疏矩阵。矩阵中除主对角线的元素及其汇交于同一节点的各杆有关的元素外，其他为零元素，而且这些非零元素集中在主对角线附近，形成带状区域。因此，在建立矩阵各元素时，可将零元素取消掉，节约计算机容量。

（4）结构总刚度矩阵的带宽大小与网架节点编号有关。某节点号与它相连杆件另一端节点号的差值越小，带宽也就越小。因此，在网架节点编号时，应尽可能使各相关节点的编号差最小。

第三步：引入边界条件，将结构总刚度矩阵变成正定阵。

因为结构总刚度矩阵 $[K]_{3n\times3n}$ 是奇异的，故需要引入边界条件以消除刚体位移，使之成为正定矩阵。边界约束根据网架的支承情况、支承刚度和支座节点的实际构造决定，大致分为自由、弹性、固定和强迫位移。某方向自由边界表示在该方向位移无约束，某方向弹性边界表示在该方向的位移受类似弹簧的约束，某方向固定表示该方向位移为零，某方向为强迫位移边界表示在该方向位移为某个固定值。不同的支座构造形成不同的边界约束条件，比如板式橡胶支座节点在边界法向可形成弹性边界条件。

以搁置在柱顶的网架为例，一般认为柱的竖向刚度很大，忽略柱子的轴向变形，这些支座节点竖向位移为零，即竖向固定。在水平方向，对周边支承网架，沿边界切向的柱子较多，支承结构的侧向刚度较大，可认为该方向位移为零；而沿法向，支承结构的侧向变形较大，应考虑下部结构的共同工作。对点支承网架，支承的两个水平方向的侧向刚度都较差，应考虑下部结构的共同工作。考虑的方法有两种，一是将网架及其下部支承结构作为一个整体来分析；另外一种方法（也是常用方法）是把网架与下部支承结构分开处理，将下部结构作为网架的弹性约束，比如下部支撑为柱子时其水平位移方向的等效弹簧刚度系数 K_z 值为：

$$K_z=3E_zI_z/H_z^3 \tag{3-16}$$

式中，E_z、I_z、H_z 分别为支承柱的材料弹性模量、截面惯性矩和柱子长度。

针对不同的边界条件，结构总刚度矩阵中的边界条件的常见处理方法有以下几种：

（1）支座某方向固定（支座沿某方向位移为零）的处理方法：

方法1：分解总刚度矩阵法。式（3-15b）中的荷载列矩阵 $\{P\}_{3n\times1}$ 包括支座反力 N（未知），而与之对应的位移为零，可利用此条件，在建立总刚度方程时，把已知外荷载的方程放在前，未知反力的方程放在后，即：

$$\begin{bmatrix} \{P\} \\ \{N\} \end{bmatrix}_{3n\times1} = \begin{bmatrix} [K_{11}] & [K_{12}] \\ [K_{21}] & [K_{22}] \end{bmatrix}_{3n\times3n} \begin{bmatrix} \{D\} \\ \{0\} \end{bmatrix}_{3n\times1} \tag{3-17}$$

进一步简化为：

$$\{P\}=[K_{11}]\{D\} \tag{3-18a}$$

$$\{N\}=[K_{21}]\{D\} \tag{3-18b}$$

如此，式（3-18a）中的刚度矩阵 $[K_{11}]$ 为正定阵，求解得到位移 $\{D\}$。

方法2：划行法。将式（3-15b）中位移为零的有关行和列划去，形成式（3-18a）。

方法3：充大数法。将总刚度矩阵中相应自由度方向的主元 k_{cc} 改为一个充分大的数 $B(10^8 \sim 10^{12})$，形成方程

$$\begin{bmatrix} P_{1x} \\ P_{1y} \\ \vdots \\ P_{cz} \\ \vdots \\ P_{nz} \end{bmatrix}_{3n\times1} = \begin{bmatrix} k_{11} & k_{12} & \cdots & k_{1c} & \cdots & k_{1n} \\ k_{21} & k_{22} & \cdots & k_{2c} & \cdots & k_{2n} \\ & & & \vdots & & \vdots \\ k_{c1} & k_{c2} & \cdots & B & \cdots & k_{cn} \\ & & & \vdots & & \vdots \\ & & & & & \end{bmatrix}_{3n\times3n} \begin{bmatrix} U_1 \\ V_1 \\ \vdots \\ W_c \\ \vdots \\ W_n \end{bmatrix}_{3n\times1} \tag{3-19a}$$

如此，式（3-19）中第 c 行的方程为：

$$k_{c1}U_1 + k_{c2}V_1 + \cdots + BW_c + \cdots + k_{cn}W_n = P_{cz} \tag{3-19b}$$

式（3-19b）中各项的系数除 B 后，其他数值都很小，由此得 $W_c=0$

方法4：相应主对角元素变成1。将相应于零位移分量的那些行的主对角线元素改为1，其余元素连同右端项中的相应元素改为零。如 c 节点沿 z 方向位移等于零（即 $W_c=0$），则将总刚度方程中元素 k_{cc} 改为1，即将原刚度方程改为：

$$\begin{bmatrix} P_{1x} \\ P_{1y} \\ \vdots \\ 0 \\ \vdots \\ P_{nz} \end{bmatrix}_{3n\times1} = \begin{bmatrix} k_{11} & k_{12} & \cdots & k_{1c} & \cdots & k_{1n} \\ k_{21} & k_{22} & \cdots & k_{2c} & \cdots & k_{2n} \\ & & & \vdots & & \\ 0 & 0 & \cdots & 1 & \cdots & 0 \\ & & & \vdots & & \\ & & & & & \end{bmatrix}_{3n\times3n} \begin{bmatrix} U_1 \\ V_1 \\ \vdots \\ W_c \\ \vdots \\ W_n \end{bmatrix}_{3n\times1} \tag{3-20}$$

对比以上4种方法，前两种方法可使结构总刚度矩阵阶数减少，但会带来总刚度矩阵元素地址的变动，不适合计算机编程计算。后两种方法的总刚度矩阵和阶数及元素位置均不变，有利于编程，故相关计算软件往往采用后两种方法。

（2）支座某方向弹性约束的处理

在总刚度矩阵中将对应于该弹性约束方向的主对角线元素叠加上等效弹簧刚度系数即

可。比如第 c 节点沿 z 方向有弹性约束（等效弹簧刚度系数为 K_z），将该行对角线元素加上，如式（3-21）所示：

$$\begin{bmatrix} P_{1x} \\ P_{1y} \\ \vdots \\ P_{cz} \\ \vdots \\ P_{nz} \end{bmatrix}_{3n \times 1} = \begin{bmatrix} k_{11} & k_{12} & \cdots & k_{1c} & \cdots & k_{1n} \\ k_{21} & k_{22} & \cdots & k_{2c} & \cdots & k_{2n} \\ & & & \vdots & & \vdots \\ k_{c1} & k_{c2} & \cdots & k_{cc}+K_z & \cdots & k_{cn} \\ & & & \vdots & & \vdots \end{bmatrix}_{3n \times 3n} \begin{bmatrix} U_1 \\ V_1 \\ \vdots \\ W_c \\ \vdots \\ W_n \end{bmatrix}_{3n \times 1} \tag{3-21}$$

（3）某方向给定强迫位移的处理

此时，采用类似固定支座中的方法 3（充大数法）。比如 c 节点发生坐标轴 Z 方向的位移 Δ，即 $W_c = \Delta$，则在总刚度矩阵中对应行号的主元素 k_{cc} 改为一个很大的数 B，并将荷载（节点力）阵列的 c 行的 P_{cz} 项改为 $B\Delta$，如式（3-22a）所示：

$$\begin{bmatrix} P_{1x} \\ P_{1y} \\ \vdots \\ B\Delta \\ \vdots \\ P_{nz} \end{bmatrix}_{3n \times 1} = \begin{bmatrix} k_{11} & k_{12} & \cdots & k_{1c} & \cdots & k_{1n} \\ k_{21} & k_{22} & \cdots & k_{2c} & \cdots & k_{2n} \\ & & & \vdots & & \vdots \\ k_{c1} & k_{c2} & \vdots & B & \cdots & k_{cn} \\ & & & \vdots & & \end{bmatrix}_{3n \times 3n} \begin{bmatrix} U_1 \\ V_1 \\ \vdots \\ W_c \\ \vdots \\ W_n \end{bmatrix}_{3n \times 1} \tag{3-22a}$$

其中 c 行的方程为：

$$k_{c1}U_1 + k_{c2}V_1 + \cdots + BW_c + \cdots + k_{cn}W_n = B\Delta \Rightarrow W_c = \Delta \tag{3-22b}$$

（4）斜边界条件的处理

前面边界条件的处理，其被约束的方向应该与结构的整体坐标系中坐标轴一致。如果约束方向与整体坐标系中的任一坐标轴都不一致，则要经过处理才能使用上述方法。沿着与整体坐标系斜交的方向给予的约束称为斜向约束，这样的边界条件称为斜边界条件。网架结构平面为圆形、三角形、六边形等，其边界条件常采用径向（法向）、切向（环向）边界，都会存在斜边界条件。同时，结构对称性利用时，在对称面上也存在斜边界条件。比如一个六边形网架，其斜边界与整体坐标轴的夹角：$0° < \alpha < 90°$，如图 3-19 所示。斜边界的处理方法包括辅助连杆法和坐标变换法。

方法 1：在边界点沿着斜边界方向设置一个具有一定截面的杆件（辅助连杆），见图 3-20。如果该边界点沿着斜边界方向为固定，则该杆截面面积 A 可取一个大数（一般取 10^8），使该杆的刚度趋于无穷大，实现近似固定效应。如果该边界点是弹性约束，则可调节该杆的截面面积，使得该杆的轴向刚度等于斜向弹性约束条件刚度。但这种处理有时会使总刚度矩阵形成病态。

方法 2：坐标变换法。在斜边界节点建立局部坐标系，且局部坐标轴方向与斜边界的方向吻合，然后在局部坐标系下引入边界条件。以图 3-21 中的 6 号节点为例，6 号节点在整体坐标系下的位移为 $\{D_6\} = \{U_6, V_6, W_6\}^T$，在局部坐标系下的位移为 $\{d_6\} = \{u_6, v_6, w_6\}^T$，6 号节点在两个坐标系下的变换关系为：$\{D_6\} = [R_6]\{d_6\}$、$\{d_6\} = [R_6]^T$

$\{D_6\}$，其中 $[R_6]$ 为坐标转换矩阵，表达如下：

$$[R_6]=\begin{bmatrix} \cos(X,x_6) & \cos(Y,x_6) & \cos(Z,x_6) \\ \cos(X,y_6) & \cos(Y,y_6) & \cos(Z,y_6) \\ \cos(X,z_6) & \cos(Y,z_6) & \cos(Z,z_6) \end{bmatrix} \tag{3-23}$$

原结构总体位移向量为 $\{D\}=[U_1,V_1,W_1,\cdots,U_6,V_6,W_6,\cdots,U_n,V_n,W_n]^T$，经坐标转换后结构总体位移向量为 $\{D'\}=[U_1,V_1,W_1,\cdots,u_6,v_6,w_6,\cdots,U_n,V_n,W_n]^T$，原结构总体荷载向量为 $\{P\}=[P_{x1},P_{y1},w_{z1},\cdots,P_{x6},P_{y6},P_{z6},\cdots,P_{xn},P_{yn},P_{zn}]^T$，经坐标转换后结构总体荷载向量为 $\{P'\}=[P_{x1},P_{y1},w_{z1},\cdots,P_{x6},P_{y6},P_{z6},\cdots,P_{xn},P_{yn},P_{zn}]^T$。而荷载（节点力）向量之间关系为：$\{P'\}=[R]\{P\}$，$[R]$ 为结构整体坐标转换矩阵，表达式如下：

$$[R]=\begin{bmatrix} [I_1] & & & & \\ & \ddots & & & \\ & & [R_6] & & \\ & & & \ddots & \\ & & & & [I_n] \end{bmatrix} \tag{3-24}$$

式中，$[I_i](i=1,\cdots,n,i\neq6)$ 为单位矩阵。将上式代入式（3-15b）即可得到 $\{P'\}=[R]\{P\}=[R][K]\{D\}=[R][K][R]^T\{D'\}=[K']\{D'\}$，可求得斜边界条件下的结构内力和变形。

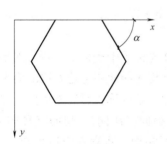 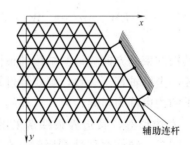 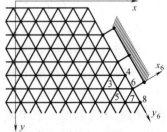

图 3-19 斜边界网架　　　图 3-20 辅助连杆法处理斜边　　　图 3-21 坐标变换法处理斜边

（5）对称性的利用

当网架结构及其所受的荷载、边界约束均对称，且结构的变形很小并满足静定条件，则可取整个网架的 $1/2n$（n 为对称面数）作为内力分析的计算单元，极大地减少计算工作量。根据对称原理，对称结构在对称荷载下其对称面上各个节点的反对称位移为零。故沿着对称面截取计算单元时，这些位于对称面内节点应作为约束节点，按上述对称面内节点变形原则来处理。网架的对称面有如下几种情况：

1）对称面与结构整体坐标轴平行且通过节点。此时计算单元中位于平行于 x 轴的对称面内的节点沿 y 方向的位移为零，应沿 y 方向加以约束；位于平行于 y 轴的对称面内的节点沿 x 方向的位移为零，应沿 x 方向加以约束。同时，位于 1 个对称面内的杆件截面面积应取原截面面积的 $1/2$，位于 n 个对称面内的杆件截面面积应取原截面面积的

$1/2n$；位于 1 个对称面内各节点的荷载应取原荷载值的 $1/2$，位于 n 个对称面内节点的荷载应取原荷载值的 $1/2n$。

以图 3-22 的网架结构为例，有两个对称面，可取 $1/4$ 个结构作为计算单元。计算单元中，节点 2、4 沿着 x 轴方向的位移为零（$U_2 = U_4 = 0$），应沿 x 方向施加约束；节点 5、7、9 沿 y 方向位移为零，应沿着 y 轴施加约束；节点 3 位于两个对称面的交点，沿 x、y 两个方向位移均为零，应沿着两个方向施加约束。对称面上的其他节点（如 $2'$ 等）也作相应处理。同时，杆件 $33'$ 的截面面积应取原截面面积的 $1/4$；$A\text{-}A$、$B\text{-}B$ 剖面图上的杆件，如 23、57 等，截面面积为原截面面积的 $1/2$。节点 3、$3'$ 的荷载应取原荷载的 $1/4$，节点 2、$5'$ 等的荷载为原节点荷载的 $1/2$。

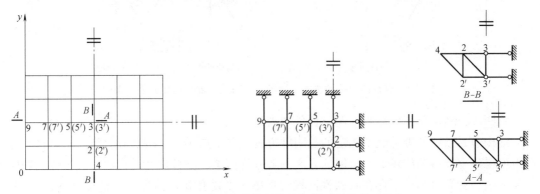

图 3-22　对称面与结构整体坐标轴平行且通过节点

2）对称面与结构整体坐标轴（x 轴或 y 轴）平行，并切断杆件。此时，杆件与对称面的交点作为一个新的节点，这些新节点除按前述原则给予约束外，为保证被截取的计算单元不发生几何可变，尚需对新节点的其他方向给予必要的约束。

以图 3-23 的两向正交正放网架为例。平行于 x、y 轴的对称面与网架的杆件相交，其交点作为新的节点，除分别沿 y、x 轴方向予以约束之外，尚需对上下弦杆上的新节点在 z 方向予以约束，如 $U_{1'} = V_{1'} = W_{1'} = 0$，$U_{2'} = V_{2'} = W_{2'} = 0$。对交叉腹杆上的新节点分别在 x、y 方向予以约束，如 $U_{3'} = V_{3'} = 0$。这并非结构的实际变形，而是结构分析的一种处理方法，但计算所得结果与网架整体分析的结果较吻合。

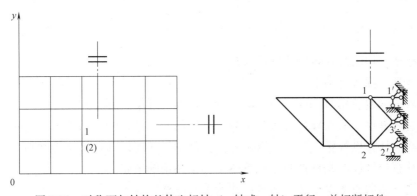

图 3-23　对称面与结构整体坐标轴（x 轴或 y 轴）平行，并切断杆件

3）对称面与结构整体坐标轴（x 轴或 y 轴）相交成某一角度。此时，与整体坐标系

斜交的对称面内杆件、节点荷载、节点约束处理原则与前述相同，但约束方向与对称面垂直，需采用斜边界处理方法。以图 3-24 所示的正六边形网架为例，可利用对称性取 1/6 或 1/12 结构作为计算单元，这时就有一个对称面与结构整体坐标轴成一角度，对称面内节点约束作为斜向约束处理。

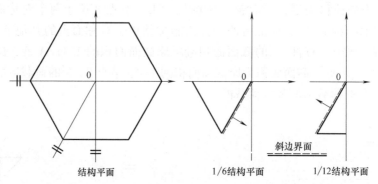

结构平面   1/6结构平面   1/12结构平面

图 3-24   对称面与结构整体坐标轴（x 轴或 y 轴）相交成某一角度

第四步：结构总刚度方程求解、杆件内力计算

结构边界条件处理得到了正定的总刚度方程，并形成了一个线性方程组，求解这个方程组可得各个节点的位移值。求解的方法一般分为两类：直接法和迭代法。线弹性问题常用直接法，计算量小，不存在收敛性问题。直接法主要有高斯消去法、直接分解法（LU 分解法）、平方根法分解法和改进平方根法。

求解结构总体刚度方程得到了各个节点的位移值，再求出各个杆件的力。以 ij 杆为例，先求出杆端力，见式（3-25）：

$$\begin{Bmatrix} F_{ij} \\ F_{ji} \end{Bmatrix} = \frac{EA_{ij}}{l_{ij}} \begin{bmatrix} 1 & -1 \\ -1 & 1 \end{bmatrix} \begin{bmatrix} l & m & n & 0 & 0 & 0 \\ 0 & 0 & 0 & l & m & n \end{bmatrix} \{U_i \quad V_i \quad W_i \quad U_j \quad V_j \quad W_j\}^{\mathrm{T}}$$

（3-25）

式中，F_{ij}、F_{ji} 均代表 ij 杆杆端沿着杆件轴线方向的内力，且两者绝对值相等。因 F_{ij}、F_{ji} 正负号与杆件受拉为正、受压为负一致，故 F_{ij}、F_{ji} 作为杆件内力。将上式展开，得杆件内力：

$$N_{ij} = F_{ij} = F_{ji} = \frac{EA_{ij}}{l_{ij}} \left[(U_j - U_i)l + (V_j - V_i)m + (W_j - W_i)n \right] \quad (3-26)$$

空间桁架位移法的计算网架结构流程见图 3-25。

具体计算步骤可总结如下：

（1）根据网架结构对称性情况和荷载对称情况，选取计算单元。

（2）对计算单元节点和杆件进行编号，节点编号应满足相邻节点编号之间差异最小的原则，以减少计算机容量，加快运算速度。杆件编号次序以方便检查为原则。

（3）计算杆件长度和杆件与结构整体坐标系夹角的余弦。

（4）建立结构整体坐标系下的各杆件的单元刚度。

（5）建立结构总刚度矩阵，即将单元刚度矩阵中的元素符号对号入座放到总刚度矩阵有关的位置上。

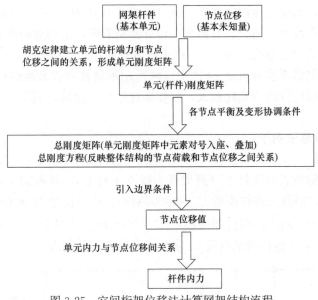

图 3-25 空间桁架位移法计算网架结构流程

（6）计算节点荷载，建立荷载列阵，形成结构总刚度方程。

（7）根据边界条件，对总刚度方程进行边界处理。

（8）求解总刚度方程得节点位移。

（9）根据各节点位移求各杆件内力。

目前，关于网架结构计算程序和软件很多，它们的核心模块就是基于空间桁架位移法（空间杆系有限元法）。很多商业软件都能实现网架节点自动编号和优化、自动优化杆件截面、计算和施工图设计一体化等，将工程设计人员从繁琐复杂的计算中解放出来。尽管如此，工程设计人员依然需要了解并熟悉空间桁架位移法，唯有如此才能在分析过程中正确地选用计算参数并判断软件分析计算结果的正确性。

进行网架结构工程设计计算时，往往参照类似工程例子或用各种近似简化方法（拟板法等）估算后初选杆件截面，然后用空间桁架位移法进行结构分析计算得到内力，再根据内力选择杆件截面。然而，因为网架的类型、跨度、荷载边界条件等影响因素多，事实上很难凭借经验初选一组恰当的杆件截面。另一个重要原因是网架的高次超静定特性增加了网架获得优化截面的难度，高次超静定结构的内力分布与结构刚度（与杆件截面直接有关）密切相关，如果一定数量的杆件截面与其初选截面不同时，则结构的内力和内力分布也会随杆件截面变化（结构刚度变化）而发生不可忽略的变化，如此就不得不考虑再分析一次网架结构。因此工程设计时往往需要多次分析才能获得较满意的结果。

那么，必然引出另外一个问题——重分析几次合适？显然，无限次分析现实中根本不可能。从理论上看，无限次分析也并不能获得网架结构内力与其刚度之间的绝对最优匹配，因为这会导致刚度集中现象——违背工程设计原则。比如，如果某个网架的跨中杆件的内力较大，那么此处杆件选用较大截面，而这又反过来增加了跨中杆件的刚度（在整体结构中占的刚度比例），刚度越大则内力随之增大。如此，多次迭代后跨中杆件截面（刚度）过于集中。此外，曾经有人提出以相邻两次分析所得杆件截面内力变化不超过某个小值作为中止重分析的判断。然而，网架结构杆件众多，某些杆件内力很小，两次分析结果的相对误差会较大，甚至发生内力性质变化（拉力变成压力），因此用杆件两次分析的相对内力差作为收敛条件也不适合。有研究和设计经验表明，采用被修改截面的杆件数量不超过总杆件数量的某个百分比（如 5%）作为收敛条件，在大部分情况下能获得比较满意的结果，而这通常只需要重分析 3～4 次。这种采用限制被修改截面的杆件数量作为收敛依据，虽然可能有些杆件内力变化较大，但如果这些杆件能满足强度、稳定条件，那么也是符合设计要求的。

3.3.4 空间桁架位移法例子

【例 3-1】 如图 3-26 所示，正放四角锥网架。已知网格尺寸 $a=4.5\mathrm{m}$，$h=3.5\mathrm{m}$。网架上弦节点支承在钢筋混凝土柱上（网架视为铰支于柱上），柱截面 40cm×40cm，混凝土强度等级为 C30，混凝土弹性模量 $E_c=30000\mathrm{MPa}$，柱子长度 $H_z=6\mathrm{m}$。网架杆件采用钢管，截面面积 $A=18\mathrm{cm}^2$，钢材弹性模量 $E=206\mathrm{GPa}$。假设上、下弦平面均作用有均布荷载 $q=2.8\mathrm{kN/m}^2$（包括网架自重），求节点挠度和杆件内力。

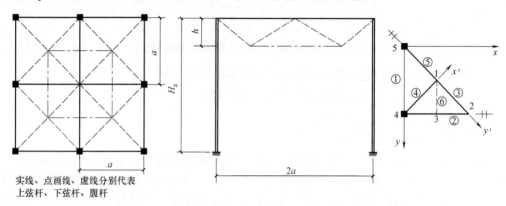

实线、点画线、虚线分别代表
上弦杆、下弦杆、腹杆

图 3-26　正放四角锥网架

【解】 利用对称性，取 1/8 网架作为计算单元，5 点为三向固定约束，4 点沿法向（即 x 方向），考虑下部结构共同工作，按弹性约束，其他两个方向固定约束。

1. 节点编号和杆件编号

编号及整体坐标系如图 3-26 所示，各节点坐标 (x, y, z) 如下（单位为"m"）：

1：(2.25，2.25，3.5)；　2：(4.5，4.5，0)；
3：(2.25，4.5，3.5)；4：(0，4.5，0)；　5：(0，0，0)

2. 杆件长度计算

$$l_{54}=4.5\mathrm{m}, l_{51}=\sqrt{(2.25-0)^2+(2.25-0)^2+(3.5-0)^2}=4.73\mathrm{m}$$

$$l_{12}=\sqrt{(4.5-2.25)^2+(4.5-2.25)^2+(0-3.5)^2}=4.73\mathrm{m}$$

$$l_{14}=\sqrt{(0-2.25)^2+(4.5-2.25)^2+(0-3.5)^2}=4.73\mathrm{m}$$

$$l_{42}=4.5\mathrm{m}, l_{13}=2.25\mathrm{m}$$

3. 建立单元刚度矩阵

（1）54 杆（$i=5$，$j=4$）

$$l=\cos\alpha=\frac{0-0}{4.5}=0; \quad m=\cos\beta=\frac{4.5-0}{4.5}=1.0; \quad n=\cos\gamma=\frac{0-0}{4.5}=0$$

$\dfrac{EA_{54}}{l_{54}} = \dfrac{20.6 \times 10^3 \times 18}{450} = 824\text{kN/cm}$，根据式（3-12）得：

$$[k_{55}]^4 = [k_{44}]^5 = -[k_{45}] = -[k_{54}] = \dfrac{EA_{54}}{l_{54}} \begin{bmatrix} l^2 & lm & lm \\ lm & m^2 & mn \\ ln & mn & n^2 \end{bmatrix} = 824 \begin{bmatrix} 0 & 0 & 0 \\ 0 & 1 & 0 \\ 0 & 0 & 0 \end{bmatrix}$$

（2）51 杆（$i=5$，$j=1$）

$l = \cos\alpha = \dfrac{2.25-0}{4.73} = 0.4757$；$m = \cos\beta = \dfrac{2.25-0}{4.73} = 0.4757$；$n = \cos\gamma = \dfrac{3.5-0}{4.73} = 0.74$

51 杆在对称面上：$A_{51} = 18/2 = 9\text{cm}^2$，$\dfrac{EA_{51}}{l_{51}} = \dfrac{20.6 \times 10^3 \times 9}{473} = 391.97\text{kN/cm}$

由式（3-12）得：

$$[k_{55}]^1 = [k_{11}]^5 = -[k_{15}] = -[k_{51}] = 391.97 \begin{bmatrix} 0.2263 & 0.2263 & 0.3520 \\ 0.2263 & 0.2263 & 0.3520 \\ 0.3520 & 0.3520 & 0.5476 \end{bmatrix}$$

（3）12 杆（$i=1$，$j=2$）

$l = \cos\alpha = \dfrac{2.25-0}{4.73} = 0.4757$；$m = \cos\beta = \dfrac{2.25-0}{4.73} = 0.4757$；$n = \cos\gamma = \dfrac{0-3.5}{4.73} = -0.74$

12 杆在对称面上，$A_{12} = 18/2 = 9\text{cm}^2$，$\dfrac{EA_{12}}{l_{12}} = \dfrac{20.6 \times 10^3 \times 9}{473} = 391.97\text{kN/cm}$

根据式（3-12）得：

$$[k_{22}]^1 = [k_{11}]^2 = -[k_{21}] = -[k_{12}] = 391.97 \begin{bmatrix} 0.2263 & 0.2263 & -0.3520 \\ 0.2263 & 0.2263 & -0.3520 \\ -0.3520 & -0.3520 & 0.5476 \end{bmatrix}$$

（4）（$i=1$，$j=4$）

$l = \cos\alpha = \dfrac{0-2.25}{4.73} = -0.4757$；$m = \cos\beta = \dfrac{4.5-2.25}{4.73} = 0.4757$；$n = \cos\gamma = \dfrac{0-3.5}{4.73} = -0.74$

$\dfrac{EA_{14}}{l_{14}} = \dfrac{20.6 \times 10^3 \times 18}{473} = 783.93\text{kN/cm}$，根据式（3-12）得：

$$[k_{11}]^4 = [k_{44}]^1 = -[k_{14}] = -[k_{41}] = 783.93 \begin{bmatrix} 0.2263 & -0.2263 & 0.3520 \\ -0.2263 & 0.2263 & -0.3520 \\ 0.3520 & -0.3520 & 0.5476 \end{bmatrix}$$

（5）42 杆（$i=4$，$j=2$）

$l = \cos\alpha = \dfrac{4.5-0}{4.5} = 1.0$；$m = \cos\beta = \dfrac{4.5-4.5}{4.5} = 0$；$n = \cos\gamma = \dfrac{0-0}{4.5} = 0$

42 杆在对称面上，$A_{42} = 18/2 = 9\text{cm}^2$

$\dfrac{EA_{42}}{l_{42}} = \dfrac{20.6 \times 10^3 \times 9}{450} = 412\text{kN/cm}$，根据式（3-12）得：

$$[k_{22}]^4 = [k_{44}]^2 = -[k_{42}] = -[k_{24}] = 412 \begin{bmatrix} 1 & 0 & 0 \\ 0 & 0 & 0 \\ 0 & 0 & 0 \end{bmatrix}$$

(6)13 杆($i=1,j=3$)

$$l=\cos\alpha=\frac{2.25-2.25}{2.25}=0;m=\cos\beta=\frac{4.5-2.25}{2.25}=1.0;n=\cos\gamma=\frac{3.5-3.5}{2.25}=0$$

$$\frac{EA_{13}}{l_{13}}=\frac{20.6\times10^3\times18}{225}=1648\text{kN/cm}，根据式（3-12）得：$$

$$[k_{33}]^1=[k_{11}]^3=-[k_{13}]=-[k_{31}]=1648\begin{bmatrix}0&0&0\\0&1&0\\0&0&0\end{bmatrix}$$

4. 建立结构总刚度矩阵并求解节点位移

节点 1、4、5 位于对称面上，节点荷载为整个网架时节点荷载的 1/2；而节点 2 位于四个对称面上，节点荷载为整个网架时节点荷载的 1/8，节点只有竖向荷载，节点 3 为对称面切断杆件后形成的新节点，荷载为零。同时，将上弦杆或下弦杆平面上的均布荷载，简单地按受荷面转为节点荷载（集中力），即：

节点 1：$P_{1Z}=4.5/2\times4.5/2\times2.8/2=7.0875\text{kN}$

节点 2：$P_{2Z}=4.5\times4.5\times2.8/8=7.0875\text{kN}$

节点 3：$P_{3Z}=0\text{kN}$

节点 4：$P_{4Z}=4.5\times4.5/2\times2.8/2=14.175\text{kN}$

节点 5：$P_{5Z}=4.5/2\times4.5/2\times2.8/2=7.0875\text{kN}$

$$\{P\}=\begin{bmatrix}P_{1x}&P_{1y}&P_{1z}&P_{2x}&P_{2y}&P_{2z}&P_{3x}&P_{3y}&P_{3z}&P_{4x}&P_{4y}&P_{4z}&P_{5x}&P_{5y}&P_{5z}\end{bmatrix}^T$$

$$=\begin{bmatrix}0&0&7.0875&0&0&7.0875&0&0&0&0&0&14.175&0&0&7.0875\end{bmatrix}^T$$

根据式（3-15a）形成节点位移和节点力关系方程，考虑到节点 5 三向约束、节点 3 为对称面切断杆件后形成的新节点（三向约束），均不产生位移，按划行划列方法将其划去，最终可只建立 1、2、4 三个节点的节点力-节点位移方程，即：

$$\begin{array}{c}1\\2\\4\end{array}\begin{matrix}\begin{array}{ccc}1&2&4\end{array}\\\begin{bmatrix}[K_{11}]&对&\\[K_{21}]&[K_{22}]&称\\[K_{31}]&[K_{32}]&[K_{33}]\end{bmatrix}\end{matrix}\begin{Bmatrix}\{\delta_1\}\\\{\delta_2\}\\\{\delta_4\}\end{Bmatrix}=\begin{Bmatrix}\{P_1\}\\\{P_2\}\\\{P_4\}\end{Bmatrix}$$

$$\begin{array}{c}\\1\\\\\\2\\\\\\4\\\end{array}\begin{matrix}\begin{array}{ccc}1&2&4\end{array}\\\begin{bmatrix}[k_{11}]^5+[k_{11}]^2\\+[k_{11}]^4+[k_{11}]^3&对&\\\\\\[k_{21}]&[k_{22}]^1+[k_{22}]^4&称\\\\\\[k_{41}]&[k_{42}]&\begin{matrix}[k_{44}]^1+[k_{44}]^2\\+[k_{44}]^5\end{matrix}\end{bmatrix}_{9\times9}\end{matrix}\begin{Bmatrix}u_1\\v_1\\w_1\\u_2\\v_2\\w_2\\u_4\\v_4\\w_4\end{Bmatrix}=\begin{Bmatrix}0\\0\\7.0875\\0\\0\\7.0875\\0\\0\\14.175\end{Bmatrix}\quad(1)$$

式中，$[K_{11}]=[k_{11}]^5+[k_{11}]^2+[k_{11}]^3+[k_{11}]^4=\begin{bmatrix} 354.81 & 0 & 275.94 \\ 0 & 2002.81 & -275.94 \\ 275.94 & -275.94 & 858.3 \end{bmatrix}$

$[K_{22}]=[k_{22}]^1+[k_{22}]^4=\begin{bmatrix} 500.70 & 88.70 & -137.97 \\ 88.70 & 88.70 & -137.97 \\ -137.97 & -137.97 & 214.64 \end{bmatrix}$

$[K_{33}]=[k_{44}]^1+[k_{44}]^2+[k_{44}]^5=\begin{bmatrix} 589.40 & -177.40 & 275.94 \\ -177.40 & 1001.40 & -275.94 \\ 275.94 & -275.94 & 429.28 \end{bmatrix}$

$[K_{21}]=[k_{21}]=\begin{bmatrix} -88.70 & -88.70 & 137.97 \\ -88.70 & -88.70 & 137.97 \\ 137.97 & 137.97 & -214.64 \end{bmatrix}$

$[K_{31}]=[k_{41}]=\begin{bmatrix} -177.40 & 177.40 & -275.94 \\ 177.40 & -177.40 & 275.94 \\ -275.94 & 275.94 & -429.28 \end{bmatrix}$，$[K_{32}]=[k_{42}]=\begin{bmatrix} -412 & 0 & 0 \\ 0 & 0 & 0 \\ 0 & 0 & 0 \end{bmatrix}$

将上述 3×3 阶矩阵 $[K_{11}]$、$[K_{22}]$、$[K_{33}]$、$[K_{21}]$、$[K_{31}]$、$[K_{32}]$ 代入式（1）的 9×9 阶总刚度方程中。同时，考虑到对称性，节点 4 的位移 $w_4=v_4=0$，节点 2 的位移 $u_2=v_2=0$，这些都可以从行、列中划去，整理得：

$$\begin{bmatrix} 354.81 & & & 对 & \\ 0 & 2002.81 & & & \\ 275.94 & -275.94 & 858.3 & & 称 \\ 137.97 & 137.97 & -214.64 & 214.64 & \\ -177.40 & 177.40 & -275.94 & 0 & 589.40 \end{bmatrix}\begin{bmatrix} u_1 \\ v_1 \\ w_1 \\ w_2 \\ u_4 \end{bmatrix}=\begin{bmatrix} 0 \\ 0 \\ 28.35 \\ 7.0875 \\ 0 \end{bmatrix} \quad (2)$$

节点 4 点沿 x 方向受柱弹性约束作用，柱弹性约束刚度系数 K_z 为

$$K_z=\frac{3E_zI_z}{H_z^3}=\frac{3\times3\times10^3\times40\times40^3/12}{600^3}=8.89\text{kN/cm}$$

节点 4 在对称面上，K_z 应除以 2 后加在第 5 行、5 列主对角元素上，得：

$$\begin{bmatrix} 354.81 & & & 对 & \\ 0 & 2002.81 & & & \\ 275.94 & -275.94 & 858.3 & & 称 \\ 137.97 & 137.97 & -214.64 & 214.64 & \\ -177.40 & 177.40 & -275.94 & 0 & 593.85 \end{bmatrix}\begin{bmatrix} u_1 \\ v_1 \\ w_1 \\ w_2 \\ u_4 \end{bmatrix}=\begin{bmatrix} 0 \\ 0 \\ 28.35 \\ 7.0875 \\ 0 \end{bmatrix} \quad (3)$$

根据对称性，节点 1 垂直于对称面方向的位移为零，因此需进行斜边界条件处理。节点 1 斜边界坐标系的 z' 轴与整体坐标系的 z 轴平行，x'、y' 与 x、y 轴成 45°角，则：

$$\cos(x',x)=\cos(y',y)=\cos(y',x)=\cos45°=0.707$$

$$\cos(x',y)=\cos(90°+45°)=-0.707$$

$$\cos(x',z)=\cos(y',z)=\cos(z',x)=\cos(z',y)=\cos90°=0$$

斜边界转换矩阵 $[R_1]$ 为

$$[R_1]=\begin{bmatrix} 0.707 & -0.707 & 0 \\ 0.707 & 0.707 & 0 \\ 0 & 0 & 1 \end{bmatrix} \quad [T]=\begin{bmatrix} 0.707 & -0.707 & 0 & 0 & 0 \\ 0.707 & 0.707 & 0 & 0 & 0 \\ 0 & 0 & 1 & 0 & 0 \\ 0 & 0 & 0 & 1 & 0 \\ 0 & 0 & 0 & 0 & 1 \end{bmatrix}$$

$$\overline{[K]}=[T][K][T]^{\mathrm{T}}=\begin{bmatrix} 1178.45 & & & \text{对} & \\ -823.75 & 1178.45 & & & \\ 390.18 & 0 & 858.3 & & \text{称} \\ 0 & 195.09 & -214.64 & 214.64 & \\ -250.84 & 0 & -275.94 & 0 & 593.85 \end{bmatrix}$$

$$\overline{\{P\}}=\begin{bmatrix} 0.707 & 0.707 & 0 & 0 & 0 \\ -0.707 & 0.707 & 0 & 0 & 0 \\ 0 & 0 & 1 & 0 & 0 \\ 0 & 0 & 0 & 1 & 0 \\ 0 & 0 & 0 & 0 & 1 \end{bmatrix}\begin{bmatrix} 0 \\ 0 \\ 7.0875 \\ 7.0875 \\ 0 \end{bmatrix}=\begin{bmatrix} 0 \\ 0 \\ 7.0875 \\ 7.0875 \\ 0 \end{bmatrix}$$

得到斜边界条件下的方程，即：

$$\begin{bmatrix} 1178.45 & & & \text{对} & \\ -823.75 & 1178.45 & & & \\ 390.18 & 0 & 858.3 & & \text{称} \\ 0 & 195.09 & -214.64 & 214.64 & \\ -250.84 & 0 & -275.94 & 0 & 593.85 \end{bmatrix}\begin{bmatrix} u'_1 \\ v'_1 \\ w'_1 \\ w_2 \\ u_4 \end{bmatrix}=\begin{bmatrix} 0 \\ 0 \\ 7.0875 \\ 7.0875 \\ 0 \end{bmatrix} \tag{4}$$

根据对称性，$u'_1=0$，将它对应的行和列划去，则式（4）可写成

$$\begin{bmatrix} 1178.45 & & & \text{对} \\ 0 & 858.3 & & \text{称} \\ 195.09 & -214.64 & 214.64 & \\ 0 & -275.94 & 0 & 593.85 \end{bmatrix}\begin{bmatrix} v'_1 \\ w'_1 \\ w_2 \\ u_4 \end{bmatrix}=\begin{bmatrix} 0 \\ 7.0875 \\ 7.0875 \\ 0 \end{bmatrix}$$

解上式得：

$v'_1=-1.27\times10^{-2}\mathrm{cm}$; $\quad w'_1=3.23\times10^{-2}\mathrm{cm}$; $w_2=7.68\times10^{-2}\mathrm{cm}$; $\quad u_4=$
$1.50\times10^{-2}\mathrm{cm}$

由 $u'_1=0$，v'_1，w'_1 可得 u_1、v_1、w_1，即：

$$\begin{bmatrix} u_1 \\ v_1 \\ w_1 \end{bmatrix}=\begin{bmatrix} 0.707 & 0.707 & 0 \\ -0.707 & 0.707 & 0 \\ 0 & 0 & 1 \end{bmatrix}\begin{bmatrix} 0 \\ -1.27\times10^{-2} \\ 3.23\times10^{-2} \end{bmatrix}=\begin{bmatrix} -0.898 \\ -0.898 \\ 3.23 \end{bmatrix}\times10^{-2}$$

5. 求解杆件内力

根据式（3-26），算出各个杆件的内力，即：

$N_{54}=824\times[0\times(1.5\times10^{-2}-0)+1.0\times(0-0)+0\times(0-0)]=0\mathrm{kN}$

$$N_{42}=2\times412\times[1\times(0-1.5\times10^{-2})+0+0]=-12.36\text{kN}$$

$$N_{13}=1648\times[0\times+1.0\times(0+8.98\times10^{-3})+0]=14.8\text{kN}$$

$$N_{51}=2\times391.97\times[0.4757\times(-8.98\times10^{-3}-0)$$
$$+0.4757\times(-8.98\times10^{-3}-0)+0.7400\times(3.23\times10^{-2}-0)]=12.04\text{kN}$$

$$N_{14}=783.93\times[-0.4757\times(1.5\times10^{-2}+8.98\times10^{-3})+0.4757\times(0+8.98\times10^{-3})$$
$$-0.74\times(0-3.23\times10^{-2})]=13.14\text{kN}$$

$$N_{12}=2\times391.97\times[0.4757\times(0+8.98\times10^{-3})$$
$$+0.4757\times(0+8.98\times10^{-3})-0.7400\times(7.68\times10^{-2}-3.23\times10^{-2})]$$
$$=-19.12\text{kN}$$

上述计算过程中涉及矩阵运算（求逆等），很多数据处理软件都能进行这类运算。本书用 Excel 中的命令 MINVERSE 进行矩阵求逆，用命令 MMULT 进行矩阵和矩阵或矩阵和向量之间的相乘。最终杆件内力结果见图 3-27，图中力的单位为"kN"。

3.3.5 拟板法

在各种专用和通用分析计算软件发达的今天，网架结构的分析计算几乎不再用各种近似方法（见表 3-2）。但近似法可用于初步设计（用于初选截面），更有助于网架结构受力性能的概念理解。

网架的整体受力性能类似板，故网架可以连续化为各向同性或异性的平板，按照弹性板理论建立偏微分方程并进行求解，这就是拟板法的思想。板的求解方法有解析解（级数解）、差分法、有限元法、边界元法等。拟板法计算网架内力的大致步骤如下：①将网架简化为板；②按照弹性板理论建立偏微分方程并求解出板的挠度；③根据板的挠度求出弯矩和剪力；

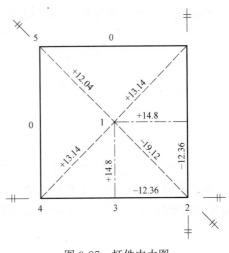

图 3-27 杆件内力图

④再根据弯矩由上下弦杆承担，而剪力由腹杆承担，求出网架中各个杆件的内力（轴力）。拟板法也分为不考虑剪切变形影响、考虑剪切变形影响两种，后者也被一些文献称为拟夹层板法。

1. 基本假定

① 把网架的上、下弦杆看成有夹层板的上、下表层，上、下表层间距等于网架高度 h，如图 3-28 所示，表层（弦杆）只受表层内的平面力。

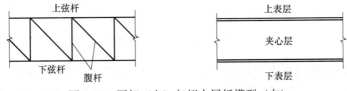

图 3-28 网架（左）与拟夹层板模型（右）

② 将腹杆折算成厚度为网架高度 h 的夹心层，夹心层（腹杆）只受横向剪力，不承

受弯矩和轴力。

③ 垂直于板面的直线段变形后仍为直线段，如不考虑剪切变形则该直线垂直于弯曲变形后的中面，如考虑剪切变形则不垂直于板面。

2. 考虑剪切变形的板的基本微分方程

网架连续化为拟板后，截取板的微元体 $\mathrm{d}x \times \mathrm{d}y \times h$ 在竖向分布荷载 q 作用下的受力图，如图 3-29 所示。根据拟板的基本假定可知，板的上、下表层没有平面内的剪力和扭矩（M_{xy} 和 M_{yx} 均为零），剪力板微元的平衡方程如下：

$$
\begin{cases}
\dfrac{\partial M_x}{\partial x} - V_x = 0 \\[2mm]
\dfrac{\partial M_y}{\partial y} - V_y = 0 \\[2mm]
\dfrac{\partial V_x}{\partial x} + \dfrac{\partial V_y}{\partial y} + q = 0
\end{cases}
\tag{3-27}
$$

拟板为正交各向异性板，根据板结构力学知识，上式演化为：

$$
\begin{cases}
D_x \dfrac{\partial^2 \psi_x}{\partial x^2} - C_x \psi_x + C_x \dfrac{\partial w}{\partial x} = 0 \\[2mm]
D_y \dfrac{\partial^2 \psi_y}{\partial y^2} - C_y \psi_y + C_y \dfrac{\partial w}{\partial y} = 0 \\[2mm]
C_x \dfrac{\partial \psi_x}{\partial x} + C_y \dfrac{\partial \psi_y}{\partial y} - \left(C_x \dfrac{\partial^2 w}{\partial x^2} + C_y \dfrac{\partial^2 w}{\partial y^2} \right) = q
\end{cases}
\tag{3-28}
$$

式中，ψ_x 和 ψ_y 分别为板变形后竖直线段在 xz 和 yz 平面内产生的转角；w 为板在 z 方向（板平面外）的位移，即板的挠度。D_x 和 D_y 为板沿着 x 方向和 y 方向的抗弯刚度（折算抗弯刚度）；C_x 和 C_y 为板在 x 方向和 y 方向的剪切刚度。

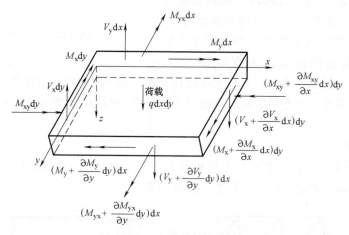

图 3-29　拟夹心板单元平衡图

本书仅从比较简单的梁理论来解释从式（3-27）到式（3-28）的演化。假设有一根考虑剪切变形影响的梁，x 轴梁的轴线方向，某一截面处弯矩和剪力分别为 M、V，梁的挠度 $v(x)$ 由两部分组成：弯曲挠度 v_b 和剪切挠度 v_s（即剪切单独作用产生的挠度）。梁的剪切挠度曲线的斜率近似等于梁截面中和轴处的剪切应变 γ，表达式如下：

$$\gamma=\frac{\mathrm{d}v_s}{\mathrm{d}x}=\frac{\mathrm{d}v}{\mathrm{d}x}-\frac{\mathrm{d}v_b}{\mathrm{d}x}=\frac{\mathrm{d}v}{\mathrm{d}x}-\psi \tag{3-29a}$$

式中，ψ 为梁截面转角。剪力 V 等于剪切应变 γ 乘以剪切刚度 C，将式（3-29a）代入后得：

$$V=C\gamma=C\left(\frac{\mathrm{d}v}{\mathrm{d}x}-\psi\right) \tag{3-29b}$$

梁的弯矩 M 和抗弯刚度 EI、曲率 κ 和截面转角 ψ 之间关系如下：

$$M=-EI\kappa=-EI\frac{\mathrm{d}\psi}{\mathrm{d}x} \tag{3-29c}$$

考虑到板双向受弯，可将式（3-29）中的 EI 替换为 D_x 和 D_y，将 C 替换为 C_x 和 C_y，$v(x)$ 替换为 $w(x，y)$，ψ 替换为 ψ_x 和 ψ_y。则式（3-29b）和式（3-29c）分别表示如下：

$$\begin{cases} V_x=\gamma_x C_x=C_x\left(\dfrac{\partial w}{\partial x}-\psi_x\right) \\[2mm] V_y=\gamma_y C_y=C_y\left(\dfrac{\partial w}{\partial y}-\psi_y\right) \end{cases} \tag{3-30a}$$

$$\begin{cases} M_x=-D_x\dfrac{\partial\psi_x}{\partial x} \\[2mm] M_y=-D_y\dfrac{\partial\psi_y}{\partial y} \end{cases} \tag{3-30b}$$

将式（3-30a）和式（3-30b）代入式（3-27）即可得到式（3-28）。

关于拟板两个方向的抗弯刚度（D_x 和 D_y）、剪切刚度（C_x 和 C_y），不同类型的网架计算结果不同。关于抗弯和抗剪刚度的推导过程见文献［17］或其他网架简化计算的书籍，这里仅列出结果。

（1）两向正交正放类网架：

$$C_x=\frac{EA_{cx}A_d\sin^2\varphi\cos\varphi}{a(A_d+A_{cx}\sin^3\varphi)} \qquad C_y=\frac{EA_{cy}A_d\sin^2\varphi\cos\varphi}{a(A_d+A_{cy}\sin^3\varphi)} \tag{3-31a}$$

$$D_x=\frac{\mu_x EA_{bx}h^2}{a(1+\mu_x)} \qquad D_y=\frac{\mu_y EA_{by}h^2}{a(1+\mu_y)} \tag{3-31b}$$

（2）正放四角锥网架：

$$C_x=C_y=\frac{\sqrt{2}EA_c\sin^2\varphi\cos\varphi}{a} \tag{3-32a}$$

$$D_x=\frac{\mu_x EA_{bx}h^2}{a(1+\mu_x)} \qquad D_y=\frac{\mu_y EA_{by}h^2}{a(1+\mu_y)} \tag{3-32b}$$

（3）正放抽空四角锥网架：

$$C_x=C_y=\frac{3\sqrt{2}EA_c\sin^2\varphi\cos\varphi}{4a} \tag{3-33a}$$

$$D_x=\frac{\mu_x EA_{bx}h^2}{a(1+2\mu_x)} \qquad D_y=\frac{\mu_y EA_{by}h^2}{a(1+2\mu_y)} \tag{3-33b}$$

式（3-31）～式（3-33）中，A_{cx} 和 A_{cy} 分别是两向正交正放网架沿 x 和沿 y 方向的斜腹杆面积；A_c 为正放四角锥网架的斜腹杆面积；A_d 为网架竖杆的面积；φ 为斜腹杆与下弦平面的夹角；A_{ax} 和 A_{ay} 分别是 x 和 y 方向上弦杆的截面面积；A_{bx} 和 A_{by} 分别是 x 和 y 方向下弦杆的截面面积；h 和 a 分别是网架高度和上弦网格尺寸；系数 $\mu_x = A_{ax}/A_{bx}$，$\mu_y = A_{ay}/A_{by}$。当上、下弦和腹杆截面在全网架中有变化时，截面面积可近似取其平均值。

3. 微分方程的级数解和实用的挠度、弯矩计算式

通常情况下，由网架简化而来的夹层板为两向不同性的板且要考虑剪切变形影响。此时为三个广义位移 w、ψ_x、ψ_y 的偏微分方程组，即式（3-28），当边界条件较复杂时难以获得解析解（级数解），但对于一些特定情况则可获得级数解。针对周边简支的矩形平面网架，文献 [17] 引入一个新位移函数 ω，将 w、ψ_x、ψ_y 转换为关于 ω 的偏微分函数，如下所示：

$$\begin{cases} \psi_x = \dfrac{\partial}{\partial x}\left(1 - \dfrac{k_c}{k_d}\dfrac{D}{C}\dfrac{\partial^2}{\partial y^2}\right)\omega, \quad \psi_y = \dfrac{\partial}{\partial y}\left(1 - \dfrac{k_d}{k_c}\dfrac{D}{C}\dfrac{\partial^2}{\partial x^2}\right)\omega \\ w = \left(1 - \dfrac{k_d}{k_c}\dfrac{D}{C}\dfrac{\partial^2}{\partial x^2}\right)\left(1 - \dfrac{k_c}{k_d}\dfrac{D}{C}\dfrac{\partial^2}{\partial y^2}\right)\omega \end{cases} \tag{3-34}$$

式中，$D = (D_x D_y)^{0.5}$、$C = (C_x C_y)^{0.5}$ 分别为拟板的折算抗弯、抗剪刚度；$k_d = (D_x/D_y)^{0.5}$、$k_c = (C_x/C_y)^{0.5}$。如此，能够实现式（3-28）前两式自动满足、第三式则转化为如下的偏微分方程：

$$\left[k_d\dfrac{\partial^4}{\partial x^4} + \dfrac{1}{k_d}\dfrac{\partial^4}{\partial y^4} - \dfrac{D}{C}\dfrac{\partial^4}{\partial x^2\partial y^2}\left(k_c\dfrac{\partial^2}{\partial x^2} + \dfrac{1}{k_c}\dfrac{\partial^2}{\partial y^2}\right)\right]\omega = \dfrac{q}{D} \tag{3-35}$$

显然，式（3-35）为六阶偏微分方程，考虑了网架（拟板）剪切变形的影响，如果不考虑剪切变形的影响（即 C 为无穷大），则由式（3-34）可知：$\omega = w$，而式（3-35）则退化为不考虑扭矩作用的板的经典平衡方程：

$$D_x\dfrac{\partial^4 w}{\partial x^4} + D_y\dfrac{\partial^4 w}{\partial y^4} = q \tag{3-36}$$

根据四周简支边界条件，求解偏微分方程（式 3-35）即可得到关于 ω 的双重三角级数解，再代入式（3-34）得到关于挠度 w 双三角级数解，进一步得到关于两个方向弯矩 M_x、M_y 的双三角级数解，表达式如下：

$$w = \dfrac{16qL_1^4}{\pi^6 D}\sum_{\substack{m=1,3,5\cdots \\ n=1,3,5\cdots}}\sum (-1)^{\frac{m+n-2}{2}}\dfrac{(k_c + \rho_v^2 m^2 k_d)(k_d + \rho_v^2\lambda^2 n^2 k_c)}{k_c k_d A_{mn}}\cos\dfrac{m\pi x}{L_1}\cos\dfrac{n\pi y}{L_2}$$

$$\tag{3-37a}$$

$$M_x = \dfrac{16qL_1^2 D_x}{\pi^4 D}\sum_{\substack{m=1,3,5\cdots \\ n=1,3,5\cdots}}\sum (-1)^{\frac{m+n-2}{2}}\dfrac{(k_d + \rho_v^2\lambda^2 n^2 k_c)m^2}{A_{mn}}\cos\dfrac{m\pi x}{L_1}\cos\dfrac{n\pi y}{L_2}$$

$$\tag{3-37b}$$

$$M_y = \dfrac{16qL_1^2 D_y}{\pi^4 D}\sum_{\substack{m=1,3,5\cdots \\ n=1,3,5\cdots}}\sum (-1)^{\frac{m+n-2}{2}}\dfrac{(k_c + \rho_v^2 m^2 k_d)\lambda^2 n^2}{k_c k_d A_{mn}}\cos\dfrac{m\pi x}{L_1}\cos\dfrac{n\pi y}{L_2}$$

$$\tag{3-37c}$$

式中，L_1 为矩形平面网架的长向跨度（沿着 x 轴平行方向）；L_2 为矩形平面网架的短向跨度（沿着 y 轴平行方向），$\lambda = L_1/L_2$，为边长比；ρ_v 是考虑网架剪切变形影响的一个无量纲参数，A_{mn} 为系数，两者的表达如下：

$$\rho_v = \frac{\pi}{L_1}\sqrt{\frac{D}{C}} = \frac{\pi}{L_1}\left(\frac{D_x D_y}{C_x C_y}\right)^{0.25} \tag{3-38}$$

$$A_{mn} = \left[(k_d + \rho_v^2 \lambda^2 n^2 k_c)m^4 + \frac{(k_c + k_d \rho_v^2 m^2)\lambda^4 n^4}{k_c k_d}\right]mn \tag{3-39}$$

式中，D_x 和 D_y 为拟板两个方向的抗弯刚度；C_x 和 C_y 为拟板两个方向的剪切刚度，不同类型网架计算不同，见式（3-31）～式（3-33）；$k_d = (D_x/D_y)^{0.5}$、$k_c = (C_x/C_y)^{0.5}$。显然，如果不考虑剪切变形影响时，C 趋于无穷大，故 ρ_v 趋于零。

式（3-37）说明网架内力和位移受 λ、k_d、k_c、ρ_v 这四个参数影响，但式（3-37）表达形式太复杂难以直接用于工程设计。先考察最简单的两向同性（$k_d = 1$ 及 $k_c = 1$），且不考虑剪切变形影响（$\rho_v = 0$）的解，结果如下：

$$w = \frac{16qL_1^4}{\pi^6 D}\sum_{\substack{m=1,3,5\cdots \\ n=1,3,5\cdots}}\sum (-1)^{\frac{m+n-2}{2}}\frac{\cos\dfrac{m\pi x}{L_1}\cos\dfrac{n\pi y}{L_2}}{(m^5 n + mn^5 \lambda^4)} = \xi_1 \frac{qL_1^4}{D}f_1\left(\lambda,\frac{x}{L_1},\frac{y}{L_2}\right) \tag{3-40a}$$

$$M_x = \frac{16qL_1^2 D_x}{\pi^4 D}\sum_{\substack{m=1,3,5\cdots \\ n=1,3,5\cdots}}\sum (-1)^{\frac{m+n-2}{2}}\frac{\cos\dfrac{m\pi x}{L_1}\cos\dfrac{n\pi y}{L_2}}{(m^3 n + n^5 \lambda^4/m)} = \xi_2 qL_1^2 f_2\left(\lambda,\frac{x}{L_1},\frac{y}{L_2}\right)$$

$$\tag{3-40b}$$

$$M_y = \frac{16qL_1^2 D_x}{\pi^4 D}\sum_{\substack{m=1,3,5\cdots \\ n=1,3,5\cdots}}\sum (-1)^{\frac{m+n-2}{2}}\frac{\cos\dfrac{m\pi x}{L_1}\cos\dfrac{n\pi y}{L_2}}{(m^5/(n\lambda^2) + mn^3 \lambda^2)} = \xi_3 qL_1^2 f_3\left(\lambda,\frac{x}{L_1},\frac{y}{L_2}\right)$$

$$\tag{3-40c}$$

式中，$\xi_1 \sim \xi_3$ 为常系数；$f_1 \sim f_3$ 为关于边长比 λ、相对位置 x/L_1 和 y/L_2 的函数，$f_1 \sim f_3$ 可采用级数的有限项（比如 50 项）展开后制成表格的形式，再用查表的方式得到。基于文献［17］的研究成果，《网架结构设计与施工规程》JGJ 7-91 给出了关于挠度和弯矩的计算公式，即：

$$w = \frac{qL_1^4 \rho_w}{100D}, \quad M_x = \frac{qL_1^2 \rho_x}{10}, \quad M_y = \frac{qL_1^2 \rho_y}{10} \tag{3-41}$$

式中，L_1 为网架的长向跨度；q 为竖向均布荷载（计算挠度和弯矩时分别取荷载组合的标准值和设计值）；D 为网架的折算抗弯刚度，取两个方向抗弯刚度之积的平方根 $(D_x D_y)^{0.5}$；ρ_w 为无量纲挠度系数，ρ_x 和 ρ_y 为无量纲弯矩系数，这三个系数均为关于 L_1/L_2（网架的长短跨之比）、x/L_1 及 y/L_2 的函数，可查《网架结构设计与施工规程》JGJ 7-91 的附录三的表格，本书在附表 1 中列出这些表格。需要注意，式（3-41）中的 M_x 和 M_y 为单位宽度上的弯矩。

式（3-41）中的 w、M_x、M_y 各自乘以一个修正系数，就可以考虑网架（拟板）的剪切变形、两向不同性（刚度 $D_x \neq D_y$、$C_x \neq C_y$）的影响。理论上来讲，这三个修正系数就是式（3-37a）～式（3-37c）分别除以式（3-40a）～式（3-40c）的结果。为了简化问题和便于工程应用，文献［17］提出用两者的跨中（$x=0$，$y=0$）的近似值（取级数的第一项）之比作为修正系数。比如，将 $x=0$、$y=0$、$m=1$、$n=1$ 代入式（3-37a）得到一个考虑剪切变形影响的近似值 w_1，再将 $x=0$、$y=0$、$m=1$、$n=1$ 代入式（3-40a）得到一个不考虑剪切变形影响的近似值 w_2，两者之比 w_1/w_2 即为挠度修正系数 η_w。类似得到两个弯矩的修正系数 η_{mx}、η_{my}。三个修正系数的表达式如下：

$$\eta_w = \frac{\alpha\beta(1+\lambda^4)}{\alpha+\beta\lambda^4}, \quad \eta_{mx} = \frac{\alpha(1+\lambda^4)}{\alpha+\beta\lambda^4}, \quad \eta_{my} = \frac{\beta(1+\lambda^4)}{\alpha+\beta\lambda^4} \tag{3-42}$$

式（3-42）中的参数 α 和 β 表达为：

$$\alpha = k_d + \rho_v^2\lambda^2 k_c = \sqrt{\frac{D_x}{D_y}} + \rho_v^2\lambda^2\sqrt{\frac{C_x}{C_y}}, \quad \beta = \frac{1}{k_d} + \frac{\rho_v^2}{k_c} = \sqrt{\frac{D_y}{D_x}} + \rho_v^2\sqrt{\frac{C_y}{C_x}} \tag{3-43}$$

式中，D_x 和 D_y 为拟板（网架）两个方向的抗弯刚度；C_x 和 C_y 为两个方向的剪切刚度；λ 为网架长短跨之比；ρ_v 是考虑网架剪切变形影响的一个无量纲参数，见式（3-38）。

当网架结构的各类杆件为变截面时，文献［17］认为可分别取其算术平均截面作为近似值，按两向不等刚度考虑。这种近似方法对于内力计算精度足够，但对于挠度误差稍大。为了提高挠度的计算精度，文献［17］提出挠度修正时在已有修正系数 η_w 的基础上，再乘以一个考虑变刚度影响的修正系数 η_r，表达式如下：

$$\eta_r = \frac{D_x + \lambda^4 D_y}{0.67(D_{x1} + \lambda^4 D_{y1}) + 0.281(D_{x2} + \lambda^4 D_{y2}) + 0.049(D_{x3} + \lambda^4 D_{y3})} \tag{3-44}$$

式中，D_x 和 D_y 为整个网架区域在两个方向的平均抗弯刚度；D_{x1}、D_{y1}、D_{x2}、D_{y2}、D_{x3}、D_{y3} 分别为Ⅰ、Ⅱ、Ⅲ三个网架区域的平均抗弯刚度，网架平面图的三个区域划分见图 3-30。

基于文献［17］的研究成果，《网架结构设计与施工规程》JGJ 7—91 将修正系数 $\eta_w = \eta_{w1} \times \eta_{w2}$、$\eta_{mx}$、$\eta_{my}$ 制成表格，以便工程设计时用于考虑剪切变形、两向不同性、杆件变刚度等对网架内力和挠度的影响。可查《网架结构设计与施工规程》JGJ 7—91 的附录三，本书在附表1中列出这些表格。大量的工程实践和分析计算表明，在工程常用参数范围内（$\lambda = 1\sim1.4$、$k_d^2 = 0.6\sim1.0$、$\rho_v = 0\sim0.5$），对于周边简支支承的两向正交正方网架、正放四角锥、正放抽空四角锥网架，考虑剪切变形的拟板法（也称拟夹层板法）能获得较好的计算精度，查系数表格的方式也便于工程设计计算，在计算机软硬件发达的现在依然被《空间网格结构技术规程》JGJ 7—2010 建议用于结构初步设计。

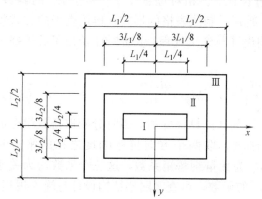

图 3-30　网架（拟板）抗弯刚度的区域划分

4. 网架的杆件内力计算

根据弯矩（M_x 和 M_y）由网架的上下弦杆承担、剪力由腹杆承担，再考虑不同类型网架的各个杆件具体布置情况，将计算得到的弯矩和剪力转化为杆件的轴力。以两向正交正放网架和正放四角锥网架为例，拟板法所得弯矩和杆件轴力之间关系如下：

（1）两向正交正放网架（见图 3-31）

① 对于内部区域的杆件的轴力：

上弦杆：
$$N_1 = -\frac{aM_x^A}{h} \qquad N_2 = -\frac{aM_y^A}{h} \tag{3-45a}$$

下弦杆：
$$N_3 = \frac{aM_x^B}{h} \qquad N_4 = \frac{aM_y^C}{h} \tag{3-45b}$$

斜腹杆：
$$\begin{cases} N_5 = \dfrac{aV_x^B}{\sin\varphi} = \dfrac{a(M_x^A - M_x^B)}{a\sin\varphi} = \dfrac{(M_x^A - M_x^B)}{\sin\varphi} \\[3mm] \text{类似 } N_6 = \dfrac{M_y^A - M_y^C}{\sin\varphi} \end{cases} \tag{3-45c}$$

竖腹杆：
$$N_7 = M_x^B - M_x^A + M_y^C + M_y^A \tag{3-45d}$$

② 简支边界：

上弦杆：
$$N_1' = N_2' = 0 \tag{3-46a}$$

斜腹杆：
$$N_{5'} = \frac{M_x^B - M_x^D}{\sin\varphi} \qquad N_{6'} = \frac{M_y^C - M_y^E}{\sin\varphi} \tag{3-46b}$$

（2）正放四角锥网架（见图 3-32）

① 对于内部区域的杆件的轴力：

上弦杆：
$$N_1 = -\frac{a(M_x^A + M_x^B)}{2h} \qquad N_2 = -\frac{a(M_y^A + M_y^C)}{2h} \tag{3-47a}$$

上弦杆：
$$N_3 = \frac{a(M_x^A + M_x^C)}{2h} \qquad N_4 = \frac{a(M_y^A + M_y^B)}{2h} \tag{3-47b}$$

斜腹杆：
$$\begin{cases} N_5 = \dfrac{M_x^B - M_x^A + M_y^C - M_y^A}{2\sin\varphi}, N_6 = \dfrac{M_x^F - M_x^A + M_y^C - M_y^A}{2\sin\varphi} \\[3mm] N_7 = \dfrac{M_x^F - M_x^A + M_y^C - M_y^A}{2\sin\varphi}, N_8 = \dfrac{M_y^B - M_y^A + M_x^B - M_x^A}{2\sin\varphi} \end{cases} \tag{3-47c}$$

② 简支边界：

上弦杆：
$$N_1' = N_2' = 0 \tag{3-48a}$$

斜腹杆：
$$N_{5'} = N_{6'} = \frac{M_x^B - M_x^D}{2\sin\varphi} \qquad N_{7'} = N_{8'} = \frac{M_y^C - M_y^E}{2\sin\varphi} \tag{3-48b}$$

式（3-45）～式（3-48）中，φ 为腹杆与下弦杆间的夹角；h 为网架高度；上角标表示在该点处拟板的内力，下标表示方向，如 M_x^A 和 M_y^A 表示板在 A 点处的 x 和 y 两个方向的弯矩。

【例 3-2】 某一建筑屋盖采用周边简支支承、矩形平面的正放四角锥网架，网架两个方向跨度均为 $L_1 = L_2 = 30\text{m}$，网架高度 $h = 3\text{m}$，网格尺寸 $a = 3\text{m}$。包括网架自重在内，屋面均布荷载为 2.5kN/m。为了简化计算，在整个跨度范围内，网架上弦杆、下弦杆、腹杆都采用同相同的截面，截面面积依次为 1402mm²、1118mm²、855mm²。根据对称性，可取如图 3-33 所示的 1/8 结构进行计算，试用拟板法计算图中网架的上弦杆 12、23、35，下弦杆 1'2'，腹杆 21' 与 2'3 的内力。

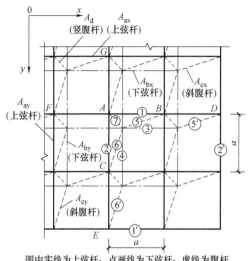

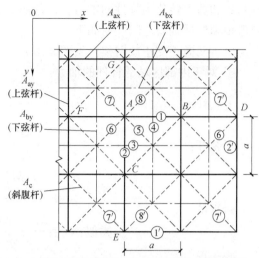

图 3-31 两向正交正放网架 图 3-32 正放四角锥网架

图中实线为上弦杆、点画线为下弦杆、虚线为腹杆 图中实线为上弦杆、点画线为下弦杆、虚线为腹杆

【解】

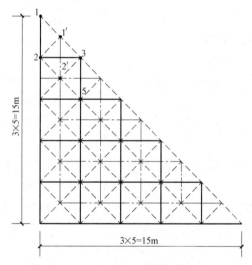

图 3-33 例 3-2 的 1/8 结构图

（1）各类杆件截面面积以及计算系数：

上弦杆截面面积：$A_{ax}=A_{ay}=1402mm$，下弦杆截面面积：$A_{bx}=A_{by}=1118mm$，斜腹杆截面面积：$A_{cx}=A_{cy}=A_c=855mm$。斜腹杆长度 l_c 及其与下弦平面夹角 φ 的计算如下：

$$l_c=\sqrt{3^2+(3/\sqrt{2})^2}=3.674m$$

$$\sin\varphi=3/3.674=0.816, \cos\varphi=3/(3.674\sqrt{2})=0.577$$

系数 $u_x=A_{ax}/A_{bx}=1.254, u_y=A_{ay}/A_{by}=1.254$

由式（3-32）计算抗弯刚度（D_x 和 D_y）和抗剪刚度（C_x 和 C_y）：

$$D_x=\frac{\mu_x EA_{bx}h^2}{(1+\mu_x)a}=\frac{1.254\times206\times10^3\times1118\times3000^2}{(1+1.254)\times3000}=3.844\times10^5 kN\cdot m$$

$$D_y = D_x = 3.844 \times 10^5 \, \text{kN} \cdot \text{m}, \quad D = \sqrt{D_x D_y} = 3.844 \times 10^5 \, \text{kN} \cdot \text{m}$$

$$C_x = C_y = C = \frac{\sqrt{2} E A_c \sin^2 \varphi \cos\varphi}{a} = 3.186 \times 10^4 \, \text{kN} \cdot \text{m}^{-1}$$

再由式（3-38）计算考虑网架剪切变形影响的无量纲参数 ρ_v：

$$\rho_v = \frac{\pi}{L_1} \sqrt{\frac{D}{C}} = \frac{\pi}{30} \sqrt{\frac{3.844 \times 10^5}{3.186 \times 10^4}} = 0.3637$$

根据网架长短跨之比 $\lambda = 1.0$ 和 $\rho_v = 0.3637$，查附表 1-7 可得考虑剪切变形影响的修正系数 $\eta_{mx} = 0.995$、$\eta_{my} = 0.995$、$\eta_{w1} = 1.121$，因网架全跨度杆件截面不变，故刚度变化影响系数 $\eta_{w2} = 1.0$。

（2）求各点的内力

根据式（3-41）计算各点在两个方向的单位宽度上弯矩，其中 $qL_1^2 = 2.5 \times 30^2 = 2250 \, \text{kN} \cdot \text{m/m}$，查附表 1-2（$\lambda = 1.0$）得无量纲弯矩系数 ρ_x 和 ρ_y：

1 点（$x/L_1 = 0$、$y/L_2 = 0$）：$\rho_x = \rho_y = 0.772$，两个方向弯矩为：

$$M_x^1 = \eta_{mx} q L_1^2 \rho_x / 10 = 0.995 \times 2250 \times 0.772 / 10 = 172.83 \, \text{kN} \cdot \text{m/m}$$

$$M_y^1 = \eta_{my} q L_1^2 \rho_y / 10 = 172.83 \, \text{kN} \cdot \text{m/m}$$

类似计算得到，2 点（$x/L_1 = 0$、$y/L_2 = 0.1$）的系数为：$\rho_x = 0.734$、$\rho_y = 0.746$，两个方向弯矩为：$M_x^2 = 164.32 \, \text{kN} \cdot \text{m/m}$ 和 $M_y^2 = 167.01 \, \text{kN} \cdot \text{m/m}$。

3 点（$x/L_1 = 0.1$、$y/L_2 = 0.1$）的系数为：$\rho_x = \rho_y = 0.71$，两个方向弯矩为：$M_x^3 = M_y^3 = 158.95 \, \text{kN} \cdot \text{m/m}$。

5 点（$x/L_1 = 0.1$、$y/L_2 = 0.2$）的系数为：$\rho_x = 0.605$、$\rho_y = 0.636$，两个方向弯矩为：$M_x^5 = 135.44 \, \text{kN} \cdot \text{m/m}$ 和 $M_y^5 = 142.31 \, \text{kN} \cdot \text{m/m}$。

（3）求杆件的内力

由式（3-47a）计算得到上弦杆 12、23、35 的轴力 N_{12}、N_{23}、N_{35}：

$$N_{12} = -\frac{a(M_y^1 + M_y^2)}{2h} = -\frac{3(172.83 + 167.01)}{2 \times 3} = -169.9 \, \text{kN}$$

$$N_{23} = -\frac{a(M_x^2 + M_x^3)}{2h} = -\frac{3(164.32 + 158.95)}{2 \times 3} = -167.1 \, \text{kN}$$

$$N_{35} = -\frac{a(M_y^3 + M_y^5)}{2h} = -\frac{3(158.95 + 142.31)}{2 \times 3} = -150.6 \, \text{kN}$$

由式（3-47b）计算得到上弦杆 $1'2'$ 的轴力 $N_{1'2'}$：

$$N_{1'2'} = \frac{a(M_y^2 + M_y^3)}{2h} = \frac{3(167.01 + 158.95)}{2 \times 3} = 163.0 \, \text{kN}$$

由式（3-47c）可计算得到腹杆 $21'$ 与 $2'3$ 的轴力 $N_{21'}$、$N_{2'3}$：

$$N_{21'} = \frac{M_y^1 - M_y^2 + M_x^3 - M_x^2}{2\sin\varphi} = \frac{172.83 - 167.01 + 158.95 - 164.32}{2 \times 0.816} = 0.306 \, \text{kN}$$

$$N_{2'3} = \frac{M_x^2 - M_x^3 + M_y^5 - M_y^3}{2\sin\varphi} = \frac{164.32 - 158.95 + 142.31 - 158.95}{2 \times 0.816} = -6.97 \, \text{kN}$$

3.3.6 交叉梁系法

当前，土木工程专业的大部分本科生和部分硕士研究生都没学过板壳结构知识，对于拟板法的一些概念可能难以理解。对比板理论，土木工程专业的学生、设计和施工人员更容易理解梁理论。因此，本节介绍网架结构计算的梁系模型，通过梁理论角度加深初学者对网架整体性能和相关概念的理解。梁系模型的具体方法较多，有交叉梁系梁元法、交叉梁系力法、交叉梁系差分法等。其中，交叉梁系差分法是交叉桁架系网架内力计算的一种有效的简化方法，该方法将网架简化为纵横交叉的一系列梁，按照交叉梁理论建立平衡微分方程，采用差分法求解出交叉点处的挠度、弯矩、剪力，再根据弯矩和剪力确定杆件的内力（轴力）。交叉梁系差分法也分为考虑剪切变形影响、不考虑剪切变形影响两种情况。

1. 不考虑剪切变形影响的交叉梁系差分法

（1）基本假设

1）将构成交叉桁架系网架的每一榀平面桁架简化为刚度相当的梁，梁的惯性矩按下式计算：

$$I = A_t h_t^2 + A_b h_b^2 = \frac{A_t A_b}{A_t + A_b} h^2 \tag{3-49}$$

式中，A_t 和 A_b 分别是上、下弦杆的面积；h_t 和 h_b 分别是上、下弦杆至重心轴的距离；$h = h_t + h_b$ 为桁架高度。

2）两交叉梁在相交处的竖向位移相等。

3）荷载集中作用于各交叉点上。

4）不考虑梁的剪切变形影响，且认为梁的抗扭刚度为零。

5）忽略网架起拱引起的内力变化。

6）网架节点为铰接，梁的弯矩由网架的上下弦杆承受，剪力由腹杆承受。

（2）建立梁的平衡偏微分方程

1）两向正交桁架组成的网格梁

当网架的两向正交桁架的截面面积、高度和间距都相同时，可将网架简化为刚度相等的纵横梁交叉体系（类似井字梁），这里称为网格梁。从中取出一微分段 $\mathrm{d}x\mathrm{d}y$，作用荷载 q、弯矩、剪力如图 3-34 所示。

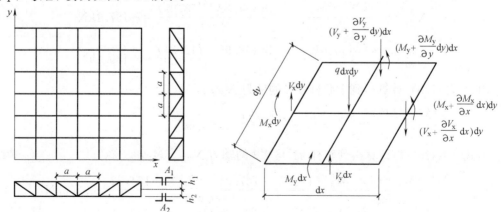

图 3-34　两向正交网格梁及其微元平衡体

图 3-34 的微元体的静力平衡条件为:

$$\begin{cases} \sum Z = 0 \Rightarrow & \dfrac{\partial V_x}{\partial x} + \dfrac{\partial V_y}{\partial y} = -q \\[2mm] \sum M_y = 0 \Rightarrow & \dfrac{\partial M_x}{\partial x} = V_x \\[2mm] \sum M_x = 0 \Rightarrow & \dfrac{\partial M_y}{\partial y} = V_y \end{cases} \tag{3-50}$$

将式 (3-50) 中后两项求导后再代入第一项得:

$$\frac{\partial^2 M_x}{\partial x^2} + \frac{\partial^2 M_y}{\partial y^2} = -q \tag{3-51}$$

根据梁理论的弯矩 (这里取单位宽度梁上的弯矩) 和挠度之间的关系:

$$M_x = -EI_h \frac{d^2 w}{dx^2} \qquad\qquad M_y = -EI_h \frac{d^2 w}{dy^2} \tag{3-52}$$

将式 (3-52) 代入式 (3-51) 得:

$$\frac{\partial^4 w}{\partial x^4} + \frac{\partial^4 w}{\partial y^4} = \frac{q}{EI_h} \tag{3-53}$$

式中, $w(x, y)$ 为网格梁的挠度; $I_h = I/a$, 为网格梁单位宽度的换算惯性矩; a 为网格梁的间距。

当两向正交桁架的间距不相等时, 网格梁单位宽度的换算惯性矩不相等 ($I_{hx} \neq I_{hy}$), 即成为刚度不相等的网格梁, 此时梁的偏微分方程如下:

$$EI_{hx} \frac{\partial^4 w}{\partial x^4} + EI_{hy} \frac{\partial^4 w}{\partial y^4} = q \tag{3-54}$$

式中, $I_{hx} = I_x/a_y$, $I_{hy} = I_y/a_x$, a_x 和 a_y 分别是 x 和 y 方向网格的间距。

2) 刚度相等的斜交网格梁

当两向斜交时 (图 3-35a), 网格梁的换算惯性矩为梁的惯性矩除以梁的垂直间距, 即 $I_h = I/(a\sin\theta)$。如此, 微分方程 (式 3-53) 可写成:

$$\frac{\partial^4 w}{\partial t_1^4} + \frac{\partial^4 w}{\partial t_2^4} = \frac{q}{EI} a \sin\theta \tag{3-55}$$

当三向斜交网格梁时 (图 3-35b), 此时网格梁相交成 60°, 网格梁的换算惯性矩为 $I_h = I/(a\sin 60°)$。同理, 可得偏微分方程式为:

$$\frac{\partial^4 w}{\partial t_1^4} + \frac{\partial^4 w}{\partial t_2^4} + \frac{\partial^4 w}{\partial t_3^4} = \frac{q}{EI} a \sin 60° = -\frac{q}{EI} \frac{\sqrt{3}}{2} a \tag{3-56}$$

(3) 偏微分方程的求解——差分法

不同类型的交叉桁架组成的网架, 可以用上述相应的偏微分方程 (式 3-53~式 3-56) 求出挠度 w, 然后根据式 (3-52) 和式 (3-50) 由挠度 w 再分别求出弯矩和剪力, 再根据弯矩由网架的上下弦杆承受、剪力由网架的腹杆负担, 算出杆件的内力 (轴力)。其中, 求解偏微分方程成为关键, 一般情况下获得解析解较困难, 故常用差分法求解偏微分方程。

差分法是一种数值方法, 本质上是通过差分将微分方程或偏微分方程转化为代数方

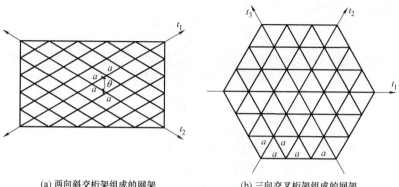

(a) 两向斜交桁架组成的网架　　　　　(b) 三向交叉桁架组成的网架

图 3-35　斜交网格梁

程，然后求解代数方程。以两向正交刚度相等的网格梁为例，用差分法求解梁时，首先将梁在荷载作用下产生的挠曲线近似地用折线代替，如图 3-36 所示。假设 m 与 n 点分别是 2 和 1 区间的中点，则挠度曲线 $w(x, y)$ 在 m、n、0 点处的斜率可近似表达为：

$$\left(\frac{\partial w}{\partial x}\right)_m \approx \frac{w_2 - w_0}{a} \qquad \left(\frac{\partial w}{\partial x}\right)_n \approx \frac{w_0 - w_1}{a} \qquad \left(\frac{\partial w}{\partial x}\right)_0 \approx \frac{w_2 - w_1}{2a} \qquad (3\text{-}57)$$

显然，式（3-57）用差分近似代替导数，故区间（网架尺寸）a 越小，精确度就越高。

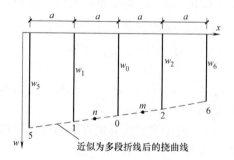

图 3-36　梁曲线的折线化和差分法

进一步，0 点的二阶差分为：

$$\left(\frac{\partial^2 w}{\partial x^2}\right)_0 = \frac{\mathrm{d}}{\mathrm{d}x}\left(\frac{\partial w}{\partial x}\right) \approx \frac{\left(\frac{\partial w}{\partial x}\right)_m - \left(\frac{\partial w}{\partial x}\right)_n}{a} = \frac{w_1 - 2w_0 + w_2}{a^2} \qquad (3\text{-}58)$$

类似可以得到其他各点的二阶差分，如 1、2 点的二阶差分为：

$$\left(\frac{\partial^2 w}{\partial x^2}\right)_1 \approx \frac{w_5 - 2w_1 + w_0}{a^2} \qquad \left(\frac{\partial^2 w}{\partial x^2}\right)_2 \approx \frac{w_0 - 2w_2 + w_6}{a^2} \qquad (3\text{-}59)$$

0、m、n 点的三阶差分为：

$$\left(\frac{\partial^3 w}{\partial x^3}\right)_0 = \frac{\partial}{\partial x}\left(\frac{\partial^2 w}{\partial x^2}\right) \approx \frac{\left(\frac{\partial^2 w}{\partial x^2}\right)_2 - \left(\frac{\partial^2 w}{\partial x^2}\right)_1}{2a} = \frac{w_6 - 2w_2 + 2w_1 - w_5}{2a^3} \qquad (3\text{-}60a)$$

$$\left(\frac{\partial^3 w}{\partial x^3}\right)_{\mathrm{m}} = \frac{\partial}{\partial x}\left(\frac{\partial^2 w}{\partial x^2}\right) \approx \frac{\left(\frac{\partial^2 w}{\partial x^2}\right)_2 - \left(\frac{\partial^2 w}{\partial x^2}\right)_0}{a} = \frac{w_6 - 3w_2 + 3w_0 - w_1}{a^3} \quad (3\text{-}60\mathrm{b})$$

$$\left(\frac{\partial^3 w}{\partial x^3}\right)_{\mathrm{n}} = \frac{\partial}{\partial x}\left(\frac{\partial^2 w}{\partial x^2}\right) \approx \frac{\left(\frac{\partial^2 w}{\partial x^2}\right)_0 - \left(\frac{\partial^2 w}{\partial x^2}\right)_1}{a} = \frac{w_2 - 3w_0 + 3w_1 - w_5}{a^3} \quad (3\text{-}60\mathrm{c})$$

0 点沿着 x 方向的四阶差分为：

$$\left(\frac{\partial^4 w}{\partial x^4}\right)_0 = \frac{\partial}{\partial x}\left(\frac{\partial^3 w}{\partial x^3}\right) \approx \frac{\left(\frac{\partial^3 w}{\partial x^3}\right)_{\mathrm{m}} - \left(\frac{\partial^3 w}{\partial x^3}\right)_{\mathrm{n}}}{a} = \frac{w_6 - 4w_2 + 6w_0 - 4w_1 + w_5}{a^4} \quad (3\text{-}61)$$

类似，根据图 3-37 的节点编号，得出挠度曲线 $w(x，y)$ 在 0 点沿着 y 方向的四阶偏差分为：

$$\left(\frac{\partial^4 w}{\partial y^4}\right)_0 \approx \frac{w_8 - 4w_4 + 6w_0 - 4w_3 + w_7}{a^4} \quad (3\text{-}62)$$

根据不同的网架类型，将差分方程式（3-61）、式（3-62）代入相应的偏微分方程（式 3-53～式 3-56），如此将偏微分方程转化为简单的差分方程（线性代数方程）。以两向正交刚度相等（$I_\mathrm{x}=I_\mathrm{y}=I$）的网架为例，将式（3-61）、式（3-62）代入式（3-53），即得节点 0 的差分方程为：

$$12w_0 - 4(w_1 + w_2 + w_3 + w_4) + w_5 + w_6 + w_7 + w_8 = \frac{qa^4}{EI_\mathrm{h}} = \frac{qa^5}{EI} \quad (3\text{-}63)$$

类似，两向正交但刚度不等（$I_\mathrm{x} \neq I_\mathrm{y}$）网架、刚度相等斜交网架（夹角为 θ）在节点 0 的差分方程分别如式（3-64a）和式（3-64b）所示。

$$\frac{EI_\mathrm{x}}{a_\mathrm{x}^4 a_\mathrm{y}}[6w_0 - 4(w_1 + w_2) + w_5 + w_6] + \frac{EI_\mathrm{y}}{a_\mathrm{x} a_\mathrm{y}^4}[6w_0 - 4(w_3 + w_4) + w_7 + w_8] = q$$

$$(3\text{-}64\mathrm{a})$$

$$12w_0 - 4(w_1 + w_2 + w_3 + w_4) + w_5 + w_6 + w_7 + w_8 = \frac{qa^5}{EI}\sin\theta \quad (3\text{-}64\mathrm{b})$$

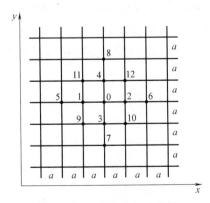

图 3-37　差分法的节点编号

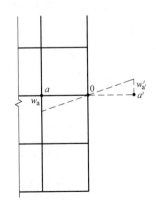

图 3-38　边界外挠度推算

同理，可以得到交叉梁系中其他各点的差分方程，最终将原来连续化的偏微分方程变成关于各个节点处挠度 w_i ($i=0$、1、2、3、⋯) 的线性方程组。观察图3-35和式(3-63)等号左边式子，发现以下特点：

① 每一个差分方程中涉及的节点挠度 (w_i) 包括：本节点 (记为 $i=0$ 点)、与本节点相邻且 x 和 y 方向各2个 (共4个节点、记为 $i=1\sim4$ 点)，简称"相邻节点"，紧挨着相邻节点的外围沿着 x 和 y 方向各2个节点 (共4个节点、记为 $i=5\sim8$ 点)，简称"外围"；

② 这些涉及节点的系数分布如下：本节点在 x 和 y 方向的系数均为6 (若是两向刚度相同则合并12)、四个"相邻节点"的系数均为 -4，四个"外围节点"的系数均为1。

显然，这两个特点大大地简化了建立方程组的过程。根据这个规律可以推出三向交叉 (夹角60°) 刚度相等的网架的差分方程，即：

$$18w_0 - 4(w_1+w_2+w_3+w_4+w_9+w_{10}) + w_5+w_6+w_7+w_8+w_{11}+w_{12} = \frac{\sqrt{3}\,qa^5}{2EI}$$

(3-65)

式中，$w_1\sim w_4$ 为其中两个方向的"相邻节点"的位移；w_9 和 w_{10} 为第三个方向的两个"相邻节点"的位移；$w_5\sim w_8$ 为其中两个方向的"外围节点"的位移；w_{11} 和 w_{12} 为第三个方向的两个"外围节点"的位移。

需要注意的是，最终建立关于节点位移的差分方程组的过程中，其中必然有些节点在边界处，对这些边界处的节点进行差分的时候，自然要用到边界以外的点 (界外点)。而这些界外点的挠度和边界条件有关。以常见的周边简支条件为例 (见图3-38中的0点)，其边界条件是弯矩与挠度均为零，推导如下：

$$M_{0\mathrm{x}} = -EI\frac{\partial^2 w}{\partial x^2} = 0 \Rightarrow EI\frac{w_\mathrm{a}-2w_0+w_\mathrm{a}'}{a} = 0,\ \text{因}\ w_0=0,\ \text{故}\ w_\mathrm{a}=-w_\mathrm{a}' \quad (3\text{-}66)$$

最后，以最常见的两向正交刚度相等的网架为例，形成关于节点位移 w_i 的差分方程组：

$$[\delta]_{n\times n}\{w_i\}_{n\times 1} = \frac{qa^4}{EI_h}\{1\}_{n\times 1} = \frac{qa^5}{EI}\{1\}_{n\times 1} \quad (3\text{-}67)$$

式中，$[\delta]_{n\times n}$ 为 n 阶常系数矩阵；$\{w_i\}_{n\times 1}$ 为关于节点位移的阵列。根据线性方程(3-67)求出各节点位移 w_i，其与 $qa^5 E^{-1} I^{-1}$ 成正比。再根据差分方程，由各个节点的位移 w_i 求出各节点处的弯矩、剪力。以两向正交桁架的截面面积、高度和间距都相同的正交正放网架的0节点 (图3-37) 为例：

$$\begin{cases} M_{0\mathrm{x}} = -EI\dfrac{\partial^2 w}{\partial x^2} = EI\dfrac{2w_0-w_1-w_2}{a^2} \\[3mm] M_{0\mathrm{y}} = -EI\dfrac{\partial^2 w}{\partial y^2} = EI\dfrac{2w_0-w_3-w_4}{a^2} \end{cases} \quad (3\text{-}68\mathrm{a})$$

$$\begin{cases} V_{0\text{-}1\mathrm{x}} = \dfrac{\partial M}{\partial x} = \dfrac{M_{0\mathrm{x}}-M_{1\mathrm{x}}}{a} = EI\dfrac{w_2-3w_0+3w_1-w_5}{a^3} \\[3mm] V_{0\text{-}2\mathrm{x}} = \dfrac{\partial M}{\partial x} = \dfrac{M_{0\mathrm{x}}-M_{2\mathrm{x}}}{a} = EI\dfrac{w_6-3w_2+3w_0-w_1}{a^3} \end{cases} \quad (3\text{-}68\mathrm{b})$$

$$\begin{cases} V_{0x} = V_{0-2x} - V_{0-1x} = EI\dfrac{6w_0 - 4(w_1 + w_2) + w_5 + w_6}{a^3} \\ V_{0y} = V_{0-4y} - V_{0-3y} = EI\dfrac{6w_0 - 4(w_3 + w_4) + w_7 + w_8}{a^3} \end{cases} \qquad (3\text{-}68c)$$

式中，M_{0x}、M_{0y} 为节点 0 处沿着 x 方向、y 方向的桁架（交叉梁）的弯矩；V_{0-1x}、V_{0-2x} 为沿着 x 方向的桁架在节点 0 的左边截面、右边截面的剪力；V_{0-3y}、V_{0-4y} 为沿着 y 方向的桁架在节点 0 的左边截面、右边截面的剪力；V_{0x}、V_{0y} 为节点 0 处分配给 x 方向桁架、y 方向桁架的节点力；a 为网格尺寸，以上节点编号见图 3-37。

（4）网架杆件内力

在得到交叉梁系（网架）各个节点的弯矩和剪力后，有两种方法确定网架各根杆件的内力。

方法 1：根据式（3-68c）得到分配给 x 和 y 方向桁架的节点力（荷载），如此网架的内力计算就可以简化为各片平面桁架在节点荷载 V_{ix}（x 方向的桁架上的节点荷载）或 V_{iy}（y 方向的桁架上的节点荷载）作用下的杆件内力计算，如图 3-39（a）所示。可采用平面桁架的杆件内力计算方法，但网架的竖腹杆是 x 和 y 两个方向桁架共有，故其实际内力是两个方向桁架计算所得竖腹杆内力之和。由式（3-68c）、式（3-67）和图 3-37 可以看出节点荷载 V_{ix}、V_{iy} 和各节点位移 w_i 具有以下的特征关系：

① 无论是 V_{ix} 还是 V_{iy} 均与屋面荷载 q、网格尺寸的平方 a^2 成正比，而跟杆件截面尺寸无关，这体现了无需事先知道杆件截面就能进行杆件内力计算的特点，初步估算杆件截面时可以减少工作量；

② V_{ix} 与本节点位移（w_0）、x 方向上的两个"相邻节点"的位移（w_1 和 w_2）以及 x 方向上的两个"外围节点"的位移（w_5 和 w_6）有关，且这些位移分别乘以系数 6、-4、1；V_{iy} 的特点类似 V_{ix}。

方法 2：基于计算得到的节点的弯矩和剪力，再根据"弯矩由弦杆承担、剪力由腹杆承担"来确定桁架的内力。

其一是用截面法确定桁架的杆力，如图 3-39（b）所示，则：

弦杆内力：
$$N_1 = \pm\frac{M_{ix}}{h} \qquad (3\text{-}69a)$$

腹杆内力：
$$N_d = \frac{V_{i-jx}}{\sin\varphi} \qquad (3\text{-}69b)$$

式中，h 为网架高度；M_{ix} 为节点 i 处沿 x 方向等代梁（桁架）的弯矩；V_{i-jx} 为沿 x 方向等代梁在节点 i 右边截面的剪力；φ 为斜腹杆和下弦平面夹角。

其二是由两相邻节点的弯矩确定杆件内力，《网架结构设计与施工规程》JGJ 7—91 就采用这种方法计算的，如图 3-39（c）所示，上弦杆、下弦杆、斜腹杆的内力 N_t、N_b、N_c 按式（3-70）计算：

$$N_t = -M_{jx}/h \qquad (3\text{-}70a)$$
$$N_b = M_{ix}/h \qquad (3\text{-}70b)$$
$$N_c = (M_{jx} - M_{ix})/(h\sin\varphi) \qquad (3\text{-}70c)$$

至于竖腹杆轴力 N_v，则由上弦（下弦）节点的竖向平衡条件确定。

由上述整个过程可知，交叉梁系差分法计算所得的节点处的弯矩、剪力、节点力最终可化为关于屋面均布荷载 q 和网格尺寸 a 的函数。因此，在无需事先知道杆件截面的情况下，采用交叉梁系差分法就能进行杆件内力计算，便于初步估算预选杆件截面。

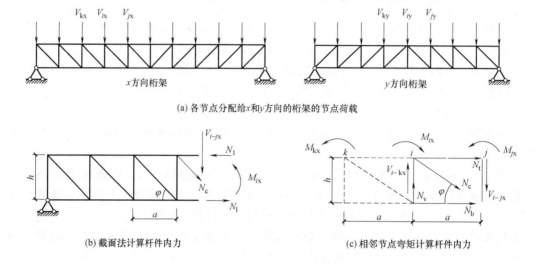

(a) 各节点分配给 x 和 y 方向的桁架的节点荷载

(b) 截面法计算杆件内力   (c) 相邻节点弯矩计算杆件内力

图 3-39 交叉梁系网架转换为平面桁架后的杆件内力计算

2. 考虑剪切变形影响的交叉梁系差分法

（1）等效抗弯、抗剪刚度

简化为交叉梁系的网架类似空腹梁，其剪切变形的影响不可忽略，故未考虑剪切变形影响可能会导致计算结果的误差较大。为此，提出了考虑剪切变形影响的交叉梁系差分法（即考虑腹杆变形对挠度的影响），其基本假定同不考虑剪切变形影响的交叉梁系法，但将网架中每一榀平面桁架简化为具有等效抗剪刚度（GA）和抗弯刚度（EI）的梁，梁的抗扭刚度依然为零。以图 3-40 的任意一个桁架节间为例，其等效为梁单元后的等效抗剪刚度（GA）和抗弯刚度（EI）的推导如下：

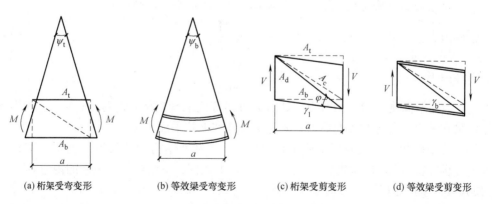

(a) 桁架受弯变形   (b) 等效梁受弯变形   (c) 桁架受剪变形   (d) 等效梁受剪变形

图 3-40 桁架和换算梁单元的变形

桁架的一个节间（间距为交叉桁架系网架的尺寸 a）单元在纯弯矩 M 作用下的变形为上弦受压缩短、下线受拉伸长、竖杆倾斜，两端截面因弯矩引起的相对转角 ψ_t 是由上（下）弦杆的轴压（轴拉）变形引起。M 由上下弦杆承担，上、下弦杆分别受压、受拉，

轴力大小为 $N = M/h$，弦杆长度为 a，相对转角 ψ_t 为：

$$\psi_t = \sum \frac{N\overline{N}}{EA}a = \frac{Ma}{Eh^2}\left(\frac{1}{A_t} + \frac{1}{A_b}\right) \tag{3-71a}$$

长为 a 的等效梁（图 3-40b）在弯矩 M 作用下相应的截面转角 ψ_b 为：

$$\psi_b = \frac{Ma}{EI} \tag{3-71b}$$

根据 $\psi_t = \psi_b$，可得等效梁的抗弯惯性矩：

$$I = \frac{A_1 A_2}{A_1 + A_2}h^2 \tag{3-71c}$$

与前面不考虑剪切变形的等效梁的抗弯刚度计算式（式 3-49）一致。

关于等效抗剪切刚度 GA，图 3-40 (c) 为一个桁架节间单元在剪力 V 作用下的变形，图 3-40 (d) 为等效抗剪刚度的梁。根据剪力由腹杆来承担，受剪时忽略弦杆变形的影响，认为剪切角是由腹杆的轴向变形引起。由图 3-40 (c) 可知，斜腹杆轴力 $T_c = V/\sin\varphi$、竖腹杆轴力 $T_d = V$，桁架高度 h，$\tan\varphi = h/a$，剪切变形 γ_t 计算如下：

$$\gamma_t = \frac{\text{上下错动量}}{a} = \left(\frac{T_c\overline{T_c}}{EA_c} \cdot \frac{a}{\cos\varphi} + \frac{T_d\overline{T_d}}{EA_d} \cdot h\right)\frac{1}{a} = \frac{V}{E}\left(\frac{1}{A_c\sin^2\varphi\cos\varphi} + \frac{\tan\varphi}{A_d}\right)$$
$$\tag{3-72a}$$

式中，$\overline{T_c} = 1/\sin\varphi$，为单位剪力引起的斜杆内力；$\overline{T_d} = 1$，为单位剪力引起的竖杆内力。图 3-40 (d) 的等效梁单元在剪力 V 作用下的剪切变形 γ_b 为：

$$\gamma_b = \frac{\kappa V}{GA} \tag{3-72b}$$

式中，κ 为剪应力分布不均匀系数，令 $C = GA/\kappa$（定义为折算剪切刚度），可得 $\gamma_b = V/C$。由剪切变形相等（$\gamma_t = \gamma_b$）得：

$$C = \frac{EA_d A_c\sin^2\varphi\cos\varphi}{A_d + A_c\sin^3\varphi} \tag{3-73}$$

式中，E 为钢材的弹性模量；A_c 为斜腹杆截面面积；A_d 为竖腹杆截面面积；φ 为斜腹杆与弦杆夹角。显然，式（3-73）与式（3-31a）的拟板法的两个方向的单位板宽上抗剪刚度 C_x 和 C_y 表达式相似。

考虑剪切变形影响的梁的位移（挠度）w 由两部分组成：弯曲引起的变形 w_1 和剪切引起的变形 w_2，则：

$$\frac{\mathrm{d}^2 w_1}{\mathrm{d}x^2} = -\frac{M_x}{EI}, \quad \frac{\mathrm{d}w_2}{\mathrm{d}x} = \gamma = \frac{\kappa V}{GA} = \frac{V}{c} \quad \Rightarrow \quad \frac{\mathrm{d}^2 w}{\mathrm{d}x^2} = \frac{\mathrm{d}^2 w_1}{\mathrm{d}x^2} + \frac{1}{c}\frac{\mathrm{d}V}{\mathrm{d}x} = -\frac{M_x}{EI} + \frac{1}{c}\frac{\mathrm{d}V}{\mathrm{d}x}$$

进一步得：

$$M_x = -EI\frac{\mathrm{d}^2 w}{\mathrm{d}x^2} + \frac{EI}{c}\frac{\mathrm{d}V}{\mathrm{d}x} = -EI\frac{\mathrm{d}^2 w}{\mathrm{d}x^2} + \eta a^2\frac{\mathrm{d}V}{\mathrm{d}x} \tag{3-74}$$

式中，$\eta = EI/(Ca^2)$，称为梁的剪切影响系数。

（2）等效梁的差分方程

类似前面的不考虑剪切变形影响的交叉梁，用差分方程来表达微分方程式（3-74）。

大致过程如下：将梁位移（挠度）w 的二阶导数用关于节点位移 w_i 等的线性关系式取代，弯矩则用剪力表示（根据弯矩与剪力关系），最终形成关于节点位移和剪力的"剪力-位移"方程，再根据节点两边剪力和外荷载 P_k 的静力平衡关系，最后变成关于节点位移 w_i 的线性方程组，求解出 w_j。其中，最关键的是"剪力-位移"方程的建立，过程如下。

任取一段折算梁端，段长等于网格尺寸 a，见图 3-41。梁在 i 点的差分表达式为：

$$\left(\frac{\mathrm{d}^2 w}{\mathrm{d} x^2}\right)_i = \frac{w_{i+1} - 2w_i + w_{i-1}}{a^2} \tag{3-75}$$

根据梁理论的剪力和弯矩关系，同样用差分表达如下：

$$\left(\frac{\mathrm{d} V}{\mathrm{d} x}\right)_i \approx \frac{V_{i,i+1} - V_{i,i-1}}{a} \approx \frac{M_{i+1} - 2M_i + M_{i-1}}{a^2} \tag{3-76}$$

将式（3-75）和式（3-76）代入式（3-74），得 i 点的弯矩的差分表达式：

$$M_i = -\frac{EI}{a^2}(w_{i+1} - 2w_i + w_{i-1}) + \eta a(V_{i,i+1} - V_{i-1,i}) \tag{3-77}$$

同理，得 $i-1$ 点的弯矩的差分表达式：

$$M_{i-1} = -\frac{EI}{a^2}(w_i - 2w_{i-1} + w_{i-2}) + \eta a(V_{i-1,i} - V_{i-2,i-1}) \tag{3-78}$$

如图 3-41 所示，梁的节间单元（$i-1$，i）的剪力和端部弯矩的关系为：

$$V_{i-1,i} = \frac{M_i - M_{i-1}}{a} \tag{3-79}$$

将式（3-77）、式（3-78）代入式（3-79），得剪力和节点位移（变形）之间关系，即：

$$V_{i-1,i} = -\frac{EI}{a^3}(w_{i+1} - 3w_i + 3w_{i-1} - w_{i-2}) + \eta(V_{i,i+1} - 2V_{i-1,i} + V_{i-2,i-1}) \tag{3-80}$$

整理后得"剪力-位移"方程：

$$\left(2 + \frac{1}{\eta}\right)V_{i-1,i} - (V_{i,i+1} + V_{i-2,i-1}) = -\frac{EI}{\eta a^3}(w_{i+1} - 3w_i + 3w_{i-1} - w_{i-2}) \tag{3-81}$$

类似方法，列出交叉梁系的各个节间（单元）的"剪力-位移"方程，形成"剪力-位移"方程组，将节间剪力变成节点位移（变形）的表达式。最后在根据静力平衡条件，求出节点位移 w_i，进而求出弯矩、剪力，最后再求出杆件轴力。

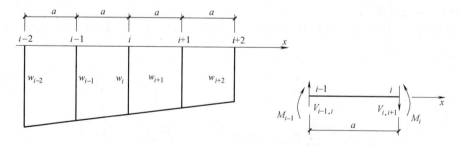

图 3-41　梁的变形（挠度）折线化、梁单元端受力

显然，对比不考虑剪切影响的交叉梁系差分法，考虑剪切变形后的交叉梁系差分法计算明显繁琐复杂。更为重要的是，"剪力-位移"（式 3-81）中含有等效梁的刚度 EI、梁的

剪切影响系数 η，故而考虑剪切变形的交叉梁系差分法需要事先知道杆件截面面积（A_t 和 A_b）才能进行杆件内力计算。对比之下，不考虑剪切变形影响的交叉梁系差分法在无需事先知道杆件截面的情况下就能进行杆件内力计算。显然不考虑剪切变形影响的差分法更便于初步估算预选杆件截面。虽然考虑剪切变形后的差分法计算精度相对较高，但不考虑剪切影响的差分法的精度能基本满足初步设计的要求，精确求解则可以在后期详细设计阶段用电算完成。

3. 交叉梁系梁元法简介

交叉梁系梁元也是将两向正交网架简化为交叉梁，其基本假定同交叉梁系差分法，可以分为考虑和不考虑剪切变形的影响。但是，与差分法直接用差分的方法解决微分方程不同，梁元法则是将交叉梁在节点处分成若干个梁单元，以节点位移为未知量，建立梁单元刚度矩阵，形成总刚度矩阵，用矩阵位移法求解。

梁元法中的每个梁单元有 i 和 j 两个端点（节点），每个节点（以 i 节点为例）上有 3 个广义位移：1 个竖向位移（挠度）w_i、2 个方向的转角 ψ_{xi} 和 ψ_{yi}，每个节点有 3 个广义力：1 个剪力 V_i、2 个方向的弯矩 M_{xi} 和 M_{yi}。根据结构力学知识，长度为 a（网格尺寸）的梁单元 ij（为了简化假定局部坐标系沿着 x 轴）在两端弯矩（M_{yi} 和 M_{yj}）、两端剪力（V_i 和 V_j）、两端竖向位移（w_i 和 w_j）作用下发生变形，如不考虑剪切变形的影响，则 i 端和 j 端的转角如下：

$$\psi_{yi} = \int_0^a \frac{M(x)m_i(x)}{EI}\mathrm{d}x - \frac{w_j - w_i}{a} \tag{3-82a}$$

$$\psi_{yj} = \int_0^a \frac{M(x)m_j(x)}{EI}\mathrm{d}x - \frac{w_j - w_i}{a} \tag{3-82b}$$

式中，$M(x)$ 为梁单元 ij 在端部弯矩 M_{yi} 和 M_{yj} 作用下任意截面 x 处的弯矩；$m_i(x)$ 和 $m_j(x)$ 为梁单元分别在 i 端和 j 端承受单位弯矩作用下任意截面 x 处的弯矩。显然，如果单元截面不变（为常量），则上式积分可用图乘法得到两个转角：

$$\psi_{yi} = \frac{aM_{yi}}{3EI} - \frac{aM_{yj}}{6EI} - \frac{w_j - w_i}{a} \tag{3-83a}$$

$$\psi_{yj} = -\frac{aM_{yi}}{6EI} + \frac{aM_{yj}}{3EI} - \frac{w_j - w_i}{a} \tag{3-83b}$$

将式（3-83）变成弯矩（M_{yi} 和 M_{yj}）关于转角和挠度的方程，即：

$$M_{yi} = \frac{EI}{a}\left(4\theta_{yi} + 2\theta_{yj} + 6\frac{w_j - w_i}{a}\right) \tag{3-84a}$$

$$M_{yj} = \frac{EI}{a}\left(2\theta_{yi} + 4\theta_{yj} + 6\frac{w_j - w_i}{a}\right) \tag{3-84b}$$

再利用杆端弯矩和剪力的平衡关系：$V_i = -V_j = -(M_{yi} + M_{yj})/a$，最终形成梁单元的杆端广义力和杆端广义位移的关系，即：

$$\{F_e\}_{6\times 1} = [k_e]_{6\times 6}\{\delta_e\}_{6\times 1} \tag{3-85}$$

式中，$\{F_e\}_{6\times1}=\{V_i,M_{xi},M_{yi},V_j,M_{xj},M_{yj}\}^T$，为杆端广义力；$\{\delta_e\}_{6\times1}=\{w_i,\theta_{xi},\theta_{yi},w_j,\theta_{xj},\theta_{yj}\}^T$，为杆端广义位移；$[k_e]_{6\times6}$ 为局部坐标系下的单元刚度阵：

$$[k_e]_{6\times6}=\frac{EI}{a^2}\begin{bmatrix} 12 & & & & & \\ 0 & 0 & & \text{对} & & \\ -6 & 0 & 4a & & & \\ -12 & 0 & 6 & 12 & \text{称} & \\ 0 & 0 & 0 & 0 & 0 & \\ -6 & 0 & 2a & 6 & 0 & 4a \end{bmatrix} \tag{3-86}$$

以上过程没有考虑剪切变形的影响，如果考虑剪切变形的影响，则单元刚度矩阵（即式3-86）中的非零元素变成关于 η（梁的剪切影响系数）的函数，比如第 1 行第 1 列元素从 12 变成 $12/(1+\eta)$。此后步骤类似空间桁架位移法。首先，将局部坐标系下的单元刚度阵 $[k_e]_{6\times6}$ 转成整体坐标系下的单元刚度阵，形成总体刚度矩阵，引入边界条件等将总刚度矩阵变成非奇异阵，求解得到各个节点（两向桁架交叉点处）在整体坐标系下的位移 $\{\Delta\}$。接着，找到每个梁单元在整体坐标系下的杆端位移 $\{\Delta_e\}$，将 $\{\Delta_e\}$ 转换成局部坐标系下的杆端位移 $\{\delta_e\}=\{w_i,\theta_{xi},\theta_{yi},w_j,\theta_{xj},\theta_{yj}\}^T$ 后代入式（3-84）得到杆端弯矩 M_{yi} 和 M_{yj}，进而计算出杆端剪力 $V_i=-V_j=-(M_{yi}+M_{yj})/a$。最后，根据弦杆承担弯矩、腹杆承担剪力，求出各个杆件的轴力。

4. 交叉梁系力法简介

交叉梁系力法也是将网架简化为交叉梁，也假定两交叉梁在相交点处的竖向位移相等、网架的各节点铰接（所有杆件只承受轴力）、组成网架的平面桁架简化为刚度相当的梁（梁惯性矩见式3-49）、梁的抗扭刚度为零。为了建立力法的变形协调方程，假定平行 x 方向和平行 y 方向的两交叉梁在相交点处通过一个长度无限小的刚性链杆连接。首先，切断链杆，假定网架上所有竖向荷载 q 由平行于 x 方向的梁来承担，如此可算出平行于 x 方向的梁在相交点 i 处向下的挠度 δ_{qxi}。然而，实际上两个方向的梁是共同工作的，多根平行 y 方向的梁在各自的相交点处通过链杆向平行 x 方向的梁提供一组向上的支承力 P_j；故平行 x 方向的梁在这组支承力作用下在相交点 i 处产生向上的挠度 δ_{pxi}，平行 y 方向的梁则在这组力 P_j 作用下在相交点 i 处产生向下的挠度 δ_{pyi}。根据相交点处两交叉梁的竖向挠度相等，建立变形协调方程，即：

$$\delta_{pyi}=\delta_{qxi}-\delta_{pxi} \tag{3-87}$$

式中，δ_{pxi} 和 δ_{pyi} 均为 P_i 的函数，而 P_i 相当于力法里面的多余约束力。每一个相交点（节点）都可以建立类似式（3-87）的方程，从而形成 n 个方程组（n 为相交点数），求解方程组得到多余约束力 P_i（$i=1\sim n$）。再将 P_i（$i=1\sim n$）作为荷载施加到两个方向的梁上，就可以求出平行于 x 方向和 y 方向的梁的弯矩、剪力。最后，按照弯矩由弦杆承担、剪力由腹杆承担的假定，将弯矩和剪力转化为弦杆和腹杆轴力。关于交叉梁系力法，也可分为考虑和不考虑剪切变形影响两种情况，详细推导见参考文献 [19] 和 [20]。

【例 3-3】 某建筑屋面为正方形平面，边长 30m，采用两向正交正放网架，x 方向和

y 方向的桁架相同并采用平行弦桁架，网架的边界为周边简支支承，网架在上弦沿周边布置水平支撑以保证体系稳定性，网架的上弦平面如图 3-42（a）所示。屋面荷载初步估算为 $4.0\mathrm{kN/m^2}$（包括网架自重），方案设计时网格尺寸 $a=5\mathrm{m}$、网架高度 $h=3\mathrm{m}$，请用交叉梁系差分法（不考虑剪切变形的影响）计算网架内力。

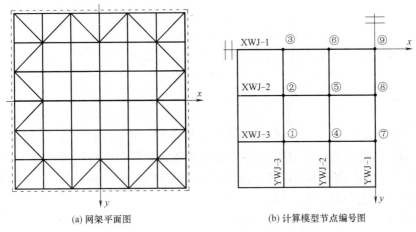

(a) 网架平面图 (b) 计算模型节点编号图

图 3-42 两向正交正放网架平面图及节点编号图

【解】

（1）节点编号

考虑到结构对称性，取原结构左下角的 1/4 结构进行计算，各节点编号如图 3-42（b）所示，共 9 个节点。

（2）单位荷载下节点挠度计算

根据式（3-63）列出各节点差分方程，为了简化，式子右边项位移 $qa^5/(EI)$ 先假设为单位位移，此时求得的节点位移 $\{w_i\}_{9\times1}$ 也称为节点位移系数。网架通常处于线弹性小变形受力范围，节点位移系数乘以 $qa^5/(EI)$ 就是实际上的节点位移。

节点 1：$12w_1-4(w_2+w_4+0+0)+(w_7+w_3-w_1-w_1)=1$

节点 2：$12w_2-4(w_1+w_3+w_5+0)+(0+w_8-w_2+w_2)=1$

节点 3：$12w_3-4(w_2+w_6+w_2+0)+(w_9+w_1+w_1-w_3)=1$

节点 4：$12w_4-4(w_1+w_7+0+w_5)+(0-w_4+w_4+w_6)=1$

节点 5：$12w_5-4(w_2+w_4+w_6+w_8)+(0+0+w_5+w_5)=1$

节点 6：$12w_6-4(w_3+w_5+w_5+w_9)+(0+w_6+w_4+w_4)=1$

节点 7：$12w_7-4(w_4+w_4+w_8+0)+(-w_7+w_9+w_1+w_1)=1$

节点 8：$12w_8-4(w_5+w_5+w_7+w_9)+(w_2+w_2+w_8+0)=1$

节点 9：$12w_9-4(w_6+w_6+w_8+w_8)+(w_3+w_3+w_7+w_7)=1$

写成矩阵形式，如下：

$$\begin{bmatrix} 10 & -4 & 1 & -4 & 0 & 0 & 1 & 0 & 0 \\ -4 & 12 & -4 & 0 & -4 & 0 & 0 & 1 & 0 \\ 2 & -8 & 11 & 0 & 0 & -4 & 0 & 0 & 1 \\ -4 & 0 & 0 & 12 & -4 & 1 & -4 & 0 & 0 \\ 0 & -4 & 0 & -4 & 14 & -4 & 0 & -4 & 0 \\ 0 & 0 & -4 & 2 & -8 & 13 & 0 & 0 & -4 \\ 2 & 0 & 0 & -8 & 0 & 0 & 11 & -4 & 1 \\ 0 & 2 & 0 & 0 & -8 & 0 & -4 & 13 & -4 \\ 0 & 0 & 2 & 0 & 0 & -8 & 2 & -8 & 12 \end{bmatrix} \begin{bmatrix} w_1 \\ w_2 \\ w_3 \\ w_4 \\ w_5 \\ w_6 \\ w_7 \\ w_8 \\ w_9 \end{bmatrix} = \begin{bmatrix} 1 \\ 1 \\ 1 \\ 1 \\ 1 \\ 1 \\ 1 \\ 1 \\ 1 \end{bmatrix}$$

记为：$[\Delta]_{9\times9}\{w_i\}_{9\times1}=\{1\}_{9\times1}$，节点位移系数 $\{w_i\}_{9\times1}=[\Delta]^{-1}\{1\}_{9\times1}$。其中，$[\Delta]^{-1}$ 为 $[\Delta]$ 的逆矩阵，matlab 及多款数据处理软件都能进行矩阵求逆运算，这里用 Excel 的 MINVERSE 命令求逆矩阵，再用 Excel 的 MMULT 进行矩阵和向量相乘运算，最终得到各个节点的位移系数，即：

$$\{w_i\}=\{2.8158 \quad 4.7535 \quad 5.4347 \quad 4.7534 \quad 8.0314 \quad 9.2466 \quad 5.4347 \quad 9.2466 \quad 10.6005\}^T$$

（3）计算杆件内力

根据式（3-68c），计算分配到网架的 x 和 y 方向桁架上的节点荷载，即：

$$V_{1x}=\frac{EI}{a^3}[6w_1-4(w_4+0)+w_7-w_1]\frac{qa^5}{EI}=qa^2(5w_1-4w_2+w_7)$$

$$V_{1y}=\frac{EI}{a^3}[6w_1-4(w_2+0)+w_3-w_1]\frac{qa^5}{EI}=qa^2(5w_1-4w_2+w_3)$$

$$V_{2x}=\frac{EI}{a^3}[6w_2-4(w_5+0)+w_8-w_2]\frac{qa^5}{EI}=qa^2(5w_2-4w_5+w_8)$$

$$V_{2y}=\frac{EI}{a^3}[6w_2-4(w_1+w_3)+0+w_2]\frac{qa^5}{EI}=qa^2(-4w_1+7w_2-4w_3)$$

$$V_{3x}=\frac{EI}{a^3}[6w_3-4(w_6+0)+w_9-w_3]\frac{qa^5}{EI}=qa^2(5w_3-4w_6+w_9)$$

$$V_{3y}=\frac{EI}{a^3}[6w_3-4(w_2+w_2)+w_1+w_1]\frac{qa^5}{EI}=qa^2(2w_1-8w_2+6w_3)$$

$$V_{4x}=\frac{EI}{a^3}[6w_4-4(w_1+w_7)+0+w_4]\frac{qa^5}{EI}=qa^2(-4w_1+7w_4-4w_7)$$

$$V_{4y}=\frac{EI}{a^3}[6w_4-4(w_5+0)+w_6-w_4]\frac{qa^5}{EI}=qa^2(5w_4-4w_5+w_6)$$

$$V_{5x}=\frac{EI}{a^3}[6w_5-4(w_2+w_8)+0+w_5]\frac{qa^5}{EI}=qa^2(-4w_2+7w_5-4w_8)$$

$$V_{5y}=\frac{EI}{a^3}[6w_5-4(w_4+w_6)+0+w_5]\frac{qa^5}{EI}=qa^2(-4w_4+7w_5-4w_6)$$

$$V_{6x}=\frac{EI}{a^3}[6w_6-4(w_3+w_9)+w_6+0]\frac{qa^5}{EI}=qa^2(-4w_3+7w_6-4w_9)$$

$$V_{6y} = \frac{EI}{a^3}[6w_6 - 4(w_5 + w_5) + w_4 + w_4]\frac{qa^5}{EI} = qa^2(2w_4 - 8w_5 + 6w_6)$$

$$V_{7x} = \frac{EI}{a^3}[6w_7 - 4(w_4 + w_4) + w_1 + w_1]\frac{qa^5}{EI} = qa^2(2w_1 - 8w_4 + 6w_7)$$

$$V_{7y} = \frac{EI}{a^3}[6w_7 - 4(w_8 + 0) + w_9 - w_7]\frac{qa^5}{EI} = qa^2(5w_7 - 4w_8 + w_9)$$

$$V_{8x} = \frac{EI}{a^3}[6w_8 - 4(w_5 + w_5) + w_2 + w_2]\frac{qa^5}{EI} = qa^2(2w_2 - 8w_5 + 6w_8)$$

$$V_{8y} = \frac{EI}{a^3}[6w_8 - 4(w_7 + w_9) + 0 + w_8]\frac{qa^5}{EI} = qa^2(-4w_7 + 7w_8 - 4w_9)$$

$$V_{9x} = \frac{EI}{a^3}[6w_9 - 4(w_6 + w_6) + w_3 + w_3]\frac{qa^5}{EI} = qa^2(2w_3 - 8w_6 + 6w_9)$$

$$V_{9y} = \frac{EI}{a^3}[6w_9 - 4(w_8 + w_8) + w_7 + w_7]\frac{qa^5}{EI} = qa^2(2w_7 - 8w_8 + 6w_9)$$

将上述分配到两个方向桁架上的节点荷载写成矩阵形式，即：

$$\{V_{ix}\}_{9\times1} = [C_x]_{9\times9}\{w_i\}_{9\times1}; \quad \{V_{iy}\}_{9\times1} = [C_y]_{9\times9}\{w_i\}_{9\times1}$$

$$\{V_{ix}\}_{9\times1} = \{V_{1x} \quad V_{2x} \quad V_{3x} \quad V_{4x} \quad V_{5x} \quad V_{6x} \quad V_{7x} \quad V_{8x} \quad V_{9x}\}^T$$

$$\{V_{iy}\}_{9\times1} = \{V_{1y} \quad V_{2y} \quad V_{3y} \quad V_{4y} \quad V_{5y} \quad V_{6y} \quad V_{7y} \quad V_{8y} \quad V_{9y}\}^T$$

$$\{w_i\} = \{w_1 \quad w_2 \quad w_3 \quad w_4 \quad w_5 \quad w_6 \quad w_7 \quad w_8 \quad w_9\}^T$$

$$[C_x]_{9\times9} = \begin{bmatrix} 5 & 0 & 0 & -4 & 0 & 0 & 1 & 0 & 0 \\ 0 & 5 & 0 & 0 & 0 & -4 & 0 & 1 & 0 \\ 0 & 0 & 5 & 0 & 0 & -4 & 0 & 0 & 1 \\ -4 & 0 & 0 & 7 & 0 & 0 & -4 & 0 & 0 \\ 0 & -4 & 0 & 0 & 7 & 0 & 0 & -4 & 0 \\ 0 & 0 & -4 & 0 & 0 & 7 & 0 & 0 & -4 \\ 2 & 0 & 0 & -8 & 0 & 0 & 6 & 0 & 0 \\ 0 & 2 & 0 & 0 & -8 & 0 & 0 & 6 & 0 \\ 0 & 0 & 2 & 0 & 0 & -8 & 0 & 0 & 6 \end{bmatrix}$$

$$[C_y]_{9\times9} = \begin{bmatrix} 5 & -4 & 1 & 0 & 0 & 0 & 0 & 0 & 0 \\ -4 & 7 & -4 & 0 & 0 & 0 & 0 & 0 & 0 \\ 2 & -8 & 6 & 0 & 0 & 0 & 0 & 0 & 0 \\ 0 & 0 & 0 & 5 & -4 & 1 & 0 & 0 & 0 \\ 0 & 0 & 0 & -4 & 7 & -4 & 0 & 0 & 0 \\ 0 & 0 & 0 & 2 & -8 & -4 & 0 & 0 & 0 \\ 0 & 0 & 0 & 0 & 0 & 0 & 5 & -4 & 1 \\ 0 & 0 & 0 & 0 & 0 & 0 & -4 & 7 & -4 \\ 0 & 0 & 0 & 0 & 0 & 0 & 2 & 8 & 6 \end{bmatrix}$$

最终得到 x 方向与 y 方向的桁架的节点荷载 $\{V_{ix}\}_{9\times1}$ 和 $\{V_{iy}\}_{9\times1}$，即：

$$\{V_{ix}\}_{9\times1} = qa^2\{0.5 \quad 0.728 \quad 0.7877 \quad 0.272 \quad 0.5 \quad 0.5851 \quad 0.2123 \quad 0.4149 \quad 0.5\}^T$$

$$\{V_{iy}\}_{9\times1} = qa^2\{0.5 \quad 0.272 \quad 0.2123 \quad 0.728 \quad 0.5 \quad 0.4149 \quad 0.7819 \quad 0.5851 \quad 0.5\}^T$$

通过 $\{V_{ix}\}_{9\times1} + \{V_{iy}\}_{9\times1} = \{1\}_{9\times1}$ 可以校对节点荷载分配到两个方向桁架上的结

果是否正确。将 $\{V_{ix}\}_{9\times1}$ 施加到 x 方向的三片屋架上，将 $\{V_{iy}\}_{9\times1}$ 施加到 y 方向的三片屋架上，如 $\{V_{3x}, V_{6x}, V_{9x}\}$ 施加到 x 方向的屋架 XWJ-1 的节点上，然后按照平面桁架进行杆件内力计算，最终得到各个内力图，如图 3-43 所示。鉴于对称性，图中将节

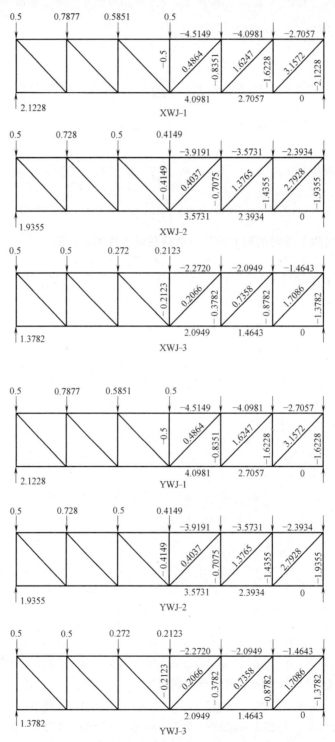

图 3-43　组成网架的 x 和 y 方向桁架的节点荷载及杆件相对内力

点荷载标注在左边，而将杆件的相对内力标注在右边，这里的杆件相对内力指实际内力除以 qa^2 后的无量纲值。需要注意的是，竖腹杆为 x 和 y 两个方向桁架共有，故网架中竖腹杆的内力是两个方向桁架所得内力之和。

将图中的数值乘以 $qa^2 = 4.0 \times 5^2 = 100\text{kN}$，计算得到交叉梁系差分法计算结果，并将其与精确计算（空间桁架位移法）结果进行对比，列于表 3-3。表中仅列出其中一片桁架 XWJ-1 的对比结果，其他桁架结果类似，表中的杆件编号见图 3-44。表中精确计算采用大型通用有限元软件 ABAQUS 的杆单元 T3D2、ANSYS 的杆单元 Link180 的计算结果（有关网架结构的有限元数值模拟过程可参考本书第 7 章）。为了简化，有限元数值模型中网架的所有杆件截面面积均采用 22cm^2。表 3-3 中的误差 1 和误差 2 分别为差分法和 ABAQUS、ANSYS 的相对误差。此外，鉴于网架中的竖腹杆是 x 和 y 两个方向桁架所共有，而图 3-43 中 XWJ-1 的竖腹杆内力值仅为 x 方向桁架承担的内力，为了便于对比，表 3-3 中竖腹杆的有限元结果是将计算得到的总内力分配到 x 方向桁架上后的结果，比如 ABAQUS 和 ANSYS 关于竖腹杆 1 的有限元计算实际值分别是 -99.98kN 和 -100kN，按分配后就是 -49.99kN 和 -50kN。由表 3-3 可知，本例题的交叉梁系差分法计算所得结果与精确法计算结果很接近。

差分法与精确法的杆件内力比较　　　　　　　　　　　表 3-3

杆件编号	差分法结果	ABAQUS 结果	ANSYS 结果	误差 1	误差 2
	单位：kN			%	
上弦杆 1	−451.49	−451.66	−451.70	−0.037	−0.046
上弦杆 2	−409.81	−410.08	−410.00	−0.066	−0.046
上弦杆 3	−270.57	−274.34	−274.26	−1.374	−1.345
下弦杆 1	409.81	410.08	410.00	−0.066	−0.046
下弦杆 2	270.57	274.34	274.26	−1.374	−1.345
下弦杆 3	0	2.9×10^{-11}	3.3×10^{-11}	—	—
斜腹杆 1	48.64	48.60	48.59	0.086	0.101
斜腹杆 2	162.47	158.38	158.60	2.584	2.441
斜腹杆 3	315.72	319.84	319.84	−1.287	−1.288
竖腹杆 1	−50.00	−49.99	−50.00	0.010	0
竖腹杆 2	−83.51	−85.52	−84.18	−2.734	−0.800
竖腹杆 3	−162.28	−160.50	−160.49	−1.110	−1.113
竖腹杆 4	−212.28	−214.50	−214.56	−1.035	−1.063

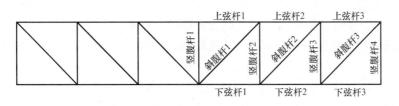

图 3-44　XWJ-1 中的杆件编号

3.4　网架结构的温度应力计算

网架结构是超静定结构，在温度变化而出现温差时，杆件不能自由伸缩变形，如此杆件内会产生应力，这种应力称为网架的温度应力。这里的温差大小与施工安装完毕时的温度、当地年最高（或最低）气温有关，可以表示为 $\Delta t =$ 当地极端温度（$t_{\max}$ 或 $t_{\min}$）－结构安装时温度（t_w）。在工业厂房，温差大小也可能与生成过程中的最高或最低温度有关。温度作用可以作为可变荷载，分项系数取为 1.3，设计中考虑温度应力一般有两种情况：整个结构有温度变化、双层网格结构上下层有温度差。

1. 网架不考虑温度应力的条件

若网架结构伸缩变形未受约束或约束较小，则可以不考虑温度变化引起的内力。《空间网格结构技术规程》JGJ 7—2010 规定：网架符合下列条件之一者，可不考虑温度内力。

① 支座节点的构造允许网架侧移时，且允许侧移值大于或等于网架结构的温度变形值；

② 网架为周边支承且验算方向跨度小于 40m 时，支承结构为独立柱；

③ 在单位力作用下，支承柱顶的位移 δ 大于或等于式（3-88）的计算值。

$$\delta = \frac{L}{2\xi EA}\left(\frac{E\alpha_t \Delta t}{0.038f}-1\right) \tag{3-88}$$

式中，A 为支承平面的弦杆截面积的算术平均值；L 为网架在验算方向的跨度；E 为材料弹性模量；f 为钢材抗拉强度设计值；Δt 为温差（℃）；α_t 为线膨胀系数（1/℃）；ξ 为系数，当支承平面的弦杆为正交正放时 $\xi=1$，正交斜放时 $\xi=2^{0.5}$，三向网架时 $\xi=2$。

这 3 条规定其实是根据网架因温差引起的温度应力不大于钢材强度设计值 f 的 5% 而制定的。第 1 条通过工程中采用的一些支座（如板式橡胶支座）就能满足。第 2 条规定根据国内经验，当 $\Delta t \leqslant 30℃$ 时，网架跨度小于 40m，如果采用混凝土独立柱，则柱顶位移都能满足式（3-88）的要求。式（3-88）的推导如下：

1）将周边铰接支承的空间网架结构体系简化为由两根柱和一个平面桁架组成的平面构架。将周边支承的网架下部的所有柱集合成为两根柱子，将网架集中等效简化为一个平面桁架，平面构架的跨度同网架跨度 L，且其中的柱顶和平面桁架之间铰接。

2）计算温度变化 Δt 引起的平面构架的弦杆应力 σ_{cc} 和柱子抗侧刚度 k_c（使柱顶产生单位位移所需的水平力）之间的关系。如没有柱子侧向约束，则温度变化引起弦杆在支撑在柱子两端的位移为 $\delta_{ot}=\Delta t \alpha_t L/2$，但实际上柱子的约束使得弦杆产生应力 σ_{cc} 进而在弦杆两端产生与位移 δ_{ot} 方向相反的位移 $\delta_{cn}=(\sigma_{cc}/E)\times(L/2)$，故弦杆在两端的实际位移为 $\delta_{ot}-\delta_{cn}$。柱子在约束弦杆的同时，也受到弦杆作用在柱顶的侧推力 $F_c=\sigma_{cc}A_m$，A_m 为弦杆的截面面积。根据变形协调条件，弦杆两端位移 $\delta_{ot}-\delta_{cn}$ 等于柱顶侧移 F_c/k_c，表达如下：

$$\frac{\Delta t \alpha_t L}{2}-\frac{\sigma_{cc}L}{2E}=\frac{\sigma_{cc}A_m}{k_c} \tag{3-89}$$

整理得到弦杆的温度应力 σ_{cc}，即：

$$\sigma_{cc} = \frac{\Delta t \alpha_t L E k_c}{2A_m E + k_c L} \tag{3-90}$$

式中，L 为跨度；A_m 和 E 分别为弦杆的面积和弹性模量；k_c 为支承柱刚度；Δt 为温度变化；α_t 为钢材的线膨胀系数。

3）将 A_m 乘以系数 ξ 的具体值表示为不同类型网架的弦杆截面面积，温度应力 σ_{cc} 不超过钢材强度设计值 f 的 5%，但考虑到计算强度和变形分别用设计值和标准值，故式（3-90）右边项应小于等于 $0.05f/1.31 = 0.038f$（其中 1.31 为综合荷载分项系数），得抗侧移刚度为：

$$k_c \leqslant \frac{2\xi A_m E}{L} \left(\frac{0.038f}{\Delta t \alpha_t E - 0.038f} \right) \tag{3-91}$$

取上式的抗侧移刚度 k_c 的倒数，即得到单位力作用下支承柱顶的位移 δ，即式（3-88）。

2. 网架考虑温度应力影响的计算

当网架不满足上述条件①～③时，则需要计算因温度变化而引起的网架内力。目前，网架的温度应力计算通常采用空间桁架位移法。基本原理是先将网架各节点加以约束，求出因温度变化引起的杆件固端内力和各节点的不平衡力；然后取消约束，把节点不平衡力当作荷载反向作用在节点上，利用空间桁架位移法求出由节点不平衡力引起的各根杆件的内力。最后将杆件的固端内力和节点不平衡力引起的杆件内力叠加，即得网架杆件的温度应力。过程如下：

第一步：网架所有节点均被约束，求出因温度变化引起 ij 杆固端内力 N_{ij1}：

$$N_{ij1} = -E\Delta t \cdot \alpha_t A_{ij} \tag{3-92}$$

式中，E 为弹性模量；Δt 为温差（℃），升温正，降温负；α_t 为钢材线膨胀系数（1/℃）；A_{ij} 为 ij 杆的截面面积。

第二步：计算出节点在整体坐标系不平衡力分量 P_{ix}、P_{iy}、P_{iz}，以节点 i（与之相交有 m 根杆件）为例：

$$\begin{cases} P_{ix} = \sum_{k=1}^{m} E\Delta t \cdot \alpha_t A_{ij} \cos\theta_{ij} \\[2mm] P_{iy} = \sum_{k=1}^{m} E\Delta t \cdot \alpha_t A_{ij} \cos\psi_{ij} \\[2mm] P_{iz} = \sum_{k=1}^{m} E\Delta t \cdot \alpha_t A_{ij} \cos\varphi_{ij} \end{cases} \tag{3-93}$$

式中，$\cos\theta_{ij}$、$\cos\psi_{ij}$、$\cos\varphi_{ij}$ 为杆 ij 与整体坐标 x、y、z 轴的方向余弦。

第三步：把各个节点不平衡力反向作用在网架各节点上，建立由节点不平衡力引起的有限元基本方程组，在考虑了边界条件后，用空间桁架位移法计算得到由节点不平衡力产生（温度变化引起）的各节点的位移值 $\{\delta\} = \{u_1, v_1, w_1 \cdots, u_i, v_i, w_i, \cdots, u_n, v_n, w_n\}$，表达式如下：

$$\{\delta\} = -[K]^{-1}\{P\} \tag{3-94}$$

式中，$\{P\}$ 为作用于节点上的不平衡力列矩阵；$[K]$ 为网架结构的总刚度矩阵。式（3-94）为考虑边界条件后的结果。

第四步：计算温度杆力。根据求得的 ij 杆的端位移 $\{u_i, v_i, w_i, u_j, v_j, w_j\}$，按式 (3-95) 计算节点不平衡力引起的杆力：

$$N_{ij2} = \frac{EA_{ij}}{l_{ji}} [(u_j - u_i)\cos\theta_{ij} + (v_j - v_i)\cos\psi_{ij} + (w_j - w_i)\cos\varphi_{ij}] \tag{3-95}$$

最后得温度引起的杆件 ij 的温度应力：

$$N_{ij} = N_{ij1} + N_{ij2} \tag{3-96}$$

3.5　网架结构的抗震设计

地震发生时，强烈的地面运动会迫使网架结构产生振动。由地震引起的惯性作用使网架结构产生较大的内力和位移，有可能造成结构破坏或倒塌。《空间网格结构技术规程》JGJ 7—2010 指出，抗震设防烈度为 7 度及以下地区，网架屋盖结构可不进行抗震验算；在抗震设防烈度为 8 度的地区，对于周边支承的中小跨度网架只需要进行竖向抗震验算，而对于其他类型的网架需要进行竖向和水平抗震验算；在抗震设防烈度为 9 度的地区，对各种网架结构均应进行竖向和水平抗震验算。在地震作用等动力作用下，网架结构的基本假定如下：空间铰接节点、质量集中于节点、杆件仅承受轴力、下部支承的柱子刚接于基础。

3.5.1　网架的自振特性

网架结构的自由振动方程如下：

$$[M]\{\dot{U}\} + [K]\{U\} = \{0\} \tag{3-97}$$

式中，$[M]$ 为质量矩阵，通常将质量集中于节点，故 $[M]$ 可简化为对角矩阵，节点的集中质量按集中于节点的重力荷载代表值计算，按静力等效原则作用于节点。《建筑抗震设计规范》GB 50011—2010 规定，重力荷载代表值应取结构和构件配件自重标准值以及各类可变荷载组合值之和，其中屋面积灰荷载、雪荷载可考虑 0.5 的组合系数，并不考虑屋面活荷载。式中的 $[K]$ 为结构刚度矩阵；$\{U\} = \{u_1, v_1, w_1, \cdots, u_i, v_i, w_i, \cdots, u_n, v_n, w_n\}^T$ 为节点位移列阵，u_i、v_i、w_i 分别为第 i 节点的 x、y、z 方向的位移。式 (3-97) 的特解为 $\{U\} = \{\varphi\}\sin\omega t$，代入式 (3-97) 后得到：

$$\{[K] - \omega^2[M]\}\{\varphi\} = 0 \tag{3-98}$$

其中，$\omega_i (i = 1 \sim 3n)$ 和 $\{\varphi_i\}_{3n \times 1}$ 即为网架结构的各阶自振频率和振型向量，n 为网架结构节点数。网架的自振频率和振型的特点如下：

（1）每个节点有 3 个线位移，n 个节点的网架结构总共有 $3n$ 个自振频率，但对工程有影响的仅仅为前面几十阶频率和振型，多采用子空间迭代法来计算网架结构的前数十阶低频的自振频率和相应的振型；

（2）结构的频谱相当密集，在低频率阶段尤为明显，应选择合适数量的振型组合，通常取前 20 阶最低自振频率即可满足工程设计精度要求；

（3）振型可分为水平振型与竖向振型两类，振型类型与网架边界约束条件有较大的关系，当水平约束较强时，则前几阶振型均为竖向振型；

（4）不同类型网架的竖向振型曲面基本相似；

（5）与网架结构的基本频率 ω_1 对应的是基本周期（第一周期）$T_1 = 2\pi/\omega_1$，通常周边支承网架的 T_1 在 0.3～0.7s；

（6）不同类型但具有相同跨度的网架基本周期 T_1 比较接近；

（7）荷载、边界约束强弱对网架结构基本周期 T_1 的影响较小；

（8）第一周期 T_1 与网架短向跨度 L_2 关系很大，T_1 随 L_2 增加而增加，表明跨度较小网架在地震作用下将会产生比跨度较大网架更为强烈的反应，T_1 与网架长向跨度 L_1 也相关，但 T_1 随 L_1 变化而改变的幅度不大。

3.5.2　网架的地震反应计算

《空间网格结构技术规程》JGJ 7—2010 的 4.4.3 条指出，空间网格（包括网架、网壳、立体桁架等）结构在多遇地震作用下，可采用振型分解反应谱法。但对于体型复杂或者跨度过大的空间网格结构，还需要采用时程分析法进行补充计算。对于复杂结构进行罕遇地震作用下的弹塑性分析验算乃至结构抗倒塌分析时，也需进行时程分析。抗震分析时，还应考虑支承体系对空间网格结构的影响。精确的做法是将空间网格结构和下部支承结构共同考虑，按照整体分析模型进行计算，也可将支承结构简化为空间网格结构的弹性支座，按照弹性支座空间网格结构模型进行计算。

1. 振型分解反应谱法

反应谱法是以单质点体系在实际地震作用下的反应为基础发展而来的分析结构反应的方法。反应谱法是简便、有效、目前最主流的计算地震作用方法。反应谱法假定结构是线弹性的多自由度体系，利用振型分解和正交性原理，将有 n 个自由度弹性体系的最大地震反应分解为求解 n 个独立的等效单自由度体系的最大地震反应，从而求得对应于每一个振型的地震作用效应，然后按照一定的法则（如 CQC、SRSS 等）将每个振型的作用效应组合成总地震效应。具体到计算网架结构在地震作用下的内力时，可以先求出各振型最大地震作用，将其作为静荷载作用于结构，再用空间桁架位移法求各振型下的内力，最后进行各阶振型下内力组合求出地震内力标准值；也可以先直接求振型最大位移，然后计算振型下的内力，最后进行内力组合。振型分解反应谱法的大致计算步骤如下：

第一步：式（3-98）采用子空间迭代法（常用方法之一）求出自振频率（周期）和振型。由于高阶振型对网架结构地震作用内力的贡献较小（尤其是最常见的竖向地震作用时），因此抗震设计一般只取前面十几阶振型组合（仅竖向地震作用时取前几阶），到底取多少阶合适？《空间网格结构技术规程》JGJ 7—2010 和《建筑抗震设计规范》GB 50011—2010（以下简称《抗震规范》）规定，考虑的振型个数可取振型参与质量达到总质量的 90% 所需的振型数。通常情况下，网架结构宜至少取前 10 阶振型，设计时可先取前 15～20 阶振型。

第二步：计算各振型参与系数 γ（其值大小反映了不同振型对结构地震反应总量的贡献多少）和地震作用标准值 F_E。关于振型参与系数的具体推导过程参考有关地震工程的书籍，这里列出计算表达式。以 j 阶振型为例，其在 x、y、z 方向的振型参与系数 γ_{jx}、γ_{jy}、γ_{jz} 的表达式如下：

$$\begin{cases} \gamma_{jx} = \dfrac{\displaystyle\sum_{i=1}^{n} X_{ji}G_i}{\displaystyle\sum_{i=1}^{n}(X_{ji}^2+Y_{ji}^2+Z_{ji}^2)G_i} & x\ 方向地震作用 \\[4em] \gamma_{jy} = \dfrac{\displaystyle\sum_{i=1}^{n} Y_{ji}G_i}{\displaystyle\sum_{i=1}^{n}(X_{ji}^2+Y_{ji}^2+Z_{ji}^2)G_i} & y\ 方向地震作用 \\[4em] \gamma_{jz} = \dfrac{\displaystyle\sum_{i=1}^{n} Z_{ji}G_i}{\displaystyle\sum_{i=1}^{n}(X_{ji}^2+Y_{ji}^2+Z_{ji}^2)G_i} & z\ 方向地震作用 \end{cases} \tag{3-99}$$

式中，n 为结构节点数量；G_i 为网架结构的第 i 节点的重力荷载代表值；X_{ji}、Y_{ji}、Z_{ji} 为 j 振型 i 节点分别沿着 x、y、z 方向的相对位移，通常情况下网架结构大多只计算竖向（z 方向）地震作用。

j 振型 i 节点的水平或竖向地震作用标准值 F_{Exji}、F_{Eyji}、F_{Ezji} 为：

$$\begin{cases} F_{Exji} = \alpha_j \gamma_j X_{ji}G_i & x\ 方向地震作用 \\ F_{Eyji} = \alpha_j \gamma_j Y_{ji}G_i & y\ 方向地震作用 \\ F_{Ezji} = \alpha_j \gamma_j Z_{ji}G_i & z\ 方向地震作用 \end{cases} \tag{3-100}$$

式中，α_j 是相应于 j 振型自振周期的水平地震影响系数，其与结构自振周期的关系曲线如图 3-45 所示，详见《抗震规范》。《抗震规范》规定：当仅竖向地震（z 方向）作用时，竖向地震影响系数取 $0.65\alpha_j$。

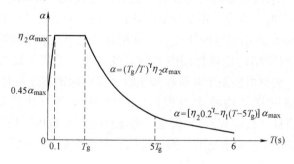

图 3-45　地震影响系数曲线

将所得地震作用标准值 F_{Exji}、F_{Eyji}、F_{Ezji}（$i=1\sim n$）作为静力荷载作用到网架结构各个节点上，用空间桁架位移法计算得到结构中各根杆件的第 j 阶振型的地震作用标准值效应 S_j。类似，可以得到前 m 阶振型的地震作用标准值效应。

第三步：将求得的前 m 阶振型的地震作用效应组合进行振型组合。根据《抗震规范》的规定，组合方法有平方和开方法（SRSS）及完全二次组合法（CQC），分别如下：

$$S_{Ek} = \sqrt{\sum_{j=1}^{m} S_j^2} \qquad (3\text{-}101a)$$

$$S_{Ek} = \sqrt{\sum_{j=1}^{m} \sum_{k=1}^{m} \rho_{jk} S_j S_k} \qquad (3\text{-}101b)$$

式中，S_{Ek} 为地震作用标准值效应；S_j、S_k 为第 j 阶、第 k 振型地震作用标准值效应；ρ_{jk} 为第 j 阶振型和第 k 阶振型的耦联系数，表达式如下：

$$\rho_{jk} = \frac{8\xi_j\xi_k(1+\lambda_T)\lambda_T^{1.5}}{(1-\lambda_T^2)^2 + 4\xi_j\xi_k(1+\lambda_T)^2\lambda_T} \qquad (3\text{-}102)$$

式中，ξ_j、ξ_k 分别为第 j、k 振型的阻尼比，对于周边落地的网架结构取 0.02，对于设有混凝土结构支撑体系的网架结构则取 0.03；λ_T 为第 k 振型和第 j 阶振型的自振周期比。对比之下，SRSS 方法相对简单，但忽略了各个振型之间的相关性，因此，对于自振振型相关性较弱的结构（如平板网架结构）具有较好的精度，但对于各振型之间相关性较强的结构（如矢跨比较大的网壳结构），SRSS 方法所得结果偏差较大，因此采用 CQC 方法。

第四步：计算得到地震作用标准值效应 S_{Ek} 后，将其与风荷载等其他荷载工况进行组合，按式（3-103）计算：

$$S = \gamma_G S_{GE} + \gamma_{Eh} S_{Ehk} + \gamma_{Ev} S_{Evk} + \psi_w \gamma_w S_{wk} \qquad (3\text{-}103)$$

式中，γ_G 重力荷载分项系数，一般应取 1.2，当重力荷载效应对构件承载能力有利时，可取 1.0；γ_{Eh}、γ_{Ev} 分别为竖向、水平地震作用分项系数，按表 3-4 采用；γ_w 是风荷载分项系数，应取 1.4；S_{GE} 为重力荷载代表值的效应，如有吊车时，尚应包括悬吊物重力标准值；S_{wk} 是风荷载标准值效应，一般结构取 0，风荷载起控制作用的建筑结构采用 0.2；S_{Ehk}、S_{Evk} 分别是水平地震、竖向地震作用标准值的效应，应乘以相应的增加系数或调整系数。

地震作用分项系数		表 3-4
地 震 作 用	γ_{Eh}	γ_{Ev}
仅计算水平地震作用	1.3	0
仅计算竖向地震作用	0	1.3
同时计算水平和竖向地震作用（水平地震为主）	1.3	0.5
同时计算水平和竖向地震作用（竖向地震为主）	0.5	1.3

2. 时程分析法

反应谱法无法反应地震动三要素中的持续时间效应，时程分析法能够较为全面的反应地震动强度、频谱特性及持续时间三要素。时程分析法又称为直接动力分析法，是对结构动力方程直接进行逐步积分求解的一种动力分析方法。它是随着电子计算机的发展，以及强震记录的增多发展起来的。时程分析法适用于分析弹性及弹塑性结构的地震反应，分析地震作用下结构的动力性能。时程分析法将地震波记录的地面运动作用在结构基础上，然后利用逐步积分法求得结构随时间变化的位移、速度和加速度等动力反应，进而可以求出结构及构件的内力时程变化关系，能够精确地反映结构的材料和几何双重非线性，能够较准确地确定在该地震动时程下的结构最危险状态和薄弱环节以及结构倒塌机制。时程分析法是一种较精细的分析方法，也可以认为是一种对结构的虚拟仿真试验，但工作量比较大、比较耗时，其对工程设计人员的力学和专业知识提出更高的要求。时程分析法的适用性比反应谱法更加广泛，《空间网格结构技术规程》JGJ 7—2010 明确指出：在单维地震作用下，对空间网格结构进行多遇地震作用下的效应计算时，可采用振型分解反应谱法；对于体型复杂或重要的大跨度结构，应采用时程分析法进行补充计算。

采用时程分析法时，应考虑地震动强度、地震动谱特征和地震动持续时间，合理选择与调整地震波。其中，地震动强度包括加速度、速度及位移值。地震动谱特征包括谱形状、峰值、卓越周期等因素。地震动谱特征与震源机制、场地特征、局部地质条件、地震波的传播途径等多种因素有关。很多地震工程和结构抗震方面的书籍都指出，在选取实际地震波时要考虑地震动的谱特征，首先要选择与场地类别相同的一组地震波，经计算选用其平均地震影响系数曲线与振型分解反应谱法所采用的地震影响系数曲线在统计意义上相符的加速度时程曲线。这里的"在统计意义上相符"是指，用选择的加速度时程曲线计算单质点体系得出的地震响应曲线与振型分解反应谱法所采用的地震影响系数曲线相比，在不同周期值均相差不大于 20%。地震动持续时间不同，计算得到的地震响应也不同。结构进入非线性受力状态后，由于持续时间的差异，使能量耗损积累不同，影响了地震响应的计算结果。地震动持续时间有不同的定义方法，如绝对持时、相对持时和等效持时，使用最方便的是绝对持时。按绝对持时计算时，输入的地震加速度时程曲线的持续时间内包含地震记录最强部分，并且持续时间应足够长，一般不少于结构基本周期的 10 倍，且不少于 10s。常见的结构时程分析方法有：Newmark 法、Wilson-θ 法、线性加速度法等，下面简单介绍线性加速度法。地面运动下多自由度结构体系的动力方程为

$$[M]\{\ddot{U}\}+[C]\{\dot{U}\}+[K]\{U\}=-[M]\{\ddot{U}_g\}=-[M]\{a_g(t)\} \tag{3-104}$$

对于线性结构（或可近似为线性结构），结构的质量刚度阻尼都不变。在地震加速度 $\{a_g(t)\}$ 作用下，结构在 t_j 与 t_{j+1} 时刻均满足动力方程：

$$[M]\{\ddot{U}\}_j+[C]\{\dot{U}\}_j+[K]\{U\}_j=-[M]\{a_g(t)\}_j \tag{3-105a}$$

$$[M]\{\ddot{U}\}_{j+1}+[C]\{\dot{U}\}_{j+1}+[K]\{U\}_{j+1}=-[M]\{a_g(t)\}_{j+1} \tag{3-105b}$$

两式相减得到增量形式的动力方程，即：

$$[M]\{\Delta\ddot{U}\}_j+[C]\{\Delta\dot{U}\}_j+[K]\{\Delta U\}_j=-[M]\{\Delta a_g\}_j \tag{3-106}$$

线性加速度法认为，在时间段 Δt 内，加速度为时间的线性函数：

$$\dddot{U}=\frac{\ddot{U}_{j+1}-\ddot{U}_j}{\Delta t}=\frac{\Delta\ddot{U}_j}{\Delta t}=常量 \tag{3-107}$$

对位移 $\{U(t)\}$ 在时刻 t_j 的位移 $\{U\}_j$ 进行泰勒展开，得到位移增量，即：

$$\{\Delta U\}_j=\{U\}_{j+1}-\{U\}_j=\{\dot{U}\}_j\Delta t+\frac{1}{2!}\{\ddot{U}\}_j(\Delta t)^2+\frac{1}{3!}\{\dddot{U}\}_j(\Delta t)^3 \tag{3-108}$$

将式（3-107）代入式（3-108）得：

$$\{\Delta U\}_j=\{U\}_{j+1}-\{U\}_j=\{\dot{U}\}_j\Delta t+\frac{1}{2!}\{\ddot{U}\}_j(\Delta t)^2+\frac{1}{3!}\{\Delta\ddot{U}_j\}(\Delta t)^2 \tag{3-109}$$

式（3-109）进一步转化为：

$$\{\Delta\ddot{U}\}_j=6\{\Delta U\}_j/(\Delta t)^2-6\{\dot{U}\}_j/\Delta t-3\{\ddot{U}\}_j \tag{3-110}$$

类似地，可以得到时刻 t_j 的增量速度，即：

$$\{\Delta\dot{U}\}_j=\{\dot{U}\}_{j+1}-\{\dot{U}\}_j=\{\ddot{U}\}_j(\Delta t)+\frac{1}{2!}\{\Delta\ddot{U}\}_j(\Delta t) \tag{3-111}$$

将式（3-110）代入式（3-111）得：

$$\{\Delta\dot{U}\}_j=3\{\Delta U\}_j/(\Delta t)-3\{\dot{U}\}_j-\{\ddot{U}\}_j(\Delta t)/2 \tag{3-112}$$

由此可以看出，上述过程其实是将速度、加速度的增量转变成前一个时刻 j 的量。接着，将这些量（即式 3-112、式 3-110）代入增量形式的微分方程（式 3-106）进行简化，即：

$$\left(\frac{6[M]}{(\Delta t)^2}+\frac{3[C]}{(\Delta t)}+[K]\right)\{\Delta U\}_j=[M]\left(-\{\Delta a_g\}_j+\frac{6\{\dot{U}\}_j}{(\Delta t)}+3\{\ddot{U}\}_j\right)$$
$$+[C]\left(3\{\dot{U}\}_j+\frac{(\Delta t)}{2}\{\ddot{U}\}_j\right) \tag{3-113}$$

式（3-113）可以定义为：

$$[\overline{K}]_j\{\Delta U\}_j=\{\Delta P\}_j \tag{3-114}$$

可见，动力方程最终变为增量形式的等效静力方程（拟静力方程），其中 j 时刻等效刚度矩阵 $[\overline{K}]_j$ 和等效荷载增量阵列 $\{\Delta P\}_j$ 表达式如下：

$$[\overline{K}]_j=\left(\frac{6}{(\Delta t)^2}[M]+\frac{3}{(\Delta t)}[C]+[K]\right) \tag{3-115a}$$

$$\{\Delta P\}_j=[M]\left(-\{\Delta a_g\}_j+\frac{6}{(\Delta t)}\{\dot{U}\}_j+3\{\dot{U}\}_j\right)+[C]\left(3\{\dot{U}\}_j+\frac{(\Delta t)}{2}\{\ddot{U}\}_j\right) \tag{3-115b}$$

如知道前一时刻的量，就能求出位移增量 $\{\Delta U\}_j$，如此逐步累积，即可求出任意时刻的位移。时程分析时，结构的初始条件是位移和速度均为零，即：

$$\{\dot{U}\}_{t=0}=0,\quad \{U\}_{t=0}=0 \tag{3-116}$$

由式（3-114）、式（3-115）可知，动力分析时结构的等效刚度矩阵 $[\overline{K}]_j$ 和等效荷载 $\{\Delta P\}_j$ 都是随时间变化的，如果再考虑到非线性受力状态下结构刚度 $[K]$ 跟结构变形有关，那么结构计算就变得非常复杂繁琐。上式中关于模拟地震加速度 $\{a_g(t)\}$，《空间网格结构技术规程》JGJ 7—2010 中 4.4.5 条规定，应按建筑场地类别和设计地震分组选用不少于两组的实际强震记录和一组人工模拟的加速度时程曲线，其平均递增影响系数曲线应与振型分解反应谱法所采用的地震影响系数曲线在统计意义上相符。同时，加速度曲线峰值应根据与抗震设防烈度相应的多遇地震的加速度时程曲线最大值进行调整，并选择足够长的地震动持续时间。

显然，线性加速度法就是一个逐步积分的过程，假定加速度在一个时间步长内呈线性分布，从而导出一种逐步积分格式的方法。数学上看，这就是微分方程（方程组）的一种数值计算方法。微分方程数值解法，通常要考虑三个性能方面的问题：稳定性、收敛性、精度。

下面简单地解释一下这三个问题。假定一个工程中的微分方程的理论上的真实解（真实解）为 $U_{tt}(t)$，比如那些简单动力问题的解析解，都可以认为是 $U_{tt}(t)$。那么其数值解都存在截断误差，因为数值方法用到的积分格式（或差分法等其他格式）是用近似方法导出的计算公式，假如数值解没有偶然误差、舍入误差、初始值误差，那求出的就是一个近

似方法的真正解 $U_{at}(t,\Delta t)$，Δt 就是积分步长。然而，实际计算中总是存在各种舍入误差，有时可能还有偶然误差和初始值误差，故数值方法计算得到的其实是一个近似方法的实际解 $U_{aa}(t,\Delta t)$。所谓的收敛性，就是指当 $\Delta t \to 0$ 时，$U_{at} \to U_{tt}$；实际中往往是用多个已经得出（理论解）解析解的微分方程，用近似方法求解得到 U_{aa} 并将其当作近似真正解 U_{at}（在保证稳定性并排除偶然误差的条件下），如果 U_{aa} 和 U_{tt} 的一致性随着 Δt 的减少而越来越好，则这个近似方法被认为是收敛的，否则视为不收敛。关于精度，当 Δt 一定时，由不同近似方法（积分格式）计算得到多个实际解 U_{aa}（扣除偶然误差）中哪一个更接近真实解 U_{tt}，相应的近似方法的精度好，而其他的近似方法就被视作精度较差的。至于稳定性，当 Δt 一定而 $t \to \infty$ 时，如果近似实际解 U_{aa} 有界，则称数值解 U_{aa}（积分格式）是稳定的，如果 U_{aa} 无界，则称不稳定的。若 $\Delta t < t_0$ 时解 U_{aa} 为稳定，则称积分格式是有条件稳定的，其中 t_0 为一个确定的时间步长；如 Δt 无论取何值，U_{aa} 都是稳定，则称积分格式是无条件稳定的。

显然，稳定性尤为关键，如果数值积分计算过程不稳定，那么精度和收敛性都无从谈起。同时，工程实践时，更愿意用无条件稳定的积分格式。因此，为了克服线性加速度法是有条件稳定的缺陷，Wilson 对线性加速度法进行了修正，将加速度线性变化的范围从 Δt 延长到 $\theta \Delta t$（$\theta > 1$ 为时段延长的系数），先计算 $t_i + \theta \Delta t$ 时刻的运动，再通过内插得到时刻 $t_i + \Delta t$ 时刻的运动，这就是 Wilson-θ 法。当 $\theta = 1$ 时 Wilson-θ 法退化为线性加速度法，已经证明 $\theta \geqslant 1.37$ 时，Wilson-θ 法是无条件稳定的。

输入某地震波，按照 Wilson-θ 法计算得到各个时刻的节点位移 $U(t)$，从而得到各个时刻的杆件内力，再从中选取最大值进行设计。但由于网架结构节点多、自由度多，需要多次求解拟静力方程（式 3-114），消耗大量的机时。因此，实际工程中为了简化计算量，可以考虑将反应谱法中的振型分解过程结合到时程法中，有人将其称为振型分解时程分析法，具体做法如下。

第一步，将地面运动下多自由度结构的动力方程组（式 3-104）按振型分解成为一系列单自由度体系动力方程，即方程组的解耦。这个解耦的前提条件是结构阻尼 $[C]$ 是一个正交阻尼矩阵，工程中经常假定为瑞利阻尼，即 $[C] = \alpha[M] + \beta[K]$。解耦后的 $3n$ 个单自由度动力方程为：

$$m_i^* \ddot{q}_i + (\alpha m_i^* + \beta k_i^*)\dot{q}_i + k_i^* q_i = p_i^*(t) \qquad (i = 1, 2, \cdots, 3n) \qquad (3\text{-}117)$$

式中，$q_i(t)$ 为构成节点位移向量 $\{U\}$ 的广义坐标向量；$\{U\} = \sum q_i(t)\{\varphi_i\}$；$m_i^*$、$k_i^*$、$p_i^*$ 分别为第 i 阶振型的广义质量、广义刚度、广义荷载，即：

$$m_i^* = \{\varphi_i\}_{1 \times 3n}^T [M]_{3n \times 3n} \{\varphi_i\}_{3n \times 1} \qquad (3\text{-}118a)$$

$$k_i^* = \{\varphi_i\}^T [K] \{\varphi_i\} = \omega_i^2 m_i^* \qquad (3\text{-}118b)$$

$$p_i^*(t) = -\{\varphi_i\}^T [M] \{a_g(t)\} \qquad (3\text{-}118c)$$

式中，$\{\varphi_i\}_{3n \times 1}$ 为网架结构的第 i 阶振型向量，n 为网架结构节点数；$\{a_g(t)\}$ 为地面运动加速度向量，通常有两个水平和一个竖向共三个加速度分量，当底部基础作为一个整体输入三个方向加速度时称为多向单点输入，当下部为多个独立基础，对各个独立基础输入不同的加速度则称为多向多点输入。最简单的是底部基础作为一个整体且仅输入某一个方向的加速度，此时 $\{a_g(t)\}$ 仅取对应的该方向分量（按选定地震动取值），其他方向的加速度分量为零。比如网架结构竖向地震为主，仅考虑竖向地震作用时式（3-117）可进一步简化为：

$$\ddot{q}_i+(\alpha+\beta\omega_i^2)\dot{q}_i+\omega_i^2 q_i=-\gamma_i a_{\text{gv}}(t) \qquad (i=1,2,\cdots,3n) \qquad (3\text{-}119)$$

式中，ω_i 为与第 i 阶振型向量 $\{\varphi_i\}$ 相应的自振频率；γ_i 为第 i 阶振型的振型参与系数；$a_{\text{gv}}(t)$ 为地面加速度竖向分量。关于瑞利阻尼的系数 α 和 β，其与解耦后的等效单自由度系统的第 i 阶振型的阻尼比 ζ_i 之间的关系为：

$$\alpha+\beta\omega_i^2=2\zeta_i\omega_i \qquad (3\text{-}120)$$

这些振型阻尼比可以通过振动试验直接测得。显然，只需要知道两个振型的阻尼比 ζ_i 和 ζ_j 就能得到系数 α 和 β。对于网架结构而言，竖向振型对应的地震反应较大，故应取结构的第一、第二竖向振型对应的频率 ω_1、ω_2，相应的振型阻尼比 ζ_1、ζ_2。多数振动研究结果表明，ζ_1 和 ζ_2 的值比较接近，可取为 $\zeta_1=\zeta_2=\zeta$，代入式（3-120）计算得到 α 和 β：

$$\alpha=\frac{2\zeta\omega_1\omega_2}{\omega_1+\omega_2}, \quad \beta=\frac{2\zeta}{\omega_1+\omega_2} \qquad (3\text{-}121)$$

《空间网格结构技术规程》JGJ 7—2010 规定，对于周边落地的网架结构取 0.02，对于设有混凝土结构支撑体系的网架结构则取 0.03。

第二步，用 Wilson-θ 法求解振型分解后的微分方程（式 3-119），得到各广义坐标向量 $q_i(t)$。

第三步，计算 t 时刻的位移 $\{U(t)\}=\sum q_i(t)\{\varphi_i\}$，进而计算得到 t 时刻地震内力 $\{S(t)\}$，从中找出最大值作为最终设计用的地震内力。

显然，整个计算过程涉及了振型截断的问题，即适当地选取前 N 个振型参与计算。

3. 简化计算方法

无论是振型分解反应谱法还是时程分析法，用于计算网架结构竖向地震内力能得到比较精确的结果，但计算量还是较大。实际工程设计中，常常要求能迅速地得出结果，只需精度能满足工程要求。因此，建立一种简便而又具有一定精度的简化计算方法是很有必要的。

尽管网架结构竖向地震内力 S_{ei} 的分布规律不同于静内力 S_{si} 分布规律，但如果能找到一个适当的竖向地震内力影响系数 ξ_i，用来定量地表达动力放大作用，那么就能直接通过杆件静内力计算竖向地震内力，这种方法就是网架结构计算地震内力的简化计算方法。关键就在于如何确定系数 ξ_i，而影响系数 ξ_i 的因素很多，包括荷载大小、网架形式、网格尺寸、网架跨度和高度等。大量的分析表明，对于周边简支支承、平面形式为矩形的正放类和斜放类网架结构，其竖向地震内力系数 ξ_i 的分布是有明显规律：①无论是上下弦杆还是腹杆其 ξ_i 值都是由网架的边缘（较小）向跨中（峰值）逐渐增大，②ξ_i 值的分布可近似为一个圆锥形，锥顶为网架结构的中心、锥底为网架平面上的一个圆，锥表面各点的高度即代表网架各杆件的 ξ_i 值。根据这些研究成果，《空间网格结构技术规程》JGJ 7—2010 在附录 G 给出了上述类型网架在竖向地震作用下所产生的杆件轴力标准值计算式：

$$N_{\text{Evi}}=\pm\xi_i|N_{\text{Gi}}| \qquad (3\text{-}122)$$

式中，N_{Evi} 为竖向地震作用引起第 i 根杆件的轴力标准值；N_{Gi} 为重力荷载代表值作用下第 i 根杆件的轴力标准值；ξ_i 为第 i 根杆件竖向地震轴力系数，见《空间网格结构技术规程》JGJ 7—2010 附录 G。

此外，对于周边支承或多点支承与周边支撑相结合的用于屋盖的网架结构，《空间网格结构技术规程》JGJ 7—2010 也给出了节点上的竖向地震作用标准值的简化计算公式：

$$F_{Evki} = \xi_v G_i \tag{3-123}$$

式中，F_{Evki} 是作用在网架第 i 节点上的竖向地震作用标准值；G_i 是网架第 i 节点的重力荷载代表值，恒荷载和屋面自重取 100%，雪荷载取 50%，屋面积灰荷载取 50%，屋面活荷载不考虑；ξ_v 是竖向地震作用系数，按表 3-5 取值。

竖向地震作用系数　　　　　　　　　　　　　　表 3-5

设防烈度	场地类别		
	Ⅰ	Ⅱ	Ⅲ、Ⅳ
8	—	0.08	0.1
9	0.15	0.15	0.2

思考题和习题

1. 网架屋面排水基本方式有哪些？绘出示意图。

2. 网架内力的近似计算方法有哪些？

3. 简述空间桁架位移法计算网架杆件内力的步骤。

4. 不考虑剪切变形影响的交叉梁系差分法的差分方程中系数的特点是什么？

5. 考虑剪切变形的差分法的基本假定有哪些？

6. 拟板法级数解最终简化形式中，有哪些系数？这些系数反映了对网架性能影响的哪些方面？

7. 简述网架结构的自振特征。

8. 简述振型分解反应谱法计算网架结构的基本原理和步骤。

9. 简述线性加速度法的基本原理和步骤。

10. 将例 3-1 的正放四角锥网架的网格尺寸改为 $a=4m$，各杆件的截面面积改为 $A=16cm^2$，荷载改为上弦、下弦分别作用均布荷载 $2.5kN/m^2$、$5kN/m^2$（包括网架自重），求节点挠度和杆件内力。

11. 将例 3-2 中的跨度改为 $L_1=L_2=40m$，网格尺寸改为 $a=4m$，屋面均布荷载改为 $3.0kN/m$。同时，网架变刚度，沿着跨度的弦杆和腹杆截面面积分Ⅰ～Ⅲ三个区（分区见图 3-30），Ⅰ～Ⅲ区的上弦杆截面面积依次为 $2320mm^2$、$1620mm^2$、$880mm^2$，Ⅰ～Ⅲ区的下弦杆截面面积依次为 $1730mm^2$、$1210mm^2$、$730mm^2$，Ⅰ～Ⅲ区的腹杆截面面积依次为 $720mm^2$、$980mm^2$、$1100mm^2$。用拟板法计算网架的上弦杆 12、23、35，下弦杆 $1'2'$，腹杆 $21'$ 与 $2'3$ 的内力。

12. 某屋盖平面尺寸为 $24m\times32m$，拟采用两向正交正放网架，网架的方案设计时网格尺寸 $a=4m$、网架高度 $h=2.5m$，x 方向和 y 方向的桁架均采用平行弦桁架，两个方向桁架的弦杆、腹杆的截面尺寸均相同。网架采用周边简支支承，屋面荷载初步估算为 $2.4kN/m^2$（包括网架自重）。请用交叉梁系差分法（不考虑剪切变形）计算网架内力。

本章参考文献

[1] 董石麟. 我国大跨度空间钢结构的发展与展望 [J]. 空间结构，2000 (2)：3-14.

[2] 董石麟. 我国网架结构发展中的新技术、新结构 [J]. 建筑结构，1998，1 (1)：10-15.

[3] 董石麟，罗尧治，赵阳. 大跨度空间结构的工程实践与学科发展［J］. 空间结构，2005，11（4）：3-10.

[4] 张毅刚，薛素铎，杨庆山，等. 大跨空间结构（第 2 版）［M］. 北京：机械工业出版社，2014.

[5] 王秀丽，梁亚雄，吴长. 大跨度空间结构［M］. 北京：化学工业出版社，2017.

[6] 中华人民共和国行业标准. 网架结构设计与施工规程 JGJ 7—91［S］. 北京：中国建筑工业出版社，1992.

[7] 中华人民共和国行业标准. 空间网格结构技术规程 JGJ 7—2010［S］. 北京：中国建筑工业出版社，2011.

[8] 哈尔滨建筑工程学院. 大跨房屋钢结构［M］. 北京：中国建筑工业出版社，1993.

[9] 沈祖炎，陈扬骥. 网架与网壳［M］. 上海：同济大学出版社，1997.

[10] 杜新喜. 大跨空间结构的设计与分析［M］. 北京：中国建筑工业出版社，2014.

[11] 陈绍蕃，郭成喜. 钢结构（下册）：房屋建筑钢结构设计（第四版）［M］. 北京：中国建筑工业出版社，2018.

[12] 孙建琴，陈务军. 大跨度空间结构设计［M］. 北京：科学出版社，2009.

[13] 中华人民共和国国家标准. 混凝土结构设计规范 GB 50010—2010［S］. 北京：中国建筑工业出版社，2010.

[14] 中华人民共和国国家标准. 建筑荷载设计规范 GB 50009—2012［S］. 北京：中国建筑工业出版社，2012.

[15] S·铁摩辛柯，S·沃诺斯基著，板壳理论翻译组译. 板壳理论［M］. 北京：科学出版社，1977.

[16] 黄与宏. 板结构［M］. 北京：人民交通出版社，1992.

[17] 董石麟，夏亨熹. 正交正放类网架结构的拟板（夹层板）分析法（上）［J］. 建筑结构学报，1982年第 5 期：14-25.

[18] S·铁摩辛柯，J·盖尔，胡人礼译. 材料力学［M］. 北京：科学出版社，1978.

[19] 马克俭，孙锐军. 均布和非均布荷载作用的各类支承条件的交叉梁系网架力法解［J］. 贵州工学院学报，1988 年 02 期：38-49.

[20] 马克俭. 空间平板网架考虑剪切变形的交叉梁系力法［J］. 贵州工学院学报，1986 年 01 期：52-69.

[21] 中华人民共和国国家标准. 建筑抗震设计规范 GB 50011—2010［S］. 北京：中国建筑工业出版社，2010.

[22] 沈聚敏. 抗震工程学［M］. 北京：中国建筑工业出版社，2000.

[23] 中华人民共和国国家标准. 钢结构设计标准 GB 50017—2017［S］. 北京：中国建筑工业出版社，2018.

第4章 网壳结构

网壳结构（latticed shell structure）是按一定规律布置的杆件形成的曲面状空间杆系或梁系结构，是一种曲面网格结构。对比整体上受弯的网架结构，网壳整体上是承受薄膜内力和弯曲内力共同作用的壳体，而且大多情况下是薄膜内力起主导作用。故网壳结构主要以其合理的形体来抵抗外荷载作用，跨度较大时形体合理的网壳比同跨度的网架节约钢材。网壳结构具有很多优点，其一是可以提供各种新颖、优美的建筑造型，可以形成球面、柱面、椭圆面等多种曲面形式；其二是受力合理，网壳曲面具有多样化特征，通过曲面设计使网壳受力均匀，达到节约材料的目的；其三是安装便捷（工厂预制小构件组成大空间），综合经济指标比较好；其四是曲面形状带来的自然排水功能，无需像网架那样找坡。但网壳结构对杆件和节点的加工精度要求高，因为杆件和节点几何尺寸的偏差，会对结构的内力、整体稳定性有较大影响，这给设计和施工带来了困难。

在网壳结构的发展和应用方面，1970年代以来随着计算机软硬件技术的发展，以及钢筋混凝土薄壳施工成本增加（大量的人工费和模板等），网壳结构得到了重视及快速发展。网壳的跨度不断增加、造型从基本形式向各种形式变化等，如跨度达到187m的日本名古屋体育馆（世界最大跨度的单层网壳结构），可开启功能的日本福冈穹顶球面网壳工程，以及单双层混合网壳和弦支网壳等新型网壳结构。同时，学者们也对网壳结构的承载力、稳定性、抗震性能、抗风性能等各方面进行了深入的研究，并出版了一系列著作和书籍。在技术标准和规范方面，我国于2004年颁布了《网壳结构技术规程》JGJ 61—2003，后经整合并到《空间网格结构技术规程》JGJ 7—2010中。

本章将主要介绍网壳的类型和选型、内力分析计算方法、稳定分析、抗震设计，以及网架和网壳的杆件设计、节点设计、施工与安装、防腐防火设计。

4.1 薄壳结构简介

《空间网格结构技术规程》JGJ 7—2010指出网壳结构初步设计时可采用拟壳法，根据壳面形式、网格布置和构件截面把网壳等代为当量薄壳结构，利用壳结构力学求出位移和内力后，再按照几何和平衡条件返回计算网壳杆件的内力。本章在阐述网壳结构前，先简单介绍一下壳结构。

壳结构的厚度远小于长度和宽度，一般由金属或钢筋混凝土制成，受力特点为空间受力体系，当壳体的厚度远小于最小曲率半径 R 时称为薄壳结构。建筑屋盖壳结构就是将屋面设计成曲面，利用其空间几何形状的合理性，用来增加建筑物的跨度和空间，尤其是使用抗拉强度低的砖石等建筑材料时。薄壳结构利用蛋壳原理，把受到的压力均匀地分散到屋顶的各个部分，减少受到的压力。虽然壳体本身相对较薄，但能够承受极大的压力和重量，能有效地保证建筑结构的整体质量，也使得建筑整体的造型独特，具有现代气息。

但是，薄壳结构的施工难度很大且需要大量的模板，增加了施工成本，现在基本上被网壳结构取代。

薄壳结构的内力由板的弯曲内力（弯矩、横向剪力）和薄膜力（轴力、顺剪力）组成，如图4-1所示。显然，壳结构比板结构复杂得多，只有极少数问题才能用壳力学获得解析解，工程实践中大多是用有限元等数值方法计算求解。

壳可以按照曲面成形进行划分，如旋转法、平移法等。旋转法，是指由一根平面曲线作母线，绕其平面内的竖轴在空间旋转而形成的一种曲面，该种曲面称为旋转曲面，如图4-2所示。平移法，是指由一平面曲线（母线）在空间沿着另两根（或一根）平面曲线（导线）平行移动而形成的曲面，称为平移曲面，如图4-3所示。

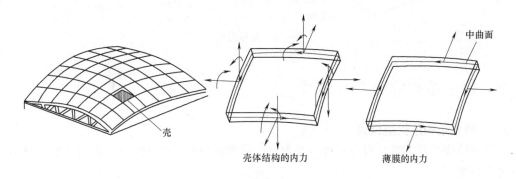

图 4-1 薄壳结构内力

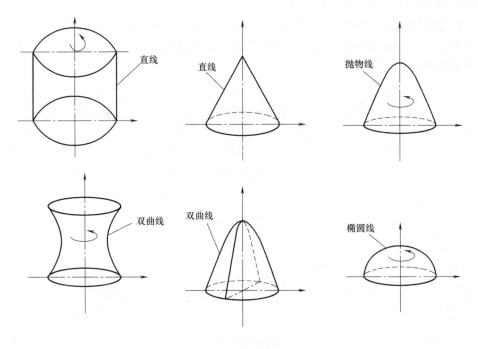

图 4-2 旋转曲面

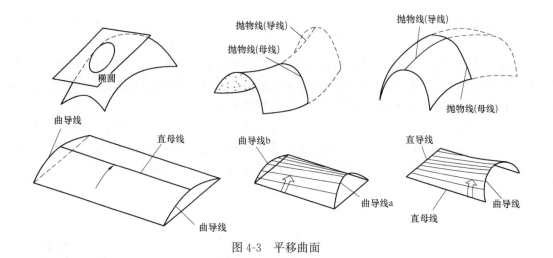

图 4-3　平移曲面

4.2　网壳结构的类型和选型

4.2.1　网壳结构的类型概述

网壳结构非常丰富，有很多种分类方法，通常按层数、高斯曲率、曲面外形、材料进行网壳分类。

1. 按层数分类

按层数划分时，网壳结构分为单层、双层网壳和三层网壳，如图 4-4 所示。单层网壳结构依靠单层杆件找形，双层网壳依靠上弦杆件找形，腹杆和下弦杆可按相应的平面桁架体系、四角锥体系或三角锥体系进行布置。单层网壳结构中，杆件之间只允许采用刚接连接或半刚性连接，双层网壳结构的杆件之间还可以采用铰接连接。本节将介绍工程中常用的几类网壳及其特点。

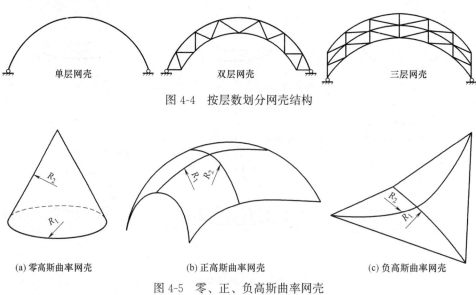

单层网壳　　　　双层网壳　　　　三层网壳

图 4-4　按层数划分网壳结构

(a) 零高斯曲率网壳　　　(b) 正高斯曲率网壳　　　(c) 负高斯曲率网壳

图 4-5　零、正、负高斯曲率网壳

2. 按高斯曲率分类

网壳结构按照高斯曲率分正、负、零高斯曲率的网壳。通过网壳曲面 S 上的任意点 P 作垂直于切平面的法线 P_n。通过法线 P_n 可以作无穷多个法截面，法截面与曲面 S 相交可获得许多曲线，这些曲线在 P 点处的曲率称为法曲率，用 k_n 表示。在 P 点处所有法曲率中，有两个取极值的曲率（最大与最小的曲率）称为 P 点主曲率，用 k_1、k_2 表示。两个主曲率是正交的，对应于主曲率的曲率半径用 R_1、R_2 表示，它们之间关系为：

$$k_1 = 1/R_1, k_2 = 1/R_2 \tag{4-1}$$

曲面的两个主曲率之积称为曲面在该点的高斯曲率，用 K 表示。按高斯曲率 K 将网壳划分为以下三种。①零高斯曲率，是指曲面一个方向的主曲率半径 $R_1 = \infty$，即 $k_1 = 0$；而另一个主曲率半径 $R_2 = a$ 或 $-a$（a 为某一数值），即 $k_1 \neq 0$，如图 4-5（a）所示。②正高斯曲率，是指曲面的两个方向主曲率同号，均为正（或负），即 $k_1 \times k_2 > 0$，如图 4-5（b）所示。③负高斯曲率，是指曲面两个主曲率符号相反，即 $k_1 \times k_2 < 0$，这类曲面一个方向是凸面，一个方向是凹面，如图 4-5（c）所示。

3. 按曲面外形分类

网壳结构按照曲面外形，常见的有球面网壳、柱面网壳、双曲抛物面网壳。球面网壳，是由一母线（平面曲线）绕 z 轴旋转而成，为正高斯曲率网壳，如图 4-6（a）所示。柱面网壳是由一根直线沿两根曲率相同的曲线平行移动而成，为零高斯曲率网壳，见图 4-6（b），根据曲线形状不同，有圆柱面网壳、椭圆柱面网壳和抛物线柱面网壳等。双曲抛物面网壳是由一根曲率向下的抛物线（母线）沿着与之正交的另一根具有曲率向上的抛物线平行移动而成，曲面呈马鞍形，如图 4-6（c）所示，适用于矩形、椭圆形及圆形平面。此外，根据建筑平面、空间和功能的需要，通过对球面等基本曲面的切割与组合，可以得到任意平面和各种美观、新颖的复杂曲面网壳。

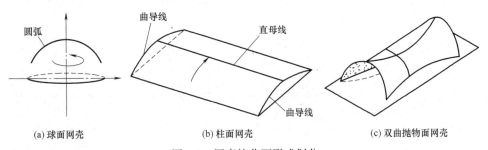

(a) 球面网壳   (b) 柱面网壳   (c) 双曲抛物面网壳

图 4-6　网壳按曲面形式划分

4. 按材料分类

随着新材料的发展，网壳结构构件的材料也从以前的钢材或钢-混凝土组合，发展到了包括铝合金在内的多种材料网壳结构，在一些国家还有木网壳结构。

4.2.2　按网格形式划分的网壳类型

1. 球面网壳的形式

球面网壳结构（也称穹顶）是目前常用的网壳形式之一，可分单层与双层两大类。其中单层球面网壳按网格形式划分主要有以下几种：肋环型、施威德勒型（Schwedler）、联方型、凯威特型（Kiewitt）、短程线型、三向网格型等。

（1）肋环型球面网壳 这类网壳的特点是只有经向杆件（肋杆）和纬向杆件（环杆），杆件种类和数量均较少，大部分网格呈梯形，如图4-7所示。这类网壳适用中小跨度空间结构，如果环杆能与檩条共同工作，则可降低网壳整体用钢量。肋环型球面网壳除了顶点外，每个节点只汇交四根杆件，故除了顶点构造比较复杂外，其余节点构造简单。肋环型网壳的杆件之间采用能传递弯矩的刚性连接或半刚性连接。

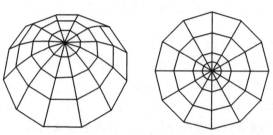

图4-7 肋环型球面网壳（左为空间图，右为水平投影图）

（2）施威德勒型球面网壳 这类网壳是在肋环形网壳网格中加斜杆组成，故也称肋环斜杆型球面网壳。其中斜杆按照布置方式不同可分为单斜杆（图4-8a、b）、交叉斜杆（图4-8c）、无环杆的交叉斜杠（图4-8d）。设置斜杆的目的是为了增强网壳的刚度和提高抵抗非对称荷载的能力，适用大、中跨度空间结构。

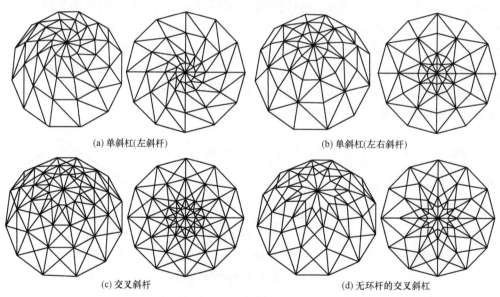

(a) 单斜杠(左斜杆)　　　　　　　　(b) 单斜杠(左右斜杆)

(c) 交叉斜杆　　　　　　　　　(d) 无环杆的交叉斜杠

图4-8 施威德勒型球面网壳

（3）联方型球面网壳 此类网壳由左斜杆和右斜杆组成菱形网格，两斜杆的夹角为$30°\sim50°$，如图4-9（a）所示，造型优美。为了增强这种网壳的刚度和稳定性能，一般都加设环向杆组成三角形网格，如图4-9（b）所示。此类网壳的杆件除了采用钢管外，在一些工程实践还采用木材、工字钢、槽钢和钢筋混凝土。这种网壳在大风及地震灾害作用下仍具有良好的性能，可用于大、中跨度建筑结构。

（4）凯威特型球面网壳 这类网壳由n（$n=6$、8、12、$\cdots$）根通长的径向杆（肋杆）先把球面分为n个对称扇形曲面，然后在每个扇形曲面内，再由纬向杆（环杆）和斜向杆（斜杆）将此曲面划分为大小比较匀称的三角形网格，如图 4-10 所示。根据肋数 n 可以简称为 Kn 型。这种空间结构的网格大小匀称、内力分布均匀，常用于大、中跨度建筑，如新奥尔良超级穹顶（采用了 12 个扇形面）。

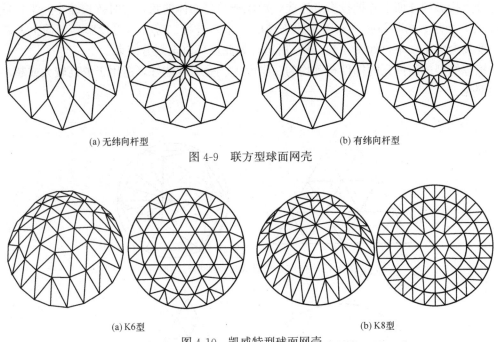

(a) 无纬向杆型　　　　　　　　　　　　　　　(b) 有纬向杆型

图 4-9　联方型球面网壳

(a) K6型　　　　　　　　　　　　　　　(b) K8型

图 4-10　凯威特型球面网壳

（5）短程线型球面网壳　这类网壳的几何形状像球内接正二十面体再进一步分割，形成过程大致如下：用一个通过球心 O 的平面去截一个球体，在球面上得到截线（称为大圆），大圆上 A、B 两点连线为最短路线（称为短程线），如图 4-11（a）所示。由一系列短程线组成的平面组合成空间闭合体，称为多面体。如果短程线长度一样，称为正多面体。球面是多面体的外接圆。短程线型球面网壳是在选定正多面体（常用正二十面体）后在球面上划分网格，每一个平面为正三角形，把球面划分为 20 个等边球面三角形，如图 4-11（b）、（c）所示。

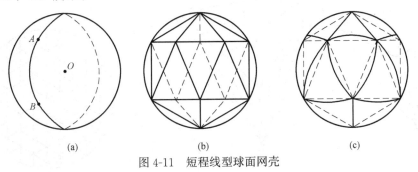

(a)　　　　　　　　　　　(b)　　　　　　　　　　　(c)

图 4-11　短程线型球面网壳

对于实际工程中的球面网壳而言，正二十面体的边长太大，需要进一步再划分（再划分后的杆件长度都有微小差异），将正三角形再划分主要有以下三种方法。①弦均分法：把正三角形三条边等分组成若干个小正三角形，然后从其外接球中心将这些等分点投射到外接球面上，形成短程线型球面网壳，如图4-12所示。②边弧等分法：将正三角形各边所对应的弧长进行等分，连接球面上各划分点就可以求得短程线型球面网壳，如图4-13所示。③等弧再分法：把二十面体的正三角形的边进行二等分，从二十面体的外接球中心将等分点投影到球面上并把投影点连线，形成新的多面体的弦，此时弦长缩小一半，如图4-14（a）所示；再将新弦（长度是原来弦的一半）进行二等分，再投影到球面上，新弦的长度又会缩小一半，如图4-14（b）所示，如此循环直至划分结束。

短程线型球面网壳的杆件布置均匀、刚度大、受力性能好，适用于矢高较大或超半球形的网壳。

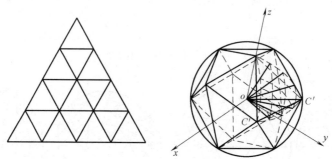

图4-12　弦均分法形成短程线型球面网壳

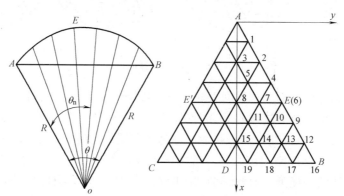

图4-13　边弧等分法形成短程线型球面网壳

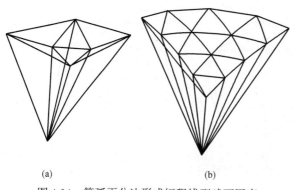

图4-14　等弧再分法形成短程线型球面网壳

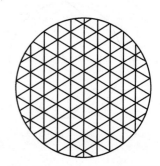

图4-15　三向网格型球面网壳

（6）三向网格型球面网壳　这种网壳的特点是网格在水平投影面上呈正三角形，即在水平投影面上，通过圆心作夹角60°的三条直线（以圆心为原点则形成6条径向线），将每

94

一条径向线划分为 n 等分并连线，形成正三角形网格，再投影到球面上就形成三向网格型球面网壳，如图 4-15 所示。这种网壳的每一杆件都是与球面有相同曲率中心的弧的一部分，它的外形优美，受力性能较好。

这类网壳球面上任意一节点 i 的坐标 $(x_i，y_i，z_i)$，由水平投影面先求出 x_i 和 y_i，再由已知的球面网壳的曲率半径 R 和矢高 f 求出坐标 z_i（根据球面几何关系）：

$$z_i = \sqrt{R^2 - x_i^2 - y_i^2} - (R - f) \tag{4-2}$$

（7）双层球面网壳　双层球面网壳主要有交叉桁架系和角锥体系两大类。交叉桁架体系双层球面网壳：各种形式的单层球面网壳的网格形式均可适用于交叉桁架系，只要将单层网壳中的每根杆件用平面网片来代替，即可形成双层球面网壳，如图 4-16 所示。角锥体系双层球面网壳：此类网壳的基本构成单元为四角锥或三角锥，常用的有肋环型四角锥双层球面网壳和联方型四角锥球面网壳，如图 4-17 所示。为保证杆件具有合理的加工长度且减少汇交于中心点的杆件数，肋环型四角锥体系网壳的网格中有过渡三角形。

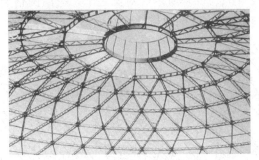
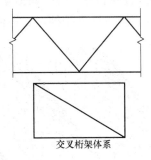

交叉桁架体系

图 4-16　交叉桁架系双层球面网壳结构

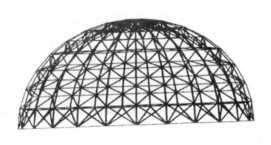

(a) 肋环型四角锥球面网壳(左为俯视图，右为侧视图)

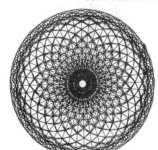
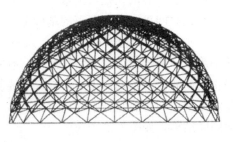

(b) 联方型四角锥球面网壳(左为俯视图，右为侧视图)

图 4-17　角锥体系双层球面网壳结构

2. 柱面网壳

柱面网壳结构也是目前常用的网壳形式，适用于长方形平面建筑，也分单层与双层两大类。单层柱面网壳按网格形式划分，主要有以下几种形式。单向斜杆型柱面网壳：这类网壳特点是首先沿弧等分弧长，通过等分点作平行的纵向直线，形成方格，最后每个方格加斜杆，形成单向斜杆型柱面网壳，如图 4-18（a）所示。人字型柱面网壳（也称为费普尔型柱面网壳），与单向斜杆型网壳的不同之处在于斜杆布置呈"人"字形，如图 4-18（b）所示。联方网格型柱面网壳：两向斜杆交叉呈 30°～50°夹角，杆件组成菱形网格，如图 4-18（c）所示。这三种柱面单层网壳结构的刚度均相对较弱，适用于中、小跨度结构。对比之下，联方型网格刚度最差，但其优点是杆件数量少，每个节点只连接四根杆件，节点构造简单。

为了增强单向斜杆型和人字型单层柱面网壳结构的刚度，使之适用于较大跨度的结构，提出双斜杆型单层柱面网壳（每个方格内设置交叉斜杆）、三向网格型网壳（联方网格的基础上增加纵向杆件），如图 4-18（d）、（e）所示。对比之下，三向网格型的刚度较好，而且可以减少杆件品种，是一种较经济合理的单层柱面网壳形式。

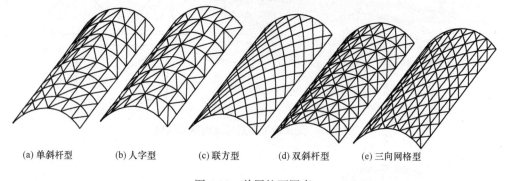

(a) 单斜杆型　　(b) 人字型　　(c) 联方型　　(d) 双斜杆型　　(e) 三向网格型

图 4-18　单层柱面网壳

类似球面网壳有单层和双层，柱面网壳也有单层和双层，将单层柱面网壳中每个杆件，用平面网片来代替，即可形成双层柱面网壳，主要有交叉桁架体系和角锥体系。交叉桁架体系双层柱面网壳：这种网壳结构就是将单层柱面网壳中相互交叉的各杆件换成桁架。

角锥体系的柱面网壳形式有四角锥和三角锥柱面双面网壳。其中，如图 4-19（a）所示的正放四角锥体双层柱面网壳是目前常用的形式，这类网壳的杆件种类少、节点构造简单、刚度较大。在正放四角锥柱面网壳的基础上，适当抽掉一些四角锥单元体件的腹杆和下弦杆，形成了正放抽空四角锥柱面网壳，如图 4-19（b）所示。这类网壳刚度相对较小，适用于中小跨度、荷载较小的屋面。此外，有时为了建筑造型需要，将四角锥柱面网壳的上弦网格正交斜放、下弦网格正交正放，形成斜放四角锥型柱面网壳，如图 4-19（c）所示。将四角锥体型双层柱面网壳中的四角锥变成三角锥，即形成三角锥（包括抽空型）体系双层柱面网壳结构，如图 4-20 所示。

3. 其他类型曲面的网壳结构

从曲面形状来看，网壳结构中大部分是柱面网壳、球面网壳或两者的组合，但还有扭

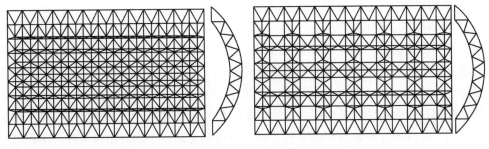

(a) 正放四角锥型　　　　　　　　　　　　　　　　(b) 正放抽空四角锥型

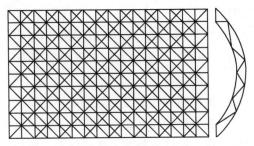

(c) 斜放四角锥型

图 4-19　常见的四角锥体系双层柱面网壳

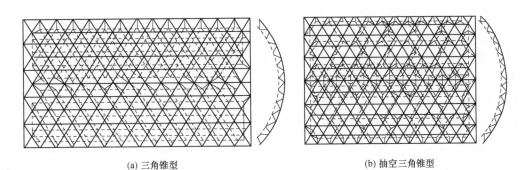

(a) 三角锥型　　　　　　　　　　　　　　　　(b) 抽空三角锥型

图 4-20　常见的三角锥体系双层柱面网壳

转面和双曲面等形式的网壳，如图 4-21 所示。

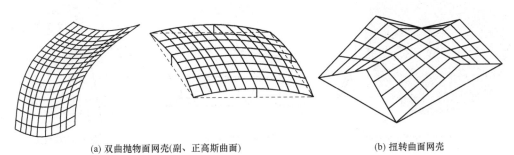

(a) 双曲抛物面网壳(副、正高斯曲面)　　　　　　　　(b) 扭转曲面网壳

图 4-21　抛物面和扭转曲面网壳结构

4. 新型网壳结构

(1) 单-双层混合网壳结构

单层网壳具有结构简洁、明快的特点，具有网格划分灵活、造型美观、节点构造简单、安装方便等优点。单层网壳的主要缺点是承载力较低（主要由稳定控制），大部分杆件的实际工作应力往往比材料屈服强度设计值 f 低得多，跨度较大时甚至低于 $0.2f$，不能充分发挥钢材强度高的优势。同时，由于是结构稳定性控制，稳定性受节点刚度的影响较大，限制了螺栓球等安装方便的柔性节点在单层网壳结构中的应用。另外，单层球面网壳还是几何缺陷敏感性结构，初始几何缺陷导致其屈曲临界力降低（降低程度有时甚至超过 1/3）。对比之下，双层网壳承载力相对较高，但杆件数量偏多，增加材料成本和工作量。人们想到了结合两者优势的新型结构，即单-双层混合网壳，也有文献称局部双层网壳。单-双层混合网壳主要有三种形式：周边双层中部单层网壳、局部双层抽空网壳、带肋局部双层网壳。

周边双层中部单层网壳，是指网壳的边缘为双层，可承受比较大的支座反力，并能有效地将反力扩散开；中间部分为单层网壳，简洁明快、视觉效果好。其中，单层区域可采用各种单层网壳形式，如肋环型、施威德勒型、凯威特型、短程线型等；双层区域可采用各种双层体系，包括交叉桁架系、四角锥体系、三角锥体系。单层和双层的具体形式可根据建筑、结构受力和经济性进行合理组合，在结合部（过渡区域）对网格构造作适当处理，如图 4-22 (a) 所示。

双层抽空网壳，这种网壳其实是将双层网壳进行一定的抽空，变成局部单层网壳。这种单-双层混合网壳结构，通常是上弦杆件形成三角形网格，下弦杆件沿径向、环向布置，而腹杆的设置原则是使所有的上弦节点至少有一根腹杆与下弦节点相连。如此，确保网壳的任意位置都不具有单层网壳的受力特点，避免了单层网壳的失稳破坏，可充分发挥网壳杆件的材料强度，如图 4-22 (b) 所示。

带肋局部双层网壳，其思想类似连续的板或壳中设置加劲肋来提高承载力，即在单层网壳的主肋增加下弦（或上弦）及相应的腹杆，可形成两种形式的带肋局部双层网壳，这些肋可采用桁架的形式。如图 4-22 (c) 所示，为增加下弦杆和相应腹杆，这样使得带肋

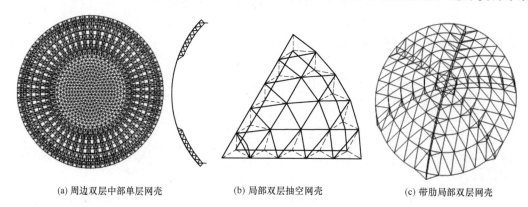

(a) 周边双层中部单层网壳　　　(b) 局部双层抽空网壳　　　(c) 带肋局部双层网壳

图 4-22　单-双层混合网壳结构

局部双层网壳的外弦节点和原来单层网壳的节点位于同一个球面上，便于屋面板、屋面保温隔热层等覆盖。如果带肋局部双层网壳的内弦节点和原来单层网壳的节点位于同一个球面上，则外弦主肋桁架呈现巨型拱的特征，给人一种结构稳定性好的感觉，同时也有利于内装修。

（2）弦支穹顶

弦支穹顶（Suspen—Dome）是由日本学者将索穹顶等张拉整体结构思路应用于单层球面网壳而形成的一种刚柔混合空间结构体系，充分发挥单层球面网壳（刚性结构）和张拉结构（柔性结构）的优点，如图 4-23 所示。弦支穹顶结构体系由单层球面网壳（即穹顶）、撑杆及预应力拉索组成，故有些文献也称为索承网壳。撑杆的上端与单层球面网壳节点铰接连接，撑杆的下端通过径向拉索与单层网壳的节点相连，同一层撑杆下端由环向拉索连接，撑杆和预应力拉索共同构成张拉系统。

与单层球面网壳结构及索穹顶等张拉整体结构相比，弦支穹顶结构具有独特之处。第一，弦支穹顶结构具有预应力空间钢结构的特点：结构自重和用钢量降低，超高强度预应力拉索使结构可以实现更大跨度。第二，拉索施加预拉力，使得上部单层球面网壳结构将产生与荷载作用反向的变形和内力，弦支穹顶结构在荷载作用下的杆件内力和节点位移远小于相应的单层球面网壳结构。第三，通过调整环向拉索的预拉力，可以减小甚至消除弦支穹顶结构对下部结构的水平推力，工程适用性更强。第四，通过预应力拉索的张拉，增大了结构的整体刚度，使得弦支穹顶的稳定性更好，从而能将半刚性连接节点应用于更大跨度的结构，甚至使得螺栓球等近似铰接节点的应用也成为可能。第五，因为结构中的单层网壳具有一定的刚度，弦支穹顶结构的设计、施工及节点构造明显比完全柔性的张拉结构简单。

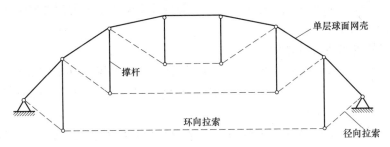

图 4-23　弦支穹顶结构体系

新型网壳结构还有预应力网壳、可开启式网壳、自由曲面网壳等，这些结构都有自己鲜明的受力特点。

4.2.3　网壳结构的选型和设计基本原则

在初步设计阶段和方案设计阶段，根据建筑功能等并结合以往设计经验进行网壳结构的选型。网壳的种类和形式很多，在设计中可选择的范围较广，网壳的选型要考虑跨度大小、平面形状、刚度要求、支承条件、制作安装和经济指标等因素，根据工程实际情况，通过综合比较后合理确定网壳的结构形式。

1. 单层和双层的选择

单层网壳比双层网壳用钢量少。但当跨度较大时，单层网壳因受整体结构稳定控制而导致杆件无法充分发挥钢材强度，而双层网壳的厚度在正常范围内时，结构不会出现整体失稳现象，杆件的应力用得比较充分，反而更省钢材。一般说来，跨度较大（60m 以上）的网壳宜采用双层网壳，中小跨度网壳可采用单层网壳。此外，荷载条件也影响网壳类型的选择，非对称荷载时，单层网壳易失稳，宜用双层网壳。连接节点而言，单层网壳应优先采用刚接节点，跨度较小时也可采用半刚性连接节点；双层网壳既可采用刚接节点也可采用铰接节点，一般采用铰接节点以简化。

2. 矢高的选择

在网壳结构设计时结构工程师应与建筑师密切配合，满足建筑使用功能的同时应与周边环境相协调。当要求建筑空间较大时，可选择矢高较大的网壳，反之则选择矢高较小的扁平网壳；当网壳矢高受限制但又要求较大建筑空间时，可将网壳支承于墙上或柱上。

3. 网格形式的选择

网壳结构网格形式与建筑平面有关，如平面为圆形，则可以选用球面网壳、组合柱面网壳、组合双曲抛物面网壳等。如建筑平面为矩形或方形，可选用柱面网壳、双曲抛物面网壳、双曲扁平网壳。如平面为狭长形，则优先选用柱面网壳。如建筑平面为三角形、多边形，可对球面、柱面、双曲抛物面等做适当的切割或组合以实现要求的平面。

网格形式跟跨度也有关系。对于球面网壳，跨度较小时网格布局可以采用肋环型，跨度较大时则宜采用能形成三角形网格的各种网格类型。对于柱面网壳，跨度较小时可以采用联方网格型网壳，跨度较大宜采用三向网格型网壳或双斜杆型网壳。

合适的网格形式还能减少应力集中、降低安装难度。如对比肋环型、施威德勒型等球面网壳，三向网格型球面网壳大大减少了因顶部构件太密集带来的制作安装难度增加和顶部节点应力集中等问题。

4. 网壳结构的常用设计数据

为了使网壳结构的刚度选取恰当，受力比较合理，根据国内外工程经验，《空间网格结构技术规程》JGJ 7—2010 给出了网壳结构的跨度、矢高、厚度（双层网壳）等几何尺寸选用范围，供工程设计参考。

（1）球面网壳：单层球面网壳的跨度（平面直径）L 不宜大于 80m；双层球面网壳的厚度 h（网壳上下弦杆形心之间的距离）可取 $L/60 \sim L/30$，跨度较大时取较小值，跨度较小时取较大值；球面网壳的矢跨比 f/L 宜为 $1/7 \sim 1/3$，当周边落地时 $f/L < 3/4$。

（2）柱面网壳：两端横隔支承的单层圆柱面网壳的跨度 L 不宜大于 35m，沿两纵向边支承时其跨度（宽度 B）不宜大于 30m；两端支承的圆柱面网壳宽度 B 与跨度 L 之比宜小于 1.0，矢宽比 f/B 可取 $1/6 \sim 1/3$，沿纵向边缘落地支承时 f/B 可取 $1/5 \sim 1/2$；双层圆柱面网壳的厚度 h 可取 $B/50 \sim B/20$。

（3）椭圆抛物面网壳：底边两跨度之比不宜大于 1.5，壳体每个方向的矢高可取短向跨度的 $1/9 \sim 1/6$，单层椭圆抛物面网壳的跨度不宜大于 50m，双层椭圆抛物面网壳的厚度可取短向跨度的 $1/50 \sim 1/20$。

（4）双曲抛物面网壳：网壳底面的两对角线之比不宜大于 2，底边两跨度之比不宜大于 1.5；单块双曲抛物面壳体的矢高可取跨度的 1/4～1/2（跨度为两个对角支承点之间的距离），四块组合双曲抛物面壳体每个方向的矢高可取相应跨度的 1/8～1/4；单层双曲抛物面网壳的跨度不宜大于 60m，双层双曲抛物面网壳的厚度可取短向跨度的 1/50～1/20。

（5）各类网壳的网格尺寸 s：网格尺寸 s 对杆件截面影响大，s 大则节点少、杆件少，但压杆长度也变大，s 小则节点多、杆件多，网格尺寸 s 与网壳高度 h 协调，使腹杆夹角 θ 合理（$\theta = 40°～55°$）。网壳结构的跨度小于 50 m 时，$s = 1.5～3.0$m；网壳跨度为 50～100m 时，$s = 2.5～3.5$m；网壳跨度大于 100m 时，$s = 3.5～4.5$m。

（6）网壳的容许挠度：单层网壳的容许挠度不宜超过短向跨度的 1/400，悬挑的单层网壳的挠度不宜超过跨度的 1/200；双层网壳的挠度不宜超过短向跨度的 1/250，悬挑双层网壳的挠度不宜超过跨度的 1/125。

5. 网壳的支承设计原则

为了保证网壳结构在竖向和水平荷载作用下的几何不变性，以及满足结构的计算边界条件要求，支承及边缘构件显得很重要。网壳结构除了竖向反力外，通常有较大的水平反力，其支承点应保证抵抗水平位移的约束条件。柱面网壳可通过端部横隔支承于两端或沿两纵边支承或四边支承，端部支承横隔应有足够的平面内刚度，两纵边支承点应保证抵抗侧向水平位移的约束条件。球面网壳的支承点应保证抵抗水平位移的约束条件。椭圆抛物面网壳及四块组合双曲抛物面网壳应通过边缘构件沿周边支承，其支承边缘构件应具有足够的平面内刚度。双曲抛物面网壳的边缘构件将荷载传递给支座或下部结构，边缘构件应具有足够的刚度。支承构件可作为网壳整体的组成部分进行协调分析计算。

网壳结构的支承条件，可根据支座节点的位置、数量和构造情况以及支承结构的刚度确定，可以假定为无侧移、两向侧移、一向侧移的铰接支座，也可以假定为弹性支承，且必须符合网壳计算模型对支承条件的要求。网壳在施工阶段和使用阶段的支承情况往往不同，应予以区分。

4.3　网壳结构的荷载和作用

网壳结构设计首先根据工程实际要求和经验进行选型，然后进行荷载计算，再进行结构内力分析计算，最后进行杆件和节点设计，并验算结构变形是否满足要求。对于稳定性起控制作用的一些网壳（如单层网壳等），还要进行整体稳定性分析计算。无论是结构的一阶弹性内力计算，还是结构整体稳定性计算，都需要知道荷载情况，网壳结构的荷载包括永久荷载、可变荷载、地震作用等其他作用。

1. 永久荷载

网壳的永久荷载包括网壳自重和屋面体系重量，前者可在初步设计杆件截面后由计算程序自动生成，各杆件之间的连接节点的自重则按杆件总重的 1/5～1/4 估算。屋面体系重量包括檩条（初步设计时可近似为 0.07kN/m^2）、彩钢屋面板或混凝土屋面板，这些荷载均可根据构造按《建筑结构荷载规范》GB 50009—2012 采用。

2. 可变荷载

网壳结构通常用于屋面，其可变荷载主要包括屋面活荷载、风荷载和雪荷载。

（1）屋面活荷载

对于曲线形屋面的网壳结构，其屋面活荷载通常按不上人屋面取为 $0.5kN/m^2$。

（2）雪荷载

雪荷载是网壳的重要荷载，在一些地方已发生多起由于大雪导致网壳倒塌的事故。其主要原因是屋面的局部区域积雪严重（雪荷载剧增），这导致了网壳结构的局部区域失稳进而局部破坏乃至整体失稳，而且荷载非对称分布（雪荷载不均匀分布）也不利于网壳结构的整体稳定性，尤其是不对称荷载敏感型网壳结构（如椭圆抛物面网壳等）。

造成网壳屋面局部积雪严重、雪荷载分布不均匀的原因主要有以下两个方面：风的吹积、雪的滑移。降雪过程中，风会把屋脊处的雪往附近更低的屋谷处吹积，当网壳屋面为连续多跨结构或带有挑檐和女儿墙等挡风构件时，屋谷区域都会出现雪的吹积。同时，风吹过屋脊时，屋面迎风面一侧的积雪会因"爬坡风"效应（风速增大）而被吹走，但屋面背风一侧则因为风速下降导致风中裹挟的雪（包括迎风面吹过来的雪）沉积下来，这个过程也称漂积。此外，即使是没有风的吹积作用，相对光滑的曲线型屋面的特征也会导致积雪从屋脊向屋谷滑移，这就是雪的滑移。这也导致网壳的雪压在屋脊和屋谷分别减少和增加（雪压分布不均匀），这种增减幅度跟屋面坡度和屋面材料的光滑程度有关。另外，高纬度地区的建筑往往有供暖系统，屋面散发的热量会使积雪融化，由此引起雪的滑移又会导致屋面雪压分布发生变化。综上所述，在确定网壳结构屋面雪荷载时应考虑风的吹积作用、雪的滑移作用。

尽管影响网壳屋面雪荷载的因素很多，但为了简化计算，网壳的雪荷载标准值计算同网架结构，即按水平投影面计算：

$$S_k = \mu_r S_0 \qquad (4\text{-}3)$$

式中，S_k 为雪荷载标准值（kN/m^2）；S_0 为基本雪压（kN/m^2）；μ_r 为屋面积雪分布系数。对于球面网壳屋顶的积雪分布系数，因《建筑结构荷载规范》GB 50009—2012 未规定，建议按以下方法采用。球面网壳屋顶的积雪分布系数应分两种情况考虑，即积雪均匀分布情况和非均匀分布情况。积雪均匀分布情况的积雪分布系数可采用《建筑结构荷载规范》GB 50009—2012 给出的拱形屋顶的积雪分布系数，如图 4-24（a）所示。积雪非均匀分布情况的积雪分布系数可按国际标准化组织（ISO）起草的国际标准中给出的分布系数取用，如图 4-24（b）所示。

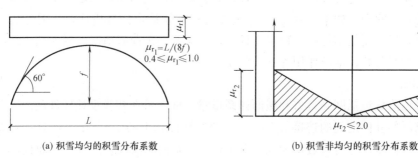

(a) 积雪均匀的积雪分布系数   (b) 积雪非均匀的积雪分布系数

图 4-24 球面网壳屋顶的积雪分布系数

（3）风荷载

风荷载是网壳的重要荷载，常常是跨度较大的网壳的设计控制荷载，设计时应特别重视。关于垂直于建筑物表面上的风荷载标准值的计算，网壳结构与网架结构计算公式形式相同（见下式），即：

$$w_k = \beta_z \mu_s \mu_z w_0$$

式中，w_k 为风荷载标准值（kN/m^2）；β_z 为高度 z 处的风振系数；μ_s 为风荷载体型系数；μ_z 为风压高度变化系数；w_0 为基本风压（kN/m^2）。

对于网壳结构，μ_z、w_0 的计算与其他结构一样，可按《建筑结构荷载规范》GB 50009—2012 的规定采用。体型系数 μ_s 则应根据网壳的体型确定。《空间网格结构技术规程》JGJ 7—2010 规定：风荷载计算时，单个球面、圆柱面和双曲抛物面网壳的风载体型系数可按《建筑结构荷载规范》GB 50009—2012 的规定取值。《建筑结构荷载规范》GB 50009—2012 给出了封闭式落地拱形屋面、封闭式拱形屋面、封闭式双跨拱形屋面和旋转壳顶四种情况的体型系数 μ_s 的值，见附表 2。对于完全符合附表 2 中所列情况的网壳可按表中给出的体型系数采用。对于所处地形复杂、跨度较大的网壳结构以及体型或某些局部不完全符合附表 2 所示情况的网壳，应该通过风洞试验确定其风荷载体型系数 μ_s，以确保结构的安全，但风洞试验存在成本高等缺陷。近年来，应用计算流体力学（CFD）技术数值模拟各类结构的风压分布，用来补充风洞试验。

目前主流设计是把风当作静力荷载作用在网壳结构上，实际上风是一种动力作用。随着网壳结构的跨度越来越大，结构变得更加轻柔（自振周期变大），网壳结构的风振动效应已经成为设计中必须考虑的问题。因此，《空间网格结构技术规程》JGJ 7—2010 规定：对基本自振周期大于 0.25s 的网壳结构宜进行风振计算，对轻屋面应考虑风吸力作用。

3. 温度作用

网壳往往具有较复杂的几何曲面体型，结构组成上也往往是高次超静定结构，通常支座也设计的比较刚性以保证整体结构具有较高的刚度、较好的稳定性。因此，如网壳所处环境有较大的温度差异，将有可能在网壳中产生不可忽略的温度内力，设计时应予以考虑。在网壳设计时，考虑的温度场分布一般分为以下两种情况：其一是整个网壳有等温差 Δt 变化，其二是双层网壳上下两层的温差 Δt。

类似网架结构，如网壳的伸缩变形未受约束或约束较小，也可以不考虑温度变化引起的内力。双层网壳结构不考虑温度应力的条件类似网架结构：①支座节点的构造允许网壳侧移（如橡胶支座）且侧移值等于或大于式（3-88）的计算值；②周边支承于独立柱，且在验算方向的跨度小于 40m；③支承网壳的柱，柱顶在单位水平力作用下其位移大于或等于式（3-88）的计算值。

不符合上述条件时，网壳结构应进行温度应力计算，温度差值应根据网壳所处的地区和网壳使用情况确定。计算原理与 3.4 节网架结构的计算相同，即先将网壳各节点加以约束，求出因温度变化引起的杆件固端内力和各节点的不平衡力；然后取消约束，把节点不平衡力反作用在节点上，利用空间桁架位移法（用于采用空间杆单元的双层网壳）或空间刚架法（用于采用空间梁-柱单元的单层网壳）求出由反向作用的节点不平衡力引起的杆件内力；最后将杆件的固端内力和节点不平衡力引起的杆件内力叠加，即得网壳结构的杆件的温度应力。

4. 地震作用

建设在 7 度以上抗震设防区的网壳结构需要进行抗震设计，且往往需要同时考虑竖向地震和水平地震的作用。抗震分析时，宜考虑下部支承结构对网壳结构的影响。网壳抗震分析将在 4.6 节介绍。

5. 装配应力计算

类似其他装配式结构，网壳结构也会因制作原因使得杆件有长度误差和弯曲等初始缺陷，以及安装时节点不能达到设计坐标位置。这些都会造成部分杆件的长度大于或小于实际节点间的距离，安装时不得不采用强迫就位使杆件与节点连接，这个过程中就会产生装配应力。对比网架等其他结构，网壳（缺陷敏感型结构）受装配应力的影响更大。

鉴于网壳对装配应力敏感，一般通过提高制作精度、选择适当的安装方法，将装配应力减少到可以忽略。但因各种原因，有时候仍需要计算装配应力，其计算的基本原理类似温度应力计算，只需要把杆件的长度误差视为温度变化引起的伸长或缩短即可。

6. 荷载效应组合

网壳结构应根据最不利的荷载效应组合进行设计，荷载效应组合分非抗震设计和抗震设计两种。对于非抗震设计，荷载及荷载效应组合按《建筑结构荷载规范》GB 50009—2012 的规定进行计算。杆件截面及节点设计应采用荷载的基本组合 S，位移（挠度）验算应按荷载的短期效应组合 S_k，即：

$$S = \gamma_G C_G G_k + \gamma_{Q1} C_{Q1} Q_{1k} + \sum_{i=2}^{n} \gamma_{Qi} C_{Qi} \psi_{ci} Q_{ik} \tag{4-4}$$

$$S_k = C_G G_k + C_{Q1} Q_{1k} + \sum_{i=2}^{n} C_{Qi} \psi_{ci} Q_{ik} \tag{4-5}$$

式中，G_k 为永久荷载的标准值；Q_{1k} 为荷载效应最大的那个可变荷载（也称第 1 个可变荷载）的标准值；Q_{ik} 为其他第 i 个可变荷载的标准值；C_G、C_{Q1}、C_{Qi} 分别为永久荷载、第 1 个可变荷载、其他第 i 个可变荷载的荷载效应系数；γ_G 为永久荷载的分项系数，当其效应对结构不利时取 1.2，当其效应对结构有利时取 1.0；γ_{Q1}、γ_{Qi} 分别为第 1 个、第 i 个可变荷载的分项系数，一般取 1.4；ψ_{ci} 为其他第 i 个可变荷载的组合值系数，一般情况下，有风荷载参与组合时取 0.6，没有风荷载参与组合时取 1.0。

对于抗震设计，荷载效应组合应按《建筑抗震设计规范》GB 50011—2010 进行计算，即在杆件和节点设计中，地震作用效应和其他荷载效应的基本组合 S_E 为：

$$S_E = \gamma_G C_G G_E + \gamma_{Eh} C_{Eh} E_{hk} + \gamma_{Ev} C_{Ev} E_{vk} \tag{4-6}$$

式中，G_E 为重力荷载代表值，取结构和构配件自重标准值和各可变荷载组合值之和，网壳结构屋面中各个可变荷载的组合系数如下：雪荷载和屋面积灰荷载均取 0.5，屋面活荷载不计；γ_G 为重力荷载的分项系数；C_G 为重力荷载代表值的荷载效应系数；E_{hk}、E_{vk} 分别为水平、竖向地震作用标准值；C_{Eh}、C_{Ev} 分别为水平、竖向地震作用的效应系数；γ_{Eh}、γ_{Ev} 分别为水平、竖向地震作用分项系数，取值如下：仅考虑竖向地震作用时 $\gamma_{Ev}=1.3$ 且 $\gamma_{Eh}=0$，仅考虑水平地震作用时 $\gamma_{Ev}=0$ 且 $\gamma_{Eh}=1.3$，同时考虑水平地震和竖向地震作用且水平地震为主时 $\gamma_{Ev}=0.5$ 且 $\gamma_{Eh}=1.3$，同时考虑水平地震和竖向地震作用且竖向地震为主时 $\gamma_{Ev}=1.3$ 且 $\gamma_{Eh}=0.5$。

4.4 网壳结构的内力分析方法

与框架等其他结构类似，网壳结构的内力分析的主要目的是计算整体结构在各种荷载工况和边界条件下的构件内力和结构变形，为杆件设计、节点设计、结构变形控制提供定量依据。但因为网壳是高次超静定结构，往往需要经历更多次的"构件截面初步设计—结构计算后修改部分构件—再进行整体结构计算"反复，最终确定一个合理的刚度分布。更为重要的是，网壳结构的面内薄膜受力往往起主导作用，整体结构稳定问题比较明显，尤其是单层网壳或厚度薄的双层网壳，合理的结构刚度分布对网壳结构整体稳定性至关重要。结构稳定性分析已经成为网壳（尤其是单层网壳）结构设计中的关键问题。抗震设防区建造的网壳还要进行抗震设计。本节将介绍网壳结构的内力分析方法和单元类型，关于网壳结构整体稳定分析、网壳的抗震设计将在后面介绍。

4.4.1 网壳的内力分析方法概述

网壳结构的内力分析方法总体上分为两类：连续化假定的分析方法（主要指拟壳法）、离散化假定的分析方法（通常指有限元法）。拟壳法是通过刚度等代将网壳等假设为连续、光滑的实体薄壳，然后用薄壳理论进行分析计算并得到位移和内力的解析解，再将壳体的内力换算成网壳杆件的内力。在早期计算机不发达的年代，拟壳法是网壳结构静力计算的主要手段，但其缺点是只能适用于网格均匀、曲面规则、荷载简单、边界规则的网壳结构。对于复杂一点的网壳结构，一则等代成厚度均匀的壳体并不符合实际网壳在不同位置采用不同杆件的实际情况，二则边界条件和荷载情况稍微复杂一点，就难以求出解析解。

对比之下，有限元符合网壳结构本身离散构造的特点，而且不受结构形式、结构拓扑、荷载条件、边界条件等的限制，故具有精确度高、适应性强的优势。随着计算机软硬件技术的发展，目前有限元法已成为网壳结构内力分析计算的主要方法。用有限元法进行网壳结构分析计算时，应根据网壳类型、节点构造等选用合适的单元类型。单层网壳结构的杆件之间采用刚性或半刚性连接，杆件除了承受轴力外，还承受弯矩、剪力等，宜采用空间梁-柱单元。双层网壳结构的杆件之间可假定为铰接连接，杆件只承受轴力作用，可采用空间杆单元。对于采用空间杆单元的网壳结构进行计算时，可按静力等效的原则将节点所辖区域内的分布荷载集中作用在该节点上，对于有局部荷载作用的杆件则另行考虑弯曲内力的影响。

不同于网架结构，网壳结构的几何非线性特征比较明显，故用有限元法进行网壳结构分析计算应包括线性计算和非线性计算两部分。网壳结构都进行一阶弹性（线弹性）分析，计算得到杆件内力并验算结构的挠度是否满足要求，按《钢结构设计标准》GB 50017—2017进行节点和杆件设计——如初选的杆件是否满足承载力（强度）和稳定性要求等。

除此之外，对于单层网壳、结构厚度较小的双层网壳、大型和形状复杂的网壳等稳定问题突出的网壳，还应进行结构的稳定性分析计算。《空间网格结构技术规程》JGJ 7—2010指出，对于单层网壳及厚度小于跨度1/50的双层网壳应进行稳定计算，网壳稳定性可按考虑几何非线性的有限元法（荷载-位移全程分析）进行计算，对于大型和形状复杂的网壳结构宜考虑材料弹塑性，网壳全过程分析时应考虑初始几何缺陷的影响。全过程分析采用如下的迭代方程：

$$K_t \Delta U^{(i)} = F_{t+\Delta t} - N_{t+\Delta t}^{(i-1)} \tag{4-7}$$

式中，K_t 为 t 时刻结构的切线刚度矩阵；$\Delta U^{(i)}$ 为当前位移的迭代增量；$F_{t+\Delta t}$ 为 $t+\Delta t$ 时刻外部施加的节点荷载向量；$N_{t+\Delta t}^{(i-1)}$ 为 $t+\Delta t$ 时刻、前一次迭代结束后的杆件节点内力向量。由式（4-7）可以看出，当网壳结构计算需要考虑几何非线性效应时，采用增量形式的力平衡方程，结构刚度为某个时刻（变形状态）的切线刚度 K_t，这意味着结构刚度随着结构的变形状态而发生变化，这也是结构非线性分析的重要特征，明显不同于第 3 章网架结构的线弹性刚度。

对网壳这样有大量自由度的复杂结构体系进行非线性有限元分析计算，为了保证其荷载-位移全程分析得以实现并获得较精确的结果，需要采用较精确的刚度矩阵、好的迭代方法和计算策略等。其中，结构刚度矩阵起到举足轻重的作用，不仅影响计算结果的准确性，而且影响结构极值点的收敛性、屈曲后性能分析准确性等。下面将介绍有限元法进行网壳结构分析计算时常用的空间杆单元和空间梁-柱单元的刚度矩阵，包括线弹性刚度矩阵、任意时刻的非线性刚度矩阵。

4.4.2　空间杆单元和空间梁-柱单元的线弹性刚度矩阵

当前钢结构设计最常用的方法是在结构变形前的位置建立平衡方程，计算得到杆件内力，然后用稳定系数的方法验算结构中杆件稳定性，用保证杆件稳定来确保结构的稳定，这就是一阶弹性分析法。这个过程中，如果用有限元方法进行结构内力分析计算，那么用到的结构刚度矩阵就是线弹性刚度矩阵。这种设计方法简单，基本能保障钢框架、网架、厚度较厚的双层网壳等结构的安全性。对于假定杆件之间铰接连接的双层网壳结构而言，采用空间杆单元，其线弹性刚度矩阵推导同网架结构，整体坐标系下的单元刚度矩阵见下式，即：

$$[K_e] = \frac{EA_{ij}}{l_{ij}} \begin{bmatrix} l^2 & & & & & \text{对} \\ lm & m^2 & & & & \\ ln & mn & n^2 & & & \text{称} \\ -l^2 & -lm & -ln & l^2 & & \\ -lm & -m^2 & -mn & lm & m^2 & \\ -ln & -mn & -n^2 & ln & mn & n^2 \end{bmatrix}$$

对于杆件之间为刚性连接节点的网壳结构，其杆件（单元）同时承受弯矩、剪力、轴力，此类单元兼具梁和柱的力学特点，因此有些书也称其为梁-柱单元。在三维空间中则为空间梁-柱单元，每个单元具有 i 和 j 2 个节点，每个单元的两端截面都有 6 个节点位移分量：3 个线位移（u_i、v_i、w_i）和 3 个角位移（θ_{ix}、θ_{iy}、θ_{iz}）。单元的两端截面都有 6 个内力分量，即沿着 3 个坐标轴方向的力（轴力和两个方向剪力）和绕 3 个坐标轴的力偶矩（扭矩和两个方向弯矩）：N_{ix}（轴力）、Q_{iy}、Q_{iz} 和 M_{ix}（扭矩）、M_{iy}、M_{iz}，见图 4-25。类似结构力学中平面刚架单元（平面梁-柱单元），得到空间梁-柱单元在局部坐标系下的单元的线弹性刚度矩阵 $[k_e]$：

$$[k_e] = \begin{bmatrix}
\dfrac{EA}{L} & 0 & 0 & 0 & 0 & 0 & -\dfrac{EA}{L} & 0 & 0 & 0 & 0 & 0 \\[2mm]
0 & \dfrac{12EI_z}{L^3} & 0 & 0 & 0 & \dfrac{6EI_z}{L^2} & 0 & -\dfrac{12EI_z}{L^3} & 0 & 0 & 0 & \dfrac{6EI_z}{L^2} \\[2mm]
0 & 0 & \dfrac{12EI_y}{L^3} & 0 & -\dfrac{6EI_y}{L^2} & 0 & 0 & 0 & -\dfrac{12EI_y}{L^3} & 0 & -\dfrac{6EI_y}{L^2} & 0 \\[2mm]
0 & 0 & 0 & \dfrac{GJ}{L} & 0 & 0 & 0 & 0 & 0 & -\dfrac{GJ}{L} & 0 & 0 \\[2mm]
0 & 0 & -\dfrac{6EI_y}{L^2} & 0 & \dfrac{4EI_y}{L} & 0 & 0 & 0 & \dfrac{6EI_y}{L^2} & 0 & \dfrac{2EI_y}{L} & 0 \\[2mm]
0 & \dfrac{6EI_z}{L^2} & 0 & 0 & 0 & \dfrac{4EI_z}{L} & 0 & -\dfrac{6EI_z}{L^2} & 0 & 0 & 0 & \dfrac{2EI_z}{L} \\[2mm]
-\dfrac{EA}{L} & 0 & 0 & 0 & 0 & 0 & \dfrac{EA}{L} & 0 & 0 & 0 & 0 & 0 \\[2mm]
0 & -\dfrac{12EI_z}{L^3} & 0 & 0 & 0 & -\dfrac{6EI_z}{L^2} & 0 & \dfrac{12EI_z}{L^3} & 0 & 0 & 0 & -\dfrac{6EI_z}{L^2} \\[2mm]
0 & 0 & -\dfrac{12EI_y}{L^3} & 0 & \dfrac{6EI_y}{L^2} & 0 & 0 & 0 & \dfrac{12EI_y}{L^3} & 0 & \dfrac{6EI_y}{L^2} & 0 \\[2mm]
0 & 0 & 0 & -\dfrac{GJ}{L} & 0 & 0 & 0 & 0 & 0 & \dfrac{GJ}{L} & 0 & 0 \\[2mm]
0 & 0 & -\dfrac{6EI_y}{L^2} & 0 & \dfrac{2EI_y}{L} & 0 & 0 & 0 & \dfrac{6EI_y}{L^2} & 0 & \dfrac{4EI_y}{L} & 0 \\[2mm]
0 & \dfrac{6EI_z}{L^2} & 0 & 0 & 0 & \dfrac{2EI_z}{L} & 0 & -\dfrac{6EI_z}{L^2} & 0 & 0 & 0 & \dfrac{4EI_z}{L}
\end{bmatrix} \tag{4-8}$$

式中，x 轴为梁-柱单元的轴线方向，I_z、I_y 分别为绕 z 轴、y 轴的截面惯性矩；J 为扭转惯性矩；E 和 G 分别为材料弹性模型和剪切模量；L 为梁-柱单元长度。通过单元坐标变换矩阵 $[T_e]$ 将局部坐标系下的空间梁-柱单元的线弹性刚度矩阵 $[k]_e$ 转换成整体坐标系下的线弹性刚度矩阵 $[K_e]$，即 $[K_e] = [T_e]^{\mathrm{T}}[k_e][T_e]$。其中，坐标变换矩阵 $[T_e]$ 的表达式如下：

$$[T_e] = \begin{bmatrix}
l_x & m_x & n_x & 0 & 0 & 0 & 0 & 0 & 0 & 0 & 0 & 0 \\
l_y & m_y & n_y & 0 & 0 & 0 & 0 & 0 & 0 & 0 & 0 & 0 \\
l_z & m_z & n_z & 0 & 0 & 0 & 0 & 0 & 0 & 0 & 0 & 0 \\
0 & 0 & 0 & l_x & m_x & n_x & 0 & 0 & 0 & 0 & 0 & 0 \\
0 & 0 & 0 & l_y & m_y & n_y & 0 & 0 & 0 & 0 & 0 & 0 \\
0 & 0 & 0 & l_z & m_z & n_z & 0 & 0 & 0 & 0 & 0 & 0 \\
0 & 0 & 0 & 0 & 0 & 0 & l_x & m_x & n_x & 0 & 0 & 0 \\
0 & 0 & 0 & 0 & 0 & 0 & l_y & m_y & n_y & 0 & 0 & 0 \\
0 & 0 & 0 & 0 & 0 & 0 & l_z & m_z & n_z & 0 & 0 & 0 \\
0 & 0 & 0 & 0 & 0 & 0 & 0 & 0 & 0 & l_x & m_x & n_x \\
0 & 0 & 0 & 0 & 0 & 0 & 0 & 0 & 0 & l_y & m_y & n_y \\
0 & 0 & 0 & 0 & 0 & 0 & 0 & 0 & 0 & l_z & m_z & n_z
\end{bmatrix} \tag{4-9}$$

式中，(l_x, m_x, n_x)、(l_y, m_y, n_y)、(l_z, m_z, n_z) 分别为单元局部坐标轴 x、y、z 在整体坐标系 XYZ 下的方向余弦。最后，形成整体坐标系下单元的节点力和节点位移关系：$\{F_e\} = [K_e]\{U_e\}$，节点力 $\{F_e\} = \{N_{ix}, Q_{iy}, Q_{iz}, M_{ix}, M_{iy}, M_{iz}, N_{jx}, Q_{jy}, Q_{jz}, M_{jx}, M_{jy}, M_{jz}\}^T$，节点位移 $\{U_e\} = \{u_i, v_i, w_i, \theta_{ix}, \theta_{iy}, \theta_{iz}, u_j, v_j, w_j, \theta_{jx}, \theta_{jy}, \theta_{jz}\}^T$。

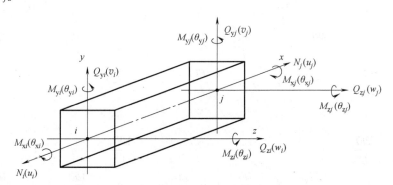

图 4-25　空间梁-柱单元及其节点位移和节点力

4.4.3　空间杆单元的非线性刚度矩阵

对于几何非线性效应较为明显的单层网壳和厚度相对较薄的双层网壳，仅进行一阶弹性结构分析（平衡方程建立在结构变形前位置）难以保障结构的安全性。因此，需要在结构变形后的位置上建立平衡方程，用非线性有限元法进行结构分析（荷载-位移全过程分析）。此时，结构的刚度矩阵是某个时刻（变形状态下）的切线刚度矩阵，由这个时刻的单元切线刚度矩阵组成。下面介绍空间杆单元（用于铰接节点的网壳）的非线性刚度矩阵。

1. 空间杆单元的应变-位移关系

对于铰接节点的双层网壳结构，假定网壳中各个单元（杆件）处于弹性工作状态，网壳处于小应变，但网壳节点可以经历任意大的位移。以网壳结构中任意一个杆单元 ij 为例，两端节点编号为 i 和 j，变形前的初始长度为 L_0，变形后长度为 L，如图 4-26 所示。

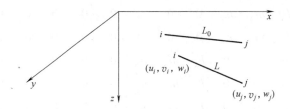

图 4-26　空间杆单元 ij 在变形前后位置图

变形前单元两端节点的坐标位置 $\{x_e\}$、变形后节点位移 $\{U_e\}$ 为：

$$\{x_e\} = \begin{bmatrix} x_i & y_i & z_i & x_j & y_j & z_j \end{bmatrix}^T \tag{4-10}$$

$$\{U_e\} = \begin{bmatrix} u_i & v_i & w_i & u_j & v_j & w_j \end{bmatrix}^T \tag{4-11}$$

式中，下标表示某个节点的量，比如 u_i 表示节点 i 的沿着 x 轴的位移。由此可以算出变形前后的杆件长度 L_0、L，如下：

$$L_0 = \sqrt{(x_j - x_i)^2 + (y_j - y_i)^2 + (z_j - z_i)^2} \tag{4-12}$$

$$L = \sqrt{(x_j + u_j - x_i - u_i)^2 + (y_j + v_j - y_i - v_i)^2 + (z_j + w_j - z_i - w_i)^2} \tag{4-13}$$

杆单元 ij 的应变 $\varepsilon = (L - L_0)/L_0 = L/L_0 - 1$，将式（4-12）和式（4-13）代入此式得：

$$\varepsilon = \sqrt{1 + (2a + b)/L_0^2} - 1 \tag{4-14}$$

式中，a 和 b 的表达式如下：

$$a = (x_j - x_i)(u_j - u_i) + (y_j - y_i)(v_j - v_i) + (z_j - z_i)(w_j - w_i) \tag{4-15a}$$

$$b = (u_j - u_i)^2 + (v_j - v_i)^2 + (w_j - w_i)^2 \tag{4-15b}$$

当某个量 χ 远小于 1 小时，则 $(1 + \chi)^{0.5} - 1$ 可以近似为 $\chi/2$。L_0^2 远大于 $a + 0.5b$，故式（4-14）可简化为 $\varepsilon \approx (a + 0.5b)/L_0^2$，再将其写成矩阵形式，得到单元应变和节点位移之间的关系，如下：

$$\varepsilon = \frac{1}{L_0}\{-l \quad -m \quad -n \quad l \quad m \quad n\}_{1\times6}\{U_e\} + \frac{1}{2}\{U_e\}^T[A]\{U_e\} \tag{4-16}$$

式中，$l = (x_j - x_i)/L_0$、$m = (y_j - y_i)/L_0$、$n = (z_j - z_i)/L_0$，为杆件 ij 在整体坐标系的方向余弦；$\{U_e\}^T$ 为节点位移列阵 $\{U_e\}$ 的转置；$[A]$ 为一个 6×6 矩阵，如下：

$$[A] = \frac{1}{L_0^2}\begin{Bmatrix} 1 & 0 & 0 & -1 & 0 & 0 \\ 0 & 1 & 0 & 0 & -1 & 0 \\ 0 & 0 & 1 & 0 & 0 & -1 \\ -1 & 0 & 0 & 1 & 0 & 0 \\ 0 & -1 & 0 & 0 & 1 & 0 \\ 0 & 0 & -1 & 0 & 0 & 1 \end{Bmatrix} \tag{4-17}$$

将式（4-16）写成增量形式，如下：

$$d\varepsilon = \left(\frac{1}{L_0}\{-l \quad -m \quad -n \quad l \quad m \quad n\} + \{U_e\}^T[A]\right)d\{U_e\} = ([B_l] + [B_{nl}])d\{U_e\} \tag{4-18}$$

式中，$[B_l]$、$[B_{nl}]$ 分别为线性和非线性的应变-位移矩阵，后者反映了节点经历任意大变形后单元（杆件）的几何非线性特征。

2. 建立任意时刻杆单元增量形式的平衡方程

应力增量 $d\sigma$ 和应变增量 $d\varepsilon$ 呈线性关系：

$$d\sigma = Ed\varepsilon = E([B_l] + [B_{nl}])d\{U_e\} \tag{4-19}$$

根据虚功原理，单元的应变能等于外力功：

$$A_{ij}\int_L \delta\{\varepsilon\}^T\{\sigma\}ds - \delta\{U_e\}^T\{P_e\} = 0 \tag{4-20}$$

式中，δ 为变分符号；$\{P_e\}$ 为单元的节点荷载；A_{ij} 为杆单元的截面面积。考虑到杆单元只受轴力作用，故 $\{\sigma\} = \sigma$、$\{\varepsilon\} = \varepsilon$；将应变关系（式 4-18）代入虚功方程，并考虑到 $d\{U_e\}$ 不为零，得到单元的内外力平衡方程：

$$A_{ij}\int_L ([B_l] + [B_{nl}])^T\sigma ds - \{P_e\} = 0 \tag{4-21}$$

对上式进行微分：

$$A_{ij}\int_L d([B_l]+[B_{nl}])^T \sigma ds + A_{ij}\int_L (([B_l]+[B_{nl}])^T d\sigma) ds = d\{P_e\} \quad (4\text{-}22)$$

根据式（4-18）可将式（4-22）左边第一项中的 $d([B_l]+[B_{nl}])^T$ 进行简化，即：

$$d([B_l]+[B_{nl}])^T = d([B_l]^T+[B_{nl}]^T) = d[B_{nl}]^T = d(\{U\}_e^T[A])^T = [A]^T d\{U\}_e \quad (4\text{-}23)$$

将式（4-23）、式（4-19）代入式（4-22）得到增量形式的平衡方程，即：

$$\left[A_{ij}\int_L [A]^T \sigma ds + A_{ij}\int_L (([B_l]+[B_{nl}])^T E([B_l]+[B_{nl}])) ds\right] d\{U_e\} = d\{P_e\} \quad (4\text{-}24)$$

3. 建立空间杆单元的切线刚度矩阵

式（4-24）展示了杆单元的节点位移增量 $d\{U_e\}$ 和节点荷载增量 $d\{P_e\}$ 之间的关系，可记为：$[K_{t\text{-}e}]d\{U_e\}=d\{P_e\}$。$[K_{t\text{-}e}]$ 即为几何非线性状态下单元的切线刚度矩阵：

$$[K_{t\text{-}e}] = A_{ij}\int_L [A]^T \sigma ds + A_{ij}\int_L (([B_l]+[B_{nl}])^T E([B_l]+[B_{nl}])) ds$$

$$= A_{ij}\int_L [A]^T \sigma ds + A_{ij}\int_L ([B_l]^T E[B_l]) ds + A_{ij}\int_L [([B_{nl}]^T E[B_l]) +$$

$$([B_l]^T E[B_{nl}]) + ([B_{nl}]^T E[B_{nl}])] ds \quad (4\text{-}25)$$

式（4-25）也可记为：

$$[K_{t\text{-}e}] = [K_{g\text{-}e}] + [K_{o\text{-}e}] + [K_{d\text{-}e}] = [K_{g\text{-}e}] + [K_{u\text{-}e}] \quad (4\text{-}26)$$

式中，$[K_{o\text{-}e}]$ 为单元线弹性刚度矩阵，反映杆件材料和截面特性对单元刚度的贡献，同网架结构的单元刚度矩阵；$[K_{g\text{-}e}]$ 为当前杆件内力对单元刚度的贡献；$[K_{d\text{-}e}]$ 为单元的初位移矩阵。各个刚度矩阵表达如下：

$$[K_{o\text{-}e}] = A_{ij}\int_L ([B_l]^T E[B_l]) ds = \frac{EA_{ij}}{L_0}\begin{bmatrix} l^2 & & & & & 对 \\ lm & m^2 & & & & \\ ln & mn & n^2 & & & 称 \\ -l^2 & -lm & -ln & l^2 & & \\ -lm & -m^2 & -mn & ln & m^2 & \\ -ln & -mn & -n^2 & ln & mn & n^2 \end{bmatrix} \quad (4\text{-}27)$$

$$[K_{g\text{-}e}] = A_{ij}\int_L [A]^T \sigma ds = \frac{N}{L_0}\begin{bmatrix} 1 & & & & & \\ 0 & 1 & & 对 & & \\ 0 & 0 & 1 & & 称 & \\ -1 & 0 & 0 & 1 & & \\ 0 & -1 & 0 & 0 & 1 & \\ 0 & 0 & -1 & 0 & 0 & 1 \end{bmatrix} \quad (4\text{-}28)$$

$$[K_{\text{d-e}}] = \frac{EA_{ij}}{L_0} \begin{bmatrix} l_1^2 - l^2 & & & & \text{对} & \\ l_1 m_1 - lm & m_1^2 - m^2 & & & & \\ l_1 n_1 - nl & m_1 n_1 - mn & n_1^2 - n^2 & & & \text{称} \\ -l_1^2 + l^2 & -l_1 m_1 + lm & -l_1 n_1 + nl & l_1^2 - l^2 & & \\ -l_1 m_1 + lm & -m_1^2 + m^2 & -m_1 n_1 + mn & l_1 m_1 - lm & m_1^2 - m^2 & \\ -l_1 n_1 + nl & -m_1 n_1 + mn & -n_1^2 + n^2 & l_1 n_1 - nl & m_1 n_1 - mn & n_1^2 - n^2 \end{bmatrix}$$

$$\tag{4-29}$$

$$[K_{\text{u-e}}] = [K_{\text{o-e}}] + [K_{\text{d-e}}] = \frac{EA_{ij}}{L_0} \begin{bmatrix} l_1^2 & & & & \text{对} & \\ l_1 m_1 & m_1^2 & & & & \\ l_1 n_1 & m_1 n_1 & n_1^2 & & & \text{称} \\ -l_1^2 & -l_1 m_1 & -l_1 n_1 & l_1^2 & & \\ -l_1 m_1 & -m_1^2 & -m_1 n_1 & l_1 m_1 & m_1^2 & \\ -l_1 n_1 & -m_1 n_1 & -n_1^2 & l_1 n_1 & m_1 n_1 & n_1^2 \end{bmatrix}$$

$$\tag{4-30}$$

以上各式中，N 为单元的轴力；$l_1 = l + (u_j - u_i)/L_0$；$m_1 = m + (v_j - v_i)/L_0$；$n_1 = n + (w_j - w_i)/L_0$；$(l, m, n)$ 为杆件在坐标系下的方向余弦。显然，非线性状态下的杆单元刚度矩阵，与单元变形后的位置有关（矩阵 $[K_{\text{d-e}}]_e$ 体现），而且还跟单元受力状态有关（矩阵 $[K_{\text{g-e}}]$ 体现），网壳的非线性分析计算繁琐复杂。

4.4.4 空间梁-柱单元的非线性刚度矩阵

对杆件之间刚性连接的网壳结构进行非线性有限元分析计算时，则采用空间梁-柱单元的非线性刚度矩阵。基本假定如下：①材料为弹性；②每个单元有两个节点，每个节点有 6 个自由度；③单元为等截面、双轴对称，以排除扭转刚度与轴向刚度（或弯曲刚度）的相互耦联；④杆件截面的翘曲及剪切变形忽略不计；⑤网壳节点可经历任意大的位移及转动，但单元本身的变形仍为小变形和小应变状态；⑥外荷载为保守荷载且作用于网壳节点上，这样每个单元都是仅在节点受荷载作用。上述这些假定基本上符合网壳结构实际情况。

1. 空间梁-柱单元的杆端截面的内力-变形关系

先考察简单的平面压弯构件（视为平面梁-柱单元）在杆端的集中弯矩 M_1、轴压力 N 和剪力 V 共同作用下，杆件的变形如图 4-27 所示。在变形后的位置取隔离体建立平衡方程（图 4-27b），得到杆件任意截面的弯矩 $M(x)$ 和挠度 $y(x)$ 之间关系如下：

$$M_1 + Ny - Vx - M(x) = 0 \tag{4-31}$$

对将 $M(x) = -EIy''$ 代入上式后进行连续两次求导得：

$$y^{(4)} + \frac{N}{EI}y'' = 0 \Rightarrow y^{(4)} + \frac{\phi^2}{L^2}y'' = 0 \tag{4-32}$$

式中，$\phi^2 = NL^2/(EI)$；EI、L 分别为杆件的截面抗弯刚度、长度。

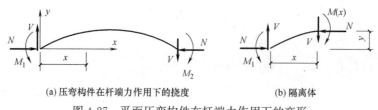

(a) 压弯构件在杆端力作用下的挠度   (b) 隔离体

图 4-27 平面压弯构件在杆端力作用下的变形

    根据前面空间梁-柱单元的假定①～⑥可知，网壳结构中的杆件（单元）本质上就是考虑扭矩作用的双向压弯构件，且扭转变形与轴向及弯曲变形不耦联，称为空间梁-柱单元。假定网壳结构的整体坐标系为 XYZ，任意一根空间梁-柱单元 ij 的局部坐标系为 $x_1x_2x_3$（x_1 为轴线方向），单元的节点力（或力矩）在局部坐标系下的分量为 $F_1 \sim F_{12}$，将其写成阵列形式：$\{F_e\} = \{F_1, F_2, F_3, F_4, F_5, F_6, F_7, F_8, F_9, F_{10}, F_{11}, F_{12}\}^T$，如图 4-28（a）所示。与 $\{F_e\}$ 对应的节点位移（转角）阵列为 $\{U_e\} = \{U_1, U_2, U_3, U_4, U_5, U_6, U_7, U_8, U_9, U_{10}, U_{11}, U_{12}\}^T$。单元 ij 在节点力 $\{F_e\}$ 作用下发生变形，并在单元（杆件）两端截面产生以下内力：轴力 N、扭矩 M_t 以及绕 x_2 和 x_3 轴的弯矩（M_{i2}、M_{j2}、M_{i3}、M_{j3}），如图 4-28（b）所示。将变形后的单元 ij 分别在

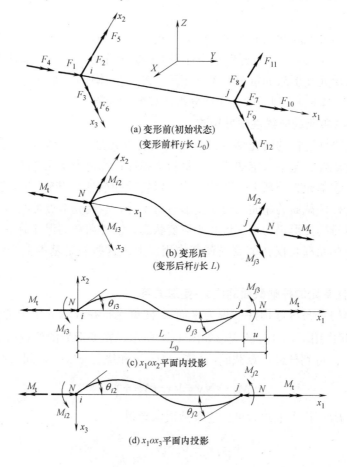

(a) 变形前(初始状态)
(变形前杆 ij 长 L_0)

(b) 变形后
(变形后杆 ij 长 L)

(c) x_1ox_2 平面内投影

(d) x_1ox_3 平面内投影

图 4-28 空间梁-柱单元

局部坐标的两个平面（$x_1 o x_2$ 和 $x_1 o x_3$）内投影，如图 4-28（c）、（d）所示。

考虑到单元的扭转变形相对独立（不跟轴向变形或弯曲变形发生耦联），完全可以将式（4-32）拓展到空间梁-柱单元，即：

$$\frac{\mathrm{d}^4 x_n}{\mathrm{d} x_1^4} + \frac{\phi^2}{L^2}\frac{\mathrm{d}^2 x_n}{\mathrm{d} x_1^2} = 0 \qquad (n = 2, 3) \tag{4-33a}$$

当轴力为拉力时，方程为：

$$\frac{\mathrm{d}^4 x_n}{\mathrm{d} x_1^4} - \frac{\phi^2}{L^2}\frac{\mathrm{d}^2 x_n}{\mathrm{d} x_1^2} = 0 \qquad (n = 2, 3) \tag{4-33b}$$

式（4-33a）和式（4-33b）是适合任何边界条件的四阶微分方程，通解分别为：

$$x_n = c_1 \sin\frac{\phi}{L} x_1 + c_2 \cos\frac{\phi}{L} x_1 + c_3 x_1 + c_4 \qquad (n = 2, 3) \tag{4-34a}$$

$$x_n = c_1 \mathrm{sh}\frac{\phi}{L} x_1 + c_2 \mathrm{ch}\frac{\phi}{L} x_1 + c_3 x_1 + c_4 \qquad (n = 2, 3) \tag{4-34b}$$

代入杆件（单元）两端的边界条件，可得单元（杆件）ij 的杆端弯矩（M_{in} 和 M_{jn}）与转角（θ_{in} 和 θ_{jn}）之间关系，如下：

$$M_{in} = \frac{EI_n}{L}(C_{1n}\theta_{in} + C_{2n}\theta_{jn}), \quad M_{jn} = \frac{EI_n}{L}(C_{2n}\theta_{in} + C_{1n}\theta_{jn}) \qquad (n = 2, 3) \tag{4-35}$$

式中，下标 n 表示绕 x_n 轴的量，比如 M_{in} 为单元的 i 端截面绕 x_n 轴的弯矩、θ_{in} 为单元的 i 端截面绕 x_n 轴的转角、I_n 为空间梁-柱单元的截面绕 x_n 轴的惯性矩；E 为材料的弹性模量；L 为单元变形后两端点间的弦长，C_{in}、C_{jn} 为梁-柱单元的稳定函数，即：

单元轴压力：
$$\begin{cases} C_{1n} = \dfrac{\varphi_n(\sin\varphi_n - \varphi_n\cos\varphi_n)}{2(1-\cos\varphi_n) - \varphi_n\sin\varphi_n} \\[3mm] C_{2n} = \dfrac{\varphi_n(\varphi_n - \sin\varphi_n)}{2(1-\cos\varphi_n) - \varphi_n\sin\varphi_n} \end{cases} \tag{4-36a}$$

单元轴拉力：
$$\begin{cases} C_{1n} = \dfrac{\psi_n(\psi_n\mathrm{ch}\psi_n - \mathrm{sh}\psi_n)}{2(1-\mathrm{ch}\psi_n) + \psi_n\mathrm{sh}\psi_n} \\[3mm] C_{2n} = \dfrac{\psi_n(\mathrm{sh}\psi_n - \psi_n)}{2(1-\mathrm{ch}\psi_n) + \psi_n\mathrm{sh}\psi_n} \end{cases} \tag{4-36b}$$

单元轴力为零：$C_{1n} = 4$，$C_{2n} = 2$ \tag{4-36c}

$$\varphi_n^2 = \frac{NL^2}{EI_n} \text{（轴压力）}, \quad \psi_n^2 = -\frac{NL^2}{EI_n} \text{（轴拉力）} \tag{4-36d}$$

式中，N 为单元的轴力，下标 $n = 2$、3 分别表示沿着坐标轴 x_2、x_3 的量。

再建立扭矩-扭角（M_t-ϕ_t）关系和轴力-变形（N-u）关系，其中扭转变形与轴向变形及弯曲变形不耦联，但轴向应变应扣除弯曲变形引起的轴向应变，最终结果如下：

$$M_t = GJ\phi_t/L \tag{4-37a}$$

$$N = EA(u/L_0 - C_{b2} - C_{b3}) \tag{4-37b}$$

式中，ϕ_t 为单元的扭转角；u 为单元的轴向缩短量；G 为材料的剪切模量；J 是单元截面的扭转惯性矩；L_0 和 L 分别为单元（杆件）的初始长度和变形后两端点间的弦长；A 为单元的截面面积；C_{b2} 和 C_{b3} 为单元由弯曲变形引起的轴向应变，表达式如下：

$$C_{bn} = \frac{(C_{1n}+C_{2n})(C_{2n}-2)(\theta_{in}+\theta_{jn})^2 EI_n}{8NL^2} + \frac{C_{2n}(\theta_{in}-\theta_{jn})^2}{8(C_{1n}+C_{2n})} \qquad (n=2,3) \qquad (4\text{-}38)$$

将式（4-35）、式（4-37）写成矩阵形式，就可以得到非线性空间梁-柱单元的两端截面的广义内力阵列 $\{S_e\}$ 与广义变形阵列 $\{d_e\}$ 之间的关系，即：

$$\{M_{i3} \quad M_{j3} \quad M_{i2} \quad M_{j2} \quad M_t \quad NL_0\}^T = [C]\{\theta_{i3} \quad \theta_{j3} \quad \theta_{i2} \quad \theta_{j2} \quad \phi_t \quad u/L_0\}^T$$
$$(4\text{-}39)$$

式中，矩阵 $[C]$ 的表达式如下：

$$[C] = \begin{bmatrix}
\dfrac{EI_3}{L}C_{13} & \dfrac{EI_3}{L}C_{23} & 0 & 0 & 0 & 0 \\[2mm]
\dfrac{EI_3}{L}C_{23} & \dfrac{EI_3}{L}C_{13} & 0 & 0 & 0 & 0 \\[2mm]
0 & 0 & \dfrac{EI_2}{L}C_{12} & \dfrac{EI_2}{L}C_{22} & 0 & 0 \\[2mm]
0 & 0 & \dfrac{EI_2}{L}C_{22} & \dfrac{EI_2}{L}C_{12} & 0 & 0 \\[2mm]
0 & 0 & 0 & 0 & \dfrac{GJ}{L} & 0 \\[2mm]
0 & 0 & 0 & 0 & 0 & EA\left(1-\dfrac{C_{b2}+C_{b3}}{u/L_0}\right)
\end{bmatrix} \qquad (4\text{-}40)$$

由式（4-39）和式（4-40）可知，非线性的梁-柱单元的杆端截面弯矩（如 M_{i3} 和 M_{j3}）和杆端截面转角（如 θ_{i3} 和 θ_{j3}）之间的关系与单元的轴力 N 有关，而杆端截面轴力 N 和轴向变形 u 的关系也与杆端转角有关。

2. 空间梁-柱单元的弹性切线刚度矩阵

式（4-39）给出空间梁-柱单元的两端截面内力（弯矩等）和端变形（转角等）之间的关系，有限元分析时需要建立单元的节点力和节点位移之间的关系，即建立单元刚度矩阵。因此，需要将式（4-39）转化成节点力-节点位移关系。根据内力和外力平衡关系，可以将单元的两端截面内力 $\{S_e\}=\{M_{i3}，M_{j3}，M_{i2}，M_{j2}，M_t，NL_0\}^T$ 转化成单元的节点力 $\{F_e\}=\{F_1，F_2，F_3，F_4，F_5，F_6，F_7，F_8，F_9，F_{10}，F_{11}，F_{12}\}^T$，比如单元中节点 i 沿着单元局部坐标轴 x_1（杆件轴线方向）方向的力 F_1 与单元端部截面的轴力 N 平衡，得 $F_1=N=NL_0/L_0$。比如，节点 i 沿着局部坐标轴 x_2 方向的力 F_2 与单元端部截面的剪力平衡，而剪力则通过两端截面的弯矩平衡得到，最终得 $F_2=(M_{i3}+M_{j3})/L$。再比如，节点 i 绕局部坐标轴 x_2 的力矩（广义力）F_5 与杆端弯矩 M_{i2} 平衡，得 $F_5=M_{i2}$。最终，将单元两端截面力和两个节点的力之间关系写成矩阵形式，如下：

$$\{F_e\}=[B]\{S_e\} \qquad (4\text{-}41)$$

式中，$[B]$ 为一个 12×6 的转换阵，如下所示：

$$[B] = \begin{bmatrix} 0 & 0 & 0 & 0 & 0 & \dfrac{1}{L_0} \\[2mm] \dfrac{1}{L} & \dfrac{1}{L} & 0 & 0 & 0 & 0 \\[2mm] 0 & 0 & -\dfrac{1}{L} & -\dfrac{1}{L} & 0 & 0 \\[2mm] 0 & 0 & 0 & 0 & -1 & 0 \\[2mm] 1 & 0 & 0 & 0 & 0 & 0 \\[2mm] 0 & 0 & 0 & 0 & 0 & -\dfrac{1}{L_0} \\[2mm] -\dfrac{1}{L} & -\dfrac{1}{L} & 0 & 0 & 0 & 0 \\[2mm] 0 & 0 & \dfrac{1}{L} & \dfrac{1}{L} & 0 & 0 \\[2mm] 0 & 0 & 0 & 0 & 1 & 0 \\[2mm] 0 & 0 & 0 & 1 & 0 & 0 \\[2mm] 0 & 1 & 0 & 0 & 0 & 0 \end{bmatrix} \tag{4-42}$$

再根据几何关系，将单元的杆端广义变形 $\{d_e\} = \{\theta_{i3},\ \theta_{j3},\ \theta_{i2},\ \theta_{j2},\ \phi_t,\ u/L_0\}$ 转换为单元的节点位移 $\{U_e\} = \{U_1,\ U_2,\ U_3,\ U_4,\ U_5,\ U_6,\ U_7,\ U_8,\ U_9,\ U_{10},\ U_{11},\ U_{12}\}^T$。比如，单元（杆件）轴向变形 u 就是单元的节点 i 和节点 j 沿着局部坐标轴 x_1（杆件轴线方向）方向的位移差 $U_1 - U_7$，即 $u/L_0 = (U_1 - U_7)/L_0$。再比如，根据节点 i 和节点 j 沿着局部坐标轴 x_2 方向的位移 U_2 和 U_8 以及节点 i 绕局部坐标轴 x_3 的转角 U_6（广义位移）可以得到梁-柱单元的 i 端绕着局部坐标轴 x_3 的转角 $\theta_{i3} = (U_2 - U_8)/L + U_6$。最终，将 $\{u_e\}$ 和 $\{U_e\}$ 之间的关系写成矩阵形式，即：

$$\{d_e\} = [W]\{U_e\} = [B]^T\{U_e\} \tag{4-43}$$

由式（4-42）可知，$[B]$ 不再是常量，而与变形后的单元长度 L（随着荷载大小而变化）有关。对式（4-41）进行微分，就可以得到单元的节点力与杆端内力之间的增量关系，即：

$$\{\Delta F_e\} = [B]\{\Delta S_e\} + [\Delta B]\{S_e\} \tag{4-44}$$

观察式（4-44）右边第一项，$\{\Delta S_e\}$ 为单元的内力增量，对 $\{S_e\} = [C]\{d_e\}$ 进行微分就可得到单元内力与变形之间的增量关系，但由于矩阵 $[C]$ 是单元轴力 N 和变形后单元长度 L 的函数，这使得整个推导显得复杂和繁琐。经过求导及复杂的推演，最终写为：

$$\{\Delta S_e\} = [D]\{\Delta d_e\} \tag{4-45}$$

式中，$[D]$ 为单元在局部坐标系下的一个切线矩阵（反映单元杆端的内力增量和变形增量之间的关系），其具体表达式如下：

$$[D]=\frac{EI}{L}\begin{bmatrix} C_{13}\xi_3+\dfrac{G_{13}^2}{\pi^2 H} & & & 对 & & \\[4mm] C_{23}\xi_3+\dfrac{G_{13}G_{23}}{\pi^2 H} & C_{13}\xi_3+\dfrac{G_{23}^2}{\pi^2 H} & & & 称 & \\[4mm] \dfrac{G_{12}G_{13}}{\pi^2 H} & \dfrac{G_{12}G_{23}}{\pi^2 H} & C_{12}\xi_2+\dfrac{G_{12}^2}{\pi^2 H} & & & \\[4mm] \dfrac{G_{22}G_{13}}{\pi^2 H} & \dfrac{G_{22}G_{23}}{\pi^2 H} & C_{22}\xi_2+\dfrac{G_{22}G_{12}}{\pi^2 H} & C_{12}\xi_2+\dfrac{G_{22}^2}{\pi^2 H} & & \\[4mm] 0 & 0 & 0 & 0 & \eta & \\[4mm] \dfrac{G_{13}}{HL} & \dfrac{G_{23}}{HL} & \dfrac{G_{12}}{HL} & \dfrac{G_{22}}{HL} & 0 & \dfrac{\pi^2}{HL^2} \end{bmatrix}$$

(4-46)

式中，C_{12}、C_{13}、C_{22}、C_{23} 为稳定函数（见式 4-36），其他参数如下：

$$\begin{cases} G_{1n}=C'_{1n}\theta_{in}+C'_{2n}\theta_{jn} \\ G_{2n}=C'_{2n}\theta_{in}+C'_{1n}\theta_{jn} \end{cases} \qquad (n=2,3) \tag{4-47a}$$

$$H=\frac{\pi^2}{\lambda^2}+\sum_{n=3,2}\frac{b'_{1n}(\theta_{in}+\theta_{jn})^2+b'_{2n}(\theta_{in}-\theta_{jn})^2}{\xi_n} \tag{4-47b}$$

$$\eta=\frac{GJ}{EI},\qquad \xi_n=\frac{NL^2/(\pi^2 EI)}{NL^2/(\pi^2 EI_n)}=\frac{\rho}{\rho_n}=\frac{I_n}{I}\quad(n=2,3) \tag{4-47c}$$

式中，C'_{1n}、C'_{2n}、b'_{1n}、b'_{2n} 为对 ρ_n 的求导；I 为参考惯性矩；$\lambda=L_0(I/A)^{-0.5}$。

再考虑 $\{S_e\}=[C]\{d_e\}$ 和式（4-43），式（4-44）右边的第二项表示可以为 $[\Delta B]$ $[C][B]^{\mathrm{T}}\{U_e\}$，经过复杂推导后转化为 $[G]\{\Delta U_e\}$，其中矩阵 $[G]$ 的表达式如下：

$$[G]=\begin{bmatrix} [g] & [0] & -[g] & [0] \\ [0] & [0] & [0] & [0] \\ -[g] & [0] & [g] & [0] \\ [0] & [0] & [0] & [0] \end{bmatrix}_{12\times12} \qquad [g]=\begin{bmatrix} 0 & M_{i3}+M_{j3} & -M_{i2}-M_{j2} \\ M_{i3}+M_{j3} & -QL_0 & 0 \\ -M_{i3}-M_{j3} & 0 & -QL_0 \end{bmatrix}$$

(4-48)

最后，再考虑单元的杆端变形和节点位移之间增量关系为 $\{\Delta u\}_e=[B]^{\mathrm{T}}\{\Delta U\}_e$；将这些关系式代入式（4-44），最终得到单元节点力和节点位移的增量关系，如下所示：

$$\{\Delta F_e\}=[B][D][B]^{\mathrm{T}}\{\Delta U_e\}+[G]\{\Delta U_e\}$$

$$=\{[B][D][B]^{\mathrm{T}}+[G]\}_{12\times12}\{\Delta U_e\}=[k_{\mathrm{t\text{-}e}}]\{\Delta U_e\} \tag{4-49}$$

式中，$[k_{\mathrm{t\text{-}e}}]$ 就是局部坐标系下的非线性空间梁-柱单元的切线刚度矩阵，为某个结构变形状态下的单元刚度矩阵。一些文献将非线性梁-柱单元切线刚度矩阵 $[k_{\mathrm{t\text{-}e}}]$ 分解成线性刚度矩阵 $[k_{\mathrm{o\text{-}e}}]$（同式 4-8 的 $[k_e]$）、大变形刚度矩阵 $[k_{\mathrm{L\text{-}e}}]$、应力引起的矩阵（初应力矩阵）$[k_{\sigma\text{-}e}]$，如下所示：

$$[k_{\mathrm{t\text{-}e}}]=[k_{\mathrm{o\text{-}e}}]+[k_{\mathrm{L\text{-}e}}]+[k_{\sigma\text{-}e}] \tag{4-50}$$

其中 $[k_{\mathrm{L\text{-}e}}]$ 和 $[k_{\sigma\text{-}e}]$ 的表达式很复杂，这里不再一一列出，有兴趣的读者可以参考文

献 [15] 等。通过坐标变换，经过整理后就可以得到整体坐标系下的空间梁-柱单元切线刚度矩阵 $[K_{t-e}]$。后面的结构总刚度矩阵和边界条件的处理与第 3 章网架结构（线弹性有限元分析计算）类似。对比线弹性有限元分析，非线性有限元全程分析的不同在于结构刚度矩阵为某一变形时刻（t 时刻）的切线刚度矩阵 $[K_t]$，求解的是式（4-7）那样的增量方程，得到结构的荷载-位移全程曲线，从而准确地把握结构的强度、稳定性、刚度的整个变化历程，得到结构的稳定极限承载力。

3. 空间梁-柱单元的弹塑性切线刚度矩阵

前面的推导过程中假定单元（杆件）处于弹性受力状态，得到考虑几何非线性但依然是弹性受力的弹性切线刚度矩阵。当空间梁-柱单元进入弹塑性受力状态时，其弹塑性区域可近似为集中在杆端。此时，节点位移增量 $\{\Delta U_e\}$ 包括弹性部分 $\{\Delta U_{ee}\}$ 和塑性部分 $\{\Delta U_{ep}\}$，单元的节点力-节点位移增量方程变成 $\{\Delta F_e\} = [k_{t-e}]\{\Delta U_{ee}\}$。因此，需要根据塑性理论对弹性切线刚度矩阵进行修正，才能建立弹塑性状态下增量形式的节点力-节点位移关系：$\{\Delta F_e\} = [k_{t-ep}]\{\Delta U_e\}$。其中，$[k_{t-ep}]$ 称为单元弹塑性切线刚度矩阵，与材料屈服后的应力状态（比如全截面屈服还是弹塑性受力状态）、单元杆端力、单元截面几何特性等有关，切线刚度矩阵的推导过程将变得更加复杂。

4. 大转角问题

三维坐标系中，对于杆件之间采用铰接连接的网壳结构（采用空间杆单元），其变形后的节点位置可以由节点的初始位置和 3 个方向的线位移唯一确定，节点的最终位移就等于增量计算中每次位移增量之和。但是，对于杆件之间采用刚性或半刚性连接的网壳结构（采用空间梁-柱单元），每个节点既有 3 个方向的线位移，又有绕 3 个坐标轴的转动角位移，结构变形后的每个节点位置需要由 3 个线位移和 3 个角位移确定。当转角很小的时候，则转角位移可以如线位移那样简单地进行叠加。但当转角较大时，节点的最终转动位置取决于绕着坐标轴转动次序，比如对于两个初始位置、形状、大小都相同的物体（以楔形体为例），都是绕 XYZ 3 个坐标轴转动 90°，但两者绕坐标轴转动的次序不同（比如 Y-Z-X 和 X-Y-Z），那么物体最终位置不同，这就是大转角问题。对于大转角问题，在增量计算中，节点最终角位移不能通过简单地叠加得到，需要进行修正。

如果节点在最终位置的方向可以确定，那么节点和坐标轴的转角就可以求出来，不管节点以什么样的次序转动。因此，增量计算中需要时刻明确节点的方向。在三维空间中，节点方向可以由和节点刚性相连的三条相互垂直的直线相对于坐标轴的方向余弦来表示。假定节点转动前，这三条直线分别平行三个坐标轴，三条直线就形成方向余弦的正交矩阵，该矩阵随着节点转动而变化，称为"节点方向矩阵"。用"节点方向矩阵"的概念来确定节点的空间方向，每一步增量计算结束后，根据结束时的节点定向矩阵和新增的角位移，通过旋转变换求得新的"节点方向矩阵"。这样就保证大转角问题的结构计算结果的正确性。

由上述推导过程可知，本节介绍的单元刚度矩阵，考虑了几何非线性，能用于弹塑性受力阶段（即材料非线性）计算分析，还考虑了节点大转角问题，故具有较好的精确性，能适应各种网壳结构的稳定性分析。

4.5　网壳结构的稳定性

稳定性分析是网壳结构，尤其是单层网壳结构和厚度较小的双层网壳结构设计中的关键问题。工程中多次发生网壳结构整体失稳坍塌的事故，使设计和施工人员进一步认识到网壳稳定问题的重要性。

网壳结构的稳定性分析除了分析屈曲临界荷载和屈曲模态外，更需要研究临界点的前后性能，因为实际结构总存在缺陷的（网壳更是缺陷敏感型结构），结构失稳表现为极值点失稳。利用非线性有限元技术跟踪结构的整个平衡路径，获得荷载-位移响应全过程曲线。荷载-位移响应全程曲线不仅可以全面地阐释网壳结构的稳定性概念——如临界点（荷载极值点），还能考察初始缺陷和荷载分布方式（活荷载满跨均布或半跨分布）对网壳结构稳定性能的影响——通过观察曲线变化。随着计算机软硬件技术发展，非线性有限元分析方法已经成为结构稳定性分析的有力工具，近二三十年来提出各种改进的弧长法（用于屈曲后路径跟踪），为结构的荷载-位移全过程路径跟踪提供了最有效的计算方法。

4.5.1　网壳结构的失稳

1. 结构的平衡状态和屈曲类型

任何结构的平衡状态可能有三种形式：稳定的平衡状态、不稳定的平衡状态和随遇平衡状态。假设结构在平衡状态附近作无限小偏离后，如果结构仍能恢复到原平衡状态，则这种平衡状态为稳定的平衡状态；如果结构在微小扰动作用下偏离其平衡状态后，不能再恢复到原平衡状态，反而继续偏离下去，则这种平衡状态为不稳定的平衡状态；如果结构偏离其平衡状态后，既不恢复到原平衡状态，也不继续偏离下去，而是在新的位置形成新的平衡，则这种平衡状态为随遇平衡状态。

结构屈曲类型主要有两类：极值点屈曲和分支点屈曲，如图 4-29 所示。图 4-29（a）所示的极值点屈曲又分有两种情况，一种是荷载-位移曲线先是稳定上升，在达到顶点（临界点）之后，曲线呈一直下降趋势（结构的平衡路径不稳定）；另一种是荷载-位移曲线尽管也有稳定上升段 oa，但达到顶点后突然会跳跃到非相邻的具有很大变形的 c 点（也称为跃越屈曲），扁平的网壳结构可能发生这种屈曲。极值点屈曲取第一个极值点为临界点。图 4-29（b）所示的分支点屈曲的特点是，荷载-位移曲线先稳定上升直至到达平衡路径上的一个拐点，随后出现与平衡路径相交的第二平衡路径，这个拐点就是分支点，分

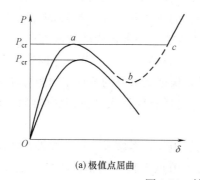

(a) 极值点屈曲　　　　　(b) 分支点屈曲

图 4-29　结构屈曲类型

支点以前结构的平衡路径称为基本平衡路径，超过分支点之后的路径称为第二平衡路径（也称分支路径）。不同于极值点屈曲，分支路径可能有两条及以上。分支路径上，如果荷载继续上升，则称为稳定的分支屈曲，若荷载下降，则称为不稳定的分支屈曲。

只有理想的完善结构才可能发生分支屈曲，但实际结构往往都有初始缺陷。初始缺陷不仅显著降低结构的稳定性，而且将分支点屈曲转化为极值点屈曲，因此实际结构的失稳形态往往表现为极值点失稳。

2. 网壳的失稳模态

结构的失稳模态是指结构失稳后产生大变形而形成的新的几何形状。网壳结构有以下几种失稳变模态。第一种是整体失稳，是指几乎整个结构或结构的大部分出现偏离平衡位置而发生大的几何变位，整体失稳形态包括网壳结构的大面积凹陷或凸起、波浪状或条状起伏。第二种是局部失稳，结构仅在局部发生偏离平衡位置的变形，但结构总体几何外形未改变；通常集中荷载或局部较大的分布荷载都容易诱发局部失稳。局部失稳按照从小到大的程度又可以分为：杆件失稳、点失稳、条状失稳。

杆件失稳是指网壳结构中仅单根杆件发生屈曲，结构的其余部分不受影响。如果杆件屈曲后，所有与之相连接的其他杆件仍然保持稳定承载，那么认为杆件的后屈曲行为是稳定的。

点失稳是指网壳中的一个节点出现较大的几何变位、偏离了原来平衡位置的失稳现象，点失稳往往表现为一个节点处多根杆件失稳。点失稳常常发生在以下情况：某个节点比其相邻节点承受明显大得多的外荷载，因为初始缺陷等原因导致某个节点存在明显的几何位置偏差。

条状失稳是指沿网壳结构的某个方向上有多个节点出现较大的几何变位，从而形成一条将要失稳的带状，比如球面网壳中一圈环向节点及相应的杆件出现失稳。

工程中很多发生失稳而坍塌的网壳，其往往是先从某个节点或某根杆件的局部失稳开始，最终诱发网壳结构整体失稳。

3. 影响网壳稳定性的主要因素

了解影响网壳结构稳定性的因素，有助于在设计中采取有效措施防范发生失稳破坏。影响网壳结构稳定性的因素很多，如材料、初始缺陷、支撑条件、结构形式、荷载形式等。大量研究表明，网壳稳定性的主要影响因素有以下方面。

（1）非线性效应

从整体结构上看，网壳主要通过薄膜内力承受外荷载，发生失稳后失稳部位的网壳由原来的弹性小变形转变为很大的几何变位，由薄膜应力状态转变为弯曲应力状态，呈现显著的几何非线性效应。此外，进入弹塑性受力状态后，材料的非线性也影响网壳的稳定性。一般来讲，单层网壳的稳定性受几何非线性影响显著，但受材料非线性的影响很小；双层网壳受材料非线性影响增加，应同时考虑几何和材料双重非线性的影响。随着跨度的增加，几何非线性对网壳稳定性的影响将显著增加；随着跨度的减少，材料非线性对网壳稳定性的影响增加；对于中等跨度以上的网壳，几何非线性称为影响网壳稳定性的主要因素。

（2）结构的初始缺陷

初始缺陷使结构的传力机理和受力性态发生变化，而网壳尤其是单层网壳属于缺陷敏感性结构，初始缺陷会明显降低结构的稳定承载力。网壳结构的初始缺陷主要有结构外形几何偏差（安装完成后的节点位置与设计位置发生偏差）、杆件的初弯曲或初偏心、外荷载作用的偏心、残余应力等各种原因引起初应力、构件材料的不均匀性等。其中，结构外形的几何偏差是影响网壳结构整体稳定性的最重要缺陷。

（3）下部支承条件

网壳下部支撑条件对结构稳定性影响重大，大量研究表明支承条件不仅影响稳定承载力，也会影响网壳失稳模态。支承条件包括支承的数量、支承约束的方向和强弱。比如，周边支承的网壳比点支承的网壳更加稳定，周边固支支承的网壳通常比周边简支支承的网壳更加稳定。

（4）网壳的曲面形状

曲面形状直接影响网壳结构的稳定性。矢跨比过小（曲面形状过于扁平）的网壳容易失稳，双曲形网壳的稳定性高于单曲形网壳，曲面由三角形网格构成的网壳的稳定性高于四边形网格的网壳。负高斯曲面网壳稳定性高于正高斯曲面网壳，因为正曲率（两端上翘）方向的杆件受拉，对负曲率（两端下垂）方向的受压杆件提供约束，故可不计算整体稳定。

（5）荷载形式和分布

网壳结构通常自重较小，恒荷载相对较小，雪荷载、风荷载等非对称作用的活荷载就显得重要，因为非对称荷载是导致网壳（尤其是单层网壳）失稳的因素之一。工程中已经多次发生因为雪荷载不均匀作用而导致网壳结构失稳坍塌的事故。

（6）结构刚度和节点刚度

结构整体刚度大的网壳对防止失稳有利，比如《空间网格结构技术规程》JGJ 7—2010就要求单层网壳（那种负高斯曲率的网壳除外）需要进行稳定验算，而厚度较厚的双层网壳则可以不考虑稳定问题。网壳的结构刚度与结构形状、网格密度、杆件的截面特性和材料特性等多种因素有关。比如弹性模量大的材料（钢材之于铝合金）意味着结构刚度更大，结构更加稳定；比如网格密度大的网壳的稳定性更好。《空间网格结构技术规程》JGJ 7—2010给出了常见网格形式网壳的等效刚度计算公式，这些刚度公式均由薄膜刚度和弯曲刚度组成。

节点刚度反映出节点对杆件的嵌固作用，节点的嵌固作用对维持网壳结构稳定性很重要。节点刚度大有利于杆件稳定性，刚接节点网壳的稳定承载力高于铰接节点网壳。考虑到钢结构的大部分连接实际上是介于理想刚接和理想铰接之间，因此铰接节点假定通常是偏于安全的。因此，在节点实际性质不明确的情况下，应假定为铰接节点。对于采用半刚性节点的网壳结构，应精确确定节点刚度。

4. 网壳稳定性分析的计算模型

网壳结构稳定分析有两种计算模型：拟壳模型和有限元模型。拟壳模型将网壳结构等代为连续薄壳，用壳结构的稳定理论的方法（通常为静力法和能量法）确定网壳的稳定承载能力（临界荷载）。静力法是列出壳体在弯曲状态下的平衡微分方程式，然后引入满足边界条件的位移表达式并求得不稳定平衡荷载，取最小荷载为临界荷载。能量法则是列出壳体在不稳定平衡状态时的总势能，然后引入满足边界条件的位移表达式，利用势能驻值原理求得不稳定荷载，取最小值荷载临界荷载。当壳体稳定分析中考虑高阶变形项且考虑壳体初应力影响时，壳体的稳定分析就从线性稳定分析拓展到了非线性稳定分析。然而，拟壳法分析网壳稳定存在明显的局限性：均匀的等代薄壳难以准确地反映实际网壳的网格不均匀、不同位置采用不同杆件的情况，难以求解网壳承受非对称荷载和局部荷载时的情况，无法考虑单杆失稳。

对比拟壳模型，作为一种结构分析的通用方法，有限元法不受结构形式、结构拓扑、荷载条件、边界条件等的限制，故具有精确度高、适应性强的优势。此外，对于大部分工程设计人员和土木专业学生来讲，壳结构稳定理论往往显得复杂和难懂。随着计算机软硬件技术的发展，基于离散化假定的有限元法已经成为结构稳定分析的有力工具，尤其是对于大型复杂结构的非线性稳定分析。近三十年来，国内外学者在非线性有限元理论表达式的精确化、迭代方法和计算策略、初始缺陷的影响、屈曲后平衡路径跟踪计算技术等方面做了许多有成效的研究，很多研究成果（比如各种弧长法）被应用到大型通用有限元分析软件中，使得有限元法成为网壳结构稳定分析的主要方法。因此，本节介绍的网壳结构稳定分析都是基于有限元法。

4.5.2 网壳结构的线性屈曲分析

结构的稳定分析包括线性稳定分析和非线性稳定分析。线性稳定分析用于理想无缺陷、弹性结构的理论屈曲临界值（分支点荷载），与经典的欧拉方程一致。线性稳定分析是通过求解线性特征根方程得到结构的屈曲模态和相应的屈曲临界荷载，因此有些书也称为线性屈曲分析或特征值屈曲分析。

结构的临界荷载由结构的切线刚度矩阵 $[K_t]$ 来判别：正定的切线刚度矩阵对应于结构的稳定平衡状态，非正定的切线刚度矩阵对应于结构的不稳定平衡状态，而奇异的切线刚度矩阵则对应于结构的临界状态。其中，矩阵左上角各阶主子式的行列式都大于零，则矩阵是正定的；如果有部分主子式的行列式小于零，则矩阵是非正定的；如果矩阵行列式为零，则矩阵是奇异的。线性屈曲分析时，确定结构屈曲临界荷载的方程如下：

$$[K_t]\{U\}=0 \tag{4-51}$$

令刚度矩阵 $[K_t]$ 的行列式为零（即 $\det|[K_t]|=0$）可以得到特征根，再将特征根代入上式就得到特征模态，所有特征根中最小的称为第一特征根，定义为屈曲临界荷载 P_{cr}，相应的特征模态为最低阶屈曲模态。

在早期的结构设计中，通过线性屈曲分析获得 P_{cr}，考虑到线性屈曲分析过高估计结构的稳定承载力（实际结构往往存在各种初始缺陷而降低了稳定承载力），将 P_{cr} 除以一个安全系数 K 来保证结构的稳定承载，比如圆钢柱薄壳结构设计。安全系数的取值是建立在大量试验结果的基础上。然而，网壳属于缺陷敏感结构，而且只有少量、简单网壳稳定的试验结果，缺乏充分的依据确定安全系数，为了保证安全只能加大安全系数。因此，虽然线性屈曲分析相对较简单，但用这种方法分析网壳结构的稳定性是不能令人满意的。

尽管如此，线性屈曲分析对于网壳结构稳定分析依然具有实际意义，所得的屈曲临界荷载往往可以作为非线性全过程分析临界荷载（网壳结构稳定性极限承载力）的上限，而且其最低阶屈曲模态作为初始缺陷的分布形式引入网壳结构稳定的非线性全过程分析。《空间网格结构技术规程》JGJ 7—2010 规定：网壳的稳定性可按考虑几何非线性的有限元分析方法（荷载-位移全过程分析）进行计算，进行网壳全过程分析时应考虑初始曲面形状安装偏差的影响，可采用结构的最低屈曲模态作为初始缺陷分布模态，其最大计算值可按网壳跨度的 1/300 取值。全过程分析求得的第一个临界点处的荷载值，可作为该网壳的稳定极限承载力，稳定极限承载力除以一个安全系数 K 后作为网壳稳定容许承载力。

4.5.3 网壳结构稳定的非线性分析方法

网壳结构设计时，先进行线弹性内力分析计算，并根据得到的杆件内力（轴力和弯矩）进行杆件的强度和稳定验算，以及节点设计，结构挠度是否满足变形要求等计算。除了线弹性分析计算外，对于稳定问题突出的网壳结构（如单层网壳和厚度较薄的双层网壳），还应进行整体结构稳定计算。网壳是一种缺陷敏感结构，其稳定承载能力往往由屈曲后性能所决定，线性屈曲分析不仅会过高估计结构稳定性，更无法得到结构屈曲后性能。因此，按考虑结构初始缺陷的非线性有限元分析（荷载-位移全过程分析）才是准确把握网壳结构稳定的有效途径。通过跟踪荷载-位移全过程响应，可以完整地了解网壳结构在整个加载过程中的强度、稳定性、刚度的变化历程，合理确定其稳定承载能力，也将结构的稳定问题和强度问题相互联系起来（线性分析方法是把稳定问题和强度问题分开考虑）。对于网壳结构这样自由度多的大型复杂结构体系，要实现荷载-位移全过程响应分析，不仅需要精确的单元切线刚度矩阵，还需要灵活的迭代策略和合理的平衡路径跟踪，以保证迭代的收敛性和准确有效的屈曲后路径跟踪，此外还需要考虑初始缺陷影响等。下面将简单介绍有关网壳结构的非线性分析。

1. 平衡路径跟踪和迭代方法

在结构非线性有限元分析过程中，任意时刻的平衡方程如下：

$$\{P_{t+\Delta t}\} - \{F_{t+\Delta t}\} = \{0\} \tag{4-52}$$

式中，$\{P_{t+\Delta t}\}$ 和 $\{F_{t+\Delta t}\}$ 分别为 $t+\Delta t$ 时刻外部施加的节点荷载（荷载向量）、相应的杆件节点内力（内力向量）。如果是静力问题，从 t 时刻到 $t+\Delta t$ 时刻也可以看作是某一级荷载增量的施加过程，这里命名为第 j 步荷载增量（即第 j 个增量步），在这个计算过程中可能有多次迭代，其中第 i 次迭代时结构的增量平衡方程如下：

$$[K_j^{(i-1)}]\{\delta U_j^{(i)}\} = \{P_j\} - \{F_j^{(i-1)}\} \tag{4-53}$$

式中，$[K_j^{(i-1)}]$ 是在第 j 个增量步中经过 $i-1$ 次迭代后形成的结构切线刚度矩阵；$\{F_j^{(i-1)}\}$ 为第 j 个增量步（从 t 到 $t+\Delta t$ 的过程）中第 $i-1$ 次迭代结束时的杆件节点内力；$\{P_j\}$ 为外荷载；$\{\delta U_j^{(i)}\}$ 是第 j 个增量步中第 i 次迭代产生的位移新增量，与第 j 个增量步中经过 i 次迭代后累计位移增量 $\{\Delta U_j^{(i)}\}$、第 j 个增量步中经过 i 次迭代后的位移 $\{U_j^{(i)}\}$ 以及第 $j-1$ 个增量步迭代收敛时的位移 $\{U_{j-1}\}$ 之间有如下的关系：

$$\{\Delta U_j^{(i)}\} = \{\Delta U_j^{(i-1)}\} + \{\delta U_j^{(i)}\} \quad (i \geqslant 2) \tag{4-54a}$$

$$\{\Delta U_j^{(1)}\} = \{\delta U_j^{(1)}\} \tag{4-54b}$$

$$\{U_j^{(i)}\} = \{U_j^{(0)}\} + \{\Delta U_j^{(i)}\} = \{U_{j-1}\} + \{\Delta U_j^{(i)}\} = \{U_j^{(i-1)}\} + \{\delta U_j^{(i)}\} \tag{4-54c}$$

如果非线性分析中结构是按比例加载（比例系数也是变量），则式（4-53）可以写成：

$$[K_j^{(i-1)}]\{\delta U_j^{(i)}\} = \lambda_j^{(i)}\{P_j\} - \{F_j^{(i-1)}\} = (\lambda_j^{(i-1)} + \delta\lambda_j^{(i)})\{P_j\} - \{F_j^{(i-1)}\}$$

$$= \delta\lambda_j^{(i)}\{P_j\} + \{R_j^{(i-1)}\} \tag{4-55}$$

式中，$\{P_j\}$ 为荷载向量（简称荷载）；$\lambda_j^{(i)}$ 为第 j 个增量步第 i 次迭代时的荷载比例系数；$\{R_j^{(i-1)}\}$ 为第 $i-1$ 次迭代后尚存的不平衡力；$\delta\lambda_j^{(i)}$ 为第 i 次迭代的荷载比例系数增量（荷载因子增量），其与 $\lambda_j^{(i)}$ 的关系如下：

$$\lambda_j^{(i)} = \lambda_j^{(0)} + \Delta\lambda_j^{(i)} = \lambda_{j-1} + \Delta\lambda_j^{(i)} \tag{4-56a}$$

$$\Delta\lambda_j^{(i)} = \Delta\lambda_j^{(i-1)} + \delta\lambda_j^{(i)} \quad (i \geqslant 2) \tag{4-56b}$$

$$\Delta\lambda_j^{(1)} = \delta\lambda_j^{(1)} \tag{4-56c}$$

式（4-55）有 N 个方程组（假定有 N 个自由度）、$N+1$ 个未知量（N 个 $\{\delta U_j^{(i)}\}$ 和 1 个 $\delta\lambda_j^{(i)}$），需要补充一个由这些未知量构成的约束方程，如下所示：

$$f(\delta\lambda_j^{(i)}, \{\delta U_j^{(i)}\}) = 0 \tag{4-57}$$

基于约束方程（式 4-57）的不同演化形式，形成了各种平衡路径跟踪方法。比如只改变 λ 即为荷载增量法，只改变位移 $\{U\}$ 的某个分量就是位移增量法，这两种约束方程可以简单地表示如下：

$$\delta\lambda\{P\} = \{\delta P\}, \{\delta U_q\} = \{\delta D_q\} \tag{4-58}$$

式中，$\{\delta P\}$ 为每个迭代的荷载增量；$\{\delta D_q\}$ 为每个迭代的某一位移增量。这两种方法在荷载-位移曲线上的意义非常明确，即分别通过控制纵坐标（荷载）增量、横坐标（位移）增量确定加载步长，如图 4-30（a）所示。

如果将 λ 和 $\{U\}$ 的乘积作为变量又可以得到功增量法，功增量法的意义就是用荷载-位移曲线中面积增量来确定加载步长，如图 4-30（b）所示，图中 ΔW 为迭代步中的功增量。

如果将 λ 和 $\{U\}$ 的平方和作为变量则可以得到各种类型弧长法的约束方程，下面列出球面弧长法和柱面弧长法：

$$\varphi^2(\lambda_j^{(i)} - \lambda_{j-1})^2 + \{U_j^{(i)} - U_{j-1}\}^T\{U_j^{(i)} - U_{j-1}\} = \varphi^2(\Delta\lambda_j^{(i)})^2 + \{\Delta U_j^{(i)}\}^T\{\Delta U_j^{(i)}\} = \Delta l_j^2 \tag{4-59}$$

式中，Δl_j 为第 j 个加载步的弧长增量；φ 为荷载比例系数，用来控制弧长法中荷载因子增量所占的比重，当 $\varphi=1$ 时为球面弧长法，当 $\varphi=0$ 时为柱面弧长法。由上式可知，弧长法其实是荷载与位移双重目标控制的方法，其意义是用曲线弧长增量来确定加载步长，如图 4-30（c）所示。由于每一步迭代计算都沿着弧线方向进行，故比其他方法（如荷载增量法等）具有更强的适应性。

由图 4-30 可知，荷载增量法在第一个临界点 A（荷载极限点）附近结构的刚度矩阵接近奇异，迭代不收敛，故无法用于计算结构屈曲后的响应。虽然位移增量法可以非常有效地通过第一个临界点 A，但在位移极限点（B 点）附近不收敛，无法通过位移极限点。

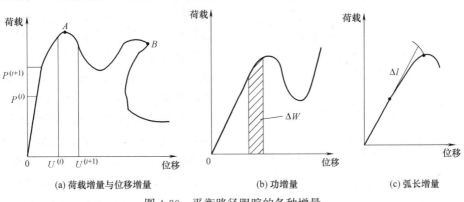

(a) 荷载增量与位移增量　　　　(b) 功增量　　　　(c) 弧长增量

图 4-30 平衡路径跟踪的各种增量

也就是说，位移增量法需要在所有位移分量中，找出某一单调增加的主位移作为控制迭代过程的参数，这需要预先知道结构的变形模式，但是在实际工程问题中复杂结构的变形模式常很难确定，故位移增量法仅限于主位移易定且单调的情形。对比之下，同时控制荷载因子和位移增量（双重目标控制）的弧长法在极值点附近比较容易收敛。弧长法最初是 Riks 和 Wempner 同时分别提出的，后来其他学者对弧长法进行了修正和发展，用球面弧长、柱面弧长、平面弧长法等替代最初的切面弧长。

（1）荷载增量法简介

关于荷载增量法的迭代技术有很多，这里以简单的单自由度体为例，介绍两种常用的增量迭代方法。其一是修正的牛顿-拉夫森法（Modified Newton-Raphson method，简称 MNRM 迭代法）。假定 t 时刻已经收敛，那么 t 时刻（看作是前 $j-1$ 次增量）的位移 u_{j-1}、外荷载 P_{j-1}、节点内力 F_{j-1} 已知，此时切线刚度 K_{j-1} 也可以算出。进行下一步（看作是第 j 次增量）的迭代计算，将荷载增量 ΔP 施加到结构上，这时外荷载为 $P_j = P_{j-1} + \Delta P$，经过第 1 次迭代，计算得到本次迭代后的位移增量 $\Delta u_j^{(1)}$，即：

$$\Delta u_j^{(1)} = (K_{j-1})^{-1} \Delta P \tag{4-60}$$

根据第 1 次迭代后所得到的位移 $u_j^{(1)} = u_{j-1} + \Delta u_j^{(1)}$，再由这个位移计算得到第 1 次迭代后的结构内力 $F_j^{(1)}$，并计算第 1 次迭代后的内力与外荷载之间的残差：$R_1 = P_j - F_j^{(1)}$，观察 R_1 是否足够小（满足收敛）。如不满足收敛则要进行第 2 次迭代，计算得到第 2 次迭代后新的位移增量 $\Delta u_j^{(2)}$：

$$\Delta u_j^{(2)} = (K_t)^{-1} (P_j - F_j^{(1)}) = (K_{j-1})^{-1} (P_{j-1} + \Delta P - F_j^{(1)}) \tag{4-61}$$

得到第 2 次迭代后所得到的位移 $u_j^{(2)} = u_{j-1} + \Delta u_j^{(1)} + \Delta u_j^{(2)}$，根据 $u_j^{(2)}$ 算得结构内力 $F_j^{(2)}$，并观察第 2 次迭代后的残差 $R_2 (= P_j - F_j^{(2)})$ 是否满足收敛。如果收敛，就结束这个增量步的迭代计算，用同样的方法进行下一个荷载增量迭代计算，但结构切线刚度为 K_j（相应的位移、外荷载、节点内力分别为 u_j、P_j、F_j），以上过程如图 4-31 所示。如果残差 R_2 无法满足收敛条件，那么继续第 3 次迭代，如果经过很多次迭代（比如十几次）依然不能收敛，那么就减少增量步长（减少 ΔP）然后重新进行增量迭代计算。反之，如果连续多个荷载增量步（比如第 j 步、第 $j+1$ 步）在迭代计算时，都能很快就收敛（如迭代次数少于 3），那么进行再下一个荷载增量步（第 $j+2$ 步）迭代计算时，可以增大荷载增量步长（增加 ΔP 的值），以加快完成计算。当前的大型通用有限元软件往往会采用多个收敛判断准则，比如能量和力、能量和位移等，对收敛值加以严格控制，以减少计算累计误差。同时，也会根据收敛情况自动改变增量步长，如果连续几步计算所需迭代次数少，那么下一步的步长自动增加，反之步长自动减少；这样可保证高效地完成平衡路径的跟踪过程。以 ABAQUS 为例，默认的自动

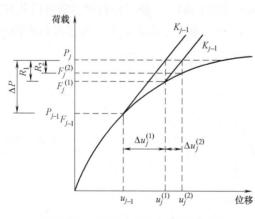

图 4-31　修正的牛顿-拉夫森迭代法

增量步控制参数如下：如连续两个增量步在 5 次迭代之内就完成了，下一步增量步增大为原来的 1.5 倍；若某个增量步在经过 16 次迭代仍没有获得收敛解，那么将增量步长减少为原来的 1/4，重新开始迭代。

上述迭代过程的特点是在一个增量步内的每次迭代的结构刚度都不变，均为上一个增量步结束时（t 时刻）的切线刚度 K_{j-1}。如果在每次迭代后用前一次迭代完成后结构变形时的切线刚度 $K_j^{(i)}$（$i=1$，2……），即为著名的牛顿-拉夫森法（Newton-Raphson method，简称 NRM），见图 4-32。NRM 的收敛速度比 MNRM 更快，但每迭代一次刚度就修正一次。荷载增量法（荷载增量方式）存在以下局限性：①刚度矩阵在荷载极值点附近接近奇异，迭代难以收敛；②迭代过程中载荷只增不减，无法获得结构屈曲后的载荷-位移曲线——无法获得曲线下降段。

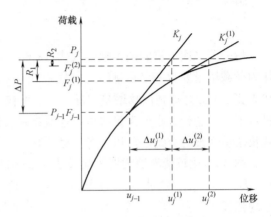

图 4-32　牛顿-拉夫森迭代法

（2）弧长法简介

以第 j 步荷载增量的第 i 次迭代，对增量平衡方程（式 4-55）两边除以刚度 $[K_j^{(i-1)}]$，可得第 j 步荷载增量第 i 次迭代分析计算中结构的位移增量 $\{\delta U_j^{(i)}\}$，即：

$$\{\delta U_j^{(i)}\}=\delta\lambda_j^{(i)}[K_j^{(i-1)}]^{-1}\{P_j\}+[K_j^{(i-1)}]^{-1}\{R_j^{(i-1)}\} \tag{4-62}$$

式（4-59）、式（4-62）、式（4-54）一起构成了非线性方程的求解，但这往往会导致计算变得过于复杂和困难。为了解决这个问题，Batoz 和 Dhatt 提出了两个位移向量同时求解技术，将第 j 增量步中第 i 次迭代产生的位移增量 $\{\delta U_j^{(i)}\}$ 分成两部分，即 $\{\delta U_j^{\mathrm{I}(i)}\}$ 和 $\{\delta U_j^{\mathrm{II}(i)}\}$，如下所示：

$$\{\delta U_j^{(i)}\}=\delta\lambda_j^{(i)}\{\delta U_j^{\mathrm{I}(i)}\}+\{\delta U_j^{\mathrm{II}(i)}\} \tag{4-63a}$$

$$\{\delta U_j^{\mathrm{I}(i)}\}=[K_j^{(i-1)}]^{-1}\{P_j\} \tag{4-63b}$$

$$\{\delta U_j^{\mathrm{II}(i)}\}=[K_j^{(i-1)}]^{-1}\{R_j^{(i-1)}\} \tag{4-63c}$$

将问题从求解位移增量 $\{\delta U_j^{(i)}\}$ 转化为求解荷载因子增量 $\delta\lambda_j^{(i)}$。将式（4-63a）的右边代入式（4-54a），然后再代入约束方程（式 4-59），整理后得到关于荷载因子增量 $\delta\lambda_j^{(i)}$ 的一元二次方程，即：

$$A(\delta\lambda_j^{(i)})^2+B(\delta\lambda_j^{(i)})+C=0 \tag{4-64}$$

式中，A、B、C 为系数，当采用柱面弧长法时其表达如下：

$$A=\{\delta U_j^{\mathrm{I}(i)}\}^{\mathrm{T}}\cdot\{\delta U_j^{\mathrm{I}(i)}\} \tag{4-65a}$$

$$B=2(\{\Delta U_j^{(i-1)}\}+\{\delta U_j^{\mathrm{II}(i)}\})^{\mathrm{T}}\cdot\{\delta U_j^{\mathrm{I}(i)}\} \tag{4-65b}$$

$$C=(\{\Delta U_j^{(i-1)}\}+\{\delta U_j^{\mathrm{II}(i)}\})^{\mathrm{T}}\cdot(\{\Delta U_j^{(i-1)}\}+\{\delta U_j^{\mathrm{II}(i)}\})-(\Delta l_j)^2 \tag{4-65c}$$

如果 $B^2-4CA<0$，则一元二次方程（式 4-64）为虚根，减少弧长增量 Δl_j 然后重新计算。如果 $B^2-4CA>0$，得到方程的两个实根，应从中选取合理的一个根作为荷载增量

系数 $\delta\lambda^{(i)}$。通常根据两次迭代结束时的位移增量 $\{\Delta U_j^{(i)}\}$ 和 $\{\Delta U_j^{(i-1)}\}$ 的夹角最小准则（使得迭代方向尽量保持一致）来判断哪个更合适，两个向量之间夹角 α 按式（4-66）计算：

$$\cos\alpha=\frac{\{\Delta U_j^{(i-1)}\}^{\mathrm{T}}\{\Delta U_j^{(i)}\}}{(\Delta l_j)^2}=\frac{\{\Delta U_j^{(i-1)}\}^{\mathrm{T}}(\{\Delta U_j^{(i-1)}\}+\delta\lambda_j^{(i)}\{\delta U_j^{\mathrm{I}(i)}\}+\{\delta U_j^{\mathrm{II}(i)}\})}{(\Delta l_j)^2}$$

(4-66)

将一元二次方程的两个根代入式（4-66）计算出各自夹角，夹角小所对应的那个解就作为荷载增量系数 $\delta\lambda_j^{(i)}$。将 $\delta\lambda_j^{(i)}$ 代入式（4-56）就可以更新结构的荷载水平，将 $\delta\lambda_j^{(i)}$ 代入式（4-63）得到位移增量 $\{\delta U_j^{(i)}\}$，再代入式（4-54）就可以更新结构的荷载水平，进行下一次迭代，直至满足收敛，这就是弧长法在某个荷载增量步的迭代求解过程。关于弧长法更详细的介绍，可以参考文献 [16~19]。

图 4-33 比较清晰地说明了弧长法的求解过程，图中假设第 $j-1$ 个荷载增量步收敛于点 (U_{j-1}, λ_{j-1})，从点 $j-1$ 到点 j 就是完成一次增量（第 j 次增量），迭代路径就是图中的弧线 $j^{(1)}j^{(2)}j^{(3)}$。其中，第 j 增量步的第 1 次迭代时，采用上一个荷载增量步（第 $j-1$ 步）收敛时的构形的切线刚度矩阵 $[K_{j-1}]$，并根据上一个增量步的信息确定本增量步的初始弧长增量 Δl_j：

$$\Delta l_j=(N_1/N_2)^{0.75}\Delta l_{j-1}$$

(4-67)

式中，N_1 和 N_2 分别为预期优化迭代次数、上步迭代次数，不同算法取值不同，通常 $N_1=6$、$N_2\leqslant10$。每一个荷载增量步开始迭代计算时都需要更新弧长增量，以适应新的荷载增量步的迭代。

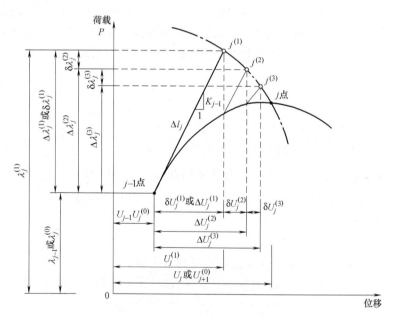

图 4-33 弧长法迭代过程示意图

根据 $[K_{j-1}]$、Δl_j 和外部荷载，就可以确定第 j 个增量步的初始荷载因子增量 $\delta\lambda_j^{(1)}$ 的大小。同时，还要确定 $\delta\lambda_j^{(1)}$ 的符号，它决定了跟踪是向前还是返回，可以通过当前切线刚度矩阵的行列式符号确定，或者根据当前刚度参数的变化及特征向量的分析确定等。如矩阵是正定的，则表示加载状态（荷载增加）；如矩阵是负定的，则表示卸载状态，矩阵的行列式为零则表示到达极值点。

关于每个增量步在迭代计算过程中用到的刚度，有两种选择。其一是基于每次迭代后的结构变形更新后的刚度，称为切线刚度迭代技术；其二是在新增量步在迭代计算中的刚度都用上一次增量步收敛（结束）时的结构变形的刚度，称为初始刚度迭代技术。

非线性计算过程中，为了减少累计误差，防止临界点附近迭代发散，每一步迭代收敛值都要进行严格控制。可以采用针对力、位移、能量等多种收敛判断准则。采用力准则时，如果第 i 次迭代后不平衡力的 Euclid 范数小于此时总外荷载的 Euclid 范数的 0.1%，则认为收敛。如收敛，进入下一个增量步；如不收敛，则继续迭代直到收敛。

关于多种平衡路径跟踪方法的结合。实际工程结构往往是复杂的多自由度体系，难以推测节点位移的变化趋势，因此第一个增量步可以考虑采用荷载增量法，迭代完成后算出首次位移和位移增量以及对应的刚度矩阵。第二个增量步开始采用弧长法进行计算，大量研究表明，各种弧长法中柱面弧长法的适应性相对较强。有研究表明，对于一些复杂结构，在个别临界点附近，有时候弧长法也难以使迭代收敛而余能增量法却能。因此，在计算中将各种方法结合起来且能自动转化使用，才能有效地应付各种复杂的非线性问题。

2. 初始缺陷和非对称荷载的影响

初始缺陷对网壳结构的稳定承载能力有较大的影响。实际网壳结构不可避免地有各种初始缺陷。就影响网壳结构整体性稳定来说，其初始缺陷主要指节点的几何位置偏差（即曲面形状的安装偏差），网壳结构中杆件的初始缺陷（残余应力、杆件对节点的偏差等）带来的稳定性问题则在杆件截面设计时加以考虑。工程设计时，通常假定一定分布形式且具有一定幅值的初始几何缺陷（节点位置安装偏差）。尽管网壳节点安装位置偏差是随机的，但当初始几何缺陷按网壳的最低阶屈曲模态分布时，计算得的网壳稳定承载力很可能是最不利值。这种方法也被称为"一致缺陷模态法"，其有效性和合理性已经被大量研究证明，也被《空间网格结构技术规程》JGJ 7—2010 采纳。其中的初始几何缺陷最大值（幅值），理论上应采用施工中的容许最大安装偏差，但大量的研究表明，缺陷幅值达到跨度的 1/300 左右时，其影响才充分展现，故《空间网格结构技术规程》JGJ 7—2010 从偏于安全的角度考虑将缺陷幅值规定为网壳跨度的 1/300。

实际网壳结构的恒荷载是对称布置的，活荷载往往是不对称（如雪压等）的，而非对称荷载是导致网壳结构失稳的因素之一。大量算例表明：荷载的不对称分布（实际计算中取活载的半跨分布）对球面网壳的稳定性承载力并无不利影响，对四边支承且长度比不大于 1.2 的柱面网壳的稳定承载力有一定影响，对椭圆抛物面网壳和两端支承的柱面网壳则影响较大。因此，《空间网格结构技术规程》JGJ 7—2010 规定：对于球面网壳按满跨均布荷载，圆柱面网壳和椭圆抛物面网壳除了考虑满跨均布荷载外，还应考虑半跨活荷载分布的情况。

3. 材料弹塑性和节点半刚性的影响

目前，同时考虑几何、材料双重非线性的有限元分析方法已经相当成熟，因而现在完全有能力对实际网壳进行双重非线性的荷载-位移全过程分析。然而，目前的研究表明，材料弹塑性性能对网壳结构稳定承载力的影响尚无规律性的结果可循，而且网壳结构在正常工作状态是在弹性范围，材料弹塑性（非线性）对结构的影响实际上是使结构承载安全储备降低，这种影响可以放在安全系数内考虑。对于一些大型、形状复杂的网壳结构，则应尽可能地进行考虑双重非线性影响的全过程分析。

严格意义上来讲，钢结构杆件之间的连接节点是介于理想铰接节点和理想刚接节点之间的半刚性节点。刚接节点的受力特点是节点连接可以承受弯矩，而且在结构变形过程中，在同一节点域所连接的杆件之间能保持原有的夹角不变。铰接节点的受力特点是节点连接不能传递弯矩，杆件可以不受约束地转动。半刚性节点的受力特点是能承受一定的弯矩作用，同一节点域所连接的杆件之间的夹角会随着弯矩的大小发生相应的变化。显然，半刚性节点的受力性能与铰接节点和刚接节点有较大的差异。大量研究表明，即使是螺栓球节点也具有有限的转动刚度，能承受一定的弯矩；而被简化为刚性节点的焊接空心球节点等，有时候也难以做到完全刚性连接。因此，对于很多网壳结构来讲，为了简化设计而采用理想铰接或刚接节点模型并不能反映结构的真实受力性能，可能造成设计结果的不安全或偏保守，或者为了确保刚接节点而在节点构造上设置过多的加劲件，增加了施工难度和建造成本。

因为研究的滞后制约了半刚性节点应用于网壳结构，比如目前《空间网格结构技术规程》JGJ 7—2010 规定单层网壳结构应采用刚性节点。这导致单层网壳结构不得不为了加强节点而设置过多的加劲件，降低了经济效益，还使得其工程应用受到很大限制。然而很多国内外学者的研究都表明，半刚性节点完全可以用于单层网壳结构，如设计合理这类网壳也能具有较好的承载性能和稳定性能。近些年来，国内外学者对半刚性连接节点网壳的性能进行了一些研究，见参考文献［20-30］。

【例 4-1】 图 4-34 为一个简单、典型的几何非线性结构，其特点是两根杆件通过三个铰连接，三个铰几乎处于同一水平位置（中间铰下垂 $v_0 = 3$cm），其基本尺寸如图 4-34 所示。假设两根杆件采用 $\phi 51 \times 2$ 的圆钢管（截面面积 $A = 9.26$cm^2），材料为 Q345 钢，弹性模量为 $E = 206$GPa，同时假设杆件材料处于弹性受力状态。当中间铰作用荷载 $P = 35$kN 时，求解结构平衡时的杆件应力和挠度 v_u。

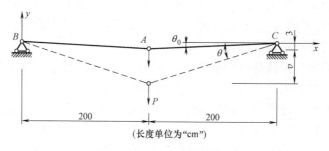

图 4-34 几何非线性例子

【解】

（1）相关参数

杆初始长度 $L_0 = (200^2 + 3^2)^{0.5} = 200.022$cm，杆件与水平方向初始夹角 $\theta_0 = \arcsin (3/200.022)$，$EA/L_0 = 206 \times 100 \times 9.26/200.022 = 935.67$kN/cm。

（2）迭代计算

根据杆件单元的几何非线性刚度矩阵，见式（4-26）、式（4-27）～式（4-30），同时考虑到本例的结构体系有两个单元，以及只有一个自由度的特点（A 点沿 y 方向），最后得到结构的节点力-节点位移方程：$F=K_t v$，K_t 为任意变形位置的结构刚度矩阵，如下所示：

$$K_t = \left(\frac{2EA}{L_0} \left(\sin\theta + \frac{v_t}{L_0} \right)^2 + \frac{2N}{L_0} \right)$$

式中，N 为杆件轴力；θ 为杆件在任意变形位置（图 4-34 中的虚线）的水平方向角；v_t 为本次迭代开始时节点 A 的位移值。当 N、θ、v 为零时，即为结构的初始刚度矩阵 K_0 =0.43kN/cm。进行牛顿-拉夫森法迭代时，可以将全部荷载一次性加上去（即一个增量步完成），此时以 K_0 作为第一次迭代的刚度矩阵。过程如表 4-1 所示。可以看出，迭代到第 10 步时，位移和杆件轴力都已经很好的收敛了。最终挠度 v_u =8.64cm，最终杆件轴力为 301.2kN，杆件应力为 325.3MPa。对比之下，如果按照线性计算得到杆件轴力为 1166.8kN，杆件应力 $\sigma=N/A$ =1260MPa，远大于实际情况。

当用修正的牛顿-拉夫森法进行计算时，如果将全部荷载一次性加上，发现结果无法收敛，主要原因是用过低的初始刚度作为切线刚度进行计算。说明对于非线性程度高的问题，修正的牛顿-拉夫森法比牛顿-拉夫森法容易出现迭代不收敛的情况。此时应采用分级施加荷载的方式（荷载增量法）进行迭代计算，考虑到初始刚度较低，第一步（级）施加的荷载应较小，经过几次迭代计算收敛后；然后逐级施加荷载，后一个增量步的结构切线刚度采用前一个增量步迭代完成（收敛）后的结构刚度。

牛顿-拉夫森迭代法计算   表 4-1

迭代次数	N (kN)	$\sin\theta$	K_t (kN/cm)	F (kN)	$F-P$ (kN)	Δv (cm)	v (cm)
1	0.00	0.015	0.43	0.0	−35.00	−81.57	−81.57
2	16331.2	0.390	504.29	12721.3	12686.3	25.16	−56.42
3	8217.8	0.285	250.48	4680.6	4645.6	18.55	−37.87
4	3920.3	0.200	118.83	1569.8	1534.8	12.92	−24.95
5	1832.6	0.138	55.58	507.4	472.4	8.50	−16.46
6	878.8	0.097	26.83	170.2	135.2	5.04	−11.42
7	473.5	0.072	14.64	68.1	33.1	2.26	−9.16
8	330.6	0.061	10.35	40.1	5.1	0.49	−8.66
9	302.6	0.058	9.51	35.2	0.2	0.02	−8.64
10	301.2	0.058	9.47	35.0	0.00	0.00	−8.64
11	301.2	0.058	9.47	35.0	0.00	0.00	−8.64

【例 4-2】 网壳结构的荷载-位移全过程分析

【解】

（1）网壳计算模型

图 4-35 为单层肋环型球面网壳，其跨度 L 为 48m，肋杆、环杆分别采用 $\phi245\times8$、$\phi203\times7$ 的圆钢管，周边节点铰接支承。为了简化，材料假定为理想弹性，弹性模量 E =206GPa，并且将承受竖向均布荷载 q 的网壳简化为承受竖向节点荷载作用（按节点所辖的面域换算）。因为单层网壳，采用梁-柱单元模型，本例子采用 ABAQUS 的两节点三维

beam 单元 B31，网格划分时每一根肋杆、环杆分别为八等分、六等分，用弧长法进行计算。

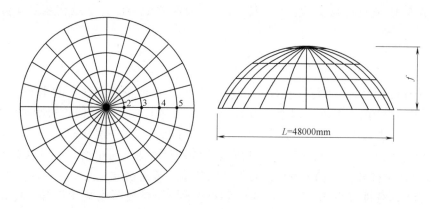

图 4-35　肋环型网壳

（2）计算结果分析

首先，取矢跨比 $f/L=1/6$ 的网壳进行线性屈曲分析，这里仅列出第 1、3、5 阶模态，如图 4-36 所示。第 2、4、6 阶模态分别类似第 1、3、5 阶模态，不过是变形方向相反，且前三者的屈曲特征值依次与后三者相同。可见，屈曲模态越高阶，屈曲形态越复杂。第一阶屈曲模态显示，肋环型单层球面网壳在静力荷载作用下容易发生类似反对称变形的失稳。这主要是因为肋环型网壳的网格为四边形，整体刚度较弱，抵抗不对称变形能力弱。

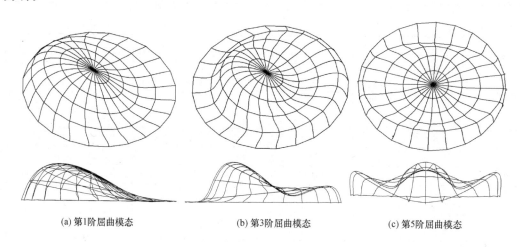

(a) 第1阶屈曲模态　　　　　　(b) 第3阶屈曲模态　　　　　　(c) 第5阶屈曲模态

图 4-36　网壳在节点竖向荷载作用下的屈曲模态

第二，将第一阶屈曲模态的分布作为初始缺陷的形状（"一致缺陷模态法"），并且取 $L/300=0.16$ m 作为缺陷最大值，用弧长法进行荷载-位移全程分析，结果见图 4-37。图中，节点 1 为网壳的顶节点，节点 2~5 为屈曲凹陷变形明显的一根肋杆上的 4 个节点（位置见图 4-35）。由图 4-37 可知，顶节点在屈曲后的荷载-位移曲线下降较快；其余各个节点在屈曲后的曲线下降较平缓，结构失稳破坏时部分杆件屈曲严重。

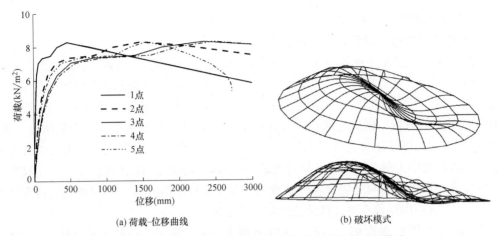

(a) 荷载-位移曲线　　　　　(b) 破坏模式

图 4-37　考虑初始缺陷后的网壳的荷载-位移曲线和破坏模式

第三，考察初始几何缺陷（简称缺陷）对网壳稳定性的影响。缺陷取 0m、0.01m（$L/4800$）、0.04m（$L/1200$）、0.08m（$L/600$）、0.16m（$L/300$）、0.24m（$L/200$），计算后给出节点 1 在不同缺陷下的荷载-位移曲线，见图 4-38。由图 4-38 可知，无缺陷网壳的极限荷载（第一个临界值）约为 32kN/m²，缺陷很小（$L/4800$）的网壳的极限荷载约为 9.5kN/m²，缺陷在规范允许范围（$L/300$）的网壳的极限荷载约为 8.3kN/m²。说明单层球面肋环型网壳为缺陷敏感性结构，很小的缺陷就明显降低了结构稳定性能，极限荷载不到原来的 1/3。由图 4-38 亦可知，随着缺陷增加，结构的极限荷载继续下降，但缺陷达到 $L/600$ 后，极限荷载基本不变。需要说明的是，图 4-38 中的曲线有多个临界点（极值点），但都发生在节点位移很大（达到《空间网格结构技术规程》JGJ 7—2010 规定允许挠度的 8 倍甚至 10 倍以上）的情况下，工程实际中早就破坏了，因此仅截取荷载-位移曲线的前面部分数据。

第四，考察不同矢高比对极限荷载的影响。图 4-39 给出了网壳的极限荷载（取第一临界值）随着矢跨比 f/L 的变化图。由图 4-39 可知，矢跨比从 1/3 降到 1/6，极限荷载下降较小（从约 9kN/m² 降为 8.3kN/m²），但 f/L 从 1/6 到 1/10 变化时，极限荷载急剧下降到 2.8kN/m²。可见矢跨比较小的单层扁平网壳承载力明显低，故《空间网格结构技术规程》JGJ 7—2010 提出单层球面网壳矢跨比不宜低于 1/7。

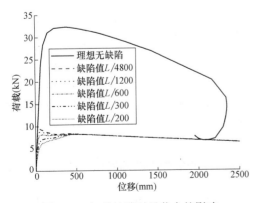

图 4-38　初始缺陷对承载力的影响

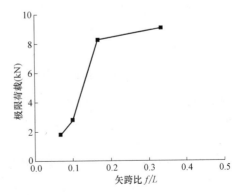

图 4-39　矢跨比对极限荷载的影响

4.5.4 网壳结构的稳定性验算

1. 网壳稳定的极限荷载和容许承载力

按照非线性有限元分析方法进行网壳结构计算，完成分析计算后，可以画出每一个节点的荷载-位移全程响应曲线。然而，网壳结构节点很多，每一个节点都绘制荷载-位移曲线是不现实的，实际分析时可只取几个关键节点（如计算结束时位移最大的节点）的荷载-位移曲线进行分析。同时，网壳的荷载-位移全程曲线往往很复杂（多个极值点、形状变化多端等），工程设计时只需要取第一个临界点（极值点）之前的一段曲线进行考察，这个临界荷载就作为网壳结构的极限荷载 P_u（即网壳的稳定极限承载力）。P_u 除以一个安全系数 K，可以作为网壳稳定容许承载力（荷载取标准值）。《空间网格结构技术规程》JGJ 7—2010 就采用这种方法计算网壳稳定容许承载力。

关于安全系数 K 的取值，需要考虑以下两个因素：第一，荷载等外部作用和结构抗力不确定性可能带来的不利影响，这个因素一般取为 1.64；第二，复杂结构稳定性分析计算中可能的不精确性和结构工作条件中的其他不利因素，这个因素通常按 1.2 考虑。因此，对于几何非线性、材料非线性（弹塑性）双重非线性分析求得的网壳结构极限承载力，安全系数 $K^{ep}=1.64\times1.2\approx2.0$。对于仅考虑几何非线性、材料为弹性的全程分析求得的极限承载力，安全系数 K 还应考虑由于计算中未考虑材料弹塑性带来的极限承载力过高的估计；大量关于单层球面网壳、柱面网壳、椭圆抛物面网壳结构的分析研究表明，这些网壳的弹塑性极限荷载与弹性极限荷载之比从统计意义上可取 0.47；因此，安全系数 $K^e=2.0/0.47\approx4.2$。

2. 网壳稳定性的实用验算公式

对工程常见的单层球面网壳、柱面网壳、椭圆抛物面网壳的稳定性进行大量的参数化分析，参数包括网壳的尺寸、形式等。这样所得的荷载-位移全程曲线、极限荷载等会显示出较好的规律性，然后进行统计和回归分析，就能拟合得出网壳结构稳定性的实用验算公式。再考虑到形式简单的实用公式难以完全概括实际复杂现象以及参数化分析规模虽大但难免有疏漏，这些实用公式的使用范围必然要有适当的限制。《空间网格结构技术规程》JGJ 7—2010 给出了单层球面网壳跨度小于 50m、单层柱面网壳拱向跨度小于 25m、单层椭圆抛物面网壳跨度小于 30m 时的容许稳定承载力标准值 $[q_{ks}]$（单位：kN/m²）的实用计算公式，如下所示：

（1）单层球面网壳结构

$$[q_{ks}]=0.25\frac{\sqrt{B_eD_e}}{r^2} \tag{4-68}$$

式中，B_e 为网壳的等效薄膜刚度（kN/m）；D_e 为网壳的等效抗弯刚度（kN·m）；r 为球面的曲率半径（m）。当网壳径向和环向的等效刚度不相同时，可采用两个方向的平均值。

（2）单层柱面网壳结构

① 当网壳为四边支承，即两纵边铰支（或固结）而两端铰支在刚性横隔上

$$[q_{ks}]=\frac{17.1D_{e11}}{r^3(L/B)^3}+\frac{4.6B_{e22}}{r(L/B)\times10^5}+\frac{17.8D_{e22}}{(r+3f)B^3} \tag{4-69}$$

式中，L、B、f、r 分别为圆柱面网壳的总长度、宽度、矢高和曲率半径（m）；D_{e11}、D_{e22} 为圆柱面网壳纵向（零曲率方向）和横向（圆弧方向）的等效抗弯刚度（kN·m）；B_{e22} 为圆柱面网壳横向等效薄膜刚度（kN/m）。当圆柱面网壳的长宽比（L/B）不大于 1.2 时，由上式算出的容许承载力尚应乘以下列考虑荷载不对称分布影响的折减系数 μ：

$$\mu = 0.6 + \frac{1}{2.5 + 5q/g} \tag{4-70}$$

② 当网壳仅沿两纵边支承时

$$[q_{ks}] = \frac{17.8D_{e22}}{(r+3f)B^3} \tag{4-71}$$

③ 当网壳为两端支承时

$$[q_{ks}] = \mu\left(0.015\frac{\sqrt{B_{e11}D_{e11}}}{r^2\sqrt{L/B}} + 0.033\frac{\sqrt{B_{e22}D_{e22}}}{r^2(L/B)\xi} + 0.02\frac{\sqrt{I_hI_v}}{r^2\sqrt{Lr}}\right) \tag{4-72}$$

$$\xi = 0.96 + 0.16(1.8 - L/B)^4$$

式中，B_{e11} 为圆柱面网壳纵向等效薄膜刚度（kN/m）；I_h、I_v 分别为边梁水平方向和竖向的线刚度（kN·m）。对于桁架式边梁，计算如下：

$$I_{h,v} = E(A_1a_1^2 + A_2a_2^2)/L \tag{4-73}$$

式中，A_1、A_2 为两根弦杆的截面面积；a_1、a_2 为相应的形心距。两端支承的单层圆柱面网壳尚应考虑荷载不对称分布的影响，其折减系数 μ 计算公式为：$\mu = 1 - 0.2L/B$。

根据《空间网格结构技术规程》JGJ 7—2010 的规定，以上各式中的等效刚度薄膜 B_e 和等效抗弯刚度 D_e 可按下列公式进行计算：

（1）扇形三向网格球面网壳主肋处的网格（方向 1 代表径向）或其他各类网壳中单斜杆正交网格（图 4-40a）

$$\begin{cases} B_{e11} = \dfrac{EA_1}{s_1} + \dfrac{EA_c}{s_c}\sin^4\alpha, & B_{e22} = \dfrac{EA_2}{s_2} + \dfrac{EA_c}{s_c}\cos^4\alpha \\[2mm] D_{e11} = \dfrac{EI_1}{s_1} + \dfrac{EI_c}{s_c}\sin^4\alpha, & D_{e22} = \dfrac{EI_2}{s_2} + \dfrac{EI_c}{s_c}\cos^4\alpha \end{cases} \tag{4-74}$$

（2）各类网壳中的交叉斜杆正交网格（图 4-40b）

$$\begin{cases} B_{e11} = \dfrac{EA_1}{s_1} + \dfrac{2EA_c}{s_c}\sin^4\alpha, & B_{e22} = \dfrac{EA_2}{s_2} + \dfrac{2EA_c}{s_c}\cos^4\alpha \\[2mm] D_{e11} = \dfrac{EI_1}{s_1} + \dfrac{2EI_c}{s_c}\sin^4\alpha, & D_{e22} = \dfrac{EI_2}{s_2} + \dfrac{2EI_c}{s_c}\cos^4\alpha \end{cases} \tag{4-75}$$

（3）圆柱面网壳的三向网格（方向 1 代表纵向）或椭圆抛物面网壳的三向网格（图 4-40c）

$$\begin{cases} B_{e11} = \dfrac{EA_1}{s_1} + \dfrac{2EA_c}{s_c}\sin^4\alpha, & B_{e22} = \dfrac{2EA_c}{s_c}\cos^4\alpha \\[2mm] D_{e11} = \dfrac{EI_1}{s_1} + \dfrac{2EI_c}{s_c}\sin^4\alpha, & D_{e22} = \dfrac{2EI_c}{s_c}\cos^4\alpha \end{cases} \tag{4-76}$$

式中，B_{e11} 为沿 1 方向的等效薄膜刚度；B_{e22} 为沿 2 方向的等效薄膜刚度；当网壳为网球面网壳时，方向1、方向2分别代表径向、环向；当网壳为圆柱面网壳时，方向1、方向2分别代表纵向、横向；D_{e11}为沿1方向的等效抗弯刚度；D_{e22}为沿2方向的等效抗弯刚度；A_1、A_2、A_c分别为沿1、2方向和斜向的杆件截面面积；s_1、s_2、s_c分别为1、2方向和斜向的网格间距；I_1、I_2、I_c分别为沿1、2方向和斜向的杆件截面惯性矩；α为沿2方向杆件和斜杆的夹角。

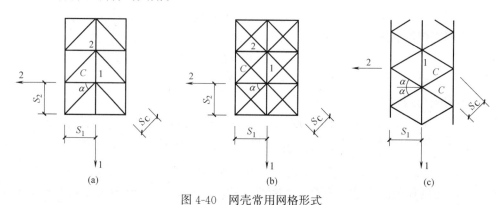

图 4-40　网壳常用网格形式

4.6　网壳结构的抗震设计

地震发生时，强烈的地面运动迫使结构产生振动，有可能造成结构破坏和倒塌，因此在地震设防区的网壳结构还应进行抗震设计。网壳结构的抗震与网架有较大的不同，曲面起拱使得网壳结构竖向刚度增加，而水平刚度降低，故网壳结构的水平振动与竖向振动属同一数量级。矢跨比较大的网壳结构，水平振动反而可能起主导作用。《空间网格结构技术规程》JGJ 7—2010 规定网壳结构的抗震验算应符合以下规定：

（1）在抗震设防烈度为6度地区，网壳结构可不进行抗震验算；

（2）在抗震设防烈度为7度地区，当网壳结构的矢跨比大于或等于1/5时，应进行水平抗震验算，当矢跨比小于1/5时，应进行竖向和水平抗震验算（网架结构在7度设防地区不需要进行抗震验算）；

（3）在抗震设防烈度为8度或9度的地区，对各种网壳结构应进行竖向和水平抗震验算。

1. 网壳结构的动力特性

网壳结构的自由振动方程类似网架结构（见式3-97），所不同的是，单层网壳的杆件采用梁-柱单元，每个节点有6个自由度，而网架结构（采用空间杆单元）每个节点仅3个自由度（线位移）。网壳结构有以下动力特性：

（1）网壳的自振频率相当密集，一些频率非常接近甚至相等，在计算时选择合适的截断频率非常重要（截取阶段频数一般要比网架结构多）；表4-2为某一个单层球面网壳的前24阶自振周期，可见很多周期（频率）非常接近。

（2）随着网壳跨度的增大，网壳的自振频率减小，双层网壳的自振频率随着厚度的增加而显著增加。

（3）网壳结构应同时考虑水平振型和竖向振型，双层圆柱面网壳甚至会交替出现水平振型和竖向振型。

（4）大跨度网壳和矢跨比小的网壳通常以竖向振型为主；随着矢跨比增加，由于网壳的空间作用，水平刚度减少，当矢高比较大时很可能以水平振型为主；因此，网壳结构需要根据计算确定振型的主方向，判断振型的主方向应看该振型的最大位移出现在什么方向。

（5）支座约束刚度对网壳的频率影响较大，支座刚度大，则自振频率随之提高，而基本周期随之减小。

（6）网壳结构具有较明显的非线性振动特点。

（7）对于常用双层柱面网壳的基本频率，可按下式近似计算：

$$f_0 = 1.381 - 0.101f - 0.039B + 0.554h + 1.848e^{14.25}/L \tag{4-77}$$

式中，f_0 为基本频率（Hz）；f、h、B、L 分别为圆柱面网壳的矢高、厚度、波宽、长度（m）。

某单层网壳的前 24 阶自振周期   表 4-2

振型阶数	1	2	3	4	5	6	7	8
周期（s）	0.580	0.580	0.279	0.236	0.236	0.179	0.179	0.136
振型阶数	9	10	11	12	13	14	15	16
周期（s）	0.136	0.133	0.127	0.127	0.116	0.116	0.109	0.109
振型阶数	17	18	19	20	21	22	23	24
周期（s）	0.093	0.093	0.091	0.091	0.089	0.087	0.085	0.085

2. 网壳结构的抗震分析

网壳结构在地震作用下的振动方程类似网架结构（见式 3-104），但对于其中刚度矩阵 [K] 的计算有所不同，对于单层网壳采用考虑几何非线性的空间梁-柱单元计算得到的结构切线刚度矩阵，对于需要考虑稳定的双层网壳则采用考虑几何非线性的空间杆单元计算得到的结构切线刚度矩阵，对于厚度较厚稳定性能好的网壳则可以采用类同网架的空间杆单元，进行大震或中震计算时还应考虑杆件材料弹塑性的影响。

网壳结构的抗震分析宜分两个阶段进行。第一阶段为多遇地震作用下的分析，此时网壳处于弹性受力阶段，可采用反应谱法或时程分析法，分析计算得到内力，按荷载组合的规定进行杆件和节点设计。第二阶段为罕遇地震作用下的分析，此时网壳处于弹塑性受力阶段，应进行弹塑性时程分析，用来校核网壳的位移以及是否发生倒塌。

对网壳结构进行抗震分析时，当采用振型分解反应谱法计算网壳结构地震效应时，鉴于网壳结构的自振频谱很密集，故宜至少取前 25~30 阶振型进行地震效应组合（网架结构通常取前 15 阶）；对于体型复杂或重要的大跨网壳结构则需要更多振型进行效应组合，还需用时程分析法进行补充验算；此外，对于稳定问题比较突出的单层网壳或者厚度较薄的双层网壳，可能要分析动力稳定性。

采用振型分解反应谱法和时程分析法对网壳结构进行抗震分析，其分析原理和计算过程与网架结构分析基本相同，可参考 3.5 节，此处不再赘述。

理论研究和震害经验表明，地震时的地面运动是一种复杂的多维运动（三个平动分量和三个转动分量），而结构在单维与多维地震作用下的反应是不同的。对于一般的结构，仅对其分别进行单维地震作用效应分析基本上都能满足结构设计要求的精度；但对于一些结构体系复杂或跨度较大的工程结构（如大跨度网壳结构），在结构抗震分析时只考虑单分量（一维）地震作用是不够的，还应考虑多分量（多维）地震作用对结构的影响。因为网壳作为一种空间结构体系，呈现明显的空间受力和变形特点，如水平地震和竖向地震对网壳结构的反应都有较大影响。大量研究表明，对于单层球面网壳，其三维地震反应要远大于一维地震反应：有些肋杆地震内力要大 2 倍左右、环杆约大 2/3、斜杆大 1.5 倍左右；而且当矢跨比由 1/6 增加到 1/3 时，杆件的三维地震反应与一维地震反应之比增加了约 20%（当荷载和跨度变化时比值变化小）。此外，单层球面网壳的二维地震反应数值在三维和一维之间，且通常较接近一维反应。

结构在多维地震作用下的反应分析可分为三种方法：反应谱法、时程法、随机振动分析方法。在随机地震反应分析的领域，随机振动的功率谱法（由给定的激励功率谱求出各种响应功率谱），在工程中占有很重要的地位。但是当结构复杂、自由度很多时，由传统的随机振动功率谱法推导的 CQC 表达式计算量巨大，很难用于工程计算。为解决上述问题，可用虚拟激励法，可参考地震工程和抗震工程方面的书籍。

3. 几种网壳结构在地震作用下的内力分布规律

（1）单层球面网壳

采用扇形三向网格、肋环斜杆型及短程线型轻屋盖的单层球面网壳结构，当周边固定铰支承，按 7 度或 8 度设防、Ⅲ类场地、设计地震为第一组进行多遇地震效应计算时，如果肋杆、环杆、斜杆均取等截面时，其杆件地震轴向力标准值 N_E 可按以下式计算：

$$\begin{cases} N_{E\text{-}m} = c\xi_m N_{Gmax\text{-}m} \\ N_{E\text{-}c} = c\xi_c N_{Gmax\text{-}c} \\ N_{E\text{-}d} = c\xi_d N_{Gmax\text{-}d} \end{cases} \tag{4-78}$$

式中，$N_{E\text{-}m}$、$N_{E\text{-}c}$、$N_{E\text{-}d}$ 分别为地震作用下网壳的主肋、环杆、斜杆的轴力标准值；$N_{Gmax\text{-}m}$、$N_{Gmax\text{-}c}$、$N_{Gmax\text{-}d}$ 分别为重力荷载代表值作用下的网壳的肋杆、环杆、斜杆的轴力标准值的绝对最大值；c 为场地修正系数，按表 4-3 确定；ξ_m、ξ_c、ξ_d 分别为肋杆、环杆、斜杆的地震作用轴力系数，设防烈度为 7 度时，按表 4-4 确定，8 度时取表中数值的 2 倍。

场地修正系数 c　　　　表 4-3

场地类型	Ⅰ	Ⅱ	Ⅲ	Ⅳ
c	0.54	0.75	1.00	1.55

单层球面网壳杆件地震作用轴力系数　　　　表 4-4

f/L	0.167	0.200	0.250	0.300
ξ_m	0.16			
ξ_c	0.30	0.32	0.35	0.38
ξ_d	0.26	0.28	0.30	0.32

1）K8 型单层球面网壳

水平地震作用下，其肋杆的地震作用内力较小，但其环向杆和斜杆的地震作用内力较大。竖向地震作用下，肋杆、环杆、斜杆的地震作用内力均较小。设防烈度为 8 度时，杆件竖向地震作用内力系数一般在 0.1 左右，水平地震作用所产生的肋杆、其他杆件的内力分别可达静力值的 0.1、0.2～0.5 倍。K8 型网壳在水平地震作用下的响应较竖向地震作用下的响应更强一些，这明显不同于网架结构。随着矢跨比的增加，环杆和斜杆的水平地震作用内力系数明显增大，但矢高比对肋杆的影响较小；这说明随着矢高的增大，网壳的水平地震作用反应为主的特性更加突出。支座刚度的改变将改变网壳地震作用内力的分布，故网壳的抗震设计，尤其是水平地震作用下的抗震设计宜与下部支承结构一起分析，并考虑网壳与支承结构共同作用。

2）短程线型球面网壳

短程线型球面网壳（矢跨比较大）在地震作用下的内力分布规律如下：在水平地震作用下，肋杆、环杆、斜杆的地震作用内力在网壳顶点处最小，离边缘越近越大；在竖向地震作用下，环杆的地震作用内力在网壳顶点附近较大，其地震作用内力从顶点向边缘是先变小再变大。地震作用内力的计算如下：

$$N_E = \xi |N_s| \tag{4-79}$$

式中，N_E 为杆件地震作用内力；N_s 为杆件静内力；ξ 为地震作用内力系数，对周边铰支短线程半球壳水平地震作用内力系数取值可参考表 4-5。

周边铰支短线程半球壳水平地震作用内力系数 ξ 表 4-5

环杆			肋杆	斜杆	
顶点	拉压交界处	边缘		顶点	边缘
0.20	0.90	0.50	0.20	0.30	1.00

注：表中数值适用于 9 度设防情况，8 度和 7 度时分别乘以系数 0.5 和 0.25。

（2）双层圆柱面网壳

双层圆柱面网壳的地震作用内力规律大致如下：沿纵向分布的杆件的地震作用内力是中间最大，边缘及纵向 1/3 附近地震作用内力较小；沿横向对称轴地震作用内力上下弦杆均属单波型，跨中内力最大。水平地震作用系数随着矢跨比的增大而明显增大，竖向地震作用系数则随着矢跨比的增大略有减小。网壳的厚度对地震作用内力的影响很大，比如网壳厚度从 0.5m 增加到 2.5m（网壳刚度增加），其地震作用内力相差 2 倍以上（地震作用内力增大）。

对于轻屋盖正放四角锥双层圆柱面网壳结构，沿两纵边固定铰支在上弦节点、两端竖向铰支在刚性横隔上，按 7 度或 8 度设防、Ⅲ类场地、设计地震第一组进行多遇地震效应计算时，杆件的地震轴向力标准值 N_E 可按以下方法计算：

横向弦杆： $\qquad\qquad N_{E\text{-}t} = c\xi_t N_{G\text{-}t}$ (4-80a)

按等截面设计的纵向弦杆： $\quad N_{E\text{-}l} = c\xi_l N_{Gmax\text{-}l}$ (4-80b)

按等截面设计的腹杆： $\qquad N_{E\text{-}b} = c\xi_b N_{Gmax\text{-}b}$ (4-80c)

式中，$N_{E\text{-}t}$、$N_{E\text{-}l}$、$N_{E\text{-}b}$ 分别为地震作用下网壳横向弦杆、纵向弦杆、腹杆的轴力标准值；$N_{G\text{-}t}$ 为重力荷载代表值作用下的网壳横向弦杆的轴力标准值；$N_{Gmax\text{-}l}$、$N_{Gmax\text{-}b}$ 分别为重力荷载代表值作用下的网壳纵向弦杆、腹杆的轴力标准值的绝对最大值；c 为场地修正系数，按表 4-3 确定；ξ_t、ξ_l、ξ_b 分别为横向弦杆、纵向弦杆、腹杆的地震作用轴力系数，设防烈度为 7 度时，按表 4-6 确定，8 度时取表中数值的 2 倍。

双层圆柱面网壳地震作用轴向力系数   表 4-6

矢跨比			0.167	0.20	0.25	0.30
横向弦杆 ξ_t	阴影部分杆件	上弦	0.22	0.28	0.40	0.54
		下弦	0.34	0.40	0.48	0.60
	空白部分杆件	上弦	0.18	0.23	0.33	0.44
		下弦	0.27	0.32	0.40	0.48
纵向弦杆 ξ_l		上弦杆	0.18	0.32	0.56	0.78
		下弦杆	0.10	0.16	0.24	0.34
腹杆 ξ_b			0.5			

4.7　网架和网壳结构的杆件和节点设计

4.7.1　杆件设计

网架和网壳结构的杆件的截面形式包括：钢管、工字型钢、H 型钢、角钢等。钢管截面具有回转半径大、无明显抗弯弱轴、抗压屈承载力高等优点，而且钢管端部封闭后，内部不易锈蚀无需涂防腐防锈涂料。因此，除了少数对美观要求低、跨度较小的建筑结构采用角钢（开口截面冷弯薄壁型钢）外，网架和网壳结构中杆件常用钢管（更多为圆钢管）作为杆件。钢管构件有高频电焊钢管及无缝钢管两种，在设计中尽量采用价格更具优势的高频电焊钢管，有条件时应采用薄壁钢管截面构件。钢管最小尺寸为 $\phi 48 \times 3$，大中跨网架的杆件截面尚不宜小于 $\phi 60 \times 3.5$。材质主要有 Q235 钢及 Q345 钢，近年来有铝合金、不锈钢以及其他材料管构件应用于工程实践。网架的杆件截面选择原则如下：①截面规格尽可能少，通常中小跨 2～3 种、中大跨度 6～7 种；②宜用直径大而壁薄的杆件；③注意市场供应；④考虑到钢管出厂前有负公差，选择截面应留有余地。

空间网格结构杆件分布应保证刚度的连续性，相邻弦杆截面面积之比不宜超过 1.8 倍。对于低应力、小规格的受拉杆件长细比宜按受压杆件控制。多点支承的网架结构，反弯点处的上、下弦杆宜按构造要求加大截面。杆件应按《钢结构设计标准》GB 50017—2017 进行强度和稳定验算，网架和铰接网壳结构的杆件通常按轴心受力构件进行验算，采用刚性和半刚性连接节点的网壳结构（如单层网壳）的杆件则按压弯或拉弯构件进行验算。

（1）强度验算：轴向受力构件、弯矩作用在两个主平面内的圆形截面压弯构件和拉弯构件、弯矩作用在两个主平面内的非圆形截面压弯构件和拉弯构件，截面强度按式（4-81a）～式（4-81c）验算。

轴心受力构件： $$\frac{N}{A_n} \leqslant f \tag{4-81a}$$

圆截面压弯或拉弯构件： $$\frac{N}{A_n} \pm \frac{\sqrt{M_x^2 + M_y^2}}{\gamma_m W_n} \leqslant f \tag{4-81b}$$

非圆截面压弯或拉弯构件：$\dfrac{N}{A_n}\pm\dfrac{M_x}{\gamma_x W_{nx}}\pm\dfrac{M_y}{\gamma_y W_{ny}}\leqslant f$ （4-81c）

式中，N、M_x、M_y 分别为杆件上的轴向力和两个主轴方向弯矩；W_n 为圆截面杆件的净截面面积，A_n、W_{nx}、W_{ny} 分别为杆件的净截面面积和两个主轴净截面模量；γ_m 为圆形截面构件的截面竖向发展系数，γ_x 和 γ_y 为截面塑性发展系数，根据《钢结构设计标准》GB 50017—2017 相应的规定取用，当需要验算疲劳强度时，$\gamma_m=\gamma_x=\gamma_y=1.0$；$f$ 为钢材的设计强度值，根据《钢结构设计标准》GB 50017—2017 相应的规定取用。

（2）稳定性验算：轴心受压杆件和压弯构件除了强度验算外，还需要进行稳定性验算。

① 轴心受压构件

$$\frac{N}{\varphi A f}\leqslant 1.0 \tag{4-82}$$

式中，N 为轴力；A 为杆件的毛截面面积；φ 为轴心受压构件的稳定性系数，取截面两个主轴稳定系数中的较小者。

② 双轴对称实腹式工字形或箱形截面的双向压弯构件

$$\begin{cases}\dfrac{N}{\varphi_x A f}+\dfrac{\beta_{mx}M_x}{\gamma_x W_x\left(1-0.8\dfrac{N}{N_{Ex}}\right)f}+\eta\,\dfrac{\beta_{ty}M_y}{\varphi_{by}W_y f}\leqslant 1.0 \\[4mm] \dfrac{N}{\varphi_y A f}+\eta\,\dfrac{\beta_{tx}M_x}{\varphi_{bx}W_x f}+\dfrac{\beta_{my}M_y}{\gamma_y W_y\left(1-0.8\dfrac{N}{N_{Ey}}\right)f}\leqslant 1.0\end{cases} \tag{4-83}$$

式中，N 为轴力；A 为杆件的毛截面面积；M_x、M_y 分别为所计算杆件段范围内对强轴 x-x、弱轴 y-y 的最大弯矩；W_x、W_y 分别为对强轴和弱轴的毛截面模量；φ_x、φ_y 分别为对强轴 x-x 和弱轴 y-y 的轴心受压杆件稳定系数；φ_{bx}、φ_{by} 为均匀弯曲的受弯杆件整体稳定性系数，按《钢结构设计标准》GB 50017—2017 的规定取用；N_{Ex} 和 N_{Ey} 为欧拉临界力，见式（4-84）；β_{mx}、β_{my}、β_{tx}、β_{ty} 为等效弯矩系数，空间网格结构的杆件设计可近似为无横向荷载，见式（4-85）。

$$N_{Ex}=\pi^2 EA/(1.1\lambda_x^2)\,,\quad N_{Ey}=\pi^2 EA/(1.1\lambda_y^2) \tag{4-84}$$

$$\beta_{mx}=\beta_{my}=0.6+0.4\frac{M_2}{M_1}\,,\quad \beta_{tx}=\beta_{ty}=0.65+0.35\frac{M_2}{M_1} \tag{4-85}$$

式中，M_1 和 M_2 为杆端弯矩，使杆件产生同曲率时取同号，使杆件产生反向曲率时取异号，M_1 的绝对值大于等于 M_2 的绝对值。

③ 圆钢管双向压弯构件

$$\frac{N}{\varphi A f}+\frac{\beta M}{\gamma_m W\left(1-0.8\dfrac{N}{N_{Ex}}\right)f}\leqslant 1.0 \tag{4-86}$$

式中，M 为计算双压弯圆管构件整体稳定时采用的弯矩值；β 为计算双向压弯整体稳定时采用的等效弯矩系数；N_{Ex} 为按构件最大长细比计算的欧拉临界力，M、β、N_{Ex} 的计算如下：

$$M = \max(\sqrt{M_{xA}^2 + M_{yA}^2}, \sqrt{M_{xB}^2 + M_{yB}^2}) \tag{4-87a}$$

$$\beta = \beta_x \beta_y \tag{4-87b}$$

$$\beta_x = 1 - 0.35\sqrt{N/N_{Ex}} + 0.35\sqrt{N/N_{Ex}}(M_{2x}/M_{1x}) \tag{4-87c}$$

$$\beta_y = 1 - 0.35\sqrt{N/N_{Ex}} + 0.35\sqrt{N/N_{Ex}}(M_{2y}/M_{1y}) \tag{4-87d}$$

$$N_{Ex} = \pi^2 EA/\lambda^2 \tag{4-87e}$$

式中，M_{xA}、M_{yA}、M_{xB}、M_{yB} 分别为杆件 A 端关于 x 轴、y 轴的弯矩和杆件 B 端关于 x 轴、y 轴的弯矩；M_{1x}、M_{2x}、M_{1y}、M_{2y} 分别为 x 轴、y 轴端弯矩，使杆件产生同曲率时取同号，使杆件产生反向曲率时取异号，M_{1x}（M_{1y}）的绝对值大于等于 M_{2x}（M_{2y}）的绝对值。

上述稳定性验算时，根据构件长细比、钢材屈服强度及构件截面分类，查《钢结构设计标准》GB 50017—2017 的轴心受压构件稳定系数表，其中计算长细比用到的杆件计算长度 l_0 按表 4-7 采用。此外，网架和双层网壳的杆件长细比不宜超过下列数值：受压杆件为 180、一般的受拉杆件为 300、支座附近的受拉杆件 250、直接承受动力荷载的杆件 250；单层网壳的杆件长细比不宜超过下列数值：受压或压弯杆件为 150、受拉或拉弯杆件为 250。

杆件计算长度 l_0（l 为杆件的几何长度，即节点中心间距离）　　　　　表 4-7

结构体系	杆件形式	节 点 形 式				
		螺栓球	焊接空心球	板节点	毂节点	相贯节点
网架	弦杆及支座腹杆	$1.0l$	$0.9l$	$1.0l$	—	—
	腹杆	$1.0l$	$0.8l$	$0.8l$		
双层网壳	弦杆及支座腹杆	$1.0l$	$1.0l$	$1.0l$	—	—
	腹杆	$1.0l$	$0.9l$	$0.9l$		
单层网壳	壳体曲面内	—	$0.9l$		$1.0l$	$0.9l$
	壳体曲面外		$1.6l$		$1.6l$	$1.6l$
立体桁架	弦杆及支座腹杆	$1.0l$	$1.0l$	—		$1.0l$
	腹杆	$1.0l$	$0.9l$			$0.9l$

4.7.2　杆件之间连接节点设计

网架和网壳的节点是空间节点，汇交着多根杆件，构造较复杂，比如斜放四角锥网架有 6 根杆件汇交于一个节点，六角锥网架节点则多达 12 根杆件。网架和网壳结构节点数量多，节点用钢量约占整个结构用钢量的 $1/5 \sim 1/4$，节点构造的好坏将直接影响网架和网壳的工作性能、安装质量及工程造价等。因此，节点形式的选择是网架和网壳设计中的一个重要部分。节点构造应满足下列要求：

（1）受力合理，传力明确；

（2）杆件汇交于一点，铰接节点不产生附加弯矩；

（3）构造简单、制作安装方便；

（4）耗钢量小，造价低；

（5）避免难于检查、清刷、涂漆和易积留湿气或灰尘的死角或凹槽。

网架和网壳结构杆件之间的连接节点的种类较多，目前工程中最常用的是焊接球节点和螺栓球节点。本节介绍杆件之间的连接节点，关于支座处的节点设计将在下一节介绍。

1. 钢板节点

此类节点多用于杆件采用角钢和薄壁型钢的网架和网壳，常用十字形钢板节点，用二块带口的钢板对插而成或用一块贯通板加两块肋板组成。杆件和节点板可采用焊接连接或螺栓连接，见图4-41。在十字形节点板上，斜杆或竖杆的端部距离弦杆不宜小于10～15mm，弦杆端部至节点板中心的距离不宜小于20～30mm。此外，设计节点时应保证各汇交杆件的重心线交于一点，同时也应保证杆件连接焊缝的重心与杆件截面重心重合，避免产生偏心力。节点板厚度的选择一般根据最大杆件内力确定，并应比连接杆件的厚度厚2mm，且不小于6mm；有关节点板厚度与最大杆件内力之间的关系可参考文献［32］等，这里不再赘述。

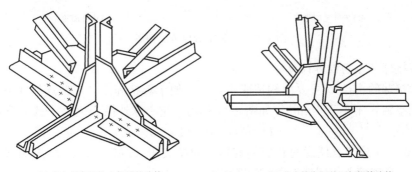

(a) 节点板和杆件之间螺栓连接　　　　　　　(b) 节点板和杆件之间焊接连接

图4-41　连接角钢构件的钢板节点

2. 焊接空心球节点

（1）焊接球节点加工制作和材料选择

焊接空心球构造简单，特别适用于连接圆钢管杆件，见图4-42。球体无方向性，可和任意方向的杆件相连。焊接空心球是用两块圆钢板经热压或冷压成两个半球壳后对焊而成，其加工过程如下：剪切成圆形板→加热→在模具上冲压→整修（剖口）→对焊。

图4-42　焊接空心球节点

焊接空心球节点分加肋和不加肋两种，见图4-43。焊接球节点内部设置加劲肋的原因在于空心球半径较大而壁厚有限，球体受压（受压杆件作用）时可能发生局部屈曲破坏，球体受拉（受拉杆件作用）时可能沿钢管和球壁的连接焊缝破坏，也可能沿空心球壁厚方向发生冲切破坏。因此，《空间网格结构技术规程》JGJ 7—2010规定：空心球径大于 300mm 且杆件内力较大时，可在球内设置加劲肋以提高节点承载力；空心球外径大于或等于 500mm，应在球内设置加肋。加劲肋是一个圆环，必须设在轴力最大杆件的轴线平面内，且其厚度不应小于球壁厚度。空心球的钢材宜采用 Q235B 或 Q345B、Q345C。

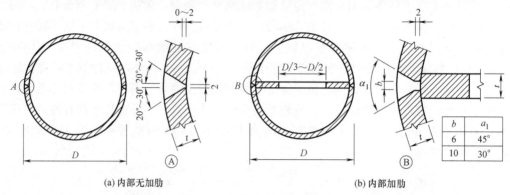

(a) 内部无加肋   (b) 内部加肋

图 4-43　焊接空心球节点构造

（2）焊接球节点的设计计算

空心焊接球的直径 D 主要由构造确定，为了便于焊接施工，应使连接在节点上的各杆件之间的空隙 a 不小于 10mm，如图 4-44 所示。空心球外径 D 可按下式估算：

$$D=(d_1+d_2+2a)/\theta \tag{4-88}$$

式中，θ 是汇交于球节点任意两相邻钢管杆件间的夹角（rad）；d_1、d_2 是组成 θ 角的两钢管外径；a 是球面上相邻杆件之间的净间距。

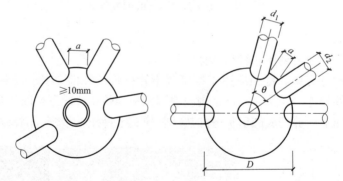

图 4-44　焊接空心球外径 D 和杆件直径 d_i（$i=1$、2）之间的关系

空心球的壁厚 t 应根据杆件内力按下式计算确定：

$$N_R \leqslant \eta_0 \left(0.29+0.54\frac{d}{D}\right)\pi t d f \tag{4-89}$$

式中，N_R 为空心球的受压和受拉承载力，应大于最大杆件内力或杆件承载力（满足强节点要求）；D 为空心球外径；d 是与空心球相连的钢管杆件的外径；t 为空心球壁厚；f 为钢材强度设计值；η_0 为大直径空心球承载力调整系数，$D \leqslant 500mm$ 时 $\eta_0 = 1.0$，$D > 500mm$ 时 $\eta_0 = 0.9$。

式（4-89）是基于弹塑性非线性有限元分析结果和试验结果，进行回归统计分析得到，其适用范围为 $120mm \leqslant D \leqslant 900mm$。数值分析结果表明，在满足空心球节点的构造要求后，可避免空心球壳体的失稳，故空心球无论受拉还是受压均为强度破坏——即拉、压承载力设计值统一的公式形式，同时节点破坏时钢管与球体连接处进入塑性状态。另外，式（4-89）适用于杆件为圆钢管构件的焊接空心球节点，如工程中用到焊接空心球连接其他类型截面的杆件（如矩形钢管），则需要另外进行研究，或者参考相关的研究成果。

对于应用于单层网壳结构或杆件之间刚性连接的双层网壳结构，空心焊接球节点还需要考虑杆端传来的弯矩的影响，空心球承受压弯或拉弯的承载力设计值 N_m 按下式计算：

$$N_m = \eta_m N_R \tag{4-90}$$

式中，N_R 为空心球受压和受拉承载力设计值；η_m 为考虑弯矩作用的影响系数。根据试验、有限元分析和理论分析，η_m 由偏心系数 c 按《空间网格结构技术规程》JGJ 7—2010 中的计算公式确定，即：

$$\eta_m = \begin{cases} 1/(1+c) & 0 \leqslant c \leqslant 0.3 \\ 2(\sqrt{3+0.6c+2c^2}-1-\sqrt{2}c)/\pi+0.5 & 0.3 < c < 2 \\ 2(\sqrt{2+c^2}-c)/\pi & c \geqslant 2 \end{cases} \tag{4-91}$$

式中，$c = 2M/(Nd)$，N、M 分别为杆件作用于空心球的轴力（N）、弯矩（N·mm），d 为杆件的外径（mm）。

焊接空心球与杆件的连接时，管杆件端应开坡口，并在钢管内设衬管，如图 4-45 所示。衬管壁厚不应小于 3mm，长度可取 30～50mm。在钢管与空心球之间应留有一定缝隙予以焊透，以实现焊缝与钢管等强，焊缝质量达到二级时可按对接焊缝计算；否则应按下式的斜角角焊缝计算：

$$\frac{N}{\beta_f \pi d h_e} \leqslant f_f^w \tag{4-92}$$

式中，N 为钢管受到的轴力设计值；d 为杆件外径；β_f 是正面角焊缝强度设计值增大系数，承受静力荷载时 $\beta_f = 1.22$，直接承受动力荷载时 $\beta_f = 1.0$；f_f^w 是角焊缝强度设计值；$h_e = h_f \cos(\alpha/2)$ 为角焊缝计算厚度；α 为管外壁与球面的夹角；h_f 为焊脚尺寸，应满足以下要求：钢管壁厚 $t_c \leqslant 4$mm 时，$t_c < h_f \leqslant 1.5t_c$，钢管壁厚 $t_c > 4$mm 时，$t_c < h_f \leqslant 1.2t_c$。

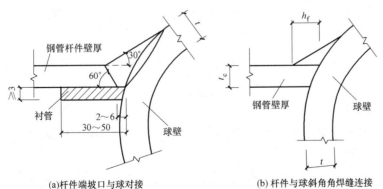

(a)杆件端坡口与球对接　　　　(b) 杆件与球斜角角焊缝连接

图 4-45　钢管杆件与空心球连接焊缝

对于加劲肋焊接空心球，仅受轴力作用或轴力与弯矩共同作用但以轴力为主（$\eta_m \geqslant 0.8$）且轴力方向和加劲肋方向一致时，其承载力可以乘以加劲肋空心球承载力提高系数

η_d，受压时 $\eta_d=1.4$，受拉时 $\eta_d=1.1$。

（3）焊接球节点的构造

为了减少球节点的规格，一个网架中宜采用 1 种或 2 种空心球，最多不宜超过 4 种。焊接空心球的稳定问题可由构造措施解决。空心球外径与主钢管外径之比宜取 $2.4 \sim 3$。空心球的壁厚度可取为球直径的 $1/45 \sim 1/30$，球的壁厚和相连钢管的最大壁厚之比为 $1.2 \sim 2$，同时空心球壁厚不小于 4mm。空心球的造价比钢管杆件高 $2 \sim 3$ 倍，网架和网壳结构设计时应综合考虑空心球数量、空心球直径、杆件数量之间的关系，以达到整体结构造价经济合理。

当空心球直径因各种原因过大且连接杆件又较多时，为减小空心球直径，允许部分腹杆与腹杆或弦杆汇交，但应符合下列构造要求：

1）所有汇交杆件的轴线必须通过球心；

2）汇交两杆中，截面积大的杆件或截面相等两根杆中的受拉杆必须全截面焊在空心球上，另一杆件坡口焊在汇交主杆上，但应保证有 3/4 截面焊在球上，并按图 4-46 设置加劲肋板补足削弱的面积；

3）受力大的杆件可按图 4-47 增设支托板。

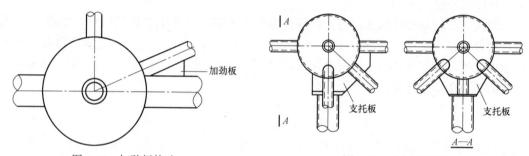

图 4-46　加劲板构造　　　　　图 4-47　支托板构造

【例 4-3】　某网架结构采用不加肋的焊接空心球节点，材料为 Q345 钢（钢材抗拉强度设计值 $f=305\mathrm{MPa}$），空心球外径为 280mm，壁厚为 6mm，球体上受力最大的钢管杆件外径 80mm，拉力，荷载设计值为 180kN。试验算空心球是否满足承载力要求；如果钢管外壁与球面的夹角 $\alpha=120°$，并采用斜角焊缝连接，请设计连接焊缝。

【解】　（1）按式（4-89）进行验算空心球的承载，即：

$$\eta_0\left(0.29+0.54\frac{d}{D}\right)\pi t d f=1.0\times\left(0.29+\frac{0.54\times80}{280}\right)\times\pi\times6\times80\times305\times10^{-3}=204.3\mathrm{kN}$$

大于最大杆件内力 $N_R=180\mathrm{kN}$，满足承载力要求。

（2）设计斜角角焊缝

Q345 钢可用 E50 型焊条，角焊缝强度设计值 $f_f^w=200\mathrm{MPa}$，按式（4-92）可计算得到焊脚尺寸 h_f，即：

$$h_f=\frac{h_e}{\cos(\alpha/2)}\geqslant\frac{N\cdot(\cos(\alpha/2))^{-1}}{f_f^w\beta_f\pi d}=\frac{180\times10^3\times2}{200\times1.22\times\pi\times80}=5.87\mathrm{mm}$$

再根据焊缝构造要求：$t_c<h_f\leqslant1.2t_c$，最终选 $h_f=7\mathrm{mm}$。

3. 螺栓球节点

螺栓作为连接件具有结构简单、受力明确、拆装方便等优点，因而被广泛应用于各类结构，尤其是装配式建筑结构。螺栓连接的缺点是开孔对构件截面有一定的削弱，有时构造上还须增设辅助连接件，从而增加了用钢量、制作与安装工作量。

（1）螺栓球节点的零配件及其材料

螺栓球节点是网架和网壳常用的一种节点形式，设计时通常假定为铰接节点，但近些年的研究表明其具有一定的转动刚度。螺栓球节点由钢球、螺栓、套筒或螺钉和锥头（或封板）等零件组成。在一个实心铸钢球的表面上，铣削出若干个和圆球的半径垂直的小平面，成为一个钻石状的多面球体，见图4-48（a）。钢管杆件与螺栓球的安装过程大致如下：先将高强螺栓放入钢管内并在钢管两端各焊上一个铸钢锥头（杆件直径较大时）或封板（杆件直径较小时），螺栓的外端套上两侧开孔的六角套筒；接着将杆件端部的螺栓拧

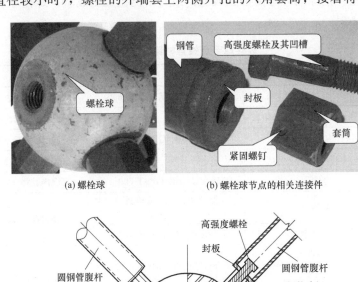

(a) 螺栓球　　　　　　　(b) 螺栓球节点的相关连接件

图中标注：钢管、高强度螺栓及其凹槽、封板、套筒、紧固螺钉、螺栓球

(c) 螺栓球节点的构造示意图

图中标注：高强度螺栓、封板、圆钢管腹杆、圆钢管弦杆、圆钢管弦杆、紧固螺钉、长形六角套筒、锥头、高强度螺栓、螺栓球

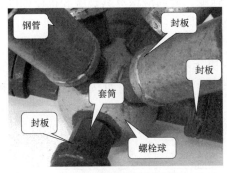

(d) 小直径杆件端部采用封板

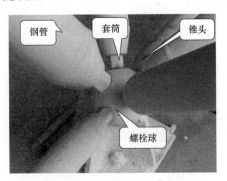

(e) 大直径杆件端部采用锥头

图 4-48　螺栓球节点的构造及相关配件

入螺栓球节点的螺纹孔中；最后在套筒开孔处插入紧固螺钉并将其拧紧顶到高强度螺栓的凹槽上，拧转套筒就带动螺栓转动，旋入球体拧紧为止。套筒等各部件见图4-48（b），其中紧固螺钉仅在安装时起作用。

螺栓球节点个头小、重量轻、形状轻巧美观、节点处焊接工作量大大减少、安装方便且可以拆卸。螺栓球节点的用钢量约占网架用钢量的1/10，用钢量比焊接球节点省50%，可用于各类网架和网壳结构。但这种节点的缺点是球体加工复杂，价格高；同时钢管端部要开孔（放入螺栓用），不利于防锈，要进行内外镀锌处理。

材料方面，钢管、锥头、封板和套筒宜采用Q235或Q345钢，锥头铸造或锻造而成，套筒由机械加工成型。钢球的坯球由锻压成型，最后由机械加工成型。螺栓球节点的各零件的推荐材料见表4-8。

螺栓球节点推荐材料　　　　　　　　　　　　　　　　表4-8

零件名称	推荐材料	材料标准	备注
钢球	45号钢	《优质碳素结构钢》GB/T 699	毛坯球锻造成型
高强度螺栓	20MnTiB、40Cr、35CrMo	《合金结构钢》GB/T 3077	规格M12～M24
	35VB、40Cr、35CrMo		规格M27～M36
	40Cr、35CrMo		规格M39～M60x4
套筒	Q235B	《碳素结构钢》GB/T 700	套筒内孔径13～34mm
	Q345	《低合金高强度结构钢》GB/T 1591	套筒内孔径37～65mm
	45号钢	《优质碳素结构钢》GB/T 699	
紧固螺钉	20MnTiB	《合金结构钢》GB/T 3077	螺钉直径宜尽量小
	40Cr		
	Q235B	《碳素结构钢》GB/T 700	
锥头或封板	Q345	《低合金高强度结构钢》GB/T 1591	钢号宜与杆件一致

（2）螺栓球节点的设计计算

螺栓球节点的内力传递顺序为：杆件—焊缝—封板（或锥头）—螺栓—钢球。设计时需要对多个零配件进行计算，通常焊缝设计为等强的对接焊缝，封板（或锥头）应满足强度和构造要求，螺栓受拉时应计算净截面抗拉强度，套筒应计算其长度和抗压强度，由于钢球实心无需计算强度但需要计算其最小直径，具体介绍如下。

1）钢球设计（确定尺寸）

螺栓球节点中的钢球的大小（直径D）取决于和它相连的螺栓直径，而螺栓直径则由网架或网壳杆件的内力来确定。确定了各个螺栓直径d_{bi}后，可按下面三个条件确定球体的直径：

① 满足钢球内螺栓不相碰（图4-49a）。根据几何关系，球的直径最小值D_{min}表达如下：

$$D_{min}=2|OE|=2\sqrt{|OC|^2+|CE|^2}=2\sqrt{(|OA|+|AB|+|BC|)^2+|CE|^2}$$

（4-93）

146

同时由图 4-49 可知，式中，OA、AB、BC、CE 的长度依次为 $(d_{b1}\cot\theta)/2$、$d_{b2}/(2\sin\theta)$、ξd_{b1}、$\lambda d_{b1}/2$，将其代入式（4-93）得：

$$D \geqslant \sqrt{\left(\frac{d_{b2}}{\sin\theta}+d_{b1}\cot\theta+2\xi d_{b1}\right)^2+\lambda^2 d_{b1}^2} \qquad (4\text{-}94)$$

② 满足相邻套筒不相碰（图 4-49b）。根据几何关系，球直径最小值 $D_{\min}$ 如下：

$$D_{\min}=2|OB|=2\sqrt{|OA|^2+|AB|^2}=2\sqrt{(|OE|+|EA|)^2+|AB|^2} \qquad (4\text{-}95)$$

根据图中几何关系可知，式中，OE、EA、AB 的长度依次为 $(\lambda d_{b1}\cot\theta)/2$、$\lambda d_{b2}/(2\sin\theta)$、$\lambda d_{b1}/2$，将其代入式（4-95）得：

$$D \geqslant \sqrt{\left(\frac{\lambda d_{b2}}{\sin\theta}+\lambda d_{b1}\cot\theta\right)^2+\lambda^2 d_{b1}^2} \qquad (4\text{-}96)$$

③ 相邻杆件及封板（锥头）不相碰。通常发生在相邻杆件夹角 θ 较小（如小于 30°）时，如图 4-49（c）所示。根据几何关系，球直径 D 应满足：

$$D \geqslant 2(|OA|-|EA|)=2(\sqrt{|OB|^2+|AB|^2}-|EA|)$$
$$=\sqrt{(d_2/\sin\theta+d_1\cot\theta)^2+d_1^2}-\sqrt{(d_1-\lambda d_{b1})^2+4S^2} \qquad (4\text{-}97)$$

式（4-93）～式（4-97）中，D 为钢球直径（mm）；d_1 和 d_2 为相邻钢管的直径；θ 为两相邻螺栓之间的最小夹角（单位为"rad"）；d_{b1}、d_{b2} 分别为两相邻螺栓中较大、较小直径（mm）；ξ 为螺栓拧入钢球长度与螺栓直径的比值，可取 $\xi=1.1$；λ 为套筒外接圆直径与螺栓直径的比例，一般取 $\lambda=1.8$；S 为套筒长度。钢球直径应取式（4-94）、式（4-96）、式（4-97）计算所得的较大值。

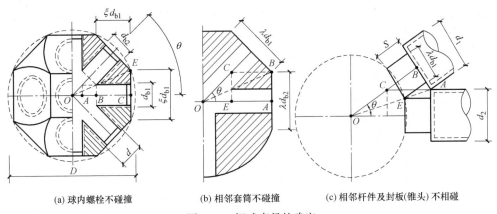

(a) 球内螺栓不碰撞　　　　(b) 相邻套筒不碰撞　　　　(c) 相邻杆件及封板(锥头)不相碰

图 4-49　钢球直径的确定

2）螺栓设计计算

按受拉杆件的拉力 N 确定螺栓直径，每个螺栓抗拉承载力 N_t^b 为：

$$N_t^b=A_{\text{eff}}f_t^b \qquad (4\text{-}98)$$

式中，f_t^b 为高强度螺栓热处理后的抗拉强度设计值，10.9 级取 430N/mm^2，9.8 级可取 385N/mm^2；A_{eff} 为螺栓的有效截面积，取螺纹或键槽处的较小值。需要说明的是，受压杆件的连接螺栓不受力，可根据轴压力按式（4-98）确定螺栓直径，然后查高强度螺栓表再减小 1～3 个等级。

螺栓杆的长度 l_d 由构造决定，等于伸入球体的长度 ξd（d 为螺栓杆直径）加套筒长度 S 及锥头端板或封板厚度 δ 等，如图 4-50 所示。

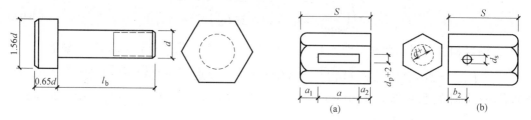

图 4-50　高强度螺栓的几何尺寸　　　　图 4-51　套筒几何尺寸

3）套筒设计计算

套筒既用于拧螺栓，又要把压杆的压力通过表面挤压传给节点球。因而，套筒的壁厚要按压杆设计，套筒承压验算如下：

$$\sigma_c = N_c / A_n \leqslant f \tag{4-99}$$

式中，N_c 为所连杆件轴力设计值；f 为套筒钢材抗压强度设计值；A_n 为套筒在螺栓孔处的净截面面积。如图 4-51 所示，套筒长度 S 应满足如下条件：

$$S = \begin{cases} a + a_1 + a_2 & \text{采用滑槽} \\ a + b_1 + b_2 & \text{采用紧固螺钉} \end{cases} \tag{4-100}$$

式中，a 为滑槽长度（$= \xi d - c + d_p + 4\text{mm}$），$\xi d$ 是螺栓伸入钢球的长度，c 为螺栓露出套筒距离（取 4~5mm 且小于 2 个螺距或纹扣），d_p 是销钉直径（采用滑槽）或紧固螺钉直径（采用紧固螺钉）；a_1、a_2 是套筒端部到滑槽端部的距离；b_1 为套筒右端到螺栓杆上滑槽最近端距离，常取 4mm；b_2 为套筒左端到螺钉孔边缘距离，常取 6mm。

其中，销钉或螺钉的直径可取螺栓直径的 0.16~0.18 倍，不宜小于 3mm，也不宜大于 8mm，常取 6~8mm，滑槽宽度一般比销子直径大 2mm。套筒端部到滑槽端部的距离应保证这部分材料的抗剪力，并不应小于 1.5 倍滑槽的宽度。

4）锥头和封板设计计算

当杆件（钢管）管径较小时，在杆件端部采用封板连接，但当杆件管径较大（通常大于 70mm）时则宜采用锥头连接，便于和钢球相连。封板必须垂直于杆件轴线，并在杆轴位置开螺栓孔，通过螺栓和套筒与节点球相连。锥头部分的任何截面都应满足杆件的最大拉力或最大压力的要求，锥头底板外径宜比套筒外接圆直径大 1~2mm，锥头底板内径宜比螺栓头直径大 2mm。锥头倾角应小于 40°。锥头或封板与杆件端部焊接连接构造见图 4-52。锥头尺寸或封板厚度应根据杆件内力计算确定。

对于封板厚度的计算，假定为周边固定、中间开孔的圆板，可按照四边固定、中心受一集中力作用的板来计算。但对于广大设计人员，按板结构理论计算依然较复杂，可近似为如图 4-53 所示的计算模型。首先，把螺栓拉力 N 通过螺帽均匀作用在封板开孔边沿环向的荷载集度 $q = N/(2\pi r)$，计算得到封板周边径向单位宽度的弯矩近似值 M_r：

$$M_r = q(R - r)r/R \tag{4-101}$$

再根据塑性极值（M_r 达到封板的塑性弯矩 $M_p = t^2 f / 4$）确定封板的厚度 t：

$$t = \sqrt{2N(R - r)/(\pi R f)} \tag{4-102}$$

式中，t 是封板厚度；N 为钢管杆件设计拉力；R 为钢管杆件的内半径；r 为螺帽和封板接触的圆环面的平均半径；f 为钢材强度设计值。

锥头属于轴对称旋转厚壳体（图 4-54），其壁厚需要通过壳单元或轴对称单元有限元模型计算获得精确结果。相关有限元分析表明，锥头的承载力与锥顶板厚度、锥头斜率、杆件直径、应力集中等因素有关。锥头底板（封板）厚度不应小于表 4-9 中数值。

锥头底板厚度 表 4-9

高强度螺栓规格	锥头底板（封板）厚度(mm)	高强度螺栓规格	锥头底板（封板）厚度(mm)
M12,M14	12	M36～M42	30
M16	14	M45～M52	35
M20～M24	16	M56X4～M60X4	40
M27～M33	20	M64X4	45

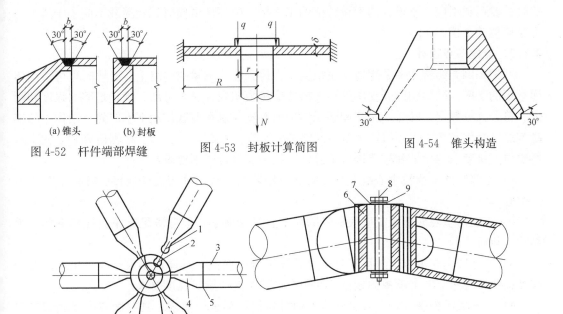

图 4-52 杆件端部焊缝   (a) 锥头   (b) 封板

图 4-53 封板计算简图

图 4-54 锥头构造

图 4-55 嵌入式毂节点

1—嵌入件嵌入隼；2—毂体嵌入槽；3—杆件；4—杆端嵌入件；5—连接焊缝；
6—毂体；7—压盖；8—中心螺栓；9—平垫圈及弹簧垫圈

4. 嵌入式毂节点

对于跨度小于 60m 的单层球面网壳、跨度小于 30m 的单层柱面网壳，《空间网格结构技术规程》JGJ 7—2010 规定可以采用如图 4-55 所示的嵌入式毂节点。对于节点中的杆端嵌入件、毂体、盖板、中心螺栓的材料规定，以及节点的其他配件的构造和设计详见《空间网格结构技术规程》JGJ 7—2010。

5. 钢管相贯节点

对于一些跨度不大的单层网壳结构,还可以采用钢管相贯节点(一部分钢管直接焊接到另一部分钢管表面)或在钢管相贯节点基础上发展而来的各类加强型钢管节点。这部分内容在下一章钢管结构中详细介绍。

6. 铸钢节点

对于网架和网壳结构中杆件交汇密集、受力复杂且可靠性要求较高的关键节点可以采用铸钢节点。铸钢节点的材料应满足强度、伸长率、冲击韧性等力学性能,对于焊接结构用铸钢节点的材料还应具有碳当量的合格保证。铸钢节点设计时应根据铸钢件的轮廓尺寸选择合理的壁厚,制造时应严格控制铸造工艺、铸模精度及热处理工艺。铸钢节点承载力应根据弹塑性有限元分析确定极限承载力,极限承载力不宜小于最大内力设计值的 3 倍。当铸钢节点承受多种荷载工况且不能明确判断其控制工况时,应分别进行计算以确定最小极限承载力。此外,铸钢节点可根据实际情况下进行检验性试验或破坏性试验,检验性试验时试验荷载不应小于最大内力设计值的 1.3 倍,破坏性试验时试验荷载不应小于最大内力设计值的 2 倍。

4.7.3 支座节点设计

网架和网壳结构大多采用铰支座把支反力传到柱、圈梁或砖墙上,必要时也可采用传递弯矩的支座。网架和网壳支座的构造形式应传力明确、安全可靠、满足足够的强度和刚度、符合计算假定。同时,网架和网壳结构的支座节点在荷载作用下不应先于结构中的连接节点和杆件破坏,也不得产生不可忽略的变形等。文献[32、33]根据研究和工程实践经验对支座节点的设计和构造进行了总结,认为应符合以下要求:

1)支座竖向支承板中心线应与竖向反力作用线一致,并与支座连接的杆件汇交于节点中心;

2)支座球节点底部至支座底板间的距离宜尽量减小,但应满足支座斜杆与下部支承结构不相碰;

3)支座竖向支承板应保证其自由边不发生侧向屈曲,其厚度不宜小于 10mm;对于拉力支座,支座竖向支承板的最小截面积及连接焊缝应满足强度要求;

4)支座底板的净面积应满足支承结构材料的局部承压要求,其厚度应满足底部竖向反力作用下的抗弯要求,且不宜小于 12mm;

5)支座底板的锚栓孔径应比锚栓直径大 10mm 以上,并应考虑适应支座水平位移的要求;

6)支座的锚栓按构造要求设置时,其直径可取 20~25mm,数量可取 2~4 个;受拉支座的锚栓应按计算确定,锚固长度不应小于 25 倍锚栓直径,并应设双螺母;

7)支座底板与基座表面摩擦力小于支座底部的水平反力时,应设置抗剪键,不得利用锚栓传递剪力。

根据网架和网壳的跨度大小,对支座的传力要求并考虑温度影响等,可采用不动铰支座、可动铰支座、可滑动与转动的弹性支座。对于有些角部产生拉力网架结构(如两向正交斜放平板网架),则应采用拉力支座。工程中常用的支座有以下几种类型。

(1)平板压力或拉力支座,见图 4-56。

此类支座的转动(角位移)受到很大的约束,只适用于较小跨度空间网格结构。是否允许线位移取决于底板上开孔的形状和尺寸。支座中每个拉力螺栓（锚栓）的有效截面面积为：

$$A_{\mathrm{e}}=1.25R_{\mathrm{t}}/(nf_{\mathrm{ta}}) \tag{4-103}$$

式中，R_{t} 为支座拉力；1.25 为考虑多个锚栓受力不均匀的增大系数；n 为锚栓个数；f_{ta} 为锚栓的抗拉强度设计值。

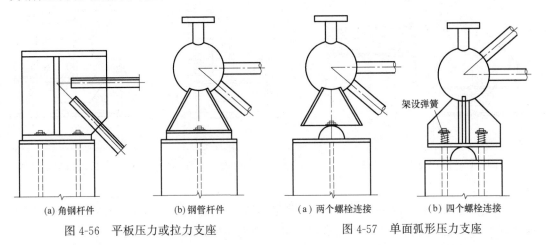

(a) 角钢杆件   (b) 钢管杆件   （a）两个螺栓连接   （b）四个螺栓连接

图 4-56 平板压力或拉力支座   图 4-57 单面弧形压力支座

（2）单面弧形支座，见图 4-57（受压力）、图 4-58（受拉）。

此类支座的转动（角位移）基本不受约束，适用于沿单方向转动的较大跨度空间网格结构。弧形支座置于底板之上，相关尺寸如图 4-59 所示，压力作用下时计算如下：

$$底部平面尺寸：a_1b_1=R/f \tag{4-104a}$$

$$支座板厚度（按 a_1 方向悬臂梁计算）：t=\sqrt{3Ra_1/(4fb_1)} \tag{4-104b}$$

$$弧形支座的半径：r=RE/(80b_1f^2) \tag{4-104c}$$

式中，R 为支座反力；f 是钢材（或铸钢）抗压强度设计值；a_1、b_1 分别为弧形支座宽度、长度；E 是钢材的弹性模量。此外，弧形支座的侧面高度 t_2 宜小于 15mm。单面弧形支座受拉力作用时，为更好地将拉力传递到支座上，在承受拉力的锚栓附近应设加劲肋以增强节点刚度。

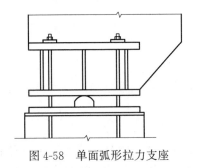

图 4-58 单面弧形拉力支座

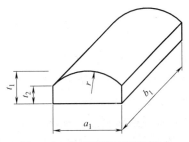

图 4-59 单面弧形支座的尺寸

（3）双面弧形压力支座，见图 4-60。

此类节点是从单面弧形支座发展而来，其特点是在支座和底板间设有上下都是柱面的弧形块。此类支座可转动又可平移，适用于温度应力较大且下部支承结构刚度较大的大跨度空间网格结构。

（4）球铰支座，见图 4-61（受压力）、图 4-62（受拉力）。

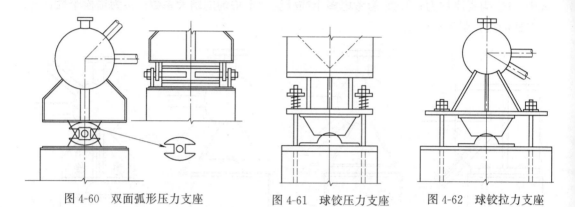

图 4-60　双面弧形压力支座　　　图 4-61　球铰压力支座　　　图 4-62　球铰拉力支座

此类支座只能转动而不能平移，适用于抗震的多点支承的大跨度空间网格结构。对于跨度较大且落地的网壳结构，还可采用如图 4-63 所示的双面压力球支座。

（5）可滑动支座，见图 4-64。

此类支座可水平移动，适用于支座处无水平反力的情况，适用于中小跨度空间网架结构。

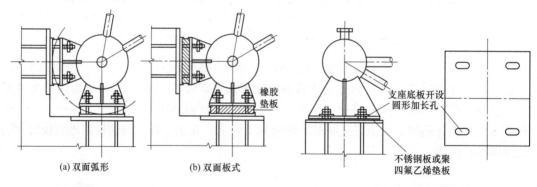

(a) 双面弧形　　　(b) 双面板式

图 4-63　双面压力球支座　　　　图 4-64　可滑动铰支座

（6）刚性支座，见图 4-65。

此类支座适用于同时传递轴力、弯矩和剪力的中小跨度网架结构。节点竖向支承板厚应大于空心球壁厚 2mm。

（7）板式橡胶支座，见图 4-66。

此类支座由一层薄橡胶板一层薄钢板交替叠合而成，适用于竖向反力、地震和温度作用、水平位移均较大且有转动的大中跨度网架结构支座。因橡胶垫的压缩和剪切变形，支座既可转动又可平移。若在一个方向加限制，支座为单向可侧移式，否则为两向可侧移式。

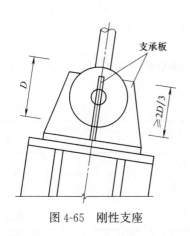

图 4-65 刚性支座

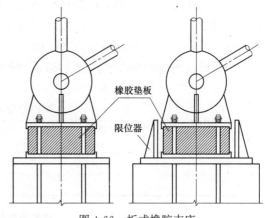

图 4-66 板式橡胶支座

橡胶垫板由氯丁橡胶或天然橡胶制成，胶料和制成板的性能应符合表 4-10～表 4-12 的要求。表中，支座形状系数 $\beta=0.5ab(a+b)^{-1}d_i^{-1}$，其中 a 和 b 分别是橡胶垫短边及长边长度（m）；d_i 为中间柱胶层厚度（m）。橡胶垫板的构造见图 4-67，相关计算如下：

$$橡胶垫板的底面积：A=R_{max}/[\sigma] \tag{4-105a}$$

$$橡胶垫板厚度：d_0=2d_1+nd_i \tag{4-105b}$$

式中，A 为垫板承压面积（$A=ab$）；a、b 分别为橡胶垫板短边、长边的长度，橡胶垫的放置应使短边平行于短跨方向；R_{max} 是荷载标准值在支座引起的反力；$[\sigma]$ 为橡胶垫板的允许抗压强度；d_1、d_i 分别为上下表层、中间各层橡胶片厚度；n 为中间橡胶片的层数；d_0 为橡胶层厚度，因为橡胶支座的变形仅由橡胶提供（不考虑其中薄钢板的变形），故橡胶垫板厚度 d_0 仅为垫板中各橡胶层厚度之和。

橡胶垫板厚度 d_0 由支座所要求的水平位移 u（温度变化等原因在网架支座处引起的水平位移）和支座稳定性确定。按照水平位移要求：支座实际水平位移 $u \leqslant d_0 \tan\alpha$，而橡胶容许剪切角正切值 $\tan\alpha$ 可以取 0.7，故 $d_0 \geqslant u\cot\alpha=u/0.7=1.43u$。按照稳定性要求，根据试验得到 $d_0 \leqslant 0.2a$（a 为支座中橡胶垫块短边宽度），故橡胶垫板厚度 d_0 应满足以下条件：

$$1.43u \leqslant d_0 \leqslant 0.2a \tag{4-105c}$$

橡胶垫板厚度还需满足以下构造要求：上下表层橡胶片厚度宜取 2.5mm，中间橡胶片常用厚度为 5、8、11mm，钢板厚度 d_s 宜取 2～3mm。

橡胶垫板的变形限制和刚度如下：首先，橡胶垫板的压缩不能过大，以免增加屋面构造的困难；压缩变形也不能过小，以免支座转动时橡胶垫板与支座底板部分脱开（即橡胶层与钢板层之间的连接发生破坏）而形成局部承压；故橡胶垫板的平均压缩变形 w_m 应满足：

$$0.5a\theta \leqslant w_m(=\sigma_m d_0/E) \leqslant 0.05d_0 \tag{4-106}$$

式中，θ 是结构在支座处的最大转角（rad）；σ_m 为平均压应力（即 $\sigma_m=R_{max}/A$）；d_0 是橡胶垫板厚度（式 4-105b）。

其次，为了保证支座反力中的剪力应力不大于连接的摩擦力，橡胶垫板需要进行水平力作用下的抗滑移验算，即：

$$\mu R_g \geqslant GAu/d_0 \tag{4-107}$$

式中，d_0是橡胶垫板厚度；μ是橡胶垫板与钢板或混凝土的摩擦系数，见表4-11；R_g是乘以荷载分项系数0.9的永久荷载标准值引起的支座反力；G是橡胶垫板的抗剪弹性模量，见表4-11；A是橡胶垫板的底面积（式4-105a）。

关于橡胶垫板的弹性竖向刚度K_{z0}、两水平方向刚度K_{x0}和K_{y0}，则按下式计算：

$$K_{z0}=EA/d_0, \quad K_{x0}=K_{y0}=GA/d_0 \tag{4-108}$$

胶料的物理机械性能　　　　　　　　　　　　　　表4-10

胶料类型	硬度（邵氏）	扯断应力（MPa）	伸长率（%）	300%定伸强度（MPa）	扯断永久变形（%）	适用温度不低于
氯丁橡胶	60 ± 5	$\geqslant18.63$	$\geqslant450$	$\geqslant7.84$	$\leqslant25$	$-25℃$
天然橡胶	60 ± 5	$\geqslant18.63$	$\geqslant500$	$\geqslant8.82$	$\leqslant20$	$-40℃$

橡胶垫板的力学性能　　　　　　　　　　　　　　表4-11

允许抗压强度 $[\sigma]$（MPa）	极限破坏强度（MPa）	抗压弹性模量 E（MPa）	抗剪弹性模量 G（MPa）	摩擦系数 μ
$7.84\sim9.80$	>58.82	由形状系数β按表4-12查得	$0.98\sim1.47$	钢：0.2 混凝土：0.3

支座形状系数-橡胶垫抗压弹性模量关系　　　　　　　　表4-12

β	4(5)	6(7)	8(9)	10(11)	12(13)	14(15)	16(17)	18	19	20
E（MPa）	196 (265)	333 (412)	490 (579)	657 (754)	843 (932)	1040 (1157)	1285 (1422)	1559	1706	1863

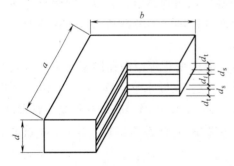

图4-67　橡胶垫板构造

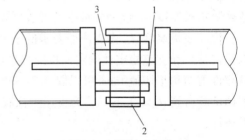

图4-68　销轴式节点
1—销板Ⅰ；2—销轴；3—销板Ⅱ

除了上述计算要求外，橡胶垫板还需要满足相关的构造要求。氯丁橡胶垫板适用于气温不低于$-25℃$的地区，耐寒氯丁橡胶垫板适用于气温不低于$-30℃$的地区，天然橡胶垫板适用于气温不低于$-40℃$的地区。此外，设计时还要考虑橡胶老化后能更换，以及在安装、使用过程中应避免与油脂以及其他对橡胶有害物质的接触。

（8）销轴节点

为了实现某一个方向转动的支座，网壳结构有时候采用销轴节点，如图4-68所示。销板孔径比销轴直径大1~2mm，各销板之间宜预留1~5mm的间隙。销轴节点应保证销轴的抗弯和抗剪强度以及销板的抗剪和抗拉强度满足设计要求，同时应保证在使用过程中支座的转动方向与销轴转动方向一致。

4.8 网架和网壳结构的制作和安装

网架和网壳的制作在工厂内进行，其主要工序为：放样、号料、下料、拼装、焊接和油漆等，网架和网壳结构的零部件加工制作分为杆件和节点。对于螺栓球节点的网架和网壳，零部件包括杆件（常用圆钢管）、锥头或封板、高强度螺栓、钢球。加工工艺大致如下：锥头或封板下料—胎膜锻造（锥头用）—正火—机加工，锻造（或外购）钢球—加工定位孔—削切套筒接触平面—钻螺纹孔—节点编号，套筒下料—胎膜锻造—正火—机加工，外购销子或螺钉—抽样检查，外购高强度螺栓—抽样检查。加工后进行拼装和质量检验。

对于焊接球节点的网架和网壳，零部件包括杆件（常用钢管）、薄壁钢球壳（空心球）。加工工艺大致如下：钢管下料—开坡口—进行编号，钢板下料—加热—冲压成型（半球）—环肋下料—整球拼装—焊接—整形—编号—质量检验。

对于螺栓球节点的网架网壳，其中的钢球、高强度螺栓、套筒、锥头、销子或螺钉通常由专门厂家制造，网架和网壳可由制作厂直接购买。螺栓球的螺纹孔、套筒接触平面则由制作厂自己加工。对于焊接球节点的网架和网壳，钢管下料时应预留焊接收缩量以减少安装误差；焊接空心球的半球钢板冲压前的加热温度应控制在850～900℃（加热要保证钢板均匀受热），并在特制的模具上进行冲压。空心球的半球压好后，边缘常不整齐，应将毛边切去并做成坡口。两个空心半球对焊时，焊缝应和球体表面平齐，凹凸不得超过±2mm，如设计要求较高则要用砂轮打平。对于有加肋板的焊接空心球，应在两个半球对焊前先将肋板放入一个半球内并焊好，然后再进行对焊。制作完成后，在出厂前需要进行质量检验控制，质量检查的内容和标准要求按《钢结构工程施工质量验收标准》GB 50205—2020执行，质检合格的，发出厂合格证，质检不合格的，返修或报废。

螺栓球节点的网架和网壳应在出厂安装前，在厂内进行部分或整体预拼装，以检查零部件尺寸，保证现场安装精度。焊接空心球节点的网架和网壳结构安装时，因现场焊接工作量大，焊接变形大且难以控制。所以，网架和网壳的安装顺序应尽量选择有利于释放焊接变形、减少焊接应力的焊接施工顺序，焊接顺序是下弦杆—腹杆—上弦杆。螺栓球节点的网架和网壳结构安装时，先安装下弦杆，再安装腹杆，后安装上弦杆，因为螺栓球节点连接刚度比焊接球网架小，故安装螺栓球节点的网架和网壳时，需要适当起拱（对无起拱要求）或适当增大起拱（有起拱要求）。如果网架和网壳结构同时包含螺栓球节点和焊接球节点，应先施工焊接球网架部分，待焊接变形完成后再进行螺栓球部分的施工。

网架和网壳的安装方法，应根据网架或网壳的结构类型、跨度大小及施工吊装能力等条件来选定。目前常用的安装方法有：高空散装法、整体（分条）滑移法、整体提（顶）升法、折叠展开法等。高空散装法也称为单件安装法，方法如下：用起重设备将杆件或地面上拼装好的小单元吊到高空，从结构的一边、两边或四周开始，向中间拼装直至最后合龙。单件体可以是一根杆件和节点，也可以是一个锥体。拼装过程中，结构属于悬挑体系，必须保证其刚度和稳定性。如跨度较大，悬挑的挠度也较大，影响了结构的几何形状，甚至导致合龙困难，需要适当设置一些临时支柱或支架。这种安装方法适用于采用螺栓连接节点的网架和网壳，其优点是单件重量小、无需大型起重设备；缺点是需要大量的拼装支架和辅助材料，单件制作精度要求高。高空散装法在安装过程中应随时检查轴线的位置和偏差等，发现问题应及时纠正。

分条或分块吊装法，是把网架或网壳结构分成单片或几个锥体组成的小块，在地面拼装后吊到高空进行拼装。分块吊装法比单件安装法减少了高空作业。分条或分块的大小，根据安装设备的起重能力确定。条或块在安装时的受力形态，应尽可能和使用时一致，否则应进行施工安装验算。

高空滑移法，是将整体结构或分条的网架（网壳）子结构，提升到预先设置的轨道上，然后将其滑移到设计位置，并进行定位或整体拼装。被滑移的分条的划分根据起吊能力确定。此法的特点是施工工期快，其中滑移可分为：整体滑移、单条滑移、逐条积累滑移、滚动滑移、滑动滑移、水平滑移、上坡滑移、下坡滑移。滑移法施工需要注意以下问题：滑移单条的挠度不应超过结构设计整体挠度，滑轨标高不低于网架支座标高，滑移牵引力应考虑动力系数，每条滑移应两端同步且两侧最大偏差不应超过 50mm，牵引速度应控制在 1m/min 左右。

整体吊装法，将网架或网壳在地面拼装完成，然后吊到设计位置，进行就位，具有脚手架量小、工期快、需要大型起重设备等特点。对于中小跨度的网架或网壳，可采用几台吊车把整个网架或网壳同时吊起到支柱上方时，再做少许移动使其正好放置于设计位置（相应的柱顶支座）上。对于大跨度的网架或网壳，通常采用拔杆和起重滑轮组进行整体吊装，用滑轮组将整个结构起吊至高于柱顶，然后旋转一个角度，将网架或网壳落在各支柱上。整体吊装法应注意以下问题：①吊装时结构的受力状况与使用时不同，应进行验算；②吊到预定高度时，网架或网壳需整体水平移位或转动；③每个吊点应同步，两吊点之间的高差不超过吊点间距的 1/400 且不大于 100mm；④若采用拔杆，拔杆缆风绳应施加预应力，吊索提升拉力应考虑动力系数。

整体提升法，在支承网架或网壳结构的柱子上安装提升设备，将在地面拼装完成的整体结构提升到设计位置（柱顶）后进行就位。此方法的特点是脚手架量小、工期快、采用小机群、吊装成本低。提升过程中要求网架或网壳的各提升点同步上升，但在实际施工中往往难以做到完全同步，故需要验算各提升点产生位差时的附加内力，确定相邻两提升点以及最高点和最低点的允许位差值，严格控制。

整体顶升法，利用柱作为上升滑道，把千斤顶安在网架或网壳各支点下面，把地面拼装好的整体网架或网壳结构逐步顶升到柱顶的设计位置。此方法与提升法相似，区别在于提升法中提升设备在网架或网壳结构上面，而顶升法中顶升设备在结构下面，提升不需导向，顶升则需要导向。顶升法应注意以下问题：顶升点（设备）的布置应使网架或网壳在施工阶段的受力状态尽可能与使用阶段的一致，每个顶升点受力接近，每个顶升点应同步顶升，相邻顶升点间的高差不超过其间距的 1/1000，也不得超过 30mm。顶升用支柱应具有足够的刚度，应进行设计验算。为了便于实施顶升法，网架或网壳下方的柱可设计成双肢成四肢格构式柱，网架或网壳的各支点位于柱肢之间向上滑升，柱肢间的缀板用来保证柱的整体稳定，应在施工前安装上，随着网架或网壳的上升，随时把有妨碍的缀板卸去，待网架或网壳的支点通过后立即安装上。

折叠展开法，将网架或网壳整体在地面拼装成用铰轴连接的几个独立的结构，然后提升结构到设计位置，补装预先抽取的杆件，形成结构整体。

整体吊装时，网架和网壳在结构自重的作用下，吊点位置的不同使得杆件内力和设计内力不同，对某些杆件可能产生不利影响。例如，设计内力为拉力，吊装过程出现压力；或设计内力和吊装内力同属压力，但在安装过程中杆件计算长度比设计时的大。因此，必须进行安装荷载验算，并合理地选定吊点。

进行安装荷载验算时，应采用安装荷载动力系数来考虑起吊过程中起吊加速度产生的动力效应。采用提升法或顶升法施工时，动力系数取 1.1；当采用把杆吊装时，取 1.2；采用履带式或轮胎式起重机时，则取 1.3。施工安装荷载引起的内力和挠度可采用空间桁架位移法计算。

此外，在安装过程中由于制作和安装等原因，使节点不能达到设计坐标位置，造成部分节点间的距离大于或小于杆件的长度，采用强迫就位使杆件与节点连接的过程中产生了装配应力。由于网壳对装配应力极为敏感（稳定性对缺陷敏感），一般都通过提高制作精度、选择合适安装方法和控制安装精度使网壳的节点和杆件都能较好地就位，装配应力即可减少至不予考虑。当需要计算装配应力时，也应采用空间杆单元或空间梁-柱单元有限单元法，其基本原理与计算温度应力时相仿，即把杆件长度的误差比拟为由温度伸长或缩短。

4.9　网架和网壳结构的防腐和防火

钢结构容易生锈和腐蚀，锈蚀使杆件截面减小，并降低钢结构的安全度和使用年限。钢材虽然是一种不会燃烧的材料，但其机械性能（屈服点、抗拉强度和弹性模量等）会受到温度影响而产生变化，在 450～650℃时会失去承载能力。因此，防腐和防火是钢结构使用与维护的重点，主要材料为钢材的网架和网壳结构自然也需要进行防腐和防火处理。

4.9.1　网架和网壳结构的防腐防锈蚀

1. 锈蚀

钢材的锈蚀主要由于构件表面未加保护或保护不当而受周围氧、氯和硫化物等侵蚀作用所引起的。水和氧气是钢材锈蚀发生和发展的两大基本要素，处于干燥环境的钢材则几乎不会锈蚀。钢材的锈蚀速度与其所处的空气环境、空气温度、湿度等有关。

根据大气腐蚀环境中的污染物质，空气环境分为以下几类：第一类是农村空气环境，空气中主要污染物含有机物和无机物尘埃；第二类是城市空气环境，空气中的主要污染物是汽车尾气、锅炉废气等居民生活产生的废气；第三类是工业空气环境，主要是化工、冶金、水泥等行业排放的污染气，其中对钢材锈蚀或腐蚀影响大的是 SO_2、H_2S、SO_2 等硫化物；第四类是海洋空气环境，此类环境下空气湿度大、盐分多，钢材腐蚀速度快（腐蚀速度约是内陆的 30 倍）。此外，还有这四大类的组合，如滨海工业城市，其环境既有工业污染物质，又有海洋环境海盐粒子。

钢材在大气中的腐蚀形式分为均匀腐蚀、点蚀、缝隙腐蚀、应力腐蚀、电偶腐蚀、疲劳腐蚀。均匀腐蚀的腐蚀分布于整个金属表面，以相同的速度腐蚀。点蚀是指腐蚀在金属表面形成大大小小的孔眼。缝隙腐蚀是指在金属与金属、金属与非金属的接触面缝隙处存在腐蚀介质而发生缝隙处的局部腐蚀。应力腐蚀是指在拉应力和腐蚀环境介质共同作用下产生的腐蚀。电偶腐蚀是指发生在不同金属的接触面上的腐蚀，如钢与铝合金等。疲劳腐蚀，是指在交变应力和腐蚀环境介质共同作用下产生的腐蚀。

2. 防腐蚀方法

网架和网壳结构有以下几种防腐防锈方法。第一种方法是改变金属结构的组织，在钢材冶炼过程中增加铜、铬和镍等合金元素以提高钢材的抗锈能力，如不锈钢材结构。不锈钢类型主要有奥氏体不锈钢、铁素体不锈钢、马氏体不锈钢，建筑结构中常用奥氏体不锈钢。除了不锈钢外，还有铝合金材料。这种方法造价最高，一般用于小跨度装饰性网架或网壳。

第二方法是在钢材表面用金属镀层保护，如热浸镀锌或金属热喷涂等方法。热浸镀锌是指在构件表面镀锌，防腐蚀可达 20 年以上，常用于小型钢构件。金属热喷涂是在构件表面喷涂金属防腐层（锌或锌铝），防腐蚀可达 20 年以上，常用于大型钢构件，已经用于多个国内工程，如广州新白云机场、电视塔、通信塔。

第三种方法是在钢构件的表面涂以非金属保护层，即用涂料将钢材表面保护起来使之不受大气中有害介质的侵蚀。这种方法价格低廉、效果好、适用性强，是目前钢结构防腐蚀最常用的方法。经过涂料方法处理后，腐蚀环境不是很严重的情况下，可保持 20～30 年。

3. 非金属防腐涂料的设计与施工

非金属防腐涂料由基料、颜料、助剂和挥发性物质组成。基料主要是成膜物质，油料、树脂。颜料主要起防锈、着色、遮盖的作用，降低涂膜渗透性，增强涂膜力学性能。助剂用来改善涂料的生产、存储、使用性能以及涂膜性能，如增韧性、催干、稳定性。挥发性物质（溶剂）用于在施工和成膜时降低黏度，控制黏度变动。常用防腐涂料品种包括：沥青涂料、醇酸树脂涂料、酚醛树脂涂料、环氧树脂涂料（目前最常用涂料）、氯磺化聚乙烯涂料、高氯磺化聚乙烯涂料、氯化聚橡胶涂料。防腐涂料应能具有良好的防腐性能、易于涂装施工且干燥快、良好耐候性的面漆，此外还要有较好的装饰性。

钢结构防腐涂装设计包括涂料耐久性的确定、涂膜厚度要求、涂层方案设计。其中，耐久性是指达到第一次大修前的使用寿命，但之前有定期小修小补保养。按照设计寿命包括低耐久性（5 年以下）、中耐久性（5～15 年）、高耐久性（15 年以上）。钢结构防护涂层厚度跟腐蚀环境、使用寿命、构件的重要性和使用环境等有关，具体值详见《钢结构工程施工质量验收标准》GB 50205—2020。涂层方案设计包括了四个步骤：确定钢结构的腐蚀环境、确定钢结构防护的期望年限、确定涂料品种、确定涂层厚度。

非金属涂料的防腐施工包括了表面除锈、涂料施工两道工序。表面除锈的目的是彻底清除构件表面的毛刺、铁锈、油污及其他附着物，使构件表面露出银灰色。这样可增加涂层与构件表面的粘合和附着力，使防护层不会因锈蚀而脱落。表面除锈的方法包括：人工除锈、喷砂除锈、酸洗和酸洗磷化除锈。

人工除锈是用刮刀、钢丝刷、砂纸或电动砂轮等简单工具，用手工将钢材表面的氧化铁、铁锈、油污等除去，这种方法操作较简单，人工除锈的质量分级见表 4-13。

人工除锈质量分级 表 4-13

级别	钢材除锈表面状态
St2	彻底地用铲刀铲刮，用机械刷子刷擦和用砂轮研磨等。除去疏松的氧化皮、锈和污物，最后用清洁干燥的压缩空气或干净的刷子清理表面，这时表面应具有淡淡的金属光泽

级别	钢材除锈表面状态
St3	非常彻底地用铲刀铲刮,用钢丝刷子擦,用机械刷子擦和用砂轮研磨等。表面除锈要求与 St2 相同,但更为彻底。除去灰尘后,该表面应具有明显的金属光泽

注:采用砂轮研磨时,钢材表面不得出现砂轮研磨痕迹。

喷砂除锈是在封闭房间内用铁砂或铁丸冲击构件表面,以清除构件表面铁锈、油污等杂质。喷砂除锈效果好、除锈彻底。如果采用硅砂或海砂,喷砂效果较差,产生的砂层还会影响工人身体健康,应尽量避免用海砂或硅砂。喷砂除锈的质量分级见表 4-14。

喷砂除锈质量分级   表 4-14

级别	钢材除锈表面状态
sa1	轻度喷射除锈,应除去疏松的氧化皮、锈及污物
sa2	彻底地喷射除锈,应除去几乎所有的氧化皮、锈及污物,最后用清洁干燥的压缩空气或干净的刷子清理表面,这时该表面应稍呈灰色
sa3	非常彻底地喷射除锈,氧化皮、锈及污物应清除到仅剩有轻微的点状或条状痕迹的程度,但更为彻底。除去灰尘后,该表面应具有明显的金属光泽。最后表面用清洁干燥的压缩空气或干净的刷子清理
sa4	喷射除锈到出白,应完全除去氧化皮、锈及污物,最后表面用清洁干燥的压缩空气或干净的刷子清理,该表面应具有均匀的金属光泽

酸洗和酸洗磷化除锈是用酸性溶液与钢材表面的氧化物发生化学反应,并溶解于酸溶液,是一种比较好的除锈方法,其除锈质量比人工除锈法和喷砂除锈法都要好。酸洗后再进行磷化处理,使钢材表面呈均匀的粗糙状态,增加漆膜与钢材的附着力。但酸洗除锈需要酸洗槽和蒸汽加温反复冲洗的设备,对于大型构件较难实现。

除锈后,进行涂料施工,即在构件表面形成一层坚强的薄膜,保护钢材不受周围侵蚀介质的作用。涂装施工的方法包括刷涂、辊涂、喷涂。其中,刷涂是用刷子手工涂刷,施工速度慢、效率低、质量差,仅用于补涂。辊涂采用辊筒涂装,比刷涂速度快、效率高,适用大面积涂覆但涂层难以均匀。喷涂是采用压缩空气喷涂,喷涂效率高、质量高、涂膜表面光滑。

钢结构涂装施工包括工厂涂装和现场涂装两道工序,通常底漆($75\mu m$ 厚)、中间漆($150\mu m$ 厚)在车间涂装,面漆($50\mu m$ 厚)在现场涂装。车间涂装的最佳涂装温度 $21℃$ 左右,涂膜质量高。

影响涂装施工质量的因素包括:环境空气温度(最合适 $15\sim35℃$)、钢板表面温度(最合适 $5\sim38℃$ 并不能低于零点)、涂料温度(环氧涂料常要求 $15℃$ 以上)、空气相对湿度(相对湿度不超过 85%)、露点温度(涂装时构件表面温度总要求高于露点 $3℃$ 以上)。其中,相对湿度是指在一定的大气温度条件下,定量空气所含水蒸气量与该温度时同空气所能容纳的最大水蒸气量的比值。露点是指该环境温度(和相对湿度)条件下,物体表面刚刚开始发生结露时的温度。构件表面比露点高 $3℃$ 以上,可认为表面干燥,能够进行涂装施工;若接近露点或低于露点,必须去湿或提高被涂物表面温度,方可进行涂装施工。

4.9.2 网架和网壳结构的防火

应根据建筑物的耐火等级确定耐火极限,钢结构的耐火极限主要取决于钢材的耐火极限。使钢材失去承载能力的温度称为临界温度,结构构件要达到临界温度前需经历一定时间,从受到火的作用开始到构件达到临界温度为止所需时间称为耐火极限。无保护的钢结构，其耐火极限为半个小时。

1. 钢结构常用的防火方法

钢结构常用的防火方法有包封法、屏蔽法、水喷淋法、充水冷却法、防火涂料法。其中，包封法是用混凝土、砂浆或灰胶泥、轻质预制板等耐火材料将钢构件包裹起来；屏蔽法是指将钢构件与火灾区或高温区隔离；水喷淋法是在结构顶部设喷淋管网；充水冷却法是指在钢构件内部充循环水，将热量带走；防火涂料法是指在钢构件表面喷涂防火涂料，形成防火保护层。钢结构防火涂料目前有 3 种：厚涂型（8～50mm 厚、耐火极限 3h）、薄涂型（3～7mm 厚、耐火极限 2h）、超薄型（小于 3mm 厚、耐火极限 2h）。目前，网架与网壳结构的防火措施主要采用喷涂防火覆面材料和水喷淋系统防护。

2. 钢结构防火涂料

防火涂料又称阻燃涂料，火灾发生时，其能够阻止燃烧或对燃烧的拓展有延滞作用。防火材料应在规定的耐火时限内与钢构件保持良好的结合，无裂缝、不剥落及有效屏蔽火焰，阻隔温度。钢结构防火涂装设计包括：构件耐火时限确定、防火涂料类型确定、涂层构造及厚度确定。

采取喷涂防火材料应选用消防部门认可的防火材料。喷涂材料厚度应按喷涂材料的类型、喷涂材料的施工方法、耐火极限等要求确定。此外，防火部分涂膜厚度不得小于设计厚度的 85%。当防火部分涂膜厚度小于设计规定厚度的 85%，或厚度虽大于设计规定厚度的 85%但未达到设计厚度涂层的连续分布面积的长度超过 1m 时，应进行补涂。喷涂施工完成后，通过涂层厚度、涂层强度、表面裂纹、表面质量来对防火涂料的施工质量进行检验。

思考题和习题

1. 比较网壳结构和网架结构的异同点和优缺点。
2. 简述单层网壳的类型有哪些？
3. 简述牛顿-拉夫森迭代法和修正的牛顿-拉夫森法之间的异同。
4. 简述弧长法的计算步骤。
5. 影响网壳结构稳定性能的因素有哪些？
6. 简述网壳结构的动力特性。
7. 简述考虑几何非线性的空间杆单元和空间梁-柱单元的刚度矩阵特点。
8. 确定网壳和网架结构中螺栓球直径的原则是什么？
9. 螺栓球节点各个组成零配件的作用是什么？
10. 简述焊接空心球的设计内容。
11. 简述三种网架或网壳施工方法的特点。
12. 将例 4-1 的中间铰下垂 v_0 改为 5cm，荷载 P 改为 25kN，试用牛顿-拉夫森法求解平衡时的位移和杆件应力。再进一步，分别用牛顿-拉夫森法和修正的牛顿-拉夫森计算 $v_0=15$cm 时的结果，并与线性分析计算结果对比。
13. 某单层网壳结构采用焊接空心球节点，材料为 Q345 钢（钢材抗拉强度设计值 $f=305$MPa），空心球外径为 300mm，球体上受力最大的钢管杆件外径 120mm，其轴拉力设计值为 260kN，该钢管外壁与球面的夹角 α 为 105°并采用斜角焊缝连接，试设计空心球的壁厚和连接焊缝。

本章参考文献

[1] 李明，陈扬骥，李宪立. 现代预应力技术在我国空间网格结构中的应用与发展 [J]. 预应力技术，

2001（4）：29-32.

[2] 陈昕，沈世钊. 单层穹顶网壳的荷载-位移全过程及缺陷分析 [J]. 建筑结构学报，1992，13（3）：11-18.

[3] 聂桂波，支旭东，尚玉珠，等. 考虑下部支承效应的单层柱面网壳结构抗震性能研究 [J]. 建筑结构学报，2020，41（S1）：10-16.

[4] 沈祖炎，陈扬骥. 网架与网壳 [M]. 上海：同济大学出版社，1997.

[5] 沈世钊，陈昕. 网壳结构稳定性 [M]. 北京：科学出版社，1999.

[6] 杜新喜，大跨空间结构的设计与分析 [M]. 北京，2014，中国建筑工业出版社.

[7] 张毅刚，薛素铎，杨庆山等大跨空间结构（第 2 版）[M]. 北京：机械工业出版社，2014.

[8] 王秀丽，梁亚雄，吴长. 大跨度空间结构 [M]. 北京：化学工业出版社，2017.

[9] 范峰. 空间网壳结构弹塑性地震响应及抗震性能分析 [J]. 哈尔滨建筑大学学报，1999（1）：32-37.

[10] 中华人民共和国行业标准. 网壳结构技术规程 JGJ 61—2003 [S]. 北京：中国建筑工业出版社，2004.

[11] 中华人民共和国行业标准. 空间网格结构技术规程 JGJ 7—2010 [S]. 北京：中国建筑工业出版社，2011.

[12] 中华人民共和国国家标准. 建筑荷载设计规范 GB 50009—2012 [S]. 北京：中国建筑工业出版社，2012.

[13] 中华人民共和国国家标准. 建筑抗震设计规范 GB 50011—2010 [S]. 北京：中国建筑工业出版社，2016.

[14] 中华人民共和国国家标准. 钢结构设计标准 GB 50017—2017 [S]. 北京：中国建筑工业出版社，2017.

[15] 刘光栋，王解军，何放龙. 空间梁单元的几何非线性刚度矩阵的分解形式 [J]. 湖南大学学报，1992，19（1）：60-71.

[16] 李元齐，沈祖炎. 弧长控制类方法使用中若干问题的探讨与改进 [J]. 计算力学学报，1998，15（4）：414-422.

[17] 王志军，刘南科. 结构非线性分析中的弧长控制法研究 [J]. 工程力学，1998，增刊：401-405.

[18] 刘国明，卓家寿，夏颂佑. 求解非线性有限元方程的弧长法及在工程稳定分析中的应用 [J]. 岩土力学，1993，14（4）：401-405.

[19] 殷有泉，邸元，姚再兴. 非线性有限元方程组的弧长延拓算法 [J]. 北京大学学报（自然科学版），2017，53（5）：793-800.

[20] 范峰 曹正罡，马会环，严佳川. 网壳结构弹塑性稳定 [M]. 北京：科学出版社，2015.

[21] 王星，董石麟. 考虑节点刚度的网壳杆件切线刚度矩阵 [J]. 工程力学，1999，16（4）：24-32.

[22] 范峰，曹正罡，崔美艳. 半刚性节点单层球面网壳弹塑性稳定性分析 [J]. 哈尔滨工业大学学报，2009，41（4）：1-6.

[23] 马会环，范峰，曹正罡，等. 半刚性螺栓球节点单层球面网壳受力性能研究 [J]. 工程力学，2009，26（11）：73-79.

[24] Ma H H, Ren S and Fan F. Experimental and numerical research on a new semi-rigid joint for single-layer reticulated structures [J]. Engineering Structures, 126（2016）：725-738.

[25] Ma H H, Fan F, Peng W, et al. Experimental and numerical studies on a cylindrical reticulated shell with semi-rigid joint [J]. Thin-walled Structures, 86（2015）：1-9.

[26] Aitziber L, Inigo P, Miguel A S. Numerical model and experimental tests on single-layer latticed domes with semi-rigid joint [J]. Computer and Structures, 85（2007）：360-374.

[27] Aitziber L，Inigo P，Miguel A S. Direct evaluation of the buckling loads of semi-rigidly jointed single-layer latticed domes under symmetric loading ［J］. Engineering Structures，29 （2007）：101-109.

[28] 范峰，马会环，沈世钊. 半刚性螺栓球节点单层 K8 网壳弹塑性稳定分析 ［J］. 土木工程学报，2009，42 （2）：45-52.

[29] 范峰，马会环，马越洋. 半刚性节点网壳结构研究进展及关键问题 ［J］. 工程力学，2019，36 （7）：1-8.

[30] 薛素铎，王宁，李雄彦. 节点刚度对单层柱面网壳动力稳定性的影响 ［J］. 地震工程与工程振动，2014，34 （2）：27-33.

[31] 朱慈勉，汪榴，江利仁. 计算结构力学 ［M］. 上海：上海科学技术出版社，1997.

[32] 陈绍蕃，郭成喜. 钢结构 （下册）：房屋建筑钢结构设计（第四版）［M］. 北京：中国建筑工业出版社，2015.

[33] 哈尔滨建筑工程学院. 大跨房屋钢结构 ［M］. 北京：中国建筑工业出版社，1993.

[34] 中华人民共和国国家标准. 钢结构工程施工及验收标准 GB 50205—2020 ［S］. 北京：中国建筑工业出版社，2020.

第 5 章　钢 管 结 构

广义上讲，只要采用管状截面构件（钢管构件）的结构都可以称为钢管结构，包括杆件采用钢管截面构件、螺栓球和焊接空心球连接节点的网架和网壳结构。一般来说，钢管结构是指钢管构件之间采用相贯连接节点的结构。钢管相贯节点（unstiffened joint）是指在节点处，在同一轴线上的两个较粗的相邻杆件贯通，其余杆件通过端部相贯线加工后直接焊接在贯通杆件的表面且连接处没额外的加劲件。其中，贯通杆件称为主管或弦杆（chord），焊接于弦杆表面的杆件则称为支管或腹杆（brace）。此外，那种在钢管相贯节点基础上采用各种加强措施（目的是提高节点承载力），但部分钢管构件在连接节点处贯通而非中断的结构也被称为钢管结构。尽管钢管构件组成的结构体系与其他截面形式构件组成的结构体系并没有本质不同，但会因钢管节点的细部构造不同影响构件和结构的行为。譬如钢管结构中常用的相贯节点很难做到理想刚性节点，仅具有有限的节点轴向和弯曲刚度，这种有限刚度会影响单层网壳结构等空间结构的整体刚稳定性和动力特性。本章主要介绍相贯连接节点的钢管结构，着重介绍钢管相贯节点的性能和设计方法。

5.1　钢管结构的发展与应用简介

对比工字形等开口截面构件，闭口截面的管构件具有很多优点，如回转半径大、受扭性能好、无明显弱轴等众多优点。管截面尤其是圆管截面的阻力系数大大低于具有锐角的开口截面（如工字钢）的阻力系数；两端密封的管截面内部几乎不会发生腐蚀，故管截面构件比开口截面构件减少了需要防护的表面积（约减少 20％～50％），从而节省了防腐防火涂料。此外，管截面的内部空间有多种用途，如填充混凝土以增加抗压承载能力并延长耐火极限，再比如安装加热和排风系统，贯通的弦杆构件内部还可以放置排水管道。从建筑外观上看，采用相贯连接节点的钢管结构，弦杆连续贯通、腹杆直接连接在弦杆表面，符合建筑上的整洁和美观。因此，由管状截面构件组成的钢管结构广泛应用于海洋工程、桥梁工程、塔桅工程、建筑工程（涵盖各种大跨度和高层建筑结构体系）。

根据相关文献，最早应用钢管结构的是 19 世纪 60 年代建造的美国圣路易斯桥（直径 460mm 的钢管）。20 世纪 40 年代美国在墨西哥湾建造首个钢管结构石油平台，正是钢管结构的优点性能使得其在海洋平台结构领域得到了广泛应用。1962 年，国际管结构发展与教育委员会（CIDECT）的成立进一步推动了钢管结构的发展。此后，钢管结构逐渐推广到建筑结构领域，如工业厂房、会展中心、体育馆、航站楼、电视塔、桥梁、高层建筑等。1970 年代后，随着钢管结构的研究发展，很多研究成果被用于指导工程实践，并被纳入各国的设计标准和规范中，这进一步推广了钢管结构的工程应用。我国于 1988 年在钢结构规范中首次列出一章介绍钢管结构设计标准，此后每一个版本的钢结构设计规范或标准（最新是《钢结构设计标准》GB 50017—2017）都不断增加有关钢管结构设计的内容，2010 年推出了关于钢管结构设计的专门规范：《钢管结构技术规程》CECS

280：2010。

钢管结构的材料，从早期的普通钢材发展到现在的高强度钢材、不锈钢、铝合金等其他金属材料，从单一的金属材料管件发展到与混凝土或碳纤维等形成组合材料管件。

钢管结构的构件的截面形式，早期以圆形截面钢管（以下简称"圆钢管"）或矩形截面钢管（以下简称"矩形钢管"）为主，发展到现在包括椭圆形在内的各种形式管状截面构件。从早期一个结构中仅单一的圆钢管（矩形钢管）截面构件，发展到多种截面构件混合的结构，比如钢管柱（含钢管混凝土）与 H 型钢梁组成的框架结构、钢管桁架屋盖和 H 型钢支撑柱组成的大跨度结构、弦杆和腹杆采用不同截面形式的桁架结构等。

构件之间的连接节点，从早期的圆钢管节点（所有杆件均为圆钢管）或矩形钢管节点（所有杆件均为矩形钢管），到现在椭圆形钢管节点，以及主管和支管截面形式不同的节点，如主管方钢管支管圆钢管（主方支圆）、主管 H 型钢支管圆钢管等。钢管相贯节点从早期的几何形式简单的 T 形、X 形节点发展到几何形式复杂的 KK 形、KT 形节点等。从焊接节点为主（支管焊接到主管表面）发展到铸钢节点、单边螺栓等紧固件连接节点。为了提高节点承载力，在相贯节点基础上发展出各种加强型钢管节点，主要加强措施有：主管内局部填充混凝土、主管壁厚局部加厚、主管上加套管或垫板、主管设内或外加劲环肋、设置节点板等。

结构体系方面，钢管结构早期以桁架结构为主，逐渐应用到网壳、框架、塔架等各种结构体系。由钢管作为构件连接而成的桁架结构（以下简称"钢管桁架结构"）是最常见的钢管结构体系之一，这种结构在火车站站台、机场航站楼、会展中心得到广泛的应用。管桁架可以分为平面管桁架和空间管桁架两种，平面管桁架的上弦杆、下弦杆和腹杆都在一个平面内，可视为角钢-节点板构成的传统平面桁架的进一步发展。对比角钢桁架，弦杆连续、无需节点板的管桁架外观整洁美观，而且节省防锈反腐涂料，后期清洁方便。对比平面管桁架，上弦杆、下弦杆和腹杆不在一个平面内的空间管桁结构的扭转刚度和侧向稳定性明显提高，还减少了侧向支撑构件（跨度不大时可取消支撑）。工程中常用的空间管桁架结构往往采用两根上弦杆、一根下弦杆的倒三角形截面，这种截面形式加强了受压的上弦杆的稳定性，有利于结构稳定性。图 5-1 是平面管桁架和空间管桁架结构的工程实例。

近年来，钢管之间采用相贯连接节点（或在此基础上的加强型钢管节点）的网壳结构（以下简称"钢管网壳结构"）在工程中得到了广泛的应用。对比采用传统的螺栓球和焊接空心球节点的网壳结构，钢管网壳结构的主要优点之一是外观流畅美观，因为后者的弦杆（主管）是连续的，而前者杆件被一个个球打断。钢管网壳结构的工程例子有上海光源工程屋盖结构、上海交通大学体育馆屋盖结构、成都双流国际机场屋面结构等。图 5-2 是钢管网壳结构的工程实例。

钢管结构在塔架结构中应用更为广泛，包括各种电视塔和输电塔等。广州电视塔的钢结构外筒就是由圆钢管混凝土立柱、圆钢管斜撑、圆钢管环梁和圆钢管牛腿构成的钢管结构。尽管目前国内大部分输电塔的构件依然以角钢等开口截面钢为主，但对于一些受力复杂的大型塔，其杆件往往采用圆钢管截面，这些管形杆件之间采用插板连接或相贯焊连接。这种钢管构件组成的输电塔具有结构刚度大、迎风体型系数小、截面回转半径大、杆件稳定性好等优点。图 5-3 为钢管塔架结构工程例子。

近些年来，钢管（包括钢管混凝土）柱也越来越多应用于多高层建筑结构。对比 H 型钢等开口截面钢柱和钢筋混凝土柱，钢管柱或钢管混凝土柱具有构件稳定性好、承载力高等优点。

(a) 平面管桁架

(b) 空间管桁架

图 5-1　钢管桁架工程例子

图 5-2　钢管网壳结构工程例子

图 5-3　钢管塔架结构工程例子

5.2 钢管结构的常用术语和设计基本规定

5.2.1 钢管结构常用术语

（1）结构管截面（structural hollow sections，SHS），加拿大和美国一般称为管结构截面（Hollow Structural Sections，HSS）；

（2）钢管结构（structure with steel hollow section members）：主要由钢管构件组成的结构，钢管包括圆钢管、矩形钢管以及由钢板焊接而成的钢管等；

（3）圆管截面（circular hollow sections，CHS）；

（4）矩形管截面（rectangular hollow sections，RHS）；

（5）方钢管截面（square hollow section，SHS）；

（6）椭圆管截面（elliptical hollow section EHS）；

（7）主管或弦杆（chord）：钢管结构中，在节点处连续贯通的杆件；

（8）支管或腹杆（brace，也有称 branch）：钢管结构中，在节点断开并与主管相连接的杆件；

（9）平面管节点（uni-planar joint）：所有支管和主管在同一个平面内连接而形成的节点；

（10）空间管节点（multi-planar joint）：由不同平面内的支管与主管连接而形成的节点；

（11）圆钢管相贯节点（unsitffened CHS joint）：主管和支管均采用圆钢管，支管直接焊接在主管表面而形成的节点；

（12）矩形钢管相贯节点（unsitffened RHS joint）：主管和支管均采用矩形钢管，支管直接焊接到主管表面而形成的节点；

（13）加强型管节点（reinforce joint）：用局部增加壁厚、加劲肋、内部填充混凝土等措施加强的管节点；

（14）平面管桁架（plane truss）：由处于同一个平面的上弦杆、下弦杆和腹杆构成的桁架，且杆件以钢管构件为主；

（15）立体管桁架（spatial truss）：由弦杆和腹杆构成的立体格构式桁架，且杆件以钢管构件为主；

（16）平面内弯矩（in-plane bending moment）：作用在腹杆上且处于弦杆和腹杆构成的平面内的弯矩；

（17）平面外弯矩（out-of-plane bending moment）：作用在腹杆上且与弦杆和腹杆构成平面正交的平面内的弯矩。

5.2.2 钢管的材料和截面制作

目前，钢管结构构件材料常用 Q235 钢和 Q345 钢，且通常为屈服强度与抗拉强度比（屈强比 f_y/f_u）小于 0.8 的钢材。这是因为目前国内外对钢管结构的研究，大多是基于屈服强度低于 355MPa 钢材，对于更高强度钢材的钢管结构的研究还不够成熟。

根据生成方式不同，工程结构中常用的钢管可分为热加工管和冷成型管两大类。冷成型钢大致可分以下三种：①高频电阻焊焊接的直缝管，将一个板条或钢板通过辊子成型为圆柱形然后纵向焊接而成（焊缝为直线），再将初步成型的圆管辊轧成矩形或方形；②熔透焊（通常为埋弧焊）焊接的直缝管或螺旋焊管，其中螺旋焊管是将板条通过成型机以一个角度加工成螺旋形的圆管然后焊接（焊缝为螺旋线）；③冷拔管，这种管因为成本较高一般不采用。热加工管有以下几种：①热轧无缝钢管（主要为圆钢管），其制作有两个阶段，第一阶段是穿透钢锭，第二阶段是将空心钢锭延伸成圆管截面成品；②冷成型钢管进行后续热处理使之达到与热轧无缝管等效的冶金条件；③对电阻焊的直缝管在最后定型前进行热处理；④炉焊管。建筑结构中的钢管一般采用经济成本较低的高频电阻焊焊接的直缝管和炉焊管。

矩形钢管（方钢管视为矩形钢管的特例）除了由圆管通过成型辊子加工形成外，还可以采用两个槽形截面对焊而成或由一块钢板成型到适当的形状后通过一条焊缝封闭截面或采用四块板焊接而成。当用冷弯槽钢对接焊成矩形钢管时，其边长尺寸应大于 300mm，厚度不小于 8mm。

可根据构件受力情况、制作加工条件、建筑造型要求等，分别采用圆钢管构件或矩形钢管构件，也可以混合采用，有时候也和工字型钢、H 型钢等开口截面构件混合使用。

5.2.3 结构和构件设计的基本规定

钢管结构应满足结构设计基本原则，如采用概率理论为基础的极限状态设计法，以分项系数为设计表达式进行计算等，可参考结构设计相关的规范和书籍，本书不再赘述。钢管结构还应满足各种具体结构类型的相关设计规定，比如应用于多高层建筑时应满足《高层民用建筑钢结构技术规程》JGJ 99—2015 的相关规定和要求，应用于网壳时应满足《空间网格结构技术规程》JGJ 7—2010 的相关规定和要求等。除此之外，还要根据钢管结构的自身受力特点给出一些专门规定，下面简单介绍一些针对钢管结构的设计规定。

1. 钢管壁厚的规定

钢管管壁的要求。受力钢管的管壁厚度应大于 2mm，对于湿热地区不宜小于 3mm。对于壁厚小于 6mm 的结构，锈蚀问题较为突出，应采取可靠的防锈措施。当壁厚大于 25mm 时，对承受支管较大拉应力的主管部位，应有防层状撕裂的措施。钢管在承受较大横向荷载部位应适当加强，防止出现过大局部变形。

为了限制钢管管壁的局部屈曲，钢管构件还有宽厚比限制。圆钢管构件的外直径和壁厚之比 d/t（简称径厚比）限制如下：用于轴心受力构件时 $d/t \leqslant 100 \times 235/f_y$；用于受弯或压弯构件时 $d/t \leqslant 100 \times 235/f_y$（弹性设计）或 $d/t \leqslant 90 \times 235/f_y$（考虑塑性发展）；如需要发展塑性铰要求时，受弯构件要求 $d/t \leqslant 40 \times 235/f_y$，压弯构件要求 $d/t \leqslant 60 \times 235/f_y$。矩形钢管构件的最大外缘尺寸与壁厚之比 b/t 限制如下：用于轴心受力构件时 $b/t \leqslant 40 \times (235/f_y)^{0.5}$，受弯或压弯构件的宽厚比限制符合《钢结构设计标准》GB 50017—2017 的要求。f_y 为钢材屈服强度（单位为"MPa"）。

2. 钢管柱的规定

钢管结构宜用弹性分析方法计算结构内力，用构件计算长度系数法直接验算构件的稳定性。轴心受压钢管构件的稳定系数 φ 值，应根据构件截面的分类按《钢结构设计标准》GB 50017—2017 取值，对于壁厚小于等于 6mm 的冷成型薄壁钢管则应按《冷弯薄壁型钢技术规范》GB 50018—2002 取值。对于偏心节点的钢管结构，构件承载力校核应考虑偏心产生的弯矩影响，并按偏心受力构件计算其稳定性。

（1）单个钢管构成的柱

单管柱的截面可选用圆钢管或矩形钢管，其形式有等截面柱、梭形柱（截面沿着轴线呈中间大两端小）、锥形柱（截面沿着轴线呈底部大顶部小）。通常单管梭形柱用于柱两端铰接的轴心受压构件，单管锥形柱则用于柱脚刚接的悬臂柱。等截面柱的设计按《钢结构设计标准》或《冷弯薄壁型钢技术规范》的有关规定执行，对于各个方向截面特性相同的圆钢管构件，计算弯矩（压弯构件）应取几个平面内的最大合成弯矩。

关于两端铰接的圆（方）钢管梭形柱的稳定承载力按式（5-1）计算，式中稳定系数 φ 应由等效长细比 λ_{eff}、截面类别按《钢结构设计标准》GB 50017—2017、《冷弯薄壁型钢技术规范》GB 50018—2002 的相关规定计算。

$$\begin{cases} N/\varphi A_0 f \leqslant 1.0 \\ \lambda_{\text{eff}} = \mu l / \sqrt{I_{\text{eff}}/A_0} = \mu l / \sqrt{\sqrt{I_0 I_1}/A_0} \\ \mu = [1 + (1 + 0.853\gamma_0)^{-1}]/2 \\ \gamma_0 = (D_1 - D_0)/D_0 \text{ 或 } (B_1 - B_0)/B_0 \end{cases} \tag{5-1}$$

式中，N 为轴力；A_0 为梭形柱端部截面面积；f 为钢管强度设计值；I_{eff}、I_0、I_1 分别为梭形柱的等效截面惯性矩、端部截面惯性矩、中间截面惯性矩；l、μ 分别为杆件的长度和计算长度系数；γ_0 为梭形柱的楔率；D_1、D_0 分别为圆钢管柱中间、端部截面的外径；B_1、B_0 分别为方钢管柱中间、端部截面的边长。

（2）钢管格构柱

钢管格构柱可采用双肢、三肢和多肢等，横向缀件可选用缀管或缀板。当采用相贯连接缀管时，格构柱按轴压构件进行整体稳定验算，查稳定系数 φ 时用换算长细比 λ_{m}。对于仅设置水平横向缀管的钢管格构柱、设有单斜缀管的两肢和四肢钢管格构柱（斜缀管与柱轴线夹角在 40°～70°），其换算长细比 λ_{m} 分别按式（5-2）、式（5-3）确定：

$$\begin{cases} \lambda_{\text{m}} = \sqrt{\lambda_0^2 + \pi^2 \lambda_1^2 (1 + 2\beta_1)/12} & \text{双肢或四肢等截面钢管格构柱} \\ \lambda_{\text{m}} = \sqrt{\lambda_0^2 + \pi^2 \lambda_1^2 (5 + 8\beta_1)/48} & \text{三肢等截面钢管格构柱} \end{cases} \tag{5-2}$$

$$\begin{cases} \lambda_{\text{m}} = \sqrt{\lambda_0^2 + 27 A/A_1} & \text{双肢或四肢等截面钢管格构柱} \\ \lambda_{\text{m}} = \sqrt{\lambda_0^2 + 56 A/A_1} & \text{分肢等边三角形布置的三肢钢管格构柱} \end{cases} \tag{5-3}$$

以上两式中，λ_0 为钢管格构柱长细比；λ_1 为分肢长细比，计算长度取相邻缀杆中到中的距离；$\beta_1 = i_1/i_{\text{b}}$，$i_1$ 和 i_{b} 分别为分肢线刚度、横缀管线刚度；A 为分肢钢管面积之和；A_1 为一个节间内两侧斜缀管面积之和。

关于等截面钢管格构柱分肢稳定性，应按轴心受压构件或偏心压弯构件计算。可不用验算分肢稳定性的两个条件：第一，格构柱设置了横缀管和斜缀管，且分肢长细比 λ_1 不大于格构柱不同方向整体换算长细比最大值 λ_{m} 的 0.7 倍；第二，缀件是竖放缀板或仅有横缀管时，λ_1 不大于 40 且不大于 λ_{m} 的 0.5 倍（当 $\lambda_{\text{m}} < 50$ 时，取 $\lambda_{\text{m}} = 50$）。

不满足上述规定时，应验算柱的中部及端部分肢段的稳定性。柱中部弯矩按下式计算：

$$M_m = \frac{N\delta_0}{1 - N/N_{cr}} \tag{5-4}$$

$$N_{cr} = \frac{\pi^2 EA}{\lambda_m} \tag{5-5}$$

式中，N 为柱轴力设计值；δ_0 为柱中部挠曲幅值，取 $\delta_0 = l/500$；N_{cr} 为考虑格构柱剪切变形效应的屈曲承载力。

当缀件是斜缀管时，柱中部分肢的轴力 N_1 应按式（5-6）计算，分肢稳定性按轴心受压构件验算。

$$N_1 = \frac{N}{n} + \frac{M_m c_1}{\sum\limits_{i=1}^{n} c_i^2} \tag{5-6}$$

式中，c_1 为最远的分肢距弯曲主轴的距离；c_i 为第 i 个分肢距弯曲主轴的距离；n 为分肢数。

当缀件仅是横缀板（竖放）或仅是横缀管时，除按式（5-6）验算跨中分肢的稳定性外，还必须验算柱端部分肢的稳定性。在柱端部截面，分肢除承受轴力外还承受由剪力引起的弯矩，分肢稳定性应按压弯构件验算，其端部单个分肢承受的轴力和弯矩应按式（5-7）计算。

$$N_1 = \frac{N}{n}, M_1 = \frac{\chi V l_1}{2n} \tag{5-7}$$

式中，$V = Af(f_y/235)^{0.5}/85$，为剪力；χ 为考虑分肢分担剪力的不均匀性的增大系数，对两肢和四肢格构柱 $\chi = 1.0$，对其他分肢格构柱 $\chi = 2.0$。

验算轴心受压格构柱的缀件的强度时，其剪力 $V = Af(f_y/235)^{0.5}/85$，端部的最大弯矩 $M_d = V l_1/(2n)$。

3. 管桁架结构

（1）钢管桁架结构选型

钢管桁架结构是最常见的钢管结构体系之一，按照弦杆轴线形状可以分为曲线形钢管桁架和直线形钢管桁架。直线形桁架多用于平板型屋架上，曲线形桁架是随着人们建筑美学要求、空间造型多样性等不断提高而出现的。曲线形桁架在设计建造中，可以采取杆件直接加工成曲线的方法，也可以是杆件依然是直杆，用多折线近似曲线的方法。

管桁架在设计时可选平面桁架和立体桁架。类似图 1-2 平面钢管桁架按腹杆布置形式可进一步分为单斜式、人字式、空腹式、芬克式桁架等，单斜式桁架和人字式桁架的斜腹杆与主管夹角宜为 40°～50°，桁架高跨比一般为 1/15～1/10。

立体管桁架可选用三角形截面（3 根弦杆）、四边形截面（上弦杆和下弦杆各 2 根），高跨比一般为 1/20～1/13。三角形截面又分为正三角形（1 根上弦杆和 2 根下弦杆）、倒三角形（2 根上弦杆和 1 根下弦杆）两种，三角形截面的高宽比通常为 2～3。正三角形具有上小下大（重心低）、自身稳定性较好等优点；倒三角形具有抗扭刚度大、上弦平面外抗弯刚度大（支撑条件好）等优点。当采用倒三角形时，连接上弦杆和下弦杆的腹杆布置以四角锥形式居多，上弦水平面内的斜腹杆布置则根据建筑形式确定。当采用矩形和梯形等四边形截面时，立体桁架中四个面的腹杆布置基本类同平面桁架的腹杆布置形式，但有时候需要增加一些空间斜向腹杆，以增强四边形截面的抗扭刚度。

（2）节点的刚接和铰接

如满足下面条件可将节点视为铰接：①符合各类节点相应的几何参数的适用范围；②在桁架平面内杆件的节间长度与截面高度或直径之比不小于12（弦杆）和24（腹杆）。如果不满足要求，则宜按刚接节点模型计算桁架内力。

（3）钢管桁架结构的计算模型

主管（弦杆）上因节间荷载产生的弯矩应在设计主管和节点时加以考虑，此时可按主管连续杆件、支管（腹杆）铰接于弦杆中心线的模型进行计算，如图5-4（a）所示。对于钢管相贯焊接节点，当支管与主管连接节点的偏心不超过式（5-8）的限制时，计算节点和受拉主管承载力时可以忽略因偏心引起的弯矩的影响，但受压主管必须考虑此偏心引起的弯矩 $M=\Delta Ne$ 的影响。其中，ΔN 为节点两侧主管轴力之差，e 是相邻两根支管的轴线的相交点与主管轴线之间存在偏心距。

$$-0.55 \leqslant e/h \text{ 和 } e/d \leqslant 0.25 \tag{5-8}$$

式中，d 为圆钢管外径；h 为连接平面内的矩形主管截面高度。

如果节点偏心超过式（5-8）时，应考虑偏心弯矩对节点承载力和杆件承载力的影响，可按主管连续杆件、支管（腹杆）连接（铰接或刚接）在距离弦杆中心线的偏心距 e 处的模型进行计算，如图5-4（b）、（c）所示。对于分配有弯矩的每一根支管应按节点在支管轴力和弯矩共同作用下的轴力-弯矩相关公式验算节点承载力，同时对分配有弯矩的主管和支管按偏心受力构件进行验算。图中的支管端部假定为铰接还是刚接，则按照前面的第（2）条判断确定。

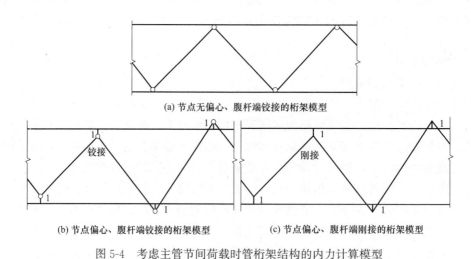

(a) 节点无偏心、腹杆端铰接的桁架模型

(b) 节点偏心、腹杆端铰接的桁架模型　　　(c) 节点偏心、腹杆端刚接的桁架模型

图5-4　考虑主管节间荷载时管桁架结构的内力计算模型

1—刚性杆

（4）杆件计算长度

采用相贯连接的钢管桁架结构，构件计算长度见表5-1。由表5-1可知，管桁架结构中杆件的计算长度系数一般小于等于1，这是因为钢管相贯连接的钢管桁架结构中受压杆件一般都有相当程度的端部约束。

钢管桁架结构中杆件的计算长度 μl 表 5-1

桁架类别	弯曲方向	弦杆	腹杆	
			支座斜杆和支座竖杆	其他腹杆
平面桁架	平面内	$0.9l$	l	$0.8l$
	平面外	l_1	l	l
立体桁架		$0.9l$	l	$0.8l$

注：1. l_1 为平面外无支撑长度，l 是杆件的节间长度；
    2. 对端部缩头或压扁的圆管腹杆，其计算长度取 l。

（5）钢管桁架结构设计基本流程

1）进行方案设计初选构件截面。按照通常的结构设计方法确定桁架的布置、跨度、高度、杆件长度等，但应尽可能减少节点类型和数量。

2）确定荷载并进行结构计算。如果手算，则将分布杆件上的荷载等效简化到桁架节点上，进行桁架结构分析，然后再对杆件进行轴力和弯矩共同作用分析，并验算构件是否满足。

3）进行节点设计。节点设计要考虑加工的难度，尽量避免选用偏心节点，宜优先采用间隙性节点。如果钢管相贯节点的承载力不够，应调整弦杆或腹杆截面尺寸以使节点满足承载力要求，或者修改节点类型（如间隙型节点改为搭接型节点），或者对节点进行加强措施（如内加劲等）。

4）验算桁架挠度是否满足规范及使用要求。

5）进行节点焊缝设计。

4. 钢管网壳结构

近年来，钢管相贯节点（或在此基础上的加强钢管节点）越来越多地用于单层网壳结构，其设计和计算方法可参考网壳结构。但当网壳结构中的钢管构件采用相贯连接时，节点刚度很可能难以满足刚性节点要求，而节点的刚度又影响单层网壳结构的整体稳定性。此时，应将节点视为半刚性节点，将节点性能植入网壳结构整体后进行荷载-位移全过程分析计算，有关钢管相贯节点的半刚性性能将在本书后续章节介绍。

5. 钢管刚架结构

钢管刚架结构设计时可根据工程实际情况选择平面刚架或立体格构式刚架。当采用立体格构式刚架时，可根据梁的形式选择直线式梁刚架或曲线（拱式）梁刚架。当采用平面刚架时，可选择平面格构式构件或单个钢管构件。格构式柱的柱脚整体上与基础之间可选择铰接或刚接；铰接时，宜把各分肢在柱脚处收于一点；刚接时，其单个分肢可与基础刚接或铰接。

5.3 钢管相贯节点的形式和静力承载评判准则

相贯节点是钢管结构最常见的连接节点形式之一，但节点的承载力往往低于相邻腹杆承载力（即节点效率小于 1.0）。因此，钢管相贯节点承载力在很大程度上决定了钢管结构的安全性。本节将介绍钢管相贯节点的静力承载力研究方法和承载力判断准则。

5.3.1 钢管相贯节点的形式和几何参数定义

钢管节点在贯通处的钢管通常称为弦杆或主管（chord），焊接于主管表面的钢管称为腹杆或支管（brace）。钢管节点可按杆件截面形状划分如下：主管和支管杆件均为圆钢管的称为圆钢管节点，主管和支管杆件均为矩形钢管（方钢管为其特殊情况）的称为矩形钢管节点，主管为矩形钢管而支管为圆钢管的节点称为矩形-圆钢管节点，主管为钢管（包括圆钢管和矩形钢管）而支管为板的称为钢管-板节点，主管和支管均为椭圆形钢管的称为椭圆钢管节点。

钢管相贯节点按杆件位置可分为平面节点和空间节点两大类。若节点的所有杆件轴线处于或几乎处于同一平面内，称为平面节点（uniplanar joint），否则为空间节点（multi-planar joint）。工程中应用较多的平面节点有：Y形（T形为特殊情况）、X形、N形、K形、KT形（主管一侧有三根支管）、平面KK形等，见图5-5。工程常见的空间节点包括：TT形、XX形、KK形等，见图5-6。考虑到工程中有各种曲面形式（空间曲线桁架和曲面网壳），空间节点还有其他多种形状。

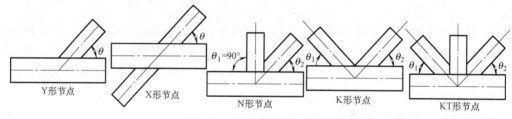

图5-5 平面形钢管相贯节点

图5-6 空间形钢管相贯节点

按照支管轴线和主管轴线是相交于一点还是有偏心距，钢管节点可分为中心钢管节点（通常简称"钢管节点"）和偏心钢管节点，上海世博会的西班牙馆就包括了钢管偏心相贯节点，本书主要介绍中心钢管节点。对于方钢管结构，除了传统的主管和支管以正放形式直接焊接而成的方钢管相贯节点外，还有鸟嘴式节点（bird-beak joint）。鸟嘴式节点是将主管及支管绕轴线旋转45°斜放后焊接而成，其特点是支管相交在主管的菱角上，形似鸟嘴巴，故而称为"鸟嘴式节点"，此类结构不仅提高了节点承载力，也符合有些建筑物的外观造型需要。鸟嘴式节点又可以细分为两种形式，支管和主管都旋转45°的节点，称为钻石型鸟嘴式节点（diamond bird-beak joint）；主管旋转45°但支管正放的连接节点，称为方型鸟嘴式节点（square bird-beak joint）。图5-7和图5-8分别给出了钢管偏心相贯节点和鸟嘴节点示意图。

(a) 圆钢管偏心相贯节点   (b) 偏心钢管节点的工程应用例子

图 5-7 偏心钢管节点

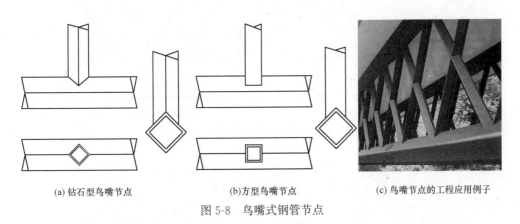

(a) 钻石型鸟嘴节点   (b)方型鸟嘴节点   (c) 鸟嘴节点的工程应用例子

图 5-8 鸟嘴式钢管节点

严格来讲钢管相贯节点都是刚度有限的半刚性节点。但工程设计时为了简化，通常将弦、腹杆截面几何尺寸相差较小（导致端部约束较大）的传统海洋工程钢管结构中的相贯节点简化为刚接节点，将钢管桁架结构的相贯节点简化为铰接节点，但空腹"桁架"或单层网壳结构体系中，相贯节点必须达到半刚性连接或刚性连接的要求。

对于主管一侧有多根支管的节点（如 K 形、KK 形节点），还可以按照相邻支管（腹杆）的相对位置分为间隙节点和搭接节点两大类。前者的特点是相邻腹杆互相分离，存在一定间隙 g；后者则是相邻支管部分或者全部重叠，两根相邻腹杆的搭接长度为 q，搭接支管在弦杆上沿弦杆轴线方向的投影长度为 p。工程中常见的圆钢管间隙和搭接节点几何形式包括平面 K 形、KT 形和空间 KK 形等。以 K 形节点为例，图 5-9 给出了间隙节点和搭接节点对比图。

钢管相贯节点静力性能受钢管截面几何参数的影响。圆钢管相贯节点截面参数包括：主管外径 D 和壁厚 T，第 i 根支管的外径 d_i 和壁厚 t_i（$i=1\sim n$，n 为支管总数）。矩形钢管相贯节点的截面参数包括：主管的高度 H、宽度 B 和壁厚 T，第 i 根支管的高度 h_i、宽度 b_i 和壁厚 t_i（$i=1\sim n$）。此外，对于主管同侧有 2 根以上支管的节点，还存在相邻两根支管搭接还是间隙的问题（间隙距离 g 和搭接长度 q）。为研究方便和相互比较，经常采用以下无量纲几何参数进行节点标识：

（1）圆钢管的支管与主管径之比 $\beta=d_i/D$，矩形钢管的支管截面高度（宽度）与主管截面高度（宽度）之比 $\beta = h_i/H$ （$\beta = b_i/B$）；

（2）主管直径与两倍壁厚之比（即半径与壁厚比）$\gamma = D/(2T)$，主管截面高度（宽度）与两倍壁厚之比 $\gamma = H/(2T)$（$\gamma = B/(2T)$）；

（3）支管与主管壁厚之比 $\tau = t_i/T$；

（4）支管与主管在平面内的夹角 θ_i；

（5）支管在平面外的抬起夹角 ψ_i；

（6）对于搭接节点，还有搭接率 $O_v\% = -q/p \times 100\%$。

以空间 X 形圆钢管相贯节点为例，上述参数见图 5-10。

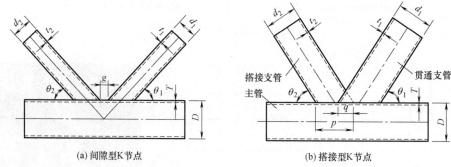

(a) 间隙型K节点 (b) 搭接型K节点

图 5-9　间隙型节点和搭接型节点

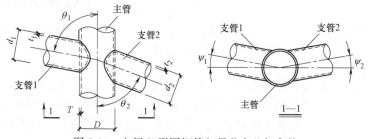

图 5-10　空间 X 形圆钢管相贯节点几何参数

5.3.2　钢管相贯节点的传力特点和破坏模式

把握钢管相贯节点的荷载传递路径、内部刚度分配和材料性能，是正确理解钢管相贯节点的工作性能的关键。为了便于理解，这里给出板和钢管之间的荷载传递，见图 5-11。

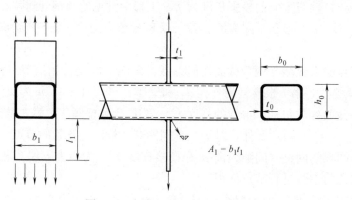

图 5-11　板与矩形钢管之间荷载传递

显然，荷载传递路径为：板—板和管之间的焊缝—管截面表面（穿过厚度）—管截面侧面，原则上这些传递荷载的部件都可能发生破坏。

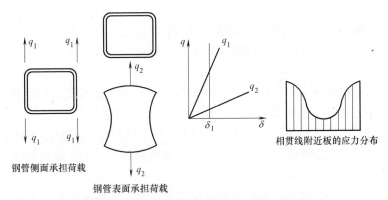

图 5-12　矩形钢管-板连接之间的荷载传递

假定板在均布荷载 q 作用。对于矩形钢管而言，其表面和侧面承担板传来的荷载 q，假定钢管的侧面板和表面板承担的荷载分别为 q_1、q_2。根据板管之间变形协调（板和钢管表面具有相同的变形），q_1 和 q_2 的大小分别取决于钢管侧面板的轴向刚度和钢管表面板的抗弯刚度，显然后者远小于前者，如图 5-12 所示。根据变形协调，靠近钢管-板相贯线附近的板的应力分布是中间低、边缘高，而且应力分布的非均匀性很大程度上取决于钢管的宽厚比 b_0/t_0。如果 b_0/t_0 非常小，接近刚周边，应力分布接近均匀；如果 b_0/t_0 较大，甚至有可能中部应力与侧边应力反号。

将矩形钢管换成圆钢管，通过有限元分析十字形（钢管两侧均有板）、T 形（钢管仅一侧有板）圆钢管-板节点的传力特点。首先根据对称性，有限元模型采用半结构（取板宽度 b_1 的一半），并沿板的宽度方向将板分为 20 等份，并将板上最靠近相贯线的那一排单元从鞍点（边缘）到冠点（中间）依次编序号 1～20，见图 5-13。然后，有限元分析计算后读取单元 1～20 沿着板轴线方向应力分量 σ_{11}^{j}（$j=1～20$）并进行对比，列于图 5-14。图中的横、纵坐标分别为单元序号、$\sigma_{11}^{j}/\sigma_{11}^{1}$。由图 5-14 可知，应力从鞍点到冠点急剧下降，第四个单元的应力 σ_{11}^{4} 比第一个单元的应力 σ_{11}^{1} 下降约 60%。若将单元 1～4、5～8、9～12、13～16、17～20 划分为鞍点区、近鞍区、中间区、近冠区、冠点区，可计算得到 T 形（十字形）节点的板传递到鞍点区、近鞍区的轴力约占总轴力的 2/3、1/4，板传来的轴力大部分被传递到鞍点区。进一步分析表明，钢管径厚比较大时，相贯

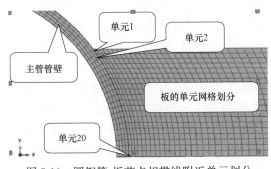

图 5-13　圆钢管-板节点相贯线附近单元划分

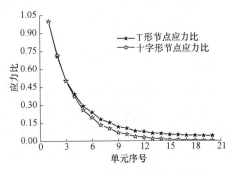

图 5-14　相贯线附近板的应力分布

175

线附近板的中部应力与侧边应力反号。

以矩形钢管-板焊接节点为例，其荷载路径显示了可能的破坏位置，所有可能破坏模式如下：

第一，板屈服破坏，此时钢管的宽厚比 b_0/t_0 较低；

第二，板和钢管之间的焊缝可能破坏，此时角焊缝的强度比板低，所以设计时一般建议将焊缝设计得比所连接的部件要强；

第三，主管表面破坏，$b_1 < b_0$ 时可能发生主管表面过度屈服的塑性破坏（屈服线，模式破坏）或冲剪破坏，冲剪仅在板宽 b_1 小于 $b_0 - 2t_0$ 时才会发生；

第四，主管侧面屈服或屈曲，当 $b_1 \approx b_0$ 时，板传来的所有应力必须通过钢管侧面一个有限宽度传递，可能发生弦杆侧面屈服，如果板传来的是压力荷载则钢管侧面可能发生屈曲破坏。各种破坏模式见图 5-15。

节点的承载为各种破坏模式中的最低破坏荷载，关于钢管相贯节点的破坏模式，将在钢管相贯节点静力承载力的章节进行详细阐述。

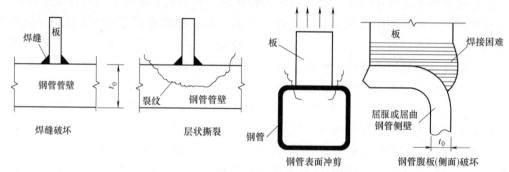

图 5-15　矩形钢管-板节点的各种破坏模式

5.3.3　钢管相贯节点承载力判定准则

1. 钢管相贯节点承载力的研究方法

最早的关于钢管相贯节点极限承载力研究是 1948 年的联邦德国。节点静力承载力的研究方法大致分为试验研究、理论研究和数值分析三种。

由于钢管相贯节点形状的复杂性，理论分析难度较大，试验研究一直是节点性能研究的基本方法。试验结果不仅能为研究人员调整理论分析模型提供依据，也为大量的数值分析提供基础。20 世纪 60 年代，日本学者对钢管相贯节点进行了一系列试验研究，并为以后的试验研究提供了方法，也为设计规范和技术规程提供试验校验依据。我国钢管相贯节点承载力研究相对较晚，但近年来获得大量试验研究成果，为世界各国的技术规范和规程提供了基础。我国关于钢管相贯节点设计的规范主要有《钢结构设计标准》和《钢管结构技术规程》。

在大量试验研究的基础上，研究者对钢管相贯节点进行了理论研究，提出了用于钢管相贯节点承载力计算的各种理论模型，常用的有环模型、冲剪模型和塑性铰线模型。其中，环模型用于主管塑性软化破坏模式的圆钢管相贯节点；冲剪模型用于主管管壁局部冲剪破坏的相贯节点；塑性铰线模型大多用于主管管壁塑性软化破坏模式的矩形钢管相贯节点，也用于圆钢管相贯节点极限承载力计算，比如陈以一等建立的 K 形圆钢管相贯节点的三重屈服线模型，Soh 等构建的 X 形圆钢管相贯节点的轴向承载力计算模型。

试验研究具有成本相对较高、节点试验边界条件与实际结构中节点边界条件并非完全一致等缺陷，而理论分析难以用于几何形式较复杂的节点。21 世纪以来，随着计算机软硬件技术的发展，以有限元为代表的数值分析法逐渐成为钢管相贯节点研究的主要方法。有限元分析的关键在于准确划分单元网格和选取单元类型，以及设置合理的边界条件。

2. 钢管相贯节点静力承载力判定准则

一般而言，常用确定钢管相贯节点静力承载力判定准则有以下几个：极限承载力准则、变形极限准则、塑性应变准则。

通过试验或数值分析获得节点的力-局部变形曲线或弯矩-转角曲线（统称广义荷载-变形曲线），图 5-16 给出几类常见的广义荷载-变形曲线。对于有一个或多个明显极值点的广义荷载-变形曲线（图 5-16 中的曲线 a 和 b），那么将第一个极值点定义为节点的极限承载力，这就是极限承载力准则。这个准则适用很多承受支管压力的钢管相贯节点，因为会发生主管管壁弹塑性屈曲，使得广义荷载-变形曲线有明显的极值点。

对于广义荷载-变形曲线没有明显的极值点的节点（图 5-16 中的曲线 c），即荷载随变形而不断增加的一些钢管节点，如试验时千斤顶施加到最大量程都没出现荷载下降，主要原因是主管管壁的薄膜行为和材料的应变硬化。然而，实际结构中发生如此大的变形是不现实的，因此需要采用变形限值来定义节点极限承载力，这就是变形极限准则：即将一个较大的变形（极限变形）对应的荷载值定义为节点极限承载力。对于支管（腹杆）受轴力的钢管相贯节点，常用的极限变形限值是 Lu 提出的将节点局部变形达到主管宽度 b_0（矩形钢管节点）或直径 D（圆钢管节点）的 3% 时的荷载可作为节点的极限承载力。Wardenier 认为该准则基于如下事实：正常使用荷载下的变形不应该起控制作用并且在正常使用阶段不应该发生裂缝开展，该准则的适用性已通过一系列钢管节点的试验得到验证，并被国际焊接协会（IIW）采纳。因此，极限承载力取荷载的最大值和与变形极限相对应的荷载两者中的较小值。此外，有研究者提出，将 1% b_0 或 1%D 作为正常使用极限值。对于支管受弯矩作用的钢管相贯节点，Yura 提出将转角 $\psi = 80 f_y/E$ 对应的弯矩值作为节点抗弯承载极限值，f_y 和 E 分别为材料的屈服强度和弹性模量。

由于钢管相贯节点的广义荷载-变形曲线大多为非线性曲线，没有明显的屈服点。因此不少学者提出了关于钢管相贯节点屈服承载力的定义。其中较常用的是 Kurobane 的定义：将斜率为 $0.779K_N$ 或 $0.779K_M$ 的割线与节点全过程曲线的交点所对应的荷载作为节点的屈服承载力，如图 5-16 所示。K_N 和 K_M 分别为节点的轴向、抗弯初始刚度。

除了极限承载力和变形极限准则外，对于以有限元等数值模拟方法为研究手段的钢管相贯节点，还提出钢管相贯节点极限承载力的应变准则：将相贯线附近主管管壁的塑性应变达到 0.08 的荷载作为节点承载力。

3. 钢管相贯节点局部变形和转角的获取

对于变形极限准则确定极限承载力的钢管相贯节点，无论是采用试验还是有限元数值分析，均需要获得节点的局部变形（转角）。根据节点域局部变形的不同获取方法，可将相贯节点的刚度定义分为两种：直接法和间接法。文献 [1] 将支管全部视为杆件，而将相贯线附近的主管管壁视为节点域，认为节点局部变形（或转角）完全由相贯线附近主管壁的变形引起。这种定义比较直观，直接在相贯线附近主管管壁设立测点即可获得相关的

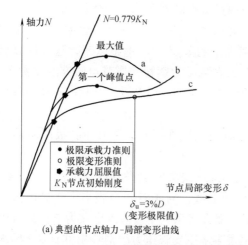

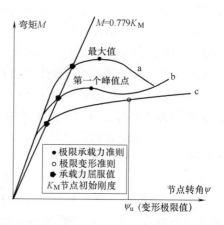

(a) 典型的节点轴力-局部变形曲线 （b) 典型的节点弯矩-转角曲线

图 5-16 节点承载力极限值和屈服值定义

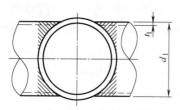

图 5-17 鞍点外侧的节点
区域 (支管尖角区域)

变形，可称为直接法。文献 ［14］ 则认为，当主管与支管的直径接近或者主管管壁相对较厚时，在相贯线鞍点外侧区域的支管尖角部分 (图 5-17 所示的阴影区) 也有一定的变形，塑性程度发展较大时尤为明显，在整体结构 (杆系模型) 分析中，将这部分变形归入节点域变形比归入支管 (杆系) 变形更加合适。通过支管端设置的测点测得总变形，再扣除支管作为杆件受力而产生的变形，即得节点变形，此法称为间接法。下面根据文献

［1］［14～16］ 等的研究结果，以 Y 形和 X 形圆钢管相贯节点为例，介绍如何用间接法和直接法获得节点的局部变形、转角。

对于用于钢管桁架结构的 Y 形节点，主要承受腹杆轴力和平面内弯矩作用。采用间接法求节点轴向局部变形、平面内转角时，试验中位移计布置分别如图 5-18 (a)、(b) 所示。图 5-18 (a) 中位移计 D1、D2 测试支管加载端沿着支管轴线方向的位移，D3、D4 测试支座沿着支管轴线方向的位移，节点轴向局部变形 δ_N 按下式计算：

$$\delta_N = (\Delta_1 + \Delta_2)/2 - (\Delta_3 + \Delta_4)/2 - \Delta_{bN} - \Delta_{cM} \tag{5-9}$$

式中，$\Delta_1 \sim \Delta_4$ 为位移计 D1～D4 测得位移；Δ_{bN}、Δ_{cM} 分别为支管的轴向变形、主管作为梁弯曲时沿着支管轴向方向的挠度，弹性受力状态时可通过弹性杆系理论算得到，但对于塑性受力状态，则需要建立非线性有限元模型经分析计算后得到。图 5-18 (b) 中位移计 D1 测试支管加载端位移，D2、D3 测试支座位移，则平面内弯矩引起的节点转角 ψ_i 计算如下：

$$\psi_i = [\Delta_1 - (\Delta_2 - \Delta_3)l/L - \Delta_g]/l \tag{5-10}$$

式中，$\Delta_1 \sim \Delta_3$ 为位移计 D1～D3 测得位移；Δ_g 为作为杆件受弯时支管加载端的位移。

采用直接法求节点轴向局部变形、平面内转角时，试验中位移计布置如图 5-19 (a)、(b) 所示。节点的轴向局部变形定义为相贯线鞍点 (图 5-19 (a) 的 3、4 点) 和冠点 (图 5-19 (a) 的 1、2 点) 局部变形 (扣除主管作为梁受弯的挠度) 的平均值。试验时在每个冠点附近焊接一根短钢筋棒，每根棒的两端各布置一个位移计，所得平均值即为冠点

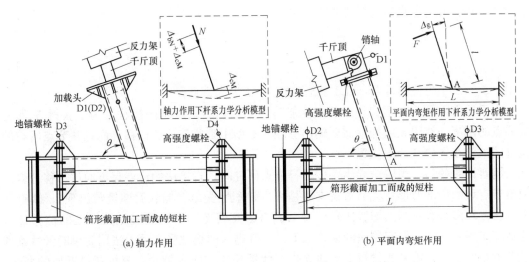

图 5-18　间接法求 Y 形节点轴向、平面内抗弯刚度的测点布置

位移。位移计 D1～D4 测量冠点 1、2 沿着支管轴线方向的位移；在两个鞍点上布置位移计 D5、D6 测量鞍点沿着支管轴向方向位移；在与支、主管轴线相交点 A 的同一水平位置的主管管壁两侧布置位移计 D7、D8，测量弦杆（主管）作为梁受弯引起沿着支管轴向方向的位移，D7 与 D8 测得位移的平均值近似反映了弦杆的弯曲挠度；位移计 D9、D10 测得支座沿着支管轴线方向的位移。因此，节点轴向局部变形 δ_N 按下式计算：

$$\delta_N = \left[(\Delta_1 + \Delta_2)/2 + (\Delta_3 + \Delta_4)/2 + \Delta_5 + \Delta_6\right]/4 - (\Delta_7 + \Delta_8)/2 - (\Delta_9 + \Delta_{10})/2 \qquad (5\text{-}11)$$

式中，$\Delta_1 \sim \Delta_{10}$ 为位移计 D1～D10 测得位移。

　　节点的平面内转角定义为相贯线冠点（图 5-19（b）的 1、2 点）局部变形（扣除主管作为梁受弯的挠度）差值与冠点间距的比值。试验时，冠点处位移计的布置位置及方法同测轴向局部变形；在冠点（图 5-19（b）中的 1、2 点）对应弦杆轴线所在水平位置的管壁两侧位置 3（4）、5（6）布置相应的位移计 D5（D6）、D7（D8），D5～D8 测得位移近似反映弦杆弯曲的挠度；位移计 D9、D10 测得支座沿着支管轴线方向的位移。由此，

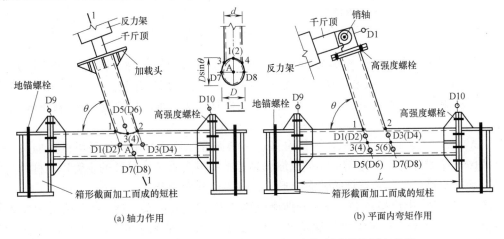

图 5-19　直接法求 Y 形节点轴向、平面内抗弯刚度的测点布置

平面内弯矩引起的节点转角计算如下 ψ_i：

$$\psi_i = \frac{\left(\dfrac{\Delta_1 + \Delta_2}{2} - \dfrac{\Delta_5 + \Delta_6}{2}\right) - \left(\dfrac{\Delta_3 + \Delta_4}{2} - \dfrac{\Delta_7 + \Delta_8}{2}\right)}{d} - \frac{\Delta_9 - \Delta_{10}}{L} \qquad (5\text{-}12)$$

式中，$\Delta_1 \sim \Delta_{10}$ 为位移计 D1～D10 测得位移；d 为支管直径。

当采用有限元研究钢管相贯节点性能时，无论直接法还是间接法，为了获得 Y 形相贯节点的刚度，有限元后处理需要输出有限元模型中某些节点的位移，而这些节点所在的位置同试验布置位移计的位置。

需要说明的是，当以试验为手段进行节点研究时，直接法的优点是可通过位移计直接测出节点域的局部变形，无需考虑支管是否为弹塑性受力（加载后期经常出现），缺点是测点布置较多时有些测点布置比较困难（需考虑支管变形后可能碰触测点处的位移计），故试验多用间接法。但间接法的缺陷如下：支管进入弹塑性受力后无法用简单的弹性梁理论求出相应变形，需要通过对支管建立弹塑性板壳或实体有限元，分析获得近似的变形。当以有限元为手段进行节点研究时，无论直接法还是间接法，不存在试验研究时的缺点。

对于大跨度单层网壳空间结构中简单的、常用的 X 形圆钢管相贯节点，则主要受到轴力、平面外弯矩作用、平面内弯矩作用。因此，需要测量节点的轴向局部变形、平面外转角、平面内转角。下面介绍节点的局部变形和转角的获取。X 形节点的特点是两侧各一根支管，故当两侧支管的受力方向不同、受力大小不同、截面几何参数与材性不同时，都有可能导致节点的广义荷载-变形曲线不同。但工程实际中最常见的情况是两侧支管受力相同且截面几何参数与材性相同。

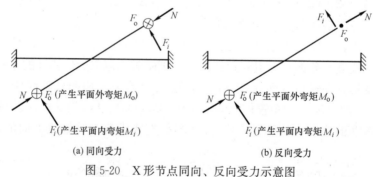

图 5-20 X 形节点同向、反向受力示意图

采用间接法求节点轴向局部变形、平面内转角、平面外转角时，试验中位移计布置分别如图 5-21（a）、（b）、（c）所示，两支管端部千斤顶进行同步加载。图 5-21（a）中位移计 D1～D4 测得支管加载端沿着支管轴线方向的位移，节点轴向局部变形 δ_N 按下式计算：

$$\delta_N = (\Delta_1 + \Delta_2 + \Delta_3 + \Delta_4)/4 - \Delta_{bN} \qquad (5\text{-}13)$$

式中，$\Delta_1 \sim \Delta_4$ 为位移计 D1～D4 测得位移，两侧支管位移计取平均值可以抵消加载不平衡（两侧千斤顶可能不完全同步加载或加载过程中一侧先破坏）导致的主管作为杆件弯曲变形引起的位移；Δ_{bN} 为支管的轴向变形，通过弹性柱理论计算。

图 5-21（b）中位移计 D1、D2 分别测试两支管加载端位移，D3～D6 用来测节点在出现加载不平衡所产生支管加载端的刚体位移 Δ_g（由不平衡力在节点中心产生力偶引起）。支管加载端位移由三部分组成：Δ_g、支管作为杆件弯曲变形引起的位移 Δ_{bMi}（通过

弹性梁理论算出)、节点平面内转角 ψ_i 引起的位移 $\Delta_{\text{joint-i}}$。以支管 1 为例 (支管 2 类同)平面内弯矩引起的节点转角 ψ_i 计算如下:

$$\psi_i = (\Delta_1 - \Delta_g - \Delta_{\text{bMi}})/l_b \tag{5-14a}$$

$$\Delta_g = l[(\Delta_3 - \Delta_5) + (\Delta_4 - \Delta_6)]/(2l_1) \tag{5-14b}$$

式中，Δ_1、$\Delta_3 \sim \Delta_6$ 分别为位移计 D1、D3~D6 测得位移；l、l_b 分别为支管自主支管轴线相交点、冠点伸出的长度；l_1 为位移计 D3 和 D5 之间的距离 (图 5-21b)。

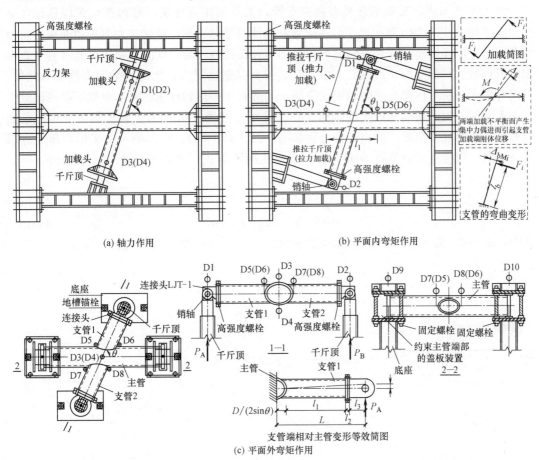

(a) 轴力作用　　　　　　　　　　　　(b) 平面内弯矩作用

(c) 平面外弯矩作用

图 5-21　间接法求 X 形节点轴向、抗弯刚度的测点布置

图 5-21 (c) 为文献 [14] 中设计的一种加载装置，采用一种盖板装置对主管两端进行约束，连接于支管端的推拉往复千斤顶的底部固定在地面。图中的位移计 D1、D2 测得两支管加载端平面外位移，D3、D4 测得在平面外荷载作用下节点区中心的位移，D5~D8 测得节点在出现加载不平衡时 (两侧千斤顶可能不完全同步加载或加载过程中一侧先破坏) 主管转动引起的位移，D9、D10 测得支座处可能的位移。支管加载端的平面外位移由四部分组成：主管 (作为杆件) 的弯曲变形带来的刚体平移 Δ_c、主管的扭转引起的支管端部刚体位移 Δ_{ROT}、支管作为杆件弯曲变形引起的位移 Δ_{bMo} (通过弹性杆系理论算出)、节点平面外转角 ψ_o 引起的位移 $\Delta_{\text{joint-o}}$，后两者构成了支管端相对于主管的平面外位移。以支管 1 为例，平面外弯矩引起的节点转角 ψ_o 计算如下：

$$\psi_o = (\Delta_1 - \Delta_c - \Delta_{\text{ROT}} - \Delta_{\text{bMio}})/l_b \tag{5-15a}$$

$$\Delta_c = (\Delta_3 + \Delta_4)/2 \tag{5-15b}$$

$$\Delta_{\text{ROT}} = L(\Delta_5 - \Delta_7 + \Delta_6 - \Delta_8)/2/(D/\sin\theta + 2\delta) \tag{5-15c}$$

式中，Δ_1、$\Delta_3 \sim \Delta_8$ 分别为位移计 D1、D3～D8 测得位移；δ 为位移计 D5～D8 离开主管表面的距离（沿支管轴向方向）；l_b 为支管自冠点伸出的长度（即图 5-21（c）中的 $l_1 + l_2 + l_3$）。

对比 Y 形节点，X 形节点具有两根支管，如果采用直接法，可布置更多位移计，试验加载过程中往往会因为支管变形后碰到位移计而难以实现，故试验大多采用间接法获得节点局部变形和转角。采用有限元分析法则不存在这些问题，同时直接法可通过测点直接测出节点域的局部变形，而无需考虑支管是否为弹塑性受力，因此可采用直接法。此外，采用有限元分析可以完全实现两侧支管同步加载和支座达到理想约束，也就不存在试验中因力不平衡、支座移动而产生的刚体位移。采用直接法求 X 形节点轴向局部变形、平面内转角、平面外转角时，测点布置分别如图 5-22（a）、（b）、（c）所示。采用壳单元有限元分析时，直接法所得节点轴向变形 δ_N、平面内转角 ψ_i、平面外转角 ψ_o 计算如下：

$$\delta_N = (\Delta_1 + \Delta_2 + \Delta_3 + \Delta_4)/4 \tag{5-16a}$$

$$\psi_i = (\Delta_1 - \Delta_2)/(d-t) \tag{5-16b}$$

$$\psi_o = (\Delta_3 - \Delta_4)/(d-t) \tag{5-16c}$$

式中，$\Delta_1 \sim \Delta_4$ 为 1～4 测点所得沿支管轴向位移；d、t 分别为支管直径、壁厚。

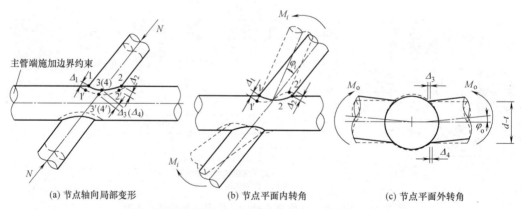

(a) 节点轴向局部变形　　　　　(b) 节点平面内转角　　　　　(c) 节点平面外转角

图 5-22　直接法获得 X 形节点轴向、抗弯刚度的测点布置

5.4　圆钢管相贯节点的静力承载力

随着多维数控切割技术的发展，圆钢管节点中复杂的相贯曲面切割与焊接难点已被克服，极大促进了圆钢管相贯节点在钢管结构中的应用。尽管圆钢管直接汇交焊是最简单的连接，但由于沿着被连接支杆周长的非线性刚度分布，荷载传递是相当复杂的。因此圆钢管相贯节点的承载力计算公式是建立在简化分析模型结合试验数据的基础上，是一个半经验的设计公式。本节将介绍圆钢管相贯节点的破坏模式、分析模型、承载力设计计算公式，这里的圆钢管相贯节点是指支管与主管均为圆钢管且支管和主管轴线相交不偏心的节点。

5.4.1 圆钢管相贯节点的破坏模式

圆钢管相贯节点的承载力取决于各个部件（相贯线附近的支管和主管等）破坏，为各种破坏荷载的最小值，故需要先研究节点的破坏模式。节点在支管的轴力或弯矩作用下，预期各种可能的破坏模式如下：主管表面塑性软化、主管冲剪破坏、主管管壁局部屈曲、主管剪切破坏、支杆破坏（屈服或局部屈曲），见图 5-23。此外，还可能发生焊缝破坏

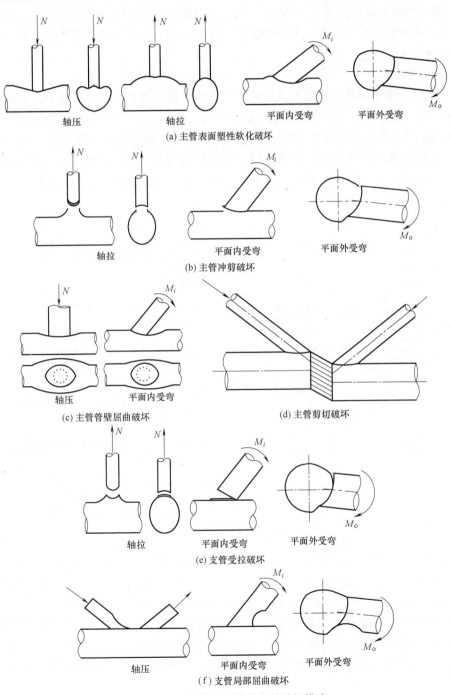

图 5-23　圆钢管相贯节点的破坏模式

183

（焊缝强度不够）；对于钢管壁厚较厚的节点，还可能发生层状撕裂破坏。

5.4.2 圆钢管相贯节点的轴向承载力

1. 分析模型

各国学者在大量试验研究的基础上，根据试验结果并结合理论分析模型提出了很多承载力公式，有些已被各国规范采用。关于圆钢管相贯节点的理论分析模型主要有环模型（用于主管塑性软化破坏模式）、冲剪模型（用于主管的冲切剪切破坏模式）、主管剪切模型等。对于其他破坏模式，如支管局部屈曲或屈服，则通过验算支管的强度、稳定性，以及限制宽厚比来保证。

（1）环模型

基于主管管壁塑性软化破坏模式的环模型常用于圆钢管相贯节点承载力计算的理论分析，环模型最早由 Togo 在 1967 年提出并用于 X 形圆钢管相贯节点在支管轴力作用下的承载力计算。Togo 的环模型建立的假定基础为：相贯线附近主管（节点域）的三维壳被简化为二维圆环模型，支管传来的荷载被大部分传递到支杆的鞍脚处（这一部分主管刚度大），并且作用在一定长度范围内（圆环的截面宽度），假定塑性铰出现在鞍点和主管脊线，如图 5-24 所示。

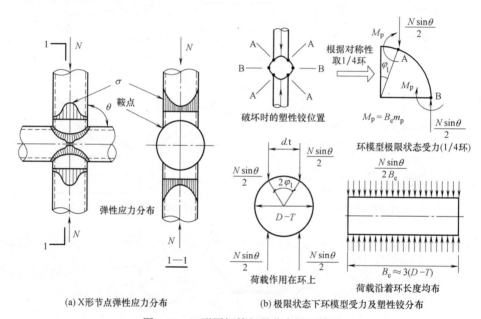

图 5-24　X 形圆钢管相贯节点的环模型

图 5-24（a）为弹性受力状态下相贯线附近应力分布，说明相贯线周长在鞍点部位的主管刚度大。因此，支管传来的轴力 N 可以被分解为两个相距 cd、作用于支管鞍脚处且垂直于弦杆的力 $0.5N\sin\theta$，c 为一个小于 1.0 的常系数，d 为支管直径。节点域的主管简化为一个二维圆环，故荷载 $0.5N\sin\theta$ 被均匀分布到整个环的长度 B_e（即环模型的截面宽度），同时塑性铰出现在鞍点（A 点）和主管脊线（B 点）并形成塑性机构，如图 5-24（b）所示。忽略轴向和剪切应力的影响，单位长度的环截面的塑性弯矩 m_p 如下：

$$m_p = f_y T^2 / 4 \tag{5-17}$$

式中，f_y 为主管（环）的钢材屈服强度；T 为主管壁厚（即环截面高度）。同时考虑到 $D-T \approx D$，最终可根据图 5-24（b）中 1/4 圆环极限状态受力图的平衡条件得：

$$2m_p B_e = 0.5N \sin\theta (D - cd)/2 \tag{5-18}$$

将式（5-17）代入式（5-18）后简化得主管塑性软化破坏（塑性极限状态）时的支管轴力为：

$$N = \frac{2(B_e/D)f_y T^2}{(1-c\beta)\sin\theta} \tag{5-19}$$

根据研究，环的有效长度 B_e 取决于支主管直径比 $\beta = d/D$，研究认为其平均长度约为 $(2.5 \sim 3)D$。显然，上述环向模型仅仅考虑了由垂直于主管的支管荷载分量 $N\sin\theta$ 引起的主管表面塑性软化破坏。然而，实际工程中弦杆（主管）也受到荷载作用，主管应力也对节点的承载力有影响，可以用经试验确定的弦杆的函数 $f(n)$ 来描述。支管轴力作用下的节点承载力公式的形式如下：

$$N = \frac{2c_0 f_y T^2}{(1-c_1\beta)\sin\theta} f(n) = Q_u f_y T^2 f(n) \tag{5-20}$$

式中，c_0 和 c_1 为常系数；$n = \sigma/f_y$，为弦杆（主管）轴应力比；c_0、c_1、$f(n)$ 根据试验和数值分析数据经回归分析确定；Q_u 为节点无量纲参数 β 等的函数，简称节点承载力的几何系数。这个公式是基于主管塑性破坏且只考虑垂直于主管的支管荷载分量 $N\sin\theta$ 的影响，而将相贯线增加带来的有利影响和节点域受力复杂化带来的不利影响相互抵消，故工程中支、主管夹角对节点承载力的影响仅用因子 $1/\sin\theta$ 来表达。然而，研究表明，当支、主管夹角 θ 较小（45°甚至30°）时，支管传来的平行主管的分力 $P\cos\theta$ 引起的节点域额外轴力较大，且承受额外轴力和剪力的节点域范围（近似为 $D/\tan\theta$）也扩大，节点的受力性能与 $\theta=90°$ 的节点存在较大差异，简单地用 $1/\sin\theta$ 难以精确反映支管与主管斜交时对节点承载力的影响。

对于 X 形圆钢管相贯节点，环模型所得的这个公式形式与试验结果吻合极好，但公式对于更复杂的节点如 K 型和 N 型节点需要作较多的修正才能满足精度要求。

（2）冲剪模型

冲剪破坏模式也是由于支管中垂直于主管的荷载分量 $N\sin\theta$ 引起的，沿着相贯线发生主管管壁冲剪，见图 5-23（b）。此时，节点的承载力为有效冲剪面积乘以有效冲剪抗力，见图 5-25。

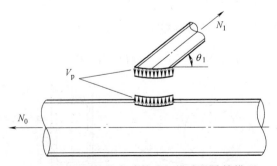

图 5-25　圆钢管节点冲剪破坏模式的计算模型

由于沿着节点相贯线的刚度分布不均匀，故应力分布不均匀。然而相关研究表明，在所给定的适用范围内，可近似认为相贯线全周长都有效。对于 $\theta=90°$ 的圆钢管相贯节点，冲剪面积将是 πdT，主管钢材抗剪强度 $f_v=f_y/3^{0.5}$。因此，节点的冲剪承载力由下式确定：

$$N=\pi dTf_y/\sqrt{3}=0.58\pi dTf_y \tag{5-21}$$

当节点的支管和主管夹角 θ 小于 $90°$ 时，将支管焊接到主管表面形成的相贯线（简称"支主管相贯线"）的周长也将增加。将连接周长投影到一个通过弦杆顶端的平面上可以得到一个椭圆，根据几何关系椭圆和圆的周长之比为 $0.5(1+\sin\theta)/\sin\theta$，得到节点的冲剪承载力：

$$N=0.58\pi dTf_y\frac{1+\sin\theta}{2\sin^2\theta} \tag{5-22}$$

（3）主管剪切模型

对于支管与主管直径比 β 较大的 K 形节点，可能在间隙部位发生剪切破坏，如图 5-26 所示。破坏的原因是剪力、轴力和可能存在的弯矩引起的弦杆截面塑性破坏。由材料力学知识可知，在剪力 V_s 作用下，弹性受力状态下，剪应力 τ 应满足如下公式：

$$\tau=\frac{V_sS^*}{IT}\leqslant\frac{f_y}{\sqrt{3}} \tag{5-23}$$

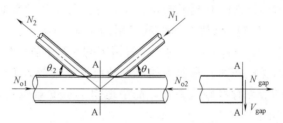

图 5-26　主管（弦杆）剪切模型

圆钢管和矩形钢管截面的弹性剪应力分布如图 5-27 所示，基于塑性设计的承载力可根据 Huber-Hencky-Von Mises 准则确定，同时假定破坏时剪应力达到剪切屈服强度，得到主管截面的塑性剪切承载力 V_p：

$$V_p=A_e\frac{f_y}{\sqrt{3}}=\frac{2}{\pi}A\frac{f_y}{\sqrt{3}}=\frac{2}{\pi}A(0.58f_y) \tag{5-24}$$

式中，A 为主管截面面积，主管轴力承载力 N_p 为：

$$N_p=Af_y=\pi(D-T)Tf_y \tag{5-25}$$

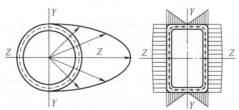

图 5-27　钢管截面的弹性剪应力分布

主要用于桁架结构的 K 形节点，主管弯矩相对较小，故间隙处（图 5-26 的 A-A 截面）仅需考虑轴力和剪力的相关关系，按下式进行验算：

$$\left(\frac{V_{\mathrm{gap}}}{V_{\mathrm{p}}}\right)^2+\left(\frac{N_{\mathrm{gap}}}{N_{\mathrm{p}}}\right)^2\leqslant1.0 \tag{5-26}$$

式中，V_{gap} 和 N_{gap} 分别为间隙处主管截面的剪力和轴力，根据两根支管轴力（N_1 和 N_2）、主管轴力（N_0）以及力平衡关系得到。

2. 节点承载力实用计算公式

（1）X 形圆钢管相贯节点

支管在轴压力作用下，基于主管（弦杆）表面的塑性软化承载力公式表达形式如下：

$$N_{\mathrm{cx}}=\frac{fT^2}{\sin\theta}Q_{\mathrm{d}}\chi_{\mathrm{n}} \tag{5-27}$$

式中，下标 cx 表示承受支管（腹杆）轴压力的 X 形节点；f 为弦杆钢材强度设计值；T 为主管壁厚，不同规范的无量纲几何系数 Q_{d} 和主管应力影响系数 χ_{n} 不同。下面给出几个规范的系数 λ_{d} 和 λ_{n} 的计算式。

1)《钢结构设计标准》GB 50017—2017 规定支管受压时

$$Q_{\mathrm{d}}=\frac{5.45}{1-0.81\beta} \tag{5-28a}$$

考虑到支管受拉时承载力往往高于支管受压时的情况，节点承受支管轴拉力时，承载力 N_{tx} 的计算公式如下：

$$N_{\mathrm{tx}}=0.78(2\gamma)^{0.2}N_{\mathrm{cx}} \tag{5-28b}$$

式中，β 为支管与主管直径之比；γ 为主管的半径和壁厚之比（$0.5D/T$）。《钢管结构技术规程》CECS280：2010 的计算公式同《钢结构设计标准》GB 50017—2017。

2）欧洲规范（EC3）

$$Q_{\mathrm{d}}=\frac{5.2}{1-0.81\beta} \tag{5-29}$$

欧洲规范不考虑支管受拉比支管受压时有利，认为 $N_{\mathrm{tx}}=N_{\mathrm{cx}}$。

3）日本规范（AIJ）

$$Q_{\mathrm{d}}=\frac{8.24\gamma^{-0.1}}{1-0.81\beta} \tag{5-30a}$$

节点承受支管轴拉力时，承载力 N_{tx} 的计算公式如下：

$$N_{\mathrm{tx}}=0.71(\gamma)^{0.3}N_{\mathrm{cx}} \tag{5-30b}$$

4）国际管结构发展与研究委员会（CIDECT）发布的设计指南（第二版）

$$Q_{\mathrm{d}}=\frac{2.6(1+\beta)\gamma^{0.15}}{1-0.7\beta} \tag{5-31}$$

上述各个规范关于主管应力影响系数 λ_{n} 的表达式相同，即：

$$\chi_{\mathrm{n}}=\begin{cases}1 & \text{节点两侧或一侧主管受拉}\\1-0.3\sigma/f_{\mathrm{y}}-0.3(\sigma/f_{\mathrm{y}})^2 & \text{其他情况}\end{cases} \tag{5-32}$$

式中，σ 为两侧主管轴压应力的较小绝对值；f_{y} 为主管材料的屈服强度。

（2）Y形（T形为特殊的Y形）圆钢管相贯节点

支管轴压力作用下，Y形节点承载力计算公式如下：

$$N_{cy} = \frac{fT^2}{\sin\theta}Q_d\chi_n \tag{5-33}$$

式中，下标cy表示承受支管（腹杆）轴压力的Y形节点。

1）《钢结构设计标准》GB 50017—2017，支管受压时

$$Q_d = \begin{cases} 13.22(0.069+0.93\beta)\gamma^{0.2} & \beta \leqslant 0.7 \\ 13.22(2\beta-0.68)\gamma^{0.2} & \beta > 0.7 \end{cases} \tag{5-34a}$$

节点承受支管轴拉力时，承载力N_{ty}的计算公式如下：

$$N_{ty} = \begin{cases} 1.4N_{cy} & \beta \leqslant 0.6 \\ (2-\beta)N_{cy} & \beta > 0.6 \end{cases} \tag{5-34b}$$

《钢管结构技术规程》CECS 280：2010的计算公式同《钢结构设计标准》GB 50017—2017。

2）欧洲规范（EC3）

$$Q_d = (2.8+14.2\beta^2)\gamma^{0.2} \tag{5-35}$$

欧洲规范不考虑支管受拉比支管受压有利，认为$N_{tx} = N_{cx}$。

3）日本规范（AIJ）

$$Q_d = (2.26+11.1\beta^2)\gamma^{0.2} \tag{5-36a}$$

节点承受支管轴拉力时，承载力N_{ty}的计算公式如下：

$$N_{ty} = 0.51\gamma^{0.5}N_{cy} \tag{5-36b}$$

4）国际管结构发展与研究委员会（CIDECT）发布的设计指南（第二版）

$$Q_d = 2.6(1+6.8\beta^2)\gamma^{0.2} \tag{5-37}$$

上述各个规范关于主管应力影响系数χ_n表达式相同，见式（5-32）。

（3）平面K形间隙节点

平面K形间隙节点有两根支管（腹杆），应用于桁架结构时往往一根受压，另一根受拉。节点承载力通常由受压和受拉两部分构成，受压支管在节点处的承载力通常在Y形节点的基础上乘一个系数λ_a，即：

$$N_{ck} = \chi_a N_{cy} = \frac{fT^2}{\sin\theta_c}Q_d\chi_n\chi_a \tag{5-38}$$

式中，下标ck表示承受支管（腹杆）轴压力的K形节点；θ_c为受压支管与主管的平面内夹角。

1）《钢结构设计标准》GB 50017—2017

受压支管在钢管节点处，系数Q_d同Y形节点，χ_a如下：

$$\chi_a = 1 + \left(\frac{2.19}{1+7.5a/D}\right)\left(1-\frac{20.1}{6.6+2\gamma}\right)(1-0.77\beta) \tag{5-39a}$$

式中，a为两根支管之间的间隙；D为主管直径；β为受压支管直径与主管直径之比；γ为主管的半径和壁厚之比。受拉支管在K形节点处的承载力N_{tk}的计算公式如下：

$$N_{tk} = \frac{\sin\theta_c}{\sin\theta_t}N_{ck} \tag{5-39b}$$

式中，θ_c 为受压支管与主管的平面内夹角；θ_t 为受拉支管与主管的平面内夹角；N_{ck} 为受压支管在钢管节点处的承载力。

2）欧洲规范（EC3）

Q_d、χ_a 分别如下：

$$Q_d = (1.8 + 10.2\beta)\gamma^{0.2}, \quad \chi_a = 1 + \frac{0.024\gamma^{1.2}}{\exp(0.5a/T - 1.33) + 1} \tag{5-40a}$$

受拉支管在 K 形节点处的承载力 N_{tk} 的计算公式如下：

$$N_{tk} = \frac{\sin\theta_c}{\sin\theta_t} N_{ck} \tag{5-40b}$$

3）日本规范（AIJ）

Q_d、χ_a 分别如下：

$$Q_d = (2.75 + 15.5\beta)(1 - 0.4\cos^2\theta_c)\gamma^{0.2}, \quad \chi_a = 1 + \frac{0.021\gamma^{1.2}}{\exp(0.5a/T - 1) + 1} \tag{5-41a}$$

受拉支管在 K 形节点处的承载力 N_{tk} 的计算公式如下：

$$N_{tk} = \frac{\sin\theta_c}{\sin\theta_t} N_{ck} \tag{5-41b}$$

4）国际管结构发展与研究委员会（CIDECT）发布的设计指南（第二版）

$$Q_d = 1.65(1 + 8\beta^{1.6})\gamma^{0.3}, \quad \chi_a = 1 + \frac{1}{(a/T)^{0.8} + 1.2} \tag{5-42a}$$

受拉支管在 K 形节点处的承载力 N_{tk} 的计算公式如下：

$$N_{tk} = \frac{\sin\theta_c}{\sin\theta_t} N_{ck} \tag{5-42b}$$

上述各个规范关于主管应力影响系数 λ_n 表达式相同，见式（5-32）。

（4）KT 形间隙节点

《钢结构设计标准》GB 50017—2017 和 EC3 规范在 K 形间隙节点承载力基础上，根据各个支管垂直于主管轴线的竖向分力的合力为零的假定，建立了 KT 形节点承载力计算公式，并且考虑了竖腹杆受拉的情况。如果竖杆不受力，可按没有竖杆的 K 形节点计算，其间隙值 a 取为两斜杆的趾间距。

如果竖杆受压力（见图 5-28d）：

$$N_1\sin\theta_1 + N_3\sin\theta_3 \leqslant N_{ck1}\sin\theta_1 \tag{5-43a}$$

$$N_2\sin\theta_2 \leqslant N_{ck1}\sin\theta_1 \tag{5-43b}$$

如果竖杆受拉力（见图 5-28e）：

$$N_1 \leqslant N_{ck1} \tag{5-43c}$$

式中，N_{ck1} 即为 K 形节点支管承载力设计值，见式（5-38），但其中的支管与主管直径比取平均值，即 $\beta = (d_1 + d_2 + d_3)/(3D)$，间隙 a 则取为受压支管与受拉支管在主管表面的间隙。

（5）Y 形、X 形、K 形间隙、KT 形间隙节点的主管管壁冲剪验算

尽管很多平面型圆钢管相贯节点的失效模式为主管管壁塑性软化控制，但依然有少量钢管节点在试验中发生冲剪破坏。因此，需要按式（5-22）验算节点承载力，且主管钢材

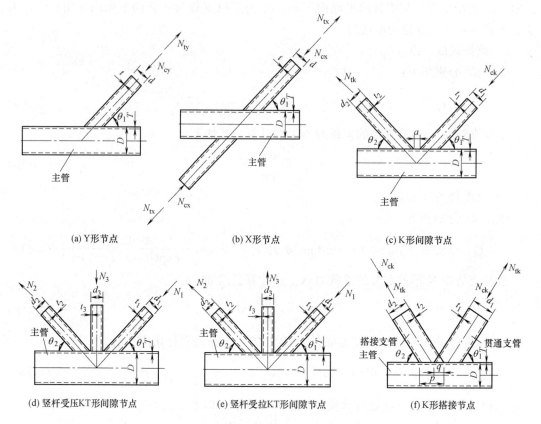

(a) Y形节点　　　　　　　(b) X形节点　　　　　　　(c) K形间隙节点

(d) 竖杆受压KT形间隙节点　　(e) 竖杆受拉KT形间隙节点　　(f) K形搭接节点

图 5-28　几类平面型圆钢管相贯节点

强度标准值 f_y 改为设计值 f。K 形间隙形节点，还要验算间隙处主管截面的剪切强度，见式（5-24）～式（5-26）。

（6）K 形搭接节点

当 K 形节点的支管和主管直径比较大时，为了不产生偏心，往往形成搭接节点，即一根支管的一部分或者全部都搭在另外一根支管上，见图 5-28（f）。可在 K 形间隙节点承载力计算公式的基础上调整相关参数获得搭接节点承载力计算公式，如欧洲规范就采用这种方法。但搭接节点的两根支管中垂直于主管的内力分量可相互平衡一部分，使得主管连接面所受的力相对减少，导致其破坏模式与一般平面钢管节点的主管塑性软化模式有较大差别，近年来的研究也证明了这一点。研究表明，搭接节点的破坏模式主要为支管局部屈曲破坏、支管轴向屈服破坏、支管局部屈曲和主管表面塑性软化同时发生三种破坏模式。因此，有研究者认为应该摒弃原来基于环向模型的计算公式，基于搭接节点自身特点通过试验研究和有限元分析结果建立一个新的计算公式。我国《钢结构设计标准》GB 50017—2017 就采用这种方法，节点承载力计算公式如下：

$$\begin{cases} 受压支管：N_{ck} = \left(\dfrac{29}{\zeta + 25.2} - 0.074 \right) A_c f \\[2mm] 受拉支管：N_{tk} = \left(\dfrac{29}{\zeta + 25.2} - 0.074 \right) A_t f \end{cases} \tag{5-44a}$$

式中，A_c 和 A_t 分别为受压支管和受拉支管的截面面积；f 为支管强度设计值，ζ 为参数，表达式如下：

$$\zeta = \beta^{\eta} \gamma \tau^{0.8-\eta} \tag{5-44b}$$

式中，β、γ、τ、η 分别为支管与主管直径比（d/D）、主管半径与壁厚比（$0.5D/T$）、支管与主管壁厚比（t_i/T）、搭接支管的搭接率（q/p）（见图 5-28f）。

除了工程中最常见的上述节点外，常见的平面型圆钢管相贯节点还有 DY 形和 DK 形（也称平面 KK 形）节点，计算公式详见《钢结构设计标准》GB 50017—2017。关于圆钢管相贯节点承载力计算公式的节点几何参数适用范围见表 5-2。

主管和支管均为圆管的钢管相贯节点几何参数的适用范围　　表 5-2

$\beta = d_i/D$	$\gamma = D/(2T)$	d_i/t_i	$\tau = t_i/T$	θ	φ
$0.2 \leqslant \beta \leqslant 1.0$	$\leqslant 50$	$\leqslant 60$	$0.2 \leqslant \tau \leqslant 1.0$	$\geqslant 30°$	$60° \leqslant \varphi \leqslant 120°$

注：1. D、d_i 分别为主管、支管的直径；T、t_i 分别为主管、支管的壁厚；

2. θ 为主、支管轴线间小于直角的夹角；

3. φ 为空间节点支管的横向夹角，支管轴线在主管横截面所在平面投影的夹角。

（7）几类常见空间圆钢管相贯节点

除了平面型节点，工程中有几类常见空间圆钢管节点，如空间 KK 形等。这些空间钢管节点的承载力计算公式大多是采用在平面型节点承载力计算公式的基础上乘以一个空间影响系数，这里列出《钢结构设计标准》GB 50017—2017 关于空间 TT 形和空间 KK 形节点的轴向承载力计算公式。

1）空间 TT 形圆钢管相贯节点

受压支管、受拉支管在钢管节点处的承载力设计值 N_{cTT}、N_{tTT} 如下：

$$\begin{cases} N_{cTT} = \xi N_{cT}, \quad N_{tTT} = N_{cTT} \\ \xi = 1.28 - 0.64 a_0/D \leqslant 1.1 \end{cases} \tag{5-45}$$

式中，N_{cT} 为平面 T 形节点受压承载力；ξ 为空间影响系数；a_0 为两根支管的间隙；D 为主管直径。

2）空间 KK 形圆钢管相贯节点

空间 KK 形节点的受压支管、受拉支管在钢管节点处的承载力设计值 N_{cKK}、N_{tKK} 分别在平面 K 形节点相应的支管承载力 N_{cK}、N_{tK} 的基础上乘以空间影响系数 ξ，系数 ξ 的表达式如下：

$$\begin{cases} \text{支管为非全搭接型}：\xi = 0.9 \\ \text{支管为全搭接型}：\xi = 0.74 \gamma^{0.1} \exp(0.6q/D) \end{cases} \tag{5-46}$$

式中，q 为平面外两支管的搭接长度；D 为主管直径；完全搭接节点是指四根支管搭接在一起的节点，非完全搭接节点是指间隙节点或仅两根支管搭接的节点。工程上的空间 KK 形节点（见图 5-29b）有四种情况：①完全间隙；②四根支管搭接在一起；③主管同侧相邻两支管搭接（支管 1 和支管 2），但横向两支管不搭接（支管 1 和支管 3）；④横向两支管搭接（支管 1 和支管 3），但同一侧相邻两支管不搭接（支管 1 和支管 2）。

5.4.3 圆钢管相贯节点的抗弯承载力

1. 平面外抗弯承载力的分析模型

类似圆钢管相贯节点在支管轴力作用下的承载力，节点在支管平面外弯矩作用下的承载力计算公式也采用环模型分析，且塑性铰位置也类似支管轴力作用下的情况。平面外弯

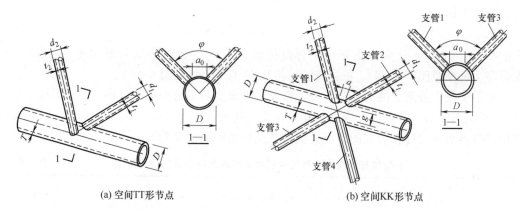

(a) 空间TT形节点　　　　　　　　　　(b) 空间KK形节点

图 5-29　空间型圆钢管相贯节点

矩 M_o 简化为沿着支管轴线的一对间距为 cd 的力偶 F（c 为常系数，d 为支管直径），同时 F 分解为垂直于主管轴线的分量 P 和平行于主管轴线的分量 P_1，并将分力 P 和 P_1 沿着主管轴线方向均匀分布在有效长度 B_e 上，根据对称性建立半环模型，如图 5-30 所示。图中 1～4 点为塑性铰分布点，显然四个点都达到全截面塑性弯矩 $M_p = B_e m_p$ 就形成机构，$m_p = f_y T^2/4$ 为环截面的单位长度的塑性弯矩。由图 5-30（c）可知，1～4 点的弯矩 $M_1 \sim M_4$ 计算如下：

$$-M_1 = M_s \tag{5-47}$$

$$M_2 = M_s + 0.5 N_s D (1 - \cos \omega_2) \tag{5-48}$$

$$-M_3 = M_s + 0.5 N_s D (1 + \cos(\pi - \omega_3)) - Pcd \tag{5-49}$$

$$M_4 = M_s + N_s D - Pcd \tag{5-50}$$

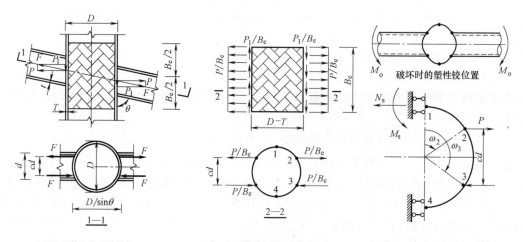

(a) X形节点平面外受弯　　　(b) 平面外弯矩作用下的环模型　　(c) 塑性铰布置及塑性铰处的弯矩计算

图 5-30　X形圆钢管相贯节点平面外抗弯承载力的环模型

$M_1 \sim M_4$ 均等于 M_p 就形成塑性机构，达到了节点抗弯承载力极值，根据以上四式求出力偶垂直主管轴线的分量 P，再考虑弯矩和力偶之间的关系 $M_o = Pcd/\sin\theta$，最终得到节点平面外抗弯承载力极值 M_{ou}：

$$M_{ou} = \frac{2M_p(2 + \cos\omega_2 - \cos\omega_3)}{(2 - \cos\omega_2 + \cos\omega_3)} = \frac{\zeta(1 + c\beta)}{2\beta(1 - c\beta)} \cdot \frac{f_y T^2 d}{\sin\theta} \tag{5-51}$$

式中，β 为支管与主管直径比 d/D；c 和 ζ 为常系数；T 为主管壁厚；d 为支管直径；f_y 为主管材料屈服强度；θ 为支管和主管在平面内的夹角。

2. Y 形和 X 形节点的抗弯承载力实用计算公式

由式（5-51）可知，X 形节点平面外抗弯承载力的形式为 $f_y T^2 d/\sin\theta$，与节点轴向承载力（节点在支管轴力作用下的承载力）形式 $f_y T^2/\sin\theta$ 差了一个支管直径 d，符合量纲关系。两者都采用 Togo 环模型且塑性铰布置类同，区别在于一个是将支管的轴力简化为作用在鞍点附近的两个力，另一个是将支管的弯矩简化为作用在鞍点附近的一对力偶。故主管塑性软化破坏模式的节点的平面外、平面内抗弯承载力公式的基本形式可写为：

$$\begin{cases} M_{ou} = \dfrac{f_y T^2 d}{\sin\theta} Q_{ou} \chi_{nm} \\[2mm] M_{iu} = \dfrac{f_y T^2 d}{\sin\theta} Q_{iu} \chi_{nm} \end{cases} \tag{5-52}$$

式中，M_{ou}、M_{iu} 分别为节点的平面外、平面内抗弯承载力；Q_{ou}、Q_{iu} 分别为节点的平面外、平面内抗弯承载力的无量纲系数（关于 β、γ 等的函数），下标 o 和 i 分别表示平面外（out-of-plane）和平面内（in-plane）；χ_{nm} 为主管应力影响系数。各规范关于平面 X、Y（T 形为特例）圆钢管相贯节点抗弯承载力的计算都采用式（5-52），区别在于 Q_{ou} 和 Q_{iu} 不同，下面列出几个规范、规程中 Q_{ou} 和 Q_{iu} 的计算公式。

（1）《钢结构设计标准》GB 50017—2017

该规范认为 Y 形和 X 形节点的抗弯承载力是相同，几何系数 Q_{ou} 和 Q_{iu} 为：

$$\begin{cases} Q_{ou} = 3.2\gamma^{0.5\beta^2} \\ Q_{iu} = 6.09\beta\gamma^{0.42} \end{cases} \tag{5-53}$$

（2）《钢管结构技术规程》CECS 280：2010

该规范认为 Y 形和 X 形节点的平面内抗弯承载力相同，但平面外抗弯承载力有差异，几何系数 Q_{ou} 和 Q_{iu} 为：

$$\begin{cases} \text{X 形节点 } Q_{ou} = 0.61(1.6 + 0.7\beta)\sqrt{\dfrac{0.3}{\beta(1 - 0.833\beta)}} \\[2mm] \text{Y 形节点 } Q_{ou} = 0.61(1.6 + 0.7\beta)\dfrac{0.3}{\beta(1 - 0.833\beta)} \\[2mm] Q_{iu} = 6.09\beta\gamma^{0.42} \end{cases} \tag{5-54}$$

（3）欧洲规范（EC3）

$$\begin{cases} Q_{ou} = \dfrac{2.7}{(1 - 0.81\beta)} \\[2mm] Q_{iu} = 4.85\beta\sqrt{\gamma} \end{cases} \tag{5-55}$$

（4）英国安全与健康管理局的海工规范（HSE）

$$\begin{cases} \text{X 形节点 } Q_{\mathrm{ou}} = (1.6+0.7\beta)\sqrt{\dfrac{0.3}{\beta(1-0.833\beta)}} \\[2mm] \text{Y 形节点 } Q_{\mathrm{ou}} = (1.6+0.7\beta)\dfrac{0.3}{\beta(1-0.833\beta)} \\[2mm] Q_{\mathrm{iu}} = 5\beta\sqrt{\gamma} \end{cases} \tag{5-56}$$

（5）日本规范（AIJ）

$$\begin{cases} Q_{\mathrm{ou}} = \dfrac{2.2\gamma^{-0.1}}{(1-0.81\beta)} \\[2mm] Q_{\mathrm{iu}} = 5.02\beta\gamma^{0.42} \end{cases} \tag{5-57}$$

（6）API-WSD&LRFD 规范

$$\begin{cases} Q_{\mathrm{ou}} = \dfrac{0.24(3.4+7\beta)}{\beta(1-0.833\beta)} \\[2mm] Q_{\mathrm{iu}} = 0.8(3.4+19\beta) \end{cases} \tag{5-58}$$

（7）ISO&NORSOK 规范

$$\begin{cases} Q_{\mathrm{ou}} = 3.2\gamma^{0.5\beta^2} \\[2mm] Q_{\mathrm{iu}} = 4.5\beta\gamma^{0.5} \end{cases} \tag{5-59}$$

《钢管结构技术规程》CECS 280：2010 将几个国外规范计算值进行对比。就节点平面外抗弯承载力计算公式而言，HSE 与试验结果最接近，API 次之但离散性相对较大。就节点平面内抗弯承载力计算公式而言，API 与试验结果最接近，但离散性相对偏大，其次是 HSE 和 EC3 规范，且离散性较小。以上各个规范的主管应力影响系数 χ_{nm} 计算如下：

$$\begin{cases} \chi_{\mathrm{nm}} = 1 - 0.3n_{\mathrm{p}} - 0.3n_{\mathrm{p}}^2 \\[2mm] n_{\mathrm{p}} = \dfrac{N_{\mathrm{cp}}}{Af_{\mathrm{y}}} + \dfrac{M_{\mathrm{cp}}}{Wf_{\mathrm{y}}} \end{cases} \tag{5-60}$$

式中，n_{p} 为主管应力；N_{cp} 为节点两侧主管轴心压力的较小绝对值；M_{cp} 为与 N_{cp} 对应的一侧的主管平面内弯矩绝对值。但当节点两侧或一侧主管受拉时，$\chi_{\mathrm{nm}}=1$；A 和 W 分别为与 N_{cp} 对应一侧的主管截面面积、主管截面模量。

另外，当节点的支管直径 d 小于主管内径 $D-2T$ 时，节点在平面内弯矩或平面外弯矩作用下还需要进行抗冲剪验算，即：

$$M_{\mathrm{sv}} = \left(\frac{1+3\sin\theta}{4\sin^2\theta}\right)d^2 T f_{\mathrm{v}} \tag{5-61}$$

3. 空间 X 形圆钢管节点的抗弯承载力

对比支管轴力作用下的钢管相贯节点承载力，圆钢管节点抗弯承载力的研究相对较少，目前成果大多集中在 Y 形和平面 X 形。但单层网壳等空间结构中的 X 形节点往往是支管与主管具有一定平面外夹角 φ，一个原因是为了建筑美观。可以在已有规范公式上乘以一个关于 φ 的系数（函数），用来考虑支、主管平面外夹角对节点平面外抗弯承载力的影响。

单层网壳结构中的空间 X 形圆钢管相贯节点，其两侧支管端部往往同时承受大小相同的向下挠曲（使得主管两侧的支管根部加剧靠近）的平面外弯矩 $M_{\mathrm{o+}}$（正弯矩），或向

上的弯矩 M_{o-}（负弯矩），如图 5-31 所示。空间 X 形节点在 M_{o+} 和 M_{o-} 作用下的承载性能不同，可用图 5-32 所示的模型来解释。空间 X 形圆钢管相贯节点在平面外弯矩作用下的力学模型可简化为截面高度和宽度分别为 T 和 B_e（$B_e=\eta D$，η 为一常数）、长轴和短轴分别为 $(D-T)/\sin\theta$ 和 $(D-T)$ 的二维椭圆环模型，椭圆环模型在 M_{o+} 作用时较长弧段 A_1B_1 受拉，较短弧段 A_2B_2 受压，M_{o-} 作用时则相反。从结构稳定的角度看，较长弧段受压比受拉更不利，故节点在 M_{o+} 作用下的 M_o-ψ 曲线往往比 M_{o-} 作用下的曲线更高，支、主管直径比 β 较大时弧段 A_1B_1 与 A_2B_2 之间的差异更大，正、反弯矩作用下所得弯矩-转角（M_o-ψ）曲线的差异也更大。图 5-33 给出了 β 较大（$\beta=0.9$）和较小（$\beta=0.7$）的两个节点在正、负弯矩作用下的弯矩-转角曲线对比。由图 5-33 可知，正弯矩-转角（M_{o+}-ψ）曲线比负弯矩-转角（M_{o-}-ψ）曲线要高，即相同节点转角对应 M_{o+} 的值大于 M_{o-}，且 β 越大两条曲线的差异越大。

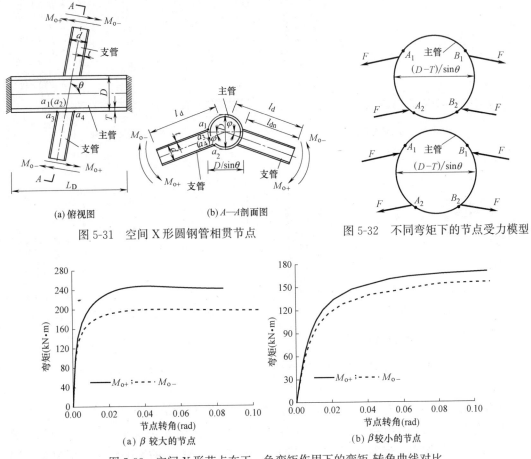

图 5-31 空间 X 形圆钢管相贯节点

图 5-32 不同弯矩下的节点受力模型

图 5-33 空间 X 形节点在正、负弯矩作用下的弯矩-转角曲线对比

文献［22］通过有限元研究支、主管平面外夹角 φ 对节点平面外抗弯承载力 M_{ou} 的影响，大致过程如下：首先将 0.07 弧度的节点转角对应的弯矩值判定为节点平面外抗弯承载力，因为此时节点的受压侧鞍点附近主管管壁局部凹变形接近 $0.03D$（其中 D 为主管直径），符合钢管节点承载力判定的变形准则。

随后，通过有限元分析计算获得 $\varphi=0°$、$10°$、$20°$、$30°$、$45°$ 的节点平面外抗弯承载力（$\varphi\neq0°$ 的每个节点均有正、反向弯矩作用）M_{ou}，并将 $\varphi\neq0°$ 的节点抗弯承载力与相应的 $\varphi=0°$ 的值进行对比，用来分析平面外夹角 φ 对节点平面外抗弯承载力的影响，见图 5-34。图中的横坐标、纵坐标分别为 γ，M_{oun}/M_{ou0}，M_{oun}、M_{ou0} 分别为 $\varphi\neq0°$ 和 $\varphi=0°$ 时的节点抗弯承载力，其中 M_{oun} 又可进一步分为正、反向弯矩作用下的节点抗弯承载力 M_{oun+}（图中表示"正"）、M_{oun-}（图中表示"负"），如"$\beta=0.3$ 正""$\beta=0.3$ 负"分别表示 $\beta=0.3$ 的 M_{oun+}/M_{ou0}、M_{oun-}/M_{ou0}。需要说明的是，搭接节点的受力性能与间隙节点差异较大，为了避免 φ 和 β 同时较大而导致在支管根部出现搭接，故支管和主管的平面外夹角 φ 分别为 $20°$、$30°$、$45°$ 时，β 最大值依次为 0.9、0.75、0.6。

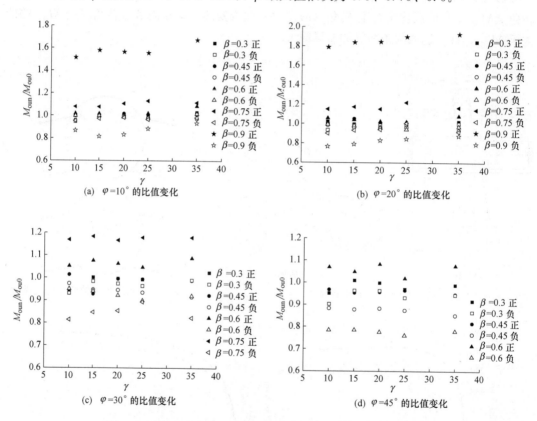

图 5-34 支管与主管平面外夹角对节点平面外抗弯承载力的影响

由图 5-34 可知，当 $\beta\leqslant0.6$ 时，φ 对节点承载力的影响较小；当 $\beta\geqslant0.75$ 时，φ 对节点承载力有一定程度的影响。由图 5-34 还可知，γ 变化而 β 不变时，M_{oun+}/M_{ou0} 及 M_{oun-}/M_{ou0} 变化较小，说明 γ 对 M_{oun+}/M_{ou0} 及 M_{oun-}/M_{ou0} 的影响较小，可忽略。同时经过分析表明，其他节点参数 τ 和 θ 对 M_{oun+}/M_{ou0} 及 M_{oun-}/M_{ou0} 的影响也较小。因此，在已有规范公式基础上乘以一个关于 β 和 φ 的函数 $f(\beta,\varphi)$，用来反映 φ 对节点抗弯承载力的影响，且应满足 $\varphi=0°$ 时 $f(\beta,\varphi)=1.0$：即可退化为已有的规范计算公式。对 β 分别为 0.75 和 0.9 的 50 个比值数据（M_{oun+}/M_{ou0} 与 M_{oun-}/M_{ou0} 各 25 个）进行分析和拟合，最终建立计算式，即式（5-62）。将当 $\beta\geqslant0.75$ 时 X 形节点有限元所得比值

M_{oun+}/M_{ou0} 及 M_{oun-}/M_{ou0} 与式（5-62）计算值进行对比，结果见图 5-35。由图 5-35 可知：绝大部分误差上小于 10%，最大误差约 13%，说明式（5-62）较好地反映支主管平面外夹角 φ 对 X 形圆钢管相贯节点平面外抗弯承载力的影响。

$$f(\beta,\varphi)=\begin{cases} 1+7.71\beta^{10.23}\sin\varphi & \text{正向弯矩} \\ 1-0.895\beta^{4.27}\sin\varphi & \text{负向弯矩} \end{cases} \tag{5-62}$$

式（5-62）适用于 $\beta\geqslant0.75$ 的节点。当 $\beta\leqslant0.6$ 时，节点处于正向弯矩 M_{o+} 作用时忽略 φ 对节点抗弯承载力的有利作用，即取 $f(\beta,\varphi)=1.0$；节点处于负弯矩 M_{o-} 作用时，取 $f(\beta,\varphi)=0.9$ 用来反映 φ 对负弯矩作用下节点承载力的不利影响。当 $0.6<\beta<0.75$ 时，$f(\beta,\varphi)$ 简单地取关于 β 的线性插值。

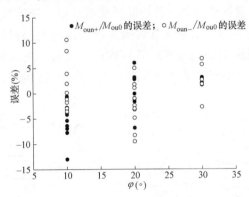

图 5-35　式（5-62）与有限元所得值之间的相对误差

5.4.4　弯矩和轴力共同作用下的节点承载力

在空腹桁架结构（无斜腹杆的桁架）和单层网壳结构中，钢管相贯节点承受弯矩和轴力共同作用，设计时应考虑这一点。对此，各国规范提出了节点在弯矩与轴力共同作用下的承载力相关方程：式（5-63）～式（5-65）。各式中 N、N_u 分别为组合荷载下腹杆轴力、节点仅受轴力作用时的极限承载力公式计算值（分轴压和轴拉力两种情况）；M_i、M_{ui} 分别为组合荷载下腹杆平面内弯矩、节点仅受平面内弯矩作用时的极限承载力公式计算值；M_o、M_{uo} 分别为组合荷载下腹杆平面外弯矩、节点仅受平面外弯矩作用时的极限承载力公式计算值。

（1）《钢结构设计标准》GB 50017—2017 和 AIJ 规范

$$\frac{N}{N_u}+\frac{M_i}{M_{ui}}+\frac{M_o}{M_{uo}}=1 \tag{5-63}$$

（2）API-LRFD 规范

$$1-\cos\left[\frac{\pi}{2}\left(\frac{N}{N_u}\right)\right]+\left[\left(\frac{M_i}{M_{ui}}\right)^2+\left(\frac{M_o}{M_{uo}}\right)^2\right]^{0.5}=1 \tag{5-64}$$

（3）EC3、HSE、ISO&NORSOK 规范

$$\frac{N}{N_u}+\left(\frac{M_i}{M_{ui}}\right)^2+\frac{M_o}{M_{uo}}=1 \tag{5-65}$$

5.5 矩形钢管相贯节点的静力承载力

5.5.1 矩形钢管相贯节点的破坏模式

类似圆钢管相贯节点，矩形钢管相贯节点各种可能的破坏模式如下：主管表面塑性软化、主管冲剪破坏、主管管壁局部屈曲、主管剪切破坏、支管破坏（屈服或局部屈曲），见图 5-36。需要说明的是，本书的矩形钢管节点指支管与主管均为矩形钢管，且支主管中心相交的节点。此外，矩形钢管相贯节点还可能发生焊缝破坏（焊缝强度不够）；对于钢管壁厚较厚的节点，还可能发生层状撕裂破坏。因此，矩形钢管节点的连接焊缝强度也必须高于被连接构件（质量可靠的全溶透焊缝强度通常高于被连接构件）；壁厚很厚的构件（大于 25mm），弦杆（主管）必须保证含硫量较低以避免层状撕裂，同时设计时限制管壁宽厚比以避免局部屈曲及限制变形。若将腹杆（支管）的破坏归类于构件（杆件），那么当支管与主管宽度比（平面外受弯则为高度比）$\beta \leqslant 0.85$ 的 T、Y、X 及 K 和 N 形间

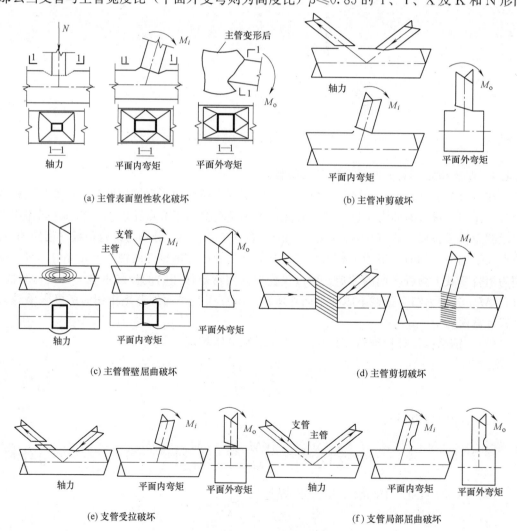

(a) 主管表面塑性软化破坏

(b) 主管冲剪破坏

(c) 主管管壁屈曲破坏

(d) 主管剪切破坏

(e) 支管受拉破坏

(f) 支管局部屈曲破坏

图 5-36 矩形钢管相贯节点的破坏模式

隙节点的最常见破坏类型是主管表面塑性软化。主管冲剪破坏则可能发生在 $b < B - 2T - 2.8t_f$ 的节点中，其中 b 是支管宽度，B 和 T 是主管宽度和壁厚，t_f 是焊缝高度。对于 β 接近 1.0 的 T、Y 和 X 形节点，常见的破坏模式是主管侧壁破坏。对于 β 较大的 K 形间隙节点或主管高宽比较低的 K 形间隙节点，则可能发生弦杆剪切破坏。

矩形钢管相贯节点承载力计算式的节点几何参数适用范围见表 5-3。

主管为矩形管，支管为矩形管或圆管的节点几何参数适用范围 表 5-3

截面及节点形式		节点几何参数，$i=1$ 或 2，表示支管；j 表示被搭接支管					
		b_i/b、h_i/b、d_i/b	b_i/t_i、h_i/t_i、d_i/t_i		h_i/b_i	b_i/t_i、h_i/t_i	a 或 Q_v、b_i/b_j、t_i/t_j
			受压	受拉			
支管为矩形管	T、Y、X	$\geqslant 0.25$	$\leqslant 37\sqrt{\dfrac{235}{f_{yi}}}$ 且 $\leqslant 35$	$\leqslant 35$	$0.5 \sim 2$	$\leqslant 35$	—
	K 与 N 间隙节点	$\geqslant 0.1 + \dfrac{0.01b}{t}$ $\geqslant 0.35$					$0.5(1-\beta) \leqslant \dfrac{a}{b} \leqslant 1.5(1-\beta)$ $a \geqslant t_1 + t_2$
	K 与 N 搭接节点	$\geqslant 0.25$	$\leqslant 33\sqrt{\dfrac{235}{f_{yi}}}$			$\leqslant 40$	$25\% \leqslant Q_v \leqslant 100\%$ $t_i/t_j \leqslant 1.0$ $0.75 \leqslant b_i/b_j \leqslant 1.0$
支管为圆管		$0.4 \leqslant \dfrac{d_i}{b} \leqslant 0.8$	$\leqslant 44\sqrt{\dfrac{235}{f_{yi}}}$	$\leqslant 50$			取 $b_i = d_i$ 仍能满足上述相应条件

注：1. 当比值 a/b 大于 $1.5(1-\beta)$ 时，按 T 形或 Y 形节点计算；

2. b_i、h_i、t_i 分别为第 i 个矩形支管的截面宽度、高度和壁厚；d_i、t_i 分别为第 i 个圆形支管的外径和壁厚；b、h、t 为矩形主管的截面宽度、高度和壁厚；a 为相邻支管间的间距，Q_v 为搭接率（$Q_v = q/p \times 100\%$），一般为 $25\% \leqslant Q_v \leqslant 100\%$；$f_{yi}$ 为第 i 个支管钢材的屈服强度；

3. β 为参数；对 T、Y、X 形节点，$\beta = b_1/b$ 或 d_1/b；对 K、N 形节点，$\beta = (b_1 + b_2 + h_1 + h_2)/(4b)$ 或 $(d_1 + d_2)/(2b)$。

5.5.2 矩形钢管相贯节点的轴向承载力

1. 分析模型

文献［10］在总结前人研究成果后，得出关于矩形钢管相贯节点的主要理论分析模型：屈服线模型（主管表面塑性软化）、冲切模型（主管冲剪破坏）、主管剪切破坏模型等。

（1）屈服线模型

对于支管与主管截面宽度比 β 中等大小的矩形钢管相贯节点，屈服线模型较好地估算了节点承载力。对于 β 过小的情况要达到屈服线模式的变形可能太大。对于 β 太大的节点，这一模型将导致无限大的强度，这时其他破坏模式如冲剪或侧壁破坏等将起控制作用。屈服线方法是一个上限方法，因此必须比较不同的屈服线模式，以获得一个最低的承载力值。然而，不同屈服线模式所得的承载力的差别相对较小。此外，屈服线模型忽略了局部应变硬化效应和薄膜张力效应的影响，且仅考虑主管表面（即与支管连接的面）的变形而忽略主管侧面板的变形。最终，T、Y 和 X 形矩形钢管相贯节点在支管轴力作用下的承载力计算模型可以采用图 5-37 所示的简化屈服线模型。屈服线方法的原理如下：外力 N 所做的外力功等于具有塑性线长度 l_i 与转角 φ_i 的塑性铰系统的内能 E_i，表达式如下：

$$N \cdot \sin\theta \cdot \delta = \sum E_i = \sum l_i \varphi_i m_p \qquad (5-66)$$

式中，N 为支管轴力；θ 为支管和主管的夹角；$m_p = T^2 f_y / 4$，为单位宽度的塑性弯矩；δ 为最大凹变形。由图5-37（b）可知，屈服线模型共有5类塑性绞线（屈服线），第1～4类塑性绞线各有2条塑性绞线，第5类塑性绞线有4条塑性绞线。屈服线模型中的5类塑性绞线的耗散能量如下：

$$E_1 = 2B \frac{2\delta}{(B-b)/\tan\alpha} m_p = \frac{4\tan\alpha}{1-\beta} \delta m_p \tag{5-67a}$$

$$E_2 = 2b \frac{2\delta}{(B-b)/\tan\alpha} m_p = \frac{4\beta\tan\alpha}{1-\beta} \delta m_p \tag{5-67b}$$

$$E_3 = 2\left(\frac{h}{\sin\theta} + 2\frac{B-b}{2\tan\alpha}\right) \frac{\delta}{(B-b)/2} m_p = 4\left(\frac{h/B}{(1-\beta)\sin\theta} + \frac{4}{\tan\alpha}\right) \delta m_p \tag{5-67c}$$

$$E_4 = 2\frac{h}{\sin\theta} \frac{\delta}{(B-b)/2} m_p = \frac{4h/B}{(1-\beta)\sin\theta} \delta m_p \tag{5-67d}$$

$$E_5 = 4l_5 \left(\frac{\delta}{l_5/\tan\alpha} + \frac{\delta}{l_5\tan\alpha}\right) m_p = 4\left(\tan\alpha + \frac{1}{\tan\alpha}\right) \delta m_p \tag{5-67e}$$

将式（5-67a）～式（5-67e）代入式（5-66），可得支管轴力 N 关于 α、δ、θ、b 等参数的表达式：

$$N = \frac{2f_y T^2}{(1-\beta)\sin\theta} \left[\tan\alpha + \frac{1-\beta}{\tan\alpha} + \frac{h/B}{\sin\theta}\right] \tag{5-68}$$

再利用最小势能原理，令 N 对未知量 α 的求导为零，即可得角度 α：

$$\tan\alpha = \sqrt{1-\beta} \tag{5-69}$$

将式（5-69）代入式（5-68），得到承载力极值 N_u：

$$N_u = \frac{2f_y T^2}{(1-\beta)\sin\theta} \left[2\sqrt{1-\beta} + \frac{h/B}{\sin\theta}\right] \tag{5-70}$$

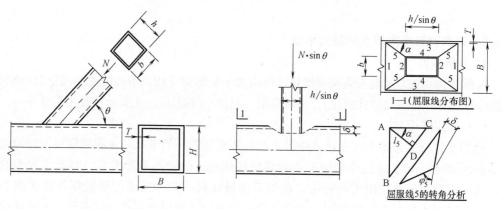

(a) 节点受支管轴力作用   (b) 屈服线模型

图5-37　Y和X形矩形钢管节点的屈服线模型

显然，在上述推导过程中又进一步做了简化，即忽略了主管壁厚的影响（$B \approx B - 2T$），忽略了焊缝尺寸的影响。理论上讲屈服线模型也可应用于 K 形节点。然而，在间隙区域内的膜面张应力、剪应力和硬化会明显影响屈服铰线的应力状况，荷载传递将变得更为复杂。这些因素使模型过于复杂，故设计中通常采用半经验半理论公式。

（2）主管冲剪破坏模型

与圆管截面连接类似，矩形钢管也可能发生主管（弦杆）冲剪，即支管与主管相贯连接周长处的剪切而形成弦杆的裂缝。因沿着相贯线周长的刚度是不均匀的，难以形成一个完全有效的抗冲剪周长，即只有其中的一部分可假定为能有效地抵抗冲剪。例如，对于 T 形或 Y 形节点，连接周长中与主管侧壁平行的侧面是全部有效的，但其中垂直于主管侧面的相贯线则仅部分有效，其有效部分取决于主管的宽厚比 B/T，记为 b_{ep}，如图 5-38 所示。再考虑到冲剪是由垂直于主管表面的支管轴力分量引起的，因此抗冲剪承载力可写为：

$$N_u = \frac{f_y T}{\sqrt{3}} \left(2b_{ep} + \frac{2h}{\sin\theta} \right) \frac{1}{\sin\theta} \tag{5-71}$$

式中，b_{ep} 是 B/T 的函数，有关研究表明 B/T 越小，则 b_{ep} 越大，CIDECT2008 认为 $b_{ep} = 10b/(B/T)$，且 $b_{ep} \leq b$，b 为受轴力作用的支管截面宽度。

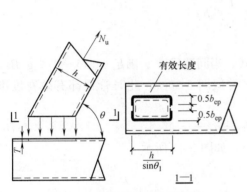

图 5-38　Y 形节点的冲剪模型

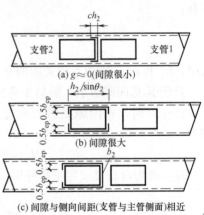

(a) $g \approx 0$(间隙很小)

(b) 间隙很大

(c) 间隙与侧向间距(支管与主管侧面)相近

图 5-39　K 形间隙节点的冲剪模型

对于 K 形间隙节点，间隙尺寸对于有效冲剪长度是极其重要的。例如，如果间隙尺寸接近于零且比值 β 中等或较小（图 5-39a），此时，与其他周长部位相比，间隙部位刚度较大。以支管 2 为例，抗冲剪承载力为：

$$N_2 = \frac{f_y T}{\sqrt{3}} \left(b_2 + \frac{2ch_2}{\sin\theta_2} \right) \frac{1}{\sin\theta_2} \tag{5-72}$$

式中，N_2 为支管 2 的轴力；θ_2 为支管 2 和主管的夹角；b_2 和 h_2 分别为支管 2 的截面宽度和高度；c 为一个比 1 小得多的系数。

对于两根支管之间间隙很大的 K 形节点（图 5-39b），此时抗冲剪承载力计算同 Y 形和 X 形节点，即采用式（5-71）。对于介于上面两者之间的 K 形间隙节点（图 5-39c），即当两根支管的间隙 g 满足 $0.5(1-\beta) \leq g/B \leq 1.5(1-\beta)$ 时，节点的抗冲剪承载力如下：

$$N_2 = \frac{f_y T}{\sqrt{3}} \left(b_2 + \frac{2h_2}{\sin\theta_2} + b_{ep} \right) \frac{1}{\sin\theta_2} \tag{5-73}$$

需要说明的是，式（5-73）不适用于 β 较大的节点，此时需要满足间隙 g 大于两根支管壁厚之和，其中 $b_{ep} = 10b/(B/T)$，且 $b_{ep} \leq b_2$。

（3）支管有效宽度失效模型

由于沿着相贯线连接周长的刚度是不均匀的，相贯线附近的支管根部截面上的应力分布也不均匀。类似主管冲剪破坏模型的有效宽度 b_{ep}，采用有效宽度准则验算支管根部截面强度，即将沿着支管截面宽度方向的复杂、不均匀的应力简化为集中且均匀作用在端部的有效宽度 b_e 上，如图 5-40 所示。需要说明的是，支管根部截面受力和主管冲剪破坏时的变形能力不同使得 b_e 和 b_{ep} 的值不同，尽管两者都是有效截面。另外，主管冲剪破坏是由垂直于主管的支管内力分量引起的，而支管有效宽度破坏准则验算的是支管内力，偏保守地不考虑支主管夹角 θ 的效应。因此，对于 Y 和 X 形节点，支管根部有效宽度受力（有效宽度准则）可写为：

$$N_1 = f_{y1}t_1(2b_e + 2h_1 - 4t_1) \tag{5-74}$$

式中，$-4t_1$ 是为了避免角部区域计算两次；f_{y1} 为支管钢材屈服强度。类似主管冲剪破坏模式，b_e 随着主管宽厚比 B/T 的减小而增大，CIDECT2008 认为 b_e 可按下式进行计算：

$$b_e = \frac{10b_1}{B/T} \cdot \frac{f_y T}{f_{y1}t_1} \leqslant b_1 \tag{5-75}$$

式中，b_1 和 t_1 分别为支管截面的宽度和厚度。

对于 K 形间隙节点，类似主管冲剪破坏模式，当间隙尺寸 g 满足 $0.5(1-\beta) \leqslant g/B \leqslant 1.5(1-\beta)$ 时，则间隙处腹杆管壁全部有效（类似图 5-39c），此时管根部有效宽度准则为：

$$N_2 = f_{y2}t_2(b_e + 2h_2 + b_2 - 4t_1) \tag{5-76}$$

这一准则可直接应用于腹杆塔接的搭接节点，如图 5-41 所示。

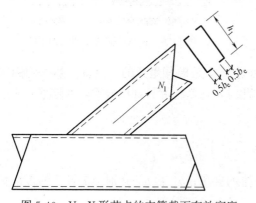

图 5-40　Y、X 形节点的支管截面有效宽度

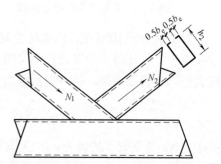

图 5-41　搭接节点的支管截面有效宽度

（4）主管侧面屈服或屈曲模型

支管传来的轴力更多被传递到与主管侧面平行的两块支管板件（沿支管截面高度 h 方向的两块板件），故对于 β 较大的 Y 和 X 形节点则可能发生主管侧壁的屈服或屈曲而破坏，如图 5-42 所示。节点的验算模型可简化为类似工字型钢梁中腹板局部承压验算。对于 $\beta = 1.0$ 的节点，按照屈服模式，节点承载力可由下式确定：

$$N_1 = \frac{2f_y T}{\sin\theta} \cdot \left(\frac{h}{\sin\theta} + 5T\right) \tag{5-77}$$

当节点承受支管压力作用且主管薄壁时，则会发生主管侧壁屈曲破坏，此时屈服应力 f_y 由屈曲应力 σ_k 来代替，σ_k 取决于主管侧板的高厚比 H/T，按照侧壁板件的轴压稳定性确定，不同规范取值有所不同。

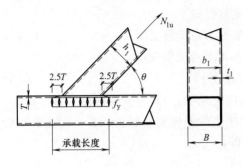

图 5-42　主管侧面破坏模式

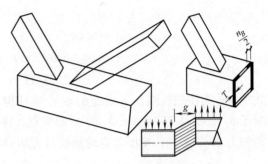

图 5-43　主管剪切破坏模式
注：涂黑部分截面面积为 A_v。

（5）主管剪切破坏模型

与圆管截面节点类似，矩形钢管节点也有主管剪切破坏模式，以塑性设计基本公式为基础，如图 5-43 所示。塑性抗剪承载力为：

$$V_{pl} = \frac{f_y}{\sqrt{3}} \cdot A_v \tag{5-78}$$

式中，A_v 为剪切面积，通常情况下可以保守地取为主管腹板的面积。但是如果间隙较小，主管上翼缘的部分也会有效，此时 A_v 计算如下：

$$A_v = (2H + \eta B)T \tag{5-79}$$

式中，系数 η 取决于间隙与主管壁厚之比 g/T。此时，剩余的截面必须传递轴力，类似圆钢管截面的节点公式，基于 von Mises 准则确定下述相关公式：

$$N_{ogap} = (A_0 - A_v)f_y + A_v f_y \sqrt{1 - \left(\frac{V_{sd}}{V_{pl}}\right)^2} \tag{5-80}$$

2. 节点承载力实用计算公式

（1）X 形与 Y 形（T 形为特例）矩形钢管相贯节点（图 5-44a、b）

1）《钢结构设计标准》GB 50017—2017

① 当支管与主管的截面宽度比 $\beta \leqslant 0.85$ 时，为主管表面塑性软化破坏（屈服线模型见图 5-37）

$$N_{ui} = \frac{1.8fT^2}{\sqrt{1-\beta}\sin\theta_i}\left(2 + \frac{h_i}{B\sqrt{1-\beta}\sin\theta_i}\right)\chi_n \tag{5-81}$$

$$\chi_n = \begin{cases} 1.0 & \text{主管受拉} \\ 1.0 - 0.25\sigma/(\beta f) & \text{主管受压} \end{cases} \tag{5-82}$$

式中，B 为主管截面宽度；T 为主管壁厚；h_i 为支管截面高度；θ_i 为支管与主管的夹角；χ_n 为主管应力影响系数；σ 为节点两侧主管轴心压应力的较大绝对值；f 为主管钢材强度设计值。对比式（5-81）和屈服线模型理论计算式（5-70），可知规范计算公式是将理论计算乘以 0.9 和主管应力影响系数 χ_n，并将钢材强度标准值 f_y 改为设计值 f。

② 当 $\beta=1.0$ 时，为主管侧壁屈曲破坏（图 5-42）

$$N_{ui}=\frac{f_{k}T}{\sin\theta_{i}}\cdot\left(\frac{2h_{i}}{\sin\theta_{i}}+10T\right)\chi_{n} \tag{5-83}$$

$$f_{k}=\begin{cases}f & \text{支管受拉}\\ 0.8\varphi f & \text{Y 形节点支管受压}\\ (0.65\sin\theta_{i})\varphi f & \text{X 形节点支管受压}\end{cases} \tag{5-84}$$

$$\lambda=1.73(H/T-2)(\sin\theta_{i})^{-0.5} \tag{5-85}$$

式中，φ 为按照长细比 λ 确定的轴心压杆构件的稳定系数；H 为主管截面高度。此外，对于 $\theta_{i}<90°$ 且 $H\geqslant h/\cos\theta_{i}$ 的 X 形节点，还需要按主管侧壁剪切强度验算，即支管承受的轴力 N_{ui} 应小于 X 形节点的侧壁抗剪切强度，即：

$$N_{ui}=\frac{2f_{v}HT}{\sin\theta_{i}} \tag{5-86}$$

式中，f_{v} 为主管钢材抗剪强度设计值。

③ 当 $0.85<\beta<1.0$ 时，节点承载力设计值取式（5-81）和式（5-83）或式（5-86）计算所得值的线性插值（根据 β 进行线性插值）。此时还需要进行"支管有效宽度"失效模式（见图 5-40）的验算，即：

$$N_{ui}=f_{i}t_{i}(2b_{ei}+2h_{i}-4t_{i}) \tag{5-87}$$

式中，f_{i} 为支管钢材强度设计值；h_{i} 和 t_{i} 为支管截面高度和壁厚，支管截面的有效宽度 b_{ei} 可按式（5-75）进行计算。

④ 对于 $0.85<\beta<1-2T/B$ 的节点，还需要进行主管（弦杆）表面的抗冲剪承载力（见图 5-38）验算：

$$N_{ui}=2\left(b_{ep}+\frac{h_{i}}{\sin\theta_{i}}\right)\frac{f_{v}T}{\sin\theta_{i}} \tag{5-88}$$

式中，主管有效宽度 $b_{ep}=10b_{i}/(B/T)$ 且 $b_{ep}\leqslant b_{i}$，b_{i} 为受轴力作用的支管截面宽度；f_{v} 为主管钢材抗剪强度设计值。《钢管结构技术规程》CECS 280：2010 的计算公式同《钢结构设计标准》GB 50017—2017。

2）EC3 规范

该规范的计算公式与《钢结构设计标准》GB 50017—2017 基本相同，仅将式（5-81）中的 1.8 改为 2.0。

3）CIDECT2008 发布的设计指南（第二版）

该规范的计算公式与《钢结构设计标准》GB 50017—2017 基本相同，但将 $\beta\leqslant 0.85$ 的节点（主管表面塑性软化破坏模式）的式（5-81）中的 1.8 改为 2.0。另外，主管应力影响系数 χ_{n} 表达式差异较大，CIDECT2008 设计指南的系数 χ_{n} 的表达如下：

$$\chi_{n}=\left(1-\left|\frac{\sigma}{f_{y}}\right|\right)^{C_{1}}\leqslant 1.0 \tag{5-89}$$

$$C_{1}=\begin{cases}0.1 & \sigma\geqslant 0 \text{ 受拉}\\ 0.6-0.5\beta & \sigma<0 \text{ 受压}\end{cases} \tag{5-90}$$

$$\sigma=\frac{N_{c}}{A_{c}}+\frac{M_{c}}{W_{cp}} \tag{5-91}$$

式中，N_c 为主管轴力设计值；M_c 为主管弯矩设计值；A_c 为主管截面面积；W_{cp} 为主管塑性截面模量。

4）AIJ 规范

该规范的计算公式与《钢结构设计标准》GB 50017—2017 相似，但公式中具体系数有所不同，即：

$$N_{ui} = \begin{cases} \dfrac{3.14fT^2}{\sqrt{1-\beta}\,\sin\theta_i}\left(2+\dfrac{h_i}{B\sqrt{1-\beta}\,\sin\theta_i}\right)\chi_n & \beta \leqslant 0.85 \\[4mm] \dfrac{3.14f_kT}{\sin\theta_i}\cdot\left(\dfrac{h_i}{\sin\theta_i}+5T\right)\chi_n & \beta = 1.0 \end{cases} \tag{5-92}$$

当 $0.85 < \beta < 1.0$ 时，按线性插值确定，并进行支管有效宽度准则和主管抗冲剪准则验算，即：

$$N_{ui} = 3.14f_it_i(b_{ei}+h_i-2t_i) \tag{5-93}$$

$$N_{ui} = 3.14\left[b_{ep}+\dfrac{h_i}{\sin\theta_i}\right]\dfrac{f_vT}{\sin\theta_i} \tag{5-94}$$

式中，有效宽度 $b_{ep}=9.2b_i/(B/T)$ 且 $\leqslant b_i$，支管有效宽度 $b_e=9.2b_i(T/t_i)/(B/T)$ 且 $\leqslant b_i$。

（2）K 形、N 形矩形钢管相贯间隙节点

1）《钢结构设计标准》GB 50017—2017

按照主管表面塑性软化、主管受剪、主管表面冲剪、支管根部有效截面失效等破坏模式，K 形间隙节点（见图 5-44c）或 N 形间隙节点处任意一根支管的承载力设计值依次按以下式子进行计算：

$$N_{ui} = \dfrac{8fT^2}{\sin\theta_i}\beta\left(\dfrac{B}{2T}\right)^{0.5}\chi_n \tag{5-95}$$

$$N_{ui} = \dfrac{f_vA_v}{\sin\theta_i} \tag{5-96}$$

$$N_{ui} = 2\left[\dfrac{b_{ei}+b_i}{2}+\dfrac{h_i}{\sin\theta_i}\right]\dfrac{f_vT}{\sin\theta_i} \tag{5-97}$$

$$N_{ui} = 2f_it_i\left[\dfrac{b_{ei}+b_i}{2}+h_i-2t_i\right] \tag{5-98}$$

式中，b_{ei} 为支管有效宽度，按式（5-75）计算；$A_v=(2H+\alpha B)T$，为主管的受剪面积，其中参数 α 按下式计算：

$$\alpha = \sqrt{\dfrac{3T^2}{3T^2+4a^2}} \tag{5-99}$$

式中，T 为主管壁厚；a 为间隙距离。此外，还需要进行节点间隙处的主管轴心受力承载力 N_c 的验算，即：

$$N_c = (A-\alpha_vA_v)f \tag{5-100}$$

式中，A 为主管截面面积；α_v 为剪力对主管轴心承载力的影响系数，即：

$$\alpha_v = 1-\sqrt{1-\left(\dfrac{V}{V_p}\right)^2}, \quad V_p=A_vf_v \tag{5-101}$$

式中，V_p 为间隙处主管的抗剪承载力设计值；V 为节点间隙处主管所受的剪力，可按任意一支管的竖向分力计算。《钢管结构技术规程》CECS 280：2010 的计算公式同《钢结构设计标准》GB 50017—2017。

2）EC3 规范

按照主管表面塑性软化，节点处任意一根支管的承载力设计值计算如下：

$$N_{ui} = \frac{8.9fT^2}{\sin\theta_i}\left(\frac{b_1 + b_2}{2B}\right)\left(\frac{B}{2T}\right)^{0.5}\chi_n \tag{5-102}$$

3）CIDECT2008 发布的设计指南（第二版）

节点处任意一根支管的承载力按照主管表面塑性软化、主管受剪、主管表面冲剪、支管根部有效截面失效等破坏模式进行计算，计算公式如下：

$$N_{ui} = \frac{14fT^2}{\sin\theta_i}\beta\left(\frac{B}{2T}\right)^{0.3}\chi_n \tag{5-103}$$

$$N_{ui} = \frac{f_v A_v}{\sin\theta_i} \tag{5-104}$$

$$N_{ui} = 2\left[\frac{b_{ei} + b_i}{2} + \frac{h_i}{\sin\theta_i}\right]\frac{f_v T}{\sin\theta_i} \tag{5-105}$$

$$N_{ui} = 2f_i t_i\left[\frac{b_{ei} + b_i}{2} + h_i - 2t_i\right] \tag{5-106}$$

其中的主管应力影响系数 χ_n 按式（5-89）计算。

（3）K 形、N 形矩形钢管相贯搭接节点

搭接节点（图 5-44d 为工程中常见的 K 形搭接节点）的承载力采用有效宽度概念进行计算，《钢结构设计标准》GB 50017—2017 按照搭接率 η_{ov} 的不同，采用不同的计算公式，即：

$$N_{ui} = \begin{cases} 2f_i t_i\left[\dfrac{b_{ei} + b_{ej}}{2} + (h_i - 2t_i)\dfrac{\eta_{ov}}{0.5}\right] & 25\% \leqslant \eta_{ov} < 50\% \\[3mm] 2f_i t_i\left[\dfrac{b_{ei} + b_{ej}}{2} + (h_i - 2t_i)\right] & 50\% \leqslant \eta_{ov} < 80\% \\[3mm] 2f_i t_i\left[\dfrac{b_i + b_{ej}}{2} + (h_i - 2t_i)\right] & 80\% \leqslant \eta_{ov} < 100\% \end{cases} \tag{5-107}$$

式中，下标 i 和 j 分别表示搭接支管和被搭接支管（贯通支管），下标 e 表示支管的有效截面宽度，比如 b_{ei} 和 b_{ej} 分别为搭接支管、被搭接支管的截面有效宽度，计算如下：

$$b_{ei} = \frac{10b_i}{(B/T)} \cdot \frac{f_y T}{f_{yi} t_i} \leqslant b_i \tag{5-108a}$$

$$b_{ej} = \frac{10b_i}{(b_j/t_j)} \cdot \frac{f_{yj} t_j}{f_{yi} t_i} \leqslant b_i \tag{5-108b}$$

（4）KT 形矩形钢管相贯搭接节点

KT 形矩形钢管相贯节点的承载力计算是在 K 形和 N 形节点的基础上发展而来。对于间隙型 KT 节点，如垂直腹杆（支管）内力为零，则直接按 K 形节点计算。如果垂直支管内力不为零，则对 K 形和 N 形节点的承载力公式进行修正，此时 $\beta \leqslant (b_1 + b_2 + b_3 +$

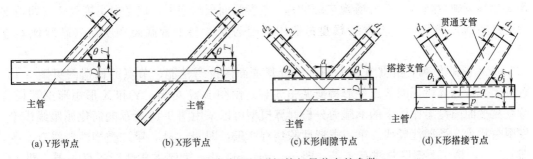

(a) Y形节点　　(b) X形节点　　(c) K形间隙节点　　(d) K形搭接节点

图 5-44　几类常用矩形钢管相贯节点的参数

$h_1 + h_2 + h_3)/(6B)$，间隙值取为两根受力较大且力的符号相反的腹杆间的最大间隙。《钢结构设计标准》GB 50017—2017 和 CIDECT 的设计指南（第二版）认为，应满足下式：

$$N_{\mathrm{u1}} \sin\theta_1 \geqslant N_2 \sin\theta_2 + N_3 \sin\theta_3 \qquad (5\text{-}109a)$$

$$N_{\mathrm{u1}} \geqslant N_1 \qquad (5\text{-}109b)$$

式中，N_1、N_2、N_3 为三根腹杆所受的轴力，所受荷载情况见图 5-45，图中 P 为可能的节点荷载。对于矩形钢管搭接 KT 形节点，可采用搭接 K 形节点和 N 形节点的承载力公式验算每一根支管承载力。计算支管有效宽度时应注意支管搭接次序。

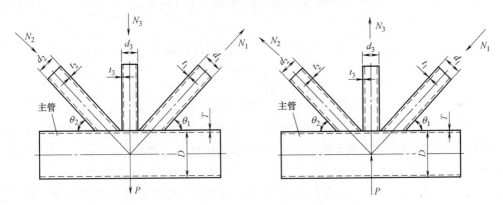

图 5-45　矩形钢管 KT 形间隙节点的受荷情况

（5）空间矩形钢管相贯节点

矩形钢管也可用于空间管桁架结构，但因制作没有圆钢管方便，故而研究相对较少。对于空间 TT 形节点和空间 KK 形矩形钢管节点，EC3 规范认为在 T 形节点和 K 形节点支管承载力的基础上乘以 0.9 的折减系数。

5.5.3　矩形钢管相贯节点的抗弯承载力

1. 分析模型

关于矩形钢管相贯节点在支管弯矩作用下的理论分析模型，主要有屈服线模型（用于主管表面塑性软化）、主管（弦杆）侧壁挤压与屈曲、支管（腹杆）截面有效宽度失效模型等。

（1）X、Y 形节点在平面内弯矩作用下的屈服线模型

类似支管轴力作用下的屈服线模型，节点在支管平面内弯矩作用下的屈服线模型也忽

略局部应变硬化效应、张力场效应的影响、主管侧面板的变形，仅考虑主管表面（即与支管连接的面）的变形。屈服线模型的适用范围为支管与主管截面宽度比（高度比）小于 0.85。

以 X 形矩形钢管相贯节点为例，分析其平面内抗弯性能，节点的构造图见图 5-46，有限元分析计算所得的节点变形特征见图 5-47。由图 5-47 可知，Y 和 X 形矩形钢管相贯节点在平面内弯矩作用下的承载力分析计算模型可以采用图 5-48 所示的简化屈服线模型。模型中共有 5 类塑性铰线。第一类塑性铰线有 2 条：即 ab、gh，第二类塑性铰线有 2 条：即 cd、fi，第三类塑性铰线有 4 条：即 ae、eg、bj、jh，第四类塑性铰线有 4 条：即 ad、fg、hi、bc，第五类塑性铰线有 4 条：即 de、ef、ij、jc。根据能量平衡原理，外力（弯矩 M_i、相应位移为平面内转角 φ_i）所做的功等于塑性铰线（屈服线）转动产生的内能 E_n 的总和，表达式如下：

$$M_i\varphi_i = \sum_{n=1}^{5} E_n \tag{5-110}$$

式中，五条塑性铰线的内能 $E_1 \sim E_5$ 如下：

$$E_1 = 2H \cdot \frac{\delta}{(H-h)/2\tan\alpha} \cdot m_p = \frac{4\delta m_p \tan\alpha}{1-h/H} \tag{5-111a}$$

$$E_2 = 4\delta m_p \left(\frac{h/H}{1-h/H} \cdot \tan\alpha + \frac{h}{b} \cdot \sin\theta \right) \tag{5-111b}$$

$$E_3 = 4\delta m_p \left(\cot\alpha + \frac{b/H}{(1-h/H)\sin\theta} \right) \tag{5-111c}$$

$$E_4 = 4\delta m_p (\tan\alpha + \cot\alpha) \tag{5-111d}$$

$$E_5 = 4\delta m_p \left(\frac{1-h/H}{b/H}\sin\theta + \frac{b/H}{(1-h/H)\sin\theta} \right) \tag{5-111e}$$

式中，$m_p = f_y T^2/4$，为单位长度屈服弯矩；δ 为最大的凹（或凸）变形：即图 5-48 中 fi 或 cd 处管壁局部变形。由平截面假定可得 δ 与平面内转角 φ 之间的关系：$\varphi = \delta/(b/2\sin\theta) = 2\delta\sin\theta/b$，并将其及式（5-111a）～式（5-111e）代入式（5-110）后得到平面内弯矩 M_i 关于 α、δ、θ、b、h、H、m_p 的表达式 M_i（α、θ 等），再利用最小势能原理（M_i 对 α 的求导为零）得角度 α：

$$\alpha = \tan^{-1}\sqrt{1-h/H} \tag{5-112}$$

将式（5-112）代入 M_i（α、θ 等），得节点的平面内抗弯承载力极值 M_{iu}：

$$M_{iu} = \frac{f_y T^2 b}{\sin\theta} \left[\frac{2}{\sqrt{1-h/H}} + \frac{b/H}{(1-h/H)\sin\theta} + \frac{\sin\theta}{2b/H} \right] \tag{5-113}$$

式中，f_y 为主管的钢材屈服强度，其余参数见图 5-46。此模型仅考虑了与支管连接的主管表面的变形而不考虑主管侧面（上下翼缘）对主管表面的约束，该模型也适用于 Y 形节点（当支管与主管平面内夹角 $\theta = 90^\circ$ 时即为 T 形节点）的平面内抗弯承载力计算。需要说明的是，为了与 X 形节点平面外抗弯屈服线模型推导协调，上述关于 X 形节点平面内抗弯承载力的推导过程中，平面内弯矩 M_i 绕着的支管截面形心轴平行于支管截面高度 h 方向。然而，工程设计中的 Y、T 形节点，因为截面形心轴的定义不同，平面内弯矩 M_i 往往定义为绕着与支管截面宽度 b 平行的支管截面形心轴；此时只需要将上式中的主

管截面高度 H 改为截面宽度 B、支管截面高度 h 和宽度 b 互换即可。

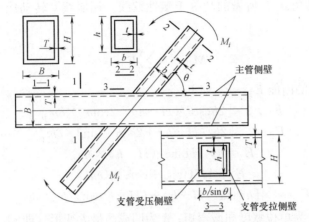

图 5-46   X 形矩形钢管相贯节点的构造图、受力示意图

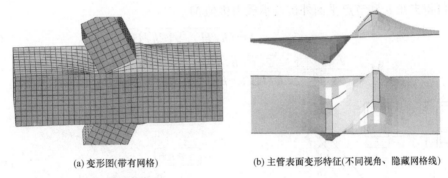

(a) 变形图(带有网格)   (b) 主管表面变形特征(不同视角、隐藏网格线)

图 5-47   有限元分析所得 X 形矩形钢管相贯节点在平面内弯矩作用下的变形特征

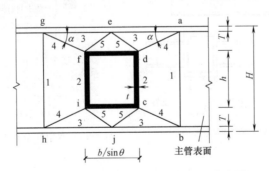

图 5-48   节点在平面内弯矩作用下的屈服线模型

（2）X、Y 形节点平面外弯矩作用下的屈服线模型

类似节点平面内抗弯承载力计算的屈服线模型，X 形矩形钢管相贯节点在支管平面外弯矩作用下的加载示意图、有限元计算所得局部变形、屈服线模型如图 5-49～图 5-51 所示。根据变形图，Y 和 X 形矩形钢管相贯节点在平面外弯矩作用下的承载力分析计算模型可以采用图 5-51 所示的简化屈服线模型。模型有 5 类塑性铰线（屈服线），第一类塑性绞线 da、fj，第二类塑性绞线 cb、gh，第三类塑性绞线 de、ef、ai、ij，第四类塑性绞线

ab、dc、fg、jh，第五类塑性绞线 ce、eg、hi、bi。根据能量平衡原理，外力（弯矩 M_o、相应位移为平面内转角 φ_o）所做的功等于塑性绞线（屈服线）转动产生的内能 E_n 的总和，表达式如下：

$$M_i\varphi_o = \sum_{n=1}^{5} E_n \tag{5-114}$$

式中，5 条塑性绞线的内能 $E_1 \sim E_5$ 如下：

$$E_1 = 2 \times [2b\csc\theta/(H-h)+2\cot\alpha] \times \delta m_p \tag{5-115a}$$

$$E_2 = 2 \times [2b/(H-h)+2b/h]/\sin\theta \times \delta m_p \tag{5-115b}$$

$$E_3 = 4 \times H\tan\alpha/(H-h) \times \delta m_p \tag{5-115c}$$

$$E_4 = 4 \times (\tan\alpha+\cot\alpha) \times \delta m_p \tag{5-115d}$$

$$E_5 = 4 \times [h\tan\alpha/(H-h)+(H-h)\cot\alpha/h] \times \delta m_p \tag{5-115e}$$

式中，$m_p = f_y T^2/4$ 为单位宽度屈服弯矩；δ 为凹或凸最大变形（即 gh 或 bc 处管壁局部变形），由平截面假定可得 δ 与 φ 之间关系：$\varphi = \delta/(h/2) = 2\delta/h$。类似平面内抗弯承载力推导，可得夹角 α 和节点平面外抗弯承载力极值 M_{ou}：

$$\alpha = \tan^{-1}\sqrt{[1-(h/H)^2]/[2h/H]} \tag{5-116}$$

$$M_{ou} = \frac{f_y T^2 h}{\sin\theta}\left[\sqrt{\frac{2(1+h/H)}{h/H(1-h/H)}} + \frac{b/H(1+h/H)}{2h/H(1-h/H)}\right] \tag{5-117}$$

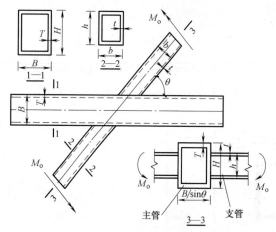

图 5-49　节点构造及平面外受弯图

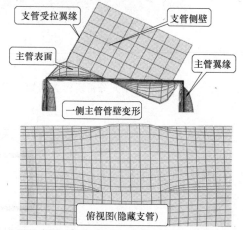

图 5-50　有限元分析所得 X 形节点变形特征图

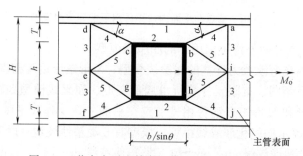

图 5-51　节点在平面外弯矩作用下的屈服线模型

（3）Y和X形矩形钢管节点在弯矩作用下的主管侧壁屈服或屈曲

屈服线模型适用于支管与主管宽度比（高度比）$\beta \leqslant 0.85$ 的矩形钢管节点。对于 $0.85 < \beta \leqslant 1.0$ 的X形和Y形矩形钢管相贯节点，支管传来的弯矩主要由主管的两个侧壁承担，此时主管侧壁屈服或屈曲破坏可能起控制作用。此时，主管侧壁上的应力可认为分布在 $5T+h/\sin\theta$ 的有效宽度上，见图5-52。假定主管截面尺寸为 $B \times H \times T$（宽×高×厚），支管截面尺寸为 $b \times h \times t$（宽×高×厚），同时假定主管侧壁为其截面宽度 B 方向的板，节点平面内抗弯承载力为：

$$M_{icb}=2f_kT\left(\frac{b}{2\sin\theta}+2.5T\right)^2=0.5f_kT\left(\frac{h}{\sin\theta}+5T\right)^2 \qquad (5\text{-}118)$$

式中，f_k 为主管侧壁强度，考虑到宽度 $5T+h_1/\sin\theta$ 的侧壁上的应力是一半受拉、一半受压，有研究认为对于Y形节点（T形为特例）可取 $f_k=f_y$，即不考虑受压区发生屈曲。但对主管侧壁的上下部都受应力作用（支管传来弯矩引起）的X形节点，主管侧壁受压屈曲现象比较明显，此时取 $f_k=0.8\chi f_y$，χ 为根据长细比 $\lambda=3.46(B/T-2)$ 查轴心受压构件所得的屈曲折减系数。

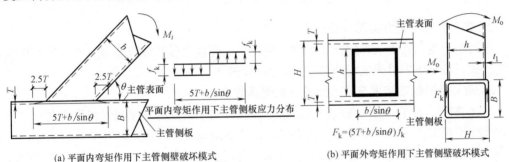

(a) 平面内弯矩作用下主管侧壁破坏模式   (b) 平面外弯矩作用下主管侧壁破坏模式

图5-52　弯矩作用下的主管侧壁破坏模式

对于受支管平面外弯矩作用且 $0.85 < \beta \leqslant 1.0$ 的节点，此时主管的一个侧壁受压，另一个侧壁受拉，每个侧壁的应力均匀分布在 $5T+b/\sin\theta$ 的有效宽度上，受压侧壁往往产生屈曲破坏。节点平面外抗弯承载力为：

$$M_{ocb}=f_kT\left(\frac{b}{\sin\theta}+5T\right)(H-T) \qquad (5\text{-}119)$$

式中，f_k 为主管侧壁强度，对于Y形节点，$f_k=\chi f_y$；对于X形节点，$f_k=0.8\chi f_y$，χ 为根据长细比 $\lambda=3.46(B/T-2)$ 查轴心受压构件所得的屈曲折减系数。

（4）支管有效宽度（高度）失效

对于 $0.85 < \beta \leqslant 1.0$ 的X形和Y形节点，支管根部截面由于沿着相贯线连接周长的非均匀刚度，在弯矩作用下可能发生支管根部局部屈服破坏，按有效宽度准则验算节点抗弯承载力。节点在平面内（平面外）弯矩作用下，支管根部的受拉侧和受压侧的有效宽度 b_e（有效高度 h_e）如图5-53所示。按照支管有效宽度准则计算节点平面内抗弯承载力 M_{ipb} 和平面外抗弯承载力 M_{opb}，即：

$$M_{ipb}=f_{y1}\left[W_{pbx}-(1-b_e/b_1)b_1(h_1-t_1)t_1\right] \qquad (5\text{-}120)$$

$$M_{opb}=f_{y1}\left[W_{pby}-0.5(h_1-h_e)^2t_1\right] \qquad (5\text{-}121)$$

式中，f_{y1} 为支管钢材屈服强度；W_{pbx} 和 W_{pby} 分别为与平面内弯矩 M_i 和平面外弯矩

M_o 相对应的支管截面的塑性截面模量。有效宽度 b_e 和有效高度 h_e 参考之前章节计算如下：

$$b_e = \frac{10b_1}{(B/T)} \cdot \frac{f_y T}{f_{y1} t_1} \leqslant b_1 \tag{5-122}$$

$$h_e = \frac{10h_1}{(B/T)} \cdot \frac{f_y T}{f_{y1} t_1} \leqslant h_1 \tag{5-123}$$

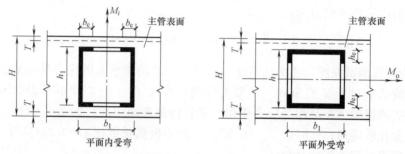

图 5-53 弯矩作用下的支管有效宽度（高度）失效模式

2. 节点抗弯承载力实用计算公式

进行矩形钢管相贯节点的抗弯承载力验算时，可参考前面分析模型所得的节点承载力计算公式，将其中钢材强度标准值 f_y 改为设计值 f。

3. 偏心矩形钢管相贯节点的平面外抗弯承载力

对比弦杆（主管）轴线与腹杆（支管）轴线相交于一点的常规钢管相贯节点，支、主管轴线并不相交而是产生偏心距的偏心相贯连接节点具有一些优点，如美学效果独特、便于高空焊接施工（连接处支管不完全断开从而可直接放在主管上）等。文献 [6] 设计了一种应用于单层网壳钢管结构的偏心矩形钢管相贯节点，并研究节点的平面外抗弯性能，此类节点的构造见图 5-54，主管截面尺寸为 $B \times H \times T$（宽×高×壁厚），支管截面尺寸为 $b \times h \times t$（宽×高×壁厚）。

文献 [6] 的试验研究表明，节点相贯线附近主管腹板的局部变形随着荷载增加而不断加大，直至千斤顶达到最大量程都没出现下降，这是因为主管管壁的薄膜行为和材料应变硬化效应。图 5-55、图 5-56 分别给出了试验所得的节点平面外弯矩-转角、破坏模式。由图 5-55 可知，偏心矩形钢管节点的平面外弯矩-转角曲线类似图 5-16 中的曲线 c（弯矩-

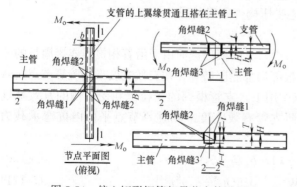

图 5-54 偏心矩形钢管相贯节点构造图

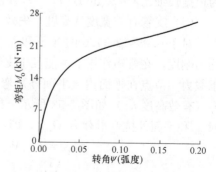

图 5-55 节点的平面外弯矩-转角图

转角曲线没有明显的极值点），要用变形准则来判断节点的抗弯承载力 M_{ou}。再考察节点破坏模式特点（图 5-56），节点转角 ψ 主要由靠近支管下翼缘的主管管壁的局部变形 Δ 引起，实际工程中节点的支、主管截面高度比 $\beta(h/H)$ 往往大于 0.25，当 Δ 达到极限变形 $0.03B$ 时 $\psi \approx \Delta/h \leqslant 0.03B/0.25H$，再考虑到平面外弯矩作用为主时 B 往往小于 H，可取 $\psi = 0.12$ 对应的弯矩作为 M_{ou}。

图 5-56 节点试件的主管表面屈服破坏

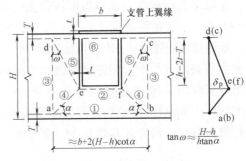

图 5-57 屈服线模型图

根据图 5-56 所示的试验破坏模式和变形特点，忽略主管上下翼缘、局部应变硬化和薄膜张力效应等影响，矩形钢管偏心相贯节点的平面外抗弯承载力计算可采用如图 5-57 所示的简单屈服线模型，模型中有①～⑥共计 6 类屈服线。根据外力所做的功等于屈服线转动产生的内能 E_j 的总和（忽略焊缝和壁厚尺寸的影响）得：

$$M_o\psi = \sum_{j=1}^{6} E_j \tag{5-124}$$

式中，$E_1 \sim E_6$ 为①～⑥类屈服线产生的内能，如下所示：

$$E_1 = l_1\varphi_1 m_p = \left(\frac{b}{H-h} + 2\cot\alpha\right)\delta_p m_p \tag{5-125a}$$

$$E_2 = l_2\varphi_2 m_p = \left(\frac{b}{H-h} + \frac{b}{h}\right)\delta_p m_p \tag{5-125b}$$

$$E_3 = l_3\varphi_3 m_p = \frac{2H}{(H-h)\cot\alpha}\delta_p m_p \tag{5-125c}$$

$$E_4 = l_4\varphi_4 m_p = 2(\tan\alpha + \cot\alpha)\delta_p m_p \tag{5-125d}$$

$$E_5 = l_5\varphi_5 m_p = 2\left(\frac{H-h}{h\tan\alpha} + \frac{h\tan\alpha}{H-h}\right)\delta_p m_p \tag{5-125e}$$

$$E_6 = l_6\varphi_6 m_p = \left(\frac{b}{h} + \frac{2H-2h}{h\tan\alpha}\right)\delta_p m_p \tag{5-125f}$$

式中，$\varphi_1 \sim \varphi_6$ 为六类屈服线的相对转角；$m_p = f_y T^2/4$，为单位宽度屈服弯矩；δ_p 为最大凹陷变形；α 为待定未知量。将 $\psi = \delta_p/h$（根据平截面假定）、式（5-125a）～式（5-125f）代入式（5-124），得到 M_o 关于 α 的表达式 $f(b, H, h, \alpha, m_p)$，再根据最小势能原理（M_o 对 α 的导数等于零）即可得：

$$\alpha = \tan^{-1}\sqrt{\frac{1-h/H}{h/H}} = \tan^{-1}\sqrt{\frac{1-\beta}{\beta}} \tag{5-126}$$

将式（5-124）代回到 $f(b, H, h, \alpha, m_p)$ 并进行简化，可得矩形钢管偏心相贯节点的平面外抗弯承载力 M_{ou}：

$$M_{ou} = \left(\frac{\beta_1}{2(1-\beta)} + \sqrt{\frac{4\beta}{(1-\beta)}}\right) f_y T^2 H = \left(\frac{\beta_1}{2\beta(1-\beta)} + \sqrt{\frac{4}{\beta(1-\beta)}}\right) f_y T^2 h \quad (5\text{-}127)$$

式中，$\beta = h/H$（支管与主管截面高度之比）；$\beta_1 = b/H$（支管截面宽度与主管截面高度之比）；T 为主管壁厚；f_y 为主管钢材屈服强度。

实际上，构成唯一确定矩形钢管偏心相贯节点的几何参数包括 $\beta = h/H$、$\beta_1 = b/H$、$\mu = H/B$（主管截面高宽比）、$\gamma = 0.5H/T$、$\tau = t/T$（支管与主管壁厚之比）、主管壁厚 T，及钢材屈服强度 f_y 均有可能影响 M_{ou}。然而，平面外抗弯承载力理论（式5-127）仅考虑主管表面（与支管相连接的面）的变形并不考虑侧壁的影响，同时简化的屈服线模型与节点实际的三维壳之间也存在差异。因此，式（5-127）反映了参数 β、β_1、γ（$h = 2\gamma\beta T$）、f_y 对 M_{ou} 的影响，但无法反映以上参数对 μ、τ 的影响。文献 [6] 利用有限元进行参数分析，研究各参数对 M_{ou} 的影响，最终通过拟合回归得到实用计算公式，即：

$$M_{ou} = \left(\frac{0.24}{\beta} + \frac{1.81\beta_1}{(1-\beta)\beta} + 6.93\sqrt{\frac{1}{(1-\beta)\beta}}\right)(0.46 + 0.167\tau)(0.544 + 0.05\mu) f_y T^2 h$$

$$(5\text{-}128)$$

上式的适应范围为 $0.25 \leqslant \beta \leqslant 0.9$、$0.25 \leqslant \beta_1 \leqslant 0.9$、$3.33 \leqslant \gamma \leqslant 20$、$0.5 \leqslant \mu \leqslant 2.0$、$0.3 \leqslant \tau \leqslant 1.0$、$7.5\text{mm} \leqslant T \leqslant 30\text{mm}$，基本覆盖了工程常用范围。

上述理论推导过程用的是简单的屈服线模型，即主管屈服线仅在表面（与支管相连接的主管面），忽略了主管侧面实际存在的屈服线。鉴于此，文献 [24] 建立了主管表面和侧面都有屈服线的全面屈服线模型，即考虑主管侧面的影响，并基于完全的屈服线模型推导得到承载力 M_{ou}。具体过程详见文献 [24]，这里仅给出抗弯承载力理论计算式：

$$M_{ou} = \left[\frac{\beta_1}{2\beta(1-\beta)} + \sqrt{\frac{4}{\beta(1-\beta+0.25\mu^{-2})}} + \frac{(1+\beta)(1-\beta)^{-1}\mu^{-2}}{4\beta\sqrt{\beta(1-\beta+0.25\mu^{-2})}}\right] f_y T^2 h$$

$$(5\text{-}129)$$

式中，$\mu = H/B$（主管截面高宽比），反映主管侧壁对主管表面（与支管相连接的主管面）的影响。对比式（5-129）和式（5-127）发现，后者是前者的 μ 取无穷大（即 $B = 0$）时的特殊情况。

类似矩形钢管相贯节点，当 β 接近 1.0 时偏心钢管相贯节点也将以主管侧壁屈曲破坏模式起控制作用。为了分析 β 对节点抗弯性能的影响，文献 [25] 对比了 $\beta = 0.85$、0.9、0.95 和 1.0 的节点的弯矩-转角曲线，见图 5-58。

由图 5-58 可知，$\beta = 0.95$ 和 1.0 节点的弯矩-转角曲线是先上升后下降（$\beta = 1.0$ 尤为明显），而 $\beta = 0.85$ 和 0.9 节点的弯矩-转角曲线则一直上升。考虑到节点有限元模型并未考虑材料的断裂和损伤，弯矩-转角曲线下降的主要原因是主管壁局部弹塑性屈曲。文献 [25] 的研究结果表明，$\beta = 0.95$ 和 1.0 的节点的主要破坏模式为主管管壁下翼缘在两侧支管受压翼缘挤压作用下的弹塑性局部屈曲，即"主管侧壁挤压屈曲"破坏，而 $\beta = 0.85$ 和 0.9 的节点的破坏模式则为主管表面屈服（塑性软化形成屈服线机构）。因此，借鉴 EC3 基于"主管侧壁挤压屈曲"破坏准则而建立的矩形钢管相贯节点平面外抗弯承载力

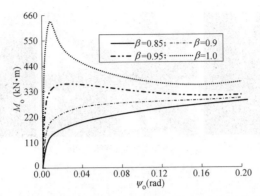

图 5-58　支主管截面高度比 β 对偏心钢管节点平面外弯矩-转角曲线的影响

计算公式的形式,构建 $\beta=0.95$、1.0 的偏心钢管节点平面外抗弯承载力计算公式,即:

$$M_{ou,cc}=\sigma_k T(H-T)(5T+b)=\chi f_y T(H-T)(5T+b) \tag{5-130}$$

式中,σ_k 为板件屈曲应力;f_y 为材料屈服强度,文献 [25] 经过有限元参数化分析,建立了关于 χ 的参数化计算式:

$$\chi=(5.56-4.17\beta^{-1}-0.295\ln\gamma)(2.03-0.69\beta_1)\text{且}\leqslant1.0 \tag{5-131}$$

对于 $0.9<\beta<0.95$ 的节点的平面外抗弯承载力,则可取基于两种破坏模式("主管表面屈服""主管侧壁挤压屈曲")所得节点承载力计算值的较小值。

5.6　其他类型钢管相贯节点的静力承载性能

除了传统的圆钢管之间、矩形钢管之间的直接焊接的相贯节点外,还有其他类型的钢管相贯连接节点,比如钢管和板之间焊接连接节点、矩形钢管和圆钢管之间的焊接节点等。本节将介绍几种工程中应用较多的其他类型钢管相贯节点。

5.6.1　钢管-板相贯节点

如果钢管相贯节点中与主管表面直接焊接的是板,那就就形成了钢管-板相贯节点。钢管-板节点可避免传统钢管相贯节点因加工复杂而带来的一系列问题,比如支管与主管直径比较大且支管数量较多时会形成钢管搭接节点,导致质量难以保障的隐蔽焊缝,从而导致受力性能受影响等。此外,节点板既可以通过螺栓或焊缝连接管形截面或其他截面的腹杆,也可以连接索形成刚柔混合体系以充分发挥两者优点,如钢管拱+节点板+索+膜组成的大跨空间结构等,如图 5-59 所示。钢管-板相贯节点,按照节点板和钢管的相对位置主要分为钢管-纵向板节点、钢管-横向板节点、钢管-斜板节点,如图 5-60 所示。工程中用的较多的是前两者。按板在钢管的一侧还是两侧连接,分为 T 形节点和 X 形节点。本节主要介绍几类钢管-板节点在板的轴力、平面内弯矩(仅钢管-纵向板节点)、平面外弯矩(仅钢管-横向板节点)作用下的静力承载力。

1. 圆钢管-板相贯节点的承载力

《钢管结构技术规程》CECS 280:2010 给出了 X 形圆钢管-纵向板节点(图 5-61a)分别在板轴压力、轴拉力、弯矩(平面内弯矩)作用下的承载力 N_{xlc}、N_{xlt}、M_{xli} 计算公式,给出了 T 形圆钢管-纵向板节点(图 5-61b)分别在板轴压力、轴拉力、弯矩(平面

(a) 节点板与支管焊接

(b) 节点板与支管螺栓连接

(c) 节点板与柔性索连接

图 5-59　钢管-板节点工程例子

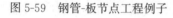

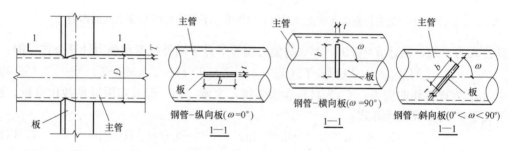

图 5-60　X形钢管-板相贯节点分类

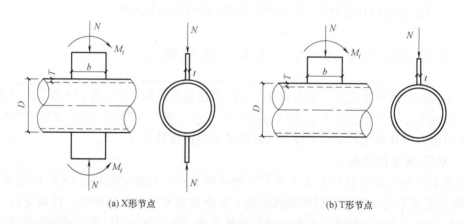

(a) X形节点　　　　　　　　(b) T形节点

图 5-61　X形、T形圆钢管-纵向板节点承受轴力和弯矩作用

内弯矩）作用下的承载力 N_{tlc}、N_{tlt}、M_{tli} 计算公式，分别如下。

$$N_{\text{xlc}}=7.3[\gamma^{-0.1}+0.55\beta_1\gamma^{-0.8}]T^2f \tag{5-132}$$

$$N_{\text{xlt}}=0.77\gamma^{0.2}N_{\text{xlc}} \tag{5-133}$$

$$M_{\text{xli}}=6.8b\left(\gamma^{-0.1}+0.55\frac{\beta_1}{2}\gamma^{-0.3}\right)T^2f \tag{5-134}$$

$$N_{\text{tlc}}=1.7(\gamma^{0.2}+1.5\beta_1\gamma^{-0.1})T^2f \tag{5-135}$$

$$N_{\text{tlt}}=0.23\gamma^{0.6}N_{\text{tlc}} \tag{5-136}$$

$$M_{\text{tli}}=2.49b\left(\gamma^{0.2}+1.5\frac{\beta_1}{2}\gamma^{-0.1}\right)T^2f \tag{5-137}$$

以上各式中，β_1 为连接板宽度与主管直径的比值：$\beta_1=b/D$；γ 为主管半径与壁厚之比：

$D/(2T)$；b 为纵向板平行钢管轴线方向的宽度；D 和 T 分别为钢管直径和壁厚；f 为圆管钢材的抗拉、抗压和抗弯强度设计值。

《钢管结构技术规程》CECS 280：2010 给出了 X 形和 T 形圆钢管-横向板节点（图 5-62）分别在板轴压力、轴拉力、弯矩（平面外弯矩）作用下的承载力 N_{xtc}、N_{xtt}、M_{xto}、N_{ttc}、N_{ttt}、M_{tto} 的计算式，见式（5-138）～式（5-143）。其中，下标第 1 个字母表示是节点类型（X 或 T 形），第 2 个字母表示横向板（transverse），第 3 个字母表示受力类型：c、t、o 分别为受压、受拉、平面外弯矩。

$$N_{xtc}=4.5\left(\frac{\gamma^{-0.1}}{1-0.81\beta_2}\right)T^2f \tag{5-138}$$

$$N_{xtt}=1.5\gamma^{0.2}N_{xtc} \tag{5-139}$$

$$M_{xto}=0.5b\left(\frac{5}{1-0.81\beta_2}\right)T^2f \tag{5-140}$$

$$N_{ttc}=1.37(1+4.9\beta_2^2)\gamma^{0.2}T^2f \tag{5-141}$$

$$N_{ttt}=0.38\gamma^{0.6}N_{ttc} \tag{5-142}$$

$$M_{tto}=0.5b\left(\frac{5}{1-0.81\beta_2}\right)T^2f \tag{5-143}$$

式中，β_2 为横向板宽度与主管直径的比。

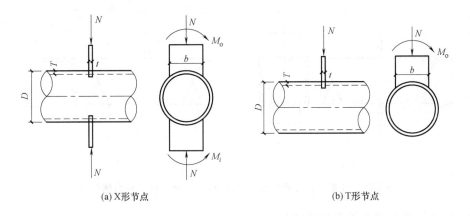

(a) X形节点　　　　　　　　　　　　(b) T形节点

图 5-62　X形、T形圆钢管-横向板节点承受轴力和弯矩作用

2. 矩形钢管-板相贯节点的承载力

对比圆钢管-板相贯节点，矩形钢管-板相贯节点的研究大多集中在板承受轴力作用情况。对于矩形钢管-纵向板相贯节点（图 5-63）、板和矩形钢管宽度比中等的钢管-横向板节点（图 5-64），破坏模式为钢管表面塑性软化破坏，类似矩形钢管相贯节点的屈服线模型。CIDECT 的设计指南给出的 T 形和 X 形矩形钢管-纵向板节点的承载力计算公式相同，即：

$$N_{lc}=2f_yT^2\left(\frac{b}{B}+2\left(1-\frac{t}{B}\right)^{0.5}\right) \tag{5-144}$$

式中，T 和 B 分别为钢管的壁厚和宽度；b 和 t 分别为板的宽度和厚度。

关于矩形钢管-横向板节点，其破坏模式按照板和管的宽度比不同会发生主管塑性软化、主管侧壁屈曲、主管冲剪破坏。根据不同破坏模式，T 形、X 形节点在板轴压力作用下的承载力计算分别如下：

$$N_{tc} = f_y T^2 \left(\frac{2 + 2.8 b/B}{\sqrt{1 - 0.9 b/B}} \right) \qquad b/B \leqslant 0.85 \quad 主管塑性软化 \qquad (5\text{-}145a)$$

$$N_{tc} = f_y T(2t + 10T) \qquad b/B \approx 1.0 \quad 主管侧壁破坏 \qquad (5\text{-}145b)$$

$$N_{tc} = 0.58 f_y T(2t + 2b_{ep}) \quad 0.85 \leqslant b/B \leqslant 1 - 2T/B \quad 主管冲切破坏 \qquad (5\text{-}145c)$$

式中，$b_{ep} = 10b/(B/T) \leqslant b$。此外还需要验算板的强度和稳定性。

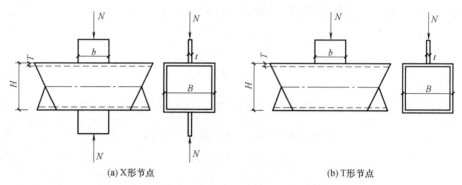

(a) X形节点   (b) T形节点

图 5-63   X形、T形矩形钢管-纵向板节点承受轴力和弯矩作用

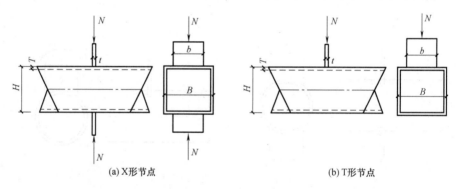

(a) X形节点   (b) T形节点

图 5-64   X形、T形矩形钢管-横向板节点承受轴力和弯矩作用

5.6.2   矩形钢管和圆钢管混合相贯节点

在钢管结构中，有时候构件采用矩形钢管构件和圆钢管构件混合。按照主管和支管的组合不同分为：主管方（矩形）钢管-支管圆钢管、主管圆钢管-支管方（矩形）钢管两类，前者简称为主方支圆管相贯节点，后者简称为主圆支方管相贯节点。

主方支圆管相贯节点具有如下优点：①支管与主管之间的焊缝均在同一平面，从而避免了大量的空间相贯线切割，加工比圆钢管相贯节点更加容易；②有研究表明此类节点具有更好的抗疲劳性能。《钢结构设计标准》GB 50017—2017、《钢管结构技术规程》CECS 280：2010、EC3 等规范对于主方支圆管相贯节点承载力的计算规定相似，都是在矩形钢管相贯节点承载力计算公式的基础上修正而来，即将圆支管的直径 D_i 代替方支管尺寸 b_i 或 h_i 后再乘以系数 $\pi/4$。这个修正本质上是截面面积等效原则，即直径和边长相等的薄壁圆管与方管截面，其截面面积之比以及周长之比均为 $\pi/4$。这种方法比较简单，对于一些几何形式简单的节点与试验结果吻合较好。但对于几何形式复杂的节点，缺乏足够的试验验证。文献［27］认为对于主方支圆管搭接节点，当前规范并未考虑内隐蔽部分焊接与否、支管轴力性质和主管轴力等因素的影响，还有待完善。

相比主方支圆管相贯节点，主圆支方管相贯节点的研究相对更少，但近年来工程中也出现主管为圆钢管、支管为方钢管的情况。目前，《钢结构设计标准》GB 50017—2017 参考 EC3 给出几种类似此类节点的承载力计算公式。然而，EC3 规范等国际规范是将主圆支方管相贯节点采用与腹杆为 H 形截面、弦杆为圆管的节点（主圆支 H 节点）相同形式的承载力计算公式，而试验研究却发现两者在传力机理及承载力能力等方面并不一致，将两类节点的承载力公式采用同一形式的做法是不妥的，这也导致《钢结构设计标准》的公式计算值与试验结果相差较大。鉴于此，文献［28］和［29］针对 T 形主方支圆管相贯节点在支管轴压力作用下的承载性能进行了试验研究和有限元分析，并针对 CIDECT 设计指南的计算公式（低估试验结果）进行了修正，得到节点轴压承载力计算公式如下：

$$N_c = 2.2(1+6.8\beta^2)(1+0.7\beta_1^2)\gamma^{0.2}\chi_n f_y T^2 \tag{5-146}$$

式中，f_y 和 T 分别为圆钢管（主管）材料屈服强度和壁厚；$\gamma(=0.5D/T)$ 为主管半径与壁厚之比；$\beta(=b/D)$ 为支管截面宽度与主管直径之比；$\beta_1(=h/D)$ 为支管截面高度与主管直径之比，节点构造和尺寸见图 5-65。式（5-146）中的 χ_n 为主管应力影响系数，按 CIDECT 的设计指南的规定进行计算（式 5-89），其中参数 c_1 取 0.25（主管受压）或 0.2（主管受拉）。

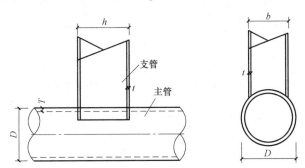

图 5-65　T 形主圆支方钢管相贯节点构造图

5.6.3　椭圆形钢管相贯节点

近年来，有学者开展了椭圆截面钢管构件直接焊接节点的研究，即椭圆钢管相贯节点。相比常规的圆钢管和矩形钢管，椭圆钢管具有另类的建筑视觉美观效果。根据连接位置不同，椭圆钢管相贯节点可分为支管焊接与主管表面的宽侧（wide sides，椭圆形的长轴方向）、支管焊接与主管表面的窄侧（narrow sides，椭圆形的短边）两大类。每一大类又可进一步分为支管截面的长轴是平行还是垂直主管轴线方向两类。因此，可以分为四类：类型Ⅰ——支管连接于主管宽侧面且支管截面的长轴平行于主管轴线（简称主宽支长节点）、类型Ⅱ——支管连接于主管宽侧面且支管截面的短轴平行于主管轴线（简称主宽支短节点）、类型Ⅲ——支管连接于主管窄侧面且支管截面的长轴平行于主管轴线（简称主窄支长节点）、类型Ⅳ——支管连接于主管窄侧面且支管截面的短轴平行于主管轴线（简称主窄支短节点），如图 5-66 所示。节点的几何参数定义见图 5-67。

根据文献［30］［31］，当 $\beta \le 0.8$ 时节点破坏模式为主管表面塑性软化，当 $\beta = 1.0$ 时为主管侧壁破坏模式，当 $0.8 < \beta < 1.0$ 时为两种破坏模式的综合。对于支管连接于主管表面宽侧的Ⅰ类和Ⅱ类椭圆钢管相贯节点，在矩形钢管相贯节点承载力公式表达式的基础上

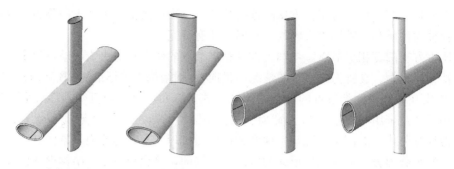

(a) 主宽支长节点   (b) 主宽支短节点   (c) 主窄支长节点   (d) 主窄支短节点

图 5-66　X 形椭圆相贯节点构造

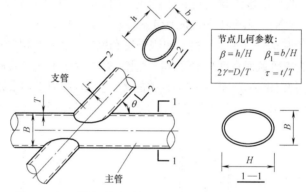

节点几何参数：
$\beta=h/H$　$\beta_1=b/H$
$2\gamma=D/T$　$\tau=t/T$

图 5-67　X 形椭圆相贯节点的几何尺寸和几何参数定义

进行修正，建立支管轴压力作用下节点承载力 N_c 计算公式，即：

$$N_c = \begin{cases} 0.9\left[\dfrac{2\beta_1}{(1-\beta)\sin\theta}+\dfrac{4}{\sqrt{1-\beta}}\right] \cdot \dfrac{f_y T^2}{\sin\theta}\chi_n & \beta \leqslant 0.8 \\ \dfrac{2.2 f_y T}{\sin\theta}(0.4b+5T)\chi_n & \beta = 1.0 \end{cases} \tag{5-147}$$

对于 $0.8 < \beta < 1.0$ 的节点，采用线性插值。χ_n 为主管应力影响系数，按式（5-89）计算，其中参数 c_1 取 0.2（主管塑性软化破坏且主管受压）、0.15（主管塑性软化破坏且主管受拉）、0.1（主管侧壁破坏）。此外，还需要验算主管抗冲剪破坏承载力 N_{sp}：

$$N_{sp} = \frac{0.58 f_y T}{\sin\theta} \cdot \frac{1+\sin\theta}{2\sin\theta} \cdot l_e \tag{5-148}$$

式中，l_e 为支管周长。

对于支管连接于主管表面窄侧的Ⅲ类和Ⅳ类椭圆钢管相贯节点，在圆钢管相贯节点承载力公式表达式的基础上，类似环模型，建立在支管轴压力作用下承载力 N_c 为：

$$N_c = \frac{c\gamma^{0.15}}{1-0.7\beta} \cdot \frac{f_y T^2}{\sin\theta}\chi_n \tag{5-149}$$

式中，常数 c 分别取 6.6（Ⅲ类节点）、5.5（Ⅳ类节点）；χ_n 为主管应力影响系数，计算方法同Ⅰ类和Ⅱ类椭圆钢管相贯节点。此外，还应验算主管抗冲剪破坏，方法同Ⅰ类和Ⅱ类节点。

5.6.4 鸟嘴节点

将传统的方钢管相贯节点（支管和主管正放直接焊接而成）中的主管及支管绕轴线旋转45°斜放后焊接，支管相交在主管的菱角上形成一种形似鸟嘴巴的"鸟嘴节点"（bird-beak joint），鸟嘴节点可提高方管节点的强度和刚度，相比传统矩形钢管节点具有优美的建筑外观（图5-68）。但鸟嘴节点对支管端头加工质量要求相对较高，尤其是钢管棱角处半径较大时。目前，国内规范尚没有关于鸟嘴节点承载力的计算公式，CIDECT根据25个T形节点和16个K形节点的试验数据，建立有关T形和K形鸟嘴节点在支管轴力作用下的承载力计算公式：

T形节点：
$$N_{ct} = \left(\frac{1}{0.211 - 0.147 b_1/B} + \frac{B/T}{1.794 - 0.147 b_1/B} \right) f_y T^2 \chi_n \tag{5-150}$$

K形节点：
$$N_{ck1} = \frac{f_y T^2}{\sqrt{1 + 2\sin^2 \theta_1}} (4\alpha) \left(\frac{B}{T} \right) \chi_n \tag{5-151}$$

式中，χ_n 为主管应力影响系数，按式（5-89）计算；α 为有效面积系数，与 B/T 有关。目前，鸟嘴节点性能的研究仍不够充分，如工程设计需要验算节点承载力，可以参考文献[32]~[36]。

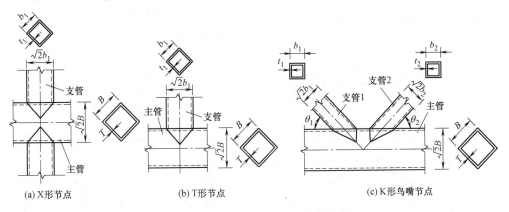

(a) X形节点   (b) T形节点   (c) K形鸟嘴节点

图 5-68　X形、T形、K形鸟嘴节点

5.6.5 钢管与开口截面构件焊接连接节点

在平面桁架结构以及钢框架结构中，有时构件会采用圆钢管或矩形钢管和H型钢等开口截面构件。比如，平面桁架结构中的H型钢弦杆和圆钢管腹杆（图5-69），钢框架结构中的矩形钢管（或圆钢管）柱与工字钢梁。

1. 腹杆轴力作用下的弦杆为H型钢、腹杆为钢管的焊接节点

通常H型钢弦杆-钢管腹杆焊接连接节点不会发生弦杆塑性软化破坏，因为H型钢弦杆的腹板起到矩形钢管或圆钢管没有的纵向加劲作用。若能保证焊缝强度高于被连接的杆件，选择合适材料以避免层状撕裂，再限制宽厚比和高厚比来避免构件局部屈曲，则H型钢弦杆-钢管腹杆节点的破坏模式主要为：腹杆（钢管）有效宽度屈服、弦杆腹板局部承压破坏、弦杆剪切破坏，节点承载力计算也主要基于这三种模式。

在腹杆轴力 N 作用下发生腹杆有效宽度屈服破坏时，腹杆最有效的部分位于弦杆腹板穿过之处（此处弦杆刚度最强），其有效宽度如图5-70所示。Y形节点和X形节点采用相同的分析计算模型，即：

$$N = 2f_{y1}t_1b_e \quad (5\text{-}152)$$

$$b_e = t_w + 2r_0 + cf_{y0}t_0/f_{y1} \leqslant b_1 \quad (5\text{-}153)$$

式中，f_{y0} 和 f_{y1} 分别为弦杆和腹杆的钢材强度；常系数 c 可取 7；t_0、t_w、t_1 分别为弦杆翼缘厚度、弦杆腹板厚度、腹杆壁厚；b_1 为腹杆截面宽度。有效宽度准则也同样应用于搭接节点。

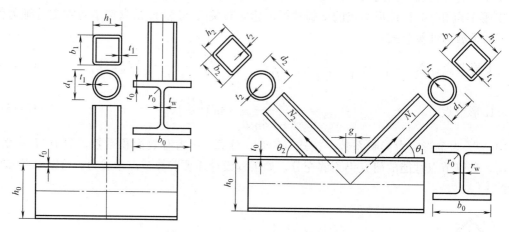

图 5-69　弦杆 H 型钢-腹杆钢管节点

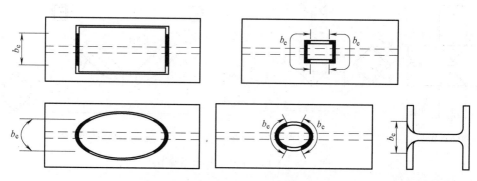

图 5-70　支管（腹杆）有效宽度模型

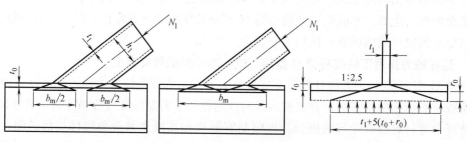

图 5-71　弦杆腹板破坏模式

腹杆的轴力通过弦杆翼缘传到弦杆腹板时，有可能发生腹板局部承压破坏（即弦杆腹板局部承压破坏），如图 5-71 所示，分析计算如下：

$$N = f_{y0}t_w b_{em}/\sin\theta \tag{5-154}$$

$$b_{em} = \begin{cases} \min\{2[t_1+c(r_0+t_0)], h_1/\sin\theta+c(r_0+t_0)\} & \text{支管矩形钢管} \\ \min\{2[t_1+c(r_0+t_0)], d_1/\sin\theta+c(r_0+t_0)\} & \text{支管圆钢管} \end{cases} \tag{5-155}$$

式中，c 为常系数，可取为 5。

类似矩形钢管相贯节点，对于 K 形 H 型钢弦杆-钢管腹杆节点还需验算弦杆抗剪强度（弦杆剪切破坏模式），间隙的受力如图 5-72 所示。

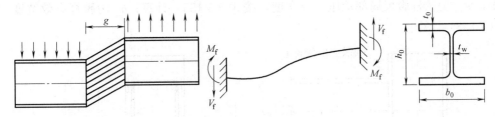

图 5-72　弦杆剪切模式

采用弦杆间隙处的剪力 V_{gap} 和轴力 N_{gap} 组合效应的相关公式进行验算。根据平衡条件，弦杆翼缘承担的弯矩 M_f 和剪力 V_f 之间关系如下：

$$M_f = V_f g/2 \tag{5-156a}$$

假定腹板屈服，矩形截面的相关公式为：

$$\left(\frac{M_f}{M_{plf}}\right)^2 + \left(\frac{V_f}{V_{plf}}\right)^2 = 1 \tag{5-156b}$$

M_{plf} 和 V_{plf} 分别为弦杆的翼缘塑性弯矩和塑性抗剪承载力，计算公式为：

$$M_{plf} = b_0 t_0^2 f_{y0}/4 \tag{5-156c}$$

$$V_{plf} = b_0 t_0 f_{y0}/\sqrt{3} \tag{5-156d}$$

根据式（5-156a）、式（5-156c）、式（5-156d），可得如下关系：

$$\frac{M_f}{M_{plf}} = \frac{V_f}{V_{plf}} \frac{2g}{\sqrt{3}t_0} \tag{5-156e}$$

将式（5-156e）代入式（5-156b）得：

$$\frac{V_f}{V_{plf}} = \sqrt{\frac{1}{1+4g^2/3t_0^2}} \tag{5-156f}$$

将式（5-156f）的右边定义为一个系数 α，那么弦杆上翼缘的有效剪切面积为 $\alpha b_0 t_0$。当弦杆截面较高时，下翼缘的有效性要远低于上翼缘，忽略其影响。故腹杆为矩形钢管时，建议弦杆的有效剪切面积 A_v 按下式计算：

$$A_v = (A_0 - 2b_0 t_0) + \alpha b_0 t_0 + (t_w + 2r_0)t_0 \tag{5-156g}$$

对于圆管截面腹杆，在间隙处弦杆翼缘刚度较小，相应的 α 较低，为了简化可取 $\alpha = 0$。考虑间隙处轴力和剪力的相关作用，基于 Huber-Hencky-Von Mises 准则，最终得到间隙处的抗剪计算式：

$$N_{gap} = (A_0 - A_v)f_{y0} + A_v f_{y0}\sqrt{1 - V_{gap}/V_{pl}} \tag{5-157}$$

式中，$V_{pl} = A_v f_{y0}/3^{0.5}$。此外，对 Y 形和 X 形节点，抗剪切验算如下：

$$N = A_v f_{y0}/\sin\theta \tag{5-158}$$

2. 弯矩作用下的弦杆为 H 型钢、腹杆为钢管的焊接节点

这类节点的弯矩通常为平面内弯矩作用，起控制的破坏模式为腹杆（有效宽度）屈服破坏、弦杆腹板局部承压破坏两种，如图 5-73 和图 5-74 所示。两种破坏模式下的抗弯承载力 M_b、M_c 分别计算如下：

$$M_b = f_{y1} b_e t_1 h_z \tag{5-159}$$

$$M_c = f_{y0} b_{em} t_w (h_1 - t_1) \tag{5-160}$$

式中，b_{em} 为弦杆腹板局部承压有效宽度，按式（5-155）计算；b_e 为腹杆有效宽度，按式（5-153）计算。

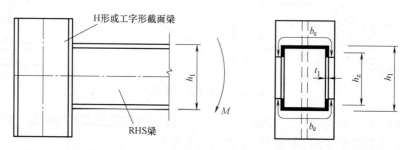

图 5-73　H 型钢弦杆-钢管腹杆节点在弯矩作用下的腹杆截面有效宽度破坏

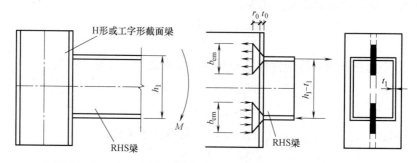

图 5-74　H 型钢弦杆-钢管腹杆节点在弯矩作用下的弦杆腹板破坏

3. 钢管柱-H 型钢梁焊接节点

圆钢管柱或矩形钢管柱与工字形（H 形）截面梁之间的焊接节点，如图 5-75 所示。此类节点设计时可以通过合理焊接方式避免焊缝破坏，通过选择合理材料避免层状撕裂破坏，通过限制宽厚比或径厚比可以避免局部屈曲。因此，设计时的控制破坏模式如下：梁的破坏（有效宽度）、柱子塑性（表面或侧面）、柱子冲剪、柱子剪切破坏。

（1）梁有效宽度破坏模式

当钢管柱较强的时候，在弯矩作用下节点接近破坏时梁的翼缘应力分布如图 5-76（a）所示，可将应力等效简化为集中作用在梁翼缘两端的有效宽度 b_e 上，如图 5-76（b）所示，即为梁的有效宽度破坏准则，节点的抗弯承载力可写为：

$$M_b = N_1 (h_1 - t_1) \tag{5-161}$$

式中，N_1 是基于有效宽度准则的梁翼缘轴压承载力。对于工字钢梁与圆钢管柱连接的节点，试验表明这个准则不起控制作用。对于工字钢梁与矩形钢管柱连接节点，其有效宽度准则的承载力为：

$$M_b = f_{y1} b_e t_1 (h_1 - t_1) \qquad (5\text{-}162)$$

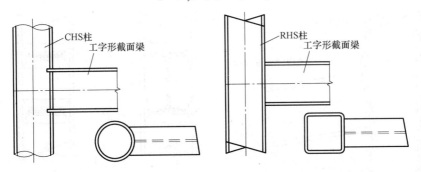

图 5-75　工字形（H 形）截面梁与 CHS 或 RHS 柱子的连接节点

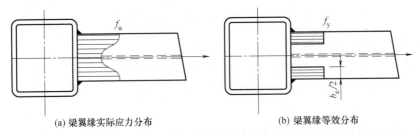

图 5-76　有效宽度破坏准则

（2）钢管柱的表面或侧面塑性软化

在弯矩作用下，矩形钢管柱表面塑性软化是最常见的破坏模式。其屈服线模式分为不考虑梁腹板和考虑梁腹板两种方法，如图 5-77 所示。不考虑腹板影响的方法较为简单，将梁的上、下翼缘视为一块板，采用类似支管轴力作用下的矩形钢管塑性软化的屈服线破坏模式，从而得到梁翼缘的轴力 N_1，见式（5-68）。但 H 形截面梁的翼缘厚度 t_1（相当于式（5-68）中的 h）远小于钢管柱的宽度 B，再考虑到 $\theta = 90°$，最终可得 H 型钢梁-矩形钢管柱节点的抗弯承载力 M：

$$M = N_1 (h_1 - t_1) \approx f_{y0} T^2 \left(\frac{4}{\sqrt{1-\beta}} \right) (h_1 - t_1) \qquad (5\text{-}163)$$

式中，h_1 和 t_1 分别为工字钢梁的截面高度和翼缘厚度；f_{y0} 和 T 分别为钢管柱的材料强度和壁厚；β 为梁截面宽度和钢管柱截面宽度之比。

弯矩可近似为作用在梁上下翼缘的一对力偶。对于梁截面宽度与柱子截面宽度接近的节点（即 $\beta \approx 1.0$），梁翼缘两端与钢管连接处刚度很大，梁翼缘传来的力大部分被传递到此处，因此有可能发生矩形钢管柱的侧壁局部承压破坏。这种破坏模式下，抗弯承载力计算公式为：

$$M = 2 f_{y0} T b_{ew} (h_1 - t_1) \qquad (5\text{-}164)$$

式中，b_{ew} 为矩形钢管柱局部承压高度，即：

$$b_{ew} = t_1 + 5T \leqslant \frac{h_1 + 5T}{2} \qquad (5\text{-}165)$$

对于工字形截面梁与圆钢管柱的连接节点，翼缘板的连接强度可以基于环形模型进行推导。但对于计入腹板的梁的弯矩承载力，公式变得很复杂并且必须根据实验结果校准，故一般采用半经验公式。

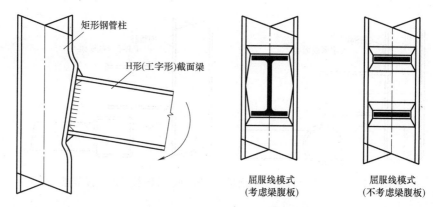

图 5-77 矩形钢管柱表面塑性破坏模式

（3）钢管柱的冲剪破坏模式

梁的弯矩可简化为上下翼缘的一对力偶，因此冲剪切通常发生在靠近梁翼缘的钢管柱表面，如图 5-78 所示。类似主管有效宽度准则，可得到节点抗弯承载力，即：

$$M = f_{y0} T b_{ep} (h_1 - t_1) / \sqrt{3}$$ (5-166)

类似前面矩形钢管相贯节点的弦杆冲剪破坏模式，有效宽度 $b_{ep} = 10b / (B/T)$ 且 $b_{ep} \leqslant b_2$，B 和 T 分别钢管柱截面宽度和壁厚。

（4）钢管柱剪切破坏模式

梁柱节点仅有一侧弯矩作用的梁，或者连接两端的梁弯矩不能互相平衡，柱中将有剪力，这可能会引起柱的剪切破坏，如图 5-79 所示。此时进行轴力、剪力和弯矩的组合作用验算柱子截面。根据金属材料的塑性理论，正应力 σ 和剪应力 τ 和屈服强度 f_y 之间关系如下：

$$f_y = \sqrt{\sigma^2 + 3\tau^2}$$ (5-167a)

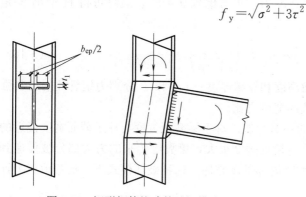

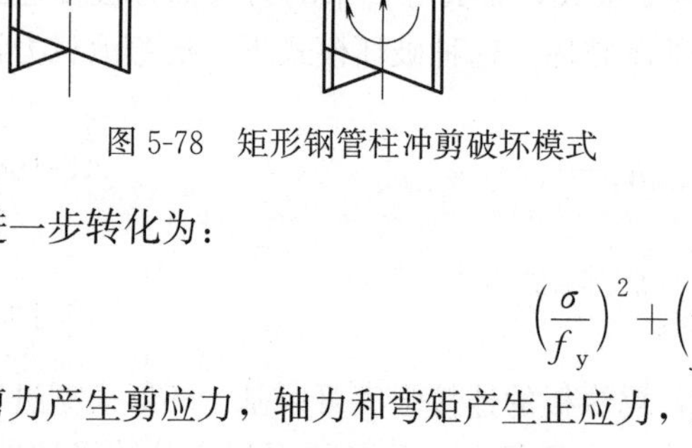

图 5-78 矩形钢管柱冲剪破坏模式

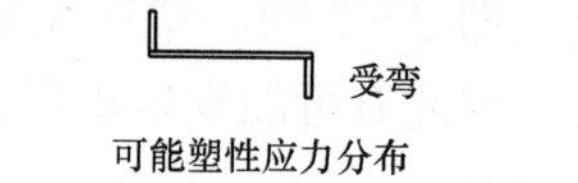

图 5-79 矩形钢管柱剪切破坏模式

进一步转化为：

$$\left(\frac{\sigma}{f_y}\right)^2 + \left(\frac{\tau}{f_y / \sqrt{3}}\right)^2 = 1$$ (5-167b)

剪力产生剪应力，轴力和弯矩产生正应力，则：

$$\begin{cases} \left(\dfrac{M}{M_\mathrm{p}}\right)^2+\left(\dfrac{V}{V_\mathrm{p}}\right)^2=1 & \Rightarrow M=M_\mathrm{p}\sqrt{1-\left(\dfrac{V}{V_\mathrm{p}}\right)^2} \\[4mm] \left(\dfrac{N}{N_\mathrm{p}}\right)^2+\left(\dfrac{V}{V_\mathrm{p}}\right)^2=1 & \Rightarrow N=N_\mathrm{p}\sqrt{1-\left(\dfrac{V}{V_\mathrm{p}}\right)^2} \end{cases} \tag{5-167c}$$

翼缘的有效剪切面积为 $2h_\mathrm{m}T$，可得到考虑剪切效应的轴向和弯矩塑性承载力：

$$M_\mathrm{pV}=b_\mathrm{em}h_\mathrm{m}Tf_\mathrm{y}+0.5h_\mathrm{m}^2Tf_\mathrm{y}\sqrt{1-\left(\dfrac{V}{V_\mathrm{p}}\right)^2} \tag{5-168a}$$

$$N_\mathrm{pV}=2b_\mathrm{em}Tf_\mathrm{y}+2h_\mathrm{m}Tf_\mathrm{y}\sqrt{1-\left(\dfrac{V}{V_\mathrm{p}}\right)^2} \tag{5-168b}$$

5.7　钢管相贯节点的加强方法简介

当钢管相贯节点不能满足承载力要求时，需要采取措施加强节点的承载力，通常是对节点域的主管进行局部加强。局部加强措施有多种，大致可以分为内加劲措施和外加劲措施。加劲件和主管共同工作，但共同工作机理复杂，故加劲措施的原则是应尽可能够保证节点承载力高于腹杆承载力，如不能则通过有限元数值分析或试验保证节点的承载力。本节结合《钢结构设计标准》GB 50017—2017 介绍几种加强措施。

1. 主管内设置横向加劲板

内加劲措施的优点是不影响钢管结构的外表美观，其常用的方法是在主管内部设置实心或开孔的横向加劲板（环），通常横向加劲板中面宜垂直主管轴向。有限元分析结果表明这种加强措施能显著提高节点极限承载力，但单根支管下方设置超过 3 根加劲件对于节点承载力的增强效果低。横向加劲件的位置比加劲件的数量更为重要。圆钢管节点承受支管轴力时，可以设置 1 道或 2 道横向加劲件；承受支管弯矩时，应设置 2 道横向加劲件，如图 5-80 所示。当设置 1 道横向加劲板时，加劲板宜设置在支管与主管相贯面的鞍点处；设置 2 道横向加劲板时，加劲板宜设置在距离相贯面的冠点的 $0.1D$ 附近（D 为主管外径）。当支管为矩形钢管时，宜设置 2 道加劲件，如图 5-81 所示。

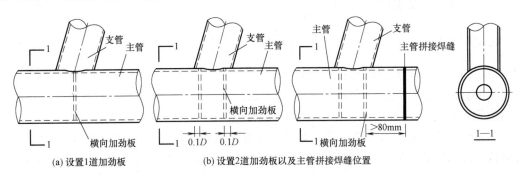

(a) 设置 1 道加劲板　　　(b) 设置 2 道加劲板以及主管拼接焊缝位置

图 5-80　支管为圆钢管时的横向加劲板的位置

此外，横向加劲板厚度应大于支管壁厚，不宜小于主管壁厚的 2/3 和主管内径的 1/40。加劲板宜采用部分熔透焊缝焊接，主管为矩形钢管的加劲板靠支管一边与两侧边宜采用部分熔透焊接，与支管连接反向的一边可以不焊接。当主管直径较小时，为了便于焊接施工

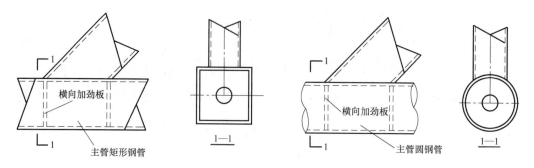

图 5-81　支管为矩形钢管时的横向加劲板设置

而必须断开主管钢管时，主管的拼接焊缝宜设置在距离支管相贯焊缝最外侧冠点 80mm 以外。

2. 主管表面贴加强板

主管表面贴加强板是常用的加强措施之一，同时表面贴板对外表美观影响也较小。对于圆钢管相贯节点，贴板加强方式适用于支管与主管直径不超过 0.7 的节点（节点破坏模式是典型的主管表面塑性软化）。矩形钢管节点发生表面塑性破坏（屈服线）时，加强贴板设置在主管表面（与支管连接的主管面）；当节点发生主管侧壁破坏时则采用侧壁加强方式。对于贴板加强方式，《钢结构设计标准》规定如下：

当主管为圆管时，加强板宜包覆主管半圆（图 5-82a），长度方向两侧均应超过支管最外侧焊缝 50mm 以上，但不宜超过支管直径的 2/3。加强板厚度不宜小于 4mm，覆板与主管间除四周围焊外尚有塞焊缝，以保证两者共同作用。当节点发生塑性破坏和冲剪破坏时，如支管受压则取覆板厚度和主管厚度叠加后的厚度作为节点承载力计算的壁厚，如支管受拉则仅取覆板厚度作为节点承载力计算的壁厚。

当主管为方（矩）形管且在与支管相连表面设置加强板（图 5-82b）时，加强板宽度 b_p 宜接近主管宽度，并预留适当的焊缝位置，加强板厚度不宜小于支管最大厚度的 2 倍，加强板长度 l_p 可按下列公式确定：

T、Y 和 X 形节点：
$$l_p \geqslant \frac{h_1}{\sin\theta_1} + \sqrt{b_p(b_p - b_1)} \tag{5-169}$$

K 形间隙节点：
$$l_p \geqslant 1.5\left(\frac{h_1}{\sin\theta_1} + a + \frac{h_2}{\sin\theta_2}\right) \tag{5-170}$$

式中，l_p 和 b_p 分别为加强板的长度和宽度；h_1、h_2 分别为支管 1、2 的截面高度；b_1 为支管 1 的截面宽度；θ_1、θ_2 分别为支管 1、2 轴线和主管轴线的夹角；a 为两支管在主管表面的间隙距离。

当主管为方（矩）形管在主管两侧表面设置加强板（图 5-82c）时，K 形间隙节点的加强板长度可按式（5-170）确定，T 和 Y 形节点加强板长度 l_p 可按式（5-171）确定。

$$l_p \geqslant \frac{1.5h_1}{\sin\theta_1} \tag{5-171}$$

加强板与主管应采用四周围焊。对 K、N 形节点焊缝有效高度不应小于腹杆壁厚。焊接前宜在加强板上先钻一个排气小孔，焊后应用塞焊将孔封闭。

当方（矩）形管节点采用主管表面加强板（图 5-82b）时，支管在节点加强处的承载力设计值应按下列规定计算。T、Y 和 X 形节点在支管轴拉力作用下的节点承载力设计值应按下列公式计算：

$$N_{ui} = 1.8 \left(\frac{h_i}{b_p C_p \sin\theta_i} + 2 \right) \frac{t_p^2 f_p}{C_p \sin\theta_i} \tag{5-172}$$

$$C_p = (1 - \beta_p)^{0.5} \tag{5-173}$$

$$\beta_p = b_i / b_p \tag{5-174}$$

式中，f_p 为加强板强度设计值（MPa）；C_p 为参数。对支管受压的 T、Y 和 X 形节点，当 $\beta \leqslant 0.8$ 时可用下式进行加强板的设计。

$$l_p \geqslant 2b / \sin\theta_i \tag{5-175}$$

$$t_p \geqslant 4t_1 - T \tag{5-176}$$

对于主管表面板加强的 K 形间隙节点，可按基于主管表面塑性破坏模式的矩形钢管相贯节点承载力计算式进行计算，只需要用加强板厚度 t_p 代替主管壁厚 T，用加强板设计强度 f_p 代替主管设计强度 f。

对于侧板加强的 T、Y、X 和 K 形间隙方管节点（图 5-82c），可用矩形钢管相贯节点中相应的计算主管侧壁承载力的公式进行侧板加强节点的承载力计算，只需要用 $T + t_p$ 代替主管侧壁厚 T，剪切面积 A_v 取为 $2H(T + t_p)$。

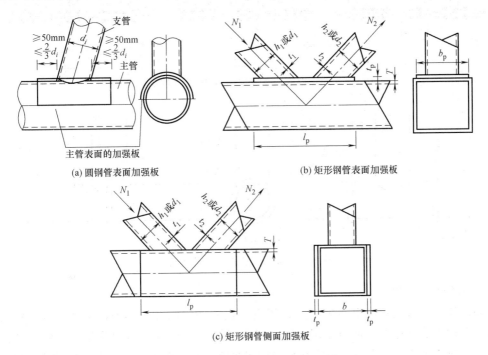

图 5-82　主管外表面贴加强板的加强方式

3. 主管设置外环板加强

外环板加强常用于钢管柱-H 形钢（工字钢）梁节点，构造如图 5-83 所示。外环板厚度不应小于梁翼缘板的厚度。对于抗震设防区的结构，外环板与柱之间宜采用全熔透焊缝，非抗震设防结构的外环板与柱之间连接可采用与环板截面等强的双面角焊缝，外环板与梁翼缘板的连接应采用全熔透焊缝。

除了框架结构中的钢管柱-H形钢梁节点采用外环板加强外，钢管节点也会采用外环板节点，如图5-84所示。文献[36]研究表明，这种外环板加强措施不仅显著提高X形圆钢管节点的轴向承载力和刚度（支管轴力作用），而且破坏模式也从原相贯节点的主管管壁塑性破坏变成相贯线附近支管和主管共同破坏模式。

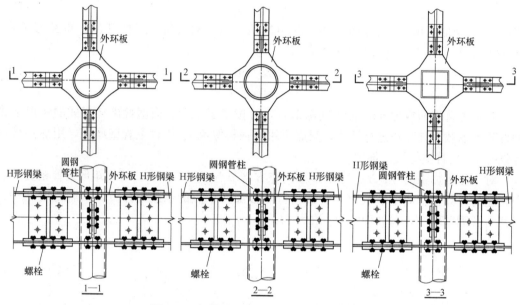

图 5-83　钢管柱-H形钢梁外环板加强节点

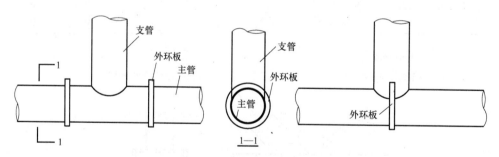

图 5-84　钢管节点的外环板加强

4. 其他加强措施

最近几年，研究者提出不少对钢管相贯节点的加强措施。其中，文献[37]针对T形圆钢管相贯节点在支管轴力作用情况，提出了如图5-85所示的贯穿螺栓加强方式。文献[37]研究表明，仅设置一根贯穿螺栓即可提高节点承载力1/3以上，但螺栓数量超过3根后承载力增强效果不明显。钢管节点还有各种加强方式，如图5-86所示的纵向板或横向板的加强方式，比如内部填充混凝土、碳纤维包裹加强等。

当空间节点形式复杂、支管数量众多时，由于支管与主管之间狭小的空间和角度导致焊接质量急剧下降，难以保障施工质量。设计时可以考虑采用铸钢节点，当采用铸钢节点应综合考虑设计可靠性、浇铸质量、制造成本及经济性。

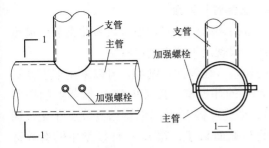

图 5-85 钢管节点的贯穿螺栓加强图

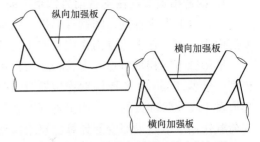

图 5-86 钢管节点的纵、横向板加强

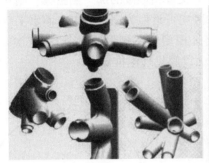

图 5-87 某钢管结构的铸钢节点

5.8 钢管相贯节点的半刚性性能

在工程常见的几何尺寸范围内，不设置加劲件的构造特点使得钢管相贯节点受荷载作用后，弦杆和腹杆的连接面发生明显局部变形，从而引起相对位移和转动，无论在弹性或弹塑性阶段都表现出半刚性连接特性。半刚性连接不仅改变被连接构件之间的内力分布，而且还可能影响整体结构的变形、屈曲承载力等。此外，某些结构如空腹桁架、单层网壳结构体系，其相贯点必须实现半刚性或刚性节点。节点半刚性性能包括初始刚度、广义荷载-广义局部变形全程曲线（弹塑性非线性性能）。钢管相贯节点刚度研究可以追溯到20世纪60年代的日本，早期节点刚度研究主要围绕较为简单的T、Y形单腹杆节点性能，以试验研究的手段展开，21世纪以来有限元成为研究钢管相贯节点弹性（初始）刚度的最重要手段。

节点半刚性性能的一个重要指标就是初始（线弹性）刚度，20世纪90年代以来国内外在这方面进行较多研究，获得一些成果。在受荷较小的线弹性状态下，节点刚度可定义为广义力（轴力或弯矩）与广义局部变形（局部变形或转角）之比。因此，确定节点刚度的方法从根本上来讲其实是确定节点局部变形的方法，关于节点局部变形定义和获取方法分为直接法和间接法两大类（见5.3.4节），在工程实践可视获取的便利性等采用相应的方法。但从建立一种确定节点刚度的简化力学模型的角度来讲，将支管视为杆件、节点域限定为相贯线附近主管管壁（节点局部变形完全由相贯线附近主管管壁变形引起）的直接法更适合。本节将结合一些已有的研究成果，对钢管相贯节点的半刚性性能进行介绍。

1. 钢管相贯节点在支管轴力作用下的初始（线弹性）刚度

Y形（T形为特例）圆钢管相贯节点常用于管桁架结构，支管轴力成为此类节点最重要的内力，节点在支管轴力作用下产生局部变形，表现出轴向半刚性特性。

Y形圆钢管相贯节点在支管轴压力作用下的初始（线弹性）刚度，可以采用如下计算模型。借鉴Togo的X形圆钢管相贯节点强度计算的环模型，再考虑到Y形节点的局部变形发生在支管连接的那一侧主管（上半部分），如此可将Y形圆钢管相贯节点在支管轴向荷载作用下节点局部变形计算的理论模型简化为截面高 T、宽 B_e（环模型中的有效宽度，取为 ηD）的半圆拱模型。关于半圆拱的边界条件，Y形节点在支管轴力作用下，主管上半部分发生局部变形，而下半部分（没有与支管相连接的那一侧主管）则对上半部分存在转动、水平、竖向三种约束，工程实际中竖向可近似为完全约束，而水平（剪切）与转动约束应为弹性约束，见图5-88。此外，将环模型中鞍脚附近两个力 $0.5N\sin\theta$（沿拱截面宽度 B_e 方向均布）的间距由 cd 改为 $d-t$ 以简化理论推导。

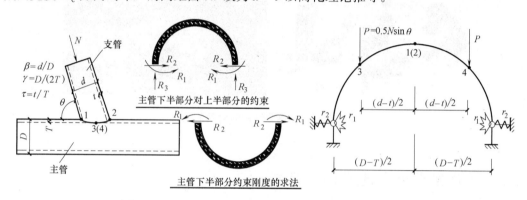

图5-88　Y形圆钢管相贯节点在支管轴力作用下的刚度计算模型

根据图5-88中主管下半部分所示的受力图，节点轴向刚度理论推导过程如下：首先，利用结构力学的方法求出其分别在 R_1、R_2 作用下两端的相对转角 ω、相对变形 Δ，进而算出半圆拱模型支座端的扭转约束刚度 $r_1=2R_1/\omega=2EI/D_0$ 和剪切约束刚度 $r_2=2R_2/\Delta=2EI/D_0^3$，其中 $D_0=(D-T)/2$，E 为弹性模量，$I=B_eT^3/12$。然后，按照结构力学中的力法，同时忽略轴力与剪力引起的变形，求出1~4点的变形 $\Delta_1\sim\Delta_4$，此即为支主管相贯线处的冠点、鞍点在支主管平面内垂直主管轴线方向的管壁局部变形。最后，根据直接法关于节点轴向局部变形的定义（冠点、鞍点沿着支管轴线方向的局部变形的平均值）及刚度的定义求出节点轴向刚度 K_N，结果如下：

$$K_N=\frac{N}{\delta}=\frac{2P/\sin\theta}{\sum\Delta_i\sin\theta/4}=\frac{8P}{\sin^2\theta\dfrac{PD_0^3}{EI}f_1(\beta_0)}=\frac{8EI}{\sin^2\theta\cdot D_0^3f_1(\beta_0)}=\frac{\chi ED}{\sin^2\theta f(\beta_0)(\gamma-0.5)^3}$$

(5-177)

式中最后一步的化简是通过将拱截面的惯性矩 $I=B_eT^3/12=(1/12)\eta DT^3$，及 $D_0=(D-T)/2$，$T=D/2\gamma$ 代入而得到的，式中 χ_1 为一常系数，$f(\beta_0)$ 如下所示：

$$f(\beta_0)=c_0+c_1\beta_0+c_2\beta_0^2+c_3\beta_0^3+c_4\beta_0^4+c_5\arcsin\beta_0+c_6\beta_0\arcsin\beta_0+c_7\beta_0^2\arcsin\beta_0$$

$$+c_8\beta_0^3\arcsin\beta_0+c_9\sqrt{1-\beta_0^2}+c_{10}\beta_0\sqrt{1-\beta_0^2}+c_{11}\beta_0^2\sqrt{1-\beta_0^2}+c_{12}\arcsin\beta_0\sqrt{1-\beta_0^2}$$

$$(5-178)$$

式中，$c_0 \sim c_{12}$ 为常系数，β_0 的表达如下：

$$\beta_0=\frac{(d-t)}{(D-T)}=\beta+\frac{0.5\beta}{\gamma-0.5}-\frac{0.5\tau}{\gamma-0.5} \qquad (5-179)$$

式中，β、τ、γ 分别为支管与主管直径之比、支管与主管壁厚之比、主管半径与壁厚之比，见图 5-88。

显然，节点轴向刚度理论式（5-177）中的 $f(\beta_0)$ 过于复杂化，无法用于工程设计计算。但式（5-177）表明了节点刚度 K_N 与 E、D、$1/(\sin\theta)^2$ 成正比，由式（5-177）~式（5-179）还可看出节点刚度 K_N 存在 β、$\gamma-0.5$、τ 的两者或三者的相互影响效应。从数学上看，$f(\beta_0)$ 表达式中的有关 β_0 的反三角函数、平方根函数项在理论上可以通过泰勒级数展开为多项式，从而可将 $f(\beta_0)$ 近似为关于 β_0 的多项式，而多项式又是指数函数的泰勒展开式，故可将刚度理论式（5-177）分母中的 $f(\beta_0)(\gamma-0.5)^3$ 近似为关于 β、$\gamma-0.5$、τ 的指数函数与关于 $(\gamma-0.5)$ 的幂函数 $(\gamma-0.5)^a$（a 是一个关于 β、τ 的函数）之积。最终，将节点刚度理论式简化如下：

$$K_N=\frac{C \cdot ED}{(\sin\theta)^2\exp[f_1(\beta,\gamma-0.5,\tau)](\gamma-0.5)^{f_2(\beta,\tau)}} \qquad (5-180)$$

式中，C 为常系数，$f_1(\beta, \gamma-0.5, \tau)$、$f_2(\beta, \tau)$ 正好反映了节点几何参数的相互作用效应。关于 f_1、f_2 简单而又常见的函数就是线性函数，因此节点刚度公式进一步修正为：

$$K_N=\frac{C_0ED}{(\sin\theta)^2\exp[C_1\beta+C_2(\gamma-0.5)+C_3\tau](\gamma-0.5)^{(C_4+C_5\beta+C_6\tau)}} \qquad (5-181)$$

式中，$C_0 \sim C_6$ 为常系数。以有限元为手段分析节点几何参数 β、γ、τ 对节点刚度 K_N 的影响，结果列于图 5-89。

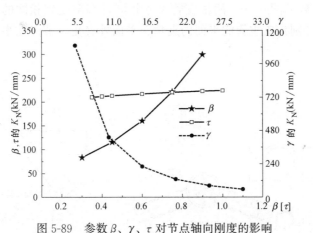

图 5-89 参数 β、γ、τ 对节点轴向刚度的影响

由图 5-89 可知，参数 β、γ 对节点刚度 K_N 的影响很大，K_N 与 β 之间大致呈指数函数关系，而与 γ（$\gamma-0.5$ 视为坐标平移，不影响曲线外形）大致呈幂函数关系，证明了

节点刚度 K_N 形式上采用式（5-181）是比较合理的，而且其中指数函数的自变量是多个而非单个 β，幂函数中的指数 a 不再是一个常系数而是与节点几何参变量有关，这反映了节点几何参变量之间可能的相互影响效应。从图 5-89 还可以看出，参数 τ 对 K_N 的影响很小（最大值与最小值之间误差约 6.7%），可认为参数 τ 对节点刚度的影响可以忽略不计，故式（5-181）中的常系数 C_3、C_6 可取为零。最后，建立 20 个节点有限元模型（模型中参数 $D=245\text{mm}$、$E=206\text{GPa}$、$\theta=90°$、$\tau=0.8$，$\beta=0.3$、0.45、0.6、0.75、0.9，$\gamma=7$、15、22、30），计算得到节点刚度数据后通过非线性回归技术确定常系数 $C_0 \sim C_2$、C_4、C_5，最终得到节点刚度公式：

$$K_N = \frac{0.265ED}{(\sin\theta)^2 \exp[0.876\beta + 0.035(\gamma - 0.5)](\gamma - 0.5)^{(1.948 - 1.127\beta)}} \tag{5-182}$$

文献 [39] 对式（5-180）中的函数 f_1 和 f_2 的形式进一步研究。结果表明，当 f_2 采用 β 的线性函数就能获得足够精度，f_2 变成关于 β 的二次多项式时，节点刚度误差仅略有下降，但如 f_2 变成常数则误差明显增加，说明 β 与 γ 存在不可忽略的相互影响效应。f_1 采用关于 β、$(\gamma - 0.5)$ 的线性函数就能获得足够精度，但如忽略 $(\gamma - 0.5)$ 项而将 f_1 变成 β 的函数，即使 β 变成更加复杂的二次多项式，节点刚度误差将出现较大增加。

到目前为止，已有不少关于支管轴力作用下的钢管相贯节点刚度（轴向刚度）的研究。比如文献 [40] 根据 T 形矩形钢管在支管轴力作用下的屈服线模型，提出按四根悬臂杆件来等效弦杆的翼缘板对腹杆的约束作用，从而建立 T 形矩形钢管节点的轴向刚度计算式。再比如文献 [41] 建立的 X 形和 T 形圆钢管-横向板节点的轴向刚度计算式等，文献 [1] [42] 等也对钢管相贯节点轴向刚度进行了研究。

2. 钢管相贯节点在平面外弯矩作用下的初始（线弹性）刚度

文献 [43] 针对单层网壳结构中常用、几何形式相对较简单的空间 X 形圆钢管相贯节点在支管平面外弯矩作用下的初始刚度进行了研究。空间 X 形圆钢管相贯节点的几何构造及相关几何参数见图 5-90，两根支管尺寸相同且端部受到相同的平面外弯矩 M_0 作用，图中的 θ、φ 分别为支主管的平面内夹角、平面外夹角，节点在平面外弯矩作用下的变形见图 5-91。

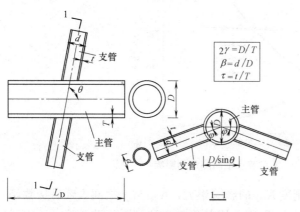

图 5-90 空间 X 形圆钢管相贯

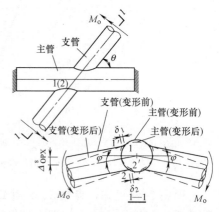

图 5-91 节点在平面外弯矩作用下变形

图 5-91 中的虚线为变形后形状，δ_1、δ_2 分别为主管管壁的受拉、受压侧鞍点（图中的 1、2 点）沿着支管轴线方向的局部凸、凹变形，将相贯线附近主管管壁视为节点域、腹杆视为构件，可得节点在 M_o 作用下的平面外转角 ψ：

$$\psi = \frac{\delta_1 - \delta_2}{d - t} \tag{5-183}$$

式中，d、t 分别为腹杆截面直径、壁厚。

节点的平面外抗弯初始刚度 K_{mo} 的定义为弯矩 M_o 与转角 ψ 之比。为了建立精度高、物理意义明确、易于理解的节点刚度参数化计算式，文献［43］根据节点传力与局部变形特点，建立节点平面外抗弯刚度计算模型，主要过程如下：首先将平面外弯矩 M_o 简化为上下鞍点附近、沿着支管轴线的一对力偶 F，进一步将 F 分解为垂直主管轴线方向的力 $P = F\sin\theta$ 和平行主管轴线方向的力 $P_1 = F\cos\theta$。接着，借鉴 Togo 关于 X 形圆钢管相贯节点在轴力作用下承载力计算的环模型，将 P 及 P_1 均布在主管的一个有效长度 B_e（B_e 取 ηD，η 为一常数）范围内，忽略 P_1 对节点局部变形的影响，如此将 X 形节点在 M_o 作用下局部变形的计算理论模型简化为截面高度和宽度分别为 T 和 B_e 的二维圆环向模型，如图 5-92 所示。图中虚线为模型受力变形后的状态。最后，利用结构力学中的力法和结构对称性，同时为了简化计算而忽略轴力与剪力引起的变形，求出支、主管相贯线处的 1、2 点在支、主管平面内垂直主管轴线方向的主管壁局部变形 Δ_1、Δ_2，再根据 δ_1（δ_2）与 Δ_1（Δ_2）的几何关系，最终推导出 X 形圆钢管相贯节点平面外抗弯初始刚度 K_{mo} 的理论表达式：

$$K_{mo} = \frac{M}{\psi} = \frac{F \cdot cd}{\dfrac{\delta_1 - \delta_2}{d - t}} = \frac{\chi_1 P D_0^2 (\sin\theta)^{-2}}{\dfrac{P D_0^3}{EI} f(\beta_0, \beta_1, \varphi)} = \frac{\chi_2 E D^3 (\sin\theta)^{-2}}{\gamma^2 (\gamma - 0.5) f(\beta_0, \beta_1, \varphi)} \tag{5-184}$$

式中，χ_1、χ_2 为常系数；$f(\beta_0, \beta_1, \varphi)$ 为一个由反三角函数、开根号函数组成的复杂函数。其中 β_0、β_1 为：

$$\beta_0 = \frac{d - t}{D - T} = \beta + \frac{0.5\beta}{\gamma - 0.5} - \frac{0.5\tau}{\gamma - 0.5} \tag{5-185a}$$

$$\beta_1 = \frac{cd}{D - T} = \frac{c\beta}{1 - 1/2\gamma} = c\beta + \frac{0.5c\beta}{\gamma - 0.5} \tag{5-185b}$$

式中，β、τ、γ 分别为支管与主管直径之比、支管与主管壁厚之比、主管半径与壁厚之比，见图 5-90。

对理论公式中的复杂项进行简化，并结合有限元单参数分析节点刚度随着参数 β 等的变化规律，确立了简化后理论公式的表达式，具体过程详见文献［43］。最终建立 X 形节点平面外抗弯初始刚度参数化计算公式：

$$k_{opb\text{-}c\text{-}x} = \begin{cases} \dfrac{E D^3 \gamma^{(-2.47 + 0.244\beta^4)} \exp(-4.2 + 4.92\beta + 1.82\beta^{6.99})}{(1 - \sin\beta\varphi)^{(-0.73 - 3.99\beta^4)} (\sin\theta)^2} & 65° \leqslant \theta \leqslant 90° \\[4mm] \dfrac{E D^3 \gamma^{(-2.437 + 0.392\beta^4)} \exp(-4.61 + 5.46\beta + 1.22\beta^{8.63})}{(1 - \sin\beta\varphi)^{(-1.015 - 3.17\beta^4)} (\sin\theta)^{(3.03 - 1.846\beta - 0.033\cos\varphi)}} & 0° \leqslant \theta \leqslant 45° \end{cases} \tag{5-186}$$

式中，$k_{opb\text{-}c\text{-}x}$ 为空间 X 形圆钢管相贯节点的平面外抗弯刚度（下标 opb-c-x 表示 out-of-plane bending flexural stiffness for CHS X-joints）；exp 表示指数函数；D 和 E 分别为主管的直径和弹性模量，单位可采用"m、kN/m^2"，以便与工程中的节点抗弯刚度的常用单位 kN·m 一致；其余参数意义见图 5-90。当节点 $45°<\theta<65°$ 时，取关于支主管平面内夹角 θ 的线性插值。上式的适用范围如下：$0.3\leqslant\beta\leqslant0.9$，$7\leqslant\gamma\leqslant35$，$0°\leqslant\varphi\leqslant45°$，$30°\leqslant\theta\leqslant90°$。

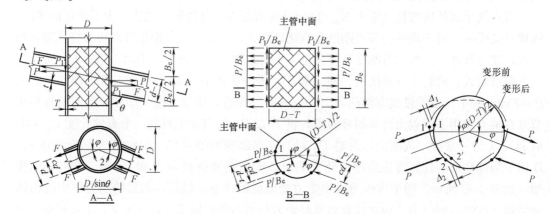

图 5-92　空间 X 形圆钢管相贯节点在平面外弯矩作用下的刚度计算模型

文献［44］对 X 形矩形钢管相贯节点的平面外抗弯刚度进行了研究。首先，基于节点局部变形特征（图 5-50）并借鉴屈服线模型（见矩形钢管平面外抗弯承载力的图 5-51），建立了六杆系模型（图 5-93）并导出节点刚度理论式。同时，为了弥补六杆系模型无法反映主管上、下翼缘对节点抗弯刚度影响的不足，建立了矩形环模型（图 5-94）并导出相应的节点刚度理论式。接着，综合两个模型，结合参数分析结果对理论公式进行改进。最终，通过多元回归分析，获得 X 形矩形节点平面外抗弯刚度参数化计算式，即：

$$K_{opb\text{-}r\text{-}x}=\frac{ET^3}{(\sin\theta)^{1.792}}\left(\frac{H}{H_0}\right)^{0.576}\left(0.651-0.107\frac{B}{H}\right)\exp\left(-0.117+5.679\left(\frac{h}{H}\right)^{2.482}+\right.$$

$$\left.2.223\sqrt{\frac{b}{H}}-0.528\frac{b}{H}\right) \tag{5-187}$$

式中，exp 表示指数；T 和 E 分别为主管的壁厚和弹性模量；H 和 B 为主管截面的高和宽；h 和 b 为支管截面高和宽；θ 为支管和主管的平面内夹角；$H_0=390\text{mm}$，为主管截面高度的某个参照量；$K_{opb\text{-}r\text{-}x}$ 为 X 形矩形钢管相贯节点的平面外抗弯刚度（下标 opb-r-x 表示 out-of-plane bending flexural stiffness for RHS X-joints）。式（5-187）的适用范围为：$0.25\leqslant h/H\leqslant0.85$、$40°\leqslant\theta\leqslant90°$、$0.3\leqslant\tau\leqslant0.9$。

3. 钢管相贯节点在平面内弯矩作用下的初始（弹性）刚度

文献［45］对空间 X 形圆钢管相贯节点在平面内弯矩作用下的弹性刚度（平面内抗弯弹性刚度）进行了研究，以有限元分析为手段，利用间接法获得大量节点平面内抗弯弹性刚度数据。对节点刚度数据进行参数化分析并结合回归分析，最终得到了节点的平面内抗弯刚度 $k_{ipb\text{-}c\text{-}x}$（下标 ipb-c-x 表示 in-plane bending flexural stiffness for CHS X-joints）。

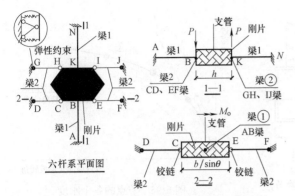

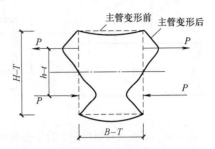

图 5-93 平面外抗弯刚度计算六杆系模型　　图 5-94 平面外抗弯刚度计算矩形环模型

具体过程详见文献 [45]，这里仅给出最终结果：

$$k_{\text{ipb-c-x}} = \frac{1.46ED^3\gamma^{-1.71}\exp(-1.31+5.47\beta^{0.58})}{1000(-0.72+\cos\beta\varphi)(-0.13+\sin\theta)} \tag{5-188}$$

式中，exp 表示指数；D 和 E 分别为主管的直径和弹性模量。上式的适用范围：$0.2 \leqslant \beta \leqslant 1.0$、$10 \leqslant \gamma \leqslant 50$、$0° \leqslant \varphi \leqslant 45°$、$30° \leqslant \theta \leqslant 90°$。

关于 Y 形（T 形为特例）圆钢管相贯节点的平面内抗弯刚度 $k_{\text{ipb-c-y}}$ 的研究相对较多，文献 [46]～[49] 给出了计算公式，如下：

Ueda 等的计算式：
$$k_{\text{ipb-c-y}} = \frac{ED^3\gamma^{-1.7}\beta^{2.2}}{4.22\sin\theta} \tag{5-189}$$

Fessler 等的计算式：
$$k_{\text{ipb-c-y}} = \frac{ED^3\gamma^{-1.73}\exp(4.52\beta)}{134\sin^{1.22}\theta} \tag{5-190}$$

Wang 和 Chen 的计算式：
$$k_{\text{ipb-c-y}} = 0.362ED^3\gamma^{-1.44}\beta^{2.29}(\sin\theta)^{-0.4-\beta} \tag{5-191}$$

文献 [50] 对 T 形矩形钢管相贯节点的平面内抗弯性能进行了参数化研究，得到了支、主杆宽度比、高宽比、主杆截面高度及壁厚对节点抗弯刚度的影响规律。基于节点平面内弯矩作用下的屈服线模型（见图 5-48），将被屈服线划分的区域等效为六根梁，用来模拟主管表面对支管转动的约束，建立 T 形矩形钢管相贯节点初始平面内抗弯刚度计算模型，最终得到了节点抗弯刚度计算公式：

$$k_{\text{ipb-r-y}} = \frac{ET^3\beta_1^2}{2(1-\beta)^3}\left\{(1+\beta)\left[(1-\beta)^{1.5}+\frac{(1-\beta)^2}{\beta_1}\right]+\frac{4}{3}\left[\beta_1+\sqrt{1-\beta}\right]\right\} \tag{5-192}$$

式中，T 和 E 分别为主管的壁厚和弹性模量；$\beta (=b/B)$ 为支管和主管截面宽度比；$\beta_1(=h/B)$ 为支管截面高度和主管截面宽度比。需要说明的是，支管连接于主管宽度 B 的表面，如图 5-95 所示。

4. 钢管相贯节点的半刚性连接模型

钢管相贯节点的弯矩-转角（力-局部变形）曲线是一个典型的非线性曲线，在荷载不大（远低于腹杆边缘屈服荷载）时就表现出明显的非线性特征，如图 5-96 所示。因此，不同受力的节点刚度差异较大，如变形很小的线弹性（初始）刚度 K_i、对应屈服荷载的割线刚度 K_y、对应任意荷载的切线刚度 K_t、对应极限荷载（根据变形准则确定）的割线刚度 K_u，如图 5-96 所示。不同节点刚度取值会对整体结构分析结果产生影响，故进行

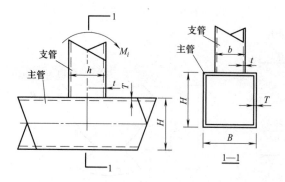

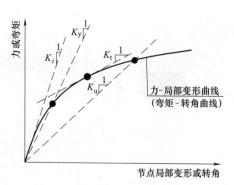

图 5-95　平面内弯矩作用下的 T 形矩形钢管节点

图 5-96　节点的各个刚度

更精确的整体结构分析（尤其是弹塑性分析）时，不仅要考虑节点的初始刚度还应考虑节点在各个阶段的刚度，即考虑节点的力-变形（弯矩-转角）全程曲线。

文献［51］对 X 形圆钢管-横向板节点在板轴力作用下的轴力-局部变形（P-δ）曲线进行了研究，借鉴一种经典的钢材应力-应变关系曲线（Menegotto-Pinto 曲线）并加以改进，建立了一个表达式相对简单且其中参变量由 γ 等已知节点参数就能确定的 P-δ 曲线函数，即节点的半刚性连接模型。具体过程见文献［51］，这里仅给出结果和简要说明。节点半刚性模型的表达式如下：

$$P = bk_i\delta + \frac{(1-b)k_i\delta}{\left[1+(k_i\delta/P_0)^n\right]^{1/n}} \tag{5-193}$$

式（5-193）对 δ 进行求导，即为 X 形圆钢管-横向板节点在各个阶段的切线刚度：

$$\frac{dP}{d\delta} = bk_i + \frac{(1-b)k_i}{\left[1+(k_i\delta/P_0)^n\right]^{\frac{1}{n}+1}} \tag{5-194}$$

式（5-193）和式（5-194）中，P_0、k_i、b、n 为曲线的四个参变量，若同时考虑轴拉、轴压两种情况，则曲线中的每个参变量（如 P_0）都分拉（P_0^+）、压（P_0^-）两种情况，共计 8 个参变量。对式（5-194）进行分析表明：当 $\delta \to 0$ 时 $dP/d\delta = k_i$，而 $\delta \to +\infty$（可认为是节点破坏）时 $dP/d\delta = bk_i = k_p$。说明半刚性连接模型（即式 5-191）中的参数 k_i 为节点初始刚度；k_p 为极限承载力（$\delta \to +\infty$ 即节点破坏）时的连接硬化刚度（最终切线刚度），而半刚性连接模型中的参数 $b = k_p/k_i$。通常钢管节点在腹杆（板）轴拉力作用下的初始刚度与轴压力作用下很接近，故板在轴拉力和轴压力作用下的节点半刚性连接模型的参变量共计 7 个：k_i、P_0^+、P_0^-、b^+、b^-、n^+、n^-。

文献［51］通过理论分析、有限元参数分析，并结合回归分析，建立 X 形圆钢管-横向板相贯节点的轴向半刚性连接模型中的 k_i 等 7 个参变量的参数化计算式：

$$k_i = 0.733ED(1+0.425\ln\tau_p) \cdot \exp\left[-0.638\beta_p - 0.015\gamma\right](\gamma - 0.5)^{(-2.814+1.46\beta_p)} \tag{5-195a}$$

$$P_0^+ = f_y D^2 \cdot \exp(1.386\beta_p - 1.608\ln\gamma)(0.412 + 0.057\ln\tau_p) \times 10^{-3} \tag{5-195b}$$

$$P_0^- = f_y D^2 \cdot \exp(1.437\beta_p - 1.629\ln\gamma)(0.412 + 0.061\ln\tau_p) \times 10^{-3} \tag{5-195c}$$

$$b^+ = 0.083\exp(0.108\ln\beta_p + 0.046\gamma - 0.018\gamma\ln\beta_p)\tau_p^{-0.203} \tag{5-195d}$$

$$b^- = (14.06 - 29.22\beta_p + 22.69\beta_p^2 - 1.324\gamma + 0.007\gamma^2 + 3.085\beta_p\gamma +$$
$$0.006\beta_p\gamma^2 - 2.31\gamma\beta_p^2)\tau_p^{(-0.286-0.432\beta_p)}/100 \tag{5-195e}$$

$$n^+ = (3.1 - 1.244\beta_p - 0.021\gamma + 0.056\beta_p\gamma)\tau_p^{-0.222} \tag{5-195f}$$

$$n^- = (1.979 + 0.388\beta_p + 0.04\gamma - 0.069\beta_p\gamma)\tau_p^{-0.19} \tag{5-195g}$$

式中，D、E、f_y 分别为主管直径、主管材料弹性模量、主管材料屈服强度；β_p 为横向板宽和主管直径之比；γ 为主管半径和壁厚之比；τ_p 为横向板厚度和主管壁厚之比。工程中 k_i 的单位一般为"kN/mm"，P_0^+ 与 P_0^- 的单位为"kN"。将式（5-195a）~式（5-195g）代入式（5-193）即可建立十字形圆钢管-横向板节点在轴向拉压荷载作用下的非刚性连接模型（适用范围为：$0.3 \leqslant \beta_p \leqslant 0.9$、$7 \leqslant \gamma \leqslant 30$、$0.4 \leqslant \tau_p \leqslant 1.2$、$235\text{MPa} \leqslant f_y \leqslant 430\text{MPa}$）。

进一步利用有限元结果对模型进行对比校验，结果表明模型在总体上较好地反映了节点半刚性性能，对比结果见图 5-97，图中 FE 表示有限元结果，model 表示模型计算结果。

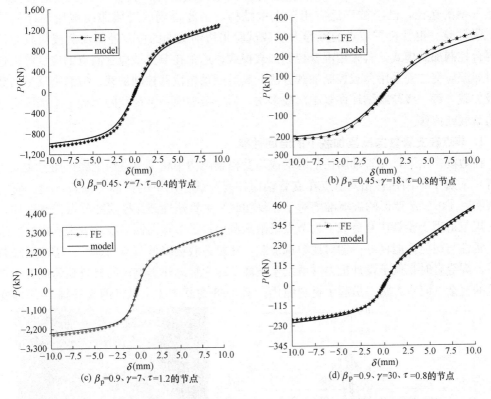

图 5-97　有限元计算所得轴力-局部曲线与节点半刚性连接模型结果的比较

此外，还有几个关于钢管节点的半刚性连接模型。比如 T 形圆钢管相贯节点在平面内弯矩作用下的半刚性连接模型，X 形圆钢管相贯节点在平面外弯矩作用下的半刚性连接模型，X 形矩形钢管偏心相贯节点在平面外弯矩作用下的半刚性连接模型，T 形圆钢管-横向板相贯节点在板轴力作用下的半刚性连接模型等。

5.9 钢管相贯节点的滞回性能和疲劳

在抗震设防区建设钢管结构时，应考虑钢管节点的抗震性能。在强烈地震作用下，腹杆根部和节点域产生塑性变形，形成塑性铰或塑性区，有效吸收和耗散能量，使结构做到"大震不倒"。目前，钢管节点抗震性能研究的主要手段是通过拟静力低周反复加载试验，本节将简单介绍钢管相贯节点在拟静力反复荷载作用下的滞回性能。

20 世纪 40 年代以来，海洋平台结构一直是钢管结构主要应用领域。海洋平台结构长期承受海浪和风等交变荷载作用，疲劳问题突出，历史上多次发生海洋平台钢管结构的节点疲劳破坏甚至由此引发事故。本节将简单介绍钢管相贯节点的疲劳性能。

5.9.1 钢管相贯节点的滞回性能简介

结构在反复荷载下的非弹性性能是影响其在罕遇地震下抗震性能的关键因素，强烈地震引起的地面运动可以通过使试件产生较大弹塑性变形的拟静力反复荷载来模拟。对比振动台试验，拟静力反复加载试验为测试结构或节点（构件）的抗震能力提供了一条方便的途径，已经被广泛应用于土木结构，由此得到的滞回曲线被用于评估结构的抗震性能。钢管相贯节点的拟静力加载试验采用加载端的位移控制加载或荷载与位移的混合控制加载模式。若采用混合控制加载模式，通常在节点域应变测点的应变首次达到钢材屈服应变之前采用荷载控制加载方法，其后则采用位移控制加载。拟静力反复加载为分级加载，每一级荷载循环往复 1 次或多次，后一级在前一级荷载的基础上增加固定或变化的荷载或位移。

1. 节点在支管轴向反复加载下的滞回性能

在地震作用下，支管轴向往复运动成为管桁架结构中相贯节点的主要作用。文献［1］进行一系列 T 形圆钢管相贯节点在支管轴向往复荷载作用下的拟静力加载试验。研究结果表明：①0.03d 变形的破坏准则对于往复加载下主管塑性破坏模式的节点仍然适用，即现有规范适用于验算往复荷载下的节点极限承载力；②节点滞回曲线均表现出良好的稳定性，延性与耗能性能良好；③对比单调加载，往复荷载会降低节点的延性；④往复加载情况下，焊缝有时在低于设计抗力时就发生破坏，因为焊缝热影响区的材料缺陷或者相贯线附近的复杂三向应力状态引了材料脆化。图 5-98 为其中 1 个试件的支管轴力-局部变形

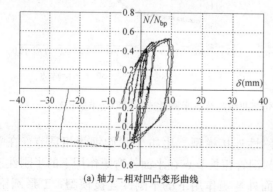

(a) 轴力－相对凹凸变形曲线　　　　　　(b) 破坏模式照片

图 5-98　T 形钢管相贯节点在支管轴力作用下的滞回曲线和破坏模式

滞回曲线和最终破坏模式，图中 N_{bp} 为腹杆屈服轴力值。由图 5-98 可知，节点轴向承载力明显低于腹杆（构件）承载力；

国内外学者进行了大量的关于钢管相贯节点在支管往复轴向荷载作用下的滞回性能的研究，可以参考文献 [55]～[57]。

2. 节点在平面内往复弯矩作用下的滞回性能

文献 [1] 进行 T 形圆钢管相贯节点在平面内往复弯矩作用下的拟静力试验。加载装置如图 5-99 所示，通过固定在水平反力架上的两个千斤顶作用在 T 形节点试件竖直腹杆顶端的两侧，从而产生平面内往复弯矩作用。图 5-100 为其中 1 个试件的平面内弯矩-转角滞回曲线和最终破坏模式照片，图中 M_{bp} 为腹杆全截面屈服弯矩。

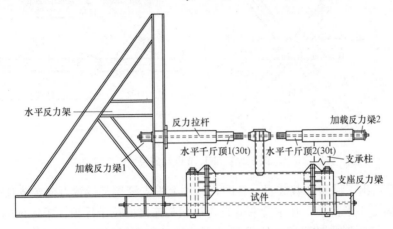

图 5-99　T 形圆钢管相贯节点的平面内往复弯矩加载试验装置

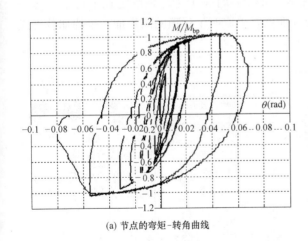

(a) 节点的弯矩-转角曲线　　　　　　　　　　(b) 节点破坏模式照片

图 5-100　T 形钢管相贯节点在平面内弯矩作用下的滞回曲线和破坏模式

文献 [1] 的研究结果表明，节点试件在平面内往复弯矩作用下的破坏模式表现为以下几种类型：焊缝开裂、弦杆相贯面的冲剪破坏、腹杆根部弹塑性断裂破坏。试验研究也表明：节点的平面内弯矩-转角滞回曲线表现出良好的稳定性，无捏拢现象，延性与耗能性能良好；所有试件的节点抗弯承载效率大于 1，即节点自身具有足够的承载力来使塑性铰形成在被连接构件上。由图 5-100 可知，节点平面内抗弯承载力略高于腹杆（构件）全截面屈服弯矩。

3. 节点在往复平面外弯矩作用下的滞回性能

文献 [58] 对平面 KK 形圆钢管相贯节点在两种不同荷载形式（工况）下的平面外受弯性能进行研究，包括几何构造相同的两个节点试件在同向（KKBH-1）、反向（KKBH-2）平面外反复弯曲作用下的滞回试验。节点试件的几何尺寸见图 5-101。

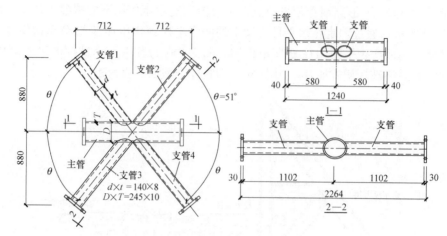

图 5-101　KK 节点几何尺寸

图 5-102 给出了试验加载装置示意图，试件 4 根支管端部设置万向铰支座（确保边界为铰接）并固定于平台上；在主管两端设置加载头连接推拉千斤顶，千斤顶的加载方向垂直于支管和主管所形成的平面。主管两端同向推拉加载（试件 KKBH-1）时千斤顶固定于平台上，主管两端反向推拉加载（试件 KKBH-2）时一个千斤顶固定在平台上，另一个千斤顶固定在反力梁上；以平衡位置为基准点，采取两千斤顶的同步推、拉的加载方式实现主管相对支管的平面外往复运动。

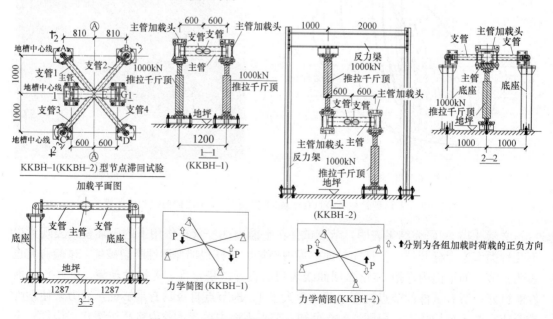

图 5-102　两种不同的平面外往复弯矩加载示意图

图 5-103 给出两个试件经等效换算后的支管端荷载-相对位移滞回曲线，根据对称性，每个试件只需给出 2 根支管的结果；图中 A 表示主管开裂。图中纵坐标为等效支管端荷载，以支管根部截面边缘屈服弯矩理论值 M_y 计算的 $P_y = M_y/L$ 作为基准量，L 为支管支座端到节点相贯面上冠点的距离。图中的横坐标为等效支管端相对位移 δ/L，δ 为支管端相对于主管中心的等效位移。支管 3 的曲线图中同时给出非线性有限元软件 ABAQUS 加载分析所得的结果，有限元采用半结构板壳单元 S4R 进行分析，材料采用考虑包辛格效应的线性随动强化，强化阶段切线模量 E_t 为初始弹性模量 E 的 3%。

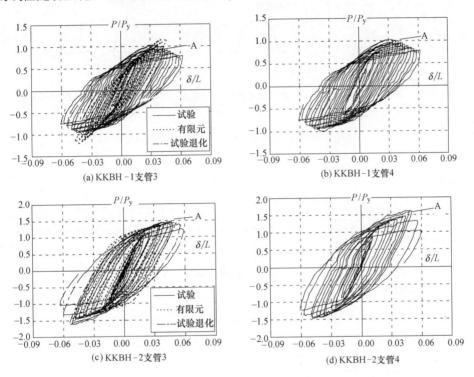

图 5-103 等效荷载-相对位移滞回曲线

根据荷载-位移滞回曲线，可以得到以下结论：

第一，所有试件的荷载-位移滞回曲线均形状十分饱满，呈纺锤形。即使在主管管壁发生开裂（最大承载力）后试件承载力也是逐渐退化而非急剧下降，表现出良好的延性、耗能能力。

第二，试件 KKBH-1（同向加载）的极限承载力仅略超过支管截面边缘屈服荷载 P_y，说明破坏时支管塑性程度很低，为典型的"弱节点"。试件 KKBH-2（反向加载）的极限承载力超过支管全截面塑性荷载 P_p（$P_p \approx 1.3 P_y$），说明破坏时支管塑性化程度较高，表现出"强节点、弱构件"性能。对比两者说明不同的荷载形式对节点的受力性能影响很大，通过两种不同受力方式加以解释。KKBH-1 的受荷方式相当于主管管壁同一侧的两支管 1、2（或者支管 3、4）根部受到同向的平面外弯矩，KKBH-2 的受荷方式相当于主管管壁同一侧的两支管 1、2（或者支管 3、4）根部受到异向的平面外弯矩，两个试件在沿主管轴向方向不同位置的变形如图 5-104 所示。将平面外弯矩简化为支管根部上下鞍点的一对力偶 F（图 5-105a）；沿着对称面将节点分成上下两部分，取上半部分并将力 F 分解为沿着主管轴向的力 N 与垂直主管轴向的力 P，则得到如图 5-105（b）、（c）所示的 KKBH-1、KKBH-2 机理分析受力图。

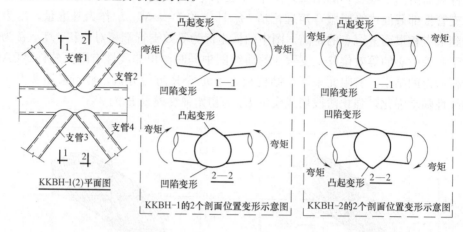

图 5-104　试件 KKBH-1、KKBH-2 的受力图

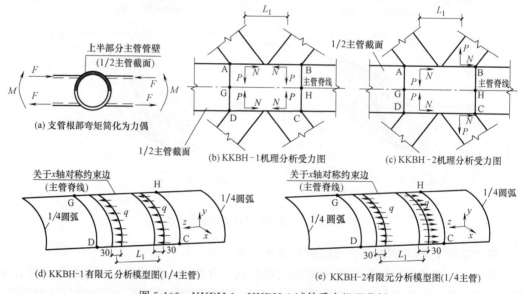

图 5-105　KKBH-1、KKBH-2 试件受力机理分析

从图 5-105 可知，在 AGDCHB 区域（受 F 作用的主管核心区域）试件 KKBH-1 受到四边往中心的挤压作用，而试件 KKBH-2 在一端（AGD 端）受到向内挤压同时另一端（BHC 端）受到向外张拉的作用。对比而言，一端压且另一端拉的荷载形式（即 KKBH-2）使得核心区 AGDCHB 的应力得到释放，故在相同的荷载增量下其应变增量以及屈服后塑性发展速率均小于四边挤压的荷载形式（即 KKBH-1），KKBH-2 的屈服荷载以及极限荷载均大于 KKBH-1。

通过有限元分析来证实上面的机理分析结果。取长度为 800mm 且截面为 1/4 圆弧的壳体（即取机理分析受力图的半结构中足以包括 GDCH 区域的一段主管）作为分析的有限元模型，如图 5-105（d）、（e）所示。有限元模型中忽略轴力 N 的影响以简化问题，将 P 转换

为沿着 x 轴方向的均布面力 q，在主管脊线位置建立对称约束，其他三边为固定约束。计算分析后，得到同一荷载值下两个模型的等效塑性应变（其值大于零即为进入塑性）分布云图，见图 5-106。图中灰色、红色、黄色、绿色、浅蓝色的等效塑性应变分别为大于 $10000\mu\varepsilon$、$8000\sim10000\mu\varepsilon$、$6000\sim8000\mu\varepsilon$、$4000\sim6000\mu\varepsilon$、$2000\sim4000\mu\varepsilon$ 的区域。由图 5-106 可知，KKBH-1 在核心区（即 GDCH 区域）的等效塑性应变明显大于 KKBH-2。

(a) KKBH-1　　　　　　　　　　　　　(b) KKBH-2

图 5-106　等效塑性应变对比

文献［59］对 β（支管与主管直径比）＝0.9、0.71 的两个 X 形厚壁（主管半径和壁厚之比 γ＝8.53）圆钢管相贯节点在平面外往复弯矩作用下的滞回性能进行了试验研究和数值分析，研究厚壁钢管相贯节点的承载能力和变形能力，试验加载装置如图 5-107 所示。

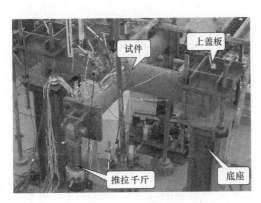 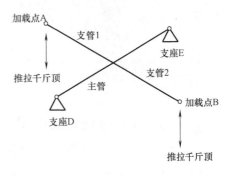

(a) 试件加载装置照片　　　　　　　　　(b) 试验加载示意图

图 5-107　试件加载装置和加载示意图

研究结果表明，β 较大的节点发生的破坏模式为主管壁拉剪断裂破坏，如图 5-108 所示。图 5-109 给出试验所得节点一侧支管的平面外荷载-相对挠度滞回曲线，图中纵坐标为支管加载端荷载 P、横坐标为支管加载端相对于节点中心的挠度 δ。由图 5-109 可知，β 较大的节点试件的延性等抗震性能较好（曲线比较饱满）、β 较小的节点的抗震性能较差。图 5-109 也给出了支管截面边缘屈服荷载的理论计算值 P_y 和全截面屈服荷载的理论计算值 P_p，可知厚壁圆钢管相贯节点可以实现节点承载力高于相邻构件（腹杆）的承载力。

文献［60］对贯通式、套管式、内加劲板式三种不同形式的箱形主梁（主管）-圆钢管焊接连接节点的平面外受弯性能进行了试验研究和有限元分析，节点构造见图 5-110。研究结果表明，三种节点破坏模式均为圆钢管（支管）根部塑性变形过大或局部屈曲破坏，如图 5-111 所示。试验研究还表明，三种节点都能满足节点承载力高于相邻构件（圆钢

(a) XBH-1(β较大试件)

(b) XBH-2(β较小试件)

图 5-108　厚壁圆钢管相贯节点试件的破坏照片

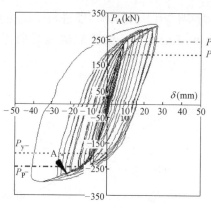
(a) XBH-1(β较大试件)支管1

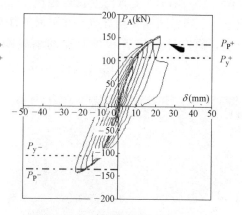
(b) XBH-2(β较小试件)支管1

图 5-109　试件的荷载 P-挠度 δ 曲线

管）承载力的要求且具有良好的抗震性能。有限元分析表明，在接近破坏时，箱形主梁内部加劲部件的塑性化程度以贯通管式节点最为严重，套管式连接节点中槽形塞焊焊缝的作用在于将内力逐渐从构件传递到节点域，使得节点受力性能更加合理。

文献［61］进行了支管与主管夹角不同的两个 X 形圆钢管相贯节点试件的平面外受弯滞回性能试验，结合有限元分析研究了支主管夹角对节点平面外受弯性能的影响。两个试件的主管截面尺寸为 245mm×8mm、支管截面尺寸为 146mm×6mm、支主管平面外夹角 φ 为 0°；两个试件的区别在于支主管平面内夹角 θ 不同，分别为 45°、90°。图 5-112 给出了两个节点试件（$\theta=45°$、90°）的最终破坏模式：相贯线附近主管管壁塑性开裂。

图 5-113 给出了两个节点试件的平面外弯矩-转角曲线。由图 5-113 可知，$\theta=90°$ 的试件的正向抗弯承载力小于反向抗弯承载力，这是因为其裂纹集中在相贯线附近下表面的主管管壁，当主管两端的千斤顶往下推（产生正向弯矩）时，支管根部附近的主管管壁为下表面受拉、上表面受压，加速裂纹扩展，而当千斤顶往上拉（产生反向弯矩）时，下表面受压从而阻止裂纹进一步扩展，故正向最大值低于反向最大值。$\theta=45°$ 的试件在加载的过程中，相贯线附近主管的上、下管壁的裂纹紧接着依次出现，无论千斤顶往上拉还是往下推，均处于裂纹（上或下表面）进一步扩展状态。两个试件的滞回曲线均形状饱满、呈纺

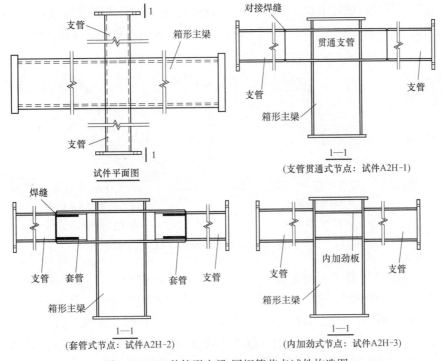

支管

箱形主梁

试件平面图

对接焊缝

贯通支管

支管

支管

箱形主梁

1—1
(支管贯通式节点：试件A2H-1)

焊缝

支管 套管 套管 支管

箱形主梁

1—1
(套管式节点：试件A2H-2)

支管 内加劲板 支管

箱形主梁

1—1
(内加劲式节点：试件A2H-3)

图 5-110　三种箱形主梁-圆钢管节点试件构造图

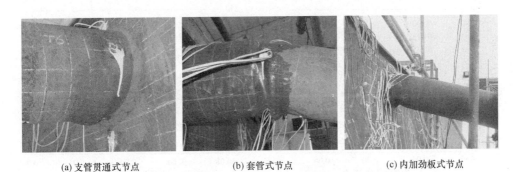

(a) 支管贯通式节点　　　　　(b) 套管式节点　　　　　(c) 内加劲板式节点

图 5-111　箱形主梁-圆钢管节点试件的破坏照片

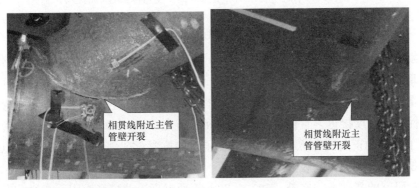

相贯线附近主管管壁开裂

相贯线附近主管管壁开裂

(a)$\theta = 45°$的节点试件　　　　　(b)$\theta = 90°$的节点试件

图 5-112　X形圆钢管相贯节点试件的破坏照片

锤形，主管管壁开裂后试件承载力逐渐下降，表现出良好的延性和耗能能力，$\theta=45°$的节点抗弯承载力约为$\theta=90°$的节点的1.66倍，说明支主管平面内夹角对节点受力性能影响大。

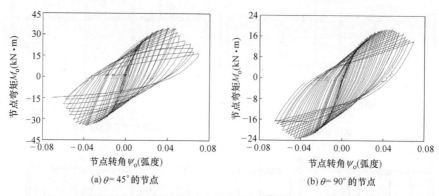

图5-113　节点试件的平面外弯矩-转角（M_o-ψ_o）滞回曲线

图5-114给出支主管平面内夹角θ对节点平面外弯矩-转角（M_o-ψ_o）滞回曲线、总累计耗能（各周曲线的面积之和）的影响。图中节点有限元模型变化参数$\theta=90°$、$75°$、$45°$（取$\beta=0.6$、0.9两组），E_{tot}^{90}表示$\theta=90°$的节点的总累计耗能。由图5-114可知，支主管非正交（$\theta\neq90°$）有利于提高节点的承载力和耗能能力，且θ较大时（$75°$）影响较小，θ较小时（$=45°$）则影响较大。对比之下，β值较小节点的耗能能力受θ的影响更大。

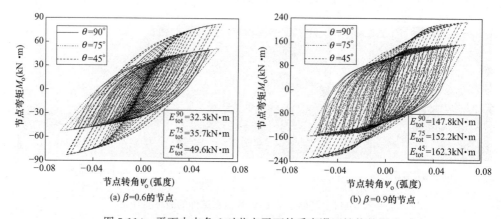

图5-114　平面内夹角θ对节点平面外受弯滞回性能的影响

图5-115给出了支、主管平面外夹角φ对节点的M_o-ψ_o滞回曲线和骨架曲线的影响，也给出总累计耗能E_{tot}^0等（上标0表示$\varphi=0°$的节点）。图中节点有限元模型变化参数$\varphi=0°\sim30°$（取$\beta=0.6$、0.9两组）。由图5-115可知，随着φ的增加，M_o-ψ_o滞回曲线包围的面积变小（降低了节点耗能能力）。图5-115中骨架曲线也表明：正、反向弯矩作用下的节点弹性抗弯刚度接近，且低于相应的平面形节点（$\varphi=0°$）的刚度；支主管平面外夹角φ提高了节点的正向抗弯承载力，但降低了反向抗弯承载力，φ对β较小节点的影响较小，但对β较大节点的影响较大。

在试验研究的基础上，文献[62]、[63]等通过理论建模和有限元参数化分析建立钢管相贯节点的滞回模型，为考虑节点效应的钢管结构地震响应分析打好基础。

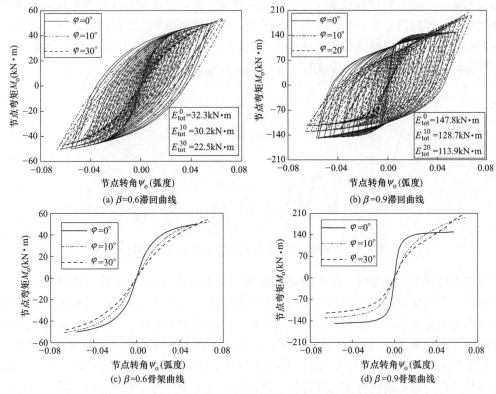

图 5-115 平面外夹角 φ 对节点平面外受弯滞回性能的影响

5.9.2 钢管相贯节点的疲劳分析简介

1. 疲劳的基本概念

上一节用来研究钢管相贯节点抗震性能（滞回性能）的拟静力反复加载试验，其实是一种应力幅高、循环次数低的低周疲劳试验，此时疲劳主要是由应变控制。本节讲的是循环次数多（《钢结构设计标准》和《钢管结构技术规程》认为是循环次数在 5×10^4 及以上）的疲劳，即高周（高循环次数）疲劳。

长期承受连续反复荷载（应力）作用的结构，应力虽然低于材料的极限强度甚至屈服强度，也会导致结构破坏，这种破坏称为疲劳破坏。破坏过程经历了裂纹的形成—裂纹扩展—断裂破坏三个阶段，但由于钢结构内部总有微小缺陷，而这种微小缺陷就起着裂纹的作用。因此，钢结构的疲劳破坏往往只有后两个节点，疲劳其实是变应力作用下结构中裂纹发展的过程。

将荷载变化的常幅度范围内的最大拉应力 σ_{max} 与最小拉应力或压应力 σ_{min} 之差定义为应力幅 $\Delta\sigma$，即 $\Delta\sigma=\sigma_{max}-\sigma_{min}$（拉应力取正值、压应力取负值）。将应力循环内的最小应力与最大应力之比定义为应力比 ρ，即 $\rho=\sigma_{max}/\sigma_{min}$。显然，反复荷载引起的应力循环形式有同号应力循环（$\rho\geqslant0$）和异号应力循环（$\rho<0$）两种类型，而 $\rho=1$ 时表示静荷载，各种形式的应力循环如图 5-116 所示。大量的研究表明，焊接连接构件和节点的疲劳性能直接与应力幅 $\Delta\sigma$ 有关而与应力比 ρ 关系不密切，对焊接钢结构疲劳强度起控制作用的是应力幅 $\Delta\sigma$，而几乎与应力比 ρ 无关。这是因为焊接结构在焊缝附近存在很大的残余拉应力（往往达到钢材屈服强度），而且焊接连接部位因为原状截面的改变，总会产生不同程

度的应力集中。应力集中和残余应力使得疲劳裂纹发生在焊接熔合线的表面缺陷处或焊缝内部缺陷处，然后沿着垂直外力作用方向扩展，最后断裂破坏。裂纹形成过程中，实际上的应力循环是以达到钢材受拉屈服强度 f_y 的最大内应力为起点，变动一个应力幅 $\Delta\sigma$；裂纹扩展阶段，裂纹扩展速率主要受控于该处的应力幅值。

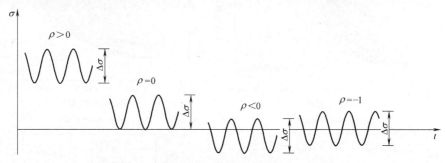

图 5-116　各种应力循环形式的应力幅 $\Delta\sigma$ 和应力比 ρ

当应力循环形式不变时，结构的疲劳强度与应力循环次数 N 有关。疲劳强度定义为试验时在一个特定的循环次数后发生疲劳破坏时相应的应力幅 $\Delta\sigma$，而与破坏相应的循环次数就称为疲劳寿命。如果在小于某一应力幅时不发生疲劳破坏，这个应力幅就称为疲劳强度极限（简称疲劳极限）。显然，实际上无法做无穷次循环试验，EC3 规范建议取 5×10^6 次循环时的应力幅作为疲劳极限。国际上研究表明，对于变幅疲劳问题，低应力幅在高周循环阶段的疲劳损伤程度有所降低，且如果在小于某一应力幅时则不增加疲劳损伤，这个应力幅被称为疲劳截止限。EC3 规范和《钢结构设计标准》GB 50017—2017 都取 10^8 次循环时的应力幅为疲劳截止限。

疲劳效应可以通过 $\Delta\sigma\text{-}N$ 方法或断裂力学方法予以确定。断裂力学方法是建立在疲劳裂纹开展模型的基础上的，可参考有关疲劳断裂方面的书籍。本节讲的 $\Delta\sigma\text{-}N$ 方法是以试验研究所得的 S-N 曲线为基础，其中纵轴为应力幅 $\Delta\sigma$，横轴为给定疲劳准则的循环次数 N。大量研究表明，破坏时的应力幅 $\Delta\sigma$（也称疲劳强度）和循环次数 N 之间的关系如下：

$$N=C\cdot\Delta\sigma^{-m}\text{ 或 }\log N=\log C-m\log(\Delta\sigma)\tag{5-196}$$

可见，在对数坐标中的 $\Delta\sigma\text{-}N$ 关系是具有斜率 $-m$ 的直线，如图 5-117 所示。试验研

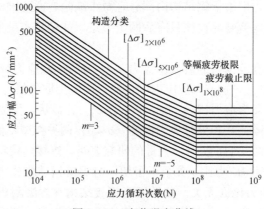

图 5-117　疲劳强度曲线

究表明，绝大多数焊接连接件的斜率在 $-3.5\sim-3.0$ 之间，部分在 $-3.0\sim-2.5$ 之间。上式中 $\log C$ 是与 m 及疲劳强度有关的常数。通过 $\Delta\sigma$-N 曲线进行钢管结构的疲劳计算，具体方法有两种：基于名义应力的分类法和基于几何应力集中的热点应力法。

2. 分类法计算疲劳

分类法（classification method）是以名义应力幅作为衡量疲劳性能的指标，以大量试验为手段得到各种连接和构件的疲劳性能的统计数据，将疲劳性能相近的构件和连接归为一类（即具有相同的 S-N 曲线）。工程设计时，根据构件和连接形式找到相应的类别，确定其疲劳强度。分类法概念明确、简单明了，EC3 规范将分类法作为钢管结构疲劳计算的主要方法，我国的《钢结构设计标准》GB 50017—2017 也采用这一方法。《钢结构设计标准》GB 50017—2017 按各种连接形式疲劳强度的统计结果，以构件母材、高强度螺栓连接，翼缘焊缝等几种主要形式为出发点，对 S-N 曲线进行分类；最后确定了正应力幅、剪应力幅计算分别为 14 类（Z1～Z14）、3 类（J1～J3）。这里简单介绍《钢结构设计标准》GB 50017—2017 对钢管结构疲劳的计算。

首先，鉴于国际上的试验研究表明：无论是常幅疲劳还是变幅疲劳，低于疲劳截止限的应力幅一般不会导致疲劳破坏，认为如果结构所受应力幅低于应力幅的疲劳截止限（考虑了壁厚效应的影响），则疲劳强度满足要求，表达式如下：

$$\begin{cases} 正应力幅的疲劳验算：\Delta\sigma < \gamma_t [\Delta\sigma_L]_{1\times10^8} \\ 剪应力幅的疲劳验算：\Delta\tau < [\Delta\tau_L]_{1\times10^8} \end{cases} \tag{5-197}$$

式中，$[\Delta\sigma_L]_{1\times10^8}$、$[\Delta\tau_L]_{1\times10^8}$ 分别为正应力幅、剪应力幅的疲劳截止限（MPa），按照构件和连接的类别查《钢结构设计标准》GB 50017—2017 相关表格得到；γ_t 为板厚修正系数，用来考虑壁厚效应对横向受力焊缝疲劳强度的影响，对于横向角焊缝和对接焊缝连接且连接板厚 t 超过 25mm 时 $\gamma_t = (25/t)^{0.25}$，对于螺栓轴向受拉连接且螺栓公称直径 d 大于 30mm 时 $\gamma_t = (30/d)^{0.25}$，其他情况 $\gamma_t = 1.0$；$\Delta\sigma$、$\Delta\tau$ 分别为构件或连接计算部位的正应力幅、剪应力幅（MPa），按式（5-198）计算。

$$\begin{cases} 焊接部位：\Delta\sigma = \sigma_{max} - \sigma_{min}, \quad \Delta\tau = \tau_{max} - \tau_{min} \\ 非焊接部位：\Delta\sigma = \sigma_{max} - 0.7\sigma_{min}, \quad \Delta\tau = \tau_{max} - 0.7\tau_{min} \end{cases} \tag{5-198}$$

式中，σ_{max}、σ_{min} 分别为计算部位应力循环的最大拉应力、最小拉应力或压应力（拉应力取正值、压应力取负值）；τ_{max}、τ_{min} 分别为计算部位应力循环的最大剪应力、最小剪应力。

如果应力幅 $\Delta\sigma$ 和 $\Delta\tau$ 较大，不满足式（5-197）的要求时，则应按结构预期使用寿命进行疲劳强度计算。常幅疲劳按式（5-199）进行计算：

$$\begin{cases} 正应力幅的疲劳验算：\Delta\sigma \leqslant \gamma_t [\Delta\sigma] \\ 剪应力幅的疲劳验算：\Delta\tau \leqslant [\Delta\tau] \end{cases} \tag{5-199}$$

式中，$[\Delta\sigma]$ 和 $[\Delta\tau]$ 分别为常幅疲劳的容许正应力幅、容许剪应力幅，分别按式（5-200）和式（5-201）计算：

$$[\Delta\sigma] = \begin{cases} (C_z/N)^{1/\beta_z} & N \leqslant 5\times10^6 \\ [([\Delta\sigma]_{5\times10^6}) \cdot C_z/N]^{1/(\beta_z+2)} & 5\times10^6 < N \leqslant 1\times10^8 \\ [\Delta\sigma_L]_{1\times10^8} & N > 1\times10^8 \end{cases} \tag{5-200}$$

$$[\Delta\tau]=\begin{cases}(C_J/N)^{1/\beta_J} & N\leqslant 10^8 \\ [\Delta\tau_L]_{1\times 10^8} & \cdot \qquad N>10^8\end{cases} \qquad (5\text{-}201)$$

式中，N 为应力循环次数（即使用寿命）；$[\Delta\sigma]_{5\times 10^6}$ 为循环次数 5×10^6 次的容许正应力幅；C_z 和 β_z 是与正应力幅疲劳计算时的连接和构件相关的系数；C_J 和 β_J 是与剪应力幅疲劳计算时的连接和构件相关的系数，按照构件和连接的类别查《钢结构设计标准》GB 50017—2017 相关表格得到。

变幅疲劳的计算不能满足式（5-197）时，则转换为等效常幅应力 $\Delta\sigma_e$ 或 $\Delta\tau_e$ 后进行计算，即：

$$\begin{cases}\text{正应力幅的疲劳：}\begin{cases}\Delta\sigma_e\leqslant\gamma_t[\Delta\sigma]_{2\times 10^6} \\ \Delta\sigma_e=\left[\dfrac{\sum N_i(\Delta\sigma_i)^{\beta_z}+([\Delta\sigma]_{5\times 10^6})^{-2}\cdot\sum N_j(\Delta\sigma_j)^{(\beta_z+2)}}{2\times 10^6}\right]^{1/\beta_z}\end{cases} \\ \\ \text{剪应力幅的疲劳：}\begin{cases}\Delta\tau_e\leqslant[\Delta\tau]_{2\times 10^6} \\ \Delta\tau_e=\left[\dfrac{\sum N_i(\Delta\tau_i)^{\beta_J}}{2\times 10^6}\right]^{1/\beta_J}\end{cases}\end{cases}$$

$$(5\text{-}202)$$

式中，$\Delta\sigma_e$ 为由变幅疲劳预期使用寿命（总循环次数分别为 $\sum N_i+\sum N_j$）折算成循环次数 2×10^6 次常幅疲劳的等效正应力幅（MPa）；$\Delta\tau_e$ 为由变幅疲劳预期使用寿命（总循环次数分别为 $\sum N_i$）折算成循环次数 2×10^6 次常幅疲劳的等效剪应力幅（MPa）；$[\Delta\sigma]_{2\times 10^6}$、$[\Delta\tau]_{2\times 10^6}$ 分别为循环次数 2×10^6 次的容许正应力幅、容许剪应力幅，可查《钢结构设计标准》GB 50017—2017 相关表格得到；$\Delta\sigma_i$、N_i 分别为应力谱在 $\Delta\sigma_i\geqslant[\Delta\sigma]_{5\times 10^6}$ 范围内的正应力幅及其频次；$\Delta\sigma_j$、N_j 分别为应力谱在 $[\Delta\sigma_L]_{1\times 10^6}\leqslant\Delta\sigma_i<[\Delta\sigma]_{5\times 10^6}$ 范围内的正应力幅及其频次；$\Delta\tau_i$、N_i 分别为应力谱在 $\Delta\tau_i\geqslant[\Delta\tau_L]_{1\times 10^6}$ 范围内的剪应力幅及其频次。

3. 热点应力法计算疲劳

钢管相贯节点也可采用热点应力法进行疲劳计算。热点应力法（hot spot stress method）是基于节点处的热点应力幅而不是名义应力幅来计算节点的疲劳寿命（即认为直接焊接相贯管节点的焊趾处的热点应力幅是影响节点疲劳性能的最主要因素），是根据热点应力幅-应力循环次数曲线（S_{hs}-N）确定疲劳强度。该方法起源于海洋平台结构的疲劳计算。热点应力（也称几何应力）是指最大结构应力或结构中危险截面上危险点的应力。结构热点应力是根据外荷载用弹性力学理论或有限元计算求得的结构中的工作应力，热点应力幅包括了几何及荷载类型的影响，但不包括焊缝外形构造、焊缝趾部局部条件的影响。热点应力理论直接考虑了相贯节点在相贯线周边应力不均匀分布，如图 5-118 所示的 X 形圆钢管相贯节点在相贯线附近应力分布。在钢管相贯节点中，最大主应力的方向通常是垂直或近似垂直于焊脚的，可通过考虑垂直于焊脚的应力来确定几何应力。

热点应力法的优点在于：①试验研究表明，不同形式的钢管节点（Y、X、K、空间

KK 形节点）可以采用相同的 S-N 曲线；②热点应力直接反映应力集中现象，比分类法的精度更高。但是，目前我国《钢结构设计标准》GB 50017—2017 和《钢管结构技术规程》CECS 280：2010 都没有采用热点应力法，主要原因之一是广大设计人员熟悉分类法，而热点应力计算相对复杂使用不便，二是分类法能基本满足建筑结构领域对疲劳计算的要求。

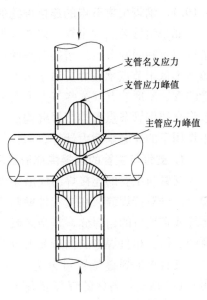

图 5-118　X形圆钢管节点受支管轴力时的应力分布

确定热点应力幅时需要沿着垂直焊缝趾部的大量线段，用试验的方法对节点试件进行应变测量，或以有限元为手段对节点有限元模型进行分析计算。但这在工程设计时并非切实可行，为了简化，可引入一个应力集中系数 SCF（Stress Concentration Factors），用名义应力幅乘以 SCF 得到热点应力幅后进行疲劳计算。关于热点应力法详细说明，可参见文献 [10][23][64][65] 等，本节仅简单介绍热点应力法的设计步骤。

第一步，确定名义应力幅。先进行整体结构分析计算，确定主管和支管的内力（轴力和弯矩），再根据得到的杆件（主管和支管）内力计算名义应力幅。整体结构分析计算模型要考虑杆件在节点连接处的偏心情况以及钢管相贯节点的局部柔性。

第二步，确定应力集中系数 SCF。SCF 就是节点处热点应力与导致该热点应力的基本杆件负荷引起的杆件名义应力之比，以弦杆不受力、腹杆受力 X 形圆钢管相贯节点为例：

$$SCF_{i,j,k} = \frac{热点应力_{i,j,k}}{支管名义应力}$$ (5-203)

式中，i 表示弦杆或腹杆；j 表示位置，如凸面、凹面等；k 表示荷载类型。SCF 最大值和相应的位置取决于几何和荷载，对于组合荷载这一点尤为重要。因此，为了确定疲劳寿命，必须对可能危险处的不同位置计算 SCF 并确定热点应力幅。对于基本节点类型和基本荷载的 SCF 值，根据研究结果已制成图表和相应的简化计算公式（文献 [64] 等），设计时可查询。对于复杂的节点，则要利用试验或有限元分析来确定 SCF。

最后，根据特定节点位置的热点应力幅，由给出的疲劳强度曲线，确定所允许的荷载循环数（疲劳寿命）。

5.10　钢管结构的焊接和螺栓连接

钢管结构的构件之间大多通过焊接连接，比如钢管相贯节点以及在其基础上的各种内外加劲钢管节点，因此要进行焊缝强度计算。此外，钢管构件之间也有螺栓连接。本节将介绍钢管相贯节点的焊缝计算，以及几种工程中常见的钢管螺栓连接。

5.10.1 钢管相贯节点的连接焊缝的构造和计算

如果钢管节点的主管一侧有多根支管（如 K 形节点等），按相邻支管是否有间隙分为搭接节点和间隙节点。搭接节点的焊缝复杂，计算困难，通常通过各种构造措施保证其承载力不低于节点承载力。对于 K 形、KK 形、其他类型间隙节点以及主管一侧只有一根支管的 Y、X 形节点（这些节点可以统称非搭接节点），则可通过计算得到焊缝承载力。本节将介绍钢管节点的连接焊缝构造，以及间隙形节点在支管轴力、平面内弯矩、平面外弯矩作用下的焊缝承载力计算。

1. 支管与主管的连接焊缝形式和构造

支管与主管的连接焊缝应沿相贯线全周连续焊缝并平滑过渡，可用角焊缝或部分角焊缝、部分对接焊缝。在支管外壁与主管外壁之间的夹角大于等于 $120°$ 的区域宜采用对接焊缝或带坡口的角焊缝，其余区域可采用角焊缝。角焊缝的焊脚尺寸 h_f 不宜大于支管壁厚的 2 倍。相贯焊缝的构造要求应符合《钢结构焊接规范》GB 50661—2011 的有关规定。

支管根部焊缝位置可分为 A（趾部区）、B（侧部区）、C（脚部区）三个区域，如图 5-119 所示，各区的焊接措施有所不同。当各区均采用角焊缝时，角焊缝的形式如图 5-120 所示。当 A、B 两区采用对接焊缝，而 C 区因支主管的管壁交角过小而必须采用角焊缝（对接焊缝不易施焊）时，焊缝的形式见图 5-121。拟焊接于主管表面的支管端部宜切割成坡口，坡口形式随主管壁厚、管端焊缝位置而变化；当支管壁厚小于 6mm 时可不切坡口。

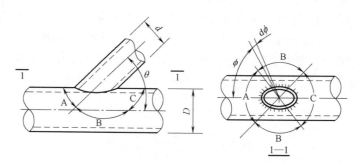

图 5-119 支管根部焊缝位置区分

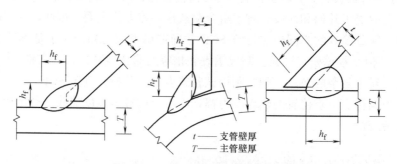

t —— 支管壁厚
T —— 主管壁厚

图 5-120 各区角焊缝的焊缝形式

钢管相贯节点要确保焊缝承载力大于节点承载力，如对角焊缝焊脚尺寸 h_f 和支管壁厚 t（支管壁厚通常小于主管壁厚）之比限制过严（即比值 h_f/t 过小）时，受拉支管将会由于焊缝承载力不足而不得不加大壁厚，使钢材用量增加，失去钢管相贯节点的优势。鉴

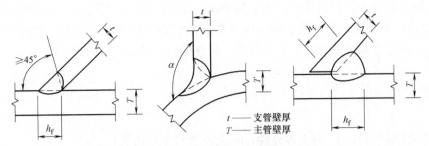

图 5-121 部分对接焊缝部分角焊缝时的焊缝形式

于此,《钢结构设计标准》GB 50017—2017 根据实践经验并参考有关研究成果,将钢管相贯节点的比值 h_f/t 限值从普通钢结构的 1.2 放大到 2。通常情况下,支管的壁厚较小且和主管之间的焊接属于单面施焊,故管件端部焊接后的收缩应力不大,只要焊接工艺合理,不会产生过大的残余应力。

对于搭接节点,搭接支管沿着搭接边与被搭接支管相焊,焊缝承载力不低于节点承载力。当被搭接管隐蔽部位必须焊接时,允许在搭接管上设焊接手孔,在隐蔽部位施焊完成后再予以封闭,或将搭接管在节点附近处断开,隐蔽部分施焊结束后再接上其余管段。

2. 钢管非搭接节点在支管轴力作用下的焊缝承载力计算

相贯线空间曲线的特点,使得圆钢管相贯节点的支管与主管间连接焊缝相交线焊脚边的夹角是变化的,坡口角度、焊根间隙等都是变化的,焊缝的计算厚度沿支管周长实际是变化的,精确计算很复杂。为了简化计算,可将支管与主管的连接焊缝(角焊缝、对接焊缝、带坡口的角焊缝)视为全周角焊缝进行计算,且不考虑正面角焊缝强度的提高系数,即:

$$N_f = h_e l_w f_f^w \tag{5-204}$$

式中,f_f^w 为角焊缝强度设计值;l_w 为焊缝的计算长度;h_e 为角焊缝的计算厚度,l_w 和 h_e 的取值方法介绍如下。

(1)角焊缝的计算厚度

主管为圆钢管时,角焊缝的计算厚度 h_e 沿着周长变化,其平均值为:

$$h_e = 2 \sum_{i=1}^{n} \Delta l_i h_f \cos(\alpha_i/2) / l_w = C h_f \tag{5-205}$$

式中,Δl_i 为第 i 段的长度;α_i 为第 i 段中点处支管外壁切平面与主管外壁切平面的夹角;l_w 为焊缝的计算长度;C 为平均值系数,与支管与主管直径比 d/D、支管与主管夹角 θ 有关。经分析计算表明,当 $\theta < 60°$ 时,C 值均大于 0.7;当 $\theta > 60°$ 时,C 值通常为 0.6~0.7。由于 $\theta > 60°$ 时,焊缝已有正面角焊缝的性质,考虑正面角焊缝强度的提高系数 β_f(1.22),故 C 略大于 0.7。因此,焊缝计算厚度的平均值 h_e 可近似取为 $0.7 h_f$。有研究表明,当采用的角焊缝焊脚尺寸 h_f 满足下式的要求时,可认为与基本金属等强:

$$h_f \geqslant \frac{2t}{0.534/\sin\theta + 0.466} \tag{5-206}$$

当主管为矩形钢管时,角焊缝计算厚度可简化为 $h_e = 0.7 h_f$。

(2)角焊缝的计算长度

非搭接节点的某一支管根部的焊缝计算长度 l_w 可取为支管与主管外表面的相贯线长

度。对于圆钢管节点，相贯线是一条空间曲线。计算该曲线长度时可根据对称性将其分为 $2n$ 个微小段，然后用微小段的空间折线之和近似代替空间曲线，再结合解析几何原理和回归分析，并考虑焊缝传力时的不均匀性，最终得到 l_w 的简化计算公式，即：

$$l_w = \begin{cases} (3.25d_i - 0.025D)(0.534/\sin\theta_i + 0.466) & d_i/D \leqslant 0.65 \\ (3.81d_i - 0.389D)(0.534/\sin\theta_i + 0.466) & 0.65 < d_i/D \leqslant 1 \end{cases}$$

$$(5-207)$$

式中，D 为主管外径；d_i 为支管外径；θ_i 为支管与主管的夹角。

对于矩形钢管节点，支管和主管的相贯线为直线，计算简单。但考虑到主管顶面板件沿相贯线周围在支管轴力作用下的刚度差异和传力不均匀，比如支管截面中垂直主管轴线的边在靠近主管侧壁部分受力较大，而远离主管侧壁部分受力较小。因此焊缝的计算长度不等于相贯线周长，需要由试验确定。国外在试验研究的基础上归纳如下：①对于主管一侧的 T、X、Y 形矩形钢管相贯节点，偏于安全计，可以不考虑支管宽度方向的两条边（即垂直主管轴线的两条支管边）参与传力；②对于 K 形和 N 形矩形钢管间隙节点，当支管与主管夹角 θ_i 较大（$\geqslant 60°$）时，跟部面的焊缝被认为无效，而当 θ_i 角较小（$\leqslant 50°$）时可以近似认为焊缝全部有效（即沿着相贯线全长参与工作），θ_i 在 $50° \sim 60°$ 间跟部焊缝从全部有效过渡到全部无效。对于支管为圆钢管的支圆-主矩形钢管节点，焊缝计算长度取相贯线（$\theta_i \neq 90°$ 时为椭圆形）的长度减去支管直径。综上所述，列出焊缝计算长度 l_w：

$$\begin{cases} \text{T、X、Y 形矩形钢管节点：} & l_w = 2h_i/\sin\theta_i \\ \text{K、N 形矩形钢管间隙节点：} & l_w = \begin{cases} 2h_i/\sin\theta_i + b_i & \theta_i \geqslant 60° \\ 2h_i/\sin\theta_i + 2b_i & \theta_i \leqslant 50° \\ \text{线性插值} & 50° < \theta_i < 60° \end{cases} \\ \text{支管-主矩形钢管间隙节点：} & l_w = \pi(d_i/\sin\theta_i + d_i)/2 - d_i \end{cases}$$

$$(5-208)$$

式中，h_i、b_i 分别为矩形钢管支管的截面高度和宽度；d_i 为圆钢管支管的外径。

3. 圆钢管非搭接节点在支管弯矩作用下的焊缝承载力计算

圆钢管非搭接节点连接焊缝在平面内、平面外弯矩作用下的强度计算基于如下假定：①按全周角焊缝进行计算且角焊缝计算厚度沿支管周长取 $0.7h_f$；②空间曲面的焊缝截面符合平截面假定；③焊缝有效截面的内边缘线即为主管和支管外表面的相贯线，外边缘线则由主管外表面与半径为 $0.5d + 0.7h_f\sin\theta$（d 为支管外径，θ 为支管与主管夹角）且同支管共轴线的圆柱面相贯形成。通过空间解析几何原理，经数值计算和回归分析得到平面外弯矩、平面内弯矩作用下的焊缝承载力 M_{fop}、M_{fip}，具体推导过程详见《钢结构设计标准》，这里仅列出结果：

$$M_{fop} = W_{fop}f_f^w = \frac{I_{fop}}{D/(2\cos(\arcsin\beta))}f_f^w$$

$$(5-209a)$$

$$M_{fip} = W_{fip}f_f^w = \frac{I_{fip}}{x_c + D/(2\sin\theta_i)}f_f^w$$

$$(5-209b)$$

式中，$\beta = d_i/D$，为支管和主管的直径比；W_{fop}、W_{fip} 分别为焊缝有效截面的平面外、平面内抗弯模量；I_{fop}、I_{fip} 分别为焊缝有效截面的平面外、平面内抗弯惯性矩，按式（5-210）计算；x_c 为参数，按式（5-211）计算。

$$I_{\text{fop}} = \frac{\pi(1.04-0.06\beta)(0.74+0.26\sin\theta_i)}{64} \cdot \frac{(D+1.4h_f)^4 - D^4}{(\cos(\text{ar}\sin\beta))^3} \tag{5-210a}$$

$$I_{\text{fip}} = \frac{\pi(1.04+0.124\beta-0.322\beta^2)}{64}\left(0.113+\frac{0.826}{(\sin\theta_i)^2}\right)\frac{(D+1.4h_f)^4 - D^4}{\cos(\text{ar}\sin\beta)} \tag{5-210b}$$

$$x_c = (0.34-0.34\sin\theta_i)(0.188+0.059\beta+2.188\beta^2)D \tag{5-211}$$

5.10.2 钢管结构的几种螺栓连接

1. 法兰板连接

法兰板连接是钢管结构构件变直径接连最常用的连接方法，图 5-122 为圆钢管构件之间的法兰连接示意图。在早期，这种连接设计采用厚的法兰板，用以消除法兰板外缘由于变形产生的撬力。后来的设计方法是在极限状态容许撬力，得到比较经济的法兰连接，形成如图 5-123 所示的屈服失效（破坏）模式。文献 [23] 介绍了 Igarashi 给出的未加劲的法兰板厚度：

$$t_p \geqslant \sqrt{\frac{2N_i}{\phi\pi f_{\text{yp}}\eta}} \tag{5-212}$$

式中，$\phi = 0.9$；f_{yp} 为法兰板的屈服强度；η 为连接的几何参数，计算如下：

$$\eta = \frac{(k_1+2+\sqrt{(k_1+2)^2-4k_1})}{2k_1} \tag{5-213}$$

$$k_1 = \ln\frac{d_i+2b}{d_i-t_i} \tag{5-214}$$

式中，d_i 和 t_i 分别为钢管直径和壁厚；b（见图 5-122）应尽可能小，满足螺栓施工构造要求即可，但应在螺帽边和焊缝间留有大于 5mm 的间隙。

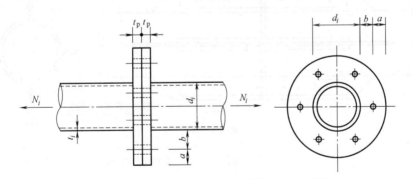

图 5-122　圆钢管的法兰螺栓连接

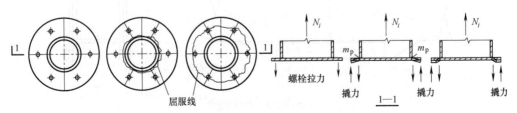

图 5-123　圆钢管法兰螺栓连接的破坏模式

矩形钢管构件之间的法兰连接常用有螺栓仅布置在两侧边、4 个螺栓布置和 8 个螺栓布置三种形式，如图 5-124 所示。当螺栓仅布置在两侧连接时，可在传统 T 形短杆发展而来的杠杆模式的基础上进行连接强度理论分析。但塑性铰线位置更复杂，且塑性铰线附近板也屈服（参与破坏模式），增加了问题的复杂性，导致理论解析模型与实验结果吻合并不是很好。对于四周布置螺栓的法兰板连接（4 个或 8 个螺栓布置），有学者基于屈服线理论提出了复杂的计算模型，但试验研究表明这种模型高估了法兰连接强度。工程设计时，采用有限元分析计算获得精确的结果。

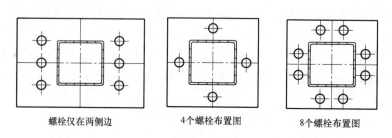

螺栓仅在两侧边　　　　　4 个螺栓布置图　　　　　8 个螺栓布置图

图 5-124　常见的矩形钢管的法兰螺栓连接类型

2. 螺栓拼接连接

钢管构件可以通过螺栓拼接，如图 5-125 所示。这类拼接构造特点如下：在拼接附近的钢管外表面沿着环向焊接 4 块或 6 块或 8 块板，然后每块焊接板通过双盖板和螺栓连接。

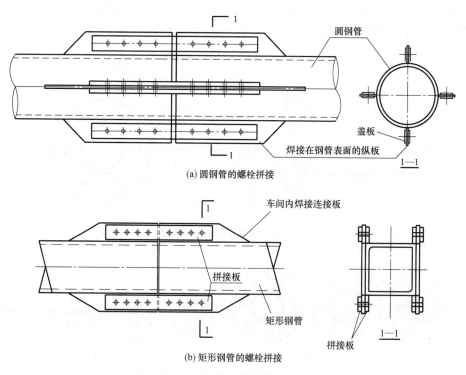

(a) 圆钢管的螺栓拼接

(b) 矩形钢管的螺栓拼接

图 5-125　钢管构件的螺栓拼接

3. 钢管屋架和下部柱之间的螺栓连接

管桁架等钢管屋盖结构常通过螺栓连接的法兰、端板或 T 形件连接于下部的柱上，图 5-126 为一些工程例子。

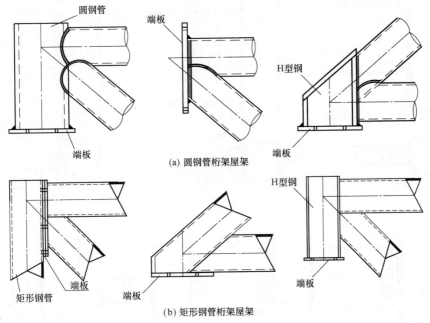

图 5-126　屋盖钢管结构和下部柱的螺栓连接

4. 钢管柱与梁螺栓连接节点

钢管柱与开口截面梁（或钢管梁）之间的螺栓连接，分为梁端仅抗剪的铰接连接、梁端既抗剪又抗弯的刚性连接，通常前者比后者容易施工。图 5-127 给出了钢管柱-开口截面梁、钢管柱-钢管梁的几种铰接连接形式，图 5-128 给出几种刚性连接形式。

对于一些跨度较大的门式刚架结构也可以采用钢管作为构件，其钢管柱和钢管梁之间的连接可采用如图 5-129 所示的螺栓端板节点。

5. 钢管与檩条之间的连接

圆钢管作为屋盖结构的构件时，为了铺设屋面板系统，必须设置檩条。如果屋盖结构采用矩形钢管作为构件时，可不用另设檩条。钢管与檩条之间的连接形式如图 5-130 所示。

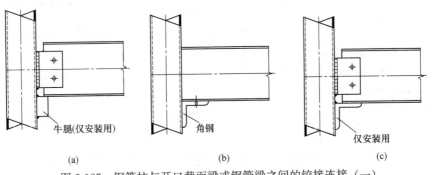

图 5-127　钢管柱与开口截面梁或钢管梁之间的铰接连接（一）

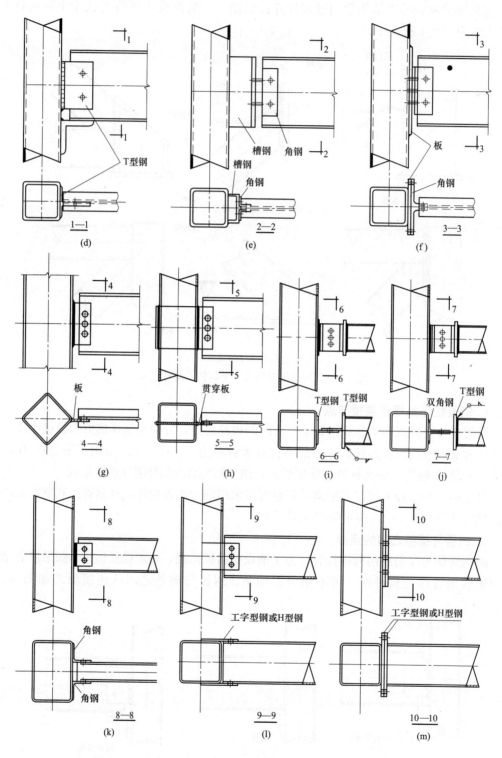

图 5-127　钢管柱与开口截面梁或钢管梁之间的铰接连接（二）

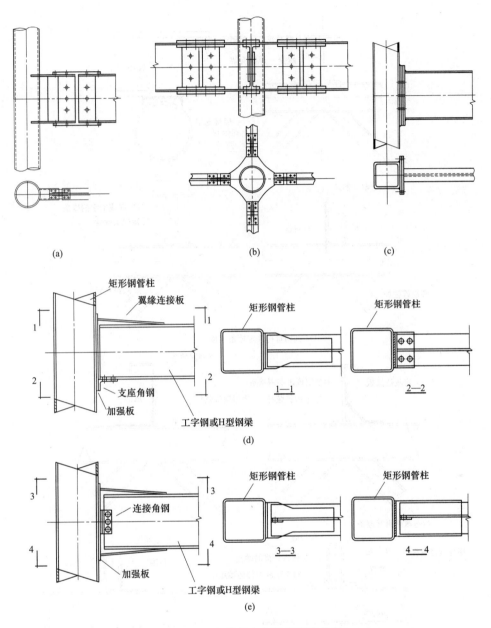

(a)   (b)   (c)

图 5-128　钢管柱与钢梁的刚接连接

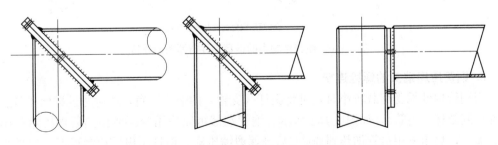

图 5-129　门式刚架结构采用钢管构件时的梁柱节点形式

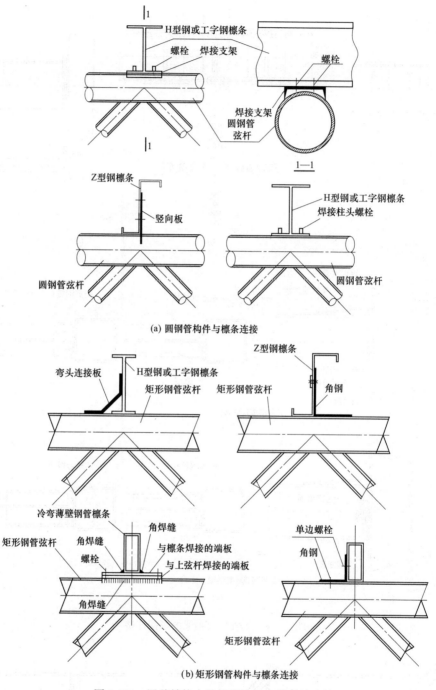

图 5-130　屋盖结构中的钢管构件与檩条的连接

(a) 圆钢管构件与檩条连接

(b) 矩形钢管构件与檩条连接

6. 钢管压扁端头的螺栓连接

当钢管构件承受荷载较小时，可将腹杆（支管）的端头压扁，然后通过螺栓和节点板等连接到弦杆（主管），如图 5-131 所示。钢管端部可以采用冷压或预热后再压两种压扁方式加工，热压采用钢管加热到 600℃ 后高速锻锤压扁。钢管压扁后边缘可能会出现小裂纹，这些裂纹可以用焊缝封闭。另外，如果结构用于露天场合或腐蚀性场合，压扁端部应进行密封焊接以防止侵蚀或腐蚀钢管内部。

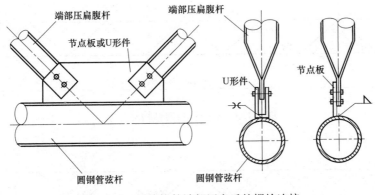

图 5-131　钢管构件端部压扁后的螺栓连接

7. 单边螺栓连接

由于管截面是封闭的，采用传统的螺栓连接时，其施工不如 H 型钢等开口截面便利。施工时往往需要开一些施工孔洞或者在钢管表面加设附加板件，但这影响了美观并增加了工作量。近年来出现的能够实现单侧安装、单侧拧紧功能的单边螺栓连接系统，则很好地解决了这个问题，如图 5-132 所示。单边螺栓（one-side bolt）又称为 blind bolt，国内也常译作单向（面）螺栓、单面（向）锁紧螺栓、单向自卡螺栓、盲孔螺栓、盲眼螺栓、暗螺栓等。目前，单边螺栓的主要产品有美国的 BOM、HSBB 和 Ultra-Twist，荷兰的 Flowdrill，英国的 Hollo-bolt、RMH、EHB、Molabolt 和 Blind Bolt，澳大利亚的 Ajax ONESIDE。

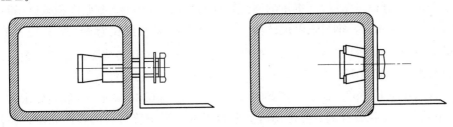

图 5-132　单边螺栓连接例子

5.11　钢管结构设计实例

【例 5-1】　某跨度 42m 的屋架采用 Warren 平面桁架，桁架几何尺寸和荷载布置见图 5-133。每一榀桁架间距 8m。桁架上弦的横向支撑（檩条）间距为 7m。檩条传来的荷载（包括桁架自重和活荷载）设计值为 $P = 90$kN。初步确定桁架采用圆钢管相贯节点，试按铰接节点进行设计。

解：

（1）计算杆件内力

按铰接桁架模型进行分析所得的构件内力，见图 5-134。

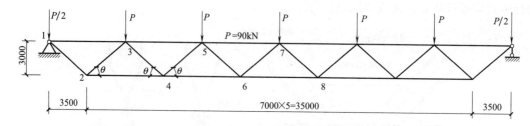

图 5-133 平面管桁架结构示意图

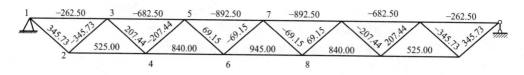

图 5-134 钢管桁架结构内力图（单位：kN，＋为拉、－为压）

（2）构件设计

假定弦杆和腹杆均采用 Q345 钢材，因钢管相贯节点承载力通常起决定作用的，所以弦杆不能太薄。另外，为了美观，上弦杆、下弦杆、腹杆各自采用相同的截面。

1）上弦杆：根据《钢管结构技术规程》CECS 280：2010 规定（见表 5-1），弦杆平面外计算长度为 $l_1=7\mathrm{m}$（平面外无支撑长度），平面内计算长度为 $0.9l=6.3\mathrm{m}$（l 为节间长度）。最大弦杆内力 $N_0=892.5\mathrm{kN}$（受压），焊接圆钢管构件为 b 类截面，初步选用 245mm×8mm（直径×壁厚）（本章的圆钢管截面均如此表示），截面面积 $A_c=5956\mathrm{cm}^2$，回转半径 $i_c=8.384\mathrm{cm}$，钢材强度设计值 $f=305\mathrm{MPa}$。则长细比为 $\lambda=l_1/i=83.5$，钢号调整系数 $\varepsilon_k=(235/345)^{0.5}=0.8253$，按照 $\lambda/\varepsilon_k=101.6$ 和 b 类截面查稳定系数（见《钢结构设计标准》GB 50017—2017 附录 D.0.2）$\varphi=0.544$。稳定性验算如下：

$$N/(Af\varphi)=892.5\times10^3/(5956\times305\times0.544)=0.903\leqslant1.0 \quad \text{满足要求}$$

2）下弦杆：受拉弦杆满足强度即可。但为了 KK 形钢管节点的容许间隙，并保证偏心限制在一定范围内，这需要较大的直径，为了便于施工和建筑美观，整个下弦杆选择一个截面并按最大轴拉力进行验算，即：

$$A\geqslant N/f\geqslant945\times10^3/305=3099\mathrm{mm}^2 \quad \text{初选截面 219mm×6mm（直径×壁厚），面}$$

积为 40.16cm²。

3）腹杆：为了美观和施工便利，腹杆选用同一个截面，因此选择最大轴压力进行设计，再考虑相贯节点的承载力要求，腹杆直径不宜太小。《钢管结构技术规程》CECS 280：2010（见表 5-1）规定，非支座处的钢管桁架腹杆平面外、平面内计算长度分别为 l、$0.8l$，$l=(3.5^2+3^2)^{0.5}=4.61\mathrm{m}$，初选截面 140mm×6mm（直径×壁厚），截面面积 $A_b=25.56\mathrm{cm}^2$，回转半径 $i_b=4.742\mathrm{cm}$，钢材刚度设计值 $f=305\mathrm{MPa}$。则长细比为 $\lambda=l/i_b=97.2$，钢号调整系数 $\varepsilon_k=(235/345)^{0.5}=0.8253$，按 $\lambda/\varepsilon_k=117.8$ 和 b 类截面查稳定系数（见《钢结构设计标准》GB 50017—2017 附录 D.0.2）$\varphi=0.447$。稳定性验算

如下：

$$N_b/(A_b f \varphi) = 345.7 \times 10^3/(2556 \times 305 \times 0.447) = 0.99 \leqslant 1.0 \quad 满足要求。$$

4）构件截面最终选择

考虑到施工便利性、经济性和美观性，连续的上弦杆取同一个截面 245mm×8mm（直径×壁厚），下弦杆也取同一个截面 219mm×6mm（直径×壁厚），腹杆取同一个截面 140mm×6mm（直径×壁厚），这些杆件尺寸容许间隙节点而无需偏心设计。上弦杆的节间长度与截面高度比＝7000/245＝28.6＞12，下弦杆的节间长度与截面高度比＝7000/219＝31.96＞12，腹杆的节间长度与截面高度比＝4610/140＝32.9＞24，可将管桁架视为铰接节点。

（3）节点强度验算

因为所选择的弦杆的 D/T 比值较高，需要进行节点强度验算。选择受内力较大的节点 1、2、3 进行验算。

1）节点 1

按照弦杆受轴压力（262.5kN）、腹杆受轴拉力（345.7kN）作用的 Y 形节点验算，过程如下：腹杆与弦杆直径比 $\beta = 140/245 = 0.5714$，主管压应力 $\sigma = N_c/A_c = 262.5 \times 10^3/5956 = 44.1$MPa，主管应力影响因子 $\chi_n = 1 - 0.3\sigma/f_y - 0.3(\sigma/f_y)^2 = 0.9568$。按《钢结构设计标准》GB 50017—2017，Y 形节点在支管拉力作用下的承载力计算如下：

$$N_{ty} = 1.4N_{cy} = 1.4 \frac{11.51fT^2}{\sin\theta} \left(\frac{D}{T}\right)^{0.2} Q_d \chi_n = 1.4 \frac{11.51fT^2}{\sin\theta} \left(\frac{D}{T}\right)^{0.2} (0.069 + 0.93\beta) \chi_n$$

$$= 546.8 > 345.7，满足强度要求。$$

2）节点 2

按照弦杆受轴拉力（525kN）、腹杆 12 受轴拉力（345.7kN）、腹杆 23 受轴压力（345.7kN）作用的 K 形间隙节点验算，过程如下：根据几何关系可以算出节点间隙 $a = 40$mm，腹杆与弦杆直径比 $\beta = 140/219 = 0.6393$，节点处主管为拉应力，主管应力影响因子 $\chi_n = 1$。按《钢结构设计标准》GB 50017—2017，受压支管在节点处的承载力 N_{ck} 的表达式如下：

$$N_{ck} = \chi_a N_{cy} = \frac{11.51fT^2}{\sin\theta_c} \left(\frac{D}{T}\right)^{0.2} (0.069 + 0.93\beta) \left[1 + \left(\frac{2.19}{1 + 7.5a/D}\right)\left(1 - \frac{20.1}{6.6 + 2\gamma}\right)(1 - 0.77\beta)\right] \chi_n$$

$$= 330.5\text{kN} < 345.7\text{kN}，承载力略小于支管轴压力。因此，此处主管管壁局部加厚，$$

变成 219mm×7mm（直径×壁厚），经计算后管壁加厚后的节点承载力为 425.7kN，满足要求。此时，受拉支管在 K 形节点处的承载力 N_{tk} 的计算公式如下：

$$N_{tk} = \frac{\sin\theta_c}{\sin\theta_t} N_{ck} = 425.7\text{kN} > 345.7\text{kN}，满足要求。其中，\theta_c 为受压支管与主管的平$$

面内夹角；θ_t 为受拉支管与主管的平面内夹角。

3）节点 3

按照弦杆受轴压力（682.5kN）、腹杆 34 受轴拉力（207.4kN）、腹杆 23 受轴压力（345.7kN）作用的 K 形间隙节点验算。节点间隙 $a = 70$mm，腹杆与弦杆直径比 $\beta = 140/245 = 0.5714$，节点处主管为压应力，计算得主管应力影响因子 $\chi_n = 0.867$，受压支管在节点处的承载力 $N_{ck} = 420.0$kN，满足要求。

4) 弦杆冲剪验算

弦杆冲剪承载力按照式（5-22）计算：$N=0.58\pi dTf_y\dfrac{1+\sin\theta}{2\sin^2\theta}=909.8\text{kN}$

【例 5-2】 将例 5-1 桁架中的圆钢管改为方钢管，保持桁架几何尺寸和荷载的桁架不变，所有构件采用 Q345。

解：

（1）结构内力计算

桁架杆件内力同前，见图 5-134。

（2）构件设计

1）上弦杆：根据《钢管结构技术规程》CECS 280：2010 规定（见表 5-1），弦杆平面外计算长度为 $l_1=7\text{m}$（平面外无支撑长度），平面内计算长度为 $0.9l=6.3\text{m}$（l 为节间长度）。最大弦杆内力 $N_0=892.5\text{kN}$（受压）。矩形钢管构件为 b 类截面（《钢结构设计标准》GB 50017—2017），再考虑节点承载力，初选 200×10（边长×壁厚）（本章的方钢管截面均如此表示），截面面积 $A_c=72.6\text{cm}^2$，回转半径 $i_c=7.65\text{cm}$，钢材刚度设计值 $f=305\text{MPa}$。长细比为 $\lambda=l_1/i=91.5$，按照 $\lambda/\varepsilon_k=111$ 和 b 类截面查稳定系数（见《钢结构设计标准》GB 50017—2017 附录 D.0.2）$\varphi=0.487$。稳定性验算如下：

$$N/(Af\varphi)=892.5\times10^3/(7260\times305\times0.487)=0.83\leqslant1.0 \quad 满足要求。$$

2）下弦杆：受拉弦杆满足强度即可。但为了 KK 形钢管节点的容许间隙，并保证偏心限制在一定范围内，这需要较大截面宽度，下弦杆选择一个截面以便施工和建筑美观，下弦杆承载力按最大轴拉力进行验算：

$$A\geqslant N/f\geqslant945\times10^3/305=3099\text{mm}^2 \quad 初选截面 170\text{mm}\times6\text{mm}（边长×壁厚），面$$
积为 38.43cm^2。

3）腹杆：为了美观和施工便利，腹杆可以选用同一个截面，并按最大轴压力进行设计，再考虑相贯节点的承载力要求，腹杆直径不宜太小。《钢管结构技术规程》CECS 280：2010 规定，非支座处的钢管桁架腹杆平面外、平面内计算长度分别为 l、$0.8l$，$l=(3.5^2+3^2)^{0.5}=4.61\text{m}$。初选截面 $120\text{mm}\times6\text{mm}$（边长×壁厚），截面面积 $A_b=26.43\text{cm}^2$，回转半径 $i_b=4.611\text{cm}$，钢材刚度设计值 $f=305\text{MPa}$。则长细比为 $\lambda=l/i_b=100$，按照 $\lambda/\varepsilon_k=121.1$ 和 b 类截面查稳定系数（见《钢结构设计标准》GB 50017—2017 附录 D.0.2）$\varphi=0.431$。稳定性验算如下：

$$N_b/(A_bf\varphi)=345.7\times10^3/(2643\times305\times0.431)=0.995\leqslant1.0 \quad 满足要求。$$

4）构件截面最终选择

考虑到施工便利性、经济性和美观性，连续的上弦杆的截面取 $200\text{mm}\times10\text{mm}$（边长×壁厚）的方钢管，下弦杆截面为 $170\text{mm}\times6\text{mm}$（边长×壁厚），腹杆截面为 $120\text{mm}\times6\text{mm}$（边长×壁厚），这些杆件尺寸容许间隙节点而无需偏心设计。如此，上弦杆的节间长度与截面高度比 $=7000/200=35>12$，上弦杆的节间长度与截面高度比 $=7000/170=41.2>12$，腹杆的节间长度与截面高度比 $=4610/120=38.4>24$，故管桁架可视为铰接节点。

（3）节点强度验算

1）节点 1

按照弦杆受轴压力（262.5kN）、腹杆受轴拉力（345.7kN）作用的 Y 形节点验算，过程如下：腹杆与弦杆宽度比 $\beta=120/200=0.6$，故节点承载力通常由主管表面塑性软化破坏模式控制。节点处主管压应力 $\sigma=N_c/A_c=262.5\times10^3/7260=36.16\mathrm{MPa}$，主管应力影响因子 $\chi_n=1-0.25\sigma/(f\beta)=0.951$，按《钢结构设计标准》GB 50017—2017，Y 形节点在支管拉力作用下的承载力计算如下：

$$N_{ty}=\frac{1.8fT^2}{\sqrt{1-\beta}\,\sin\theta}\left(2+\frac{h}{B\sqrt{1-\beta}\,\sin\theta}\right)\chi_n=438.4\mathrm{kN}>345.7\mathrm{kN}，满足强度要求。$$

2）节点 2

按照弦杆受轴拉力（525kN）、腹杆 12 受轴拉力（345.7kN）、腹杆 23 受轴压力（345.7kN）作用的 K 形间隙节点验算，过程如下：根据几何关系可以算出节点间隙 $a=35\mathrm{mm}$，腹杆与弦杆直径比 $\beta=120/170=0.71$，节点处主管为拉应力，主管应力影响因子 $\chi_n=1$。根据《钢结构设计标准》GB 50017—2017，按主管表面塑性软化、主管受剪、主管表面冲剪、支管根部有效截面失效等破坏模式，节点处任意一根支管的承载力设计值计算如下：

$$N_{ui}=\frac{8fT^2}{\sin\theta_i}\beta\left(\frac{B}{2T}\right)^{0.5}\chi_n=358.6\mathrm{kN}>345.7\mathrm{kN}$$

$$N_{ui}=\frac{f_vA_v}{\sin\theta_i}=\frac{0.58f}{\sin\theta_i}(2H+\alpha B)T=\frac{0.58f}{\sin\theta_i}\left(2H+B\sqrt{\frac{3T^2}{3T^2+4a^2}}\right)T=651.1\mathrm{kN}>345.7\mathrm{kN}$$

$$N_{ui}=\left(b_e+b+\frac{2h}{\sin\theta_i}\right)\frac{f_vT}{\sin\theta_i}=\left[\min\left\{\frac{10b}{(B/T)}\cdot\frac{f_y T}{f_{y1}t},b\right\}+b+\frac{2h}{\sin\theta_i}\right]\frac{0.58fT}{\sin\theta_i}$$
$$=866.2\mathrm{kN}>345.7\mathrm{kN}$$

$$N_{ui}=ft(b_e+b+2h-4t)=692.4\mathrm{kN}>345.7\mathrm{kN}，满足要求。$$

3）节点 3

按照弦杆受轴压力（682.5kN）、腹杆 34 受轴拉力（207.4kN）、腹杆 23 受轴压力（345.7kN）作用的 K 形间隙节点验算。节点间隙 $a=140\mathrm{mm}$，腹杆与弦杆直径比 $\beta=120/200=0.6$，节点处主管为压应力，计算得主管应力影响因子 $\chi_n=0.871$。故通常由主管表面塑性软化破坏模式控制，计算得到受压支管在节点处的承载力 $N_{ck}=620\mathrm{kN}$，满足要求。

思考题和习题

1. 简述钢管桁架结构体系组成、特点。

2. 简述钢管相贯连接节点的单层网壳，与传统球节点的网壳在设计计算时的不同。

3. 圆钢管相贯节点的破坏模式有哪几种？

4. 矩形钢管相贯节点的破坏模式有哪几种？

5. H 型钢弦杆-钢管腹杆节点的破坏模式有哪几种？

6. 简述钢管相贯节点的传力特点。

7. 简述钢管相贯节点半刚性的特点。

8. 简述屋盖结构中钢管和檩条的连接方式，并绘制示意图。

9. 试说明管桁架中弦杆采用 H 型钢与采用钢管的优缺点各是什么？

10. 将例 5-1 的荷载设计值 P 改为 65kN，同时将弦杆和腹杆分别改为 219×7、140×5 的圆钢管，试验算桁架是否满足承载力要求。

11. 一个空腹桁架，节间距 $a=3$m，高度 $h=2$m，跨度为 6×3m$=18$m，受力简图如图 5-135 所示，其中荷载设计值 $P=14$kN，桁架上弦平面设置 2 道平面外支撑。初步选取弦杆和腹杆分别为 194×7、168×7 的圆钢管。

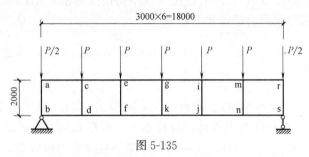

图 5-135

（1）假设节点为刚接节点，试验算桁架是否满足承载力要求。

（提示：可将弦杆和腹杆分别视为多高层框架结构的柱、梁，按照反弯点法近似计算杆件内力，或用计算软件（ABAQUS、ANSYS 等）进行杆件内力计算）

（2）假设桁架满足承载力要求，试用计算软件对比理想刚接节点桁架和实际半刚性连接节点桁架的内力和挠度差异。

本章参考文献

［1］ 王伟. 圆钢管相贯节点非刚性性能及对结构整体行为的影响效应 ［D］. 上海：同济大学，2005.

［2］ 中华人民共和国国家标准. 钢结构设计标准 GB 50017—2017 ［S］. 北京：中国建筑工业出版社，2017.

［3］ 中国工程建设协会标准. 钢管结构技术规程 CECS 280：2010 ［S］. 北京：中国计划出版社，2011.

［4］ 中华人民共和国国家标准. 冷弯薄壁型钢结构技术规范 GB 50018—2002 ［S］. 北京：中国计划出版社，2003.

［5］ 杨阳. 偏心相贯节点的应用与研究 ［D］. 西安：西安建筑科技大学，2015.

［6］ 赵必大，柯珂，姜文澜，等. 矩形钢管偏心相贯节点的平面外抗弯性能研究 ［J］. 华中科技大学学报，2018，46（7）：29-35.

［7］ 陈以一，沈祖炎，詹琛等. 直接汇交节点三重屈服线模型及试验验证 ［J］. 土木工程学报，1999，32（6）：26-31.

［8］ Soh CK, Chan TK and Yu SK. Limit analysis of ultimate strength of tubular X-joints ［J］. Journal of Structural Engineering，2000，126（7）：790-797.

［9］ Lu L H, Winkel G. D, Yu Y, Wardenier J. Deformation limit for the ultimate strength of hollow section joints ［C］// Sixth International Symposium on Tubular Structures. Melbourne, Australia，1994：341-7.

［10］ Wardenier J. 钢管截面的结构应用 ［M］. 张其林，刘大康，译. 上海：同济大学出版社，2004.

［11］ Yura JA, Zettlemoyer N, Edwards IF. Ultimate Capacity of Circular Tubular Joints ［J］. Journal of the Structural Division，ASCE，1981，107（10）：1965-1983.

［12］ Kurobane Y, Makino Y and Ochi K. Ultimate Resistance of Unstiffened Tubular Joints ［J］. Journal of Structural Engineering，1984，110（2）：385-400.

［13］ Pecknold D, Marshall P, Bucknell J. New API RP2A tubular joint strength design provisions ［J］. Journal of Energy Resources Technology，2007，129（3）：177-189.

[14] 孟宪德. X型圆钢管相贯节点平面外受弯滞回性能研究 [D]. 上海：同济大学，2010.

[15] Jia LJ，Chen YY. Evaluation of elastic in-plane flexural rigidity of unstiffened multi-planar CHS X-joints [J]. International Journal of Steel Structures，2014，14（1）：23-30.

[16] 赵必大，赵滇生，梁佟. 圆钢管相贯节点刚度的两种获取方法及其比较 [J]. 西安建筑科技大学学报，2013，45（1）：43-50.

[17] CEN：Eurocode 3：Design of steel structures，part 1. 8-Design of joints，PrEN 1993-1-8 [S]. European Committee for Standadization，London，UK，2002.

[18] AIJ（2002）. Recommendations for the design and fabrication of tubular truss structures in steel [S]. Architectural Institute of Japan，Tokyo，Japan.

[19] Health and Safety Executive. Offshore installations，guidance on design，construction and certification：L85 HSE [S]. Britain：HSE Press，1998.

[20] American Petroleum Institute. Recommended practice for planning，designing and constructing fixed offshore platforms -working stress design [S]. API RP2A-WSD，20th edition，July 1993.

[21] International Standards Organization. Petroleum and natural gas industries-offshore structures-Part 2：ISO [S]. London：BIS Press，1996.

[22] 赵必大，蔡扬政，王张弛，等. 平面外夹角对X形圆钢管节点平面外抗弯承载力的影响 [J]. 浙江工业大学学报（自然科学版），2019，47（1）：18-23.

[23] J. A. Packer，J. E. Henderson，曹俊杰. 空心管结构连接设计指南 [M]. 北京：科学出版社，1997.

[24] Zhao BD，Ke K，Liu CQ，et al. Computational model for the flexural capacity and stiffness of eccentric RHS X-connections under brace out-of-plane bending moment [J]. ASCE's Journal of Structural Engineering，2020，146（3）：04019227.

[25] 赵必大，李晖，孙珂，等. 截面高度比大的矩形钢管偏心相贯节点平面外抗弯承载力 [J]. 钢结构，2019，34（6）：57-61.

[26] Voth AP and Packer JA. Numerical study and design of skewed X-type branch plate-to-circular hollow section connections [J]. Journal of Constructional Steel Research，2012，68：1-10.

[27] 舒兴平，袁智深，姚尧. N形方主管圆支管相贯节点受力性能试验研究 [J]. 建筑结构学报，2012，33（12）：47-54.

[28] 马昕煦，陈以一. 支方主圆T形相贯节点轴压承载力计算公式 [J]. 工程力学，2017，43（5）：163-171.

[29] 马昕煦，陈以一. 矩形管-圆管T形节点轴压承载试验研究 [J]. 土木工程学报，2014，47（11）：29 — 38.

[30] Shen W，Choo YS，Wardenier J，et al. Static strength of axially loaded EHS X-joints with braces welded to the narrow sides of the chord [J]. Journal of Constructional Steel Research，2013，88：181-190.

[31] Shen W，Choo YS，Wardenier J，Packer JA，van der Vegte GJ. Static strength of axially loaded elliptical hollow section X-joints with braces welded to the wide sides of the chord. Part II：parametric study and strength equations [J]. ASCE' s Journal of Structural Engineering，2014，140（1）：04013036.

[32] Chen Y，Feng R，Wang J. Behaviour of bird-beak square hollow section X-joints under out-of-plane bending [J]. Journal of Constructional Steel Research，2015，106：234-245.

[33] Chen Y，Feng R，Wang J. Behaviour of bird-beak square hollow section X-joints under in-plane bending [J]. Thin-Walled Structures，2015，86：94-107.

[34] 杨志娟 钻石鸟嘴式 K 型节点静力性能分析 [D]. 西安：西安建筑科技大学，2013.

[35] 王江 鸟嘴方钢管节点静力性能试验研究 [D]. 厦门：华侨大学，2014.

[36] Zhu L，Yang K，Bai Y，et al. Capacity of steel CHS X-joints strengthened with external stiffening ring in compression [J]. Thin-Walled Structures，2017，115：110-118.

[37] Iskander MS，Shaat AA，Sayed-Ahmed EY et al. Strengthening CHS T-joints subjected to brace axial compression using through-bolts [J]. Journal of Constructional Steel Research 2017，128：555-566.

[38] Fu YG，Tong LW，He L，et al. Experimental and numerical investigation on behavior of CFRP-strengthened circular hollow section gap K-joints [J]. Thin-Walled Structures，2016，102：80-97.

[39] 赵必大，刘成清，章圣冶，等. Y 型圆钢管相贯节点的轴向刚度计算模型 [J]. 西南交通大学学报（自然科学版），2015，50（5）：872-878.

[40] 武振宇，谭慧光，张耀春. 不等宽 T 型方钢管节点的刚度计算 [J]. 哈尔滨建筑大学学报，2002，35（5）：22-27.

[41] 赵必大，刘成清，余丛迪，等. 圆钢管-横向板相贯连接节点轴向刚度研究 [J]. 西南交通大学学报（自然科学版），2017，52（5）：977-984.

[42] Jia LJ and Chen YY. Elastic axial rigidity formula for multiplanar CHS X-joint and its effect on performance of single-layered ribbed domes [C]. 2010，13th International Symposium on Tubular Structures，Hong Kong：85-93.

[43] Zhao BD，Liu CQ，Wu HD，et al. Study on out-of-plane flexural stiffness of unstiffened multi-planar CHS X-joints [J]. Engineering Structures，2019，188（2019）：137-146.

[44] 赵必大，赵滇生，申屠倩芸，等. 平面 X 形矩形钢管相贯节点平面外抗弯刚度 [J]. 建筑结构学报. 2016，37（sup1）：399-405.

[45] Jia LJ and Chen YY. Evaluation of elastic in-plane flexural rigidity of unstiffened multi-planar CHS X-joints [J]. International Journal of Steel Structures，2014，14（1）：23-30.

[46] Ueda Y，Rashed SMH and Nakacho K. An improved joint model and equations for flexibility of tubular joints [J]. Journal of Offshore Mechanics and Arctic Engineering，1990，112：157-168.

[47] Fessler H，Mockford PB and Webster JJ. Parametric equations for the flexibility matrices of single brace tubular joint in offshore structures [J]. Proc. Institution of Civil Engineers，1986，London，England，Part 1：659-673.

[48] Fessler H，Webster JJ and Mockford PB. Parametric equations for the flexibility matrices of multi-brace tubular joints in offshore structures [J]. Proc. Institution of Civil Engineers，1986，London，England，Part 2：675-696.

[49] Wang W and Chen YY. Modeling and classification of tubular joint rigidity and its effect on the global response of CHS lattice girders [J]. Structural Engineering and Mechanics，2005，21（6）：677-698.

[50] 武振宇，谭慧光. 不等宽 T 型方钢管节点初始抗弯刚度计算 [J]. 哈尔滨工业大学学报，2008，40（10）：1517-1522.

[51] Zhao BD，Chen Y，Liu CQ，et al. An axial semi-rigid connection model for cross-type transverse branch plate-to-CHS joints [J]. Engineering Structures，2019，181（2019）：413-426.

[52] Zhao BD，Liu CQ，Yan ZX，et al. Semi rigidity Connection Model for Unstiffened CHS X type Joints Subjected Out of plane Bending [J]. International Journal of Steel Structures，2019，19（3）：834-849.

[53] Zhao BD，Sun C，Li H. Study on the moment-rotation behavior of eccentric rectangular hollow

section cross-type connections under out-of-plane bending moment and chord stress [J]. Engineering Structures，2020，207（2020）：110211.

[54]　赵必大，王涛，谢寒，等. T形圆钢管-横向板相贯节点半刚性连接模型 [J]. 浙江工业大学学报（自然科学版），2017，45（3）：259-263.

[55]　Kurobane Y. Static behavior and earthquake resistance design of welded tubular structures [J]. Mechanics and Design of Tubular Structures. Wien，Austira：Springer-Velag，1998：63-116

[56]　Qin F，Fung TC，Soh CK. Hysteretic behavior of completely overlap tubular joints [J]. Journal of Constructional Steel Research，2001，57：811-829

[57]　陈以一，沈祖炎，翟虹，等. 圆钢管相贯节点滞回特性的实验研究 [J]. 建筑结构学报，2003，24（6）：57-62.

[58]　陈以一，赵必大，王伟，等. 平面 KK 型圆钢管相贯节点平面外受弯性能研究 [J]. 土木工程学报，2010，43（11）：8-16.

[59]　孟宪德，王伟，陈以一，等. X 型厚壁圆管相贯节点平面外受弯抗震性能试验研究 [J]. 建筑结构学报，2009，30（5）：126-131.

[60]　陈以一，赵必大，王伟，等. 三种构造形式的箱形截面梁与圆管连接节点受弯性能 [J]. 建筑结构学报. 2009，30（5）：132-139.

[61]　赵必大，蔡扬政，王伟. 支主管夹角对 X 形圆钢管节点平面外受弯性能影响 [J]. 工程力学，2019，36（7）：99-108.

[62]　孟宪德，陈以一，王伟. X 型圆钢管相贯节点平面外受弯滞回模型研究 [J]. 土木工程学报，2012，45（8）：8-14.

[63]　赵必大，陈以一. 考虑轴力作用的 X 型圆钢管相贯节点平面外受弯滞回模型 [J]. 工程力学，2013，30（6）：83-92.

[64]　赵熙元，陈东伟，谢国昂. 钢管结构设计 [M]. 北京：中国建筑工业出版社，2011.

[65]　中华人民共和国行业标准. 海上钢结构疲劳强度分析推荐做法 SY/T 10049—2004 [S]. 北京：石油工业出版社，2004.

[66]　中华人民共和国国家标准. 钢结构焊接规范 GB 50661—2011 [S]. 北京：中国建筑工业出版社，2011.

第6章 悬索结构和薄膜结构

6.1 概述

悬索结构（suspended cable structures）是由受拉索、边缘构件、下部支承构件组成的结构体系，拉索按一定规律布置形成各种形式的体系，边缘构件和下部支承则有效地将拉索的拉力传递给基础。膜结构（membrane structures）一般指采用膜材和支承构件组成的工程结构，支承构件通常由钢骨架（网壳等）或拉索。悬索结构和膜结构有以下特点：

（1）结构建造过程中需要引入初始预张力：索和膜均不能抗弯和抗压，形成结构时要避免受压就必须对其施加预张力，形成结构刚度。

（2）结构自重很轻、充分利用材料强度：索和膜结构是通过轴向受拉来抵抗外荷载作用，可充分利用抗拉强度好的钢材等材料的强度，可以大大节省材料用量并减轻自重，故张力结构普遍用于大跨度工程结构，跨度越大经济效果越好。

（3）建筑造型新颖、富于美感：钢索线条柔、便于协调，有利于创作各种新颖的建筑体型；膜结构的曲面形状更是存在无限种可能性，可以随着建筑师的想象力而任意变化。

（4）结构抗震性能好：悬索结构和膜结构都属于自重轻的柔性结构，具有良好的抗震性能。

（5）易于施工：悬索结构和膜结构自重很小，现代也大多采用轻型屋面，因此安装屋盖时并不需要大型起重设备等，膜材的裁剪和粘合等工作也主要在工厂完成，因此装配方便、施工速度快，施工费用相对较低。

（6）材料耐久性有待提高：索的抗腐蚀性较差，膜的抗老化相对较差，一般膜材寿命不超过25年，与传统钢结构和钢筋混凝土结构相比差距较大，与建筑使用寿命50年以上（国外要求百年甚至更长）的设计理念不同。

（7）维护和管理成本相对较高：索结构有预张力松弛问题，膜表面需要定期清洁，充气式膜结构还需要送风；对比之下，传统钢筋混凝土结构施工完成后几乎不需要维护。

（8）下部支承构件的材料消耗较大：柔性的悬索结构需要建立较大的拉力以保证结构具备必要的刚度和保形能力，下部支承结构受力很大，要求具有足够的刚度和强度，下部支承消耗大量材料有时甚至可能抵消了采用轻型悬索结构所取得的经济效益。

（9）形和态相互联系：索和膜等柔性张拉结构必须通过施加预应力赋予一定的形状，才能成为能承受外荷载的结构；当边界条件给定时结构内部的预张力系统的分布状态（态）与所形成的结构的曲面形状（形）是相互联系的，如何最合理地确定结构的初始形状和相应的预张力分布状态成为一个关键的问题——即初始平衡状态的确定。

（10）几何非线性问题突出：悬索结构在荷载作用下产生较大的位移，平衡方程应建立在变形后的位置上，故在计算中必须考虑几何非线性问题。

（11）稳定性相对较差、抵抗局部荷载能力差：悬索结构尤其是单层悬索结构的形状稳定性较差，其平衡形式是随着荷载分布方式而变化，当荷载形式发生变化时（如从均布荷载到不均布荷载）单层悬索会产生相当大的位移，以形成与新的荷载分布相应的新的平衡位置，一旦荷载作用方向与悬索垂度方向相反（如风吸力、竖向地震向上作用）时，悬索拉力降低，从而降低悬索结构稳定性；膜结构屋面在局部荷载作用下形成局部凹陷，造成雨雪淤积，最终由于荷载增加而可能导致膜撕裂。

悬索结构有悠久的历史，最早用于跨越深谷和河流的桥梁工程，典型代表有以铁链建造的泸定桥、以竹缆为材料建造的安澜索桥。近代以来的悬索桥采用高强度钢丝为材料，如 1937 年建成、主跨达 1280m 的金门大桥。现代悬索结构用于房屋建筑始于 1950 年代，1953 年美国建成的瑞利（Raleigh）体育馆是现代世界第一个悬索屋盖。此后，世界各国纷纷建造了不少有代表性的悬索屋盖结构，广泛用于体育馆、展览馆、飞机库等大跨度建筑，如 1966 年建造的英国毕灵汉体育馆（跨度 68m）、1983 年建成的加拿大卡尔加里体育馆（圆形平面直径 135m）等。在我国，现代悬索结构发展开始于 1960 年代，典型代表工程是 1961 年建成的北京工人体育馆和 1967 年建成的浙江人民体育馆。前者的屋盖为圆形平面，直径 94m，采用车辐式双层悬索体系；后者的屋盖为椭圆平面，长径和短径分别为 80m、60m，采用双曲抛物面正交索网结构。进入 1980 年代以来，随着经济的发展，我们相继建成各种形式的悬索屋盖结构。

力学意义上的"索"是指不能受压也不能抗弯的结构单元，其截面尺寸与构件长度相比十分微小，计算时可不考虑索截面的抗弯刚度。索结构通过钢索的拉伸来抵抗建筑受到的载荷，充分利用高强度钢材的优势，大大减轻建筑物的自重，能够实现较大跨度。悬索结构在荷载作用下产生较大的位移，考虑几何非线性是悬索结构计算的特点，也增加了分析计算的困难。悬索结构的分析计算方法可以分为基于连续化理论的解析方法、基于离散化理论为基础的有限元法。在早期计算机不发达的年代，着重于推导各种形式悬索体系的解析计算方法和相应公式，或基于解析法的各种近似实用计算方法，比如应用能量变分原理对椭圆形平面的双曲抛物面索网结构在任意集中荷载和均布荷载作用下的内力和位移进行研究。1980 年代以来，随着计算机软硬件技术和数值计算方法的发展，有限元方法逐渐成为悬索结构分析计算的主要方法。各种基于有限元理论开发的通用分析软件和专用设计软件，其功能涵盖悬索体系预应力状态计算、使用阶段计算、施工阶段计算、温度影响等，而且通过梁-柱单元和索单元的配合实现柔性索和刚性支承（或边缘构件）一起计算，自动考虑它们之间的相互作用。

膜结构是一种新型材料的新建筑结构形式，它主要是利用高强度的薄膜及其配件增大建筑物的跨度和空间，极大地降低了结构自重。膜结构主要有充气式膜结构和张拉式膜结构两大类，前者是利用膜的内外气压差使得柔性薄膜具有一定的形状和承载力，后者是通过给膜材直接施加预张力使之具有刚度并承担外荷载的结构形式，因此张拉膜结构也可以视为悬索的延伸发展——从一维线型到二维面型。工程实际中的膜结构往往离不开索，由于轻而薄的膜本身抵抗局部荷载的能力差，需要结合钢索；在张拉膜结构中，索除了放在边缘对膜起到加劲作用外，往往和膜一起作为主要受力构件，形成索-膜结构；在充气膜结构中，索主要起到加劲作用。

膜结构为建筑增添了更多的曲线造型，为建筑师们提供了超出传统建筑模式以外的新选择。膜结构具有自重轻、强度与重量比（强重比）高、透光性和隔热性好、耐高温性和阻燃性等优点。1960 年代，德国的井莱-奥托发表了膜结构研究成果，并和厂家合作制造了一些帐篷式膜结构。到 1970 年日本大阪万国博览会，膜结构在世界第一次集中展示并引起人们的广泛重视。近年来，我国膜结构研究和应用方面呈现比较活跃的势头，目前在北京、上海、广州等城市的体育馆建筑中使用膜结构，其中最著名的就是 2008 年奥运会修建的国家游泳中心——水立方，膜材料采用具有韧性好、抗拉强度高的乙烯-四氟乙烯共聚物，采用双层充气膜结构。

膜结构常用的建筑包括：需要自然采光的公共建筑（如展览厅等）、敞开或半敞开的建筑（如体育场等）、景观构筑物等。膜结构具有易建、易拆迁、易更新、充分利用阳光、空气以及与自然环境融合等特长，成为"绿色建筑体系"的宠儿。

当前，索结构以新型的索穹顶、弦支网壳、张弦梁（桁架）、索-拱结构、索-膜结构等组合结构体系的形式而得到广泛的应用。新型的索组合结构既克服了混凝土重型屋面（增加索的形状稳定性）悬索结构导致下部支承负荷大的缺陷，也克服了索结构采用轻型屋面时形状稳定性变差而导致轻型屋面板材因为变形过大发生破坏。

6.2 悬索结构

6.2.1 索结构的材料

在古代，人们常用竹和藤作为索结构的材料，现代索结构的材料常用高强钢丝，即钢绞线、钢丝绳、钢丝束。此外，还有高强钢棒和劲性索（型钢和带钢）。

高强钢丝是由经过退火处理的优质碳钢盘条经多次连续冷拔而成，比如 $\phi 11$ 的钢盘条经过 8 道拉拔，生产出 $\phi 4.22$ 的高强钢丝。冷拔时，钢不仅受拉还受到挤压作用，屈服强度提高 $40\% \sim 60\%$，但塑性大大降低。高强钢丝的抗拉强度一般为 $1370 \sim 1860 \mathrm{MPa}$，伸长率为 $5\% \sim 6\%$，直径规格常见为 $3 \sim 9\mathrm{mm}$。一般钢丝越细，制造工艺越高，缺陷率越低，抗拉强度越高，绞合成的钢索也越柔软，施工更方便。由于钢丝很细，故对质量控制严格，对硫、磷等杂质含量严格限制，对外观质量（公差、刻痕等缺陷）也严格控制。

平行钢丝束是一种常见的建筑钢索，见图 6-1（a）。平行钢丝束是由若干相互平行的钢丝压制集束或外包防腐护套制成，断面呈圆形或正六角形。常用索钢丝直径有 5mm 和 7mm 两种光面钢丝或镀锌钢丝；钢丝呈蜂窝状排列，根数有 7 根、19 根、37 根、61 根等。平行钢丝束的优点是呈平行状不绕捻，故能够充分发挥高强钢丝材料的轴向抗拉强度、弹性模量（基本与单根钢丝接近）。

钢绞线是多根高强钢丝通过螺旋绞合而成的。应用较多的是 7 丝钢绞线，即由 7 根高强钢丝（1 根在中心其余 6 根在外层）绞合而成，标记为 1×7（见图 6-1b）。此外，还有 1×19（19 根钢丝绞合而成，见图 6-1c），1×37（37 根钢丝绞合而成）；国内还有 2 根或 3 根钢丝捻成的钢绞线，记为 1×2、1×3。钢绞线受拉时，各钢丝受力不均匀，中央钢丝应力最大，外层钢丝的应力与其捻角大小有关。由于各钢丝之间受力不均匀，故钢绞线的抗拉强度比单根钢丝低 $10\% \sim 20\%$，弹性模量比单根钢丝低 $15\% \sim 35\%$。

钢丝绳由多股（常见 7 股）钢绞线围绕一绳芯捻成，见图 6-2。根据核心绳的材质不

| (a) 平行钢丝束 | (b) 1×7钢绞线 | (c) 1×19钢绞线 |

图 6-1　平行钢丝束和钢绞线

同可分为麻芯和无油镀锌钢芯，结构用钢丝绳应采用钢芯，以一股钢绞线为核心，外层钢绞线沿着同一方向缠绕而成。常用钢丝绳断面形式有 7×7（7 股 1×7 的钢绞线捻成）和 7×19（外层 6 股为 1×19 的钢绞线）两种。钢丝绳的优点是比较柔软，施工安装方便，特别适用于需要弯曲且曲率较大的非主要受力构件。钢丝绳的强度和弹性模量均低于钢绞线，其优点是比较柔软，适用于弯曲曲率较大的构件。

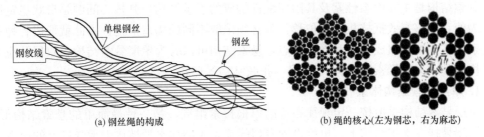

| (a) 钢丝绳的构成 | (b) 绳的核心(左为钢芯，右为麻芯) |

图 6-2　钢丝绳的构成

钢索制作一般经过下料、编束、预张拉、防护等几个过程。下料时应保持尺寸准确，应根据应力状态下的索长度进行应力状态标记并下料。钢丝束和钢绞线下料时应考虑环境温度对索长的影响，并采取相应补偿措施。高强钢丝、钢绞线以及热处理的高强钢拉杆的切断应采用切割机，切忌采用电弧切割或气切割。高强钢丝不能进行焊接，因为焊接会大大降低其强度。钢索编束时，宜采用栅孔板梳理，使每根钢丝或各股钢绞线保持相互平行，防止相互搭接和缠结。

为了消除钢索的非弹性变形，保证索在使用阶段的弹性工作，对非低松弛索（钢丝绳和不锈钢钢绞线等）下料前应进行预张拉，预张拉值宜取钢索抗拉强度标准值的 50%～55%，预张拉时不应少于两次，每次维持荷载时间为 0.5～2h。

由于钢索由直径很小的高强钢丝组成，任何因素引起的截面损失、削弱都会造成悬索结构的安全隐患，故必须做好钢丝防护。钢索在防护前应认真做好除锈和除污，目的是使钢索表面清洁，有利于防腐涂层的附着。钢索的防护方法包括镀锌、塑料套管内灌液体的氯丁橡胶、多层塑料涂层、黄油裹布等。可以根据钢索的使用环境和具体施工条件选择其中一种防护方法。其中，黄油裹布法比较简单，适用于大多数用于室内环境的悬索结构。该方法是在钢索外面涂抹黄油后再用布条和麻布缠绕包裹进行密封，为了密封效果更佳，往往涂黄油、裹布重复 2～3 道，且每一道包裹布的缠绕方向与前一道相反。

索结构用的典型钢丝缆索的力学性能见表 6-1。一些索结构也应用材料屈服强度在 460MPa 以上的高强钢棒（圆钢）。高强钢棒（也称为钢拉杆）虽然强度低于高强钢丝，但截面较大，抗锈蚀能力更强，不易受外力损伤，且韧性和疲劳寿命方面也更强。此外，高强钢拉杆易于吊运安装和测力，易于与不同构件连接。高强钢拉杆多用于中小跨度屋盖。

三种典型的钢丝缆索力学特性比较 表 6-1

	半平行钢丝拉索	钢绞线	密封钢钢丝绳
极限承载力($\times 10^6 N$)	16.0	13.2	13.9
自重(kg/m)	80	79	98
强重比(km)	20.4	17.5	14.5
张拉刚度 EA($\times 10^6 N$)	2000	1300	1810
扭转稳定性	差	好	好

6.2.2 悬索结构的形式

悬索结构是主要由柔性索及其附属配件构成的承重结构，其核心问题是形状稳定性问题，为使其能够有效抵抗机构性位移，就必须采取不同的构造措施，由此就形成各种不同的悬索体系。按照组成方法和受力特点，悬索结构可以分为单层悬索结构、双层预应力悬索结构、预应力鞍形索网结构、索-拱与张弦结构等形式。

1. 单层悬索结构体系

单层悬索结构是由按一定规律布置的单根拉索组成，是一种最简单的悬索结构形式。拉索两端悬挂在支撑结构上，也可设置专门的锚索或端部水平结构来承受悬索的拉力。索系布置有平行式、辐射式和网格式三种。平行布置的单层索结构形成下凹的单曲率曲面（见图 6-3a），适用于矩形或多边形建筑平面，可用于单跨或多跨建筑。索两端可以等高，也可不等高；索的两端等高或两端高差较小时，为了解决屋面排水，可对各根单索采用不同的垂跨比或调整各根索端的高度，形成屋面排水坡度。

单层辐射式索结构可以形成下凹的双曲率屋面（见图 6-3b），适用于平面是圆形或近圆形建筑。索结构的一端固定在圆形（接近圆形）建筑平面中心的内环，索结构的另一端固定在圆形（接近圆形）建筑平面周边的外环梁。在索拉力的水平分力作用下，内环受拉、外环受压，内环、外环和悬索形成自平衡体系；索拉力的竖向分力由外环梁传递给下部的支承柱（或墙）。在这一结构体系中，内环采用钢结构以充分发挥钢材的抗拉强度，外环采用钢筋混凝土结构以充分利用混凝土的抗压强度，如此比较经济合理。显然，这种结构的缺陷是中间下凹不利于屋面排水，如果房屋中间可以设支柱，则利用支柱升起为悬索提供中间支承，形成便于排水、中间上凸的伞形屋面。此外，均布荷载作用下，圆形平面内辐射式索体系的各索拉力相等。

网格式布置的单层索结构体系形成下凹的双曲率曲面（见图 6-3c），两个方向索呈正交布置，可用于矩形、圆形等建筑平面。当用于圆形平面时，网格式比辐射式省了中心拉环，但网格式的边缘构件所受的弯矩大于辐射式。

单层索结构体系刚度低、稳定性较差。所谓稳定性差，有以下两层含义。第一，悬索是一种可变体系，其平衡形式随荷载分布方式而变。比如悬索仅在均布恒荷载作用下呈悬

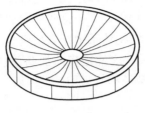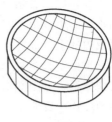

| (a) 平行式 | (b) 辐射式 | (c) 网格式 |

图 6-3　单层悬索结构体系

链线形式，再施加某种不对称的活荷载或某个局部荷载，则原来的悬链线形式无法保持平衡，悬索将产生相当大的位移，形成与新的荷载分布相应的新平衡形式。这种由平衡形式改变而引起的位移（被称为机构性位移），不同于结构弹塑性变形引起的位移。抵抗这种机构性位移的能力就是索的稳定性，它与索的张紧程度（索的初始拉力大小）密切相关，索的拉力愈大，则索的稳定性愈好，即抵抗机构性位移的能力愈大。第二，悬索在分布不均匀的风吸力的作用下，会引起较大机构性位移；并且悬索的张拉力在风吸力作用下会下降，导致悬索抵抗机构性位移的能力进一步降低。

为了进一步加强单层索屋盖的稳定性和改善它的工作性能，单层索结构通常采用重屋面（如钢筋混凝土屋面板），利用较大的均布重力荷载使悬索式中保持较大的张力，同时能较好地克服风吸力的卸载作用，以确保悬索初始形状的相对稳定性。然而，重屋面使悬索截面增大，支承结构的受力也相应增大，从而影响经济性。

为此，可以将预制混凝土屋面板与悬索组合成整体，比如预应力钢筋混凝土悬挂薄壳。其施工过程大致如下：①钢索安装好并安放预制屋面板；②在屋面上施加临时荷载使钢索伸长、屋面板缝隙增大，再用细石混凝土灌缝；③待后浇的混凝土结硬（达到预期强度）后卸去临时荷载，屋面板内产生预压应力，整个屋面形成预应力混凝土薄壳，见图6-4。此外，对于平行布置的单层索构成的单曲屋面，还须在与索垂直的方向施加预应力，以避免在局部荷载作用下产生顺索方向的裂纹。显然，索和混凝土薄壳形成一个整体，整个屋面如壳体一样工作，克服了单层柔性索在不均匀荷载和局部荷载作用下稳定性差的缺陷，索的张力作用使得混凝土屋面裂纹产生的可能性大为减少。严格来说，这种预应力钢筋混凝土悬挂薄壳结构，在形成薄壳之后的正常使用阶段，其受力性能属于薄壳结构而非悬索结构。

悬索的垂跨比（垂度与跨度之比）是影响单层索结构工作的重要几何参数，垂跨比小时（悬索结构扁平），其稳定性和刚度均较差，索拉力较大，但建筑有效利用空间大。垂跨比大时，悬索结构的稳定性和刚度相对较大，索拉力减少，但影响建筑使用空间。单层索结构的合理垂跨比通常取 $1/20 \sim 1/10$。

| (a) 挂屋面板 | (b) 施加超载、灌缝 | (c) 缝硬化后卸去超载 |

图 6-4　预应力钢筋混凝土悬挂薄壳施工过程

为了改善单层悬索结构体系的工作性能，还可以考虑在平行布置的单层悬索上架设与索方向垂直的梁或桁架等劲性构件，下压这些横向加劲构件（梁或桁架）并将其两端固定在山墙或边柱上，如此在整个结构体系中建立预应力，使索与横向构件共同组成具有足够刚度和形状稳定性的结构体系，这就是横向加劲单层索系屋盖结构，也称索-桁架（索-梁）结构体系，见图6-5。此类结构宜采用轻型屋面，索垂跨比宜取 $1/20\sim1/10$，横向加劲构件的高跨比宜取 $1/25\sim1/15$。

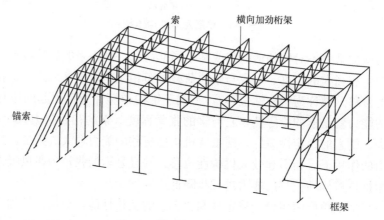

图 6-5　横向加劲单层索结构

横向加劲单层索体系通常三个工作阶段：①单索平面受力的初始阶段，此时荷载为索和横向构件自重；②索和横向构件相互压紧的预应力阶段，此时索与横向构件相互压紧，各索受力不再保持均匀，横向构件呈上拱状态，并承受负弯矩作用；③索与横向构件共同承担外荷载作用的使用阶段，横向构件能有效地分担、传递和分配局部集中荷载，结构抵抗不均匀荷载作用的性能大为提高，体系也由原来的平面受力状态变为空间受力状态。横向加劲构件参与承担荷载，减轻了索的负担，减少了索传给支承结构的水平力；横向加劲构件在所分配到的使用阶段荷载作用下，产生的内力与变形和预应力阶段相反，相互抵消一部分弯矩。此外，此类结构体系的施工比较方便，施加的预应力一般只需要用千斤顶、扳手等简单工具就能完成。

影响横向加劲单层索体系受力性能的主要因素有支承结构的刚度、索与横向加劲构件的刚度比、预应力等。索支承端的任何位移都会导致整体结构中索与横向加劲构件的荷载重新分配，故支承应具有足够强的刚度。横向加劲构件的刚度不宜过大或过小；过大则导致其分担了过多的荷载，索的作用不能充分发挥；过小则起不到加劲作用。增加预应力能加强结构的刚度和稳定性，但预应力过大则必然加大索和横向加劲构件的负担，经济性不佳。

2. 双层预应力悬索结构

双层索结构体系是解决单层悬索屋盖稳定性问题的一个有效的办法。双层索体系是由一系列下凹的承重索（也称主索）、相反曲率的稳定索（也称副索）以及它们之间的连系杆组成。最常见的双层索系是承重索、稳定索、连杆布置在同一竖平面内，其外形和受力特点类似承受横向荷载的平面桁架结构，故也称索桁架。索桁架中的承重索可以设在稳定索之上、之下或相互交叉，如图6-6所示。相互交叉时可以减少屋盖结构所占空间。承重索和稳定索在跨中可直接相连或不相连，在对称均布荷载作用下，跨中是否相连对索系的工作性能没影响，但不对称荷载作用下，跨中相连的索系具有较大的抗变形的能力。两索之间的连系杆可以竖向布置或斜向布置，连系杆斜向布置的索系抵抗非对称变形能力较强，通常连系杆的内力不大，可采用钢管、角钢等。双层索体系还可以设计成承载索和稳定索错开布置，使两索不在同一个竖向平面内，此时索结构体系更加复杂，但这种布置形成波形屋面便于排水。

稳定索不仅起到抵抗风吸力的作用，而且稳定索的曲率和承重索相反，再加上连系杆，可以对整个索体系施加预张力，大大提高索系的稳定性。通过张拉稳定索或承重索（或两种共同张拉），在上下索内形成足够的预拉力，使索系张紧保证了索系具有必要的形状稳定性；此外，由于存在预应力，稳定索能和承重索一起抵抗竖向荷载作用，使得整个体系刚度提高。和单层索结构相比，预拉力双层索结构具有良好的刚度和形状稳定性，可采用有利于抗震的轻型屋面，比如彩色压型钢板、石棉板等。

承重索的垂跨比和稳定索的矢跨比是影响双层索系工作性能的重要几何参数，比较合理的垂跨比（承重索）、拱跨比（稳定索）分别为1/20～1/15、1/25～1/20。类似单层索体系，双层索系也有平行布置、辐射式布置和网状布置三种形式。

当建筑的平面为圆形时，屋面常用辐射式双层悬索结构体系。这种体系由外环、内环及联系内外环的两层辐射方向布置的钢索组成；外环受压，一般用钢筋混凝土做成，支承在周边的柱列上；内环受拉，一般采用钢结构，如图6-7所示。图中上层的稳定索同时直接承受屋面荷载，通过中间连系杆（撑杆）将力传给下层的承重索。如果取消连系杆，则上层索能以集中反力的形式将部分屋面荷载传给中心环，再由中心环以集中力的方式传给下层的承重索。如果取消中心环而保留连系杆，则形成了网状布置双层索系。辐射式的典型工程例子有美国的英格伍德体育馆屋盖，我国的北京工人体育馆屋盖、成都城北体育馆屋盖。

当建筑平面为矩形、多边形时，屋面常用平行布置，如我国的无锡体育馆、瑞典斯德哥尔摩约翰尼绍夫滑冰馆等。

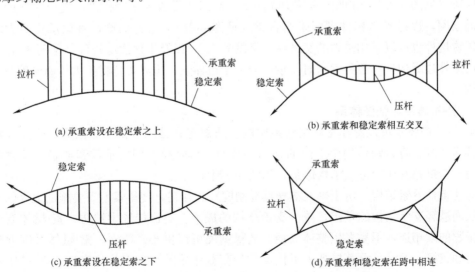

(a) 承重索设在稳定索之上

(b) 承重索和稳定索相互交叉

(c) 承重索设在稳定索之下

(d) 承重索和稳定索在跨中相连

图6-6 预应力双层悬索结构体系的常见形式

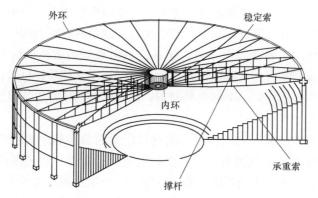

图 6-7　车辐式双层悬索结构体系

3. 预应力鞍形索网结构

鞍形索网结构是由曲率相反、相互正交的两组钢索直接叠交形成的负高斯曲率索结构，索网周边悬挂在边缘构件上，如图 6-8 所示。此类结构可以看作是前面的平面型双层悬索结构的进一步发展而成的空间结构形式，其中下凹的承重索在下、上凸的稳定索在上，两组索在交点处相连接。承重索垂跨比和稳定索的拱跨比（矢跨比）是设计索网屋盖的关键参数，过于扁平的索网往往需施加很大的预张力才能达到必要的结构刚度和形状稳定性，设计时应予以避免。对于索网屋盖，承重索的合理垂跨比为 $1/20 \sim 1/10$，稳定索的合理矢跨比为 $1/30 \sim 1/15$。

索网的几何形状取决于所覆盖的建筑平面形状、支承结构形式、预张力的大小和分布等因素。当建筑物平面为矩形、菱形、圆形、椭圆形等规则形状时，索网有可能做成双曲抛物面；此时索网各钢索受力均匀，计算也较简单。对于其他情况，索网曲面比较复杂，无法用解析函数表达；此时需根据建筑外形要求和索力分布比较均匀的原则，通过"找形分析"来确定索网的几何形状。

索网结构的边缘支承构件形式多样，圆形或近圆形平面的双曲抛物面索网采用闭合的空间曲梁（见图 6-8a）。在两向索拉力作用下，空间曲梁成为压弯构件。菱形平面的双曲抛物面索网，边缘支承构件可以采用直梁（见图 6-8b），对比曲梁，直梁承受更大的弯矩。边缘构件也可以采用落地的交叉拱（见图 6-8c），以及柔性边缘构件（见图 6-8d、f）。当采用柔性边缘构件（边界索）时，索网连接于边界索，边界索再将拉力传递至地锚或其他结构。

4. 索-拱体系与张弦体系

索-拱结构体系可以看作是双层索系中的上凸稳定索被刚性拱（截面为实腹式或格构式）替换，或者将索网结构中上凸的索用拱替换，再张拉下凹的承重索或者下压拱的两端，使索与拱相互压紧形成结构体系，如图 6-9 所示。

对比柔性悬索结构，由于拱（本身具有刚度）的存在，使得索不需要施加太大的预应力，从而减轻支承结构的负担，减少支承结构的成本。对比传统拱结构，索-拱体系中的拱与张紧的索相连，不易发生整体失稳，故拱截面可以更小。总之，索-拱体系刚度和形状稳定性较好，尤其是显著提高了抵抗不均匀荷载作用的结构形状稳定性。索-拱体系有两个工作状态，一是预应力阶段，拱受到索向上的作用而受拉；二是使用阶段，索和拱共

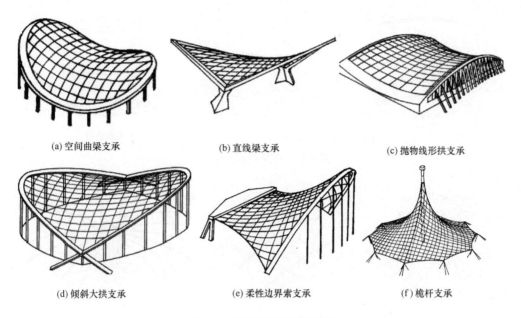

(a) 空间曲梁支承   (b) 直线梁支承   (c) 抛物线形拱支承

(d) 倾斜大拱支承   (e) 柔性边界索支承   (f) 桅杆支承

图 6-8 预应力鞍形索网结构

同抵抗荷载作用，拱在荷载作用下受压，部分抵消了预应力阶段的拉力。索-拱结构体系是一种典型的刚-柔混合结构体系，充分利用了两者的优点。

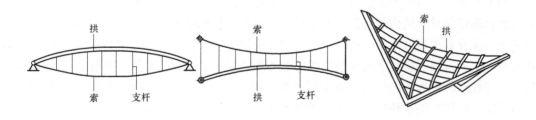

图 6-9 预应力索-拱结构体系

由刚性构件（梁、拱或桁架）和柔性的"弦"（通常为高强索，也可采用钢棒等）以及连接两者的连系杆组成了张弦结构，如图 6-10 所示。类似索-拱结构，张弦结构的整体刚度远大于单纯桁架（梁或拱）的刚度，弦（索）平衡支座推力从而减少对下部结构抗侧力的要求。张弦体系也可分为单向、双向和辐射式布置，见图 6-11。单向布置的刚性构件与柔性索在同一个平面内（平面受力结构），为了防止刚性构件平面外失稳和倾覆，需要设置横向水平支撑。而双向布置则可以避免这些问题，形成空间受力体系，结构的整体性和刚度均提高。辐射式布置适用于圆形或近圆形平面，在中心处（跨中）设置压环和拉环。张弦体系的工作性能与刚性构件的矢跨比、张拉弦的垂跨比、刚性构件和弦的刚度比有关。对于常见的两端简支的张弦梁，其矢跨比、垂跨比分别宜取 1/25～1/15、1/14～1/10。

由单层网壳、环向索（弦）、径向索（弦）和撑杆组成的弦支穹顶，也是张弦结构体系的一种，其特点在本书网壳结构部分已做介绍，这里不再赘述。

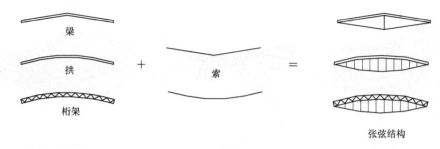

图 6-10　张弦结构的组成

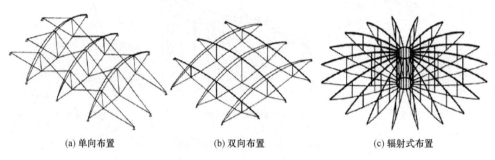

(a) 单向布置　　　　　(b) 双向布置　　　　　(c) 辐射式布置

图 6-11　张弦结构的常见布置

5. 劲性索结构

如果将悬索结构中的柔性索用具有一定抗弯和抗压刚度的曲线形实腹式或格构式构件来代替，这样的悬挂结构就叫作劲性索结构。在全跨荷载作用下，劲性索的受力仍然是受拉为主，充分利用钢材强度，用料经济。对比柔性索，劲性索的优势是具有一定抗弯和抗压刚度，故抵抗局部荷载下机构性位移的能力显著强于柔性索。有研究表明半跨活荷载作用下，劲性索的最大竖向位移不到双层柔性索系的 20％。此外，劲性索可以无需施加预应力就能获得较好的承载性能，减小了对支承结构的作用；劲性索取材方便简单，可采用强度普通的型钢、钢管等制作。

劲性索结构适用于任意平面形状的建筑，劲性索结构屋盖宜采用轻质屋面材料以减轻劲性索的负担。劲性索较早应用于实际工程，日本横滨体育馆（1960 年建造）就是一个三跨连续劲性索结构（中间跨度 16m、两端跨度 10m），劲性索采用桁架形式，上、下弦杆为 2 个 L50×6 的角钢，截面高度 500mm。

6. 吊挂式混合结构与斜拉式混合结构

吊挂式混合结构应用了悬索桥原理，采用一系列竖向吊杆（或吊索）将刚性构件连于其上方的悬索，刚性屋盖构件上的部分荷载通过吊杆传给上方的悬索，见图 6-12。悬索通过吊杆为屋盖构件提供弹性支承，减小屋盖构件的尺寸和用料，同时也节省了结构所占空间。悬索和吊杆（吊索）都是轴拉受力，故吊挂结构比刚性屋盖构件的抗弯工作合理、经济。悬索在使用期间应保持张紧，保证索与刚性构件共同工作，防止在风吸力和竖直向上地震作用下的柔性索松弛。被悬挂的刚性构件可以采用网架、网壳、梁、桁架。

斜拉式混合结构应用了斜拉桥原理，通常由塔柱、塔柱顶部的斜拉索、刚性构件构成，见图 6-13。斜拉索为刚性构件提供弹性支承，使刚性构件能以较小用料实现较大跨度，斜拉索分担的部分荷载传递给塔柱再传递基础。这种结构常用于飞机库、体育馆等。斜拉式混合结构在设计时应选择合理的塔柱形式，应尽量采用均衡对称的索布置方案，以减少拉索对塔顶的不平衡力（产生弯矩）以及由此产生的下部结构及基础的水平力或拉力作用，进而减少塔和基础的工程费用。设计时应防止在风吸力作用下索发生松弛，应寻求合理的斜拉点以降低屋盖结构的内力峰值。

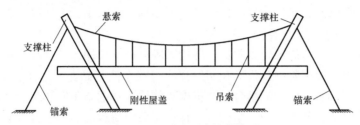

图 6-12　悬挂式混合结构体系

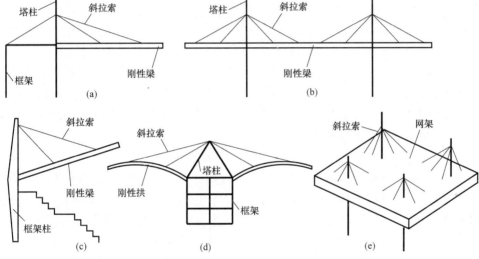

图 6-13　斜拉式混合结构体系

7. 索-膜结构

用自重轻、造型新颖的膜取代索结构中传统的钢筋混凝土屋面板或轻型钢屋面板，就形成了索膜结构。利用钢索对膜面施加足够预拉力将膜材张紧形成具有一定形状和刚度的结构，同时钢索作为薄膜的边缘构件，膜材兼具维护结构和承重结构两种功能。此类结构可以归于膜结构范畴，将在后面膜结构章节阐述。

6.2.3　悬索结构的设计和初始状态确定

1. 悬索结构的设计原则

在悬索结构设计初期应对结果整体方案合理把握，使结构在满足建筑功能和美观的前提下，保证结构内力传递明确，充分发挥构件的受力特点，避免结构出现整体失稳。悬索结构应根据建筑平面选择合理的形式，比如矩形平面宜选用平行布置的单层或双层悬索体系，方形平面宜采用双曲形屋盖，圆形平面宜采用辐射状布置的单层或双层索系或双曲抛物面鞍形索网等结构形式。网状布置的单层或双层索系可适应矩形、圆形、椭圆形和菱形等多种建筑平面的要求。

索结构设计时应采取有效措施确保悬索结构的刚度和稳定性，防止结构在不对称荷载作用下产生较大的变形，或由于风荷载产生动力失稳的可能。对于大跨度的悬索结构，在建筑平面的中部设置强劲的中央支承结构，以减少索和索网的跨度、增强结构刚度。中央支承结构的形式应考虑建筑造型的要求，还应受力合理。此外，应尽量采用轻型屋面，使索结构的优越性得以充分发挥，边缘构件和支承结构应能将水平力从锚固处可靠地传递到基础。

索结构应分别进行初始预应力阶段、使用阶段（荷载作用）的计算分析，计算中应考虑几何非线性影响。使用阶段分析应在初始预应力状态的基础上考虑永久荷载、雪荷载、风荷载、地震作用、温度作用的组合，并根据具体情况考虑施工安装荷载。结构中索截面和节点的设计采用荷载基本组合，结构位移计算应采用荷载的标准组合。索结构的内力和位移按照弹性进行计算，一般采用有限元法进行计算，初步设计也可以采用基于解析解的简化计算方法。需要注意的是，荷载组合的叠加原理不再适用索结构（几何非线性明显），因此悬索结构设计时不能采用荷载效应组合而要采用荷载组合。

悬索结构的永久荷载包括：结构自重、屋面材料、悬吊材料、设备管道、预应力，其中预应力作为使用阶段的永久荷载时，荷载分项系数取 1.2（对结构不利）或 1.0（对结构有利）。可变荷载包括：屋面活荷、风荷载、雪荷载、积灰荷载等，其中风荷载是柔性结构的最敏感荷载，因此要准确确定风荷载体型系数和风振系数。对于轻型屋面，还应考虑屋盖受风吸力作用的工况，对于屋面为膜结构的情况还要考虑膜面变形和振动对风压力的影响。索结构的风荷载表达如下：

$$w_k = \mu_r \mu_s \mu_z A w_0 + \mu_s A w_p \tag{6-1}$$

式中，w_k 为风荷载标准值（kN/m^2）；μ_r 为重现期调整系数，对于风敏感性结构基本风压提高 10%，$\mu_r = 1.1$；A 为受荷面积；w_0 为基本风压，按《建筑结构荷载规范》取值；μ_s 为风载体型系数，屋盖几何形状较复杂时风载体型系数宜通过风洞试验确定；μ_z 为风压高度系数，按《建筑结构荷载规范》取值；w_p 为随时间变化的随机脉动风压。式（6-1）的第一项为静力荷载，第二项为随机脉动荷载，它对索结构的作用用随机振动理论求解。

由于屋面索结构的曲面形状多变，故雪荷载分布复杂，应考虑雪荷载不均匀分布的影响，屋面积雪分布系数应根据所在地区情况确定。屋面雪荷载和活荷载不同时组合，取两者的较大值。

抗震设防烈度 7 度及以上地区的索结构，应进行地震作用效应分析。对于位于设防烈度 7 度或 8 度区的体型较规则的中小跨度索结构，可采用振型分解反应谱法进行地震效应分析。对于跨度较大的索结构，宜采用时程分析法进行地震反应分析。抗震分析时应考虑水平地震作用和竖向地震作用。索结构进行地震效应分析计算时，宜采用包括支承结构在内的整体模型，也可以将支承结构简化为弹性支座。

预应力使得索结构取得必要的刚度和形状稳定性，施加预应力的大小和结构形状、索的垂跨比、恒荷载与活荷载的比值、变形要求等因素有关。初始预应力值的确定以结构中任意一根钢索不发生松弛且保持一定张力储备为原则，预应力施加步骤应避免导致边缘构件产生过大的弯矩和变形。在使用阶段，索体系中的边缘构件应以承受轴力为主。考虑到屋面恒荷载和预应力对边缘构件的作用常能部分相互抵消，因此预应力与屋面恒荷载可交替施加。通常分若干级施加预应力，经计算拟定交替施加各级预应力和恒荷的顺序，施加每级预应力时，尚需计算拟定各根钢索的张拉顺序。

2. 初始预应力状态确定

悬索体系的初始预应力状态根据平衡条件确定，这个过程也称为"初始形态分析"。其中，形是指结构的曲面形状，态是指结构内部的预张力大小和分布。对于给定边界条件的张力结构，形与态是一一对应的。索结构形态分析基于弹性理论，相关的表达式如下：

$$\begin{cases} \text{力平衡方程：} & f = B(x) \cdot \sigma \\ \text{变形协调方程：} & \varepsilon = A(x) \cdot d \\ \text{本构方程：} & \sigma = D \cdot \varepsilon \end{cases} \tag{6-2}$$

式中，f 为外荷载；σ 为应力；d 为位移；ε 为应变；D 为应力-应变关系矩阵；x 为广义坐标向量。联立约去 σ 和 ε，可得力 f 与位移 d 的关系：

$$f = K(x) \cdot d \tag{6-3}$$

式中，K 为刚度矩阵，表达式如下：

$$K(x) = B(x) \cdot D \cdot A(x) \tag{6-4}$$

在进行形态分析之前，通常"形"和"态"都是未知的，必须通过给定其中的一个来求解另一个，可以采用给定"形"求"态"的找态法。索结构的初始形态分析（即确定给定支撑边界条件下满足要求的曲面形状和预张力状态这一组合）一般采用有限元法，其过程如下：首先，按建筑要求大致设定曲面的初始形状，此时索初始绷紧成形但尚未施加预应力，得到刚度矩阵 $K(x)$。然后，施加设定的初始预张力 T（体系不平衡），不平衡节点力相当于在节点处施加了外荷载 f。最后，通过式（6-4）求解节点位移，达到平衡，得到施加预应力以后的"终态"。因为刚度 $K(x)$ 是随着"形"而发生变化的，故求解的是非线性平衡方程。得到"终态"后，各索段的内力就是按设计给定的预张力。初始形态分析十分重要，其结果不仅为结构使用阶段（恒荷载、活荷载等工作阶段）的结构受荷分析提供一个起始状态，而且直接决定了索结构的各项力学性能。

3. 索结构的强度校验和位移控制

索结构的强度校验是确保其在张力作用下不破坏，刚度校验是确保索不松弛。拉索的承载力按下式计算：

$$\gamma_0 N_d \leqslant F = F_{tk}/\gamma_R \tag{6-5}$$

式中，N_d 为考虑荷载分项系数后，恒荷载、预应力、地震作用、活荷载等各种荷载组合工况下的索最大轴向拉力设计值；γ_0 为结构重要性系数，对于地震作用组合则为承载力抗震调整系数 γ_{RE}；F 为索的抗拉力设计值；F_{tk} 为索的极限抗拉力标准值；γ_R 为拉索的抗力分项系数，一般取 2.0，钢拉杆取 1.7。

索结构的刚度由索拉力形成，可控制索内的拉力不低于某一限值：

$$N_{min}/A \geqslant [\sigma_{min}] \tag{6-6}$$

式中，N_{min} 为索的最小拉力设计值；$[\sigma_{min}]$ 为保持索具有必要刚度时的最小应力限值，不宜小于 30MPa。

索体系屋盖需进行变形控制，即在荷载标准组合下的承重索跨中竖向位移 Δ_k 不应超过变形容许值 $[\Delta]$。对于单层悬索体系，$[\Delta]$ 为跨度的 1/200（自初始几何态算起）。对于双层悬索体系、索网、横向加劲索系、张弦结构、斜拉结构，$[\Delta]$ 为跨度的 $1/250$（自预应力算起）。此外，设计时要注意索锚固端滑动，温度升高、边缘构件徐变等因素将导致索挠度增加。

6.2.4 悬索结构的静力计算

索的基本假定如下：①理想柔性，只能受拉而不能受压和受弯；②材料符合胡克定律，即应力和应变线弹性关系，研究表明索经过预张拉后，在极限强度之前的很大范围内，应力和应变完全符合线弹性关系。本节将简单地介绍索的非线性特征、单层索和双层索的计算理论，以及索结构的有限元法。

1. 索结构的几何非线性

索结构是典型的几何非线性结构，其节点位移平衡方程是要按变形后新的几何位形建立（即非线性平衡方程），不仅荷载不同时平衡位置不同，而且不同的初始状态施加相同的荷载增量时引起的效应也不同，因此索的初始状态必须明确。索的几何非线性特征可用一个由两根索组成的简单结构体系来说明，如图 6-14 所示。

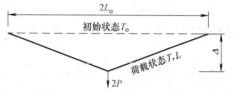

图 6-14　索结构非线性特征的简单例子

假设索的初始状态为水平且长度为 L_0，施加的预拉力为 T_0。任意一个位置的平衡方程如下：

$$2P = 2T \cdot \sin\theta = 2T \cdot \frac{\Delta}{L} \tag{6-7}$$

式中，$2P$ 为外荷载；T 为每一根索承受的拉力；L 为平衡位置时每一根索的长度；Δ 为荷载施加点的位移。索单元的内力和变形关系如下：

$$T = T_0 + EA\frac{L - L_0}{L_0} \quad \Rightarrow \quad \frac{T}{L} = \frac{T_0}{L} + EA\left(\frac{1}{L_0} - \frac{1}{L}\right) \tag{6-8}$$

将式（6-5）代入式（6-4），可得：

$$P = T \cdot \frac{\Delta}{L} = \frac{T}{L} \cdot \Delta = \left[\frac{T_0}{L} + EA\left(\frac{1}{L_0} - \frac{1}{L}\right)\right]\Delta \tag{6-9}$$

根据刚度的定义，可得结构的切线刚度为：

$$K_\text{T} = \frac{T_0}{L} + EA\left(\frac{1}{L_0} - \frac{1}{L}\right) = K_\text{G} + K_\text{E} \tag{6-10}$$

由式（6-10）可以看出，索结构的刚度由两部分组成：第一部分为 $K_\text{G} = T_0/L$，为几何刚度，反映了刚体转动对结构刚度的贡献，也说明索结构计算时要考虑初始（受力）状态；第二部分为 $K_\text{E} = EA(1/L_0 - 1/L)$，反映了弹性体伸长对结构刚度的贡献。需要注意的是，$\Delta(1/L_0 - 1/L)$ 为结构应变，$L = (L_0^{0.5} + \Delta^2)^{0.5}$，故索结构的应变中包括了位移的高阶项，这显然不同于线弹性结构的应变-位移线性关系，即反映了典型性几何非线性。

2. 单索的计算理论

（1）索的平衡方程

基于以上假定，推导建立单根索的平衡方程。某根索在任何竖向荷载 $q_\text{z}(x)$ 和水平

荷载 $q_x(x)$ 作用下，其形状曲线为 $z(x)$。显然，理想柔性索只能承受张力 T，而且张力方向为沿着形状曲线切线方向。假设任意一点索张力的水平分量和竖向分量分别为 H 和 V，则该点处的微元体（长度、水平投影长度分别为 $\mathrm{d}s$、$\mathrm{d}x$）所受的内力、外力如图 6-15 所示。

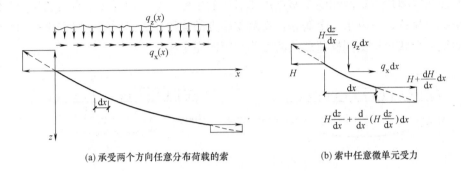

(a) 承受两个方向任意分布荷载的索   (b) 索中任意微单元受力

图 6-15　单索及其微元体受力图

根据微元体的静力平衡条件，建立基本平衡微分方程，如下：

$$\begin{cases} \sum F_x=0: \dfrac{\mathrm{d}H}{\mathrm{d}x}\mathrm{d}x+q_x\mathrm{d}x=0 \Rightarrow \dfrac{\mathrm{d}H}{\mathrm{d}x}+q_x=0 \\[3mm] \sum F_z=0: \dfrac{\mathrm{d}}{\mathrm{d}x}\Big(H\dfrac{\mathrm{d}z}{\mathrm{d}x}\Big)\mathrm{d}x+q_z\mathrm{d}x=0 \Rightarrow \dfrac{\mathrm{d}}{\mathrm{d}x}\Big(H\dfrac{\mathrm{d}z}{\mathrm{d}x}\Big)+q_z=0 \end{cases} \tag{6-11}$$

式中，H 为索内任意一点张力的水平分量，大部分工程实际中的悬索主要承受竖向荷载作用即 $q_x(x)=0$，则由式（6-11）第一式可知，H 为常量，如此式（6-11）的第二式写为：

$$H\frac{\mathrm{d}^2z}{\mathrm{d}x^2}+q_z=0 \tag{6-12}$$

式（6-12）的意义如下：仅竖向荷载作用下，索曲线在某一点的二阶导数与作用于该点的竖向荷载集度成正比。再来看材料力学中梁的平衡方程：

$$\frac{\mathrm{d}^2M}{\mathrm{d}x^2}+q_z=0 \tag{6-13}$$

显然，索和梁的平衡方程在形式上完全相同，索的曲线形状 $z(x)$ 与梁的弯矩 $M(x)$，两者仅相差一个常因子 H。因此，如果两者的边界条件相当，那么必然有以下对等关系：

$$z(x)=M(x)/H \tag{6-14}$$

再来看索和梁的边界条件对应关系。假设索和梁的跨度均为 l，工程中常见的悬索的边界分两种情况：①两边支座等高，②两边支座不等高（相差 c），如图 6-16 所示。当以通过左边支座的水平线为坐标轴时，对于情况①，根据式（6-14）可知索曲线的两端边界条件完全与简支梁的两端弯矩图相同，即：$z(0)=0$ 和 $z(l)=0$ 对应 $M(0)=0$ 和 $M(l)=0$；对于情况②，$z(0)=0$、$z(l)=c$，由式（6-14）可知对应梁弯矩分别为：$M(0)=0$ 和 $M(l)=Hc$，也就是说在对应的简支梁的一端要加上集中弯矩 Hc。

于是，索的形状就和对应的简支梁的弯矩图形成比拟关系，可以通过简支梁的弯矩图 $M(x)$ 按式（6-14）求出索曲线的形状 $z(x)$。需要说明的是，简支梁的弯矩 $M(x)$ 是由

竖向外荷载 $q_z(x)$ 和端部集中力矩 Hc（两边支座等高时则集中力矩为零）共同引起的。为了更加直接，可以使 $M(x)$ 仅为外荷载 $q_z(x)$ 引起的弯矩，则式（6-14）改为如下：

$$z(x) = \frac{M(x) + Hcx/l}{H} = \frac{M(x)}{H} + \frac{cx}{l} \tag{6-15}$$

上式右边第二项代表索两端的支座点连线 AB 的坐标，第一项代表以直线 AB 为基线的索曲线坐标。显然，引申出一个概念：将两支座点的连线作为索曲线的竖向坐标的基线，那么索曲线的形状与承受同样荷载的简支梁弯矩图完全相似。

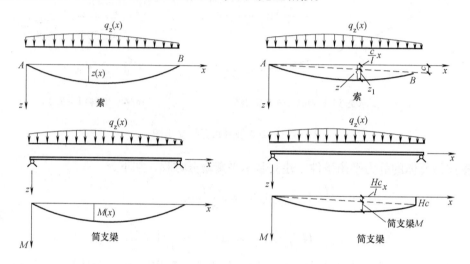

图 6-16　单索平衡时的曲线形状与简支梁的弯矩图对比

　　式（6-15）是通过比拟法建立的，表明了索曲线的形状与弯矩、索两端支座高度差、索张力的水平分量之间的关系。这个关系式也可以根据索的平衡条件直接推导出来。图 6-17 给出了索的受力图以及取其中任意截面的隔离体的受力图。首先，对索两端取矩建立平衡方程，即：

$$\begin{cases} \sum M_A = 0: \quad V_B l - \int_0^l x q_z \mathrm{d}x + Hc = 0 \quad \Rightarrow \quad V_B = V_B^b - Hc/l \\ \sum M_B = 0: \quad V_A l - \int_0^l (l-x) q_z \mathrm{d}x - Hc = 0 \quad \Rightarrow V_A = V_A^b + Hc/l \end{cases} \tag{6-16}$$

式中，V_A^b、V_B^b 分别为对应的简支梁的支座反力。因为索为理想柔性，故任意截面都无弯矩，故隔离体对 C 点取弯建立平衡方程，即：

$$\sum M_C = 0: \quad V_A x - \int_0^x (x-\xi) q_z(\xi) \mathrm{d}\xi - Hz = 0 \tag{6-17}$$

将式（6-16）中 V_A 的表达式代入式（6-17）并化简得：

$$z(x) = \frac{V_A^b x - \int_0^x (x-\xi) q_z(\xi) \mathrm{d}\xi}{H} + \frac{cx}{l} = \frac{M(x)}{H} + \frac{cx}{l} \tag{6-18}$$

　　1）情况 1：沿着跨度均布竖向荷载

　　此时令 $q_z = q$，荷载引起的弯矩 $M(x) = qx(l-x)/2$，代入式（6-15）可得索曲线的形状：

$$z(x) = \frac{qx(l-x)}{2H} + \frac{cx}{l} \tag{6-19}$$

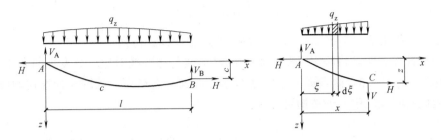

图 6-17 单根索的平衡方程

由式（6-19）可知，竖向均布荷载作用下，索曲线的形状 $z(x)$ 为抛物线，但并不能唯一确定，因为 H 未知。这说明，长度不同的索在均布荷载作用下形成一系列垂度 f 不同抛物线，对应一系列不同的 H 值，如图 6-18（a）所示。假设给定跨中的垂度 f，即 $z(l/2)=c/2+f$，将其代入式（6-19）可得索内的水平张力 H：

$$H=ql^2/8f \tag{6-20}$$

将式（6-20）代入式（6-19）得：

$$z(x)=\frac{4fx(l-x)}{l^2}+\frac{cx}{l} \tag{6-21}$$

显然，式（6-21）完全由几何参数 f（跨中垂度）、c（两端支座高度差）、l（跨度）来表达索曲线的形状 $z(x)$，相应的张力水平分量 H 由式（6-20）确定。

确定了索的曲线后，索各截面的张力 T 可以按下式计算：

$$T=\sqrt{H^2+V^2}=\sqrt{H^2+(H\tan\theta)^2}=H\sqrt{1+\left(\frac{\mathrm{d}z}{\mathrm{d}x}\right)^2} \tag{6-22}$$

在竖向均布荷载作用下且索两端支座等高，令式（6-21）中 $c=0$ 并求导后代入式（6-22），得：

$$T=H\sqrt{1+16(f/l)^2(1-2x/l)^2} \tag{6-23}$$

显然，支座处（$x=0$ 或 l）时，比值 T/H 达到最大值：$(T/H)_{\max}=(1+16f^2l^{-2})^{0.5}$。分别取垂跨比 $f/l=0.05$、0.1、0.15、0.2，$(T/H)_{\max}=1.020$、1.077、1.166、1.281，可见垂跨比较小（索比较平坦）时，$T\approx H$。

2）情况 2：沿着索长均布荷载

此时，荷载 q 沿着索长方向均匀分布，如图 6-18（b）所示。将 q 转换为竖向荷载，如下：

$$q_z=\frac{q\,\mathrm{d}s}{\mathrm{d}x}=q\sqrt{1+\left(\frac{\mathrm{d}z}{\mathrm{d}x}\right)^2} \tag{6-24}$$

将上式代入平衡方程式（6-12），求解微分方程得到索曲线的形状（推导过程从略），当索两端支座等高时（$c=0$），索曲线的形状 $z(x)$ 如下：

$$z(x)=\frac{H}{q}\left[\mathrm{ch}\left(\frac{ql}{2H}\right)-\mathrm{ch}\left(\frac{qx}{H}-\frac{ql}{2H}\right)\right] \tag{6-25}$$

式中，ch 为双曲余弦函数，式（6-25）为一条悬链线。如给定跨中垂度 f（即 $z(l/2)=f$），将其代入式（6-25）可以得到垂度和索水平张力之间关系如下：

$$f = \frac{H}{q}\left[\operatorname{ch}\left(\frac{ql}{2H}\right) - 1\right] \tag{6-26}$$

如果给定 f，则由式（6-26）可以求出 H（通过迭代计算得到）。

有分析计算表明，将跨中垂度 f 相同的悬链线与抛物线对比，会发现两者非常相近，即使垂跨比 $f/l = 0.3$，两者最大差异也不过约 0.21%。然而，悬链线计算比抛物线复杂得多，因此实际应用中一般按抛物线计算。

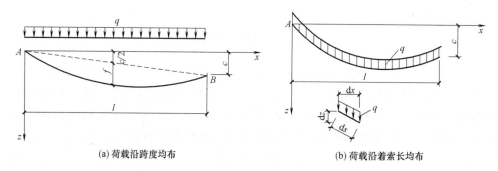

(a) 荷载沿跨度均布   (b) 荷载沿着索长均布

图 6-18　沿跨度均布荷载和沿索长均布荷载

（2）索长度计算

理想柔性悬索的静力分析与其长度相关，这里先研究悬索长度的计算方法。假设索的微元长度为 $\mathrm{d}s$，则索的长度 s 如下：

$$s = \int_L \mathrm{d}s = \int_0^l \sqrt{\mathrm{d}x^2 + \mathrm{d}z^2} = \int_0^l \sqrt{1 + \left(\frac{\mathrm{d}z}{\mathrm{d}x}\right)^2}\,\mathrm{d}x \tag{6-27}$$

显然，如已知索曲线的形状 $z(x)$，则索的长度就可按式（6-27）算得。但是，式（6-27）右边积分式中的函数 $(1 + (\mathrm{d}z/\mathrm{d}x)^2)^{0.5}$ 是一个无理式，积分比较复杂。工程计算时往往采用近似方法计算。通常 $(\mathrm{d}z/\mathrm{d}x)^2$ 比 1 小得多，故可以将无理式进行级数展开，如下：

$$\sqrt{1 + \left(\frac{\mathrm{d}z}{\mathrm{d}x}\right)^2} = 1 + \frac{1}{2}\left(\frac{\mathrm{d}z}{\mathrm{d}x}\right)^2 - \frac{1}{8}\left(\frac{\mathrm{d}z}{\mathrm{d}x}\right)^4 + \frac{1}{16}\left(\frac{\mathrm{d}z}{\mathrm{d}x}\right)^6 - \frac{5}{128}\left(\frac{\mathrm{d}z}{\mathrm{d}x}\right)^8 + \cdots \tag{6-28}$$

根据索的垂度大小，取前两项或三项就能达到满足工程计算所需的精度。取前两项、前三项时，索的长度可按式（6-29）、式（6-30）计算。

$$s = \int_0^l \left[1 + \frac{1}{2}\left(\frac{\mathrm{d}z}{\mathrm{d}x}\right)^2\right]\mathrm{d}x \tag{6-29}$$

$$s = \int_0^l \left[1 + \frac{1}{2}\left(\frac{\mathrm{d}z}{\mathrm{d}x}\right)^2 - \frac{1}{8}\left(\frac{\mathrm{d}z}{\mathrm{d}x}\right)^4\right]\mathrm{d}x \tag{6-30}$$

根据索的形状曲线 $z(x)$ 与外荷载 $q(x)$、索水平张力 H 之间的关系，索的长度还可以采用另外一种方式来表达。将式（6-18）两边求导，可得：

$$\frac{\mathrm{d}z}{\mathrm{d}x} = \frac{1}{H}\frac{\mathrm{d}M(x)}{\mathrm{d}x} + \frac{c}{l} = \frac{Q(x)}{H} + \frac{c}{l} \tag{6-31}$$

式中，$Q(x)$ 为相应简支梁的剪力，将其分别代入式（6-28）~式（6-30），得索长度计算式的另外一种形式，分别如式（6-32）~式（6-34）所示：

$$s = \int_0^l \sqrt{1 + \left(\frac{Q}{H} + \frac{c}{l}\right)^2} \, dx \tag{6-32}$$

$$s = \int_0^l \left[1 + \frac{1}{2}\left(\frac{Q}{H} + \frac{c}{l}\right)^2\right] dx = l\left[1 + \frac{c^2}{2l^2}\right] + \frac{1}{2H^2}\int_0^l Q^2 \, dx \tag{6-33}$$

$$s = \int_0^l \left[1 + \frac{1}{2}\left(\frac{Q}{H} + \frac{c}{l}\right)^2 - \frac{1}{8}\left(\frac{Q}{H} + \frac{c}{l}\right)^4\right] dx$$

$$= l\left[1 + \frac{c^2}{2l^2} - \frac{c^4}{8l^4}\right] + \frac{(2l^2 - 3c^2)}{4H^2 l^2}\int_0^l Q^2 \, dx - \frac{c}{2H^3 l}\int_0^l Q^3 \, dx \tag{6-34}$$

需要说明的是，式（6-33）和式（6-34）在推导过程中用到了简支梁两端弯矩为零以及剪力的积分就是弯矩，即：

$$\int_0^l Q \, dx = M(l) - M(0) = 0 \tag{6-35}$$

现在考察沿着跨度均布荷载作用下的悬索，索的曲线形状为抛物线，其方程由式（6-21）表示，假定两端支座高度相同（即 $c=0$），求导得：

$$\frac{dz}{dx} = \frac{4f}{l} - \frac{8f}{l^2}x \tag{6-36}$$

将上式代入式（6-27）、式（6-29）、式（6-30），可得到索长度的精确解、取级数前两项近似解、取级数前三项近似解，如式（6-37）~式（6-39）所示：

$$s = \left[\frac{1}{2}\sqrt{1 + \frac{16f^2}{l^2}} + \frac{1}{8f/l}\ln\left[\frac{4f}{l} + \sqrt{1 + \frac{16f^2}{l^2}}\right]\right] l \tag{6-37}$$

$$s = l\left(1 + \frac{8f^2}{3l^2}\right) \tag{6-38}$$

$$s = l\left(1 + \frac{8}{3}\frac{f^2}{l^2} - \frac{32}{5}\frac{f^4}{l^4}\right) \tag{6-39}$$

表 6-2 给出了不同垂跨比 f/l 按式（6-37）~式（6-39）计算得到的索的长度（长度和跨度之比 s/l），用以考察近似计算式（6-38）、式（6-39）的准确度。表 6-2 中，误差 1、误差 2 分别为两项近似计算值（式 6-38）、三项近似计算值（式 6-39）与精确值（式 6-37）之间的相对误差。表中同时给出近似值所得 $\Delta/l = (s-l)/l$ 与精确值之间的差异，因为索长度的计算主要是为了确定索在荷载作用下的伸长量，因此 Δ 更能反映实用的目的。由表 6-2 可知，$f/l \leqslant 0.15$ 用二项式就能获得足够满足工程需要的精度（误差约为 5%），$f/l \leqslant 0.25$ 用三项式就能获得足够满足工程需要的精度（误差不到 5%）。在实际悬索屋盖结构中，大多情况下能满足 $f/l \leqslant 0.15$，故完全用计算简便的二项式；即使工程实际中少数垂跨比 f/l 大的情况（基本上也在 0.25 范围内），用三项式也足够满足工程计算所需精度。

最后来考察一下索长度 s 变化时索垂度 f 的变化，对式（6-38）进行微分并整理后可得：

$$df = 0.1875(l/f)ds \tag{6-40}$$

可见，当垂跨比为 $f/l = 0.1$（垂跨比较小）时，如果索长度变化 Δs（拉伸变形、支座位移、温度变形等），垂度将变化 $1.875\Delta s$，垂度变化比较显著，设计时应重视。

f/l	索长度/跨度(s/l)					$\Delta/l=(s-l)/l$	
	精确值 式(6-37)	两项式 式(6-38)	三项式 式(6-39)	误差1 （%）	误差2 （%）	误差1 （%）	误差2 （%）
0.05	1.00663	1.00667	1.00663	0.00	0.00	0.60	-0.01
0.1	1.02606	1.02667	1.02603	0.06	0.00	2.53	-0.13
0.15	1.05712	1.06000	1.05676	0.27	-0.03	5.05	-0.62
0.2	1.09823	1.10667	1.09643	0.77	-0.16	8.59	-1.84
0.25	1.14779	1.16667	1.14167	1.64	-0.53	12.77	-4.15
0.3	1.20435	1.24000	1.18816	2.96	-1.34	17.45	-7.92
0.4	1.33371	1.42667	1.26283	6.97	-5.31	27.86	-21.24

（3）索的变形协调方程

仅知道悬索的平衡方程和曲线形式还无法解决索的实际计算问题。因为平衡方程只给出某一个状态（比如初始状态）下的荷载 q_0、形态（曲线坐标位置）z_0、索的内力 T_0（或水平分量 H_0）三者之间的关系，如初始状态已知或给定，则 q_0、z_0、T_0 也就知道。但是如果索的状态发生变化，那么荷载、形态和内力均发生变化；比如荷载变为 $q=q_0+\Delta q$（荷载增加），则索的内力从初始状态的 H_0 变成新状态下的 H，索的长度变成了 $s=s_0+\Delta s$（Δs 为索的伸长量），索的坐标位置变成了 $z=z_0+w$（w 为竖向位移）。显然，索在新状态下的内力 H 和曲线的坐标位置 z（或 w）都是未知量，仅一个平衡方程无法求解两个未知量。根据索的荷载和形态相关的特性，荷载 q 为已知，则 $z(x)$ 的形状也就知道，只要知道索曲线 z 某一点的坐标（如跨中垂度 f），那么整个曲线 $z(x)$ 可确定；同理，索各点的内力也可由它们的水平分量 H 唯一确定。如此，问题就转化为求解两个未知常量。为了求解两个未知量，除了平衡方程外，还必须要在索状态变化（从初始状态到新状态）的过程中考虑其变形和位移情况，建立变形协调方程。

图 6-19 给出了索由初始状态过渡到新状态（也称最终状态）的变形示意图。假设这个过程中，两端支座产生一定的位移（u_i、w_i）和（u_j、w_j），并且索在此过程中的温度变化为 Δt。

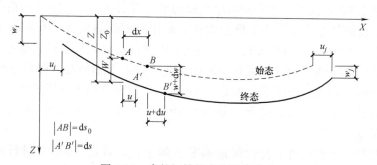

图 6-19 索的初始状态和最终状态

考察索中的微元 AB，在变位后移到 $A'B'$ 的位置，其长度从 $\mathrm{d}s_0$ 变成 $\mathrm{d}s$，由几何关系可得以下两式：

$$ds_0 = \sqrt{dx^2 + dz_0^2} = \sqrt{1 + \left(\frac{dz_0}{dx}\right)^2}\, dx \tag{6-41}$$

$$ds_0 = \sqrt{(dx+du)^2 + dz^2} = \sqrt{\left(1 + \frac{du}{dx}\right)^2 + \left(\frac{dz}{dx}\right)^2}\, dx \approx \sqrt{1 + 2\frac{du}{dx} + \left(\frac{dz}{dx}\right)^2}\, dx \tag{6-42}$$

式（6-42）中，由于 u 与 z 相比是高阶微量，故略去 du/dx 的二次项。得到微元的伸长为：

$$ds - ds_0 = \sqrt{1 + 2\frac{du}{dx} + \left(\frac{dz}{dx}\right)^2}\, dx - \sqrt{1 + \left(\frac{dz_0}{dx}\right)^2}\, dx \tag{6-43}$$

类似前面索长度计算，当索的垂度较小时，可将上式右边的两个根号展开，只保留微量第 1 项并进行积分，即可得整根索的总伸长 Δs，如下：

$$\Delta s = \int_l \left[\frac{du}{dx} + \frac{1}{2}\left(\frac{dz}{dx}\right)^2 - \frac{1}{2}\left(\frac{dz_0}{dx}\right)^2\right] dx = u_j - u_i + \frac{1}{2}\int_l \left[\left(\frac{dz}{dx}\right)^2 - \left(\frac{dz_0}{dx}\right)^2\right] dx \tag{6-44}$$

式中，u_i、u_j 分别为索左端点和右端点的支座水平位移，积分号下标 l 表示沿整个跨长积分。如果将 $z = z_0 + w$ 代入式（6-44），则索的伸长 Δs 可写成关于初始形态 z_0 和竖向位移 w 的函数，即：

$$\Delta s = u_j - u_i + \int_l \left[\frac{dz_0}{dx} \cdot \frac{dw}{dx} + \frac{1}{2}\left(\frac{dw}{dx}\right)^2\right] dx \tag{6-45}$$

从物理上看，索的伸长 Δs 是由索内力增量和温度变化所引起，即：

$$\Delta s = \int_l \left[\frac{\Delta T}{EA} + \alpha\Delta t\right] ds_0 = \int_l \left[\frac{\Delta H}{EA} \cdot \frac{ds_0}{dx} + \alpha\Delta t\right] \frac{ds_0}{dx} dx = \frac{\Delta H}{EA} \cdot l \cdot \lambda + \alpha\Delta t \cdot l \cdot \zeta \tag{6-46}$$

注意以上推导过程中用到式（6-41），其中 λ 和 ζ 参数如下：

$$\lambda = \frac{1}{l}\int_l \left[1 + \left(\frac{dz_0}{dx}\right)^2\right] dx \tag{6-47a}$$

$$\zeta = \frac{1}{l}\int_l \sqrt{1 + \left(\frac{dz_0}{dx}\right)^2}\, dx \approx \frac{1}{l}\int_l \left[1 + \frac{1}{2}\left(\frac{dz_0}{dx}\right)^2\right] dx \tag{6-47b}$$

令式（6-44）或式（6-45）等于式（6-46）就可得到索的变形协调方程，即：

$$\frac{H - H_0}{EA} \cdot l \cdot \lambda = u_j - u_i + \frac{1}{2}\int_l \left[\left(\frac{dz}{dx}\right)^2 - \left(\frac{dz_0}{dx}\right)^2\right] dx - \alpha\Delta t \cdot l \cdot \zeta \tag{6-48a}$$

$$\frac{H - H_0}{EA} \cdot l \cdot \lambda = u_j - u_i + \int_l \left[\frac{dz_0}{dx} \cdot \frac{dw}{dx} + \frac{1}{2}\left(\frac{dw}{dx}\right)^2\right] dx - \alpha\Delta t \cdot l \cdot \zeta \tag{6-48b}$$

当索的垂度较小时，$(dz_0/dx)^2$ 远小于 1，可以忽略，此时 $\lambda = 1$、$\zeta = 1$，变形协调方程式（6-48）将极大地简化。下面讨论 $\lambda = 1$、$\zeta = 1$ 的适用范围。以工程常见的抛物线形式悬索为例，将式（6-21）中的 z 改为 z_0 后代入式（6-47）可计算得到参数 λ 和 ζ 的具体形式，为了简化，这里仅给出两端支座等高（$c = 0$）时的情况：

$$\lambda = 1 + \frac{16}{3}\frac{f^2}{l^2} \tag{6-49}$$

$$\zeta = \frac{1}{2}\sqrt{1+16\left(\frac{f}{l}\right)^2} + \frac{1}{16(f/l)}\ln\left|\frac{4f/l+\sqrt{1+16(f/l)^2}}{-4f/l+\sqrt{1+16(f/l)^2}}\right| \approx 1+\frac{8}{3}\frac{f^2}{l^2} \qquad (6\text{-}50)$$

表 6-3 给出了索在不同垂跨比 f/l 情况下，按式（6-49）、式（6-50）计算所得 λ 和 ζ。由表 6-3 可知，当 $f/l \leqslant 0.1$ 时，λ 和 ζ 均非常接近 1，可极大简化变形协调方程式（6-48）；但当 $f/l \geqslant 0.2$ 时，如将 λ 和 ζ 近似取为 1，则误差相对较大。变形协调方程和平衡方程一起构成了悬索结构理论基础。

变形协调方程中的参数 λ 和 ζ 的值

表 6-3

f/l	0.05	0.1	0.15	0.2	0.25
ξ	1.013333	1.053333	1.12	1.213333	1.333333
η	1.006627	1.026061	1.057116	1.09823	1.147794
η 近似	1.006667	1.026667	1.06	1.106667	1.166667

（4）单索的求解

前面建立了索的平衡方程和变形协调方程，下面介绍索的求解。假设有一个索的初始状态的荷载 q_0（相应的简支梁弯矩 M_0 和剪力 V_0）、索曲线形状 z_0、内力 H_0 已知，则满足式（6-15）的平衡条件，即：

$$z_0 = \frac{M_0(x)}{H_0} + \frac{c_0}{l}x \qquad (6\text{-}51)$$

荷载增加 Δq 后索过渡到终态，此时索的内力 H 和索曲线的形状 z 满足变形协调条件（式 6-48a）、新状态下的平衡条件（式 6-15），即：

$$H-H_0 = EA\frac{u_j-u_i}{l} + \frac{EA}{2l}\int_0^l\left[\left(\frac{\mathrm{d}z}{\mathrm{d}x}\right)^2 - \left(\frac{\mathrm{d}z_0}{\mathrm{d}x}\right)^2\right]\mathrm{d}x - EA\alpha\Delta t \qquad (6\text{-}52)$$

$$z = \frac{M(x)}{H} + \frac{c}{l}x \qquad (6\text{-}53)$$

式（6-53）考虑了两端支座的竖向位移，可能导致两端支座高差变化（从 c_0 变为 c）。联立式（6-52）和式（6-53）两个方程即可求出未知量 H 和 Z，具体求解时先将式（6-51）和式（6-53）两边求导得到 z 和 z_0 的一阶导数，然后代入式（6-52）变成关于一个仅有未知量 H 的方程，即：

$$H-H_0 = EA\frac{u_j-u_i}{l} + \frac{EA}{2l}\int_0^l\left[\frac{Q^2}{H^2} + \frac{2Qc}{Hl} + \frac{c^2}{l^2} - \frac{Q_0^2}{H_0^2} - \frac{2Q_0c_0}{H_0l} - \frac{c_0^2}{l^2}\right]\mathrm{d}x - EA\alpha\Delta t$$

$$(6\text{-}54)$$

式中，Q、Q_0 为索形态为 z、z_0 时相应的简支梁剪力，再考虑到剪力积分就是弯矩且简支梁两端弯矩为零（见式 6-35），式（6-54）可以简化为：

$$H-H_0 = \frac{EA}{2l}\left(\frac{D}{H^2} - \frac{D_0}{H_0^2}\right) + EA\frac{u_j-u_i}{l} + EA\frac{c^2-c_0^2}{2l^2} - EA\alpha\Delta t \qquad (6\text{-}55)$$

式中，D 和 D_0 为关于剪力平方的积分，如下：

$$D = \int_0^l Q^2\mathrm{d}x, \quad D_0 = \int_0^l Q_0^2\mathrm{d}x \qquad (6\text{-}56)$$

式（6-55）是关于 H 的一元三次方程，求解方程（通常用迭代法）即可得到 H，然后将其代入式（6-53）即可求得 z。式（6-55）的非线性特征也说明了索的几何非线性特性，索在荷载增量作用下产生的竖向位移并不是微量，故悬索的平衡方程不能按变形前的初始位置来建立，而是按变形后的新的几何位置来建立平衡条件（考虑悬索曲线形状随荷载变化而产生的改变）。因此，悬索的初始状态必须明确给定，因为如果初始状态不同，即使施加相同荷载增量也会引起不同的效应。

此外，实际工程中悬索的支座位移的大小往往与待求的索拉力 H 有关，因此需要将索的方程与支承结构的刚度方程联立求解或用迭代法来确定支座位移的大小。用迭代法时，先假设大致的支座位移值，按式（6-55）求解出 H；然后按得到的 H 值来验证所假设的支座位移值是否合适。依此方法逐步进行校正。

本书以受均布荷载作用的悬索为例来说明单索问题的解法。设悬索的跨度为 l，初始态时均布荷载 q_0 和水平张力 H_0 已知，则索的形状 z_0 为一抛物线且跨中垂度 f_0 按式（6-20）确定：$f_0 = q_0 l^2/(8H_0)$，而新状态（终状态）时的 q 也已给定。初始状态和终状态相应的简支梁剪力（Q_0 和 Q）已知，分别为 $Q_0 = q_0(l-2x)/2$、$Q = q(l-2x)/2$，将其代入式（6-56）即可算出参变量 D 和 D_0，再代入方程式（6-55）后就可得到方程，以求解 H，即：

$$H - H_0 = \frac{EAl^2}{24}\left(\frac{q^2}{H^2} - \frac{q_0^2}{H_0^2}\right) + EA\frac{u_j - u_i}{l} + EA\frac{c^2 - c_0^2}{2l^2} - EA\alpha\Delta t \tag{6-57}$$

如果不考虑温度变化影响，也不考虑支座位移，则进一步简化为：

$$H - H_0 = \frac{EAl^2}{24}\left(\frac{q^2}{H^2} - \frac{q_0^2}{H_0^2}\right) \tag{6-58}$$

式（6-58）也可以从概念角度进行推导，大致步骤如下：首先，列出初始状态和最终状态的索曲线长度的计算式（见前面的索长度计算），两个状态的索的长度之差就是索的伸长量 $\Delta s = (8f^2 - 8f_0^2)/(3l)$；然而，根据索为轴拉构件的变形协调方程：$\Delta s = \Delta Hl/(EA) = (H - H_0)l/(EA)$，再考虑到均布荷载下跨中垂度和水平张力的关系（即式 6-20），即可建立关于的 H 方程（即式 6-58）。

3. 双层索的计算理论

推导预应力双层索系的计算理论时，除了索为理想柔性、材料符合胡克定律的基本假设外，还假定承重索和稳定索之间的连系杆是绝对刚性（认为两根索的竖向位移相同）、假定连系杆是连续分布的（认为两根索之间的竖向相互作用力是连续分布）。另外，这里只讨论小垂度，仅考虑竖向荷载作用的简单双层索。

平面双层索系根据受力特点可以分两种类型：①承重索与稳定索之间仅竖向连系，两索上任意一点在水平方向可自由地相对错动，如图 6-6（a）所示；②承重索与稳定索在中央点处连接在一起，在该点两根索在竖向和水平方向均不能有相对位移，如图 6-6（d）所示。这两种体系的工作性能不同，应分别进行探讨。

（1）索中点不相连

图 6-20 为承重索和稳定索在仅竖向联系的一般情形。初始状态时承重索和稳定索已加预应力张紧，但双层索体系尚未承受外荷载的作用。此时两根索的形状 z_1、z_2，以及预拉力值 H_{10}、H_{20} 均为已知。为了便于识别，这里规定第一个下标1、2分别指承重索、稳定索（后面也如此），预拉力的第二个下标0表示初始状态。按照单索的平衡条件得到

以下关系：

$$H_{10}\frac{\mathrm{d}^2 z_1}{\mathrm{d}x^2}+r_0=0 \text{ 和 } H_{20}\frac{\mathrm{d}^2 z_2}{\mathrm{d}x^2}-r_0=0 \tag{6-59}$$

式中，r_0 为上、下索之间连系杆的内力，反映双层索系中预应力值的大小，又由于假定连系杆沿着跨度是连续分布，故其量纲同单层索基本平衡方程中的竖向荷载，故 r_0 也被称为预应力等效荷载。将式（6-59）的两式相加可得：

$$H_{10}\frac{\mathrm{d}^2 z_1}{\mathrm{d}x^2}+H_{20}\frac{\mathrm{d}^2 z_2}{\mathrm{d}x^2}=0 \tag{6-60}$$

由上式可知，z_1 和 z_2 的形状必须相似（具有相同的函数形式），否则就不能满足式（6-60）所要求的平衡关系。式（6-60）也表明，z_1 和 z_2 的二阶导数必然是异号（即两根索的曲率必须相反），因为两根索都承受预拉力（即 H_{10} 和 H_{20} 都是正号）。

在初始态上施加竖向荷载 $q(x)$，整个索系就产生竖向位移 $w(x)$，上下索内水平张力分别增加到 H_1 和 H_2，连系杆的内力则由 r_0 变到 r。根据单索理论，上、下索必须满足的平衡条件和变形协调条件分别如下：

$$\begin{cases} H_1\left(\dfrac{\mathrm{d}^2 z_1}{\mathrm{d}x^2}+\dfrac{\mathrm{d}^2 w}{\mathrm{d}x^2}\right)+q+r=0 \\[3mm] H_2\left(\dfrac{\mathrm{d}^2 z_2}{\mathrm{d}x^2}+\dfrac{\mathrm{d}^2 w}{\mathrm{d}x^2}\right)-r=0 \end{cases} \tag{6-61}$$

$$\begin{cases} \dfrac{H_1-H_{10}}{EA_1}l=\displaystyle\int_0^l\left[\dfrac{\mathrm{d}z_1}{\mathrm{d}x}\cdot\dfrac{\mathrm{d}w}{\mathrm{d}x}+\dfrac{1}{2}\left(\dfrac{\mathrm{d}w}{\mathrm{d}x}\right)^2\right]\mathrm{d}x+u_{1j}-u_{1i}-\alpha\Delta t l \\[3mm] \dfrac{H_2-H_{20}}{EA_2}l=\displaystyle\int_0^l\left[\dfrac{\mathrm{d}z_2}{\mathrm{d}x}\cdot\dfrac{\mathrm{d}w}{\mathrm{d}x}+\dfrac{1}{2}\left(\dfrac{\mathrm{d}w}{\mathrm{d}x}\right)^2\right]\mathrm{d}x+u_{2j}-u_{2i}-\alpha\Delta t l \end{cases} \tag{6-62}$$

式（6-62）中用了小垂度假定，即变形协调方程（式6-48）中的 $\lambda=1$、$\zeta=1$。联立式（6-61）、式（6-62）就可以求解四个未知量 w、H_1、H_2、r。可以将式（6-61）中的两个方程相加，得到双层索体系的整体平衡方程：

$$H_1\left(\frac{\mathrm{d}^2 z_1}{\mathrm{d}x^2}+\frac{\mathrm{d}^2 w}{\mathrm{d}x^2}\right)+H_2\left(\frac{\mathrm{d}^2 z_2}{\mathrm{d}x^2}+\frac{\mathrm{d}^2 w}{\mathrm{d}x^2}\right)+q=0 \tag{6-63}$$

联合式（6-62）和式（6-63）就可以求解三个未知量 w、H_1、H_2。

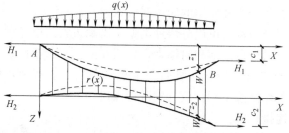

图 6-20　中间点不相连的平面双层索系计算简图

（2）索中点相互连接的情形

上索和下索之间在中点连接时，在该点处可以相互传递水平力。因此每根索左、右两部分内的水平张力通常并不相等。如此就有四个未知的水平张力：H_{1i}、H_{1j}、H_{2i}、H_{2j}（第二个下标 i 和 j 分别指索的左半、右半部分的张力），如图 6-21 所示。双层索体系在水平方向的平衡条件如下：

$$H_{1i}+H_{2i}=H_{1j}+H_{2j} \ \text{或}(H_{1i}-H_{1j})+(H_{2i}-H_{2j})=0 \qquad (6\text{-}64)$$

荷载或体系不对称时，两索之间的连接点 C 将产生一定的水平位移 u_c，以调整左、右两部分的内力，使平衡条件式（6-64）得到满足。显然，这种结构体系应分别建立索的左右两部分（用 i 和 j 两个下标来表示）的平衡方程和变形协调方程，分别如式（6-65）、式（6-66）所示。

$$\begin{cases} H_{1i}\left(\dfrac{\mathrm{d}^2 z_1}{\mathrm{d}x^2}+\dfrac{\mathrm{d}^2 w_i}{\mathrm{d}x^2}\right)+H_{2i}\left(\dfrac{\mathrm{d}^2 z_2}{\mathrm{d}x^2}+\dfrac{\mathrm{d}^2 w_i}{\mathrm{d}x^2}\right)+q_i=0 \\[2mm] H_{1j}\left(\dfrac{\mathrm{d}^2 z_1}{\mathrm{d}x^2}+\dfrac{\mathrm{d}^2 w_j}{\mathrm{d}x^2}\right)+H_{2j}\left(\dfrac{\mathrm{d}^2 z_2}{\mathrm{d}x^2}+\dfrac{\mathrm{d}^2 w_j}{\mathrm{d}x^2}\right)+q_j=0 \end{cases} \qquad (6\text{-}65)$$

$$\begin{cases} \dfrac{H_{1i}-H_{10}}{EA_1}\cdot\dfrac{l}{2}=\displaystyle\int_{l_i}\left[\dfrac{\mathrm{d}z_1}{\mathrm{d}x}\cdot\dfrac{\mathrm{d}w_i}{\mathrm{d}x}+\dfrac{1}{2}\left(\dfrac{\mathrm{d}w_i}{\mathrm{d}x}\right)^2\right]\mathrm{d}x+u_c \\[4mm] \dfrac{H_{1j}-H_{10}}{EA_1}\cdot\dfrac{l}{2}=\displaystyle\int_{l_j}\left[\dfrac{\mathrm{d}z_1}{\mathrm{d}x}\cdot\dfrac{\mathrm{d}w_j}{\mathrm{d}x}+\dfrac{1}{2}\left(\dfrac{\mathrm{d}w_j}{\mathrm{d}x}\right)^2\right]\mathrm{d}x-u_c \\[4mm] \dfrac{H_{2i}-H_{20}}{EA_2}\cdot\dfrac{l}{2}=\displaystyle\int_{l_i}\left[\dfrac{\mathrm{d}z_2}{\mathrm{d}x}\cdot\dfrac{\mathrm{d}w_i}{\mathrm{d}x}+\dfrac{1}{2}\left(\dfrac{\mathrm{d}w_i}{\mathrm{d}x}\right)^2\right]\mathrm{d}x+u_c \\[4mm] \dfrac{H_{2j}-H_{20}}{EA_2}\cdot\dfrac{l}{2}=\displaystyle\int_{l_j}\left[\dfrac{\mathrm{d}z_2}{\mathrm{d}x}\cdot\dfrac{\mathrm{d}w_j}{\mathrm{d}x}+\dfrac{1}{2}\left(\dfrac{\mathrm{d}w_j}{\mathrm{d}x}\right)^2\right]\mathrm{d}x-u_c \end{cases} \qquad (6\text{-}66)$$

平衡方程式（6-65）其实就是式（6-63）分成左右两半部分；式（6-66）中的几个变形协调方程中，为了简化未列入两端支座水平位移和索温度变化的影响，积分号下面的 l_i、l_j 分别表示沿左半跨积分、沿右半跨积分。

从理论上说，由上面两个平衡方程、四个协调方程，再加上节点处水平方向平衡方程（式 6-64），共 7 个方程，即可求解 H_{1i}、H_{1j}、H_{2i}、H_{2j}、w_i、w_j、u_c 七个未知量。

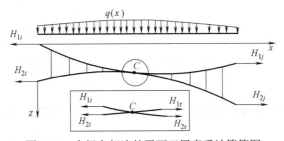

图 6-21 中间点相连的平面双层索系计算简图

4. 悬索结构分析计算的有限元法

有限元法把索系离散成为一系列相互连接的索段，索段之间的连接点叫作节点，计算时以节点位移作为基本未知量，节点之间的索段作为计算单元。除了理想柔性索、材料应力-应变符合胡克定律外，有限元法还假定荷载均作用在节点上。因此，各个索段均呈直线形且忽略索自重的影响（当索内预张力远大于自重引起的张力时与实际情况很接近）。对比连续化的解析方法，有限元法的优点是不受小垂度问题的限制（索系可为任意几何形状）。

图 6-22 表示索系中两典型的节点 m 以及交汇于此节点的各索段（索单元）；任意索段 i 的另一端是相邻节点 n。图中虚线表示索的初始状态时位置，此时节点 m、n 的坐标分别为（x_m、y_m、z_m）和（x_n、y_n、z_n），索段 i 内的初始张力和初始长度分别为 T_{0i}、l_{0i}；实线表示索在荷载作用下发生位移后的位置，节点 m 和 n 产生的位移为：u_m、v_m、w_m 和 u_n、v_n、w_n，索段 i 内的张力、长度分别为 T_i（$=T_{0i}+\Delta T_i$）、l_i。

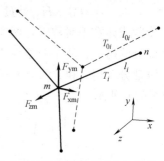

图 6-22　索中任意节点在初始状态、新状态（施加荷载后）的示意图

初始状态时节点上无外荷作用，交汇于节点 m 的所有索单元（索段）沿着三个坐标轴方向的分力之和为零，这就是平衡条件，即：

$$\sum^{i}\frac{T_{0i}}{l_{0i}}(x_n-x_m)=0,\quad \sum^{i}\frac{T_{0i}}{l_{0i}}(y_n-y_m)=0,\quad \sum^{i}\frac{T_{0i}}{l_{0i}}(z_n-z_m)=0 \quad (6\text{-}67)$$

式中，索段 i 的初始长度 l_{0i} 可按下式确定：

$$l_{0i}=\sqrt{(x_n-x_m)^2+(y_n-y_m)^2+(z_n-z_m)^2} \quad (6\text{-}68)$$

类似，在荷载作用下节点 m 的平衡条件写成如下形式：

$$\begin{cases} \sum^{i}\dfrac{T_i}{l_i}(x_n+u_n-x_m-u_m)+F_{xm}=0 \\[2mm] \sum^{i}\dfrac{T_i}{l_i}(y_n+v_n-y_m-v_m)+F_{ym}=0 \\[2mm] \sum^{i}\dfrac{T_i}{l_i}(z_n+w_n-z_m-w_m)+F_{zm}=0 \end{cases} \quad (6\text{-}69)$$

式中，F_{xm}、F_{ym}、F_{zm} 为作用在节点 m 上的三个集中荷载分量。此时索段长度 l_i 按下式确定：

$$l_i=\sqrt{(x_n+u_n-x_m-u_m)^2+(y_n+v_n-y_m-v_m)^2+(z_n+w_n-z_m-w_m)^2} \quad (6\text{-}70)$$

将式（6-70）根号内的项展开，并将式（6-68）代入后整理得：

$$l_i=l_{0i}\sqrt{1+2a_i+b_i} \quad (6\text{-}71)$$

式中，a_i、b_i 分别为关于两个节点位移的一次函数、二次函数，表达如下：

$$a_i=\frac{1}{l_{0i}^2}\left[(x_n-x_m)(u_n-u_m)+(y_n-y_m)(v_n-v_m)+(z_n-z_m)(w_n-w_m)\right]$$

$$(6\text{-}72a)$$

$$b_i=\frac{1}{l_{0i}^2}\left[(u_n-u_m)^2+(v_n-v_m)^2+(w_n-w_m)^2\right] \quad (6\text{-}72b)$$

从物理角度来看，索段的伸长由弹性变形和温度变形引起，即：

$$\Delta l_i = l_i - l_{0i} = \frac{T_i - T_{0i}}{EA_i} l_{0i} + \alpha \Delta t l_{0i}, \text{即 } T_i - T_{0i} = EA_i \left(\frac{l_i}{l_{0i}} - 1 \right) - EA_i \alpha \Delta t \quad (6\text{-}73)$$

显然，将式（6-71）代入式（6-73）就可以得到用节点位移（基本未知量）来表示索段内力 T_i 的式子。但如果直接将式（6-71）代入式（6-73）会有无理式，计算变得复杂；为了简化，可将式（6-71）右边的根式按泰勒级数展开后再代入式（6-73），可得：

$$T_i = T_{0i} + EA_i \left(a_i + \frac{1}{2} b_i - \frac{1}{2} a_i^2 - \frac{1}{2} a_i b_i + \frac{1}{2} a_i^3 + \cdots \right) - EA_i \alpha \Delta t \quad (6\text{-}74)$$

将式（6-71）两端均变成倒数，然后右边再进行泰勒展开，可得：

$$\frac{1}{l_i} = \frac{1}{l_{0i}} (1 + 2a_i + b_i)^{-\frac{1}{2}} = \frac{1}{l_{0i}} \left(1 - a_i - \frac{1}{2} b_i + \frac{3}{2} a_i^2 + \frac{3}{2} a_i b_i - \frac{5}{2} a_i^3 + \cdots \right) \quad (6\text{-}75)$$

将式（6-74）、式（6-75）代入平衡方程式（6-69），并考虑式（6-67），经整理后就得到基于索系节点位移的基本方程。在推导过程中，为了保证具有足够的精度且尽量简化，式（6-74）、式（6-75）截取三次项；此外，将各个位移分量的线性项放在平衡方程左边，而将位移的非线性项集中在一起并放在右边。最终的基本方程如下：

$$\begin{cases} \sum^i \left[\dfrac{T_{0i} - EA_i \alpha \Delta t}{l_{0i}} (u_n - u_m) + \dfrac{EA_i - T_{0i} + EA_i \alpha \Delta t}{l_{0i}} (x_n - x_m) a_i \right] = -F_{xm} + \sum \dfrac{EA_i \alpha \Delta t}{l_{0i}} (x_n - x_m) + R_{xm} \\[3mm] \sum^i \left[\dfrac{T_{0i} - EA_i \alpha \Delta t}{l_{0i}} (v_n - v_m) + \dfrac{EA_i - T_{0i} + EA_i \alpha \Delta t}{l_{0i}} (y_n - y_m) a_i \right] = -F_{ym} + \sum \dfrac{EA_i \alpha \Delta t}{l_{0i}} (y_n - y_m) + R_{ym} \\[3mm] \sum^i \left[\dfrac{T_{0i} - EA_i \alpha \Delta t}{l_{0i}} (w_n - w_m) + \dfrac{EA_i - T_{0i} + EA_i \alpha \Delta t}{l_{0i}} (z_n - z_m) a_i \right] = -F_{zm} + \sum \dfrac{EA_i \alpha \Delta t}{l_{0i}} (z_n - z_m) + R_{zm} \end{cases}$$
$$(6\text{-}76)$$

式中，R_{xm}、R_{ym}、R_{zm} 就是集中在一起的位移的非线性项，即：

$$\begin{cases} R_{xm} = -\sum^i \dfrac{EA_i - T_{0i} + EA_i \alpha \Delta t}{l_{0i}} \left[(u_n - u_m) \left(a_i + \dfrac{1}{2} b_i - \dfrac{3}{2} a_i^2 \right) + (x_n - x_m) \left(\dfrac{1}{2} b_i - \dfrac{3}{2} a_i^2 - \dfrac{3}{2} a_i b_i + \dfrac{5}{2} a_i^3 \right) \right] \\[3mm] R_{ym} = -\sum^i \dfrac{EA_i - T_{0i} + EA_i \alpha \Delta t}{l_{0i}} \left[(v_n - v_m) \left(a_i + \dfrac{1}{2} b_i - \dfrac{3}{2} a_i^2 \right) + (y_n - y_m) \left(\dfrac{1}{2} b_i - \dfrac{3}{2} a_i^2 - \dfrac{3}{2} a_i b_i + \dfrac{5}{2} a_i^3 \right) \right] \\[3mm] R_{zm} = -\sum^i \dfrac{EA_i - T_{0i} + EA_i \alpha \Delta t}{l_{0i}} \left[(w_n - w_m) \left(a_i + \dfrac{1}{2} b_i - \dfrac{3}{2} a_i^2 \right) + (z_n - z_m) \left(\dfrac{1}{2} b_i - \dfrac{3}{2} a_i^2 - \dfrac{3}{2} a_i b_i + \dfrac{5}{2} a_i^3 \right) \right] \end{cases}$$
$$(6\text{-}77)$$

式（6-76）表明每个节点可列出三个位移方程，如果索结构体系有 N 个索节点，则一共可列出 $3N$ 个方程（含 $3N$ 个未知的节点位移分量），将其写成矩阵形式，如下：

$$[K]_{3N \times 3N} \cdot \{U\}_{3N \times 1} = -\{F\}_{3N \times 1} + \{R\}_{3N \times 1} \quad (6\text{-}78)$$

式中，$[K]_{3N \times 3N}$ 为索结构体系中与节点位移线性部分相应的刚度矩阵，即式（6-76）左侧位移线性项中的系数所组成的矩阵；$\{U\}_{3N \times 1}$ 为节点位移列向量；$\{F\}_{3N \times 1}$ 为节点荷载列向量，包括荷载和温度影响，即由式（6-76）等式右边的第一项和第二项组成的列向量；$\{R\}_{3N \times 1}$ 为节点位移的非线性项，即式（6-76）等式右边第三项组成的列向量。由基本方程解出节点位移后，代入式（6-72）得到 a_i、b_i，再根据式（6-74）求出各索段内的张力。当为平面索系时，索结构的刚度矩阵 $[K]$ 变成 $2N \times 2N$ 阶；列向量 $\{U\}$、$\{F\}$、$\{R\}$ 均为 $2N$ 阶。

基本方程（式 6-78）是几何非线性的，一般要用迭代法求解，需要用计算机进行计算。常用精度较好的迭代法就是牛顿-拉弗逊法，在第 4 章网壳部分已经做过介绍，这里不再赘述。工程计算时为了减少未知位移分量（减少计算量），可根据具体情形作适当简化。比如对于工程实际中常见的仅承受竖向荷载的小垂度索网结构，节点的水平位移 u 和 v 一般远小于竖向位移 w，在计算中可忽略 u 和 v，未知位移数减少为原来的 1/3。再比如，将相邻的几根索合在一起，当作一根索进行计算，以减少节点数量。

6.2.5 悬索结构的动力特性和抗风抗震分析

1. 自振特性

自振频率与振型是了解结构动力性能的基本参数，也是应用振型分解法等求解结构动力反应的基础。通过对双曲抛物面索网等索结构的研究，悬索结构的自振频率与振型具有以下特点：

① 索结构的动力性能具有自振频率分布密集、各振型耦合作用明显等特点，多数情况下前若干阶振型为单轴或双轴反对称形式。

② 矢跨比对索网结构自振频率有一定影响，结构的刚度和自振频率随着矢跨比的增加而提高；振型形式随矢跨比的增加而发生较大变化，当矢跨比较小时结构的第一振型可能为双轴对称形式，当矢跨比较大时一般为双轴反对称形式。

③ 预张力对索网结构自振频率影响较大，预张力增加，则结构刚度和自振频率都提高，振型形式虽有所变化但不明显。

④ 索的截面面积大小在工程常用范围内对索网的自振频率的影响很小。

⑤ 索网的自振频率随荷载强度（体系的质量）的增加而呈非线性下降趋势。

阻尼也是结构的一个动力特性参数，一般用阻尼比或阻尼系数来表示。阻尼比与材料、结构形式和规模、构造做法等多种因素有关，一般需通过实验予以确定。以矩形平面双曲抛物面索网为例，悬索结构阻尼有如下特点：

① 悬索结构的阻尼比远小于常见的刚性结构，一般为 0.15%～2.0%。

②无屋面覆盖层的索网，横向加劲单曲悬索结构的阻尼比约为 0.15%～0.5%；

③ 有屋面覆盖层的索网结构的阻尼比则明显提高，约为 0.8%～2.0%。

④ 阻尼比随着屋面荷载的增加呈降低趋势，但变化不大。

⑤ 随着索内张力减小，阻尼比略有增大。

⑥ 同一悬索结构，其高振型对应的阻尼往往比低振型小；但如果各种振型采用不同阻尼比将会使计算更加复杂；因此工程设计中往往采用一个统一的阻尼比。

2. 地震反应分析

在抗震设防区，地震作用是重屋面悬索结构的重要作用，因此必须对悬索屋盖结构进行抗震设计。研究表明，索结构在地震作用下将产生较大的动位移，尽管索本身一般不会破坏，但很可能因位移过大导致其他非结构构件破坏，从而不能满足正常使用要求。因此《索结构技术规程》JGJ 257—2012 规定：抗震设防烈度在 7 度及以上地区，索结构应进行多遇地震效应分析；当设防烈度为 7 度或 8 度，体型较为规则的中小跨度索结构可采用振型分解反应谱法进行地震反应分析。考虑到索结构的自振频率分布密集、各振型耦合作用明显，因此应取多阶振型进行叠加，一般为十几个，甚至几十个。关于振型分解反应谱法可参考第 3 章网架结构，这里不再赘述。

《索结构技术规程》JGJ 257—2012 规定：对跨度较大的悬索屋盖结构，宜采用时程分析方法进行地震反应分析计算。根据已有关于菱形平面、椭圆平面的双曲抛物面索网的地震作用反应进行的研究表明，悬索结构的竖向地震作用反应比较显著，与水平地震作用反应在一个量级上，甚至更大。另外结构参数对地震作用反应的影响随着构件位置、地震波选取的不同而不同，不易得到普遍性结论。地震加速度时程曲线按《建筑抗震设计规范》GB 50011 相关规定选取。关于时程分析方法的动力平衡方程及其求解方法（线性加速度法、Wilson-θ 法）可参考第 3 章网架结构，这里不再赘述。悬索结构非线性动力分析应符合悬索结构基本假定：只能承受拉力的理想柔性索、索处于弹性受力状态（小应变）但结构处于大变形（几何非线性）等。此外，为了求解稳定性，对于几何非线性问题突出的悬索结构，有研究建议 Wilson-θ 法中的 θ 值宜取 2.0。

地震作用效应分析时，计算模型中仅含索元的结构阻尼比宜取 0.01，对于由索元和其他构件组成的结构体系的阻尼比应进行调整。抗震分析时，宜采用包括支承在内的整体结构模型进行计算，也可以将支承结构简化为索结构的弹性支座后进行计算，支承结构应按有关规范进行抗震验算。

3. 悬索结构的风振反应

由于悬索结构具有自重轻、自振频率低的特点，其在风荷载作用下容易产生较大的变形和振动。因此，柔性的悬索体系是典型的风敏感结构，风荷载是悬索结构承受的重要荷载之一，国内外已发生多起因强风作用而导致索结构发生破坏乃至倒塌的事故。

（1）风荷载

风荷载包括平均风荷载和脉动风荷载两部分，平均风荷载的效应可用静力方法求解，脉动风荷载的反应需考虑其动力特性。风在流动过程中受到各种障碍物的干扰从而呈现随机脉动特性，可将实际风速分成平均风速 v 和脉动风速 v_p 两部分。风气流速度和气流产生的压力 ω（风压力）之间的关系如下：

$$\omega = \frac{1}{2}\rho(v+v_p)^2 = \frac{1}{2}\rho v^2 + \rho v v_p + \frac{1}{2}\rho v_p^2 \qquad (6\text{-}79a)$$

一般 v_p 远小于 v，$\frac{1}{2}\rho v_p^2$ 可以忽略，而将其写成：

$$\omega = \frac{1}{2}\rho v^2 + \rho v v_p \qquad (6\text{-}79b)$$

式中，ρ 为空气密度。

风对障碍物（如建筑结构等）的作用力的大小除与风速度（无阻碍物时）有关外，还与结构的形状有关。作用于障碍物上的风压与速度之比为体型系数 μ_s。当阻碍风流动的结构的形状为钝体（即非流线型）时，μ_s 与速度无关。μ_s 一般需由实测或风洞实验测得，常见屋面结构的体型系数可参见《建筑结构荷载规范》GB 50009—2012 等有关资料。可将作用于结构上的风压写成：

$$P_w = \mu_s \cdot \frac{1}{2}\rho v^2 + \mu_s \rho v v_\rho \qquad (6\text{-}80)$$

平均风速 v 会随着平均时距、测点高度的不同而不同，而且设计风速还需根据结构的重要性确定其重现期。将当地 50 年重现期（50 年一遇）、空旷平坦地面上 10m 高度处、10min 平均最大风速作为标准风速 v_0，将 $\rho v_0^2 / 2$ 作为基本风压 ω_0。不同高度处的风压力与基本风压的比值称为风压高度变化系数 μ_z，不同高度处的风速与标准风速间的比值为 $\mu_z^{0.5}$，故式（6-80）也可写成如下：

$$P = \mu_z \mu_s \frac{1}{2}\rho v_0^2 + \sqrt{\mu_z \mu_s}\rho v_0 v_\rho = \mu_z \mu_s \omega_0 + \sqrt{\mu_z \mu_s}\rho v_0 v_\rho \tag{6-81}$$

风压高度变化系数除与高度有关外，还与地面粗糙度有关，μ_z 及各地的基本风压 ω_0 可参考《建筑结构荷载规范》GB 50009—2012。

式（6-81）右边第一项，即平均风速产生的风压 $\mu_z \mu_s \omega_0$ 引起的结构反应，属于静力反应，可按静力方法进行结构计算。对于一般的结构，其基本周期较小、刚度较大，脉动风压（式6-81右边第二项）引起的结构反应一般较小。但当结构自振周期较大时，脉动风压对结构反应的影响不可忽略。《建筑结构荷载规范》GB 50009—2012规定，对于基本自振周期大于0.25s的工程结构应考虑脉动风压对结构的影响，而悬索屋盖结构的自振周期往往较大，有的甚至长达1s，因此悬索结构应考虑脉动风压的影响。

由式（6-81）可以看出，脉动风压的特性是由脉动风速 v_p 决定的。脉动风速最主要的统计特征是功率谱密度函数，它与基本风速和地面粗糙度有关。很多学者根据实测资料给出了许多经验表达式，其中应用最广的是Davenport根据不同高度、不同地点90多种强风记录谱于1960年代提出的脉动风速谱（也称Davenport风速谱）：

$$s_v = \frac{4Kv_0^2 x^2}{n(1+x^2)^{4/3}} \tag{6-82}$$

式中，K 表示地面粗糙度的系数，对于普通地貌可取 $K=0.03$；n 为脉动风频率（$n \geqslant 0$）；$x = 1200n/v_0$。

实际结构并非一个点而是具有一定的空间尺度，因此结构上各点的风速、风向并不完全相同，而只是具有一定的相关性；即结构上一点的风压达到最大值时，离该点越远处的风荷载同时达到最大值的可能性越小。这种性质称为脉动风的空间相关性，可用相关函数、相干函数或互谱函数表示。对于高层建筑结构，风荷载的相关性可只考虑侧向左右相关和竖向的上下相关。对于索网等空间结构，除应考虑上下相关、左右相关外，还应考虑前后相关，i、j 两点脉动风的三维相干函数可表示成：

$$\gamma(i,j,n) = \exp\left(\frac{-n\left[C_x^2(x_j-x_i)^2 + C_y^2(y_j-y_i)^2 + C_z^2(z_j-z_i)^2\right]}{\bar{v}_i + \bar{v}_j}\right) \tag{6-83}$$

式中，C_x、C_y、C_z 均为常系数，由观测统计得到，分别为16、8、10。

（2）风振效应与风振系数

《建筑结构荷载规范》GB 50009—2012中对于第一振型振动为主的高耸结构以振型分解法为基础，根据随机振动理论的频域分析方法，确定了风荷载的风振系数 β：通过将平均风压乘以风振系数（动力放大系数）来考虑风荷载的脉动效应。在确定风振系数（由结构的自振频率和高度决定）时利用了高层建筑、高耸结构自振频率分布稀疏的特点，忽略了各振型的相关项。

然而，这种方法对于自振频率分布密集的悬索屋盖结构是不适用的，而若考虑各振型间的相关关系，则会使振型分解法变得十分复杂。另外，悬索结构的几何非线性特性较为显著，采用荷载风振系数来考虑脉动特性也并不是很合理。因此，悬索屋盖的风振反应分析应不同于高层和高耸结构。当无盖结构自重较大时，可以自重作用下的受力状态为基准，采用考虑振型相关性的振型叠加法计算悬索结构的均方响应。其求解过程与高层和高耸结构风振分析方法相类似，仅在振型叠加时应考虑相关项的影响；也可以类似地震反应分析一样利用时程反应分析方法，区别仅在于使用的脉动风压（速）时程是根据风速功率谱和相关函数由计算生成的随机风场，其生成方法与地震波的生成类似，有多种方法可供选择。有一种随机振动离散分析方法是利用脉动风速（压）谱及其相干函数，在时域内直接求解结构的均方响应和相关函数。有研究者利用该方法对菱形平面、椭圆平面的双曲抛物面索网的风振反应进行参数分析，并给出内力和位移风振系数 β。对于菱形平面双曲抛物面索网，位移的最大和最小风振系数分别为 2.2、-0.2，承重索的内力最大、最小风振系数分别为 2.8、-1.6，稳定索的内力最大、最小风振系数分别为 2.3、-0.4。

若假定悬索体系在永久荷载及活荷载（除了风荷载）作用下，在预应力状态（索的预拉力为 T_0）基础上产生的位移增量 U_1（以向下为正）和内力增量 T_1（以受拉为正），平均风荷载在此前静力荷载（永久荷载及除风荷载之外的活荷载）平衡状态基础上产生的位移、内力增量分别记为 U_2、T_2。则考虑脉动风荷载作用后，结构某点或某单元的最大、最小位移和内力可用风振系数表示为：

$$U_{i,\max}=\begin{cases} U_{1i}+\beta_{D,\max}U_{2i} & (U_{2i}>0) \\ U_{1i}+\beta_{D,\min}U_{2i} & (U_{2i}<0) \end{cases} \tag{6-84a}$$

$$U_{i,\min}=\begin{cases} U_{1i}+\beta_{D,\max}U_{2i} & (U_{2i}<0) \\ U_{1i}+\beta_{D,\min}U_{2i} & (U_{2i}>0) \end{cases} \tag{6-84b}$$

$$T_{i,\max}=\begin{cases} T_{0i}+T_{1i}+\beta_{T,\max}T_{2i} & (T_{2i}>0) \\ T_{0i}+T_{1i}+\beta_{T,\min}T_{2i} & (T_{2i}<0) \end{cases} \tag{6-84c}$$

$$T_{i,\min}=\begin{cases} T_{0i}+T_{1i}+\beta_{T,\max}T_{2i} & (T_{2i}<0) \\ T_{0i}+T_{1i}+\beta_{T,\min}T_{2i} & (T_{2i}>0) \end{cases} \tag{6-84d}$$

式中，下标 i 表示第 i 个节点或单元，如 $U_{i,\max}$ 表示第 i 个节点的最大位移，$T_{i,\min}$ 表示第 i 个单元的最小内力；$\beta_{D,\max}$、$\beta_{D,\min}$ 分别表示最大、最小位移风振系数；$\beta_{T,\max}$、$\beta_{T,\min}$ 分别表示最大、最小内力风振系数。

6.2.6 索的锚固和连接构造

1. 索结构的锚具

通过锚具将索的内力传力给支承结构，可靠的锚具和锚固构造是索结构安全工作的关键，锚具及其组件的极限承载力不应低于索的最小拉断力。索结构中常见的锚具包括：浇铸式（冷铸和热铸两类）、挤压式、夹片式和锥塞式。其中，冷铸式锚具有锚固连接可靠、抗疲劳性能好、便于索张力调整等优点；挤压式锚具承载力相对较低，多用于小直径钢绞线索体系，如图 6-23 所示。

2. 索结构与支承之间的连接

钢索可经过索端头锚具与直接焊接于钢构件的耳板相连。当采用混凝土或其他材料作为支承构件时，钢索可与预埋节点板连接，也可经过钢套箍连接。钢索与下部支撑柱之间锚固做法如图 6-24 所示，钢索与钢筋混凝土边梁的锚固如图 6-25 所示。钢索与钢筋混凝土支承结构连接时，支承上预留索孔和灌浆孔，为了便于穿索、灌浆，索孔截面面积一般为索截面面积的 2~3 倍。

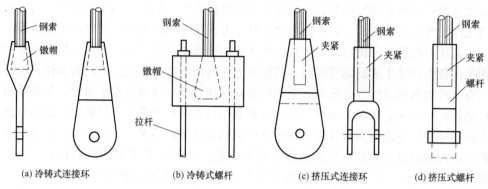

(a) 冷铸式连接环　　(b) 冷铸式螺杆　　(c) 挤压式连接环　　(d) 挤压式螺杆

图 6-23　钢索在柱顶的锚固

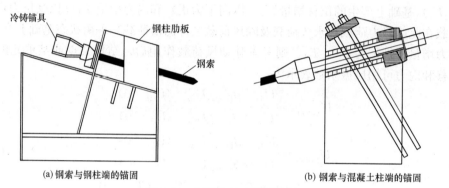

(a) 钢索与钢柱端的锚固　　　　　　　　(b) 钢索与混凝土柱端的锚固

图 6-24　钢索和柱之间的连接

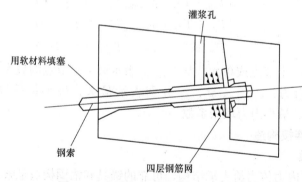

图 6-25　钢索与钢筋混凝土边梁的连接

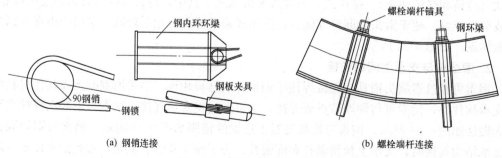

(a) 钢销连接　　　　　　　　　　　(b) 螺栓端杆连接

图 6-26　钢索与中心环的连接

对于采用辐射式布置钢索的悬索无盖体系，钢索要与中心环相连接；图 6-26 为其中的两种连接锚固构造。图 6-26（a）的特点是中心环梁上设置钢销，钢索端部绕过钢销，用钢板夹具卡紧，如此将钢索固定在中心环上；图 6-26（b）则是在钢索端部采用螺栓杆的形式锚固在中心环上。

3. 索与索之间的连接

索和索之间存在各种连接形式，比如双向（或多向）索的连接、拉索与边索的连接、环向索与径向索的连接、上下层索与联系杆之间的连接、索和加劲构件的连接、索和屋面系统的连接等，这些连接大多依靠紧夹于索的连接件来实现。

双向钢索的连接可选用节点板连接，也可选用 U 形夹或夹板等夹具连接，如图 6-27 所示。为了确保夹紧钢索，可选低碳钢或高强度螺栓。多向索之间连接应注意各钢索轴线要汇交于一点，以防止衔接板偏心受力。图 6-28 为径向索与环向索之间的连接构造；图 6-29 给出横向加劲索结构体系中拉索和横向加劲件（比如桁架）的连接构造，其构造上应满足加劲件下弦与索之间可以产生转角，但不产生相对线位移。

双层索系中的连系杆（连接上下层索）和索之间可以通过 U 形夹具连接，如图 6-30 所示。这种 U 形夹具具有刚度大、夹紧力较大等特点。索网结构体系中，边索起到加劲的作用，其与索之间的采用钢夹板连接，如图 6-31 所示。

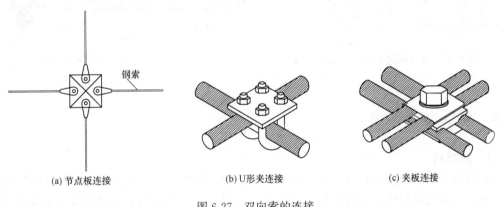

图 6-27　双向索的连接

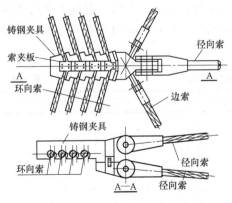

图 6-28　径向索与环向索的连接

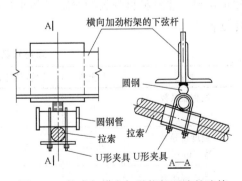

图 6-29　拉索与横向加劲桁架下弦的连接

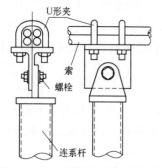

图 6-30　上层索与连系杆的连接

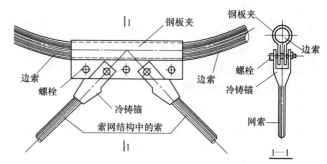

图 6-31　索网体系中索与边索的连接

4. 索与屋面构件之间的连接

U形夹具也用于钢索和屋面檩条、屋面压型钢板之间的连接，如图 6-32、图 6-33 所示。

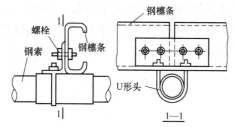

图 6-32　索与屋面钢檩条的连接

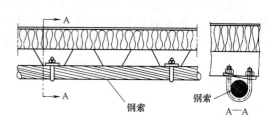

图 6-33　索与屋面压型钢板的连接

6.3　薄膜结构简介

6.3.1　膜材料

膜结构是由建筑膜材料与支承系统（空气、索、钢架等）相结合形成的曲面形张力结构。膜结构中的薄膜既是结构材料，又是建筑材料。作为建筑材料，薄膜必须具有防水、隔热、透光（阻光）等建筑功能；作为结构材料，薄膜应具有足够的强度，以承受自重、预应力、各种荷载等作用产生的拉力。膜材料是继木材、砖石、金属、混凝土之后的新型建筑材料，建筑膜材分为织物膜材和非织物膜材两大类，膜材和钢材等其他建筑材料的对比见表 6-4。

膜材和其他建筑材料对比　　　　　　　　　　　　　　表 6-4

性能	黏土砖	钢筋混凝土	低碳钢	木材	玻璃	聚酯纤织物
线膨胀系数 （$\times 10^{-6}$/℃）	6	12	12	4	8	—
温度传导率 [W/(m·℃)]	0.70	2.00	45.00	0.13	1.00	—
耐高温能力 （℃）	—	300～800	480	180	500	70

性能	黏土砖	钢筋混凝土	低碳钢	木材	玻璃	聚酯纤织物
强度/重量 (N/mm^2)	0.5	8	60	150	22	780
弹性模量/重量 (kN/mm^2)	9	15	27	22	30	10

1. 织物膜材和非织物膜材

织物膜材常用于张拉薄膜结构，是一种复合材料，织物膜材一般由纤维纺织布基层材料（简称基材）、涂层和面层组成。基材决定膜材料的力学性能，如抗拉强度、抗撕裂强度等。建筑膜材料的常用基材一般有聚酯纤维和玻璃纤维两大类。聚酯纤维的特点是抗拉强度较低，容易受到紫外线的侵蚀，长期拉力作用下会有较大的徐变，容易造成膜面皱折（容易聚集灰尘）。玻璃纤维一般由石英、钙、硼、铁、氧化铅等成分组成，其特点是弹性模量和抗拉强度较大、徐变小、不受紫外线侵蚀破坏，但属于脆性破坏材料，容易发生弯折破坏。

织物膜材的涂层决定材料的物理性能，如防火、防潮、透光等。涂层的种类有聚氯乙烯（PVC）、聚四氟乙烯（PTFE，也称特氟隆 Telfon）、硅酮等。PVC 应用最早，其特点是柔韧性好、可选颜色多、易与其他构件连接、价格适中、寿命相对较短、抗紫外线能力相对较差等。在太阳光长期照射下，PVC 容易发生化学变化，造成灰尘，且不易清洗、自洁性差等。为了克服上述缺陷，可在 PVC 涂层外涂敷化学稳定性更好的面层，如聚二氟乙烯（PVDF）或聚偏氟乙烯（PVF）等。聚四氟乙烯（PTFE，特氟隆）是 1970 年代美国杜邦公司开发的产品。PTFE 为惰性材料，特点是抗老化性能良好、抗紫外线能力强，但只有白色一种颜色，价格相对较高，寿命较长（大约 25 年）。PTFE 的刚度较大，在运输和施工过程中的卷和折都会使膜材强度降低，施工便利性较差；而且其在变形过程中易产生细微裂纹，从而导致水分侵蚀基材，降低基材的强度和寿命。硅酮是一种新型涂层材料，其特点是柔韧性、透光性、防水性均较好，施工安装方便，但自洁性不好。

将各种纤维基层和树脂涂层相结合可得多种建筑膜材，常用的包括：外涂聚四氟乙烯的玻璃纤维膜（通常称为 PTEE 膜材）、外涂聚氯乙烯的聚酯纤维膜（通常简称 PVC 膜材）、外涂硅酮的玻璃纤维膜等。目前，我国应用较多的是含有 PVDF 面层的 PVC 膜材，通过 PVDF 面层改善 PVC 膜材的抗紫外线能力，并提高自洁性，使用寿命可达 15 年以上。

非织物膜材（ETFE 膜材）于 20 世纪 70 年代初在美国开始研究，具有密度小（约为玻璃的 1%）、透光率强、耐久性强（25 年以上）等优点，是替代玻璃和其他高分子采光板的理想材料。目前仅少数国家能生产。

2. 膜材的性能

膜材的基本性能包括：力学性能、透光性、耐久性、自洁性、防水性、耐火性、工艺性要求。膜材产品的主要物理指标为抗紫外线能力、透光性、自洁性、保温性和隔热性。通常膜材涂层具有较强的抗紫外线能力，膜材也具有一定的透光性。膜材的透光性可以为建筑提供所需的照度，有利于建筑节能，对于一些要求光照多且亮度高的商业建筑等尤为重要。通过自然采光与人工采光的综合利用，膜材透光性可为建筑设计提供更大的美学创作空间。

　　膜材本身的保温隔热能力性能相对不佳，单层膜材的保温性能大致相当于夹层玻璃，仅适用于敞开式建筑或气候较温暖的地区。当建筑物的保温性能要求较高时，可采用有空气夹层（通常 25～30cm）的双层膜来改善保温隔热性能，比如美国丹佛机场的候机大厅膜屋盖结构就采用了双层膜结构。如果在夹层中填充玻璃棉等隔热材料，将进一步提高其保温隔热效果。此外，在游泳池、动物园和植物园等建筑中采用双层膜构造时，应注意膜内部的结露问题。

　　膜结构的自洁性是指膜面依靠雨水刷下的自我清洁能力。结构的自洁性不仅与材料本身的自洁性有关，而且与所处的环境和建筑设计有关，良好的设计会使得结构自洁性能得以充分发挥。比如，增加曲面斜率可以提高雨水冲刷速度，提高结构自洁性能；再比如，灰尘较多的环境或建筑曲面比较平坦时，则结构自洁性较差，为了保持建筑美观则需要定期进行人工清洗。

　　膜结构具有一定防水性，膜表面应具有足够的坡度（不低于 20%）以解决排水和积雪问题。多数膜结构采用无组织排水方式，但应尽量避免雨水沿建筑物的主要朝向一侧流下，还应注意对地面和墙面的污染。

　　膜材的受力性能主要由基层纤维布（基材）决定，力学性能主要包括拉伸强度和撕裂强度，需根据实验测定。基层纤维布的力学性能与制造工艺和经纬组织方式有关，建筑膜材的基层纤维布一般采用机织平纹布，因此膜材可假设为正交异性材料。结构中的膜材是薄柔体，仅能承受拉力作用，故膜材的力学性能也就是指其在拉力作用下的性能，可通过单向拉伸试验测得。取膜材的经向和纬向做单向拉伸试验，得到应力-应变曲线，如图 6-34 所示。由图 6-34 可知，在初始阶段，膜材应力-应变关系表现出非线性性质，但拉力达到一定程度后，非线性程度明显降低。考虑到膜为柔性材料，为了使膜结构具有一定的形状和刚度必须施加预应力张紧，这使得膜材在承担外荷载阶段（使用阶段）时，其应力-应变的非线性程度显著降低，可近似为弹性。

　　张拉膜结构的曲面的稳定性是靠经向和纬向两个主轴方向具有相反的曲率（负高斯曲率）来保障，两个主轴方向的内力抵抗垂直于曲面的外荷载，如图 6-35 所示。膜曲面形状随着外荷载的增加而发生改变，这会破坏膜材的正交性，材料主轴方向发生变化，但考虑到膜结构是大位移小应变，结构分析时可以假定受力后膜材仍保持正交异性且主轴方向不变。根据胡克定律，可以得到膜材（二维正交异性弹性体）在主轴上的本构方程，如下：

$$
\begin{Bmatrix} \sigma_w \\ \sigma_f \\ \tau_{wf} \end{Bmatrix} = \begin{bmatrix} \dfrac{E_w}{1-\gamma_w\gamma_f} & \dfrac{E_w\gamma_w}{1-\gamma_w\gamma_f} & 0 \\ \dfrac{E_f\gamma_f}{1-\gamma_w\gamma_f} & \dfrac{E_f}{1-\gamma_w\gamma_f} & 0 \\ 0 & 0 & G_{wf} \end{bmatrix} \begin{Bmatrix} \varepsilon_w \\ \varepsilon_f \\ \varepsilon_{wf} \end{Bmatrix} \tag{6-85}
$$

式中，E_w、σ_w、ε_w 分别为经向弹性模量、应力、应变；E_f、σ_f、ε_f 分别为纬向弹性模量、应力、应变；G_{wf}、τ_{wf}、ε_{wf} 分别为剪切模量、剪切应力、剪切应变；γ_w、γ_f 分别为经向引起的纬向泊松比、纬向引起的经向泊松比。上式中的矩阵为对称阵，故有 $E_w\gamma_w = E_f\gamma_f$。

抗拉强度是膜材力学性能的重要指标。织物膜材的抗拉强度通常大于 100MPa，非织物膜材的强度通常大于 40MPa，表 6-5 列出《膜结构技术规程》CESS 158：2015 的膜材抗拉强度。膜材的拉伸模量约为钢材的 1/3，泊松比约为 0.2。撕裂强度是膜材力学性能的另一个重要指标，膜材的撕裂强度比拉伸强度低得多。而实际工程中的膜结构，很多破坏都是由撕裂造成的，因此在膜结构设计中要特别注意避免应力集中。蠕变和松弛是膜材起皱和失效的重要原因，在裁剪分析和加工时必须考虑这个因素。有研究表明，聚酯纤维织物在 10 年里会因蠕变丧失 50% 的预张力。

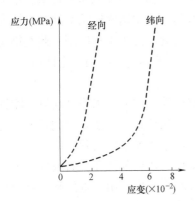

图 6-34　膜材单向拉伸应力-应变关系

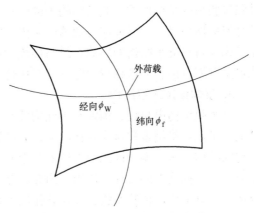

图 6-35　两个相反曲率的张拉曲面

膜材的抗拉强度（经向/纬向）　表 6-5

材料	A 级(10^3g/m^2)	B 级(800g/m^2)	C 级(600g/m^2)
聚四氟乙烯涂覆玻璃纤维	156.6/130MPa	150/116MPa	96.6/66.6MPa
有机硅涂覆聚酯纤维		106.76/105MPa	
聚四氟乙烯涂覆聚酯纤维		72/68MPa	
聚氯乙烯涂覆聚酯纤维（聚偏氟乙烯 PVF 面层）	115.7/115.7MPa	91.6/91.6MPa	
聚氯乙烯涂覆聚酯纤维（聚二氟乙烯 PVDF 面层）	120/110MPa	85/80MPa	60/60MPa
聚氯乙烯涂覆聚酯纤维（聚丙烯 ACRYLIC 面层）	110/100MPa	80/70MPa	60/50MPa

6.3.2　膜结构体系

膜结构体系大致可分为充气式膜结构、骨架支承式膜结构、整体张拉式膜结构、索系支承式膜结构。

1. 充气式膜结构

这种膜结构是利用薄膜内外空气压力差来稳定薄膜以及承受外荷载。按照结构内外气压差大小分为低压体系和高压体系两类。充气膜结构的典型工程有 1988 年在日本建成的东京棒球馆，2008 年在中国建成的国家游泳中心（水立方）等。充气式膜结构进一步分为气承式、气肋式、气枕式、混合式。其中，气承式膜结构由膜材围成相对密闭的空间，对内部充气形成气压差（通常为 $200\sim300\mathrm{N/m^2}$）来抵抗荷载并维持形状稳定。气承式膜结构的优点是易于建造、抗震性能好、对地质条件依赖小等。充气膜结构中可增设双向稳定索，稳定索起到增加膜表面曲率、减小膜内力、提高膜结构抵抗局部荷载的能力等。气肋式膜结构则由管状构件组成，可传递一定的横向力，适用于可快速拆装的临时性建筑。气承式膜结构由若干气囊状构件与钢框架组成。

2. 骨架支承式膜结构

此类膜结构是指用钢（或其他材料）建成骨架结构（如网壳等），再在骨架上方覆盖并张拉膜材的结构形式。此类结构中的膜材作为覆面材料，膜起到降低屋面自重、增大支承骨架的网格尺寸、形成明亮通透的室内空间效果等作用。此类结构体系的计算分析通常不考虑膜材对支承结构的影响，故与传统常规结构比较接近，便于工程应用。此类结构的优点是造型自由、可跨越较大跨度（对比传统常规结构）、下部支撑结构安定性高等。

3. 整体张拉式膜结构

这类膜结构由膜材、钢索及刚性构件（如桅杆、支柱等）构成，用桅杆或拱等刚性构件提供吊点，将钢索和薄膜悬挂起来，通过张拉索对膜施加预张力，使膜材绷紧形成形状稳定的结构。张拉膜结构的受力性能与索网结构相似，通过边界条件给膜材施加一定的预张应力，以抵抗外部荷载的作用。因此，在一定初始条件（边界条件和应力条件）下，需要通过计算来确定初始形状、外荷载作用下膜中应力分布与变形、用二维的膜材来模拟三维的空间曲面等一系列复杂的问题。因此，膜结构的发展离不开计算机技术的进步和新算法的提出。

整体张拉式膜结构按曲面构成形式和受力特点又可分为鞍形、伞形、脊谷式和拱支式。其中，鞍形张拉式膜结构（图 6-36a）是由几个不共面的角点以及连接角点的边缘构件围合而成，此类结构常用于景观类建筑。伞形膜结构（图 6-36b），其外形类似雨伞，由立柱、飞柱、不同高斯曲率的索、膜构成。脊谷式膜结构（图 6-36c）的特点是中间低两边高，跨中设计应注意排水问题，边跨应设置加劲索。拱支式膜结构（图 6-36d），由拱、索网和膜构成，拱是主要受力构件并为膜材提供了连续的支承点，索网通常布置在拱与边缘构件之间起到加强膜的作用。

4. 索系支承式膜结构

此类结构是指用空间索系作为承重结构，在索系上敷设张紧的膜材的结构。此类结构中的膜材主要起围护作用。典型代表就是索穹顶结构。索穹顶是由预应力钢索、钢杆件以及薄膜组合而成的组合膜结构，结构大量采用预应力钢索，压杆少而短，所以能充分发挥钢材的抗拉强度，结构效率极高。因其新颖的造型、合理的受力、经济的造价、快速的施工，获得了工程师们青睐，并被成功地应用在一些大跨度、超大跨度建筑的屋盖中，如英国伦敦的千年穹顶。

5. 混合膜结构

混合膜结构就是将充气膜、柔性索、刚性杆相结合而成的结构，这是一种新型、高效张拉结构。比如由低内压充气梁、柔性索、刚性杆件上弦所组成的张弦充气结构（Tension＋Air＋Integrity，简称 Tensairity）。张弦充气结构的工作原理（见图 6-37）是下弦柔性索承担了结构中的拉力，上弦刚性杆件承担了结构中的压力，实现了拉压分离。对比张弦桁架，Tensairity 用充气梁替换了撑杆，使得上弦刚性杆件的稳定性大大提高。对比

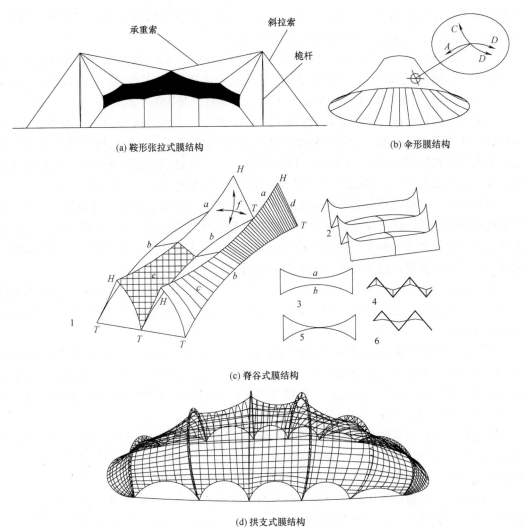

(a) 鞍形张拉式膜结构

(b) 伞形膜结构

(c) 脊谷式膜结构

(d) 拱支式膜结构

图 6-36　整体式张拉膜结构

气肋式膜结构比较，Tensairity 内气压较小，但其承载力可以达到张弦桁架的承载力。此外，Tensairity 结构是一种自支撑、自平衡的结构体系，对边界约束的要求很低。

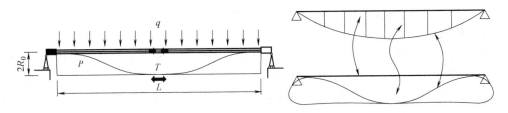

图 6-37　张弦充气结构工作原理

6.3.3　膜结构的荷载和动力特性

1. 静力荷载

本节只介绍膜结构中作用于薄膜上的荷载，关于膜结构中钢结构或混凝土结构部分的荷载可参考《建筑结构荷载规范》GB 50009—2012。薄膜结构设计时应考虑永久荷载、活荷载、风荷载、雪荷载、初始预张拉和内部压力等。

永久荷载包括膜的自重、增强材料和连接系统的自重，以及膜材或增强材料支承的设备的自重（如照明设备等）。膜结构的活荷载通常为屋面施工荷载，其标准值一般取 0.3kN/m^2，设计计算时应考虑活荷载的不均匀分布对膜结构的不利影响。

雪荷载的计算可按《建筑结构荷载规范》GB 50009—2012 进行，但膜结构外形复杂，雪荷载往往呈不均匀分布，而膜结构抵抗局部荷载的能力较弱。因此需要考虑雪荷载不均匀分布对膜结构的不利影响。膜结构屋盖设计时，在满足建筑功能的前提下，应尽可能采用较大的屋面坡度以防止膜面积雪。在一些雪荷载较大的地区，宜采取融雪措施。

初始预张力的设定应保证膜材在正常使用状态下不会因温度变化、荷载作用等原因发生松弛而出现褶皱，还应保证膜材在短期荷载（如强风荷载作用）作用下的最大应力小于容许应力。初始预张力的大小跟膜材种类、曲面形状等因素有关，其选取是否合适需要由荷载分析结果来衡量，往往需要多次调整才能得到合理的值。

对于充气式膜结构，应考虑结构内部气压作用。内部气压既起到维持充气式膜结构形状并抵抗外荷载的作用，又是作用于结构的荷载。内压应保证结构在各种工况下满足强度和稳定性的要求。

膜结构上的作用常见为地震作用和温度作用。由于膜结构自重轻，地震对膜的影响小，因此可以不考虑地震作用的影响，但对膜结构中的支承结构及钢（或混凝土）等刚性构件应根据相关规范进行抗震设计。温度作用是指由于温度变化使膜结构产生附加温度应力，应在计算及构造措施中加以考虑。

膜结构的计算应考虑荷载的长期效应组合和短期效应组合。长期荷载条件只需要计算活荷载、雪荷载中较大者与永久荷载的组合；短期组合则要考虑风荷载和雪荷载的组合。荷载组合尚应考虑初始预张力或内气压（充气式膜结构）的效应。

风荷载是膜结构设计中的重要和主要荷载，这是因为膜结构自重轻属于风敏感结构。膜结构的风荷载取值可按《建筑结构荷载规范》GB 50009—2012 的规定选取，但膜结构外形变化丰富，风荷载体型系数等参数往往没有规范或设计手册可查。因此对体系复杂或重要的膜结构，应通过风洞试验确定其体型系数等。另一方面，自重轻的特点使得膜结构在风荷载作用下容易产生较大的变形和振动，因此应考虑风荷载的动力效应，传统结构用风振系数来考虑风振动的影响。但膜结构形状丰富，难以确定统一的风振系数；因此对于复杂、大型重要的膜结构，风荷载动力效应可用风洞试验评估。

2. 动力特性

膜结构除了承受静力荷载外，还承受具有动力特性的荷载（比如风）的作用，需要了解膜结构的动力特性以及动荷载作用下的反应。

膜结构的自振特性有以下特点：频率密集，由于结构有多个对称轴，出现多个重叠频率。有研究者对马鞍形薄膜结构进行自振研究，结果表明刚性边界条件的膜结构自振频率较高，竖向振动多呈反对称，水平振动多呈对称。膜结构在动力荷载作用下的响应不同于传统的刚性结构，由于膜结构平面外抗剪能力很弱，故垂直膜面的作用力传递速度较慢，使得整个膜面并非一起上下振动，而是呈波浪状。

有学者对膜结构进行风荷载的动力时程分析。根据分析结果得到以下结论：

（1）膜结构在风振作用下表现为受迫振动；

（2）当薄膜结构中没出现褶皱单元时，结构的位移和应力响应随着时间、荷载变化具有明显的一致性，结构的变形和应力分布与风荷载体型系数的分布也具有一致性；

（3）当荷载较大导致膜出现较多褶皱单元（尤其是双向褶皱单元）时，膜结构的受力性能发生较大的变化，位移和应力随时间的变化与荷载的变化不再一致，变化幅度较大甚至出现突变，结构的变形和应力分布与风荷载体型系数的分布也不再一致，应力分布极不均匀，结构变形也极不规则；

（4）边界条件对膜结构的褶皱单元影响较大，刚性边界条件不易出现褶皱单元，即使荷载较大时出现少量褶皱单元也基本上为单向褶皱，而柔性边界条件则容易出现较多的双向褶皱单元；

（5）当薄膜结构在风荷载作用下出现不同程度的褶皱或松弛时，结构形状会发生明显变化，结构变形反过来影响作用于结构上的风荷载，反之亦然，即风荷载和膜结构之间存在耦合作用，耦合作用有可能减少结构的反应（风荷载和耦合作用力反相位），也有可能增大结构的反应（风荷载和耦合作用力同相位）。

6.3.4 膜结构的设计和分析方法

膜结构设计计算与网架等传统大跨度空间结构有明显区别。膜结构必须施加初始预张力才能获得结构刚度，而不同的初始预张力分布将导致不同的结构初始形状（结构受力分析是基于这个初始形状进行的）。同时，膜结构的表面形状通常为形状复杂的空间曲面（不可展曲面），还存在平面膜材通过裁剪构成空间曲面的问题。另一方面，为了保证膜结构的质量，避免在使用阶段因为大风和雨雪造成膜结构的损坏，设计时还要精确计算膜结构的变形和应力，确保膜结构具有一定的变形空间，能够抵抗风力和外力的压迫。

关于膜结构的边界条件，分析计算时可根据膜材与柔性索或型钢（刚性构件）等边缘构件的实际连接构造情况，将膜结构计算模型的边界支承条件假定为固定支座或弹性支座，通常将支承骨架等效为弹性支座以考虑支承骨架变形的影响，最好将支承骨架和膜结构一起建立模型进行整体分析计算。

关于膜结构的非线性，膜结构在外荷载作用下产生较大的变形，属于典型的几何非线性，分析计算时必须考虑变形对平衡的影响。尽管薄膜材料的应力-应变关系表现出非线性特征，但工程实际中的膜材料往往处于较低的应力水平（远低于材料破坏强度），因此膜结构计算时可以不考虑材料非线性，近似按线弹性材料考虑。

膜材本身不具有刚度，膜和索组成的体系的初始状态是一种机构，只有对其施加一定的预张力才能形成具有抵抗外荷载能力的结构体系。因此，膜结构的设计要求建筑设计和结构设计密切配合，其设计分析主要包括形态分析、荷载分析、裁剪分析。即根据建筑功能等要求首先求得一个所需的几何外形，在此基础上进行荷载分析。在分析过程中，对于出现压应力的单元，采用暂时剔除其对结构刚度矩阵的贡献，直至其重新受拉的处理方法。最后通过裁剪分析，求出裁剪线。膜结构的形态分析、荷载分析、裁剪分析是相互联系、相互制约。下面简单介绍这三种分析。

1. 形态分析

形态分析（即找形分析）是膜结构分析的第一步，主要是完成膜结构初始形状的判别以及初始预应力分布的分析。

同传统结构荷载分析一样，膜结构的荷载分析也必须在已知形状的基础上进行。但由于膜材本身没有抗压和抗弯刚度，故在引入初始预张力之前，膜的几何形状随着边界条件和荷载变化而具有不确定性，难以给出显式的形状表达式。因此，为了使膜结构在荷载分析之前的几何图形成为具有承受外荷载能力的结构体系，这个形状必须是符合合理的、自平衡的应力体系要求。这需要一个找形过程，最终使得膜结构的曲面形状要满足在一定边界条件、一定预应力条件下的力学平衡，并以此为基准进行荷载分析和裁剪分析，这就是找形分析（即初始平衡形状分析）。以常用的有限元分析方法为例，找形的基本流程如下：①根据建筑平面和立面条件，确定支承方式和支承点的位置；②根据支承点位置确定边索和加强索的布置方式；③根据经验确定索和膜中的初始预张力；④构建零状态下的结构有限元模型；⑤进行找形分析，确定结构的初始平衡态。

找形结果的评判标准如下：①满足建筑造型的要求；②保证结构在设计荷载作用下不出现过大的变形和应力；③避免膜和索因受压退出工作，即保证结构的稳定。当不满足上述要求时，可采取调整支承点的位置、改变预张力的大小、改变索构件的布置方式等措施进行调整。

找形的原则如下：①膜面应具有足够的曲率和坡度，保证结构的刚度和排水性能；②优先选择柔性边缘构件和可移动支承方式（如桅杆）以使膜应力尽可能均匀，避免荷载作用下膜材出现应力集中和褶皱现象；③结构应具有多道设防措施，以避免因膜材的破损造成整体结构的倒塌；④单片膜的跨度不宜超过 15m，覆盖面积不宜超过 $400m^2$，否则应适当增设加强索；⑤合理确定膜预张力的大小。

目前膜结构找形分析的方法主要有动力松弛法、力密度法以及有限元法等。前两者专门适用于膜结构的形态分析。

动力松弛法（dynamic relaxation method）是一种有效求解非线性系统平衡的数值方法。基本原理是将结构体系离散为节点和节点之间的连接单元，对各节点施加激振力使之围绕其平衡点产生振动，然后逐时、逐步地跟踪各节点的振动过程，直至各节点由于阻尼的影响最终达到静止平衡态。动力松弛法的分析流程如下：首先，将初始状态的节点速度和位移置零，在节点上施加激振力，使节点开始自由振动（假定系统阻尼为零）。然后，跟踪体系的动能，在节点不平衡力的作用下，结构在新的位置重新开始自由振动，一直重复到不平衡力满足收敛条件为止。

动力松弛法的稳定性好，收敛速度快，不需要求解大型非线性方程，适用于大型结构设计。但动力松弛法进行结构形态确定时，需要对各次迭代的时间间隔进行设定，由于规律性较差，需要多次试算确定。同时，考虑到对计算结果准确性的要求，计算的总迭代次数较多，从而增加了计算时间。

力密度法（force density method）的基本原理是将膜离散为由节点和线（杆）单元组成的索网结构模型，各个节点上作用荷载，在给出离散化后各杆件的几何拓扑关系，并设定力密度值（杆单元中的内力与该单元的长度之比为该杆单元的力密度）和边界节点坐标后，建立每个节点平衡方程。根据所有节点平衡方程，形成矩阵方程，引入边界条件后计算求解。力密度法基于最小势能原理，成形过程中加入力密度限制，即通过调整杆件内力和长度之比（力密度）达到最终期望的要求。

力密度法进行膜结构形态分析是一个离散等代的过程，它能立刻求出预应力状态时任意外形的空间坐标，但需要对膜结构的经向、纬向的力密度值进行设定。虽然力密度法避免了初始坐标问题和非线性的收敛问题（转换为线性方程求解），计算速度快，但力密度值的设定对计算结果准确性影响较大，而且用线性方法解决非线性问题也导致不能精确反映结构的真实形态，故力密度法算得的初始位形误差较大，适用于方案设计。

非线性有限元法（nonlinear displacement analysis Method）：采用该方法进行薄膜结构的形态分析时，不仅可以考虑各单元节点间的受力平衡和变形协调，同时还可考虑材料的正交异性影响。非线性有限元分析是一种精确计算方法，大致分为从近似曲面开始迭代、从平面状态开始迭代。从近似曲面开始迭代，是指在找形前先利用解析方法或某种数值拟合方法建立与所求解曲面近似的有限元模型，此时各控制点的坐标即为最终坐标；再在此基础上进行非线性有限元迭代，得到最终的初始平衡曲面。从平面状态开始迭代，是指起始有限元模型为平面状态，此模型仅满足结构拓扑关系；在此基础上，利用非线性有限元程序，通过逐步改变控制点的坐标并进行平衡迭代，最终求得初始平衡曲面。

膜结构中通常布置一定量的索，有限元分析计算时结构中索采用只受拉不受压的二节点杆单元，结构中的膜采用三角形或曲边形的大变形小应变的正交异型膜单元。膜结构的特点是高度几何非线性，要注意非线性方程组迭代收敛的条件和判断准则以及褶皱区的判断和处理；同时还应注意单元出现压应力时应令其退出工作（剔除其对刚度矩阵的贡献），直至重新受拉。

2. 荷载分析

经过形态分析后，确定了膜结构的几何形状和相应的预应力分布和数值大小后，就可以进行膜结构荷载分析。荷载分析包括静力分析和动力分析，主要分析结构在雪荷载、风荷载等作用下的反应。荷载分析的目的是检查在各种荷载组合作用下结构的刚度是否足够，以及膜内的应力是否在许可范围内，保证膜不因变形过大导致应力松弛或因应力过大导致破坏，保证结构在风作用下不会因变形或振动过大而影响使用，保证结构的整体稳定，尽量减少膜面褶皱的出现。

荷载作用下的膜结构具有大位移、小应变的特点，且随着形状的改变，荷载分布也在改变。因此，要用几何非线性方法才能精确计算结构的变形和应力，可用非线性有限元方法并用牛顿-拉弗森迭代进行求解，结构的非线性方程如下：

$$([K_L]+[K_{NL}]) \cdot \{\Delta u\} = \{R\} - \{F\} \tag{6-86}$$

式中，$\{R\}$ 为外荷载向量；$\{F\}$ 为节点等效力向量；$[K_L]$ 为线性应变增量刚度矩阵；$[K_{NL}]$ 为非线性应变增量刚度矩阵。运用非线性有限元法进行荷载分析，结构单元计算模型、矩阵形成、迭代方法、收敛准则等与形态分析一致。

荷载分析的一个目的是确定膜中预张力。在外荷载作用下膜中一个方向应力增加而另一个方向应力减少，这就要求施加初始张应力的程度要满足在最不利荷载作用下，膜中应力不致减少到零（不出现皱褶）。另一方面，初始预应力过高则会导致膜材徐变加大、膜材易老化、膜结构强度储备减少、施工安装难度增加。因此，初始预应力也要通过荷载分析来验算，如不满足要求则增加预张力，重新进行分析。

膜结构进行荷载分析计算时，特别要关注风荷载。膜材料在风荷载作用下极易产生风振，导致膜材料破坏（国内外屡见不鲜）。风荷载的确定包括体型系数、风振系数等。膜结构的风载体型系数应通过风洞试验或专门研究来确定，也可通过分析研究来确定。骨架支承式膜结构的风振系数取 1.2～1.5，张拉式伞形和鞍形膜结构的风振系数取 1.5～2.0。此外，对于大型、复杂且较为重要的膜结构，应通过风振分析或气弹模型风洞试验来确定其在风荷载下的动力效应。

膜结构设计应采用以概率理论为基础的极限状态设计方法，用分项系数的设计表达式进行计算。膜的强度校核按下式进行：

$$\sigma_{\max} \leqslant f \tag{6-87}$$

$$f = \xi \frac{f_{\mathrm{k}}}{\gamma_{\mathrm{R}}} \tag{6-88}$$

式中，$\sigma_{\max}$ 为膜的最大主应力设计值；f 为最大主应力方向的膜材强度设计值，按式（6-88）确定；f_{k} 为膜材强度标准值；γ_{R} 为膜材抗力分项系数，荷载基本组合不考虑风荷载时 $\gamma_{\mathrm{R}}=5.0$，考虑风荷载时 $\gamma_{\mathrm{R}}=2.5$；ξ 为强度折减系数，一般部位膜材 $\xi=1.0$，连接点处和边缘部位的膜材 $\xi=0.75$。膜的刚度校核按下式进行：

$$\sigma_{\min} \geqslant \sigma_{\mathrm{p}} \tag{6-89}$$

式中，$\sigma_{\min}$ 为膜的最小主应力设计值；σ_{p} 为保持膜面具有必要刚度的最小应力限值，按下列规定采用：荷载基本组合不考虑风荷载时，可取初始预张力值的 25%；荷载基本组合中考虑风荷载时 $\sigma_{\mathrm{p}}=0$，但膜面松弛引起的褶皱面积不得大于膜面积的 10%。

膜结构荷载分析时的另一个特别要关注的问题是褶皱问题，即膜材在单向拉应力状态下出现的平面外变形。褶皱带来以下不利影响：影响美观，导致结构内力重分布（微风振动和应力集中等），导致结构局部积水、积雪并危及结构的安全。膜结构可以通过修改褶皱单元的刚度矩阵来减小或忽略其对整体结构刚度矩阵的贡献。

3. 裁剪分析

经过找形分析而形成的膜结构通常为三维空间曲面，其表面要由不同几何形状的单片平面膜材通过缝合或高频焊接而成。单片二维膜材料的裁剪和连接是在无应力状态下进行，而张拉形成的所需的三维空间曲面膜材则处于张拉状态，为了保证膜结构表面不出现褶皱而退出工作，必须选定合适的裁剪式样并确定好连接位置，这需要进行裁剪分析。裁剪分析的实质是研究一定约束条件下的空间曲面的平面展开问题，也是一个施工下料的过程。由于裁剪分析与整个膜结构的形状、大小、曲率及材料性质等诸多因素有关，同时一个既定的形状并非就有合适的裁剪式样，而裁剪式样以及裁剪线的改变又将导致曲线的几何外形、材料主轴方向等发生相应改变，这又直接影响到形状判定和荷载分析。因此，膜结构的裁剪分析又不同于一般传统钢结构的施工下料，其应作为全过程分析的一部分。

膜结构的裁剪分析应包括以下四方面内容：确定裁剪线分布、将空间膜片进行平面展开、膜内预拉力的释放、膜材徐变影响的消除。裁剪线的确定应考虑以下因素：①裁剪线布置的美观性；②根据膜材幅宽，尽量有效利用膜材；③根据膜材的正交异性特点，使膜材纤维方向与计算的主要受力方向一致。另外，考虑到膜为各向异性材料，材料的弹性主轴方向应尽可能与主轴应力方向一致，裁剪线应作为单元划分的公共边。

目前常用的裁剪方法有测地线法（短程线法）、平面相交法、动态规划法、增量杆单元有限元法、板单元有限元法等。对于可展曲面，展开平面上的测地线为直线。对于不可展曲面，展开平面上的测地线接近直线。测地线法的接缝较短、用料较省，但裁剪线的分布不易把握，主要用于曲率较小的膜结构。平面相交法是用一组平面（通常用竖向平面）

去找形得到曲面，以平面与空间曲面的交线作为裁剪线。平面相交裁剪法常用于对称膜面的裁剪，所得到的裁剪线比较整齐、美观。

实际工程中，还应考虑膜材的布料幅宽和膜结构整体美观。因为工程生产出来的膜材是有一定幅宽，裁剪这些膜材后形成膜片，经过缝合、焊接、黏合而形成膜结构。因此，实际剖分的膜片应考虑工程造价，充分利用所提供的膜材的宽度，避免浪费。膜材料具有透光性，实际膜结构中可以较为清楚地看到各个膜片之间的缝合线（分割线），故这些分割线的布置应规则合理，甚至形成一些图形以增加建筑美观。

膜结构设计时还应注意：①膜面应具有足够的曲率，以保证结构的刚度；②优先选择柔性边缘构件和可移动支承方式（如桅杆）以使膜内应力尽可能均匀，避免应力集中和褶皱；③膜结构应具有多道设防措施，以避免因膜材的破损造成整体结构的倒塌；④单片膜的跨度和覆盖面积分别不宜超过 15m 和 400m^2，如果超过则应适当增设加强索；⑤膜材与其他物体之间的距离不应小于膜面在最不利工况下变形值的 2 倍，且不应小于 1m；⑥膜结构施工时应根据屋面曲面形状、施力点的位置等，采用不同的膜面预张力的施加方法，见图 6-38。

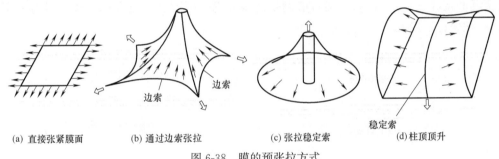

(a) 直接张紧膜面   (b) 通过边索张拉   (c) 张拉稳定索   (d) 柱顶顶升

图 6-38 膜的预张拉方式

6.3.5 膜结构的连接

1. 膜-膜连接

膜结构中的膜和膜之间的连接（膜-膜连接）采用以下几种方式：缝合连接、粘合连接、热合连接、束带连接、螺栓夹板连接。

缝合连接是一种传统的织物连接方式，主要在工厂内制作完成，可采用平缝、折缝、双层折缝等方式，如图 6-39 所示。缝合连接通过缝合线及摩擦力传递荷载，传递荷载的大小与缝合线、母材的撕裂强度、缝合线数量、缝合宽度有关，但缝合宽度和缝合线数量达到一定值后再增加缝合宽度和缝合线数量对承载力的提高贡献不大。缝合连接的特点是比较经济，且质量容易控制，但连接的强度较低。缝合连接一般用于膜内应力较小及非受力构造连接处、其他连接方式不能用的地方。此外，在结构排水区应慎用缝合连接。

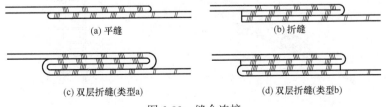

(a) 平缝   (b) 折缝

(c) 双层折缝(类型a)   (d) 双层折缝(类型b)

图 6-39 缝合连接

粘合连接是通过胶粘剂将膜片粘合在一起，通过膜片之间的胶粘剂或化学溶解的涂层来传递膜内力，有搭接、单覆层对接、双覆层对接等多种方式，如图 6-40 所示。粘合连接的耐久性较差，一般用于强度要求不高或现场临时修补的地方。

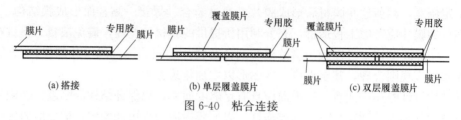

图 6-40　粘合连接

热合连接是将搭接区内两膜材上的涂层加热使之融合，并对其施加一定时间的压力，使两片膜材牢固地连接在一起。加热的方式有热气焊和高频热合两种，后者应用较多。热合连接方式有搭接、单覆层对接、双覆层对接、双覆层错开对接等，如图 6-41 所示。其中，双覆层错开对接可降低荷载传递的不连续性，适用于应力较高的情况。热合连接的搭接宽度通常为 40～60mm，强度可达到母材强度的 80% 以上，有些甚至达到母材强度（热合缝的宽度大于 5cm 时），而且能满足防水要求，因此高频热合连接成为目前应用较多的一种膜材连接方式。

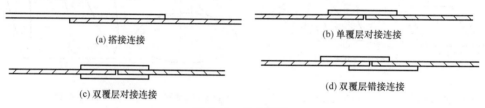

图 6-41　热合连接

束带连接是由边绳、束带、环圈等构成的一种可调节的膜材连接方式，其构造如图 6-42 所示。束带连接的优点是安装时便于调整形状、根据情况分步增减拉应力，缺点是消耗大量的人工。荷载作用下束带连接传力方式如下：膜材传至边绳，由边绳传给环圈，再通过束带传递给另一侧的环圈、边绳和膜材。环圈应紧挨着边绳布置，使力直接在环圈和边绳之间传递。环圈一般为圆形，材料通常为不锈钢、镀锌钢、铝、PVC、聚乙烯；环圈的直径为 6～80mm（根据束带的粗细而不同）、厚度一般为 6～15mm（根据膜边的厚度而变化）。束带连接通常在上面增加一层覆盖膜以避免束带节点受气候影响，并起到防水作用。覆盖膜片较高一侧在工厂缝合或热合，较低一侧在现场粘合。

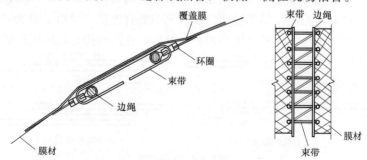

图 6-42　膜和膜之间的束带连接

螺栓夹板连接由夹板、螺栓、膜材、垫片、边绳等构成，其连接构造如图 6-43 所示。上下两块夹板通过螺栓夹紧膜材以产生摩擦力，膜套中边绳与夹板贴紧传递挤压力，节点通过边绳挤压力、摩擦力传递膜内拉力。边绳在整个长度范围内必须连续，通常采用 PVC 纤维丝，直径为 5～8mm。螺栓通常采用不锈钢、镀锌、铝合金以满足防腐要求，为了使金属夹板能将边绳卡住，需要对螺栓施加一定的压力，因此螺栓直径不能太小，通常为 8～12mm，螺栓间距通常为 50～70mm。金属夹板采用铝合金或不锈钢，为了避免夹板边缘锐角划伤膜材，夹板采用两边弧形处理；同时，金属夹板应具有一定的刚度以便将螺栓施加的压力均匀分布在膜面上，夹板的宽度一般为 30～50mm，厚度一般为 5～8mm。螺栓夹板连接是一种常用现场连接方式，适用于结构规模较大、需将膜材分成几个部分在现场拼接、施工现场不具备热合连接条件的情况。螺栓连接的缺点是：膜材与金属连接件的变形不协调，易导致相连膜片处出现应力集中。为了防止膜材在螺栓孔处由于应力集中而被撕裂，膜材上预留的螺栓孔应比螺栓杆的直径大。另外，由于螺栓连接防水性差，对防水要求较高的建筑可在螺栓连接外加防水膜条，如图 6-44 所示。防水膜条一般是一侧工厂热合，另一侧现场粘合。

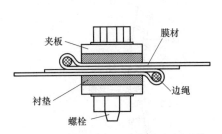

图 6-43　膜和膜之间的螺栓夹板连接

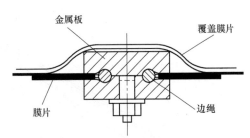

图 6-44　螺栓夹板连接的防水处理

2. 索-膜连接

膜结构中往往设有索，比如膜结构的边缘通常用索来加强，比如张拉索-膜结构。此外，但膜面超过 15m 无中间支承时，为减小膜面应力，可利用索或合成纤维带对膜面进行局部构造加强。因此，索-膜连接是膜结构的重要连接之一。由于索和膜两种材料的差异，两者之间应留有一定的空隙，以适应在荷载作用下膜与索之间可能产生的相对滑动。

张拉索-膜结构中按索的作用可分为边索、脊索、谷索。边索是指布置在结构边界的索，脊索是指曲率中心位于膜面以上呈下凹状的索，在索-膜结构中起承担竖向荷载的作用，也称为承重索。谷索是指曲率中心位于膜面以下呈上凸状的索，在结构中起到稳定形状和承担向上荷载（由风吸力等引起）的作用，也称为稳定索。索的作用不同，膜材与索的连接方式也不尽相同。

膜材与边索的连接是将膜内的拉力均匀地传递给边索，再由边索传递给支承体系。膜与边索的连接方式主要有索套连接、金属配件连接、束带连接、扣带连接等。索套连接是指边索穿过由膜材形成的索套，如图 6-45 所示，索套可以采用缝合或热合形成，也可以通过附加膜片形成。金属配件连接的做法是先将膜材通过夹板和边绳收边，再通过 U 形夹片和边索相连，膜边拉力通过夹板、U 形夹片传递给边索，如图 6-46 所示。膜和边索之间的束带连接类似膜材之间的束带连接，目的是将膜边拉力通过边绳、束带传递给边索。扣带连接与束带连接类似，区别仅在于用扣带替代束带，如图 6-47 所示。

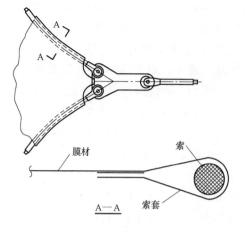

图 6-45　边索和膜之间的索套连接

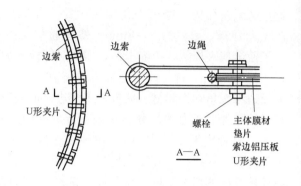

图 6-46　边索和膜之间的金属配件连接

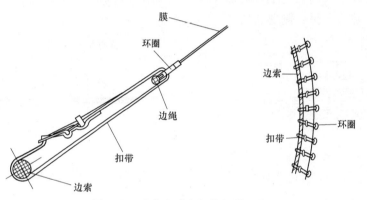

图 6-47　边索和膜之间的扣带连接

谷索和脊索与膜的连接方式类似，谷索处一般为排水通道，故防水要求更高，常见的连接方式如下：

（1）直接敷设或索套连接：直接将谷索或脊索布置在膜面上，但在连接处应布置膜条（加劲膜）做垫层，如图 6-48（a）所示；或在此基础上再用索套将索固定，如图 6-48（b）所示。膜条（垫层）、索套与膜面之间采用热合连接，避免因缝合连接产生针孔而需要进行额外防水处理。这种连接方法简单且防水性能较好，常用于实际工程。

（2）束带连接：与膜材和边索的束带连接做法基本相同，所不同的是谷索（脊索）是两边均与膜连接，如图 6-49 所示。为了抵抗剪力，可采用抗剪束带连接。

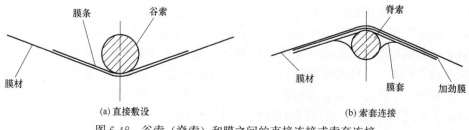

(a) 直接敷设　　　　　　　　　　(b) 索套连接

图 6-48　谷索（脊索）和膜之间的直接连接或索套连接

（3）U 形螺栓连接：将两片膜用夹板夹紧，再通过角钢与固定脊索（谷索）的 U 形螺栓连接，调节螺栓改善膜材的局部松弛和褶皱，如图 6-50 所示。

（4）U 形夹片连接：膜内力通过边绳、夹板、螺栓、U 形夹片传递到谷索（脊索）上，如图 6-51 所示。

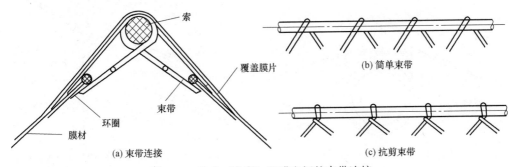

图 6-49 谷索（脊索）和膜之间的束带连接

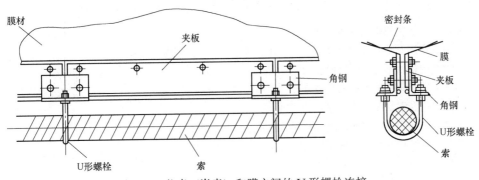

图 6-50 谷索（脊索）和膜之间的 U 形螺栓连接

3. 支承构件（刚性边界)-膜连接

膜结构的膜材需与支承构件（或刚性边界）连接，通常有直接连接和螺栓连接两种。直接连接是将膜材直接固定于刚性边界上，边界为木构件时紧固件一般用木螺钉，边界为钢构件时可采用螺栓连接或焊接，边界为混凝土构件时通过预埋螺栓连接。螺栓连接的传力路径为：膜材—边绳—垫板—螺栓—U 形夹板—螺栓—支承

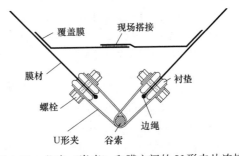

图 6-51 谷索（脊索）和膜之间的 U 形夹片连接

构件。图 6-52 为膜材和钢管支承的连接示意图，图 6-53 为膜与混凝土支承之间的拉力螺栓连接示意图。

4. 膜结构中连接节点设计原则

（1）不先于主体材料和构件破坏；

（2）具有一定的灵活性和自由度，释放大变形所引发的附加应力作用；

（3）避免连接部位的膜材出现应力集中；

（4）节点连接件宜选用不锈钢或铝材，对钢构件必须做镀锌或涂装处理；

（5）膜节点自身也应有良好的防水性能，一般在节点上增加一层覆盖膜；

（6）应保证预张力施加点处的节点具有较高的强度、刚度且便于操作；

（7）应考虑结构安装偏差与二次张拉的可能性。

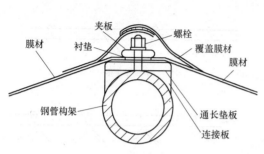

图 6-52　膜和钢管支承的连接

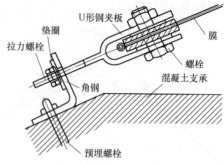

图 6-53　膜和混凝土支承的拉力螺栓连接

思考题和习题

1. 简述悬索结构和膜结构的特点。

2. 何为悬索体系的形状稳定性？为了保证形状稳定性需采取哪些措施？

3. 悬索结构初始形态分析有何意义？

4. 简述单层悬索结构体系的平衡方程、变形协调方程。

5. 简述单层悬索长度计算过程。

6. 简述有限元法建立索结构求解方程的推导过程。

7. 简述悬索结构的自振频率和振动特性。

8. 按照支承方式，膜结构分几种形式？各自有何特点？

9. 有 1 个承受均布荷载作用下的单索，已知索截面面积 $A = 0.6 \text{cm}^2$、弹性模量 $E = 185 \text{GPa}$、跨度 $l = 9\text{m}$，以及索的初始状态荷载 $q_0 = 0.2 \text{kN/m}$、初始水平拉力 $H_0 = 9\text{kN}$。当施工结束后的使用阶段荷载 $q = 0.4 \text{kN/m}$ 时，求出索水平张力 H，以及索在初始状态和最终状态时的跨中垂度。

（注意：一元三次方程求解可用 matlab 的命令 p＝[a，b，c，d]；roots(p)；其中数值 a～d 依次为一元三次方程的三次项系数到常数系数）

本章参考文献

[1]　张其林. 索和膜结构 [M]. 上海：同济大学出版社，2002.

[2]　那向谦，杨维国. 索膜结构的特点、结构分析要素及展望 [J]. 工程力学，2003，增刊：88-95.

[3]　贾庆茂，薛素铎，何艳丽，等. 劲性支撑穹顶索膜结构模态特性试验研究 [J]. 空间结构，2018，24（2）：21-28.

[4]　沈世钊，徐崇宝，赵臣. 悬索结构设计 [M]. 北京：中国建筑工业出版社，1997.

[5]　哈尔滨建筑工程学院. 大跨房屋钢结构 [M]. 北京：中国建筑工业出版社，1993.

[6]　中华人民共和国国家标准. 建筑荷载设计规范 GB 50009—2012 [S]. 北京：中国建筑工业出版社，2012.

[7]　中华人民共和国国家标准. 建筑抗震设计规范 GB 50011—2010 [S]. 北京：中国建筑工业出版社，2016.

[8]　张毅刚，薛素铎，杨庆山，等. 大跨空间结构（第 2 版）[M]. 北京：机械工业出版社，2014.

[9]　王秀丽，梁亚雄，吴长. 大跨度空间结构 [M]. 北京：化学工业出版社，2017.

[10]　陈绍蕃，郭成喜. 钢结构（下册）：房屋建筑钢结构设计（第四版）[M]. 北京：中国建筑工业出版社，2018.

[11]　叶禾. 杭州市西湖区体育场看台索膜结构加固研究 [J]. 建筑结构，2013，43（4）：47-49.

[12]　方卫. 世博轴索膜结构的关键构件及节点设计 [J]. 空间结构，2011，17（2）：76-83.

[13]　杨庆山，乔磊. 考虑支承的大跨度索膜结构整体分析与设计 [J]. 计算力学学报，2012，29（3）：321-326.

[14]　李道正. 膜结构螺栓夹板连接节点性能研究 [D]. 北京：北京工业大学，2008.

[15]　杨庆山，姜忆南. 张拉索-膜结构分析与设计 [M]. 北京：科学出版社，2004.

[16]　张相庭. 工程结构风荷载理论和抗风计算手册 [M]. 上海：同济大学出版社，1990.

第7章　ABAQUS 和 ANSYS 在大跨钢结构中应用简介

大跨空间建筑结构往往比较复杂，在大部分情况下难以用手算获得足够的精度，工程设计时采用软件程序进行结构计算。当前，不管是专用结构设计软件（如 PKPM、3D3S 等），还是比较知名的主流通用有限元分析软件 ANSYS、ABAQUS、MSC（NASTRAN 和 MARC）、ADINA 等，理论基础都是有限元法。其中专用结构设计软件特点是为结构施工图服务，能直接出施工图，操作方式傻瓜化，满足结构工程师快速设计需求，但结构分析功能相对偏弱，结构工程师对假定条件下干预的可能性较少，分析过程为"暗箱"操作。通用有限元软件则相反，特点是以力学分析为主，不能直接出施工图，强调通用性和开放性，结构建模方面不如专用结构设计软件方便。鉴于专用软件比较容易掌握，本章结合几个大跨建筑钢结构例子，简单地介绍使用通用有限元软件进行结构分析计算。

7.1　有限元法简介

工程中任何物理问题的基本控制方程都是连续域上的偏微分方程，然而满足工程实际条件的大部分偏微分方程难以获得解析解，故大多用近似方法获得满足工程要求的解。其中，有限元法（Finite Element Method，简称 FEM）是一种常用、高效的近似方法。有限元法将连续的求解域分割为有限数量的元素（也称单元），且相邻单元直接仅通过有限个点联系起来（这些点称为节点），每个单元内的量通过节点值和近似函数对场变量进行插值得到，在各单元上应用变分法等建立离散的单元特性方程，特性方程的系数矩阵和常系数项经组合和集成后形成离散系统的控制方程（静力问题往往是代数方程组），在控制方程中引入边界条件并求解得到离散系统的各节点处的场变量近似值。在结构分析领域，直接求解得到节点位移，结合几何关系和物理关系，由节点位移计算得到应变、应力等。最后，对分析计算结果进行整理和判断。

有限元分析中的自由度是用于描述一个物理场的响应特性，比如结构问题中的位移、热问题中的温度、电问题中的电位等。每一个节点的自由度数量与该节点的单元类型有关，比如结构中的杆（桁架）单元或实体单元的每个节点有 3 个自由度（沿着 x、y、z 轴的位移 U_x、U_y、U_z），比如空间梁单元或壳单元的每个节点有 6 个自由度（3 个位移和 3 个转角 U_x、U_y、U_z、R_x、R_y、R_z）等。

有限元法直接求解的是节点处自由度（DOF）值，再由这些自由度值根据几何方程和物理方程推出应变和应力。每一个单元内部任意位置处的自由度值是通过近似的单位形函数由节点处自由度值推算而来。单元形函数是一种数学函数，是给定单元的一种假定的特性，规定了从节点 DOF 值到单元内所有点处 DOF 值的计算方法。单元形函数与真实工作特性吻合好坏程度直接影响求解精度。当选择了某种单元类型时，也就确定地选择并接受该种单元类型所假定的单元形函数，同时必须确保有足够数量的单元和节点来精确描述所要求解的问题。比如假设真实自由度值沿着单元呈二次函数，如果选择的单元形函数为线性函数，则需要更多单元才能近似反映真实的自由度值，如果选择的单元形函数为二次函数，则只需更少单元即能反映真实的自由度值，如图 7-1 所示。

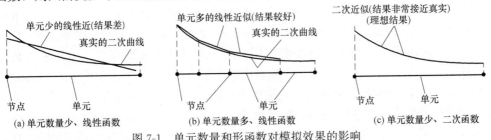

图 7-1　单元数量和形函数对模拟效果的影响

通用有限元软件通常是先建立一个与实际结构形状一致或相近的实体模型（忽略一些细节特征），然后提交分析建立有限元模型，特别要注意实体模型和有限元模型的区分。实体模型也就是几何模型，其用于表达结构的几何形状。几何实体模型并不参与有限元分析计算。实体模型经过网格划分后，形成了有限元模型，有限元模型是由节点和单元组成。对于简单的结构，也可通过创建节点和单元直接建立有限元模型。荷载、约束在建立模型过程中可以先施加于实体模型的边界上，但变成有限元模型后就传递到有限元模型上的节点或单元上，然后在进行求解分析计算。求解过程是通过荷载步及子步（也叫增量步）进行控制，一个荷载步就是计算结构在给定边界条件和荷载作用下的一组解的过程，荷载子步则是荷载步的细分。对于线性问题，荷载步通常无需细分为子步，对于非线性问题，荷载是逐级施加，荷载总量作为一个荷载步，每一级加载就是一个子步，每一个子步还可能进行多次的平衡迭代。

7.2　ABAQUS 的应用简介

7.2.1　ABAQUS 简介

ABAQUS 很像 ABACUS（算盘），由字面可知其专注于计算（求解）功能。早期的 ABAQUS 专注于两个求解模块：ABAQUS/Standard（通用分析模块）和 ABAQUS/Explicit（显示动态分析），而将建模（前处理）和数据读取（后处理）功能交给第三方软件，如 MSC 前后处理软件 Patran 等。虽然后来推出人机交互模块 ABAQUS/CAE，且 ABAQUS 6.7 版后的前后处理模块逐渐变得成熟，但其建模功能依然不是强项，其特长依然是分析功能，尤其是强大的固体非线性分析功能。

ABAQUS 在运行中产生几类文件，有些是在运行时产生、运行后自动删除，有些是用于分析、重启、后处理、结果转换等，主要包括以下几类：其中，文件××.cae 用于模型信息、分析任务等；××.jnl 为日志文件，包含用于复制已存储模型数据库的 ABAQUS/CAE 命令；××.cae 和××.jnl 构成支持 CAE 的两个重要文件。文件××.inp 为输入文件，顾名思义就是用来输入信息——向 ABAQUS 求解器提交信息，此文件包含了几乎所有的模型信息。提交××.inp 后经计算分析得到××.odb 等输出文件。不管用什么方式来建立模型（即通常说的前处理），分析计算都使用求解器的模块来进行。评价有限元软件的一个重要指标就是求解器，ABAQUS 的非线性能力很强，其实就是它的非线性求解器很强。

文件××.dat 是数据文件，包括文本输出信息、记录分析、数据检查、参数检查等信息。××.sta 为状态文件，包含分析过程信息。××.msg 是计算过程的详悉记录，分析计算中的平衡迭代次数、计算时间、警告信息等可由此文件获得。××.res 为重启动文件，用于 STEP 模块定义。××.rpy 为记录文件，记录一次操作中几乎所有的ABAQUS/CAE 命令。文件××.lck 的作用是阻止并写入输出数据库，关闭输出数据库则自行删除。文件××.rec 为包含用于恢复内存中模型数据库的 ABAQUS/CAE 命令。

文件××.odb 为输出数据库文件，需要由 Visuliazation 模块打开。××.fil 也为结果文件，为可被其他应用程序读入的分析结果表示格式。××.ods 为场输出变量的临时操作运算结果文件。××.ipm 为内部过程信息文件，启动 ABAQUS/CAE 分析时开始写入，记录了从 ABAQUS/Standard 或 ABAQUS/Explicit 到 ABAQUS/CAE 的过程日志。××.log 为日志文件，包含了 ABAQUS 执行过程的起止时间等。

文件××.abq 为 ABAQUS/Explicit 模块才有的状态文件，用于记录分析、继续和恢复，为 restart 所需的文件。××.mdl 为模型文件，在 ABAQUS/Standard 和 ABAQUS/Explicit 中运行数据检查后产生的文件，在 analysis 和 continue 指令下被读入并重写，为restart 所需的文件。××.prt 为零件信息文件，包含了零件与装配信息。××.sel 为结果选择文件，用于 ABAQUS/Explicit，执行 analysis、continue、recover 指令时写入并由convert=select 指令时读入，为 restart 所需的文件。

文件××.stt 为状态外文件，为数据检查时写入的文件，在 ABAQUS/Standard 中可在 analysis、continue 指令下读并写入，在 ABAQUS/Explicit 中可在 analysis、continue指令下读入，为 restart 所需的文件。××.psf 为脚本文件，是用户定义 parametric study时需要创建的文件。××.psr 为参数化分析要求的输出结果，为文本格式。××.par 为参数更改后重写的参数形式表示的 inp 文件，××.pes 为参数更改后重写的 inp 文件。

ABAQUS/Standard 是一个通用分析模块，能够求解线性和非线性问题，从线性静态、动态分析到复杂的非线性耦合物理场。ABAQUS/Explicit 模块采用显示动力有限元列式，是求解非线性动力问题和准静态问题的理想程序，适用于冲击和爆炸这种瞬时、短暂的动力问题。

ABAQUS 提供了丰富的单元库，主要有 continumm（实体单元）、shell（壳单元）、beam（梁柱单元）、truss（杆或桁架单元）、membrane（膜单元）、springs and dashpots（弹簧/连接器和减震器单元）、rigid element（刚体单元）、infinite element（无限单元）等。其中，桁架单元用于只能承受轴力的杆件，桁架单元的名字以 T 开头、随后两个字符表示维数，最后一个字符表示单元中的节点数，比如 T3D2——表示 2 个节点三维桁架单元。梁柱单元用于模拟长度方向大于另外两维尺寸且长度方向的应力显著的构件或结构，其名字以 B 开头，第二个字符表示单元的维数，第三个字符表示插值阶数。比如 B21为二维线性梁柱单元（线性插值单元，每个节点有 2 个平动和 1 个转动自由度），B32 为三维二次梁单元（二次插值单元，每个节点有 3 个平动和 3 个转动自由度）。壳单元（shell）用来模拟厚度方向尺寸远小于另外两维尺寸的结构，壳单元常用来模拟钢结构构件和连接节点，壳单元的名字以 S 开头，轴对称壳单元则以 SAX 开头，反对称变形的轴对称单元以 SAXA 开头。一般的壳单元的名字中第一个数字表示单元中的节点数，如果名字中最后一个字符是数字 5，则表明这种单元每个节点只有 5 个自由度（3 个平动和 2

个转动），壳单元可以采用完全积分或缩减积分（字母 R 表示），比如 S4R 表示 4 节点缩减积分壳单元，S8R 表示 8 个节点缩减积分壳单元。实体单元（continumm）以字母 C 开头，随后两个字母表示实体单元中的亚类型，比如 3D 表示三维实体、AX 表示轴对称单元、PE 表示平面应变单元（模拟大坝等厚结构）、PS 表示平面应力单元，实体单元也可以采用完全积分或缩减积分（字母 R 表示）。比如 C3D8R 表示三维 8 节点、线性、缩减积分单元，CPS4R 表示 4 节点、线性、缩减积分平面应力单元。

　　ABAQUS 建立有限元模型包括两种方式，一种是在其他软件生成几何实体模型或有限元模型后导入，包括建立几何实体模型导入后修改再提交生成有限元模型，以及直接导入由其他软件生成的有限元模型。其他软件包括 Patren、SolidWorks、Catia、Autocad、Hypermesh 等。另一种是直接在 ABAQUS/CAE 建立实体模型，网格划分后提交生成有限元模型并提交求解器计算。ABAQUS/CAE 是一个快速交互式的前后处理环境，用于 ABAQUS 的建模、分析、监测和控制以及结果评估。通过 ABAQUS/CAE 建立的有限元模型包括以下几个对象（模块）：部件（Part）、材料和截面属性（Property）、装配（Assembly）、分析步（Step）、相互作用（Interaction）——模拟部件之间相互作用、荷载和边界条件（Load）、网格划分（Mesh）、分析计算（Job）、后处理（Visualization）。打开 ABAQUS/CAE 后，其界面如图 7-2 所示，由以下几部分构成：应用菜单、工具栏、快捷键区、模型树、信息提示和命令输入区、操作窗口。对于初学者来说，快捷键、模型树、工具栏会经常用到。其中模型树很重要，它可以让你对建立的模型有直观的认识，你的操作都可以在模型树中找到相应的"痕迹"，通过右击模型树中相关内容可以对特征进行编辑。快捷键区域的操作快捷键和当前的模块有关，模块（比如 Part 或 Property）不同，快捷键也不同。下文的具体例子时，提到的快捷键、模型树等都如图 7-2 的界面所示。说明一下，操作时点击表示点击鼠标左键、右击表示点击鼠标右键。

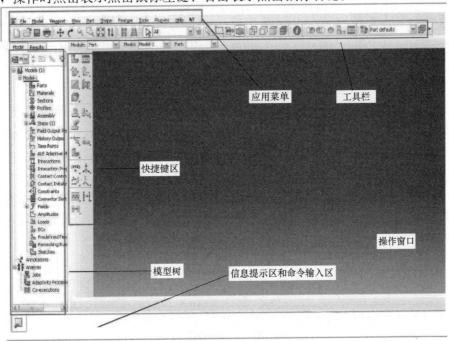

图 7-2　ABAQUS/CAE 的界面

7.2.2 ABAQUS 的平面桁架实例

某跨度 42m 的平面桁架，桁架几何尺寸和荷载布置见图 7-3，荷载（包括桁架自重和活荷载）按照静力等效原则转换为节点集中荷载，其设计值 $P=90kN$。桁架结构的平面外支撑点间距为 7m，构件采用圆钢管。

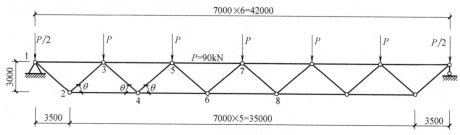

图 7-3 平面管桁架结构示意图

1. 节点理想铰接的桁架

将节点处的弦杆和腹杆假定为铰接，为结构力学中的典型桁架，因此弦杆和腹杆均可为杆单元（truss）。

（1）建立模型名称

打开 ABAQUS/CAE 后，在左侧模型树区域有一个默认的 model-1，右击它然后 renew，并将名称改为 truss。同时点击工具栏左边的 save model database 按钮 ![icon]，保存文件名为 truss.cae。注意，一个××.cae 文件可以有多个 model，每个 model 可对应一个工程。

（2）Part 模块：创建各个部件（本例是创建整个桁架结构）

从 Module 列表中选择 Part，进入 Part 模块。点击快捷键区（图 7-2）中的 creat part 按钮 ![icon]，弹出 creat part 对话框。在对话框中操作如下：在 name 栏输入 truss，在 type 栏选择 Deformable，在 base feature 栏中的 shape 选择 wire（线），在 base feature 中的 type 选择 planar（平面），在最底部的 approximate size 输入 90（这个值可设为要绘制对象最大尺寸的 2 倍）；最后按 continue 按钮进入绘制桁架。注意，ABAQUS 没有固定单位，这里的长度单位为"m"、力的单位为"N"。

按 creat lines：connected 按钮 ![icon]，绘制图 7-3 的上弦杆，逐渐输入连接直线（lines）的两个点的坐标。输入 1 点坐标（0，0）、3 点坐标（7，0）、5 点坐标（14，0）……13 点坐标（42，0）。同理，绘制图 7-3 的下弦杆，输入 2 点坐标（3.5，−3）、4 点坐标（10.5，−3）、6 点坐标（17.5，−3）、8 点坐标（24.5，−3）、10 点坐标（31.5，−3）、12 点坐标（38.5，−3）。同样方法绘制腹杆（连接上弦杆和下弦杆相应的点），如连接点 1 和点 2 形成腹杆 12。最终形成如图 7-4 所示的桁架，按界面最下面 done 按钮，生成 part。

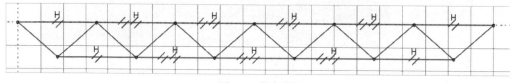

图 7-4 桁架图

328

（3）Property 模块：给桁架结构中的各个构件赋予材料属性和截面属性

1）从 Module 列表中选择 Property，进入 Property 模块，点击快捷键区（图 7-2）中的 creat material 按钮 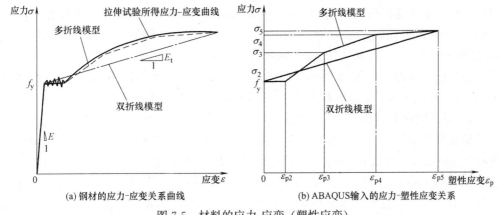[图标]，进入 Edit Material 对话框，定义材料属性。在对话框中操作如下：在 name 栏输入 Steel（表示材料是钢材）；选择 Mechanical→Elasticity→Elastic 后在杨氏模量（young's modulus）中输入 206e9（e9 表示 10^9、单位是"Pa"），在泊松比（poisson's ratios）栏输入 0.3；选择 Mechanical→Plasticity→Plastic，有以下两列需要输入的数据：yield stress（屈服应力）、plastic strain（塑性应变）。

这里简单解释一下，plastic 输入的是材料弹塑性属性，材料拉伸试验所得应力-应变（σ-ε）关系为一个曲线，在计算的时候可以简化为理想弹塑性、多折线、双折线强化关系，如图 7-5（a）所示。ABAQUS 中输入的是应力-塑性应变（σ-ε_p）关系，如图 7-5（b）所示。本例采用简单的双折线模型，故 plastic 的两列数据栏（yield stress 和 plastic strain）仅输入两行即可。第一行表示初始屈服应力和相应的塑性应变，初始屈服应力就是拉伸试验所得的钢材屈服强度（如果没有试验数据可用屈服强度标准值），初始塑性应变为零，本例输入 370E6、0。第二行为拉伸破坏时的应力（极限强度应力）和相应的塑性应变，输入 565E6、0.25（某个拉伸试验值）。最后，点击 OK，退出材料编辑。

(a) 钢材的应力-应变关系曲线　　　　(b) ABAQUS输入的应力-塑性应变关系

图 7-5　材料的应力-应变（塑性应变）

2）创建主管和支管的截面：在 Property 模块，点击快捷键区（图 7-2）中的 creat section 按钮 [图标]，进入 Create Section 对话框来定义构件的截面。首先定义弦杆（主管）截面，在对话框中进行如下操作：在 name（名称）栏输入 Chord（表示弦杆）、在 Category 选项中选择 Beam、在 Type 选项选择 Truss（桁架杆单元），然后按 continue 按钮进入 edit section 对话框。在 edit section 对话框的 cross-section area（截面面积）栏中输入截面面积值 $0.005956\ m^2$（假定弦杆采用 245×8），点击 Continue。同理，再定义腹杆截面：名称为 Brace，截面采用 165×6，截面面积为 $0.003m^2$。

3）在 Property 模块，点击快捷键区（图 7-2）中的 Assign section 按钮 [图标]，在操作窗口中用鼠标选择桁架结构的上弦杆和下弦杆（这里为了简化而假定上、下弦杆构件截面相同），并在界面底部的 select regions to be assigned a section 的 creat set 的右边输入 set-chord（意思是将被选中的桁架的上下弦杆定义为一个名为 set-chord 的集），ABAQUS 将会把选择的区域高亮化。然后，点击 done 就进入 Edit section assignment 对话框，在对话框中的 section 栏选择 chord，最后点击 OK，如此完成了赋予主管截面和材料属性。类似，将材料和截面属性赋给支管（brace），集的名称为 set-brace。需要说明的是，建立集（set）能方便后面的操作，尤其是对于复杂结构。

（4）Assembly 模块：将各个部件组装成一个结构（本例仅一个部件）

从 Module 列表中选择 Assembly，进入 Assembly 模块。点击快捷键区（图 7-2）中的 creat instance 按钮 ，进入 creat instance 对话框。在对话框中的操作如下：在 creat instances from 中选择 Parts，在 Parts 栏中选择 truss，instance type 栏中选择 independent（mesh on instance）——这里的意思是后面的网格划分等都是在 Instance 上进行。需要说明的是，一个 instance 可以有一个或多个 part，如门式刚架结构中的梁柱螺栓端板连接节点可以分别将梁、柱、螺栓各自定义为 1 个 Parts。本例较简单，仅 1 个 part。

（5）Setp 模块：设置分析步及输出数据

1）从 Module 列表中选择 Step，进入 Step 模块。点击快捷键区（图 7-2）中的 creat step 按钮 ，进入 creat step 对话框。在对话框中操作如下：在 name（名称）栏输入 step 1（默认名称），在 procedure type 项下拉菜单选择 General（一般分析），并在下面选择 static general（一般静态分析）。然后，点击 continue 按钮，弹出 edit step 对话框，这个对话框有 3 个可选择按钮：basis、incrementation、other，分别进行如下操作：

basic 按钮下的 time period 默认为 1.0（本书是静力单调加载，故可以选择默认）。basic 按钮下的 Nlgeom，如选择 on 表示考虑大变形（即几何非线性）效应，选择 off 表示不考虑几何非线性，对于弹性小变形问题两者差异小，本例选择 on。basic 按钮下的 Automatic stabilization 可用于调整计算收敛等问题，本例不涉及。basic 按钮下的 Descriptions 用于描述分析的问题，可以忽略。incrementation 按钮表示增量步选择，可以看作是荷载分步增加（比如先加 10%）。incrementation 按钮下面有以下几个选项：Type 栏选择 Automatic（默认），表示每一个加载步的增量大小可以根据非线性程度进行自动调整，在 maximum number of increments 栏输入默认的 100，表示一共有 100 个加载增量步骤，对于一般的静力单调加载问题这个数足够；在 increment size 中的 initial、minimum、maximum 分别输入 0.2、1E-5、1，这三个数据在本例中表示第一个加载步的增量值为总加载值的 0.2 倍、每一个加载步的最少加载增量值为总加载值的 10^{-5}、每一步加载步的最大加载增量值为总加载值。

2）设置输出数据。ABAQUS 可以创建所需要输出的数据，并允许用户控制和管理这些输出数据，这些数据都存在××.odb 文件中，因此创建输出的数据越多则××.odb 文件就越大。在应用菜单（图 7-2）中选择 Output→Field Output Requests→Manager，弹出 Field Output Requests Manager 对话框，已有默认创建了的 F-Output-1 输出文件，单击对话框右上角"Edit"按钮，弹出 Edit Field Output Request 对话框，用查看并增、减输出变量详细信息。Edit Field Output Request 对话框中操作如下：在 Domain 栏中选择默认的 whole model（表示 F-Output-1 输出文件中是整个模型的场变量）；Frequecny 栏后面下拉菜单可以选择场变量的频率，本例默认为 every n increments 后面的 n=1（表示每个增量步记录一次变量值）；output variable（输出变量）下有个下拉菜单，里面有各种输出变量，可根据自己需求勾选需要的输出变量，本例在默认勾选输出变量的基础上增加 Forces/Ractions 中的 SF（截面的力和弯矩）、NFORC（节点力）、NFORCSO（梁截面方向的节点力）。可以创建多个场变量，也可用 Output→History Output Requests→Manager 对历史变量输出进行增减，本例默认历史变量输出。

（6）Load 模块：定义荷载（施加集中荷载）和边界条件

1）从 Module 列表中选择 Load，进入 Load 模块。点击快捷键区（图 7-2）中的 creat load 按钮 ![] 后进入 creat load 对话框。在对话框中操作如下：在 Name（名称）栏输入 load-1（默认），step 栏选择 step-1，category 栏选择默认的 mechanical（力学），types for selected step 选择 concentrated force（集中力），然后点击 continue 按钮。在操作窗口中选择上弦杆各节点（图 7-3）输入集中荷载，根据荷载方向，在 CF2（y 轴方向的力）栏中输入相关节点集中力。对于本例，选择节点 3、5、7、9、11 后在 CF2 栏中输入 −90000（单位为 "N"），选择节点 1、13 后在 CF2 栏中输入 −45000。注意选择多个节点，需要按下 shift 键后点击鼠标选取。加载完成后的画面如图 7-6 所示。

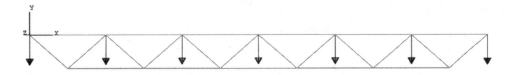

图 7-6　施加集中荷载后的桁架

2）点击快捷键区（图 7-2）中的 creat boundary condition 按钮 ![] 后进入对话框。在 creat boundary condition 对话框中操作如下：name（名称）栏为 BC-1（默认），在 step 栏选择 initial，category 栏选择默认的 mechanical（力学），types for selected step 选择 Displacement/ Rotation，然后按 continue 按钮。在操作窗口中选择节点 1 后按操作窗口底部的 done 按钮，弹出 Edit boundary condition 对话框，把 U1～U3（x、y、z 三轴方向的线位移）都加以约束，其中 z 方向是平面外约束（相当于侧向支撑）。类似节点 1 的操作，对节点 13 施加 U2 和 U3 的约束，对节点 3、5、7、9、11 实施 U3 方向的约束（即施加侧向支撑），注意选择多个节点，需要按下 shift 键后点击鼠标选取。施加平面外约束后的画面如图 7-7 所示。

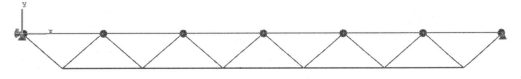

图 7-7　边界条件后的桁架

（7）mesh 模块：选择单元、网格划分

1）从 Module 列表中选择 mesh，进入 Mesh 模块。点击快捷键区（图 7-2）中的 seed edges 按钮 ![]（进行布种），选择整个桁架再点击 done 按钮，弹出 Local seeds 对话框。在对话框中操作如下：在 method 栏选择 by number，sizing controls 中的 number of elements 选择 1，其余默认。即桁架各个节点之间的杆件（如桁架的上弦杆 13、下弦杆 24、

腹杆 12）均划分为 1 个单元。

2）点击快捷键区（图 7-2）中的 mesh part instance 按钮，然后在操作窗口底部选择 yes，进行网格划分。

3）点击快捷键区（图 7-2）中的 Assign Element Type 按钮，然后鼠标框选整个桁架，然后在操作窗口底部选择 done，弹出 Element Type 对话框。在对话框中操作如下：在 element library 中选择 standard，geometric order 中选择 linear（线性插值单元），Family 中选择 Truss（桁架单元）；如此在对话框下方显示 T3D2 单元，即两节点三维桁架单元（2-node linear 3-D truss），点击 OK 按钮。

（8）job 模块：提交分析计算

从 Module 列表中选择 Job，进入 Job 模块。点击快捷键区（图 7-2）中的 job manager 按钮，弹出 job manager 对话框。在对话框中操作如下：按 create 按钮，然后输入名称 truss，点击 continue 按钮。直接点击 OK 按钮，再回到 job manager 对话框，按 submit 按钮提交分析计算。

（9）Visualization 模块：后处理，查看分析计算结果

1）等待 job manager 对话框中的 status 列达到 completed（计算完成）后，点击右边栏的 result 按钮就进入后处理 Visualization 模块。首先调出 views 工具栏，这个工具栏很有用，可以从不同视角观察（比如俯视图、侧视图等），具体操作为：应用菜单栏（图 7-2）→view→Toolbars→views，如图 7-8 所示。点击 views 工具栏中的 xy 按钮，就可以将桁架从空间三维视图变成平面 xy 的视图。

图 7-8　views 工具栏

2）在 Visualization 模块下，在应用菜单栏（图 7-2）选择 Result→Field output，弹出对话框。在对话框中的 list only variables with results 栏中选择 S（应力），再在 component 中选择 S11 即可得到桁架各根杆件的应力图，见图 7-9。应力 S11 就是桁架单元轴向应力。由图 7-9 可知，各根杆件最大应力约为 1.5×10^8（单位"Pa"），明显小于前面 Property 模块中定义的钢材屈服强度 3.7×10^8，说明桁架整体处于弹性受力状态。

3）在 Visualization 模块下，点击快捷键区（图 7-2）中的 XY data manager 按钮，弹出 XY data manager 对话框并点击 creat 按钮，弹出新的 creat XY data 对话框并选择其中的 ODB field output（输出场变量），点击 continue 按钮。弹出 XY data from ODB Field Output 对话框，对话框有两个可选的栏 variables、Element/Nodes，点击其中的 variables 栏，看到其中 position 中选择 integration point（积分点），再点击下面栏中的 S：Stress components 的左边的黑色三角形展开，并选择 S11。返回 XY data from ODB Field Output 对话框中，点击 Element/Nodes 栏，然后在左边的 method 中选择 pick from viewport，再点击 Edit selection 按钮，在操作窗口中选择桁架下弦杆 24 后点击 Save 按钮，如此将下弦杆 24 的应力结果保存好（XY data manager 对话框中显示了一行数据）。

点击 XY data manager 对话框右边的 Edit 按钮，弹出 Edit XY data 对话框，最后一行的 y 列数据就是荷载施加完成后弦杆 24 的应力，其值为 8.82379E＋07（单位为 "Pa"）。将应力值乘以弦杆截面面积就得到弦杆 24 的轴力：$0.005956 \times 8.82379 \times 10^7 / 10^3 = 525.5 \mathrm{kN}$，非常接近理论值 525kN。

4）重复步骤 3），分别查询得到上弦杆 13、斜腹杆 23 的应力值－4.3786E＋07、－1.15341E＋08，负号表示受压。同理分别乘上弦杆、腹杆的截面面积得到轴力，依次为－260.8kN、－345.9kN，非常接近各自的理论值－262.5kN、－345.7kN。其他杆件也可以算出。

5）Visualization 模块下，在应用菜单栏（图 7-2）选 Result→Field output，弹出对话框，在对话框中的 list only variables with results 栏中选择 U（变形），再在 component 中选择 U2 即可得到桁架各个节点 Y 方向的变形图，见图 7-10。点击快捷键区（图 7-2）中的 XY data manager 按钮→点击 creat 按钮→点击 continue 按钮→弹出 XY data from ODB Field Output 对话框→点击其中的 variables 栏→在 position 中选择 unique nodal→在 U 中勾选 U2→返回 XY data from ODB Field Output 对话框并点击 Element/Nodes→在左边的 method 中选择 pick from viewport 并点击右边 Edit selection 按钮→在操作窗口中选择节点 6 后点击 Save 按钮→XY data manager 对话框中增加了一行关于节点 6 在 Y 方向的位移 U2→点击 XY data manager 对话框右边的 Edit 按钮，弹出 Edit XY data 对话框，最后一行的 y 列数据就是荷载施加完成后节点 6 的位移 U2，其值为－0.103551（单位为 "m"），负号表示向下（与坐标轴 Y 向上相反）。

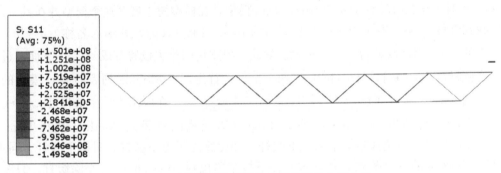

图 7-9　计算得到的桁架各个杆件的轴向应力图

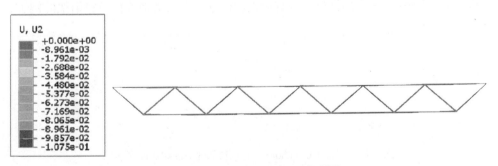

图 7-10　计算得到的桁架的变形图

尝试一下，在 mesh 模块的网格划分中 sizing controls 的 number of elements 选择 4

或 5 或者更多（即每一根弦杆或腹杆划分成 4 或 5 或更多个单元），结果如何？另外，将节点荷载 P 从 90kN 提高到 150kN 后计算。

2. 弦杆连续、腹杆铰接的情况

工程中采用相贯连接节点的钢管桁架结构，往往是弦杆连续、腹杆两端焊接在主管表面。此时可假定为弦杆连续、腹杆两端铰接于上下弦杆的桁架（有些资料将这种桁架称为半铰接桁架），如图 7-11 所示。

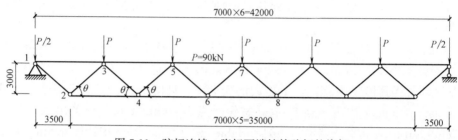

图 7-11　弦杆连续、腹杆两端铰接弦杆的桁架

此时弦杆和腹杆均可采用梁单元（beam），可以在前面模型的基础上进行修改，建立新的半铰接桁架模型。

（1）分成两个 Parts：上下弦杆为一个、腹杆为一个

打开前面的桁架模型文件（truss. cae），从 Module 列表中选择 Part，进入 Part 模块。在模型树中找到前一个模型 truss，右击选择 copy model，然后输入新的模型名称：truss-beam。此时工作状态转到了新的 truss-beam 模型，在模型树中展开这个模型并在其 parts 栏中找到部件 truss，右击 Parts（1）下面的 truss 复制（copy）并输入名称 truss-brace，将原来的 truss 部件改名为 truss-chord。如此，模型树的相关位置变成 。下面通过修改生产弦杆（chord）和腹杆（brace）两个部件。首先，将 Module 列表的 part 模块的右侧下拉到 truss-brace，即 Module: Part　Model: truss-beam　Part: truss-brace 。在应用菜单中选择 Tools→Geometry Edit→对话框中 Category 选择 Edge（边或线的意思）、Method 选择 Remove wire，在操作窗口中选择桁架中的上下弦杆，如此删除了上下弦杆，只剩下腹杆。同理，在 Module 列表的 part 模块，将 part 右侧下拉菜单拉到 truss-chord 并删除腹杆，只剩下弦杆。如此得到两个 parts：truss-brace 和 truss-chord，见图 7-12。需要说明的是，truss-brace 和 truss-chord 这两个部件也可以直接重新建立，方法类似前面铰接桁架的例子。

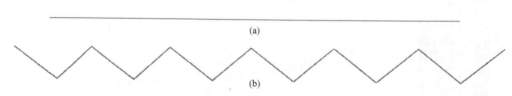

图 7-12　部件 truss-chord（上）和部件 truss-brace（下）

（2）弦杆和腹杆材料属性变成梁

1）创建弦杆和腹杆的截面：Property 模块下点击快捷键区（图 7-2）中的 creat section 按钮 ，进入 Create Section 对话框（这个对话框用来定义构件的截面）。在对话框中进行如下操作：在 name（名称）栏输入 Chord-1（表示弦杆的意思），Category 选项选择 Beam，Type 选项选择 Beam（表示梁单元的意思），然后按 continue 按钮进入 edit Beam section 对话框。在对话框中操作如下：在 Beam Shape 栏中的 Profile name 点击右边 Creat Beam Profile 按钮 →选择 pipe（圆钢的意思）并输入半径 0.1225 和壁厚 0.008（单位为"m"，表示创建了弦杆的截面为 245×8）→重新回到 edit Beam section 对话框，其他默认。如此创建了弦杆截面性质。同理，创建腹杆（支管）截面性质，这里假定支管截面采用 165×6，名为 brace-1。

2）在 Property 模块，点击快捷键区（图 7-2）中的 Assign section 按钮 ，在操作窗口中用鼠标分别选择桁架结构的弦杆、腹杆，赋予材料属性。操作方式类似前面铰接桁架，这里不再赘述。需要说明的是，因为弦杆和腹杆分别属于两个 part，在赋予材料属性的时候要通过下拉 Module 列表的 Property 模块的 part 右侧下拉菜单进行 truss-brace 和 truss-chord 的切换。

3）在 Property 模块，点击快捷键区（图 7-2）的 Assign Beam Orientation 按钮 ，在操作窗口中用鼠标分别选择桁架结构的弦杆、腹杆（在 Property 模块的 part 右侧下拉菜单进行 truss-brace 和 truss-chord 的切换）→在操作窗口底部按 Done 按钮→在操作窗口的底部的 Enter an approximate n1 direction（tangent vectors are shown）输入默认的 0，0，−1.0。完成了赋予梁的方向，部件 truss-brace 和 truss-chord 的颜色变成绿色。

这里简单地说明一下，杆单元（Truss）只有轴向应力和轴向力，而梁单元有多个方向的应力和内力（比如弯矩和轴力等），因此需要定义梁截面方向 n1。n1 即为梁截面的一个惯性轴，如工字形截面的强轴。如果是 xoy 平面内的梁，那么垂直 xoy 平面的轴 z 就可作为 n1 方向；如果是空间梁，那么定义梁截面方向比较复杂。从根本上来讲，定义 n1 的方向就是在空间中确定梁截面的方位。

（3）Assembly 模块：将各个部件组装成一个结构（本例 2 个部件）

从 Module 列表中选择 Assembly，进入 Assembly 模块。点击快捷键区（图 7-2）中的 creat instance 按钮 ，进入 creat instance 对话框。在对话框中操作如下：在 creat instances from 中选择 Parts，在 Parts 栏中同时选择两个部件 truss-brace 和 truss-chord，在 instance type 栏中选择 independent（mesh on instance）。

（4）Step 模块：类似，无需改变

（5）Interaction 模块：用一些连接器等将不同 Parts 联系起来

对于本例而言，该模块的作用是将腹杆通过端部节点铰接于相近的弦杆节点。ABAQUS 有多种方法进行铰接模拟，常见的有 * release（释放）、* equation、Connector、MPC（Multi-point constraints）中的 Pin。

本例采用 Pin 方法。从 Module 列表中选择 Interaction，进入 Interaction 模块并点击快捷键区（图 7-2）中的 creat constraint 按钮 →进入 Creat constraint 对话框然后选择 MPC Constraint 并按 continue 按钮→在操作窗口依次选择弦杆节点（比如图 7-3 的节点 3）作为 control point，与弦杆节点相同位置的腹杆节点作为 Slave nodes→进入 Edit Constraint 对话框后在 MPC Type 菜单中选择 Pin。如此，实现了腹杆构件 truss-brace 和弦杆构件 truss-chord 在某一个节点处的铰接模拟。同理，弦杆和腹杆在其他节点处也实现了铰接模拟。

（6）Load 模块

参见"1. 节点理想铰接的桁架"。

（7）mesh 模块

1）从 Module 列表中选择 mesh，进入 Mesh 模块。点击快捷键区（图 7-2）中的 seed edges 按钮 （进行布种），类似前面铰接桁架的操作，但这里每根腹杆或弦杆都划分为 5 等份（每根杆件有 5 个单元）。

2）点击快捷键区（图 7-2）中的 mesh part instance 按钮 ，然后在操作窗口底部选择 yes，进行网格划分。

3）点击快捷键区（图 7-2）中的 Assign Element Type 按钮 ，用鼠标框选整个桁架，然后在操作窗口底部选择 done，弹出 Element Type 对话框。在对话框中的操作如下：element library 选择 standard，geometric order 选择 Quadratic（二次单元），Family 中选择 Beam（梁单元）。如此在对话框下方显示 B32 单元，点击 OK 按钮。

（8）job 模块

参见"1. 节点理想铰接的桁架"。

（9）Visualization 模块

等待 job manager 对话框中的 status 列达到 completed（计算完成）后，点击右边栏的 result 按钮就进入后处理 Visualization 模块。

在 Visualization 模块下，在应用菜单栏（图 7-2）选 Result→Field output，弹出对话框。在对话框中的 list only variables with results 栏中选择 SF（轴力）或 SM（弯矩），再在 component 中选择 SF1（或 SM1）即可得到各根杆件的轴力图或弯矩图。类似前面铰接桁架的操作，点击快捷键区中的 XY data manager 按钮→弹出 XY data manager 对话框并点击 creat 按钮→弹出 XY data from ODB Field Output 对话框→点击其中的 variables 栏，在 position 中选择 Unique Nodal（单元节点）→点击下面栏中的 SF 或 SM 的左边的黑色三角形展开，并选择 SF1（或 SM1）→点击 XY data from ODB Field Output 对话框中的 Element/Nodes 栏，然后在左边的 method 中选择 pick from viewport，再点击 Edit selection 按钮，在操作窗口中选择桁架结构中的节点并点击 Save 按钮，就可以得到某个节点的轴力和弯矩等。然后用这些值来与理论值对比。

也可采用在 ABAQUS 中编辑关键词中的 ∗release 来模拟腹杆两端铰接。那么在 mesh 网格划分后进行如下的操作步骤：应用菜单（图 7-2）→View→Assembly Display Options→mesh 按钮栏→show element labels→操作窗口中显示单元编号并找到腹杆中靠近弦杆的单元（每一根）→应用菜单→Model→Edit Keywords 并选择 truss-beam→打开对话框（这其实是编辑 INP 文件）并找到 ∗Part，name＝truss-brace 和 ∗End Part→将鼠标放在 ∗End Part 之前，并点击 add after 按钮后输入那些需要释放（∗release）端部变成铰接的腹杆单元（靠近弦杆的腹杆单元），进行编辑。比如：

$$* \text{release}$$
$$11, s1, allm$$

这两行表示某个靠近弦杆的腹杆单元 11，在与弦杆连接的节点释放所有转动约束（allm）。这说明 ABAQUS/CAE 尽管经过多年发展，但依然无法满足 ABAQUS 的全部模拟分析功能，此时需要通过编辑关键词来实现这些功能。

如果荷载是作用于桁架节点的集中荷载，这种弦杆连续而腹杆铰接于弦杆的桁架（有时也成为半铰接桁架）的内力及变形，与典型节点全铰接的桁架的差别较小。但当荷载从集中荷载变成沿着上弦杆均匀分布荷载时会怎么样？读者可以尝试对比一下两者的差异。

7.2.3 ABAQUS 的网架结构实例

某两向正交正放网架，网格长边和短边尺寸分别为 3.5m、3m，网架高度 3m，网架由 4 根柱子支撑（点支承）。假设网架的荷载（包括恒荷载和活荷载）设计值为 $q = 8kN/m^2$，如图 7-13 所示。构件采用圆钢管。

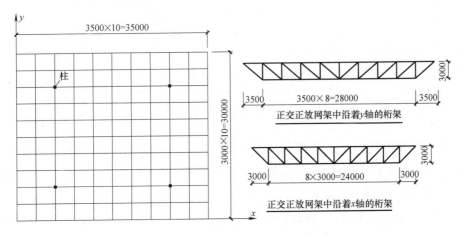

图 7-13 点支承的两向正交正放网架

1. 建立模型名称

打开 ABAQUS/CAE，新建 Plate-space-truss. cae 文件，然后在左侧模型树区域右击 models（2）→create，创建一个模型（model），名称为 Plate-like-Space-Truss。

2. Part 模块：创建两个方向平面桁架，组成正交正放网架，创建下部柱

可以参考前面钢管桁架建模方式，建立两个方向的平面桁架。但这里采用新方法：用 CAD 绘制平面桁架，再导入 ABAQUS。具体操作步骤如下：

第 1 步，用 CAD 绘制并导入 ABAQUS。用 AutoCAD 绘制正交正放网架中沿 x 轴、y 轴的桁架各一榀，绘制后另存为 dxf 格式（名为 wj. dxf）。在 ABAQUS/CAE 找到应用菜单栏中的 File（文件），下拉选择 import（导入），选取其中的 Sketch（草图）弹出 import Sketch，将其中 file filter 的下拉菜单中选择 AutoCAD dxf 格式，找到 wj. dxf 后按 OK 按钮。如此将沿着 x 轴、y 轴方向的桁架导入 ABAQUS。

第 2 步，修改并形成两个 sketch。在 ABAQUS 界面左侧的模型树区中找到名称为 Plate-like-Space-Truss 的模型并在其下面的 Sketches（1）点击 wj（就是 wj. dxf 导入的模型），在 ABAQUS 操作窗口就显示两片平面桁架（图 7-14）。然后，右击 wj 选择 Copy 输入名称 wj-x

（表示沿着 x 方向的平面桁架），再右击 wj 选择 Rename 将其改名为 wj-y。接着，双击 wj-x 后 Module 列表进入 Sketch 模块 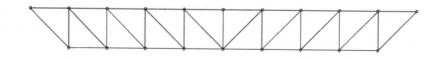，在快捷键区点击 delete 按钮 ✐，用鼠标框选另外一榀平面桁架后按 done 按钮，如此删除 y 方向的桁架而仅保留 x 方向的桁架。双击 wj-y 进行类似操作，删除 x 方向的桁架而仅保留 y 方向的桁架。

图 7-14　导入 ABAQUS 后的正交正放网架两个方向的平面桁架

第 3 步，构建两个 Parts。下拉 Module 列表进入 Part 模块并点击快捷键区（图 7-2）中的 creat part 按钮 🗔，弹出 creat part 对话框，再进行如下操作：在 name 栏输入 wj-x、在 type 栏选择 Deformable、在 base feature 栏中的 shape 选择 wire（线）、在 base feature 中的 type 选择 planar（平面）、在最底部的 approximate size 输入 60→进入 Sketch 画图界面，在快捷区并点击 Add Sketch 按钮 🗔 后选择名称为 wj-x 的 sketch 文件，再按下操作窗口底部的 How do you want to reposition the new entites 右边的 Done 按钮，在按操作窗口底部的 Done 按钮，生成了部件 wj-x（即为网架结构中沿着 x 方向的平面桁架）。类似上面操作，创建部件 wj-y（即网架结构中沿着 y 方向的平面桁架）。

第 4 步，用 Parts（wj-x 和 wj-y）装配生产网架。从 Module 列表中选择 Assembly，然后点击快捷键区（图 7-2）中的 creat instance 按钮 🗔 进入 creat instance 对话框并操作如下：在 creat instances from 中选择 Parts、在 Parts 栏中选择部件 wj-y、在 instance type 栏中选择 independent（mesh on instance），点击快捷键区 Translate Instance 按钮 🗔，按操作窗口底部提示 Select the instances to translate，用鼠标选 assembly 中的 wj-y-1（部件 wj-y 在 assembly 中的一个 instance）并按 Done 按钮→按照操作窗口底部提示（Select a start point for the translation vector--or enter X，Y，Z）用鼠标点选 wj-y-1 的一个角点作为被移动点→按操作窗口底部提示（Select an end point for the translation vector--or enter X，Y，Z）并直接回车（即将原点（0，0，0）作为移动的终点），如此将 wj-y-1 移动到原点→点击快捷键区（图 7-2）中的 creat instance 按钮进入 creat instance 对话框，操作类似前面，但在 Parts 栏中选择部件 wj-x，如此在 assembly 中加入了 wj-x

（在 assembly 中的名称为 wj-x-1）→点击快捷键区的 Rotate Instance 按钮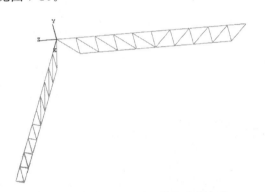，选择要转动的平面桁架 wj-x-1 后，按操作窗口底部的 Done 按钮，然后按照操作窗口底部的提示（Select a start point for the axis of rotation or enter X，Y，Z 和 Select an end point for the axis of rotation、or enter X，Y，Z）用鼠标点击选择 wj-x-1 的中间竖腹杆的两个节点作为确定旋转轴的两个点，接着在操作窗口底部的提示区中输入旋转角度值 90°并按 OK 按钮完成转动→点击快捷键区的 Translate Instance 按钮并选择 wj-x-1 作为被移动的对象，类似方法进行操作（以 wj-x-1 的一个角点和原点（0，0，0）分别为移动的始点 start point 和终点 end point），如此将正交正放网架的两个方向的各一榀平面桁架的角点相交在原点（图 7-15）→进一步将平面桁架 wj-y-1 和 wj-x-1 绕 x 轴旋转 90°，方法类似前面，在操作窗口底部提示区中 Select a start point for the axis of rotation or enter X，Y，Z 和 Select an end point for the axis of rotation or enter X，Y，Z 分别输入坐标（0，0，0）和（1，0，0），经过这一步操作，xy 平面成为网架的平面，而 z 轴变成网架的高度方向，见图 7-16。

图 7-15　两个方向的平面桁架角部相交

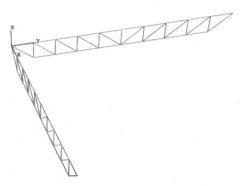
图 7-16　旋转操作后 xy 平面为网架平面

通过阵列方式增加其他平面桁架，再形成网架，操作步骤如下：点击快捷键区的 Linear Pattern 按钮，在操作窗口中选择 wj-y-1 并按底部的 Done 按钮弹出 Linear Pattern 对话框，在其中 Direction 1 栏中的 Number 中输入 1（x 方向），在对话框中的 Direction 2 栏中的 Number 中输入 11（包括自身在内共 11 片桁架）、Offset 中输入 3（每一片桁架间距），如此形成了平行 y 方向的其他平面桁架。类似操作，形成 x 方向的其他平面桁架，但在 Linear Pattern 对话框中的 Direction 栏的 Number 中输入 11、Offset 中输入 3.5，在对话框中的 Direction 2 栏中的 Number 中输入 1。至此，将所有平面桁架放到了相应的位置。

点击快捷键区的 Merge/Cut Instances 按钮后弹出对话框，在对话框中的 Part name 中输入 wj（对话框其他默认）后在操作窗口中选择所有平面桁架，这样所有的桁架被合并成为一个名为 wj 的部件，见图 7-17。

图 7-17 所示结构还不是图 7-12 所示的网架结构，因为其四周的下弦杆和腹杆都是多余的（实际网架的四周只有上弦杆），要删除这些多余的杆件从而获得想要的网架，操作如下：从 Module 列表中选择 Part 并在 Part 栏中选择 wj，并在应用菜单中 Tools 下拉到

Geometry Edit 弹出对话框：在 Category 中选择 Edge、Method 中选择 Remove Wire，用鼠标选择操作窗口中多余的杆件，然后按 Done，删除多余杆件。最终得到我们想要模拟的网架结构，如图 7-18 所示。注意，为了上述操作的便利性，可结合 views 工具栏（图7-8）选择合适视角（如 XZ 等）进行操作。

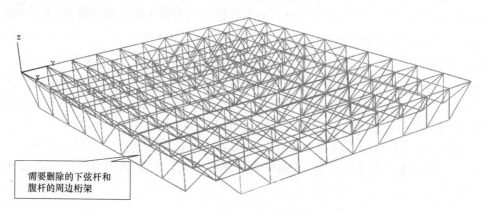

需要删除的下弦杆和
腹杆的周边桁架

图 7-17　Merge 各片平面桁架后的结构

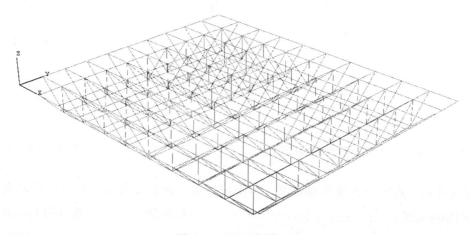

图 7-18　最终正放网架

网架模型建立后，再建立下部柱子的 Part。点击 creat part 按钮→弹出 creat part 对话框并操作如下：在 name 栏输入 column、type 栏选择 Deformable、base feature 栏中的 shape 选择 wire（线）、base feature 中的 type 选择 planar（平面）、最底部的 approximate size 输入 60→进入 Sketch 画图界面→按 creat lines：connected 按钮，逐渐输入连接直线（lines）的两个点的坐标：（0，0）、（0，9），绘制网架的下部支承（柱子），这里假定柱子高为 9m。

3. Property 模块：给网架中各个构件赋予材料属性和截面属性

第 1 步，从 Module 列表中选择 Property，进入 Property 模块，点击快捷键区（图 7-2）中的 creat material 按钮，类似前面钢管桁架（见 7.2.1 节）的操作，钢材名称为 steel，输入钢材的弹性模型 206e9（e9 表示 10^9 Pa）、泊松比 0.3，输入钢材弹塑性应力和应变数据：初始屈服应力和相应塑性应变（370e6，0）、极限强度应力和相应塑性应变（565e6，0.25）。

再输入钢筋混凝土支承柱（材料名称为 concrete）的数据：弹性模量 325e8、泊松比 0.2。

第 2 步，创建网架中各个构件的截面。为了减少截面类型以简化问题，这里假定混凝土柱、上下弦杆、腹杆各自为一类截面，网架结构总计三种截面。类似 7.2.1 节操作，Property 模块下点击快捷键区（图 7-2）中的 creat section 按钮，进入 Create Section 对话框（这个对话框用来定义构件的截面）。在对话框中操作如下：在 name（名称）栏输入 chord（表示弦杆的意思），在 Category 选项中选 Beam，在 Type 选项中选择 truss（表示杆单元的意思）。接着，按 continue 按钮进入 edit section 对话框并操作如下：在 material 下拉选择 steel（弦杆材料为钢材），cross-sectional area 栏输入 0.0022（弦杆截面积 0.0022m²）。类似方法定义腹杆，名称为 brace、材料为钢材 steel、截面面积为 0.001（弦杆截面面积 0.001m²）。

再创建柱的截面，Create Section 对话框中，在 name 栏输入 column、Category 选项选择 Beam、Type 选项选择 beam（表示梁单元）。接着，按 continue 按钮进入 edit beam section 对话框并操作如下：在 profile name 栏右边的 create beam profile 按钮弹出 create profile 对话框，在 name 栏输入 column、shape 栏选择 rectangular 后点击 continue 按钮后输入矩形截面柱的两个边长 a 和 b，这里均为 0.65（单位为 "m"）。点击 OK 回到 edit beam section 对话框，在 profile name 栏下拉菜单选择 column、material name 栏下拉选择 concrete，其余默认后再按 OK 按钮。如此确定了网架下部的钢筋混凝土柱：矩形截面 650×650、混凝土材料 concrete。

第 3 步，分别对弦杆、腹杆、支承柱定义集（Set），便于后面赋予构件材料属性。下拉界面顶部的 tool 菜单中 set 下的 create，弹出 Create Set 对话框，在 name 栏输入 column 后按 continue 按钮，在 Property 模块最右边的 part 栏下拉选择 column（显示部件：柱），然后在操作窗口中选择柱后按 Done 按钮，如此完成将支承柱定义为名称为 column 的集。再在 part 栏下拉选择 wj（显示另一个部件：网架），类似方法定义弦杆和腹杆的集，名称为 chord 和 brace。

需要说明的是，定义弦杆集的时候，用 views 工具栏（图 7-8）中的 XZ 视图，点击工具栏（图 7-2）中的 remove select 按钮（⊙)），在操作窗口底部的 Select entities to remove 右边选项中选择 Edges——表示对线对象进行移除（这里的移除不是删除而是隐藏或屏蔽了），如图 7-19 所示。选择隐蔽腹杆，然后按图 7-19 中的 Done 按钮或直接按鼠标中键，完成了弦杆集的定义。

定义腹杆集时，先点击工具栏（图 7-2）的 replace all 按钮 ⚪，显示所有的杆件（包括柱、腹杆、弦杆）。再点击工具栏（图 7-2）中的 create display gropu 按钮 🔗 后弹出对话框，在对话框左栏中选择 Set，在右边选择 chord 后再点击对话框下面的 remove select 按钮，这样就把弦杆集（chord）给屏蔽掉。如此只剩下腹杆构件，类似前面的方法用鼠标选择全部的腹杆定义腹杆集（brace）。最后，再点击工具栏（图 7-2）中的 replace all 按钮，显示所有构件。

图 7-19 隐藏操作时选项选择为 Edges

第 4 步，赋予柱、弦杆、腹杆材料属性。类似 7.2.1 节的方法，点击快捷键区（图 7-2）中的 Assign section 按钮 🔧L，然后点击操作窗口右下角的 Sets 按钮，弹出 Region

Selection 对话框，选择其中的 chord（弦杆集）后弹出新对话框，在新对话框的 Section 选择栏中下拉选择 chord 后点击 OK。如此完成了将截面和材料属性赋予弦杆，此时整个结构中弦杆从白色变成绿色。类似的方法，依次将截面和材料属性赋给腹杆和柱。

第 5 步，对于采用梁柱单元（梁单元）的柱（column 集）定义截面方向。在 Property 模块最右边的 part 栏下拉选择 column，点击快捷键区（图 7-2）中的 Assign beam orientation 按钮 ，弹出 Region Selection 对话框（如没有则点击操作窗口右下角的 Sets 按钮），选择 column，在操作窗口底部的 enter an approximate n1 direction（tangent vectors are shown）提示区中输入－1，0，0。完成截面方向定义。

4. Assembly 模块：两类 part：网架（wj）和四根柱（column）组成结构

从 Module 列表中选择 Assembly 进入 Assembly 模块，此时已经有了网架的组件：wj-1。点击快捷键区（图 7-2）中的 creat instance 按钮 进入 creat instance 对话框，在 Parts 栏中选择部件 column 插入一根柱（注意此时插入的柱子与网架部分重合）→点击快捷键区的 Rotate Instance 按钮，按操作窗口右下角的 instances 按钮，弹出对话框后下拉菜单选择要转动的柱子 column-1。→然后按照操作窗口底部的提示（Select a start point for the axis of rotation or enter X，Y，Z 和 Select an end point for the axis of rotation or enter X，Y，Z）依次输入坐标（0，0，0）、（1，0，0），即定义 column-1 绕着 x 轴进行旋转，输入旋转角度为 90°并按 OK 按钮完成，此时 column-1 轴线平行整体坐标 z 轴方向（即网架的平面外方向）→点击快捷键区的 Translate Instance 按钮，按照操作窗口底部提示 Select the instances to translate 用鼠标选择刚刚进入 assembly 中的 column-1 后按 Done 按钮，然后用鼠标点击 column-1 上面（即顶部）的点作为被移动点，接着用鼠标点击支撑网架的柱子顶部位置（图 7-13），如此将柱子 column-1 移动到其在整体结构中所处的位置。类似方法，插入其他三根支承网架的柱子。

5. Step 模块、Interaction 模块、Load 模块

Step 模块类似 7.2.2 节的桁架结构，Interaction 模块也采用类似 7.2.2 节的弦杆连续、腹杆铰接弦杆的 Pin 方法，形成柱顶与相应的网架下弦平面的四个节点之间的铰接关系。Load 模块也类似 7.2.2 节，但这里的边界约束是四个柱子的柱底固定约束，而节点荷载更多。按照静力等效原则将节点所辖区域内的均布荷载 q 集中作用在该节点上，譬如网架上弦平面的中间节点的集中荷载为 $3.5 \times 3 \times 8 = 84$kN，因为力方向与 z 轴相反且单位为"N"，故模型荷载输入参数为－84000。

6. mesh 模块

从 Module 列表中选择 mesh，进入 Mesh 模块。点击快捷键区（图 7-2）中的 seed edges 按钮进行布种，类似 7.2.1 节，这里每根腹杆或弦杆采用杆单元且划分为 1 等份，每根柱子采用梁单元且划分为 10 等份。在划分腹杆和弦杆的网格单元时，先隐藏柱，再依次点击 seed edges 按钮选择每根腹杆或弦杆 1 个单元、点击 mesh part instance 按钮划分网格、点击 Assign Element Type 按钮选择单元类型为 T3D2。在划分柱子的网格单元时，类似，但每根柱子划为 10 等份、单元类型为 B31。后续的分析计算同前面，不再赘述。

上述的有限元模型（图 7-18）并没有在上弦沿周边设置水平撑杆，这里是为了简化建模过程，但实际工程中的正交正放网架往往在上弦周边设置撑杆，读者可以对比一下有无设置撑杆模型的结果有何差异。

7.2.4　ABAQUS 的钢管相贯节点实例

通过壳单元计算钢管相贯节点。通过计算（手算或电算）得到如图 7-3 所示的钢管桁架结构各个杆件的内力，如图 7-20 所示。以图 7-20 中节点 3 为例，建立钢管相贯节点分析计算。根据前面钢管桁架例子，主管（弦杆）为 245mm×8mm（外径×壁厚）的圆钢管，支管（腹杆）为 165mm×6mm（外径×壁厚）的圆钢管。本节用壳单元分析圆钢管相贯节点的受力性能。

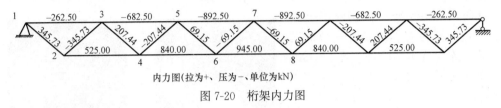

内力图(拉为+、压为−、单位为kN)

图 7-20　桁架内力图

1. 建立模型名称

打开 ABAQUS/CAE 后，点击左侧模型树区域的 Models，然后用 creat 创建一个新的模型，将名称改为 k-joint。

2. Part 模块：创建主管部件、支管部件，组成 K 形圆钢管相贯节点

从 Module 列表中选择 Part，进入 Part 模块。点击快捷键区（图 7-2）中的 creat part 按钮后弹出 creat part 对话框。在对话框中操作如下：在 name 栏输入 chord，type 栏选择 Deformable，在 base feature 栏中的 shape 选择 shell（壳），在 base feature 中的 type 选择 extrusion（意思是绘制截面然后拉伸生成三维壳体），在最底部的 approximate size 输入 500（这个值可设为要绘制对象最大尺寸的 2 倍），最后按 continue 按钮进入绘制主管截面。这里选择长度单位和力单位分别为 "mm" "N"，并取主管和支管的中面为壳的面。接着进入绘图模块（Sketch）后按 creat circle：center and perimeter 按钮绘制圆，先输入圆心坐标（0，0），圆周上的一点的坐标（118.5，0）。其中 118.5 为主管中面的半径值 $R=(D-T)/2=(245-8)/2=118.5$。然后点击 Done 弹出对话框，输入 depth（主管长度）为 1960mm（8 倍直径 D）后按 OK，生成三维主管壳。类似的方法建立支管部件，名称为 brace，半径值为 $(165-6)/2=79.5$，长度为 800（约 4~5 倍直径）。

从 Module 列表中选择 Assembly 模块，点击快捷键区（图 7-2）中的 creat instance 按钮后进入 creat instance 对话框，在对话框中选择部件 chord，其他默认后点击 OK 按钮。点击快捷键区的 Translate Instance 按钮，用鼠标选择刚进入 assembly 中的 chord-1（部件 chord 在 assembly 中的一个 instance）并按 Done 按钮，再按照操作窗口底部提示（Select a start point for the axis of rotation-or enter X，Y，Z 和 Select an end point for the axis of rotation-or enter X，Y，Z）依次输入坐标（0，0，0）、（0，0，−980），这样让主管的中部位于整体坐标系的原点。

再点击快捷键区的按钮后进入 creat instance 对话框，选择部件 brace。点击快捷键区的 Rotate Instance 按钮，选择要转动的支管 brace-1 后按操作窗口底部的 Done 按钮，再按照操作窗口底部的提示（Select a start point for the axis of rotation-or enter X，

Y，Z 和 Select an end point for the axis of rotation-or enter X，Y，Z）依次输入坐标（0，0，0）、（1，0，0），在操作窗口底部的提示区中输入旋转角度值 40.6°，按 OK 按钮完成了一根支管转动，形成了图 7-20 中腹杆 32。类似的方法建立腹杆 34，输入旋转角值为 139.4°（即 180°—40.6°）。

在 Assembly 模块下点击快捷键区的 Merge/Cut Instances 按钮 ⑩ 后弹出对话框，在对话框中的 Part name 中输入 k-joint（对话框其他默认），在操作窗口中选择两根主管和一根支管，Merge 成为一个钢管相贯节点（名称 k-joint）。

此时，k-joint 还不是实际的钢管相贯节点，因为主管内还有多余的壳体，要删除这些多余的壳。在 Module 列表中选择 Part 模块，并在 Part 栏中选择 k-joint。点击 views 工具栏（图 7-8）中的 XY 视图，可以看到主管内部需要删除的多余壳，如图 7-21（a）所示。在 Part 模块下，将应用菜单中 Tools（图 7-2）下拉到 Geometry Edit，弹出对话框，在 Category 中选择 face，Method 中选择 Remove，用鼠

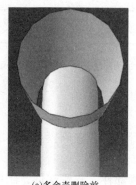

(a)多余壳删除前　　　　　(b)多余壳删除后

图 7-21　删除主管内部多余壳体

标选择操作窗口中多余的壳后按 Done，删除多余壳，得到实际的钢管相贯节点（图 7-21b）。退出 Geometry Edit 对话框。需要说明的是，为了操作便利性，可以结合应用菜单（图 7-2）中的 Rotation view 按钮 ⟲ 来删除这些多余壳体。

3. Property 模块：给节点中的主管和支管赋予材料属性和截面属性

在 Module 列表中选择 Property，进入 Property 模块，点击快捷键区（图 7-2）中的 creat material 按钮，钢材名称为 steel，输入钢材的弹性模型 206e3（e3 表示 10^3 MPa）、泊松比 0.3，输入钢材弹塑性应力和应变数据：初始屈服应力和相应塑性应变（370、0）、极限强度应力和相应塑性应变（565、0.25）。注意，因为这里长度和力的单位分别为 "mm""N"，弹性模量和应力单位取为 "MPa"。

Property 模块，点击快捷键区（图 7-2）中的 creat section 按钮，进入 Create Section 对话框（这个对话框用来定义构件的截面），在对话框中进行如下操作：在 name（名称）栏输入 Chord（表示弦杆的意思），在 Category 选项中选 Shell，在 Type 选项选择 Homogenous（表示各向同性）→按 continue 按钮进入 edit section 对话框，输入壳的截面属性：在 shell thickness 栏右边的 value 中输入主管壁厚 8（单位：mm），Material 栏下拉菜单选择 steel，其余默认后按 OK 按钮。如此确定了主管的壁厚和材料属性。类似建立支管的壁厚和材料属性，名称为 brace，壁厚为 6。

Property 模块，点击快捷键区（图 7-2）中的 Assign section 按钮，在操作窗口底部的 Select the regions to be assigned a section 提示栏右边的 create set 后面输入 brace，再用鼠标选取两根支管，弹出对话框，在对话框中下拉菜单选择 brace，给支管赋予了材料属性并将支管定义为一个名为 brace 的集（Set）。接着，点击应用菜单下一行的工具栏

（图 7-2）中的 remove select 按钮 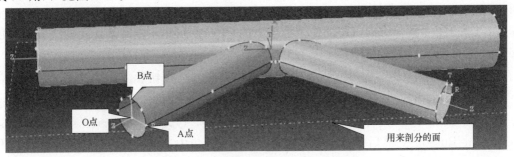，用鼠标选择窗口中的两根支管，将支管屏蔽掉。再点击快捷键区（图 7-2）中的 Assign section 按钮，类似方法给主管赋予材料属性，并将主管定义为一个名为 chord 的集（Set）。

给壳单元赋予材料方向。首先建立主管和两根支管的局部柱坐标系，操作如下：点击应用菜单（图 7-2）的 Tools 下的 datum，弹出 create datum 对话框：type 选择 plane、method 选择 3 points（意思是用三点建立一个面），然后在操作窗口中依次选择主管端部的圆心、两根支管端部的圆心，建立一个平面。接着，点击应用菜单的 Tools 的 partition（部分），弹出 create partition 对话框：type 选择 face、method 选择 use datum plane，然后用鼠标选择整个节点所有的壳后按 Done 按钮（或鼠标中键）确定，再选择前面建立的面（plane）后按 Done 按钮（或鼠标中键）确定，如此将节点在对称面分割为上、下两个半壳。需要注意，这里的分割为上、下两个半壳，仅仅是后面网格划分或者建立局部坐标系等方便，不是实际上分为两半。接着返回 Create datum 对话框：type 选择 CSYS、method 选择 3 points（意思是用三点建立一个坐标系），在弹出 Create datum CSYS 对话框中的 Name 输入 csys-chord、Coordinate System Type 点选 Cylindrical（柱坐标），按 continue 按钮后按照操作窗口底部提示，依次输入三个点的坐标：原点 O、柱坐标径向 R 方向的一个点 A、主管端部上的另一个点 B（OA 与 OB 成 90°角），如此建立了赋予主管材料方向的局部坐标系。

同样的方法，建立两根支管的局部坐标系（均为柱面坐标系）csys-brace1 和 csys-brace2，如图 7-22 所示。以支管 1 为例，建立局部柱坐标系下的三个点如下：O 可以选择圆心、A 点为管端部被 partition 部分出来的点，B 点为管端部另外一个点（OA 与 OB 成 90°角），见图 7-22。

图 7-22　建立局部坐标系和部分后的节点

点击应用菜单（图 7-2）的 Assign 下的 Material orientation，然后点击操作窗口右下角的 Sets 按钮后弹出对话框，选择 chord。点击 continue 按钮，然后点击操作窗口右下角的 Datum CSYS list 按钮弹出对话框，选择坐标系 csys-chord 后按 OK 按钮后弹出 Edit material orientation 对话框，在 Normal direction 中点选 Axis2，按 OK 按钮结束，赋予了主管材料属性。注意：Normal direction 中选择的轴，要使得局部坐标系红色轴 n 轴成为圆柱面的法线方向。类似方法，采用鼠标在操作窗口中直接分别选取两根支管的方法，给两根支管赋予材料方向，分别采用局部柱面坐标系 csys-brace1 和 csys-brace2。

4. step 模块：进入 assembl 模块再进入 step 模块，设置同前面的桁架

5. interaction 模块

点击应用菜单 Tools 下的 Reference Points，选择主管两端的圆心、两根支管的圆心，一共 4 个圆心为 4 个参考点（RP-1～RP-4）。点击快捷键区（图 7-2）中的 creat con-straint 按钮，弹出对话框，在其中的 name 输入 Constraint-c1、Type 中选择 coupling 后按窗口底部的提示，先点击 RP-1 点为控制点，再点击 surface 按钮后结合键盘上 shift 键选择主管的端部线，弹出 Edit constraint 对话框默认选择 OK 按钮，如此形成了主管一端的 coupling 约束。类似地将主管的另外一端、两根支管端的 coupling 约束。需要说明的是，主管两个端面的 Edit constraint 对话框中最下面的坐标（CSYS）可以用整体坐标系；而支管的 Edit constraint 对话框中最下面的坐标（CSYS）则选用局部坐标系，这里的局部坐标系的定义同前面 Property 模块的方法，但采用直角坐标系（Rectangular）而非前面的柱坐标系，同时定义坐标系的点可以完全同前面 Property 的点，也就是新的局部坐标系（两根支管局部坐标系的名称分别为 b-1 和 b-2）可以与原来柱面局部坐标系重合。这里施加 coupling 约束的目的是将端部整个面上的节点与圆心的运动绑在一起，这样使得后面施加的集中荷载通过参考点 RP-1～RP-4 分配到相应的钢管端面上。

6. load 模块：定义荷载（施加集中荷载）和边界条件

从 Module 列表中选择 Load，进入 Load 模块。点击快捷键区（图 7-2）中的 creat load 按钮后进入 creat load 对话框。在对话框中的操作如下：在 Name（名称）栏输入 load-c1，step 栏选择 step-1，category 栏选择默认的 mechanical（力学），types for se-lected step 选择 concentrated force（集中力），然后按 continue。在操作窗口中选择主管左端部 RP1 点后输入集中荷载，根据荷载方向，在 CF3（整体坐标系下的 z 轴方向的力）栏中输入集中力-262500（单位为"N"，为图 7-19 中的上弦杆 13 的轴压力）。类似在主管右端部 RP2 点输入上弦杆 35 的轴压力（CF3 方向、682500），在两根支管端部的 RP3 和 RP4 点依次输入支管轴力-345700、207400，但支管输入时坐标系选择自己的局部坐标系 b-1 和 b-2 下的 3 方向（即局部坐标系下的 CF3），如此才能沿着支管轴线方向施加支管轴力。

点击快捷键区（图 7-2）中的 creat boundary condition 按钮后进入对话框。在 cre-at boundary condition 对话框中的操作如下：name（名称）栏为 BC-1（默认），step 栏选择 step-1，category 栏选择默认的 mechanical（力学），types for selected step 选择 Dis-placement/Rotation，然后按 continue 按钮。在操作窗口中选择主管两端的参考点 RP1 和 RP2，弹出 Edit boundary condition 对话框，把 U1～U3、UR1～UR3（x、y、z 三轴方向的线位移和角位移）都加以约束。

7. mesh 模块：选择单元、网格划分

在 Module 列表中选择 mesh，进入 Mesh 模块。在左边模型树中的 assembly 的 in-stances 的 k-joint-1 右击后选择 make independent。这样节点的颜色从蓝色变成粉红色。点击快捷键区（图 7-2）中的 seed part instance 按钮（进行布种）弹出对话框，在 Ap-proximate global size 中输入 20（表示单元尺寸为 20mm），其余默认，选择窗口中的钢管相贯节点（即部件 k-joint）后按 OK 按钮。

点击快捷键区（图 7-2）中的 mesh part instance 按钮，然后在窗口底部选择 yes，进行网格划分。点击快捷键区（图 7-2）的 Assign Element Type 按钮，然后鼠标框选整个钢管相贯节点（即部件 k-joint），然后在操作窗口底部选择 done，点击 OK 按钮弹出对话

框，选择默认单元 S4R。

8. job 模块：参见 7.2.2 节。

9. Visualization 模块

计算完成后，直接按 job manager 对话框中的 results 按钮就进入后处理模块查看。可以查看钢管相贯节点的 Mises 应力云图，见图 7-23。

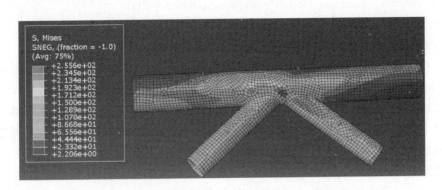

图 7-23　计算后的钢管相贯节点的 Mises 应力云图

7.2.5　ABAQUS 脚本语言命令流建模简介

前面的例子建立有限元模型都是基于 ABAQUS/CAE，这是 ABAQUS 的交互式图形环境，可以用来完成从几何建模到转化为有限元模型，再到计算分析以及后处理分析计算结果。当进行参数化分析（如分析参数 β、γ 等对节点性能的影响）时，由于模型较多，若采用常规的 ABAQUS/CAE GUI 方法进行前处理建模不仅费时、费力，且过多的重复性手工劳动可能产生疲劳带来的操作失误。利用 ABAQUS 内核脚本语言编辑的命令流通过脚本接口就可以实现建模、划分网格、指定材料属性、提交分析作业、后处理分析结果等操作的自动化处理。在命令流中将所需要分析的参数（如 β、γ）定义为变量并赋值，只需要改变变量的具体赋值就可以实现大量的参数化分析。此外，对于一些采用梁-柱单元和杆单元的整体结构（如网架网壳等）建模计算分析时，ABAQUS/CAE GUI 方法将变得非常吃力，而用命令流的方式有时比较容易。

ABAQUS 脚本接口是一个基于对象的程序库，其内嵌脚本语言采用 python 语言，这是一种既可用于独立的程序也可用于脚本程序、面向对象的程序设计语言。ABAQUS 脚本接口提供了一套应用程序编程接口（API）来操作 ABAQUS/CAE，实现前后处理功能，接口编程采用 python 的语法编写脚本，但进行了扩展，额外增加了几百个对象模型。使用脚本语言编写命令流过程中，通过调用 ABAQUS 提供的这些对象模型，就可以实现建模的功能。对象模型分成三类：①session 对象（用来改变模型的视角等），②mdb 对象，包括计算模型对象（models 对象）和作业对象（jobs 对象），③odb 对象，包括计算模型对象和计算结果数据。每一类对象下面又包括各类子对象，如 mdb 对象下面的计算模型对象（models）就包括 sketches（绘图对象）、parts（部件对象）等。其中，models对象几乎包含了建模编程所需的所有对象类型，是 ABAQUS 前处理主要考虑的对象类型。下面是一段用来建立钢管柱构件壳单元几何体的命令语言，由此可以初步了解利用脚本语言进行 ABAQUS 建模的特点。

```
myModel ＝mdb. models['Model-1']
mySketch＝myModel. Sketch(name='sketch-Tube',sheetSize＝3 * D)
mySketch. CircleByCenterPerimeter(center＝(0.0,0.0),point1＝(D/2－T/2,0))
Tube＝myModel. Part(name＝'Part-Tube',dimensionality＝THREE_D,type＝DE-
FORMABLE_BODY)
Tube. BaseShellExtrude(sketch＝mySketch,depth＝LD)
PartTube ＝myModel. parts['Part-Tube']
session. viewports['Viewport：1']. setValues(displayedObject＝PartTube)
```

第 1 行命令的意义为调用 mdb 对象下面的 models 对象来创建一个模型，第 2 行命令为调用 models 对象下面 Sketch 对象来创建一个绘图板并设定绘图板的大小，第 3 行命令为在绘图板上采用一种方法（本书采用给定圆心和圆周上一点坐标的方法）绘制管截面，第 4 行命令为调用 models 对象下面 Part 对象，给出 Part 类型（本书为三维空间变形体），第 5 行命令为将绘图板上的截面通过拉伸（Extrude）方式形成钢管构件，第 6、7 行命令为给这个钢管构件一个名称并在空间显示几何形状。其中 D、T、LD 三个参数依次为即将要赋予定值的钢管柱截面直径、壁厚和构件长度，通过改变这三个参数值就可以进行大量的参数化建模。

从上述命令可以看出，ABAQUS 脚本命令具有以下特点：①每次调用对象对应一个操作，如绘制截面时调用 Sketch 对象；②第一次调用对象完成操作后，都赋予一个变量名，如第 1 行的创建模型后赋予模型一个变量名 myModel，这样做的好处是后面语句要用时就可以直接使用 myModel 这个简短名字，而无需使用 mdb. models ['Model-1'] 这个冗长的名称；③命令语句采用全称，能一目了然明白进行了什么操作，如第 3 行中的 CircleByCenterPerimeter 非常明显表示通过圆心及圆周上一点坐标定位的方法绘制一个圆；④操作命令直接连接在对象后面，可清楚知道操作是在哪个对象下面进行的，如第 3 行中的对象 mySketch 就放在操作命令 CircleByCenterPerimete 之前。

本书的例 4-2 进行肋环型单层球面网壳的全过程分析时，建立网壳模型就使用了 ABAQUS 脚本命令建模的方式。用 for 循环语句实现了构建每一个平面然后在各个平面内建立一根肋杆，再用 for 循环语句在此基础上建立环杆。需要说明的是，这些命令的大部分都可以在 ABAQUS/CAE 建模过程时生成的 abaqus. rpy 文件中找到，但文件中的命令是基于 ABAQUS/CAE，有时候不适合脚本语言建模。比如选择某几个对象（线或面或体）然后赋给材料属性，用脚本语言建模往往要用 findAt 命令，其意义就是用坐标定位方式找到某个对象。比如下面就是利用 findAT 配合 for 循环语句找到肋环形网壳中所有肋杆（几何为 edges）上任意一点的坐标，从而找到所有肋杆并赋给其材料截面属性，其中 R（球面网壳的半径）等为参数。有关命令语句及脚本语言进行 ABAQUS 建模的内容非常丰富，有兴趣的读者可查询 ABAQUS 自带的帮助文档。

```
AllRibEdge＝mvModel. parts['Part-all']. edges. findAt(((R * sin(Alpha/2),R * cos(Al-
pha/2),0,),),)
for j in range(4 * NC)：
  for i in range(NR)：
    RibEdge＝mvModel. parts['Part-all']. edges. findAt(((
```

$\quad$ R $*$ (sin((i+1+i) $*$ Alpha/2)) $*$ cos(j $*$ Belt),

$\quad$ R $*$ cos((i+1+i) $*$ Alpha/2),

$\quad$ R $*$ (sin((i+1+i) $*$ Alpha/2)) $*$ sin(j $*$ Belt),),),)

$\quad$ AllRibEdge=AllRibEdge+RibEdge

AllRibregion=regionToolset. Region(edges=AllRibEdge)

allPart=myModel. parts['Part-all']

allPart. SectionAssignment(region=AllRibregion,sectionName='Section-CHS-L',offset=0,0,

$\quad$ offsetType=MIDDLE_SURFACE,offsetField='')

7.3 ANSYS 的应用简介

7.3.1 ANSYS 简介

ANSYS 软件是融结构、流体、电场、磁场、声场分析于一体的大型通用有限元分析软件，是美国 ANSYS 公司在 1970 年开发。ANSYS 有限元软件可应用于以下工业领域：航空航天、汽车工业、生物医学、桥梁、建筑、电子产品、重型机械、运动器械等。

ANSYS 软件主要包括 3 个模块：前处理模块、分析计算模块、后处理模块。前处理模块提供了一个实体建模（Modeling）、定义材料属性（Material Properities）、网格划分（Meshing）、定义边界约束及载荷（Loads）工具。分析计算模块提供结构、流体动力学、电磁场、声场、压电及多物理场耦合分析，以及灵敏度分析及优化分析能力。后处理模块则将计算结果以图表、曲线形式显示或输出。当前，ANSYS 分为经典版（Mechanical APDL）和 Workbench 版两个版本。这里对经典版进行简单介绍，ANSYS 经典版本界面有两种运行模式。第一种模式是图形用户界面（Graphical User Interface，简称 GUI），是指用图形方式显示的计算机操作用户界面，其包括建模、保存文件、打印图形及结果分析等，可以方便进行人机对话，其界面见图 7-24。GUI 的界面中的主菜单经常用到，主菜单的操作方式见图 7-25。除了 GUI 外，另一种模式是参数化设计语言（ANSYS Parametric Design Language，简称 APDL），也就是非常受大家欢迎的命令流方式。进行大量有限元参数化分析时，这种模式效率非常高。

ANSYS 的文件包括数据库文件、日志文件、结果文件、输出文件、错误文件。其中，数据库文件（××.db）是最重要的文件，包括了所有的输入数据（单元、荷载、边界条件等）和部分结果数据。日志文件（××.log）记录操作过程，在 ANSYS 中键入的每一个命令或在 GUI 方式下执行的每个操作都会被记录到这个文件中。结果文件（××.rst）存储了计算结果的文件。输出文件（××.out）将 ANSYS 给出的响应捕获至用户执行的每个命令，还会记录警告、错误等信息。错误文件（××.err）用于记录 ANSYS 发出的每个警告信息或错误。

与 ABAQUS/CAE 类似，ANSYS 建模总体上也有两种方式。其一是导入其他 CAD 系统创建的模型。针对过于复杂的模型，可在专用 CAD 软件建立模型后通过 ANSYS 提供的接口导入模型。ANSYS 支持的接口包括：IGES、CATIA、Pro/E、UG、SAT、

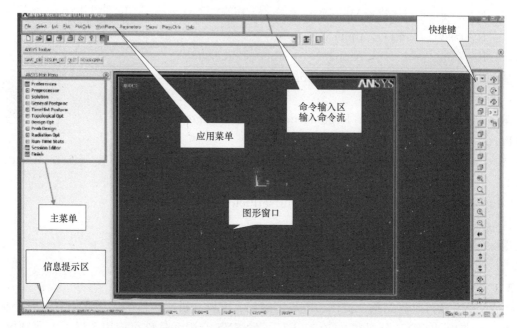

图 7-24　ANSYS 的图像用户操作界面（GUI）

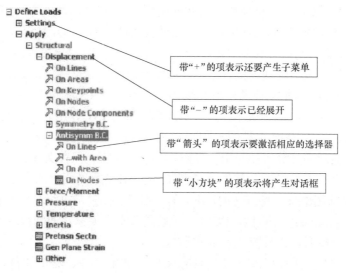

图 7-25　ANSYS 图像用户操作界面（GUI）的主菜单的操作

PARA、IDEAS。其二是在 ANSYS 中建立有限元模型，可采用 GUI 或 APDL 的方式实现，此时又可以细分为两种方法：ANSYS 中直接建立有限元模型，建立几何模型后再生成有限元模型。直接建立有限元模型就是直接创建节点后再通过节点创建单元，这种方法比较适用杆件结构。建立几何模型后再生成有限元模型是先创建一个与实际结构相近或相一致的几何模型，然后对于几何模型进行网格划分生成有限元模型，这种方法需要描述模型的几何边界，必须直接确定每个节点的位置、单元的大小、形状和连接关系。

　　ANSYS 建模过程中要遵循以下要点：确定分析目标、模型基本形式、单元类型，适当的网格密度，尽量简化模型（如模型的对称性），建模时对模型做一些必要简化并采用适当的单元类型和密度等。

ANSYS 的坐标系包括总体坐标系和局部坐标系。其中总体坐标系（都是右手系）包括笛卡儿坐标系（是默认的坐标系、坐标系参考号为 0），柱坐标系（X、Y、Z 轴分别代表径向 R、周向 θ、轴向，坐标系参考号为 1），球坐标系（X、Y、Z 轴分别代表 R、θ、φ，坐标系参考号为 2）。局部坐标系用来定位几何体和便于模型构建，也可以分为笛卡儿坐标系、柱坐标系、球坐标系。

总体坐标系和局部坐标系是构建其他坐标系（节点坐标系、单元坐标系等）的基础。节点坐标系用来定义节点自由度的方向，每个节点都有自己的节点坐标系，默认时总是平行于总体笛卡儿坐标系。单元坐标系用来规定正交材料特性的方向，面压力的方向和结果（如应力和应变）的输出方向，二维和三维实体的单元坐标系总是平行于总体笛卡儿坐标系。显示坐标系，改变显示坐标系会影响图形显示效果。除非很有必要，一般应将显示坐标系设为总体笛卡儿坐标系。结果坐标系用于对结果数据进行显示，通常先变换被激活的坐标系（可以定义不同坐标系），然后再输出计算结果。

工作平面是 ANSYS 建模的辅助工具，建立几何模型时，一般只能在当前工作平面内创建。工作平面可以想象成一个无限大的绘图板，工作平面有原点、二维坐标系，用户可以在上面任意绘图。工作平面可以被移动和旋转，同一时刻只能定义一个工作平面；当通过移动和旋转产生新的工作平面时，就删除原有的工作平面。ANSYS 的默认工作平面就是总体笛卡儿坐标系的 X-Y 平面，工作平面的 X、Y 轴分别取为总体笛卡儿坐标系的 X 轴和 Y 轴。

类似 ABAQUS，ANSYS 也有非常丰富的单元库，包括了杆（桁架）单元、梁单元、壳单元、实体单元等。杆（桁架）单元以 Link 名字表示，有多个类型。其中，Link8 可用于不同工程中的杆，每个点有 3 个平动自由度，具有塑性、徐变、膨胀、应力强化和大变形的特性。Link10 为三维杆单元，具有双线性劲度矩阵的特性，使得其成为仅能单轴受拉（或压）单元，对于单轴拉，如果单元变成受压，刚度就消失了，故可用于模拟静力钢缆中。Link180 为三维杆单元，可用来模拟构架、连杆、弹簧等，每个节点有 3 个平动自由度。

早期版本的 ANSYS 有多个类型的梁单元，随着 ANSYS 版本的升高，很多老旧的梁单元已经舍弃，现在保留了 beam188/189。Beam188 为三维、2 个节点的梁单元，基于 Timoshenko 梁理论。Beam188 单元每个节点有 6 或 7 个自由度（3 个平动、3 个转动、1 个扭转），具体依赖于 keyopt（1）值的设置。该单元适用于线性、大旋转和大应变非线性。Beam189 为三维、二次梁单元，也是基于 Timoshenko 梁理论，其他方面类似 Beam188。梁单元虽然看似简单，但应用时并不简单，涉及梁的方向、偏置、变截面、自定义截面、输出内力、输出应力等。

ANSYS 有多个壳单元，shell41 一般用来模拟膜。壳单元 shell181 是 ANSYS 后来开发的单元，考虑了以前壳单元的优点和缺陷，能实现之前的 shell63、shell43 等单元的所有功能，且比它们更好，偏心设置很方便，如模拟梁-板结构时把板中面往上偏置，从而使得板的上表面和梁顶面在同一水平标高，此外壳单元还可以分层等。

ANSYS 的实体单元也包括三维实体单元和简化平面应力/应变问题的平面单元。其中三维实体单元包括六面体单元和四面体单元，四面体单元有四节点单元 SOLID 285 和十节点单元 SOLID 187，六面体单元有八节点单元 SOLID 185 和二十节点单元 SOLID 186。Plane182 是 4 节点平面问题单元，可用于平面单元也可用于轴对称单元。Plane182 有 4 个节点，每个节点有 2 个自由度，具有塑性、超弹性、应力强化、大变形、大应变能力。其可模拟几乎不能压缩的次弹性材料和完全不能压缩的超弹性材料的变形。Plane183 为 8 节点平面问题单元，适用于模拟不规则网格，可用于平面单元也可用于轴对称单元。该单元由 8 个节点组成，每个节点有 2 个自由度，具有塑性、超弹性、应力强化、大变形、大应变能力。SOLID 65 为三维钢筋混凝土实体单元，该单元为含钢筋或不含钢筋的三维实体，该单元的实体能力可以用来模拟混凝土，而钢筋能力用来模拟钢筋性能。SOLID 65 还可用于加固合成物（如玻璃纤维）和地质材料（如石块）。SOLID 65 由 8 个节点定义，每个节点有 3 个自由度，该单元可以定义 3 种不同钢筋，具有被拉裂和压碎的能力。该单元最重要的方面是它具有非线性材料的性能，混凝土可以在三个正交方向发生开裂、压碎、塑性变形和徐变，钢筋可以抗拉压，但不能抗剪，还可以具有塑性变形和徐变的性能。

7.3.2 ANSYS 的桁架实例

钢管桁架例子同前面，受力图见图 7-3。

采用 ANSYS 的经典版的图形用户界面（GUI）进行建模，打开 ANSYS 后操作步骤如下：

1. 建立文件名

File→chang Jobname，输入名字 truss-node。

2. 输入材料属性

主菜单→Preprocessor→Material Models→define material model behavior 对话框：在 Structual 的 linear 的 elastic 的 isotropic 输入弹性模量 EX＝2.06e11（单位是 "Pa"）、泊松比 PRXY＝0.3，点击 OK（至此材料的弹性数据输入完毕）→返回 define material model behavior 对话框：Structual→nonlinear→inelastic→Rate Independent→isotropic hardening plasticity→Mises plasticity→Bilinear→yield stss（屈服强度）输入 370e6、Tang Mod（切线模量）输入 2.06e9（1% 的弹性模量）。

3. 单元类型

主菜单→Preprocessor→element type→add/edit/delet→对话框点击 add 按钮→对话框中选择 link 下的 3D finit stn 180→OK 退回对话框后按 close 按钮。

4. 杆件截面属性（桁架单元为杆件截面面积）

主菜单→Preprocessor→Real Constants→add/edit/delet→对话框点击 add 按钮→对话框→add 按钮后弹出对话框：在 cross-section area 输入 0.005956（假定弦杆采用 245×8、单位为 "m^2"），其他选项默认→类似输入腹杆截面 0.003（假定弦杆采用 165×6、单位为 "m^2"）。

5. 建立模型

在 ANSYS 的经典建模中有两种方式建立有限元模型，一种是直接输入节点的坐标位置，然后把节点连成单元，另一种是建立几何模型后进行网格划分建立有限元模型。因为桁架例子较为简单，故这里采用直接输入节点的方式建立有限元模型。操作如下：主菜单→Preprocessor→Modeling→Nodes→in active CS（用坐标系定位节点）弹出对话框：依

次输入各个节点的 x、y、z 坐标，如图 7-3 中节点 1 的坐标（0，0，0）、节点 3 的坐标（7，0，0）等。需要注意，每次都有一个节点编号和坐标输入，按对话框中的 apply 按钮表示一个节点已经输入。本例建立的有限元模型中的节点编号为：上弦杆节点编号从 1～7，下弦杆节点编号从 8～13。需要说明的是，这里有限元模型的节点变化是为了方便操作，与图 7-3 中的弦杆和腹杆相交点（也称为节点）不同。

然后显示节点和单元编号。操作如下：在操作窗口顶部的应用菜单点击 Plotctrls 并下拉到 numbering 对话框，在 Nodes numbers 后面勾选，并在其下一行的单元显示。

通过连接节点形成单元，操作如下：主菜单→Preprocessor→Modeling→elements→auto numberd→Thru Nodes 弹出对话框，然后连接上述创建的相关节点，形成单元。

6. 施加荷载和边界条件

主菜单→Preprocessor→Loads→Define loads→Apply→Structural→Displacement→On Nodes 对话框：选中左边节点 1（有限元模型中的节点编号）后点击 apply 按钮后输入 ux、uy、uz 约束三个方向的线位移，同理选择右边节点 7 选择 uy、uz。

主菜单→Preprocessor→Loads→Define loads→Apply→Structural→Force/Moment→On Nodes 对话框：选择上弦杆中间各个节点（按 shift 键依次点击节点 2～6），然后选择力 FY 并输入值－90000，同理选择上弦杆左右两个端点（节点 1 和节点 7），输入荷载－45000。

7. 选择分析类型后进行求解

首先，主菜单→Solution→Analysis Type→New Analysis 弹出对话框，选择 Static（静力分析）。然后，主菜单→Solution→Solve→Current LS 进行求解。

8. 后处理（查看内力等）

第一，主菜单→General Postpro→Read Results→Last Set（读取最后一个加载子步的结果）。

第二，主菜单→General Postpro→Element Table→Define Table 弹出对话框后按 add 按钮→弹出对话框：在 Lab User label for item 后面输入名称（可定义为 FXI），Item Comp Results data item 右边两个下拉菜单栏分别下拉选择 By sequence num 和 SMISC（下面输入 SMISC，1）输入桁架单元的轴力。

第三，主菜单→General Postpro→Plot Results→Contour Plot→Line Elem Res 弹出对话框后下拉菜单选择 SMISC 1，再点击 OK 按钮，可在 ANSYS 窗口显示结构的轴力图。显然，这个图无法看到每一个杆件的内力的精确值，需以文本形式直接输出内轴力。操作如下：ANSYS 窗口上部应用菜单中的 List→在 Results 中选择 Element Table Data 弹出对话框，选择 SMISC 1 就弹出输出杆件轴力的文本（截取其中部分内容见图 7-26，单位：N），将其另存为 axial-force. txt→上部应用菜单的 plot 下拉选择 element 则显示结构节点和单元编号（图 7-27）。对比 ANSYS 计算所得的杆件轴力（图 7-26）和理论计算值（图 7-28），可知有限元结果与理论计算值非常接近。注意，图 7-26 中的 ELEM 列为单元编号（见图 7-27 中各个杆件中间的数字）、右边列为轴力值（单位：N）。

第四，ANSYS 窗口上部应用菜单（图 7-24）中的 List→Results 中选择 Nodal Solution，弹出对话框，然后选择 DOF solution 并在其中选择 Y-component of Displacement（y 方向位移），点击 apply→弹出输出杆件轴力的文本：查看各个节点的位移（挠度），得到节点 10（即下弦杆从左往右数第 3 个节点，见图 7-27）位移为－0.10363m，这个值与前面 ABAQUS 计算得到相应位置位移－0.10335m 几乎相同。

第五，ANSYS 窗口上部应用菜单（图 7-24）中的 Plot→Results 中选择 deformed shape，弹出对话框后按 OK 按钮，得到变形图，见图 7-29。

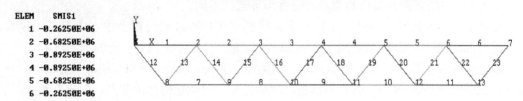

图 7-26　几个单元内力　　　　　图 7-27　结构单元编号和节点编号（点上数据）

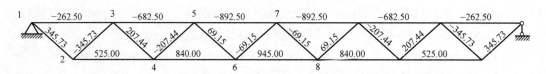

图 7-28　结构内力理论计算值（单位为 "kN"，"＋" 为拉、"－" 为压）

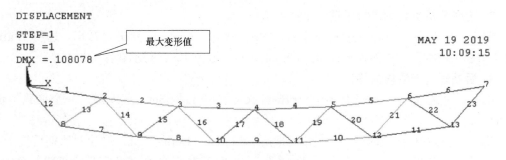

图 7-29　结构变形后的形状

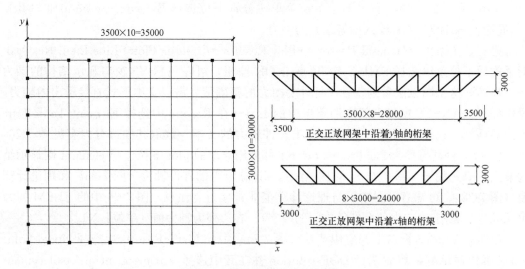

图 7-30　周边支承正交正放网架

7.3.3 ANSYS 的网架结构例子

某两向正交正放网架，但采用周边支承方式，网架结构的网格尺寸见图 7-30。网架上的面荷载（包括恒荷载和活荷载）经过换算后假定为作用到每个上弦节点上的集中力，这里假定所有节点集中力为 $P = 30$kN。网架结构中的构件采用圆钢管、构件之间采用螺栓球节点（铰接节点）。

用 ANSYS 的经典版的图形用户界面（GUI）进行建模，操作步骤如下：

1. 建立文件名

File→chang Jobname，输入文件名 Plate-like-Space-Truss。

2. 建立几何模型：通过建立点（关键点 Keypoints）和线的方式

第一，建立沿着 y 方向的桁架，操作如下：主菜单→Preprocessor→Modeling→Keypoints→in active CS，弹出对话框：NPT 中输入关键点编号、XYZ Location in active CS 中输入关键点的坐标，比如上弦杆第一个节点输入 1（点编号）、（0，0，0）。注意：这里将上弦杆的各个节点定为 1~11 关键点（这些点的 y 和 z 坐标均为零、x 变化），下弦杆的各个节点定义为 12~20 关键点（这些点的 y 坐标为零、z 坐标为 -3、x 变化），对话框中按 apply，连续输入各个关键点。

第二，完成关键点输入后，返回 Modeling（主菜单下的 Preprocessor 下的 Modeling）→Lines→Lines→Straight line，弹出对话框：选择两个关键点形成直线 Lines，按 apply 连续画各根杆件，最后画出沿着 y 方向的一榀平面桁架。

第三，返回 Modeling→Copy→Lines，弹出对话框：点击 pick all 按钮选择刚绘制的一榀平面桁架中的所有线→弹出 Copy Lines 的对话框：Nmuber of copies 栏输入 11、Y-offest in active CS 栏输入 3，其他栏默认，然后点击 OK 按钮。生成沿着 y 轴方向（即平行 x 轴方向）的 11 个平面桁架，每个桁架间距为 3m。

第四，显示 $x = 3.5$ 的为关键点（Keypoint），然后通过连接这些关键点绘制 $x = 3.5$m 处的沿着 x 轴方向（即平行 y 轴方向）的一榀平面桁架，操作如下：首先，选择 ANSYS 窗口上部应用菜单中的 Select→Entities，弹出对话框：上面两个下拉菜单依次选择 Keypoints、By Location（意思是通过坐标定位的方式选择部分关键点），在 X coordinates 中的 min 和 max 栏输入数据 3.49、3.51（意思是选择 x 轴方向的坐标在 3.49 和 3.51 之间的关键点），然后按 apply 键和 OK 键→应用菜单中的 Plot→Keypoints→Keypoints，仅显示上面所选的关键点（Keypoints）。至此，完成了选择 $x = 3.5$ 的关键点并予以显示。接着，通过 $x = 3.5$ 处的关键点绘制平行于 y 轴方向（沿着 x 轴方向）的网架。主菜单→Preprocessor→Modeling→Lines→Lines→Straight line，弹出对话框：选择两个关键点形成直线 Lines，按 apply 连续画各根杆件，这里仅画另外一个方向桁架的上下弦杆和斜腹杆（竖腹杆与前一个方向的桁架重合，不用画了）。

第五，类似第四的方法，完成 $x = 7$、10.5、14、17.5、21、24.5、28、31.5 处的桁架。

第六，删除由 y 方向桁架产生的周边多余的腹杆、下弦杆及其下端的关键点。这里的主要原因是实际网架结构最边缘（图 7-30）只有上弦杆，而我们之前通过 copy 方式生成了包括周边的两个完整的桁架（其包含了多余的下弦杆和腹杆）。具体操作为：主菜单→Preprocessor→Modeling→Delet→line only，弹出对话框：选择框选方式（即 box）并选择周边无用的线删除，再退回 Delet→keypoints，弹出对话框：框选方式删除无用关键点。

3. 材料属性

同前面桁架例子，不再赘述。

4. 单元类型、杆件截面属性、网格划分

第一，主菜单→Preprocessor→element type→add/edit/delet→在对话框中点击 add 按钮→在对话框中选择 link 下的 3D finit stn 180→OK 退回对话框后按 close 按钮，选择了单元类型。

第二，主菜单→Preprocessor→Real Constants→add/edit/delet→对话框点击 add 按钮→弹出对话框→add 按钮后弹出对话框：在 cross-section area 输入 0.01（单位为"m^2"），为了简化，假定所有杆件采用一个截面，取 0.01。

第三，主菜单→Preprocessor→meshing→mesh attribute→all line 弹出对话框：MAT（材料属性）、REAL（构件截面）、TYPE（单元类型）进行下拉菜单而选择前面定义的，依次为 1、1、Link 180，即完成了单元属性定义。回到 meshing 对话框→Size Cntrls→lines→all lines，弹出对话框并在 NDIV 栏输入 1（表示每个根杆件划分为一个单元），返回 meshing→mesh→lines，弹出对话框并选择最下边的 pick all 按钮，如此对所有线（杆）进行网格划分。网格划分后，按住 ctrl 键后再用鼠标右键转动视角，如图 7-31 所示。

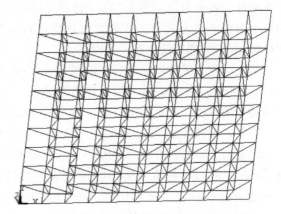

图 7-31 网格划分后的网架结构

5. 施加荷载和边界条件

操作方式同前面桁架例子，不再赘述，这里形成周边支承，即网架四周节点（Nodes）约束了 x、y、z 方向的线位移。然后，除了周边以外的所有上弦节点外，其余所有上弦杆的节点均施加了 z 方向的线位移−30000。

6. 选择分析类型、求解

同前面桁架结构，不再赘述。

7. 后处理

类似前面桁架例子的方法，输出所有杆件轴力。

第一，主菜单→General Postpro→Read Results→Last Set（读取最后一个加载子步的结果）。

第二，主菜单→General Postpro→Element Table→Define Table，弹出对话框后按 add 按钮→弹出对话框：Lab User label for item 后面输入名称（可定义为 FXI），Item Comp Results data item 右边两个下拉菜单栏分别下拉选择 By sequence num 和 SMISC（下面输入 SMISC，1），输入桁架单元的轴力。

第三，ANSYS 窗口上部应用菜单（图 7-24）的 List→Results 中选择 Element Table

Data，弹出对话框选择 SMISC 1，弹出输出各个杆件轴力的文本，显示了各个单元编号及各个单元的轴力。因为前面每根杆件划分为一个单元，故单元轴力即为杆件轴力，截取部分杆件轴力，见图7-32。

第四，ANSYS 窗口上部应用菜单（图7-24）的 List→在 Results 中选择 Nodal Solution，弹出对话框，然后选择 DOF solution 并在其中选择 Z-component of Displacement（z 方向位移，即网架的挠度），点击 apply→弹出输出杆件轴力的文本：查看网架结构中各个节点（这里为节点网架结构的有限元模型中的节点）的位移（挠度）。截取部分节点沿着 z 方向的位移，见图7-33。

第五，ANSYS 窗口上部应用菜单（图7-24）中的 Plot→Results 中选择 deformed shape，弹出对话框并按 OK 按钮，得到变形图，见图7-34。

STAT	CURRENT	STAT	CURRENT
ELEM	SMIS1	ELEM	SMIS1
42	-30712.	83	-10050.
43	3289.2	84	-42290.
44	-4332.1	85	80830.
45	-52044.	86	73199.
46	5574.2	87	69063.
47	-62438.	88	-5447.6
48	40431.	89	-44872.
49	4232.3	90	2335.5
50	2607.9	91	-44803.
51	-2139.4	92	3619.2
		93	68088.

THE FOLLOWING DEGREE

NODE	UZ
39	-0.90195E-02
40	-0.75832E-02
41	-0.55921E-02
42	-0.30160E-02
46	-0.70920E-02
47	-0.14594E-01
54	-0.94519E-02
56	-0.17943E-01
57	-0.19363E-01
58	-0.19680E-01
59	-0.19127E-01
60	-0.17461E-01
61	-0.14678E-01
62	-0.10747E-01
63	-0.57179E-02
73	-0.12929E-01
74	-0.26161E-01
75	-0.26607E-01
76	-0.26845E-01
77	-0.26155E-01
78	-0.23887E-01
79	-0.20191E-01
80	-0.14850E-01
81	-0.79782E-02
91	-0.14932E-01
93	-0.30036E-01
94	-0.30740E-01
95	-0.31119E-01
96	-0.30337E-01
97	-0.27785E-01
98	-0.23538E-01
99	-0.17345E-01
100	-0.93411E-02
104	-0.21992E-01
112	-0.14887E-01
113	-0.30114E-01

图7-32 网架结构中部分单元的轴力   图7-33 网架结构中部分节点沿着 z 轴的位移

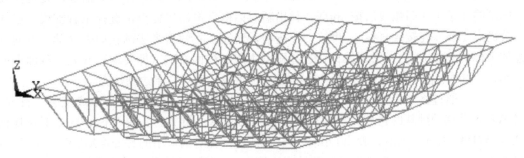

图7-34 变形后的网架结构

7.3.4 ANSYS 的钢管相贯节点例子

本小节将进行一个 K 形圆钢管相贯节点在两根支管轴力（轴拉力、轴压力）作用下的有限元分析，采用壳单元。

用 ANSYS 的经典版图形用户界面（GUI）进行建模，操作步骤如下：

1. 建立文件名

File→chang Jobname，输入名字 k-joints。

2. 建立几何模型

第一，建立如图7-35（b）所示的关键点 1～6，操作如下：主菜单→Preprocessor→

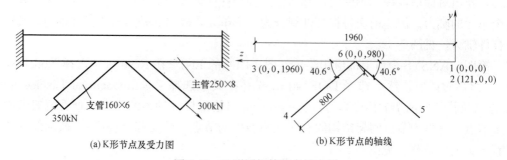

图 7-35 K形圆钢管节点示意图

Modeling→Create→keypoints→in active CS，弹出对话框：NPT 中输入关键点编号 1、XYZ Location in active CS 中输入关键点 1 的坐标（0，0，0）；该点即为主管壳截面一端的圆心。类似的方法，输入关键点 2 及其坐标（121，0，0）；此点即为主管壳截面圆周上一点。类似输入关键点 3 及其坐标（0，0，1960），关键点 4 及其坐标（0，−520.6，1587.4），关键点 5 及其坐标（0，−520.6，372.6），关键点 6 及其坐标（0，0，980）。

第二，连接这些关键点，生成支管和主管的轴线。以点 1 和 6 形成直线为例，主菜单→Preprocessor→Modeling→Create→lines→straight line，弹出对话框，用鼠标点选关键点 1 和 6 生成直线。类似方法生成直线 63、64、65。

第三，建立主管壳柱面。首先，建立主管壳柱面的截面（一个圆），操作如下：主菜单→Preprocessor→Modeling→Create→lines→Arcs，选择 By Cent & Radius 弹出对话框后，依次用鼠标点击前面的关键点 1 和 2 生成圆。注意，生成的圆自动由 4 个 1/4 圆弧组成，故这个圆有 4 条弧线编号。接着，扫掠生成主管的圆柱面，操作如下：主菜单→Preprocessor→Modeling→Operate→Extrude→Lines→Along Lines，弹出对话框，先选择前面的圆的 4 条 1/4 圆弧线后按 apply，弹出新对话框后再用鼠标点击选择主管轴线（也就是关键点 1 和 6 连接成直线），再按 OK 按钮，建立了主管右半边圆柱面壳（轴线方向为总体坐标的 z 轴方向）。类似操作，选择刚刚生成圆柱面左端（即关键点 6 处）截面上的 4 条 1/4 圆弧后按 apply，然后再选择直线 63，生成了另外左半边圆柱壳。

第四，通过移动和转动形成新的工作面（workplane，简称 WP）生成支管。首先，将 WP 转动移动到新的位置，操作如下：在应用菜单（图 7-23）的 WorkPlane 下拉找到 Offse WP by Increments，弹出 Offset WP 对话框，在对话框中的 Snaps X，Y，Z Offsets 栏输入（0，0，980）（将工作平面移动到主管中心，这个点也是支管和主管轴线相交点的位置）、在 Degrees XY，YZ，ZX Angles 中输入（0，40.6，0）（将工作平面在移动到主管中心后绕着自身的 X 轴转动了 40.6°）。至此工作平面 WX-WY 就是支管 1（轴线为 64）的截面所在的平面，操作窗口中也显示了工作平面所在坐标 WX-WY-WZ。

第五，生成支管 1（圆柱面）。首先，在新的 WP 下绘制支管 1 的截面（圆），主菜单→Preprocessor→Modeling→Create→lines→Arcs，选择 Full Circle 弹出对话框，在对话框中勾选 WP Coordinates（一定要是这个工作平面的坐标而不是整体坐标 Global catresian），然后在下面的空白栏中先输入支管圆心在 WP 下的坐标（0，0）并按 apply 按钮确认输入，然后再输入支管截面圆周上一点在 WP 下的坐标（77，0）。接着，拉伸形成支管 1 的圆柱面，操作类似前面主管圆柱面生成的操作，如下所示：主菜单→Preprocessor→Modeling→Operate→Extrude→Lines→Along Lines，弹出对话框，先用鼠标点击选择圆的 4 条 1/4 圆弧线后按 apply，弹出新对话框后再用鼠标点击选择主管轴线（也就是直线 64）后按 OK 按钮，生成支管 1，见图 7-36（a）。

第六，生成支管 2。首先，将工作平面返回到整体坐标系位置（操作为应用菜单的 WorkPlane 的 Align WP with 下的 Gobal Cartesia）。接着，形成新的用于建立支管 2 的工作平面 WP，方法类似（见第四），在 Degrees XY，YZ，ZX Angles 中输入 0，139.4°，0。最后，采用第五的方法生成支管 2。完成后，再将工作平面返回到整体坐标处。至此，主管和支管均达到指定位置，见图 7-36（b）。

第七，此时还没有形成 K 形钢管相贯节点，需要删除主管内部多余的支管，还需要将主管和支管焊接起来。首先，用主管面将支管面打断成两部分（实际上不存在的主管内部的多余支管、连接于主管表面的支管），操作如下：主菜单→Preprocessor→Modeling→Operate→Booleans→Divide→Area by Area，弹出 Divide Area by Area 对话框：先选择被打断（Divide）的支管面（通常 1 根支管有 4 个面）再按 apply 按钮确认，然后选择去打断支管的主管表面（与支管连接的主管面）再按 apply 按钮确认。注意，这里可以直接用鼠标选取，但鼠标选取有时可能会点击不到想要的面，故而可以在 Divide Area by Area 对话框的输入数据栏中直接输入需要被打断的支管面的编号后按 apply 按钮，然后再输入打断支管的主管面的编号并按 apply 按钮。支管面和主管面的编号可以通过应用菜单找到 PlotCtrls，下拉到 Numbering 弹出对话框，在对话框中勾选 AREA Area number 后面的 on，就能显示各个面的编号。如此，打断支管的主管面自动删除了，而支管面被分割成两部分：主管内部无用的部分、连接与主管表面部分。接着，删除所有主管面以及主管内部无用部分的支管面，操作如下：主菜单→Preprocessor→Modeling→Delete→Area and Below，用鼠标点选删除的对象，直接将这些无用的面及构成这些面的线和点全部删除。

第八，重新绘制主管面，然后和支管连接形成一体。首先，重新绘制主管面，操作如下：主菜单→Preprocessor→Modeling→Create→lines→Arcs，选择 Full Circle 弹出对话框，在数据输入栏中输入圆心坐标（0，0，0），圆周上的一点坐标（121，0，0），形成主管圆。通过拉伸（扫掠）方式生成主管柱面，方法见第三。接着，通过 glue 方式将主管和支管粘合（焊接）起来，操作如下：主菜单→Preprocessor→Modeling→Operate→Booleans→Glue→Areas，弹出对话框，按下 pick all（选择所有的面），如此形成了 K 形圆钢管节点，见图 7-37。

3. 材料属性

同前面桁架例子。主菜单→Preprocessor→Material Models→define material model behavior 对话框：Structual→linear→elastic→isotropic，输入弹性模量 EX=2.06e5（单位为"MPa"）、泊松比 PRXY=0.3，点击 OK（至此材料的弹性数据输入完毕）→返回 define material model behavior 对话框：Structual→nonlinear→inelastic→Rate Independent→isotropic hardening plasticity→Mises plasticity 返回 Bilinear 中的 yield stss（屈服强度），输入 370（单位为"MPa"）、Tang Mod（切线模量）输入 2.06e3（1%的弹性模量）。

4. 单元类型、杆件截面属性、网格划分

第一，主菜单→Preprocessor→element type→add/edit/delet→在对话框点击 add 按

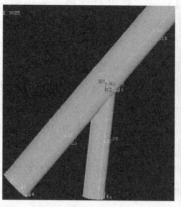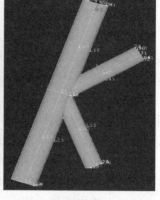

(a) 一根支管　　　　　　　　　(b) 两根支管

图 7-36　支管与主管组装过程

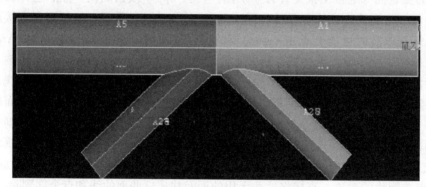

图 7-37　形成 K 形节点

钮→对话框中选择 shell 下的 3D 4 nodes 181→点击 OK 返回对话框，形成了 Type 1，将其作为主管的单元。继续按 add 按钮，选择相同的单元，作为支管单元，Type 2。然后按 close 按钮退出。因为这里主管和支管单元类型相同，故可以用一个单元类型。

第二，主菜单→Preprocessor→Sections→shell→Lay-up→Add/Edit→弹出对话框→add 按钮后弹出对话框：create and modeify shell sections 后面的 Name 和 ID 分别输入 chord 和 1、thickness 输入 8（单位为 "mm"），为主管壁厚、Integration Pts 输入厚度方向积分点为 5 个，即为主管壳截面。→再在对话框顶部的 section 下拉 new 形成新的壳，在 Name 和 ID 中分别输入 brace 和 2，在 thickness 中输入 6（单位为 "mm"），为主管壁厚，在 Integration Pts 中输入 5，表示厚度方向积分点为 5 个，即为支管壳截面→按 OK 按钮退出对话框。

第三，赋予主管、支管单元属性。主菜单→Preprocessor→Meshing→Mesh Attributes→Picked Areas。然后用鼠标依次点击选择所有主管面后点击 OK 按钮，弹出 Area Attributes 对话框：MAT（材料编号）栏下拉菜单选择 1、TYPE（单元类型）下拉菜单选择 1 SHELL181、SECT（单元截面）下拉菜单选择 1 chord，然后按 OK 按钮退出。同样的方法，选择所有支管，但 SECT 下拉选择 2 brace。这样对主管和支管分别赋予了单元属性。

注意，以上选择主管和支管面并赋予单元属性采用鼠标点取的方式，此外还可以采用坐标定位的方式进行选择。方法如下：ANSYS 窗口上部应用菜单（图 7-24）中的 Select→Entities，弹出对话框：第一栏下拉菜单选择 Areas、第二栏下拉菜单选择 By Location、第三部分点选 Y coordinates 并在 min 和 max 栏分别输入－121.1，121.1，然后点击 apply 按钮，这样就选择了 y 轴方向从－121.1～121.1 的所有面，如此选择了主管的面（图 7-35），然后再按 ANSYS 窗口上部应用菜单（图 7-24）中的 Plot→Areas 就会仅仅显示主管面，然后回到主菜单→Preprocessor→Meshing→Mesh Attributes→Picked Areas，在弹出对话框中按下 Pick All 按钮就能一次性选择所有主管面。

第四，划分网格。首先，主菜单→Preprocessor→Meshing→Size Cntrls→Manual Size→Areas→all Areas，然后弹出对话框，在 SIZE 中输入 20，然后按 OK 按钮退出。如此，选择所有的主管面和支管面，设置网格尺寸为 20mm。接着进行网格划分，操作如下：主菜单→Preprocessor→Meshing→Mesh→Areas→Free（只有网格划分），弹出对话框按 Pick all 按钮，即完成了对 K 形节点的网格划分，网格划分后的节点见图 7-38。

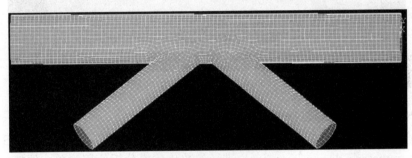

图 7-38　网格划分后的节点

5. 施加荷载和边界条件

第一，施加主管两端边界条件。先选择主管左端的所有线（主管左端），操作如下：点击 ANSYS 窗口上部应用菜单（图 7-24）中的 Select→Entities，弹出对话框：第一栏下拉菜单选择 Lines，第二栏下拉菜单选择 By Location，第三部分点选 Z coordinates 并在 min 和 max 栏分别输入－0.01，0.01，然后点击 apply 按钮，如此窗口仅显示主管左端面。再在这些线上施加边界条件，操作如下：主菜单→Preprocessor→Loads→Define loads→Apply→Structural→Displacement→On Lines，弹出对话框，此时用鼠标点选这些线后按 OK 按钮，弹出 Apply U，ROT on lines 对话框，选择 All dof（表示固定约束）后按 OK 按钮，完成边界条件施加。用类似的方法，在主管右端的所有线上施加固定约束，在 Entities 后弹出的对话框中的 min 和 max 栏分别输入 1959.99，1960.01。

第二，施加支管荷载。首先，显示所有线，点击 ANSYS 窗口上部应用菜单（图 7-24）中的 Select→Entities，弹出对话框：第一栏下拉菜单选择 Lines，第二栏下拉菜单选择 By Location，第三部分点选 X coordinates 并在 min 和 max 栏分别输入－125，125，然后点击 apply 按钮，再点击 Plot→Lines，显示所有的线。接着施加力，主菜单→Preprocessor→Loads→Define loads→Apply→Structural→Pressure→On Lines，弹出对话框，选择支管 1（轴线为 64、见图 7-35b）端部的线后弹出对话框，输入 724 后按 OK 按钮退出。这里将支管端部的集中力除以支管的中面圆周长（$\pi(d-t)$），等效转换为施加在支管端部的均布线荷载。同样输入支管2的轴拉力，输入等效均布线压力值−620。

6. 选择分析类型、求解

同前面桁架结构，不再赘述。

7. 后处理

点击 ANSYS 窗口上部应用菜单（图7-24）中的 Plot→Results→Contour plot→Nodal Solution，弹出对话框后，选择 stress 下的 von Mises stress，就可以得到应力云图，见图7-39。图7-39同时显示了变形图。同理，点击应用菜单中的 List→Results，就以文本形式输出各种结果，如节点应力等。

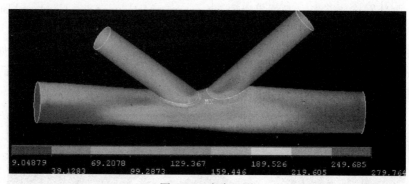

图7-39　应力云图

7.3.5　ANSYS 的参数化语言建模简介

对比 ABAQUS 的脚本语言的参数化有限元建模与分析，应用 ANSYS 的 APDL（ANSYS parameteric design language）进行参数化建模分析使用简单、便捷，其更受用户欢迎。APDL 是 ANSYS 参数化设计语言，是一种类似 FORTRAN 的解释性语言，提供了定义参数、循环、重复及访问 ANSYS 有限元数据库、各种运算等。利用 APDL 实现建立几何建模、施加载荷与求解以及后处理结果显示等整个有限元建模分析全过程，并且这个过程可以实现参数化。只需要简单地修改其中的参数（比如网壳的跨度）达到反复分析各种尺寸、不同载荷大小的设计方案，极大地提高分析效率。对比 ABAQUS 的脚本语言建模，APDL 更适合线对象（梁-柱单元和杆单元）的整体结构分析计算，其中一个重要原因是，ANSYS 拥有三维坐标系直接定位点的功能，并且 APDL 命令语句虽然是缩写（如单元类型 element type 用 ET 表示、节点 node 用 N 表示等）但使用便捷性更强。

以 K8 型单层球面网壳的建模为例，首先定义一个球坐标系 (R, θ, φ) 并将建模操作从默认的 ANSYS 整体坐标系切换到这个局部球坐标系，接着定义参数（网壳跨度等），再用 DO 循环语句建立节点和单元。下面为建立 K8 型网壳的节点的命令语句。

```
CSWPLA,11,2,1,1,
/PREP7
* SET,R,35
* SET,Kn,8
* SET,PI,3.141593
* SET,L,45
* SET,Nx,6
```

```
* SET,Dpha,Atn(Span/2/Sqrt(R * R-Span * Span/4))/Nx
N,1,R,0,90
* DO,I,1,Nx
* DO,J,1,Kn * I
N,1+Kn * (I-1) * I/2+J,R,(J-1)/I * 360/Kn,90-Dpha * I * 180/PI
* ENDDO
* ENDDO
```

以上命令语句中，第 1 行是定义一个原点在网壳球心处的局部球坐标系；第 2 行是进入前处理器模块；第 3～8 行是定义参数（球半径 $R=35\mathrm{m}$、跨度 $L=45\mathrm{m}$、环向圈数 $N\mathrm{x}$ $=6$ 等）；第 9 行是定义顶部节点（1 号节点）在局部球面坐标系下的位置，第 10～14 行是用 DO 循环语句依次计算并定义节点在局部坐标系下的编号和位置。此后再定义单元类型，并用 DO 循环语句将各个节点连成单元等。可以看出，APDL 建模的命令流语句非常简便，直接用局部坐标系（球坐标系）下定位的方式确定建立了节点。可见，APDL 建模非常适用于节点和杆件布置有规律的网壳网架等空间结构的建模分析计算。关于 ANSYS 的 APDL 参数化建模方面的书籍和资料较多，可以参考阅读。

本章参考文献

[1] 王勖成，邵敏. 有限单元法基本原理和数值方法 [M]. 北京：清华大学出版社，1997.

[2] 龙驭球，包世华，等. 结构力学 I [M]. 北京：高等教育出版社，2001.

[3] 朱慈勉，吴宇清. 计算结构力学 [M]. 北京：科学出版社，2009.

[4] 石亦平，周玉蓉. ABAQUS 有限元分析实例详解 [M]. 北京：机械工业出版社，2006.

[5] 庄茁，曲小川，等. 基于 ABAQUS 的有限元分析和应用 [M]. 北京：清华大学出版社，2009.

[6] 刘展，祖景平，等. ABAQUS6.6 基础教程与实例详解 [M]. 北京：中国水利水电出版社，2008.

[7] 王新荣，初旭宏. ANSYS 有限元基础教程 [M]. 北京：电子工业出版社，2011.

[8] 郝文化. ANSYS 土木工程应用实例 [M]. 北京：中国水利水电出版社，2005.

[9] 博弈创作室. APDL 参数化有限元分析技术及其应用 [M]. 北京：中国水利水电出版社，2004.

[10] 石彬彬，张永刚，等. ANSYS 工程结构数值分析方法与计算实例 [M]. 北京：中国铁道出版社，2015.

附表1 矩形平面周边简支网架拟夹层板法的弯矩和挠度系数表

本附表为用拟夹层板法计算建筑平面为矩形且周边简支支承正交类网架（两向正交正放网架、正放四角锥网架、正放抽空四角锥网架）时的各种无量纲系数。

1. 根据网架平面的边长比（长短跨之比）$\lambda = L_1/L_2$ 查附表1-2～附表1-6求得拟夹层板的无量纲弯矩和挠度系数 ρ_x、ρ_y、ρ_w。

2. 网架杆件截面选定后，由于考虑剪切变形和刚度变化的影响，弯矩和挠度系数 ρ_x、ρ_y、ρ_w 应分别乘以相应的修正系数 η_{mx}、η_{my}、$\eta_w(=\eta_{w1} \times \eta_{w2})$。其中 η_{mx}、η_{my}、η_{w1} 可查附表1-7～附表1-11求得（表中 ρ_v 表示网架剪切变形的参数，按式（3-38）计算确定）；η_{w2} 可查附表1-1求得。附表1-1中 n 表示网架（拟板）双向抗弯刚度 D_x 及 D_y 根据变化情况而可划分区域的多少，如附图1-1所示。

挠度修正系数 η_{w2} 　　　　　　　　　　　　　　　　　　　附表1-1

n	1	2	3	4	5
η_{w2}	1.000	0.864	0.775	0.732	0.706

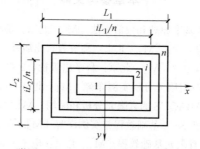

附图1-1　网架抗弯刚度区域划分

$\lambda = 1.0$ 时的弯矩和挠度系数 ρ_x、ρ_y、ρ_w 　　　　　附表1-2

内力、挠度系数	y/L_2	x/L_1					
		0.0	0.1	0.2	0.3	0.4	0.5
ρ_x	0.0	0.772	0.746	0.667	0.524	0.306	0.000
	0.1	0.734	0.710	0.636	0.502	0.094	0.000
	0.2	0.624	0.605	0.546	0.436	0.260	0.000
	0.3	0.453	0.440	0.400	0.326	0.201	0.000
	0.4	0.238	0.231	0.212	0.176	0.114	0.000
	0.5	0.000	0.000	0.000	0.000	0.000	0.000
ρ_y	0.0	0.772	0.734	0.624	0.453	0.238	0.000
	0.1	0.746	0.710	0.605	0.440	0.232	0.000
	0.2	0.667	0.636	0.546	0.440	0.211	0.000
	0.3	0.524	0.502	0.436	0.326	0.176	0.000
	0.4	0.306	0.294	0.260	0.201	0.114	0.000
	0.5	0.000	0.000	0.000	0.000	0.000	0.000
ρ_w	0.0	0.820					

$\lambda=1.1$ 时的弯矩和挠度系数 ρ_x、ρ_y、ρ_w

附表 1-3

内力、挠度系数	y/L_2	x/L_1					
		0.0	0.1	0.2	0.3	0.4	0.5
ρ_x	0.0	0.618	0.600	0.544	0.435	0.260	0.000
	0.1	0.587	0.571	0.518	0.417	0.250	0.000
	0.2	0.499	0.486	0.444	0.361	0.221	0.000
	0.3	0.361	0.353	0.325	0.270	0.170	0.000
	0.4	0.190	0.185	0.172	0.145	0.097	0.000
	0.5	0.000	0.000	0.000	0.000	0.000	0.000
ρ_y	0.0	0.764	0.727	0.619	0.450	0.237	0.000
	0.1	0.737	0.702	0.599	0.436	0.230	0.000
	0.2	0.652	0.623	0.535	0.394	0.209	0.000
	0.3	0.506	0.485	0.422	0.316	0.172	0.000
	0.4	0.291	0.280	0.247	0.191	0.109	0.000
	0.5	0.000	0.000	0.000	0.000	0.000	0.000
ρ_w	0.0	0.666					

$\lambda=1.2$ 时的弯矩和挠度系数 ρ_x、ρ_y、ρ_w

附表 1-4

内力、挠度系数	y/L_2	x/L_1					
		0.0	0.1	0.2	0.3	0.4	0.5
ρ_x	0.0	0.486	0.475	0.438	0.359	0.220	0.000
	0.1	0.462	0.452	0.417	0.344	0.212	0.000
	0.2	0.392	0.384	0.357	0.298	0.187	0.000
	0.3	0.842	0.279	0.260	0.221	0.145	0.000
	0.4	0.149	0.146	0.137	0.119	0.082	0.000
	0.5	0.000	0.000	0.000	0.000	0.000	0.000
ρ_y	0.0	0.732	0.697	0.594	0.434	0.228	0.000
	0.1	0.704	0.671	0.574	0.420	0.222	0.000
	0.2	0.620	0.592	0.510	0.377	0.201	0.000
	0.3	0.477	0.457	0.398	0.300	0.164	0.000
	0.4	0.271	0.261	0.231	0.179	0.103	0.000
	0.5	0.000	0.000	0.000	0.000	0.000	0.000
ρ_w	0.0	0.533					

$\lambda=1.3$ 时的弯矩和挠度系数 ρ_x、ρ_y、ρ_w

附表 1-5

内力、挠度系数	y/L_2	x/L_1					
		0.0	0.1	0.2	0.3	0.4	0.5
ρ_x	0.0	0.378	0.372	0.351	0.297	0.187	0.000
	0.1	0.359	0.354	0.334	0.284	0.180	0.000
	0.2	0.305	0.301	0.285	0.245	0.159	0.000
	0.3	0.221	0.218	0.208	0.182	0.123	0.000
	0.4	0.116	0.115	0.110	0.097	0.059	0.000
	0.5	0.000	0.000	0.000	0.000	0.000	0.000

内力、挠度系数	y/L_2	x/L_1					
		0.0	0.1	0.2	0.3	0.4	0.5
ρ_y	0.0	0.686	0.654	0.560	0.409	0.216	0.000
	0.1	0.659	0.629	0.539	0.396	0.210	0.000
	0.2	0.578	0.553	0.478	0.354	0.190	0.000
	0.3	0.442	0.424	0.370	0.280	0.154	0.000
	0.4	0.250	0.241	0.213	0.165	0.096	0.000
	0.5	0.000	0.000	0.000	0.000	0.000	0.000
ρ_w	0.0	0.424					

$\lambda=1.4$ 时的弯矩和挠度系数 ρ_x、ρ_y、ρ_w 附表 1-6

内力、挠度系数	y/L_2	x/L_1					
		0.0	0.1	0.2	0.3	0.4	0.5
ρ_x	0.0	0.291	0.290	0.231	0.246	0.161	0.000
	0.1	0.277	0.276	0.268	0.236	0.155	0.000
	0.2	0.235	0.234	0.228	0.203	0.137	0.000
	0.3	0.171	0.170	0.166	0.150	0.106	0.000
	0.4	0.090	0.089	0.087	0.080	0.059	0.000
	0.5	0.000	0.000	0.000	0.000	0.000	0.000
ρ_y	0.0	0.633	0.604	0.519	0.381	0.202	0.000
	0.1	0.607	0.580	0.500	0.369	0.196	0.000
	0.2	0.532	0.509	0.441	0.329	0.177	0.000
	0.3	0.405	0.389	0.341	0.259	0.143	0.000
	0.4	0.228	0.220	0.194	0.152	0.089	0.000
	0.5	0.000	0.000	0.000	0.000	0.000	0.000
ρ_w	0.0	0.336					

$\lambda=1.0$ 时的弯矩和挠度的修正系数 η_{mx}、η_{my}、η_{w1} 附表 1-7

η	ρ_v	D_x/D_y					
		1.0	0.9	0.8	0.7	0.6	0.5
η_{mx}	0.2	0.998	0.945	0.885	0.819	0.744	0.659
	0.3	0.996	0.945	0.889	0.825	0.754	0.673
	0.4	0.993	0.945	0.893	0.833	0.766	0.690
η_{my}	0.2	0.998	1.051	1.110	1.176	1.250	1.333
	0.3	0.996	1.046	1.102	1.165	1.235	1.315
	0.4	0.993	1.040	1.093	1.151	1.218	1.293
η_{w1}	0.2	1.036	1.035	1.030	1.006	1.006	0.981
	0.3	1.081	1.080	1.076	1.067	1.054	1.032
	0.4	1.144	1.143	1.139	1.132	1.120	1.101

λ＝1.1 时的弯矩和挠度的修正系数 η_{mx}、η_{my}、η_{w1} 附表 1-8

η	ρ_v	D_x/D_y					
		1.0	0.9	0.8	0.7	0.6	0.5
η_{mx}	0.2	1.003	0.940	0.870	0.794	0.771	0.618
	0.3	1.007	0.947	0.881	0.809	0.729	0.640
	0.4	1.012	0.956	0.894	0.826	0.751	0.667
η_{my}	0.2	0.994	1.036	1.081	1.131	1.185	1.244
	0.3	0.987	1.027	1.070	1.117	1.169	1.226
	0.4	0.979	1.016	1.056	1.100	1.149	1.203
η_{w1}	0.2	1.040	1.029	1.014	0.994	0.967	0.931
	0.3	1.091	1.081	1.067	1.048	1.023	0.989
	0.4	1.162	1.152	1.139	1.122	1.100	1.069

λ＝1.2 时的弯矩和挠度的修正系数 η_{mx}、η_{my}、η_{w1} 附表 1-9

η	ρ_v	D_x/D_y					
		1.0	0.9	0.8	0.7	0.6	0.5
η_{mx}	0.2	1.012	0.938	0.860	0.776	0.685	0.586
	0.3	1.024	0.955	0.880	0.800	0.712	0.617
	0.4	1.039	0.975	0.905	0.829	0.746	0.656
η_{my}	0.2	0.991	1.024	1.058	1.096	1.135	1.178
	0.3	0.981	1.012	1.045	1.081	1.119	1.160
	0.4	0.969	0.998	1.029	1.062	1.099	1.138
η_{w1}	0.2	1.047	1.028	1.004	0.975	0.939	0.894
	0.3	1.105	1.087	1.065	1.038	1.004	0.962
	0.4	1.187	1.170	1.149	1.124	1.094	1.055

λ＝1.3 时的弯矩和挠度的修正系数 η_{mx}、η_{my}、η_{w1} 附表 1-10

η	ρ_v	D_x/D_y					
		1.0	0.9	0.8	0.7	0.6	0.5
η_{mx}	0.2	1.022	0.940	0.854	0.762	0.664	0.561
	0.3	1.046	0.968	0.885	0.797	0.703	0.602
	0.4	1.075	0.102	0.924	0.841	0.751	0.654
η_{my}	0.2	0.989	1.014	1.041	1.069	1.098	1.128
	0.3	0.977	1.001	1.026	1.053	1.081	1.111
	0.4	0.963	0.985	1.009	1.034	1.061	1.090
η_{w1}	0.2	1.055	1.029	0.998	0.963	0.920	0.869
	0.3	1.122	1.098	1.069	1.136	0.996	0.947
	0.4	1.217	1.194	1.168	1.137	1.100	1.055

η	ρ_v	D_x/D_y					
		1.0	0.9	0.8	0.7	0.6	0.5
η_{mx}	0.2	1.035	0.945	0.851	0.752	0.648	0.540
	0.3	1.073	0.987	0.897	0.801	0.703	0.594
	0.4	1.119	1.038	0.952	0.861	0.764	0.660
η_{my}	0.2	0.988	1.007	1.027	1.048	1.069	1.090
	0.3	0.974	0.993	1.012	1.032	1.053	1.074
	0.4	0.958	0.976	0.995	1.014	1.034	1.055
η_{wl}	0.2	1.064	1.032	0.997	0.956	0.908	0.852
	0.3	1.143	1.113	1.079	1.041	0.996	0.943
	0.4	1.253	1.225	1.194	1.158	1.116	1.067

附表 2　几种网壳的风荷载体系系数 μ_s

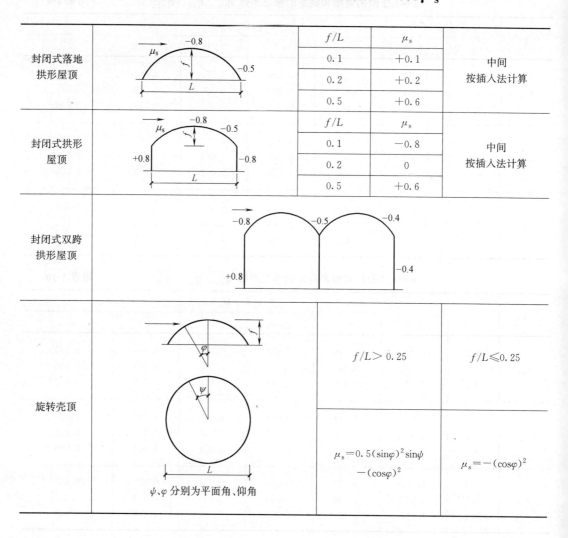

368